“十四五”时期国家重点出版物出版专项规划项目
现代土木工程精品系列图书

难降解有机物控制技术及应用

TREATMENT AND APPLICATION TECHNOLOGIES FOR RECALCITRANT ORGANIC POLLUTANTS

杨珊珊　丁　杰　孙汉钧　编著

哈爾濱工業大學出版社
HARBIN INSTITUTE OF TECHNOLOGY PRESS

内 容 简 介

本书是一本专门介绍难降解工业废水污染防控与治理关键技术理论及应用实践的教材，是国内外相关领域的优秀成果及本课题组多年来针对典型工业废水中难降解有机物控制的基础理论、工艺技术、机理机制等方面的研究成果总结。本书既是对难降解工业废水污染防控与治理技术及理论的有益补充，也是指导难降解有机物污染治理和控制技术筛选及应用实践的有效途径，可以有效地促进难降解工业废水污染处理工程技术的研究开发与应用。

本书可作为水处理技术与工程包括市政工程、给排水工程、环境工程、环境科学、环境生态工程、资源环境与城乡规划管理等专业高等院校本科生、研究生的教材，也可供从事典型行业难降解废水及工业园区废水处理处置的管理人员、技术人员、工人学习和使用。

图书在版编目(CIP)数据

难降解有机物控制技术及应用/杨珊珊，丁杰，孙汉钧编著. —哈尔滨：哈尔滨工业大学出版社，2025.8. —(现代土木工程精品系列图书). —ISBN 978-7-5767-1838-6

Ⅰ. ①X505

中国国家版本馆 CIP 数据核字第 202598X1B4 号

策划编辑　贾学斌　张　荣
责任编辑　张　颖
出版发行　哈尔滨工业大学出版社
社　　址　哈尔滨市南岗区复华四道街 10 号　邮编 150006
传　　真　0451-86414749
网　　址　http://hitpress.hit.edu.cn
印　　刷　哈尔滨博奇印刷有限公司
开　　本　787 mm×1 092 mm　1/16　印张 24　字数 540 千字
版　　次　2025 年 8 月第 1 版　2025 年 8 月第 1 次印刷
书　　号　ISBN 978-7-5767-1838-6
定　　价　78.00 元

前　言

难降解工业废水处理一直是制约工业可持续发展的世界性难题，威胁着本就脆弱的生态环境。工业废水中有机污染物种类复杂且浓度高，并含有高浓度无机盐，其中有毒有害残留物积累、运行模式滞后且排放不达标等问题突出。如何实现工业废水中难降解有机污染物的高效治理与低碳深度处理，是亟待解决的重点和难点问题。

本书由从事难降解有机物的特性与控制技术课程教学工作和科研工作多年的教师承担撰写任务，并结合团队多年来在有机工业废水处理技术开发和工程实践方面的研究成果，突出高浓度难降解有机工业废水处理工程的实用性，同时结合国内外相关领域的优秀成果，选取一些成功应用的高浓度难降解有机工业废水处理的工程实例进行介绍，注重指导工程设计及技术研发。本书既是对传统高浓度有机工业废水处理技术的有益补充，也是指导高浓度有机工业废水处理可操作性与可控制性提高的有效途径，可以有效地提升高浓度有机工业废水处理的水平与能力。

全书共 8 章，第 1 章主要介绍高浓度有机工业废水来源与特性；第 2 章主要介绍难降解有机污染物物化处理技术及其最新进展；第 3 章主要介绍难降解有机污染物好氧生物处理技术；第 4 章主要介绍难降解有机污染物厌氧生物处理技术；第 5 章主要介绍高浓度有机工业废水污泥处理技术；第 6 章主要介绍几种典型行业难降解废水处理技术及工程应用案例；第 7 章主要介绍难降解有机工业废水资源、能源化技术及应用；第 8 章主要介绍工业废水处理数学模型与仿真应用。本书的撰写力图做到理论与实践、基本原理与应用的有机结合，聚焦难降解工业废水污染防控与治理关键技术及应用实践前沿，研究成果为实现高浓度难降解有机工业废水污染治理及有效防控提供了关键技术支撑和工程应用指导。

全书由哈尔滨工业大学杨珊珊、丁杰、孙汉钧共同撰写。在本书完成之际，作者诚挚地感谢代伟、臧亚妮、余鑫磊、赵紫彤、李美熙、王禹谦、崔晨浩、张婧妍、石少楠、鲍美伊等研究生对有关资料的收集和整理。

诚挚感谢哈尔滨工业大学 2023 年度高水平研究生教材建设立项（项目资助编号：HITZG－20240489）和污泥安全处置与资源化技术国家工程研究中心科研基金课题（K2024A007）对本书出版的资助。

由于作者水平有限，书中不足之处在所难免，敬请同行及读者批评指正。

作　者

2025 年 5 月

目　　录

第1章　高浓度有机工业废水来源与特性

1.1　难降解有机污染物的分类

1.1.1　工业废水的污染状况

工业废水是指各个工业部门在生产过程中排放的废水总称，涵盖生产工艺排水、设备冷却水、烟气洗涤水和设备、场地清洗水等多种形式。这些废水的成分复杂多样，包括有机需氧物质、化学毒物、无机固体悬浮物、重金属离子、酸、碱、病原体、植物营养物等，它们的排放会对环境造成具有显著影响的污染。

有机污染是全球水环境面临的重大问题，其严重程度和危害随着工业化进程的推进而日益显现和演变。随着化学工业的迅速发展，人工合成的有机物种类和数量不断增加。据资料显示，1880年已知的有机物种类约为1.2万种，到1910年增至40万种，1978年激增至500万种。目前已知的有机物种类超过700万种，并且以每年数千种的速度继续增加。

在《排放源统计调查制度》确定的统计调查范围内，全国化学需氧量2022年排放量为2 595.8万t。其中，工业源（含非重点）废水中化学需氧量排放量为36.9万t，占1.42%；农业源化学需氧量排放量为1 785.7万t，占68.79%；生活源污水中化学需氧量排放量为772.2万t，占29.75%；集中式污染治理设施废水（含渗滤液）中化学需氧量排放量为1.1万t，占0.04%。2022年全国及分源化学需氧量排放情况见表1.1。

表1.1　2022年全国及分源化学需氧量排放情况

项目	合计	工业源	农业源	生活源	集中式污染治理设施
排放量/万t	2 595.9	36.9	1 785.7	772.2	1.1
占比/%	100	1.42	68.79	29.75	0.04

2022年，化学需氧量排放量排名前五位的省份依次为河南、湖南、广东、湖北和河北，排放量合计为805.5万t，占全国化学需氧量排放量的31.0%。2022年，在统计调查的42个工业行业中，化学需氧量排放量排名前五位的行业依次为纺织业，造纸和纸制品业，化学原料和化学制品制造业，农副食品加工业，计算机、通信和其他电子设备制造业，这5个行业的排放量合计为19.9万t，占全国工业源重点调查企业化学需氧量排放量的60.4%（图1.1）。

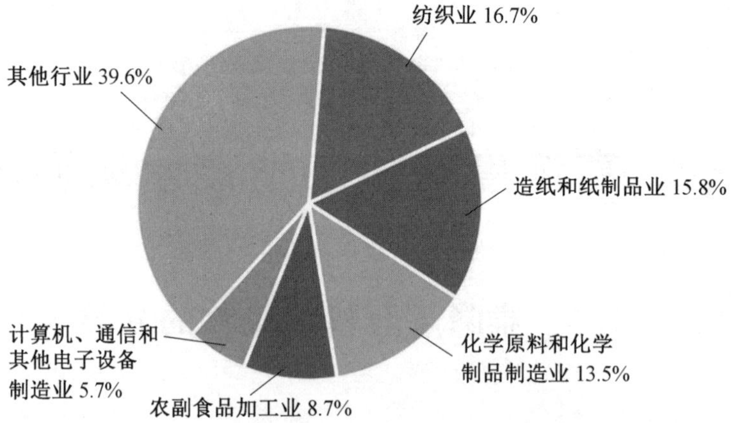

图 1.1 2022 年各工业行业 COD 排放情况

在《排放源统计调查制度》确定的统计调查范围内，全国 2022 年氨氮排放量为 82.0 万 t。其中，工业源（含非重点）废水中氨氮排放量为 1.4 万 t，占 1.7%；农业源氨氮排放量为 28.1 万 t，占 34.2%；生活源污水中氨氮排放量为 52.5 万 t，占 64.0%；集中式污染治理设施废水（含渗滤液）中氨氮排放量为 0.1 万 t，占 0.1%。2022 年，氨氮排放量排名前五位的省份依次为广东、四川、湖南、湖北和广西，排放量合计为 29.3 万 t，占全国氨氮排放量的 35.7%。

在统计调查的 42 个工业行业中，氨氮排放量排名前五位的行业依次为化学原料和化学制品制造业、造纸和纸制品业、农副食品加工业、纺织业、食品制造业，这 5 个行业的排放量合计为 0.7 万 t，占全国工业源重点调查企业氨氮排放量的 59.7%。

在《排放源统计调查制度》确定的统计调查范围内，全国 2022 年总氮排放量为 317.2 万 t。其中，工业源（含非重点）废水中总氮排放量为 9.1 万 t，占 2.9%；农业源总氮排放量为 174.4 万 t，占 55.0%；生活源污水中总氮排放量为 133.5 万 t，占 42%；集中式污染治理设施废水（含渗滤液）中总氮排放量为 0.2 万 t，占 0.1%。

在统计调查的 42 个工业行业中，总氮排放量排名前五位的行业依次为化学原料和化学制品制造业，纺织业，农副食品加工业，计算机、通信和其他电子设备制造业，造纸和纸制品业，这 5 个行业的排放量合计为 4.4 万 t，占全国工业源重点调查企业总氮排放量的 58.9%。

在《排放源统计调查制度》确定的统计调查范围内，全国 2022 年总磷排放量为 34.6 万 t。其中，工业源（含非重点）废水中总磷排放量为 0.2 万 t，占 0.7%；农业源总磷排放量为 27.7 万 t，占 80.2%；生活源污水中总磷排放量为 6.6 万 t，占 19.08%；集中式污染治理设施废水（含渗滤液）中总磷排放量为 52.5 t，占 0.02%。

在统计调查的 42 个工业行业中，总磷排放量排名前五位的行业依次为农副食品加工业，化学原料和化学制品制造业，纺织业，食品制造业，计算机、通信和其他电子设备制造业，这 5 个行业的排放量合计为 0.1 万 t，占全国工业源重点调查企业总磷排放量的 61.3%。

工业源废水其他污染物指标涉及石油类、挥发酚、氰化物和重金属，统计调查范围包括《国民经济行业分类》(GB/T 4754—2017)中采矿业，制造业，电力、热力、燃气及水的生产和供应业 3 个门类的工业重点调查单位(不含军队企业)。集中式污染治理设施废水其他污染物统计调查范围包括生活垃圾处理场(厂)和危险废物(医疗废物)集中处理厂，其中生活垃圾处理场(厂)不调查挥发酚和氰化物。2022 年，在《排放源统计调查制度》确定的统计调查范围内，全国废水中石油类排放量为 1 557.6 t，挥发酚排放量为 45.2 t，氰化物排放量为 22.3 t，重金属排放量为 48.1 t。

1.1.2　有机工业废水的分类

有机工业废水指的是石油化学、染料化学、食品加工、发酵、纺织和制革等工业部门在生产过程中排放的含有一定浓度有机污染物的废水。目前尚无统一的分类方法，通常根据废水中有机污染物的浓度、生物降解性能以及污染物组分进行分类。主要的分类方法包括以下 3 种。

1. 按废水中有机污染物浓度分类

按废水中有机污染物浓度，可分为低浓度有机工业废水和高浓度有机工业废水两种。

(1)低浓度有机工业废水。

通常将五日生化需氧量(BOD_5)在几百毫克每升的废水称为低浓度有机工业废水。例如，制浆造纸工业中段废水的 BOD_5 为 200～600 mg/L、COD 为 400～2 000 mg/L；印染废水的 BOD_5 为 150～300 mg/L、COD 为 500～2 000 mg/L；食品加工工业中肉类加工废水的 BOD_5 为 300～800 mg/L、COD 为 600～1 700 mg/L。

(2)高浓度有机工业废水。

高浓度有机工业废水指的是 BOD_5 在几千至几万毫克每升及以上的废水。例如，粮食酒精废水的 BOD_5 为 15 000～40 000 mg/L、COD 为 30 000～60 000 mg/L；味精废水的 BOD_5 为 23 000～40 000 mg/L、COD 为 35 000～65 000 mg/L。这类废水主要来自于发酵工业、有机化学工业，例如味精废水、酶制剂工业废水、糖蜜酒精废水、粮食酒精废水、柠檬酸废水、制药废水、甲醇生产废水和脂肪酸废水。

这种分类方法主要是用于生物处理工艺的比选。当废水中所含有机物容易被微生物降解，可以不经特殊的预处理直接选用好氧生物或厌氧生物处理时，常用这种方法分类。

2. 按废水中有机污染物的生物降解性能和污染物组分分类

(1)易降解有机工业废水。

易降解有机工业废水中的有机污染物多为长期存在于自然界中的天然有机物，对微生物无毒性，如碳水化合物、脂肪和蛋白质等。它们在自然界或废水处理系统中易于被微生物迅速分解和利用，转化为无机物如二氧化碳、水和氨氮，以及合成新细胞。啤酒废水、水产加工废水、粮食酒精废水和肉类加工废水属于此类。

(2)可降解有机工业废水。

可降解有机工业废水包括以下两种情况。

①某些废水中含有易于生物降解的有机污染物,但同时也含有对微生物无毒性、难以被好氧微生物降解或降解速度很慢的有机物,如木质素、纤维素、聚乙烯醇等。这类废水通常需要先进行物理化学预处理(如混凝沉淀、气浮)或生物预处理(如厌氧水解酸化),再采用好氧生物法处理,以确保COD达标。制浆造纸工业中段废水(含木质素、纤维素)、印染废水(含聚乙烯醇、染料)属于此类废水。

②一些废水中的有机物对微生物具有毒性,但可以通过适当的预处理或微生物驯化后,使用生物法进行处理。例如,甲醛废水、苯酚废水和硝基化合物废水都属于可生物降解的有机工业废水类型。

(3)难降解有机工业废水。

难降解有机工业废水包含有机合成化学工业生产过程中排放的产品或中间产物,如氯代芳香族化合物(如五氯酚)、有机磷农药(如甲基对硫磷)、有机氯农药(如六六六)、喹啉、吡啶、对氯联苯、偶氮染料等。这些化合物分子上的复杂基团和结构,使得它们难以被自然界中的微生物降解转化,甚至在生物处理设施中经历长时间也难以处理。因此,通常需要经过预处理(如资源回收、化学氧化、化学水解、生物水解酸化)或采用特殊的生物技术(如固定化技术、基因工程技术)才能有效处理,有机磷农药废水和染料工业废水属于此类难降解有机工业废水。

(4)含有毒有害污染物的有机工业废水。

含有毒有害污染物的有机工业废水根据废水中有毒有害污染物的性质可以进一步分为以下3种类型。

①废水中的有机污染物本身具有毒性且难以生物降解,如有机磷农药生产废水中的甲胺磷、甲基对硫磷、马拉硫磷、对硫磷及有机氯农药废水中的六六六、氯丹等。这类废水属于毒性大、难生物降解的有机工业废水。

②废水中的有机污染物本身具有毒性但能够被微生物降解,例如,甲醇生产过程中排放的废水中的甲醇,尽管毒性较大,但由于其生物降解性能良好,易于被天然微生物作为碳源和能源利用。这类废水经过适当预处理后可以采用生物法处理。

③有机物本身无毒性且易于降解,但含有其他无机有毒有害物质,例如,糖蜜酒精废水主要含有易于降解的有机物质(糖类、蛋白质、氨基酸),但其pH较低(4～5),同时含有高浓度的硫酸盐和有机氮。发酵工业中的味精废水、柠檬酸废水、赖氨酸废水、酵母废水,制药工业中的土霉素废水、麦迪霉毒素废水、庆大霉素废水、酶制剂废水及脂肪酸废水都属于这类高浓度易降解的有机工业废水类型。由于其中含有高浓度的硫酸盐,这些废水不能直接采用厌氧法处理。

这种分类方法通常用于研究废水处理工艺中预处理技术的选择和生物处理前的处理需求。

3.按工业生产的行业或产品分类

这种分类方法也常使用,如焦化废水、制药工业废水、石油化工废水和粮食加工废水等是按行业分类，此外，由于每个行业的产品种类很多，生产各产品所产生的废水性质各不相同，有时还以产品名称来区分同一行业中的各种废水，如土霉素废水、麦迪霉素废水、味精废水和柠檬酸废水。这种分类方法主要用于对各工业部门、各行业的工业废水污染防治进行研究和管理。

1.2 工业废水调查

工业废水调查涉及规划一个涵盖水资源利用和废水生成全过程物流平衡的设计流程。调查的结果使得水资源的平衡和再利用成为可能，最终揭示了废水处理中流量和污染物浓度的变化。监测需针对特定操作过程和整个工厂运行程序中废水特征的变化。

通常，设计人员需要到现场收集必要的信息，主要包括以下内容。

(1)通过与工厂工程师的沟通和对各种操作程序的调研，绘制出污水管道图，并标出可能的取样站点，预测流量的大致数量。最好了解工厂在所有操作条件下(正常及高负荷)的水资源平衡状况，编制每个工序的水资源平衡详细表。

(2)从各个排水口及总排水口取水样进行水质分析，制定取样和分析的时间表。一般来说，流量加权的连续混合样是最理想的，但实际操作往往受到条件限制或取样人员不会一直在现场的影响。取样周期和频率需根据研究对象的性质确定，一些连续过程的样品以小时为单位取样，并进行 8 h、12 h 甚至 24 h 的混合样分析。若水质波动较大，可能需要取 1 h 或 2 h 的混合样进行分析。对于分批排放的情况，应设计相应的取样方案。

(3)制定物流平衡图。根据收集的数据和分析样品的结果，绘制废水排放源的物流平衡图。关键是确保各个源的累加值接近测量得到的总污染物量，以评估调研结果的准确性。

(4)建立废水特征统计变化表，确定排放标准。某些废水特征的变化对废水处理厂的设计至关重要，根据已有数据制作概率图，展示其变化频率。特别需要明确主要污染源的工段，是否有可能对需处理和可直接排放的废水进行分流，是否可以通过工艺和设备改进来减少废水量和浓度，以及是否可以将某些工段的废水无须处理直接用于其他工段，还需考虑是否存在回收有用物质的可能性。

流量测定方法通常依赖于被测对象的物理位置。例如，废水通过污水管时通常可以测得水流速和深度，利用连续性方程计算流量。流量等于过水断面面积乘以流速，对于部分充满圆形管的过水断面面积，可以通过水深度计算。此外，可以通过测量明渠中的深度和流速来估算沟渠的流量，利用水泵连续抽水时，可通过泵速和时间计算流量。另外，有些情况下，日废水量是通过记录工厂水的日消耗量来估算的。

样品的分析控制取决于样品的特性和分析的最终目的。例如，对于水力停留时间较短的生物处理设计，需要取 8 h 或更短时间的混合样进行生化需氧量(BOD)负荷变化分析。而对于停留时间较长的完全混合条件下的曝气塘，24 h 的混合样足以满足要求。在需要确定生物处理营养需求并进行氮、磷等成分测定时，通常可以通过取 24 h 混合样进行测定。对于存在毒性排放物的情况，由于少量毒物可能会对生物处理过程产生完全破坏性影响，因此如果已知存在毒物，需要进行连续监测样品。显然，这些物质的存在在废水处理设计中需进行单独考虑。

工业废水调查所得的数据往往易变，因此通常采用统计分析。例如，按出现废水的某个特性数值的时间可能性不超过10%、50%、90% 3种情况来计算，BOD的50%概率接近等于中值。

按递增的方式分别整理悬浮物(SS)和BOD的值。设 n 为测量BOD或SS的总次数，m 为递增数值顺序号($1\sim n$)，横坐标 $m/(n+1)$ 相当于出现的百分数。在概率纸上，以实际值对出现概率作图，用目视的办法画出最接近这些点的平滑变化趋势曲线(必要时可通过标准统计程序算得)。任何值(如流量、BOD或SS)出现的概率可通过作出的概率图求得，同时也可通过标准计算机程序求出。

此外，还要考虑到工业废水调查结果动态推演到将来生产上的应用，弄清废水流量和负荷与生产时间表的关系。由于产生的废水不直接地随生产量的增加或减少而变化，因此动态推演时并不总是遵循线性关系。

1.2.1 废水特性

工业废水中有机质含量是一个需要特别关注的问题。通常通过BOD、COD、总有机碳(TOC)或总需氧量(TOD)等参数来评估废水中的有机质含量。在评估结果时，需要特别注意以下几点。

(1)COD测试能够测量除某些芳香烃(如在反应中未完全氧化的苯)以外的总有机碳。COD测试是一个氧化还原过程，因此一些还原物质如硫化物、亚硫酸盐和亚铁离子会被氧化并计入COD值，但 NH_3-N 在COD测试中不会被氧化。

(2)BOD_5 测试用于测量废水中的生物易降解有机碳，以及在特定条件下可氧化的氮。通常以 BOD_5(20 ℃时，微生物通过代谢作用分解水中的含碳有机物时，5 d内所消耗的溶解氧量)的形式记录，这实际上抑制了氮的硝化作用，只记录碳的氧化物。

(3)TOC测试用于测量所有可以被氧化为 CO_2 的总有机碳。如果废水中存在无机碳(如 CO_2 等)，则需要在分析前将其去除或在计算时进行校正。

(4)TOD测试可以测量有机碳及未氧化的氮或硫。

由于废水的特性直接影响生物处理系统的设计和运行，以下介绍了一些研究者对于各参数指标的讨论。

1. 废水COD指标

由于高浓度废水通常采用厌氧技术处理，以下讨论主要针对厌氧处理过程。

(1)可生物降解COD。

废水中的有机物可以是容易降解的、难降解的或不可降解的。容易降解的有机物能够被各种厌氧污泥(无论是经过驯化还是未经过驯化的)快速降解；难降解的有机物则不能被未经过驯化的污泥降解，但在经过驯化后可以在一定程度上降解。污泥对有机物进行驯化所需的时间长短反映了细菌产生诱导酶以降解这些复杂有机物所需的时间，或者特定细菌利用这些有机物增殖所需的时间。

厌氧条件下，能够被厌氧菌消耗的 COD 被称为可生物降解的 COD，或者记作 COD_{BD}。它在总 COD 中的比例被称为废水的"生物可降解性"，即

$$COD_{BD}=\frac{BOD}{COD}\times 100\% \tag{1.1}$$

(2)可酸化 COD。

厌氧处理技术的原理显示，该过程可分为两个阶段，即产酸阶段和产甲烷阶段。第一阶段主要由水解和(或)发酵细菌驱动，而第二阶段则主要由产甲烷细菌完成。COD_{BD} 指的是在未经过酸化处理的废水中，可被发酵细菌(即水解菌与酸化菌)利用的底物。然而，并非所有的 COD_{BD} 都能被甲烷细菌所利用。首先，被发酵菌转化为细胞物质、氢气和大量挥发性脂肪酸(VFA)。这些转化为细胞物质的 COD 不能被甲烷细菌利用，其余部分则构成了甲烷细菌可以利用的底物 COD，被称为可酸化 COD，记作 COD_{acid}。其在废水总 COD 中的比例为

$$COD_{acid}=\frac{COD_{CH_4}+COD_{VFA}}{COD}\times 100\% \tag{1.2}$$

式中，COD_{CH_4} 为转化为甲烷的 COD；COD_{VFA} 为尚未转化为甲烷而以 VFA 存在的 COD。

式(1.2)为未酸化底物的 COD_{BD}、COD_{acid} 和 COD_{CH_4} 的关系，在糖液中 COD_{acid} 一般等于 COD_{BD} 的 80%，而最大的 COD_{CH_4} 约为 COD_{BD} 的 78%。已酸化的废水中 COD_{acid} 等于全部 COD_{BD}，也是全部的 COD；COD_{CH_4} 最大值可等于 COD_{BD} 的 97%。可以看到，废水中的 COD_{acid} 约等于 COD_{CH_4}，所以可以认为一种废水中 COD 的甲烷转化率大体上等于 COD 的酸化率。

(3)生物抗性 COD。

废水中的 COD 可能含有无法通过生物发酵降解的有机化合物，这些称为生物抗性 COD，记作 COD_{res}，包括在处理过程中未能被污泥驯化而未降解的有机物，以及不可降解的惰性有机物。

(4)可水解 COD。

废水中的某些有机化合物是不溶解的，此外，由溶解性的 COD_{BD} 产生的细胞也是不溶解的。因此，对于厌氧处理而言，COD 的溶解性是一个重要的参数。

某些废水含有聚合物底物，这些底物被发酵前必须被水解为单体或二聚体。能被水解的聚合物 COD 称为可水解 COD，而在厌氧过程的某一阶段以非聚合物形式存在的(包括由聚合物水解而来的)COD 称为已水解 COD，记作 COD_{hydr}。

一些情况下，聚合物以不溶性的悬浮物或胶体形式存在，不溶性的聚合物可以经由水解被转化为溶解性的化合物，这一过程称为液化。若聚合物均为不溶解的，则液化等于水解，不溶解 COD 在厌氧过程中的水解百分率为

$$COD_{hydr}=\frac{COD_{sol}+COD_{cells}+COD_{CH_4}}{COD_{insol}}\times 100\% \tag{1.3}$$

式中，COD_{insol} 为不溶解性 COD；COD_{sol} 为由 COD_{insol} 转化而来的溶解性 COD(包括

VFA)；COD_{cells}为转化为细胞的COD_{insol}；COD_{CH_4}为转化为甲烷的COD_{insol}。

2. 废水 BOD 指标

为解释在工业废水中求得的BOD_5，必须考虑一些重要的因素。BOD 测试得到的需氧量是废水中有机物用于合成新的微生物细胞所需要的氧量和微生物细胞的内源呼吸需氧量的总和。

废水中含有可被氧化的物质，如糖类，可以作为底物被快速利用。最初的 1 d 显示出很高的需氧量，随后几天的需氧速率逐渐减缓，超过 5 d 后，这些数据可以用一级反应曲线来拟合。由于曲线的初始斜率很高，因此生化反应速率常数(k 值)也很大。相比之下，经过充分氧化处理后的排放废水中有效底物含量很少。通常情况下，经过 5 d 培养后，只剩下内源呼吸存在。内源呼吸的氧利用率仅为底物存在时的几分之一，导致相应的 k 值较低。Schroepfer 通过比较适当处理的污水与原始废水中大量底物的 k_{10} 值(表征微生物降解有机物过程中内源呼吸阶段氧利用率的关键参数)变化率来证实这一点。原始废水的平均速率为 0.17 d^{-1}，而处理后的废水平均速率为 0.10 d^{-1}。需注意的是，在这些情况下，直接比较BOD_5 的结果是不合适的。

在 20 ℃时，BOD 速率常数平均值见表 1.2。

表 1.2　在 20 ℃时，BOD 速率常数平均值

底物	k_{10}/d^{-1}	底物	k_{10}/d^{-1}
未处理废水	0.15～0.28	深度生物处理出水	0.06～0.10
高速滤池和厌氧接触池出水	0.12～0.22	低污染河流	0.04～0.08

许多工业废水在氧化过程中表现出挑战性，这要求使用特定适应这些废水特性的微生物群。若水体中缺乏这些微生物，其 BOD 的测定结果将会存在滞后现象，导致BOD_5值的误差，合成有机化学试剂的BOD_5 值受所用微生物群的适应程度影响显著。结构特征对生物驯化的影响见表 1.3。

表 1.3　结构特征对生物驯化的影响

序号	影响
1	含羧基、酯基和羟基的无毒脂肪族化合物易于驯化(小于 4 d 即可驯化)
2	含羰基和双键的有毒化合物驯化时间为 7～10 d，且对未驯化的乙酸菌有毒
3	氨基功能团驯化困难并且分解慢
4	双羧基基团比单羧基基团菌种驯化时间长
5	与功能基团位置异构体驯化周期滞后空间位阻或活性位点变化导致效率降低
	正丁醇，4 d；仲丁醇，14 d；叔丁醇，不被驯化

在纸浆和造纸工业中进行了 1 d 和 5 d BOD 的测定，对于未经处理的废水而言，5 d BOD 的 70%在 1 d 内已完成反应，而对经处理的废水则仅有 50%完成反应。一般来说，1 d 的 BOD 可以被视为反映样品中可溶性有机物含量的指标。在许多情况下，1 d 的

BOD 提供了废水处理厂进行有效控制试验的良好条件(图 1.2)。

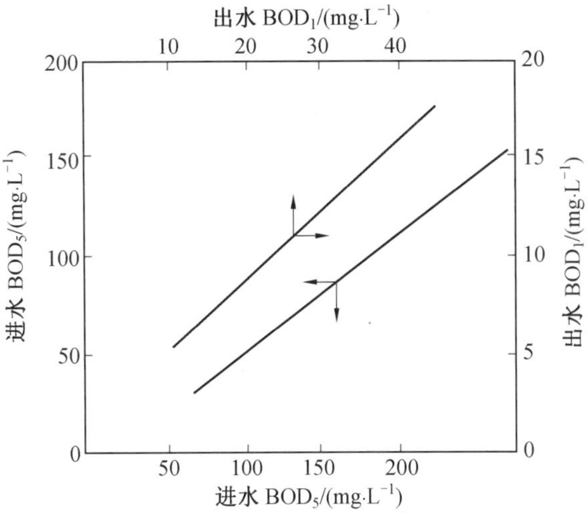

图 1.2　纸浆造纸厂废水的 1 d 和 5 d BOD 之间的相关特性

尽管改进了 BOD 测定方法(如 Busch 提出的短期培养时间试验),能够消除一些由一级假设和底物浓度变化引起的错误,但这些方法在工业应用中并未广泛采用。这是因为工业废水的 BOD 解释必须考虑以下因素:需要消除废水中菌种的驯化效应和所有的滞后影响;在长期培养时间的 BOD 试验中,对未处理和处理后的废水都要考虑 k_{10} 值。对于酸性废水,所有样品在培养前必须中和。

废水的毒性通常可以通过 BOD 测定中的稀释效应来发现,即随着稀释度的增加,计算得出的 BOD 值也会增加。如果出现这种情况,就必须确定能够得出准确的 BOD_5 值所需的最小稀释倍数。

3. 工业废水 BOD、COD 和 TOC 的关系

在建立 BOD 和 COD 或 TOC 之间的相关关系时,通常需要过滤样品(可溶性有机物),以避免在各自的测定中,有挥发性悬浮颗粒物干扰。

BOD 是指可氧化有机物在 20 ℃培养 5 d 以上达到稳定时需要的氧量。通常 BOD 反应是一级反应,即

$$\frac{\mathrm{d}L}{\mathrm{d}t}=-kL \tag{1.4}$$

式中,L 为生物氧化有机物稳定化后的总需氧量;t 为时间;k 为反应速率常数。

式(1.4)积分后得

$$L=L_0\mathrm{e}^{-kt} \tag{1.5}$$

因为 L 是未知的,它反映任一时间残余的需氧量,式(1.4)又可用下式表达为

$$y=L_0(1-\mathrm{e}^{-kt}) \tag{1.6}$$

而 y 为时间 t 时的 BOD 量,即

$$y=L_0-L \tag{1.7}$$

或

$$y=L_0(1-10^{-kt}) \tag{1.8}$$

根据定义，L_0是可生物氧化有机物稳定化后的总需氧量；如果 k 是已知，那么 BOD_5 是 L_0的固定百分数。

COD 测试用于测定在酸性条件下能够被重铬酸钾氧化的废水中的总有机物含量。使用硫酸银作为催化剂时，大多数有机化合物的回收率可高达 92%以上。然而，一些芳香烃类化合物(如甲苯)只能部分被氧化。实际上，由于 COD 测试反映的几乎所有有机化合物中很多都是部分或完全不易生物降解的，因此只有当废水中含有易生物降解有机物(如糖类)时，COD 值才会与 BOD 成正比。表 1.4 和表 1.5 列出了不同工业废水的 BOD 和 COD 等特性。

表 1.4 工业废水的需氧量和有机碳组分

废水来源	BOD_5 /(mg·L^{-1})	COD /(mg·L^{-1})	TOC /(mg·L^{-1})	BOD/COD	COD/TOC
化学试剂厂	—	4 260	640	—	6.65
化学试剂厂	—	2 410	370	—	6.60
化学试剂厂	—	2 690	420	—	6.40
化学试剂厂	—	576	122	—	4.72
化学试剂厂	24 000	41 300	9 500	2.53	4.35
化学炼油厂	—	580	160	—	3.62
石油化学厂	—	3 340	900	—	3.32
化学试剂厂	850	1 900	580	1.47	3.28
化学试剂厂	700	1 400	450	1.56	3.12
化学试剂厂	8 000	17 500	5 800	1.38	3.02
化学试剂厂	60 700	78 000	26 000	2.34	3.00
化学试剂厂	62 000	143 000	48 140	1.28	2.96
化学试剂厂	—	165 000	5 800	—	2.84
化学试剂厂	9 700	15 000	5 500	1.76	2.72
尼龙聚合厂	—	23 400	8 800	—	2.70
石油化学厂	—	—	—	—	2.70
尼龙聚合厂	—	112 600	44 000	—	2.50
烯烃合成厂	—	321	133	—	2.40
丁二炔合成厂	—	359	156	—	2.30
化学试剂厂	—	350 000	160 000	—	2.19
合成橡胶厂	—	192	110	—	1.75

表 1.5　工业废水的 COD、BOD 的相关特性

废水来源	流入域		流出域		$(COD_{nd})e$①/(mg·L^{-1})
	BOD/(mg·L^{-1})	COD/(mg·L^{-1})	BOD/(mg·L^{-1})	COD/(mg·L^{-1})	
制药厂	3 290	5 780	23	561	561
化学试剂厂	725	1 487	6	257	248
赛璐珞厂	1 250	3 455	58	1 015	926
制革厂	1 160	4 360	54	561	478
烷基胺厂	893	1 289	12	47	29
烷基苯磺酸盐厂	1 070	4 560	68	510	405
人造丝厂	478	904	36	215	160
聚酯纤维厂	208	559	4	71	65
蛋白质制造厂	3 178	5 355	5	245	237
烟草厂	2 420	4 270	139	546	332
丙烯氧化物合成厂	532	1 124	49	289	214
纸厂	380	686	7	75	64
蔬菜油加工厂	2 474	6 302	76	332	215
植物制革厂	2 396	11 663	92	1 578	1 436
硬纸板厂	3 725	5 827	58	643	554
含盐有机化学厂	3 171	8 597	82	3 311	3 185
炼焦厂	1 618	2 291	52	434	354
液态煤厂	2 070	3 160	12	378	360
纺织印染厂	393	951	20	261	230
车皮纸厂	308	1 153	7	575	564

注：①为处理后特定时间的 COD 残留量，*e* 代表估计值，整体表示 COD 未检出，报告值为基于检测限的估计上限。

由于未处理废水和处理后出水的 BOD_5 值显示不同的总耗氧量比例，因此常常使用 BOD 与 COD 的比值(BOD/COD)来比较处理后的出水与未处理废水。在 BOD 试验中，当废水中的有机悬浮颗粒物缓慢地被生物降解时，BOD 与 COD 之间的相关性不存在。因此，建议使用经过过滤或可溶性的样品进行试验。例如，造纸厂废水中的纸浆和纤维废水就是这种情况。

在含有难降解物质(如丙烯腈－丁二烯－苯乙烯共聚物(ABS))的复杂废水中，BOD 和 COD 之间也没有相关性。因此，处理后的出水几乎不含 BOD，而主要含有 COD。

TOC 的测定方法相对简单，因此已广泛应用于各种分析中。在考虑工厂的常规控制或研究程序时，由于 BOD 试验需要较长的培养时间，通常不会进行。因此，绘制 BOD 与 COD 或者 TOC 之间的相关图是非常有用的。

对于含有特定有机化合物的废水，理论耗氧量(theoretical oxygen demand，THOD)可以通过计算氧化这些有机物至最终产物所需的氧量来确定。例如，对于葡萄糖而言，

$$C_6H_{12}O_3 + 6O_2 \longrightarrow 6CO_2 + 6H_2O$$

$$\mathrm{THOD} = \frac{6M_{O_2}}{M_{C_6H_{12}O_6}} = 1.07\ \frac{\mathrm{COD(mg/L)}}{m_{有机物}\mathrm{(mg)}} \tag{1.9}$$

式中，M 为摩尔质量。

对于大多数有机化合物(除了含芳烃和氮化合物的情况)，它们的 COD 值通常等于 THOD。对于易降解的废水，比如奶制品厂的废水，其 COD 值大致等于其最终 BOD 值除以 0.92。然而，当废水中同时存在不易降解的有机物时，总 COD 与 BOD 之间的差异表明废水中存在难降解的有机成分。

研究表明，在生物处理过程中，难降解物质会逐渐积累。这些物质包括废水中的有机物、生物氧化的副产物及微生物内源代谢生成的产物，被称为可溶性微生物产物(soluble microbial products，SMP)。如图 1.3 所示，生物处理后的出水 COD 值的增加可以归因于废水中难降解有机物的影响。

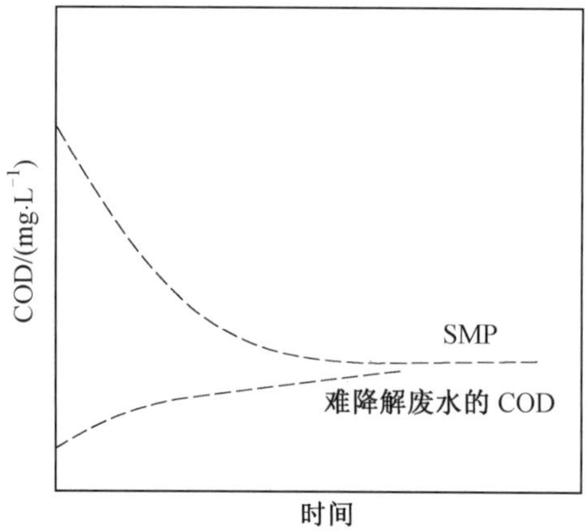

图 1.3　生物氧化期间 COD 的相关性

当鉴别化合物时，可通过碳一氧平衡建立 TOC 与 COD 的相关关系

$$C_6H_{12}O_3 + 6O_2 \longrightarrow 6CO_2 + 6H_2O$$

$$\frac{\mathrm{COD}}{\mathrm{TOC}} = \frac{6M_{O_2}}{6M_C} = 2.66\ \frac{\mathrm{COD(mg/L)}}{m_{有机碳}\mathrm{(mg)}} \tag{1.10}$$

根据不同的有机物种类，COD/TOC 的变化范围很大，从不能被重铬酸钾氧化的有机物到甲烷，COD/TOC 可以从 0 变化到 5.33。这是不同有机物在生物氧化过程中的含量变化导致了 COD/TOC 的不同。

同样的情况也适用于 BOD/TOC，因为不同有机物在 BOD 和 COD 测试中的值也不同。根据某些有机物的理论需氧量评价 COD 和 BOD 见表 1.6。

表 1.6　根据某些有机物的理论需氧量评价 COD 和 BOD

化学基团	THOD /(mg・mg^{-1})	测量的 COD /(mg・mg^{-1})	(COD/THOD) /%	测量的 BOD_5 /(mg・mg^{-1})	(BOD_5/THOD) /%
脂肪族					
甲醇	1.50	1.05	70	1.12	75
乙醇	2.08	2.11	100	1.58	76
乙二醇	1.26	1.21	96	0.39	29
异丙醇	2.39	2.12	89	0.16	7
顺丁烯二酸	0.83	0.80	96	0.64	77
丙酮	2.20	2.07	94	0.81	37
甲乙酮	2.44	2.20	90	1.81	74
乙酸乙酯	1.82	1.54	85	1.24	68
草酸	0.18	0.18	100	0.16	89
平均值			91		56
芳香族					
甲苯	3.13	1.41	45	0.86	28
苯甲酸	2.42	1.98	80	1.62	67
苯甲酸	1.96	1.95	100	1.45	74
氢醌	1.89	1.83	100	1.00	53
邻甲酚	2.52	2.38	95	1.76	70
平均值			84		58
乙醇胺	2.49	1.27	51	0.38	34
丙烯腈	3.17	1.39	44	约 0	0
苯胺	3.18	2.34	74	1.42	44
平均值			58		26

在活性污泥处理过程中，只有可降解的有机物才能被去除。因此，出水的 COD 主要由 3 部分组成：①进水中的难降解有机物($SCOD_{nd}$)；②剩余的可降解有机物(通常以可溶性 BOD 为代表)；③处理过程中生成的 SMP。由于 SMP 是不易生物降解的(也可标记为 SMP_{nd})，它在 COD(或 TOC)中表现出来，但不会在 BOD 中表现。

试验数据表明，SMP_{nd}流入废水可降解 COD 通常在 2%～10%之间变化，具体百分比取决于废水类型及生物处理过程中的固体停留时间(SRT)。工业废水中，COD、BOD 和 SMP 之间的相互关系见表 1.5。表中假设 SMP_{nd} 占进水中可降解有机物生成的 SCOD 的影响约为 5%。

出水的总 COD($TCOD_e$)由可降解 COD 与不可降解 COD(即 $SCOD_e+SCOD_{nd}$)之和组成,再加上由废水中悬浮固体(TSS_e)引起的"颗粒物"COD 的总量。如果废水中的固体原本是活性污泥的絮状夹带物,则 COD 可按照 1.4 倍的 TSS_e 来估算,表达为

$$TCOD_e=(SCOD_{nd})_e+(SCOD_d)_e+1.4TSS_e \tag{1.11}$$

$$(SCOD_{nd})_e=SMP_{nd}+(SCOD_{nd})_i \tag{1.12}$$

$$(SCOD_{nd})_e=SCOD_i-(SCOD_d)_i \tag{1.13}$$

$$TCOD_e=SCOD_i-(SCOD_d)_i+SMP_{nd}+(SCOD_d)_e+1.4TSS_e \tag{1.14}$$

进水(i)或出水(e)的可降解的 SCOD 可从 BOD_5 与最终 BOD($BOD_{最终}$)之比计算得到(标作 f_i 或 f_e),假定 $BOD_{最终}=0.92SCOD$,进水或出水的可降解的 SCOD 可用下式计算:

$$(SCOD_c)_{i/e}=\frac{(BOD_5)_{i/e}}{f_{i/e}\cdot 0.92} \tag{1.15}$$

废水的 TCOD 可结合式(1.11)~(1.14)计算得到

$$TCOD_e=SCOD_i-\left[\frac{(BOD_5)_i}{f_i\cdot 0.92}\right]+SMP_{nd}+\left[\frac{(BOD_5)_e}{f_e\cdot 0.92}\right]+1.4TSS_e \tag{1.16}$$

BOD、COD 和 TOC 的测定用于粗略估算废水中的有机总量,与废水处理的生物技术无直接关系。为了区分废水中的可生物降解和不可生物降解物质,需要对其有机成分进行分类(图 1.4)。准确区分可生物降解和不可生物降解的 BOD 值对于选择适当的处理流程以控制污泥质量至关重要。

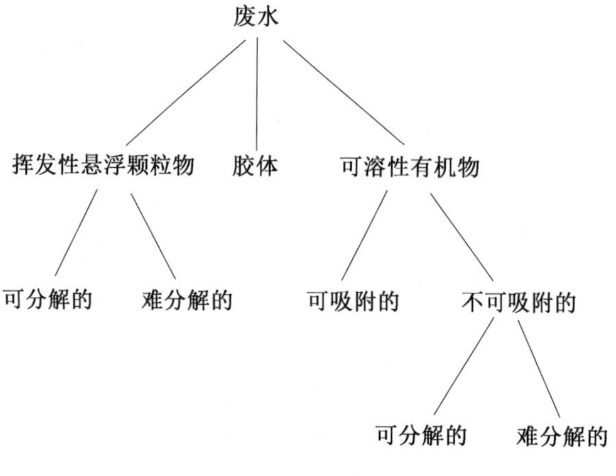

图 1.4　某废水有机组成的分类

1.2.2　测量废水的毒性

测量废水毒性的标准技术是生物鉴定法,用于评估废水中物质对生物体的影响。生物鉴定法包括两种主要试验方法:慢性试验和急性试验。慢性试验评估长期效应,如对有机生物体的繁殖、生长或正常行为的影响;而急性试验评估短期效应,主要包括死亡率。

在急性试验中,首先选择一种试验生物(如虾),将其暴露在已知浓度的样品中一段特定时间(通常为 48 h 或 96 h,偶尔为 24 h),以测定使 50%生物体死亡的样品浓度,称

为 LC_{50}。慢性试验则将试验生物暴露在已知浓度的样品中，经过较长时间的试验（通常为 7 d），以测定抑制试验生物慢性行为（如生长质量或繁殖能力）达到 25% 的样品浓度，称为 IC_{25}。NOEC 则表示未观察到毒性效应的浓度。

LC_{50} 和 IC_{25} 通过统计分析死亡率和生物体质量一时间或繁殖力一时间的关系数据得出，其值越低说明废水毒性越高。生物试验数据通常用特定化合物浓度（如 mg/L）表示，或者在全废水情况下，用稀释的百分数倒数表示。例如，全废水毒性 25%，相当于毒性单位为 100/25 或 4。较大的毒性单位表示较高的毒性水平，这种数据表达方式适用于任何生物体的急性或慢性试验，为简化的数学表达方式。

不同的有机生物体可用于评估废水毒性，选择的生物体和生命阶段（如成年或幼体）取决于废水的盐度、稳定性、目标污染物的特性以及对不同种类废水的相对敏感性。同一化合物在不同生物体中显示出不同的毒性限值（表 1.7），并且由于生物因素的影响，不同测试生物对单一化合物的毒性表现出相当大的变异。

表 1.7　某些化合物的急性毒性（96 h LC_{50}）

名称		单位	鲤鱼	玛格纳水蚤	虹鳟
有机物	苯	mg/L	42	35	38
	1,4－二氯苯	mg/L	3.72	3.46	2.89
	2,4－二硝基苯酚	mg/L	5.81	5.35	4.56
	氯化甲烷	mg/L	326	249	325
	苯酚	mg/L	39	33	35
	2,4,6－三氯苯酚	mg/L	5.91	5.45	4.62
金属	Cr	μg/L	38	0.29	0.04
	Cu	μg/L	3.29	0.43	1.02
	Ni	μg/L	440	54	—

此外，同一工厂的废水变化会显著影响废水的毒性。多次试验的结果变化受多种因素影响，例如试验生物的种类、试验条件、重复次数（即平行样本）及试验的实验室（多个实验室同时进行时，结果可能存在较大差异）。

毒性试验结果的精密度随着样品实际毒性的降低而显著减少。例如，在阿根廷港口使用 Mysidopsis bohia 进行一系列生物试验时，对于 10% 的 LC_{50}（相当于 10 个毒性单位），其 95% 置信区间为 7%～15%；而对于 50% 的 LC_{50}（相当于 2 个毒性单位），置信区间为 33%～73%。这种偏差是由试验统计性质引起的。较高的 LC_{50} 值表示较低的死亡率，样本数量较少时可能导致 LC_{50} 值的范围较宽；相反，较高的死亡率提供较精确的估算，因为更高比例的生物体受到了样品的影响，从而提供了较为准确的实际毒性估计。所有试验结果都只能给出实际毒性的估计值，因此应同时记录方法的精密度。

由于生物试验结果存在较大偏差，必须验证大量的数据以正确评估毒性程度。不能仅依赖于单个试验数据得出结论，而是需要进行长期的分批试验、半工业规模中间试验或生产规模试验，以确保处理方法的有效性。

美国加利福尼亚喀兹巴一家微生物公司使用Microtox系统，在恒温、高盐、低营养的培养基中培养冷冻干燥的海水荧光微生物体贵氏弧菌(*Vibrio fischeri*)，并测量废水对荧光微生物体光输出的影响。Microtox系统在测量许多生活排放水和相对简单的工业废水方面取得了相当成功的应用。

美国新泽西州佛兰明顿的水溶液测试站使用IQ法将实验室培养箱中的小于24 h寿命的水蚤类菌种大型溞(*Daphnia magna*)和蚤状溞(*Daphnia pulex*)暴露于一组稀释样品中1 h。随后，通过比较荧光强度来评估废水对这些菌种消化底物能力的影响。

Ceriofast使用自行培养的菌种*Ceriodaphnia dubia*进行24 h或48 h的试验。首先，将这些菌种暴露于稀释后的样品中40 min，随后将试验组和对照组的生物体分别培养在含无毒荧光剂的酵母粉中20 min。通过比较对照组生物体内荧光的含量与试验组生物体内荧光的含量来评估废水对菌种捕食能力的影响。

1. 废水分离的毒性鉴定

废水分离毒性鉴定研究的目的在于确定引起废水毒性的一般或特定原因。实际的废水样品可以来自化学或物理分离过程，也可以是合成的样品，具有某种毒理效应。该鉴定的目标是测定废水中不存在其他化合物，但可能存在其他可鉴定或非毒性的背景化合物，从而推断出可疑成分的毒性。

一般而言，对废水样品进行毒性试验的过程包括对样品进行处理，以消除与其毒性相关的化学基团。将处理后的样品与未处理的样品进行毒性试验比较，不同的结果表明，被去除的组分(或组分族)可能正是与其毒性相关的物质。

针对目标组分及其分离方法，存在多种不同的标准和可靠的技术可供选择，有些技术已经成熟，有些则需要进一步开发，特别是对于某些特殊的废水样品。在进行分离之前，通常需要制订详细的计划，并确定所需设备的条件。图1.5综合展示了在分离废水过程中应用的各种技术，并非所有的分离技术都适用于每个分离步骤，处理方法应根据具体情况进行选择。

第一步是制订工艺流程图和收集关于排放化学成分及工厂产品的长期数据。这些分析可能提供毒性来源的线索。在某些情况下，某种化合物的浓度超过报告的毒性水平，但实际上并不对生物体有害，因为生物体无法吸收该物质。例如，许多重金属在软水中即使是低浓度也会有毒性，而在硬水中则可能无毒。如果过程分析未能得出结论，可参考相关文献以获取类似废水中已知有毒化合物的毒性信息。

第二步实际上是分离排放样品。在所有情况下都需要进行空白分析(即对照样品)，以确认毒性不是由分离或测试过程引入的。

相关操作考虑了以下几种因素：

(1)过滤。一般来说，首先进行样品过滤分离，以确定毒性是否源自样品中的溶解组分或非溶解组分。

(2)离子交换。在无机毒性研究中，可以使用阳离子和阴离子交换树脂去除有毒的无机化合物或离子。

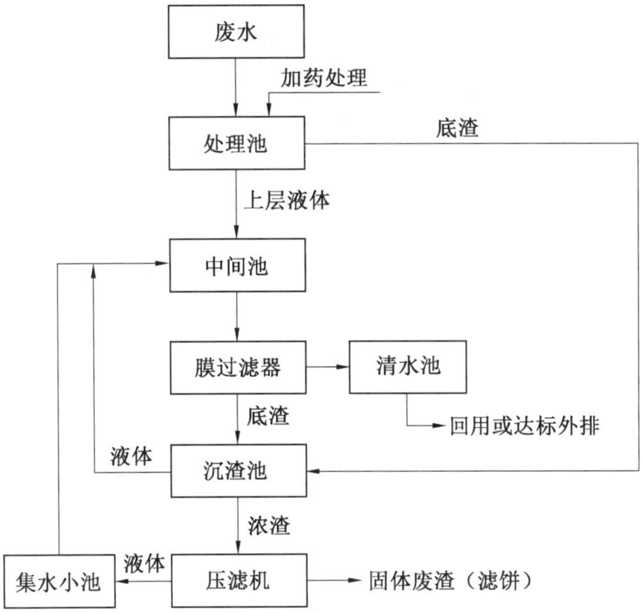

图 1.5　分离废水过程中应用的各种技术

(3)分子量分类法。评估进入废水的分子量分布及各个分子量范围内物质的毒性，通常有助于缩小可疑污染物的分子量范围。

(4)生物降解试验。实验室条件下对废水样品进行生物处理，可能完全氧化有机物中可降解部分，生物鉴定分析可定量出难降解的毒物及生物处理产生的还原性物质的毒性。

(5)氧化还原。由水处理过程(如氯和氯胺用于消毒)产生的剩余氧化剂可对许多生物体造成毒害。这些剩余氧化剂在不同浓度下可通过如硫代硫酸钠等试剂的还原反应简单地检测其毒性。

(6)金属络合作用。几乎所有金属阳离子(除汞外)的毒性可以通过乙二胺四乙酸(EDTA)对样品的络合作用及估算毒性变化来确定。

(7)空气吹脱。使用 pH 为酸性、中性或碱性的静态空气吹脱法基本上可以去除所有挥发性有机物。在碱性条件下尤其适合去除氨。因此，当怀疑挥发性有机物和氨同时存在时，可以采用分子筛交换等替代的氨去除技术。

(8)树脂吸附和溶剂萃取。有时可以用树脂吸附或溶剂萃取鉴定非极性有机物是否为毒物。例如，将样品吸附在长链有机树脂上，然后用溶剂(如甲醇)反萃取有机物，并通过生物鉴定法测定样品的毒性。

2. 源分析和分类

在典型的废水收集系统中，来自工厂不同源头的多种废水逐渐汇集，最终形成一条单独排放或送入处理工厂的进水流。为了准确确定毒物的来源，必须对这些源头进行分析和分类。该过程从流入处理工厂的废水开始，逐步沿着上游各个废水排放点进行，直至确定主要的毒物来源。

每个废水源的评估旨在确定该废水是否能够在末端处理设施(通常采用生物处理系统)中去除毒性,确定不同源头对出水毒性的贡献,并进一步探索减少或消除其毒性的方法。

收集和分析大量废水源信息需要制定程序,其流程框图如图 1.6 所示。

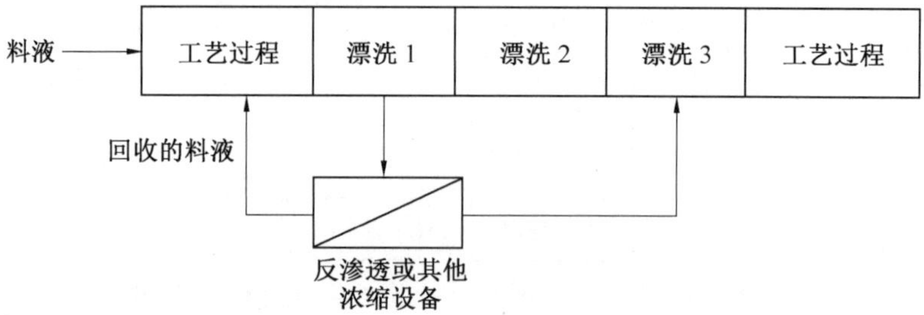

图 1.6

根据以下标准对处理前的废水源进行初步分类:

(1)生物毒性鉴定,主要化学成分以 mg/L 表示。

(2)流量,以总废水的体积分数表示。

(3)主要化学成分的浓度,例如以 TOC 表示的有机物。

(4)生物可降解性。

对于难以生物降解的废水,在排放时容易引起毒理效应,通常需要进行物理或化学处理;相反,某些易于生物降解的废水,由于生物处理后产生高浓度的残留物,可能需要进一步试验以评估其是否仍含有大量有毒物质。

废水的生物降解性增强,通常意味着其引起毒理效应的可能性较低。为了评估废水毒性的实际影响,可以将全部或大部分混合废水供给连续流生物反应器,然后测定反应器出水的毒性。

为了确定废水之间是否发生反应,有必要将各个废水流出液的毒性与混合后的废水进入生物反应器后的出水毒性进行比较。如果混合后的毒性(以毒性单位表示)等于预期值,表明没有发生协同或拮抗效应。若混合后测得的值低于预期值(例如混合样品无毒性),则表明废水之间存在拮抗效应;反之,则表明存在协同效应。

1.3 高浓度有机工业废水的水质特征及环境危害

1.3.1 概述

有机工业废水按其浓度可分为高浓度有机工业废水和低浓度有机工业废水。高浓度有机工业废水主要具有以下显著特点。

(1)有机物浓度高。COD 一般在 2 000 mg/L 以上,有的高达几万乃至几十万毫克每升。

(2)成分复杂。含有毒性物质,废水中有机物以芳香族化合物和杂环化合物居多,多含有硫化物、氮化物、重金属和有毒有机物。

(3)色度高,有异味。一些高浓度有机废水会散发出刺鼻的恶臭,严重影响周围环境的空气质量和居住舒适度。

(4)强酸性或强碱性。工业产生的超高浓度有机废水中,酸、碱类众多,往往具有强酸性或强碱性,这与生产过程中使用的各类酸碱化学品有关。

总体来看,高浓度有机工业废水的环境危害极大,不仅威胁人体健康,还可能导致农作物减产或品质下降,进一步影响渔业的产量和质量,进而制约相关产业的发展。此外,这类废水还会加速生态系统的退化与破坏,造成严重的经济损失。针对具体的废水类型,如制药废水、印染废水、制革废水、电镀废水和造纸废水,以下分别探讨它们的水质特征及对环境的危害。

1.3.2　制药废水

(1)制药废水来源。

制药工业的废水根据生产工艺的不同,可以分为生物制药废水和化学制药废水两大类。生物制药进一步分为 4 类:发酵工程制药、细胞工程制药、酶工程制药和基因工程制药;而化学制药是通过化学方法使有机或无机物质发生化学反应,从而生成其他物质的过程。

发酵类生物制药生产过程排放的废水可以分为 4 类:①主生产过程排水。包括废滤液、废母液、其他母液、溶剂回收残液等,浓度高、酸碱性和温度变化大、药物残留是此类废水最显著的特点,对全部废水中的 COD 贡献比例大,处理难度大。②辅助过程排水。包括工艺冷却水、动力设备冷却水、循环冷却水系统排污、水环真空设备排水等,此类废水污染物浓度低,但水量大,季节性强,企业间差异大,此类废水也是近年来企业节水的目标。③冲洗水。包括容器设备冲洗水、过滤设备冲洗水、树脂柱(罐)冲洗水、地面冲洗水等,其中过滤设备冲洗水污染物浓度也很高,主要是悬浮物,如果控制不当,也会成为重要污染源;树脂柱(罐)冲洗水水量也比较大,初期冲洗水污染物浓度高,并且酸碱性变化大,也是一类重要废水。④生活污水。生活污水不是主要废水。

化学制药包括纯化学合成制药和半合成制药。由于合成制药的化学反应过程不一,因此排水点不易统一概括,可以笼统地分为 4 类:①母液类。包括各种结晶母液、转相母液、吸附残液等。②冲洗废水。包括过滤机、反应容器、催化剂载体、树脂、吸附剂等设备及材料的洗涤水。③回收残液。包括溶剂回收残液、前提回收残液、副产品回收残液等。④辅助过程排水及生活污水。与发酵生物制药相比,化学制药废水的产生量要小,并且污染物明确,种类也相对较少。

另外,通过物理或化学方法可以在植物中提取或直接形成药物,包括植物提取类制药、生物制品、制剂生产等。

①植物提取类制药废水因使用的植物种类不同,污染特征差异较大,主要包括溶剂回收废水、饮片洗涤水和蒸煮浓缩过程中的蒸汽冷凝水。这类废水中的污染物主要包括

植物碎屑、纤维、糖类、有机溶剂及产品残留，COD 浓度范围从数百毫克每升至数千毫克每升不等。部分植物提取过程与发酵类生物制药中的菌体提取过程相似，因此其废水排放特征与发酵类生物制药相近。

②生物制品生产废水中含有较高浓度的脂肪和蛋白质，某些情况下还含有氮环类和噁唑环类有机物质。由于药物和生产工艺的不同，废水中含有的残余有机物种类也有所不同。总体而言，这类废水的可生化性较好。近年来，基因技术在生物制品中的应用越来越广泛，尽管基因制药产生的废水和污染物较少，但通常需要对其进行彻底的“灭活”处理，以确保不对环境产生危害。

③制剂生产废水主要来自原料和生产器具的洗涤水，以及设备和地面的冲洗水。由于这类生产过程中污染物浓度较低，废水排放标准相对严格，因此必须经过适当的处理，确保符合环保要求。

(2)制药废水的水质特征。

发酵工艺产生的制药废水具有以下主要特征：①排放点多且分类明确。由于生产过程中涉及多个环节，废水的排放点较为分散。高浓度和低浓度废水通常分别收集和处理，便于实现清洁和污染物的分流管理。②高浓度废水排放具有间歇性，水质波动大。高浓度废水的排放不连续，且其酸碱度和温度经常出现较大变化。因此，需要配备容量充足的收集和调节设施，确保后续处理过程的稳定性和有效性。③有机污染物浓度极高。这类废水中含有大量有机物质，如废滤液和废母液的 COD 通常超过 10 000 mg/L，给处理过程带来较大挑战。④碳氮比例失衡。废水中的生化需氧量与含氮量的比值(BOD/N)一般介于 1～4 之间，远低于微生物有效处理所需的比例(好氧条件下约为 20∶1，厌氧条件下为(40～60)∶1)。这种失衡会抑制微生物的正常生长和代谢，降低生物处理的效率。⑤含氮量较高。废水中富含有机氮和氨氮，这些氮素形态需要在处理过程中得到有效去除，以防止对水体环境造成富营养化等负面影响。⑥硫酸盐含量过高。在提炼和精制过程中大量使用硫酸和硫酸铵，导致废水中硫酸盐浓度偏高，这不仅增加了处理难度，而且可能对厌氧生物处理过程产生不利影响，如引发硫化氢的产生。⑦存在难降解或有抑制性的物质。废水中包含一些微生物难以分解的有机物，甚至存在对微生物有毒害或抑制作用的成分，这进一步增加了废水处理的复杂性。⑧色度较深。发酵类废水通常具有较高的色度，如果不经过适当处理，直接排放会对受纳水体的感观质量造成不良影响。

化学合成工艺产生的制药废水具有以下特征：①污染物浓度极高。废水中残留着大量的反应物、生成物、溶剂和催化剂等，导致 COD 值可能高达数十万 mg/L，处理难度相当大。②高含盐量。在化学反应过程中会产生大量的无机盐副产物，这些盐类残留在母液中，导致废水的盐度升高，影响后续的生物处理过程。③酸碱度波动显著。由于生产过程中使用和产生各种酸碱性物质，废水的 pH 变化范围较大。在进行中和处理时，需消耗大量的酸碱试剂，增加了处理成本。④营养物质缺乏，成分相对单一。废水中的有机物种类有限，且缺乏微生物生长所需的必要营养元素，给生物处理过程中微生物的培养和维持带来困难。⑤含有毒性或难降解物质。一些原料和产品如酚类化合物、苯胺类化合物、重金属、芳香烃和卤代烃溶剂等，具有较强的生物毒性或难以被微生物降解，需要采用特殊的处理方法予以去除。

(3)制药废水的环境危害。

制药废水中可能含有残留的药物成分和其他有毒有害物质，若未经有效处理直接排放，会对生态环境造成严重威胁。鉴于此，我国在制定各类制药工业水污染物排放标准时，特别强调了对急性毒性指标的控制，旨在有效减少有毒有害污染物对水体生态系统的影响。

在发酵和提取工艺过程中添加的有机或无机盐类物质，当其在废水中浓度过高时，会对废水处理过程中的微生物群落产生抑制作用。例如：①抗生素类物质的影响。研究表明，当废水中青霉素、链霉素、四环素和氯霉素的质量浓度低于 100 μg/L 时，不会对好氧生物处理产生明显影响，且这些物质可被微生物降解。然而，当其质量浓度升高至超过 10 mg/L 时，会显著抑制好氧活性污泥的活性，降低处理效果。②浓度依赖性抑制效应。进一步的研究显示，青霉素和链霉素在质量浓度低于 500 mg/L 时，对好氧活性污泥的呼吸作用影响不大；而当青霉素、链霉素和卡那霉素的质量浓度低于 5 000 mg/L 时，对厌氧发酵过程也没有显著影响。

需要注意的是，各种抑制物质对微生物的影响程度还与微生物群落的适应性和具体的工艺条件密切相关。因此，在实际处理过程中，应根据废水的具体成分和浓度，选择合适的处理工艺，并通过驯化微生物等手段，提高处理系统对有毒有害物质的耐受性和降解能力，确保废水达标排放，保护水体生态环境。

1.3.3　印染废水

(1)印染废水来源。

印染废水主要来源于印染工艺中的各个生产环节。尽管不同印染厂所使用的原辅材料、化学试剂和工艺技术各不相同，但其基本的生产工序是相似的。典型的印染过程通常包括以下 8 个步骤：退浆、精练、漂白、丝光、染色(印花)、整理、干燥和成品加工。印染废水的主要污染来源集中在退浆和染色工序，这两个步骤产生的废水占整个印染工艺废水总量的比例较高。

(2)印染废水的水质特征。

①退浆废水。退浆工序中使用的浆料有天然浆料和合成浆料两种，退浆废水的水质特征如下：

a. 天然浆料退浆废水。主要污染物包括淀粉、聚乙烯醇(PVA)及一些助剂。实测数据显示，这类废水的 COD 为 10～20 g/L，BOD 为 5～10 g/L，属于易生化处理的高浓度有机废水，pH 通常在 9 左右。

b. 合成浆料退浆废水。特别是 PVA 退浆废水，COD 介于 10～40 g/L 之间，BOD 则在 500～1 000 mg/L 之间，pH 通常在 6 左右。由于合成浆料难以被微生物降解，属于难生化处理的高浓度有机废水。

②染色(印花)废水。染色(印花)工序产生的废水具有以下特征：

a. 污染物浓度。染色废水的 COD 在 3～20 g/L 之间，BOD 在 300～1 000 mg/L 之间。废水的 pH 通常在 9.5 左右，呈现碱性特征。

b. 色度。染色废水通常具有高色度，色辉单位(lovibondunit)在 50～80 之间，表明废水中的色素浓度较高，难以通过常规生物处理去除。

染色废水的这些特性使得它难以处理，尤其是其中的有机污染物难以降解。因此，降低退浆和染色废水的有机污染负荷对于改善最终排放废水的水质至关重要。

各类印染废水由于产品的不同，水质也有较大差别。表 1.8 和表 1.9 列举了棉及混纺织物印染废水和针织织物印染废水的水质情况。

表 1.8　棉及混纺织物印染废水的水质情况

类别	纯棉染色、印花全能厂(染色布 24%、印花布 47%、漂白布 29%)	染色、印花全能厂(棉 50%、化纤 50%)	漂染厂(纯棉为主、少量涤棉)	漂染厂(化纤 40%、棉 60%)
染料	活性染料 80%，其余士林染料、分散染料及少量印地科素	活性染料 50%、纳夫妥 30%，其余分散染料及少量还原染料	还原染料 80%、分散染料 10%、纳夫妥 10%	还原性染料 40%、分散染料 25%、纳夫妥 25%及少量活性染料、直接染料
助剂	硫酸、纯碱、烧碱、淀粉浆料为主	硫酸、盐酸、保险粉、双氧水、烧碱、洗涤剂、PVA、羧甲基纤维素钠(CMC)等	硫酸、烧碱、次氯酸钠、淀粉浆料、洗涤剂等	硫酸、盐酸、洗涤剂、PVA、CMC、保险粉
pH	9～10	8.5～10	11～13	9～11
色度/倍	300～500	400～500	150～250	125～250
BOD_5/(mg·L^{-1})	200～300	200～250	150～250	200～250
COD/(mg·L^{-1})	500～900	700～1 200	300～600	500～700
SS 质量浓度/(mg·L^{-1})	200～300	—	—	100～300
硫化物质量浓度/(mg·L^{-1})	0.9～4	0.6～2.5	—	—

表 1.9　针织织物印染废水的水质情况

项目	纯棉为主的衣衫生产	涤棉为主的衣衫生产	棉为主少量腈纶真丝生产	弹力袜生产
pH	9.0～10.5	7.5～10.5	9.0～11.0	6.0～7.5
COD/(mg·L^{-1})	500～850	400～1 100	400～850	300～500
BOD_5/(mg·L^{-1})	200～350	170～430	120～300	100～200
色度/倍	100～500	100～500	100～400	100～200

(3)印染废水对环境的危害。

印染废水对环境的危害主要来源于其中的难降解污染物、有毒有害的重金属、甲醛、卤化物等化学物质。根据危害程度可把印染废水中主要污染物分为 5 级：1 级污染物，如酸、碱、盐和氧化剂，相对无害，对环境的影响较小；2 级污染物，包括淀粉浆料、植物油、脂肪、蜡质等，虽然 BOD 较高，但易被生物降解，对环境的长期影响相对较小；3 级污染物，如染料、荧光增白剂和聚合物，难以生物降解，容易在环境中累积，造成水体污染；4 级污染物，如羊毛脂、聚乙烯醇浆料和难以生物降解的表面活性剂，虽然 BOD 中等，但处理困难，对水体生态系统可能造成长期影响；5 级污染物，如甲醛、阳离子缓染剂、重金属盐和有机金属化合物，BOD 值低且难以通过传统生化法处理，具有较强的毒性，对水体生物和人类健康造成直接威胁。这些高危物质若不经有效处理直接排放，会对水体、土壤及生态环境造成严重威胁，并可能通过食物链影响人类健康，因此印染废水的处理需采用多样化技术确保达标排放。

1.3.4　制革废水

(1)制革废水来源。

制革废水的主要来源包括皮革加工过程中蛋白质、脂肪的转移，大量化工原料如酸、碱、盐、硫化钠、石灰、铬鞣剂、加脂剂、染料等的使用。这些物质中有相当一部分进入废水中。制革废水主要来自鞣前准备、鞣制及其他湿加工工段，这些过程产生的废液通常是间歇排放的，并且是制革工业中污染最主要的来源。

(2)制革废水的水质特征。

制革废水是一种有机物浓度高、悬浮物浓度高、色度高的废水，此外制革废水中还含有大量难以被生物降解的物质，如单宁、木质素及有毒有机化合物如硫化物、总铬(三价和六价)及酸碱等。制革废水水质情况见表 1.10。

表 1.10　制革废水水质情况

pH	色度/倍	COD_{Cr} /(mg·L^{-1})	SS 质量浓度 /(mg·L^{-1})	Cr^{3+} 质量浓度 /(mg·L^{-1})	S^{2-} 质量浓度 /(mg·L^{-1})	Cl^- 质量浓度 /(mg·L^{-1})	BOD_5 /(mg·L^{-1})
8～12	600～3 500	3 000～4 000	2 000～4 000	60～100	50～100	2 000～3 000	1 500～2 000

制革废水的水质特征表现在：①水质波动大。制革废水的水质波动显著，这是由原皮种类和加工工艺的多样性所致。废水排放量和水质会随着制革过程的不同而发生变化。通常，制革生产工序的排水是间歇性的，且排水时间多集中在白天，导致废水量的总变化系数达到 2 左右。不同生产工序产生的废水水质差异极大，其变化系数可高达 10，这要求废水处理系统具有较强的适应能力和调节能力。②可生化性较好。尽管制革废水含有较高浓度的无机盐类，但其可生化性相对较好。一般而言，制革废水的 BOD 与 COD 的比值通常在 0.40～0.45 之间，这表明废水中有机物在生物处理过程中有较好的降解潜力。然而，废水中通常含有较高浓度的氯离子(Cl^-)和硫酸根离子(SO_4^{2-})，这些成分可能对生物处理过程造成干扰。因此，在选择生物处理技术时，需要充分考虑这些

高盐度和高硫酸盐对生化反应过程的潜在影响。③悬浮物浓度高，易腐败，产生大量污泥。制革废水中悬浮物浓度通常较高，且易于腐败，导致产生大量污泥。污泥体积往往占废水量的5%以上。高浓度的悬浮物不仅增加了污泥处理和处置的难度，还可能对后续的处理工艺造成负担。因此，污泥的有效处理和处置成为制革废水处理中一个重要且具有挑战性的环节。④含有无机有毒化合物。制革废水中常含有如硫化物(S^{2-})和总铬等无机有毒化合物。研究表明，当废水中三价铬(Cr^{3+})的质量浓度达到17 mg/L时，会对微生物造成抑制作用。此外，硫化物的最高允许质量浓度通常为20 mg/L(在氧化沟工艺中为40～50 mg/L)。硫化物的存在不仅会影响生物处理过程，还会降低活性污泥的沉降性能，从而影响固液分离效果和最终出水水质。

(3)制革废水的危害。

①高浓度的有机污染物。制革废水中COD和BOD浓度通常较高，色度较大，且悬浮物质量浓度可高达2 000～4 000 mg/L。未经处理直接排放的废水会引起水源污染，消耗水体中的溶解氧，导致水质恶化。这种氧气的耗竭会影响水生生物的生存环境，严重时可能导致水体生态系统的崩溃。

②酸碱性影响。制革废水呈偏碱性，这种pH的偏离可能导致水体的酸碱平衡失调，对水生生物的生理过程产生负面影响。此外，偏碱性条件可能对水体中的营养盐和重金属的溶解度产生影响，进一步加剧水体污染。

③硫化物释放的气体危害。制革废水中含有的硫化物在处理过程中会释放出硫化氢(H_2S)气体。H_2S气体具有极高的毒性和腐蚀性，对水体、空气和人体健康都构成威胁。H_2S不仅会引起水体恶臭，还可能对周围环境及居民的生活质量产生严重影响。

④重金属污染。制革废水中铬离子主要以三价铬(Cr^{3+})的形式存在。尽管Cr^{3+}对人体的直接危害较Cr^{8+}小，但它仍具有潜在的长期危害。Cr^{3+}能够在环境中和生物体内积累，对动植物以及人体健康产生长远的负面影响。长期接触或摄入含Cr^{3+}的水源可能导致各种健康问题，包括皮肤病、呼吸道问题及其他慢性疾病。

⑤生态系统影响。制革废水的高浓度有机物、无机盐类和重金属不仅对水体本身造成污染，还可能通过食物链影响整个生态系统的稳定性。水体污染可能导致生物种群的减少或灭绝，从而破坏生态平衡。

1.3.5 电镀废水

(1)电镀废水的来源。

电镀废水主要包括电镀漂洗废水、钝化废水、镀件酸洗废水、刷洗地坪和极板的废水，以及由操作或管理不善引起的“跑、冒、滴、漏”产生的废水，另外还有废水处理过程中自用水的排放和化验室的排水等。

(2)电镀废水的水质特征。

电镀废水的水质特征较为复杂，首要的污染物是各种金属离子，包括铬、铜、镍、铅、铝、金、银、镉和铁等，这些金属离子在电镀过程中被释放到废水中，可能对环境和人体健康造成严重影响。其次，废水中还含有酸类和碱类物质，如硫酸、盐酸、硝酸、磷酸及氢氧化钠、碳酸钠等，这些物质对水体的酸碱平衡和水质稳定性有显著影响。此外，有些电镀液中使用的颜料等有机物质也会进入废水，使其成分更加复杂。镀件基材的预处理过程中产生的油脂、油污、氧化铁皮、尘土等杂质也会混入电镀废水中，进一步增加了废水的复杂性。因此，由于电镀工艺的多样性和企业使用的镀液配方不同，电镀废水的具体成分需根据实际情况进行详细分析和计算。

(3)电镀废水的环境危害。

电镀废水对环境的危害主要通过两种途径体现：一是排放量少但浓度高的电镀废液，二是排放量相对较大但浓度较低的电镀废水。虽然电镀厂的废水总量较少，但这些厂点分布广泛，污染扩散范围较大，导致污染控制困难。电镀废水主要造成的污染包括重金属离子(如铬、镉、铅、汞、镍、铜、锌等)的毒性污染，这些金属离子对水体和土壤具有显著的危害，并可能通过食物链影响人类健康。此外，电镀废水中的有机需氧物质会消耗水体中的溶解氧，导致水体富营养化，危害水生生物。无机固体悬浮物则会影响水体透明度，阻碍光合作用。酸碱污染则会破坏水体的酸碱平衡，影响生态系统的稳定性。电镀废水中还可能含有热污染、颜色异常、泡沫和油类物质，这些因素共同作用，进一步加剧了水体的污染。综上所述，电镀废水中的重金属、酸碱物质和有机物对环境的影响是多方面的，处理和管理不当将导致长期且严重的生态破坏。

1.3.6　造纸废水

(1)造纸废水的来源。

在造纸过程中，废水的来源主要有备料工段废水、蒸煮工段废水、制浆中段废水、漂白废水、抄造过程产生的白水及废纸回用过程产生的废水等，且各工段所产生废水的水质特征各不相同。其中，制浆过程是将植物原料(如木材、竹子、废纸等)中的纤维分离出来，制成浆料，并可能涉及漂白等工序。这些步骤会产生大量的废水，其中制浆废水(特别是漂白废水)的污染最为严重。而抄造过程中，浆料被稀释、成型、压榨、烘干，最终制成纸张。抄造机排出的废水称为白水，其中含有大量的纤维和在生产过程中添加的填料、胶料等。

(2)造纸废水的水质特征。

原木备料车间剥皮工段废水中含有一定量的木材抽出物成分，它们以溶解胶体物质的形式存在，是废水重要的毒性来源。

在制浆环节中，采用的化学或机械方法分解木材或其他纤维原料，会产生大量含有高浓度有机物、高悬浮物以及高 pH 的废水。这些废水中富含木质素、半纤维素等难降解的有机物，同时夹杂着大量纤维束和颗粒，使得水体浑浊且色度深重。蒸煮工段黑液是制浆过程中污染物浓度最高、色度最深的废水，呈棕黑色，它几乎集中了制浆造纸过程中 90%的污染物，其中含有大量木质素和半纤维素等难降解产物，色素、戊糖类、残碱及其他溶出物。每生产 1 t 纸浆约排放黑液 10 t(10°Bé，1°Bé 等于 1 g 溶质在 100 g 溶液中的质量分数)，其中 pH 为 11～13，BOD 为 34 500～42 500 mg/L，COD 为 106 000～157 000 mg/L，SS 质量浓度为 23 500～27 800 mg/L。红液是酸法制浆产生的废水，呈褐红色。红液中杂质约占15%，其中钙、镁盐及残留的亚硫酸盐约占20%，木质素硫酸盐、糖类及其他少量的醇、酮等有机物约占80%。

造纸中段废水中含有大量的有机氯化木质素及胶体有机污染物。在调制环节，虽然主要目的是调整纸浆的性能，但此过程中依然会有一定量的废水产生，其水质特征虽然较制浆废水有所减轻，但仍包含一定量的有机物、悬浮物，并且pH可能因所使用的化学品而有所波动。

漂白废水中COD、BOD负荷较大且含有毒性较强的物质（如三氯甲烷、氯代酚类化合物、二噁英和呋喃等）和多种生物诱变物质。

进入抄造环节后，产生的废水主要是白水，这类废水中含有纤维、填料、涂料等悬浮固形物及可溶解的有机污染物。虽然白水在一定程度上可以通过回用系统减少直接排放，但长期循环使用会导致污染物累积，影响造纸系统的稳定性和产品质量。此环节的废水特征在于其相对较低的有机物和悬浮物浓度，但处理不当仍会对环境造成一定影响。造纸白水中所含物质包括DCS（包括溶解物（DS）和胶体物（CS））和悬浮物。有机物包括木材降解产物、添加剂的各种聚合物等；无机物包括各种金属阳离子和阴离子，如作为填料或涂料加入的$CaCO_3$、滑石粉、白土等和作为施胶或助留、助滤剂加入的硫酸铝。

废纸造纸废水中含有的悬浮物主要有油墨、纤维、调料及助剂等。废水中SS、COD、BOD等污染指标较高，BOD/COD一般为3∶1，且废水颜色比较深。同时，在脱墨废水中含有有毒的氯化物质，废水中N、P含量相对不足，且含有重金属离子，若采用化学浆的废纸，其脱墨废水中还含有二噁烷等有毒物质。

(3)造纸废水的环境危害。

造纸废水的环境危害是多方面的，主要包括对水环境、土壤环境、大气环境及人类健康的负面影响。

造纸废水对水环境的危害主要包括水质恶化、有毒物质积累和水体污染加剧。

①水质恶化。造纸废水中COD和BOD含量非常高，这些有机物在微生物的作用下会分解成二氧化碳和水，同时消耗水中的溶解氧，导致水体缺氧。缺氧环境会严重影响水生生物的生存，可能导致鱼虾等水生动物窒息甚至死亡，进而破坏水生态系统的平衡。

②有毒物质积累。造纸废水中含有多种有毒物质，如重金属（铅、镉、铬等）、氯化有机物（如三氯甲烷、氯苯、氯化酚等）和有机氯化物（如氯酸盐、氯代酚类化合物等），这些物质在水中难以降解，会长期存在并积累，对水生生物造成毒害，影响生物多样性。

③水体污染加剧。造纸废水中的悬浮物（如纤维屑、砂粒、泥沙等）会使水体变得浑浊不清，降低水的透明度，影响水的使用价值。同时，废水中的氮、磷等营养物质过量输入，还会导致水体富营养化，引发藻类大量繁殖，产生水华现象，进一步恶化水质。

造纸废水对土壤环境的危害主要包括土壤酸化、肥力下降与重金属污染。①土壤酸化。造纸废水中含有大量有机物质，这些物质在土壤中分解会产生酸性物质，导致土壤酸度升高，破坏土壤结构。

②肥力下降。土壤酸化会抑制土壤中微生物的活动，降低土壤肥力，影响植物的正常生长。

③重金属污染。造纸废水中的重金属离子会积累在土壤中，对农作物和植物造成毒

害，进而通过食物链影响人类的食品安全。

造纸废水对大气环境的影响是：造纸废水中的有机物质在处理过程中可能会产生挥发性有机物(VOCs)，这些物质排放到大气中会导致空气污染，加剧雾霾等大气环境问题。同时，废水处理过程中产生的臭气也会对周边居民的生活环境产生负面影响。

造纸废水对人类健康也有一定的危害，包括以下 4 个方面：①皮肤刺激和感染。造纸废水中的有机物质和重金属可能对人体皮肤造成刺激和感染。②呼吸系统问题。长期接触或吸入造纸废水中的有害物质可能导致呼吸系统问题，如哮喘、支气管炎等。③肝肾功能损害。造纸废水中的有害物质通过饮水或食物链进入人体后，会对肝肾等器官造成损害。④致癌风险。造纸废水中的有机氯化物(如三氯甲烷、二噁英等)具有强烈的毒性和致癌作用，长期接触可能增加患癌症的风险。

综上所述，造纸废水对环境的危害是多方面的且严重的。为了减轻这些危害，造纸厂必须采取有效措施对废水进行处理和净化，确保废水在达标排放的同时实现水资源的最大化回收利用。同时，政府和社会各界也应加强对造纸废水排放的监管和治理力度，共同保护生态环境和人类健康。

1.4　工厂废水的控制和再利用

1.4.1　废水的减量化

在进行废水的末端处理前，或为使出水达到新的排放标准而对现有处理设备进行改造前，应着手制订废水减量化的方案。废水的减少和回用方法因厂而异。一般来说，废水减量技术可归纳为 4 种主要类别：资源管理和操作改进、设备改造、生产过程改变、再循环和再利用。这些技术不仅可应用于各种工业和制造过程，还可应用于危险和非危险的废水处理。

表 1.11 为由美国环境保护局(EPA)制订的废物减量化途径和技术。为了实施此途径和技术，需要对表 1.12 所述内容进行审查。

表 1.11　废物减量化途径和技术

资源管理和操作改进	改变生产程序
检查和跟踪所有原材料	无害的原材料代替有害的原材料
购买毒性小或无毒的生产原料	分离废物进行回收
实施雇员培训和管理反馈	消除泄漏和溢出源
改进材料的收集、储存和管理	把危险的和无危险的废物分开
更新设备	重新设计和改进最终产品，使之无害
安装无废或少废设备	优化反应和原材料利用
改进设备以提高回收率或进行再循环	再循环和再利用
重新设计设备或生产线以产生较少废物	安装闭路循环系统
改进设备的操作效率	在线再循环实现回用
保持严格的预防性维修程序	离线再循环实现回用
	交换废物

表 1.12　源的管理和控制

阶段Ⅰ:预评估	评价和细化物料平衡
检查重点和准备	阶段Ⅲ:综合
鉴定单元操作和程序	确定选择方案
制定程序流程图	论证可行性
阶段Ⅱ:物料平衡	几种解决主要问题
确定原材料的进料量	进一步确认选择方案
记录水的利用	评估选择方案
评估现有的实践和步骤	技术
确定过程的输出量	环境
说明排放方向	经费
排入大气	准备行动计划
排入废水	废物缩减计划
离线处置	生产效率计划
收集输入和输出信息	培训
建立初步物料平衡	

可通过以下几条途径减少污染。

(1)再循环。

纸板工业除了将造纸废水再循环回造纸过程外,还可以考虑将废水中的纤维和化学物质进行分离回收,进一步提高资源利用率。其他行业如钢铁冶炼、化工等行业也可以借鉴纸板工业的经验,建立废水再循环系统,实现水资源的循环利用。

(2)分离。

皂化和洗涤剂工厂在分离清水和高浓度废水的基础上,可以进一步探索高浓度废水的处理技术,如采用高级氧化、膜分离等技术降低废水毒性,提高处理效果。在食品加工、制药等行业也可以采用分离技术减少废水中的污染物含量,降低处理难度和成本。

(3)处置。

在许多的情况下,高浓度废物可在半干的状态下去除。在番茄酱生产中,烹饪和产品加工后的残渣通常冲入下水道。如果通过适当放置去除半干状态的残渣,就可明显减少总排放的 BOD 和悬浮固体。酿酒厂二级储藏单元的桶底积存了含 BOD 和悬浮固体的污泥,以污泥的形式去除而不是冲刷进入下水道,将大大地减少处理厂的有机和固体负荷。

(4)减量。

在很多工业部门中,减量的做法很普遍。例如,酿酒厂和牛奶厂,除了安装自动关水设备外,还可以考虑采用更高效的清洗方式,如高压水射流清洗、超声波清洗等,减少清洗过程中的废水产生。电镀工业除了放置收集器外,还可以优化电镀工艺和漂洗流程,减少金属表面的残液量和漂洗用水量。

(5)替代。

纺织工业在替代化学添加剂时,除了考虑表面活性剂外,还可以探索使用生物酶、天然染料等环保型替代品,进一步降低废水中的污染物含量。在化工、制药等行业也可以采用类似的替代策略，减少有害物质的使用和排放。

表 1.13 展示了污染控制费用与效益分析的相关内容，包括管理、效益及污染控制方法的各个方面。首先，管理层需要承诺并加强员工的培训，确保污染控制措施的有效执行。机构设置、定期的检查与培训，以及实施目标的设定和控制是关键环节。此外，效益方面，通过最小化环境管理成本、减少化学试剂使用、增加产品产量和减少废气排放等手段，企业可以在提升环境保护的同时实现经济效益。同时，热心的操作人员也能为企业带来可观的效益。污染控制方法方面，企业应注重源的综合控制，如水平衡和资源回收等，同时采用新技术、新工艺来进一步优化污染治理。在末端控制方面，应加强清污分流，保持流量与负荷的平衡，并实施预防性维护和能量管理，从而确保污染控制措施的最优效果。通过这些综合措施，企业不仅能够有效降低污染，还能实现经济效益的提升，推动企业的可持续发展。

表 1.13　污染控制的费用一效益分析总结

污染控制的费用一效益分析	
管理 　承诺和培训 　机构 　　检查 　　培训 　　实施目标 　　控制	源的综合控制 　服务性的实践 　水平衡 / 再利用 / 再循环 　废物减量化 / 不排放 　材料回收 / 再利用 　新过程 / 方法 　新技术
效益 　最小成本环境管理 　化学试剂减少 　产品产量增加 　较小排出物控制单元 　热心的操作员	末端控制 　清污分流 　流量 / 负荷平衡 　预防维护 　能量管理 　最佳控制

1.4.2　废水的再利用

从水回用的角度考虑，许多工业系统实施完全闭路循环。尽管这在理论上可行，但由于产品质量控制的要求，水的再利用存在上限。例如，某造纸厂实施闭路循环，导致溶解性有机物的不断积累，这增加了淤泥控制费用，以及造纸和停工检修时间，在某些条件下还会引起库存纸变色。显然，最大再利用率应该设定上限以确保不会发生上述问题。

实施副产品回收后，水的需要量仍然很大。在造纸厂中，用于打浆机的水可不需要对悬浮固体做去除处理。但用于纸机的喷淋水则需要除去水中的固体，以避免喷嘴堵塞。用于番茄等物品的冲洗水不需要纯化，但通常需要氯化消毒，以确保产品不被微生物污染。通常副产品的回收与水的再利用是同时进行的，所有造纸厂回收纤维的设备都可用处理后的水。在电镀厂，通过离子交换处理冲洗水生产可再利用的铬酸。电镀镍厂的水平衡和材料回收过程如图 1.7 所示。许多工业部门也有类似的例子。

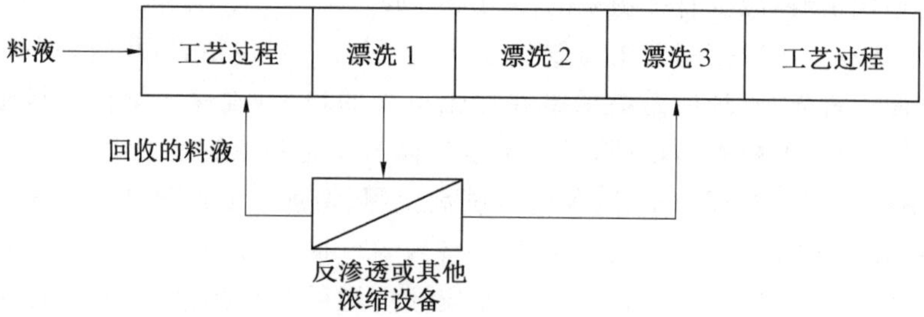

图 1.7　电镀镍厂的水平衡和材料回收过程

下面是几个工业水再利用的实例。图 1.8 为某纸板厂纤维回收的简单路程图。当应用盘状过滤器时,浑浊的滤液可用作打浆的补充水,而干净的滤液可做喷头水和其他各方面之用,过剩的水则继续排向阴沟。气浮设备可用同样的操作。涂白黏土操作产生的废水通常直接排放到下水道中。

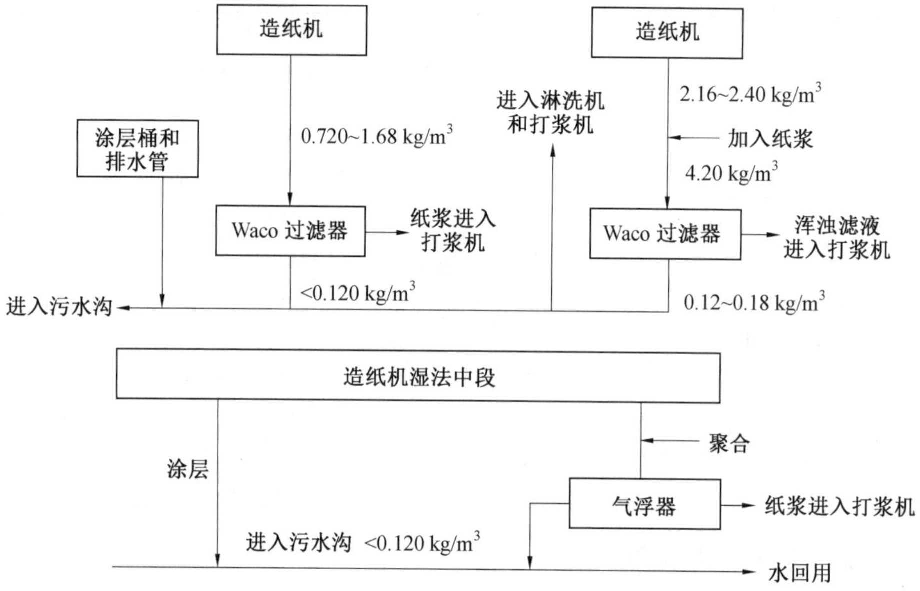

图 1.8　某纸板厂纤维回收的简单路程图

制药厂的再利用是通过利用储存的由净化配方罐产生的一级漂洗废水,实现废水资源的循环再利用。这一策略不仅显著缩小了废水的体积,降低了浓度,减轻了后续废水处理的负担,还通过严格的水质监测、预处理与净化措施,确保了再利用废水的质量符合生产要求。同时,制药厂对再利用废水的工艺适应性进行了深入研究,确保其不会对产品质量和生产效率造成负面影响。在储存与管理方面,制药厂采取了有效措施防止水质恶化,并建立了完善的废水储存和管理制度。这一系列科学、系统的操作,不仅体现了制药厂对环保责任的积极承担,也为企业带来了显著的经济效益和环境效益,推动了制药行业的绿色可持续发展。

皮革厂在鞣皮工艺中,通过对硫化脱毛液的循环利用与药剂精准补充策略,不仅大幅减少了废水排放体积,还降低了硫化物、COD 等污染物浓度,实现了环保成本下降与生产原料节约的双重效益。该策略不仅包括对硫化脱毛液残余物的有效回收与再利用，还融入了科学的成分分析与净化技术，确保其在循环使用过程中保持高效且无害。通过精准控制补充量，皮革厂确保了生产过程中脱毛液性能的稳定性，从而减少了新鲜原料的需求，降低了生产成本。同时，这种废水减量化的实践，有效缓解了环境压力，为皮革行业的可持续发展树立了典范。

谷物加工厂实施水回用，通过循环利用处理后的废水有效减少了新鲜水资源的消耗，同时降低了废水排放量，减轻了环境负担。某谷物加工厂中废水流量单元和减少流量的可能变化见表 1.14。

表 1.14　某谷物加工厂中废水流量单元和减少流量的可能变化

单元	流线	流量 /($L \cdot min^{-1}$)	水回用	可能变化	评估新流量 /($L \cdot min^{-1}$)
旋转把手	1	82.0	松动并除去沙石	筛选和洗涤剂再利用	82.0
切割机	2	102	输送谷粒到浮动洗地机	筛选和再循环	0.0
排水管	3	39.3	浮动洗涤机分离输送废物	应用小流量或以固体除去	19.7
洗涤管	4	68.0	再洗谷物(不必需)	除去	30.2
漂白机	5	17.0	由补充废水获得溢流	不变化	17.0
冷却管	6	92.6	在漂白后冷却谷物	应用较小流量	37.8
储备槽	7	63.9	由补充水获得溢流	筛选和再利用旋转洗涤机	0.0
振动筛	8	7.94	输送管道分离废物	以固体形式除去或再利用	0.0
总计		472.74			186.7

对于炼油厂所产生的含有高浓度硫化物、硫醇和苯酚盐的碱性废碱液，除了直接处理外，进行科学的水再利用和废物资源化是减少废水处理成本并创造经济效益的有效途径。参考表 1.13 中的污染控制费用—效益分析，可以从多方面着手。首先，在“源的综合控制”方面，实施水平衡、再利用和再循环策略，特别是针对废水中的可回收成分进行深度处理，使其能够作为生产用水或其他用途的水资源回用，从而减少新鲜水的消耗；其次，通过“废物减量化/不排放”措施，采用新技术和优化生产流程，减少有害物质的生成，提高产品的纯度和产量，同时降低废水中的污染物浓度。

通常，废水流出液通过工艺改进能够除去或缩减。这其中一个突出的例子是在电镀线上采用储罐漂洗和喷射漂洗。这种方法可显著减少废水的流量，降低浓度。在纺织工业中，胶质剂的替代品可在处理中产生较少的污染。

对于各类工业还有许多其他例子。在制订废水处理计划前，应能够做出水的再利用和产品回收率的关键评估。

在处理工艺设计制订前，还应考虑不相容废水排出液的分流问题。然而，在一些老的工厂，清污分流在经济上是不可行的或在一些情况下是不可能的。当各种废水流出液混合时，分流就成为必要的措施。例如，电镀厂中酸性金属漂洗液与氰化物流出液混合生成氰氢(HCN)，对环境和人体健康构成巨大威胁。因此，采取有效的分流措施，确保各类废水得到妥善处理和处置是保障生产安全和环境保护的必然要求。

此外，值得注意的是，废水流中悬浮固体的分布不均是一个普遍现象。这意味着并非所有废水都需要进行相同程度的固化去除处理。通过科学合理的分析和测试，可以确定悬浮固体主要集中的废水部分，从而有针对性地进行处理，提高处理效率和降低成本。这种精细化管理方式有助于企业实现废水处理的精准化和高效化。

本章参考文献

[1] 王又蓉. 工业废水处理问答[M]. 北京：国防工业出版社，2007.

[2] 杨建，章非娟，余志荣. 有机工业废水处理理论及技术[M]. 北京：化学工业出版社，2008.

[3] 章非娟. 工业废水污染防治[M]. 上海：同济大学出版社，2001.

[4] 国家环境保护总局. 2002 年中国环境状况公报[J]. 环境保护，2003，31(7)：3-13.

[5] 万金泉，马邕文. 造纸工业废水处理技术及工程实例[M]. 北京：化学工业出版社，2008.

[6] 艾肯费尔德. 工业水污染控制[M]. 陈忠明，李赛君，译. 北京：化学工业出版社，2004.

[7] 郑书忠. 工业水处理技术及化学品[M]. 北京：化学工业出版社，2010.

[8] 周本省. 工业水处理技术[M]. 2 版. 北京：化学工业出版社，2002.

[9] 王国华，任鹤云. 工业废水处理工程设计与实例[M]. 北京：化学工业出版社，2005.

[10] 胡晓东. 制药废水处理技术及工程实例[M]. 北京：化学工业出版社，2008.

[11] 张林生. 印染废水处理技术及典型工程[M]. 北京：化学工业出版社，2005.

[12] 吴浩汀. 制革工业废水处理技术及工程实例[M]. 2 版. 北京：化学工业出版社，2010.

[13] 贾金平，谢少艾，陈虹锦. 电镀废水处理技术及工程实例[M]. 2 版. 北京：化学工业出版社，2009.

第2章　难降解有机污染物物化处理技术及其最新进展

高浓度有机工业废水物化法处理技术通常用于生物处理之前的预处理或之后的深度处理工艺中。近年来，还发展了专为应对高浓度难降解废水而设计的高级氧化技术等。在面对高浓度有机工业废水时，物化预处理手段的应用表现出显著的效果，这种方法不仅能够有效地降低有机物的浓度，还能改善其生物降解性，为后续的生物处理创造有利条件。当传统的物化处理工艺难以有效去除污染物时，高级氧化技术便派上用场。这一技术以其快速、无选择性、彻底氧化各种有机与无机污染物的特点而受到重视。

2.1　常规物化处理技术

2.1.1　调节

与城市污水相比，工业废水的水质和水量波动较大，尤其是对于一些工业企业及园区，其排水方式为批量排放或采用间歇性生产方式，导致水质和水量会随着季节或时间而发生变化。因此，通常在工业废水处理装置中设置调节池。调节池作为调节水质和水量的关键结构，在选取和设计时主要考虑水质和水量这两个因素。其主要功能是实现水质和水量的均质化和均衡化，通常还具备沉淀和中和的功能。由于一般工业废水的水质和水量存在较大变化，调节池的设置可以使废水的水质和水量趋于稳定，从而满足后续处理设施稳定连续运行的需求。调节池的设计停留时间通常为 6～12 h。然而，在调节池中设有沉淀池的情况下，进行水量调节计算时需要扣除沉淀区的体积。

1. 水量调节

在水量调节方面，污水处理中通常采用线内调节池和线外调节池两种调节池类型。

(1)线内调节池。

进水通常采用重力流，而出水则通过泵提升，具体示意图如图 2.1 所示。

(2)线外调节池。

调节池设在旁路上，如图 2.2 所示。

在废水流量超过设计流量时，超过的废水通过泵被输送到调节池；而在废水流量低于设计流量时，从调节池再回流至集水井，并送往后续处理设施。

相较于线内调节池，线外调节池不受进水管高度的限制，但其被调节的水量需要两

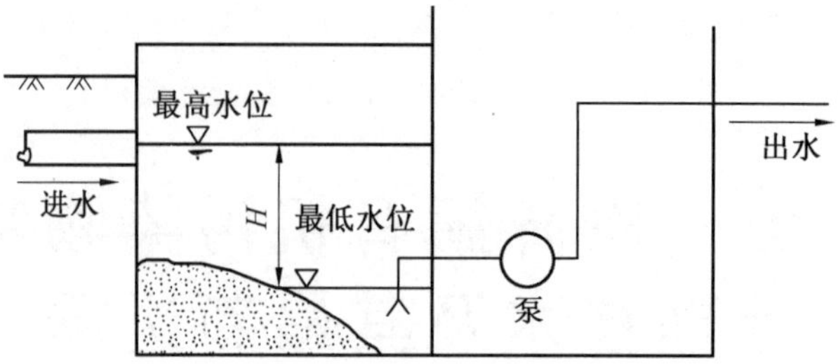

图 2.1　线内调节池示意图

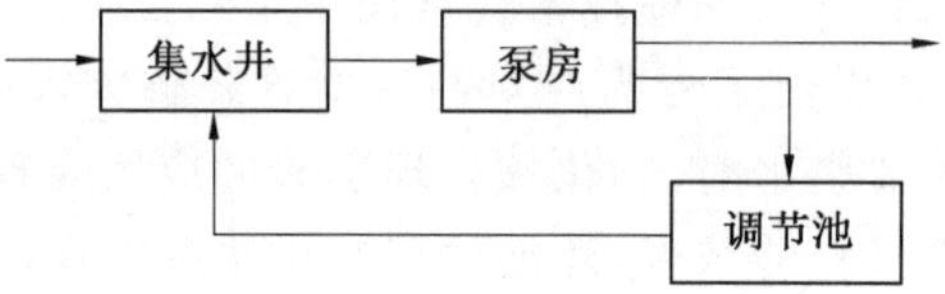

图 2.2　线外调节池示意图

次提升，这会导致较大的动力消耗。

2. 水质调节

水质调节的任务是混合不同时间或不同来源的废水，以实现流出水质的均匀性。水质调节的基本方法有外加动力和差流方式两种。

(1)外加动力调节。

外加动力调节采用外部设备，如叶轮搅拌、鼓风空气搅拌以及水泵循环等，对水质进行强制调节。虽然该方法的设备相对简单且运行效果良好，但其运行费用较高。图 2.3 展示了一种采用外加动力的水质调节池。

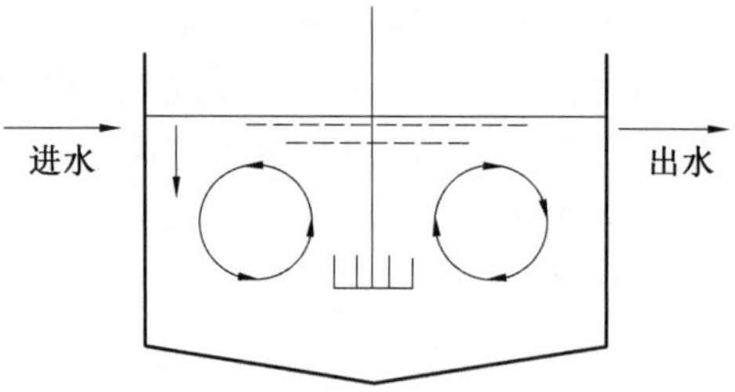

图 2.3　外加动力水质调节池

(2)差流方式调节。

差流方式调节是指利用水流的差异进行强制调节，使不同时间和不同浓度的污水通过水力自身混合，这种方式基本上没有运行费用，但设备较为复杂。差流方式的调节池有多种类型，其中常见的是对角线调节池，如图 2.4 所示。

对角线调节池的特点在于设置出水槽沿对角线方向。废水从左右两侧进入调节池后，在经过一定时间的混合后才流向出水槽。这使得出水槽中的混合废水在不同时间内排出，即不同时间、不同浓度的废水进入调节池后，能够达到自动调节均衡水质的目的。

为了防止废水在调节池内发生短路，可以在池内设置若干纵向隔板。悬浮物会在池

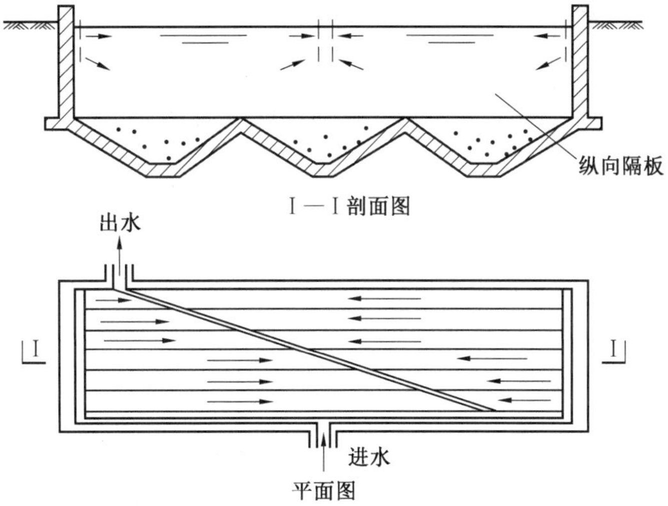

图 2.4　对角线调节池

内沉淀，因此应考虑设置沉渣斗，通过排渣管定期将污泥排出池外。如果调节池的容积很大，需要设置的沉渣斗较多，可以考虑将调节池设计成平底，并采用压缩空气搅拌，以防止沉淀。

若调节池采用堰顶溢流出水，该形式的调节池只能调节水质的变化，而不能调节水量和水位波动。如果后续处理构筑物要求处理水量均匀且有严格要求，需要确保调节池内的水位能够上下自由波动，以便储存盈余水量并补充水量短缺。

折流调节池是在池内设置许多折流隔墙，使污水在池内来回折流，以实现充分混合和均衡。折流调节池配水槽设在调节池上，通过多个孔流入，均匀投入调节池的前后各个位置。调节池的起端流量通常控制在进水流量的 1/4～1/3，而剩余的流量则可通过其他各投配口等量地注入池内。

需要注意的是，外加动力的水质调节池和折流调节池通常只能调节水质而不能调节水量，若需要调节水量的调节池，需要进行单独设计。

3. 调节池容积的确定

调节池的容积应根据污水浓度和流量变化的规律进行计算。污水在经过一定调节时间后的平均浓度可按照式(2.1)计算：

$$c=\frac{\sum_{i=1}^{n} c_i q_i t_i}{qt} \tag{2.1}$$

式中，c 为 t h 内的污水平均质量浓度，mg/L；q 为 t h 内的污水平均流量，m^3/h；c_i 为污水在各时段 t_i 内的平均质量浓度，mg/L；q_i 为污水在各时段 t_i 内的平均流量，m^3/h；t_1，t_2，…，t_n 为各时段(h)，总和等于 t。

所需调节池的容积(V)可按照式(2.2)计算：

$$V=qt=\sum_{i=1}^{n} q_i t_i \tag{2.2}$$

对于采用图 2.4 形式的调节池，其容积可按照式(2.3)计算：

$$V=\frac{qt}{2\alpha} \tag{2.3}$$

式中，α 为考虑到污水在池内的不均匀流量的容积利用系数，取 0.7。

2.1.2 混凝

混凝是废水物化处理中广泛应用的方法。该方法通过向废水中投加混凝剂，促使细小悬浮颗粒和胶体微粒聚集成较大颗粒，从而沉淀出水，实现水与废物的有效分离，达到净化的效果。混凝不仅能促进浑水澄清，还能降低水的色度，去除附着于胶粒和致浊杂质上的细菌和病毒，同时去除各种难降解的有机物、某些重金属毒物和放射性物质，改善污泥的脱水性能。

根据分散相粒度的不同，废水通常分为 3 类：真溶液（分散相粒度为 0.1～1 nm）、胶体溶液（分散相粒度为 1～100 nm）和悬浮溶液（分散相粒度大于 100 nm）。悬浮溶液可采用沉淀或过滤处理，而胶体溶液则适用混凝处理。混凝的应用范围涵盖了废水中的多种污染物，使其成为一种多功能的废水处理方法。

1. 基本原理

(1)胶体的结构与特性。

图 2.5 所示为胶体粒子结构及其电位分布图，它由胶核、吸附层及扩散层 3 部分组成。

胶核作为胶体粒子的核心，包含数百至数千个分散固体物质分子。在胶核表面，存在一层带同号电荷的离子，被称为电位离子层。由于电位离子的存在，胶核表面带有电荷，形成维持电中性的电位离子层。通过静电作用，电位离子层吸引了电量与电位离子层总电量相等但电性相反的离子，构成反离子层。这两层结构构成了胶体粒子的双电层结构。

①表面电荷。电位离子层所带电荷即为胶体粒子的表面电荷，其电性和电荷量决定了双电层总电位的符号和大小。

②双电层结构。电位离子层和反离子层形成了双电层的内外结构。电位离子层是双电层的内层，而反离子层分为吸附层和扩散层。吸附层由束缚反离子组成，其被牢固吸引在胶核表面，而扩散层包括自由反离子，这些反离子距胶核稍远，不随胶核一起运动。

③胶体颗粒。胶核、电位离子层和吸附层构成了运动单元，被称为胶体颗粒，简称为胶粒。而扩散层和胶体颗粒合起来则构成胶团。

污水中的细小悬浮颗粒和胶体颗粒通常保持分散和稳定状态，使废水难以沉降。胶粒带电是胶体稳定性的主要原因。较大的带电量导致较好的稳定性，而胶粒带电是由于胶核表面吸附的电位离子较多。当胶粒与液体相对运动时，电位离子层和扩散层之间的电位差产生界面动电位（ζ 电位）。ζ 电位越高，胶粒带电量越大，静电斥力也越大，使胶粒保持稳定状态。要使胶体颗粒沉降，需要破坏胶体的稳定性，降低 ζ 电位，减少胶粒的

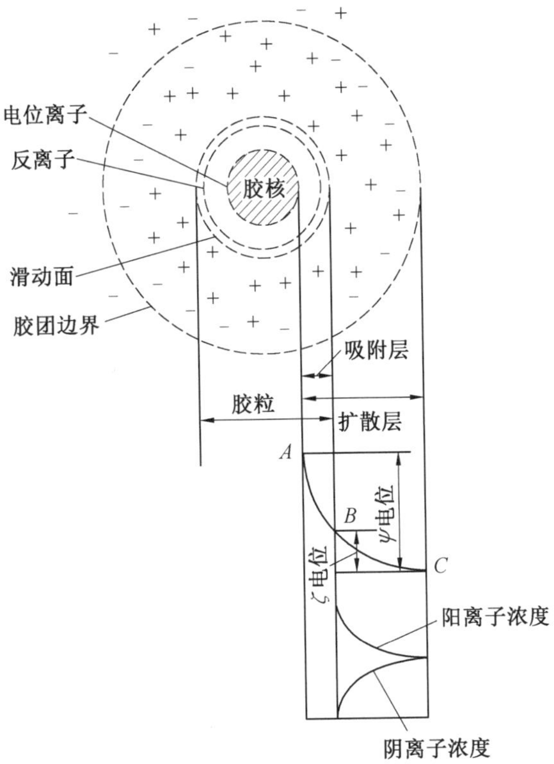

图 2.5　胶体粒子结构及其电位分布图

带电量，通过压缩扩散层厚度来实现。

(2)混凝机理。

在废水处理中添加混凝剂后，胶体颗粒因 ζ 电位降低或消除而脱稳。脱稳的颗粒会相互聚集形成较大颗粒，从而发生凝聚，这类混凝剂被称为凝聚剂。有些混凝剂则能够使未经脱稳的胶体形成大的絮状物而下沉，这一现象被称为絮凝，相应的混凝剂则被称为絮凝剂。不同的混凝剂通过不同的方式引起胶体的脱稳、凝聚或絮凝。

混凝过程涉及向污水中投加药剂，将水和药剂混合，从而使水中的胶体物质发生凝聚和絮凝。其机理的理解尚未完全清晰，因为它受到多种因素的影响，包括水中杂质的成分和浓度、水温、水的 pH、碱度，以及混凝剂的性质和混凝条件等。一般来说，污水处理中的混凝机理可以归纳为以下 4 种，它们可能在不同情况下同时或交叉发挥作用，也可能在特定情况下以某种机理为主。

①双电层压缩机理。向溶液中投加电解质，增加离子浓度，导致扩散层厚度减小。当胶粒互相接近时，由于扩散层减小，ζ 电位降低，凝聚作用增强，胶粒迅速凝聚。

②吸附电中和机理。通过电解质的投加，产生水解胶体颗粒，其带电荷与水中原有胶粒相反，发生吸附中和作用。中和减少了静电斥力，降低了 ζ 电位，使胶体脱稳并发生凝聚，但过量的混凝剂可能导致再稳现象。

③吸附架桥原理。高分子聚合物作为絮凝剂通过线性结构、活性基团，能与胶粒表

面发生特殊反应,形成吸附架桥,这使得胶粒逐渐变大,形成较大的絮凝体。

④沉淀物网捕机理。当金属盐或金属氧化物和氢氧化物作为混凝剂,快速形成沉淀物时,水中的胶粒可被沉淀物在形成时捕获。这个机理受混凝剂投加量与被除去物质浓度的关系影响,即胶粒越多,金属混凝剂投加量越少。

混凝机理的理解仍在深入研究中,不同混凝剂和条件可能导致不同机理主导。低分子电解质主要通过双电层作用导致凝聚,而高分子聚合物以吸附架桥产生絮凝为主。

2. 混凝剂

混凝剂分为无机混凝剂和有机混凝剂两大类,根据化学成分的不同,其分类见表2.1。

表 2.1 混凝剂分类

分类			混凝剂
无机类	低分子	无机盐类	硫酸铝、硫酸亚铁、硫酸铁、铝酸钠、氯化亚铁、氯化铁、氯化锌、四氯化钛
		碱类	碳酸钠、氢氧化钠、石灰
	高分子	金属电解产物	氢氧化铝、氢氧化铁
		阴离子型	聚合氯化铝(PAC,即碱式氯化铝)、聚合硫酸铝、聚合硫酸铁
		阳离子型	活性硅酸
有机类	表面活性剂	阴离子型	月桂酸钠、硬脂酸钠、油酸钠、十二烷基苯磺酸钠、松香酸钠
		阳离子型	十二烷胺醋酸、十八烷胺醋酸、松香胺醋酸、烷基三甲基氯化铵
	低聚合度高分子	阴离子型	藻朊酸钠、羧甲基纤维素钠盐
		阳离子型	水溶性苯胺树脂盐酸盐、聚乙烯亚胺
		非离子型	淀粉、水溶性脲醛树脂
		两性型	动物胶、蛋白质
	高聚合度高分子	阴离子型	聚丙烯酸钠、水解聚丙烯酰胺、磺化聚丙烯酰胺
		阳离子型	聚乙烯吡啶盐、乙烯吡啶共聚物
		非离子型	聚丙烯酰胺、聚氯乙烯

目前在废水处理中,广泛采用的无机混凝剂主要包括铝盐混凝剂和铁盐混凝剂。作为一种典型的无机混凝剂,聚合氯化铝(PAC,即碱式氯化铝)以其较大的分子量、强大的吸附能力而备受青睐。其生成的矾花(絮凝体)较大,凝聚沉淀性能明显优于其他混凝剂,因此在国内外得到了广泛应用。

另一种重要的无机混凝剂是聚合硫酸铁,它具有一定的碱度,其混凝作用机理与聚合氯化铝相似。聚合硫酸铁具有适应范围广、水解时消耗水中碱度较少等优点,在污水处理领域的应用也逐渐扩大。

有机混凝剂可分为天然有机混凝剂和人工合成有机高分子混凝剂两类。天然有机混凝剂的使用历史较长，其用量远超过人工合成有机高分子混凝剂。这主要是因为天然高分子混凝剂的电荷密度较小、分子量较小，容易发生生物降解而失去絮凝活性。近 30 年来，人工合成有机高分子混凝剂在废水处理中得到了广泛应用，为提高混凝效果提供了新的途径。

有机高分子絮凝剂分为阴离子型、阳离子型和非离子型 3 类。其中，非离子型絮凝剂聚丙烯酰胺（PAM）是应用最为普遍的一种。它具有凝聚速度快、用量少、絮凝体粗大强韧等特点，常与铁盐、铝盐等合用，以获得满意的处理效果。

在实际应用中，当某种混凝剂单独使用效果不佳时，常需要投加助凝剂。助凝剂作为辅助药剂，有助于调节混凝条件和改善絮凝体的结构。有机类混凝剂与其他无机类混凝剂混合使用，不仅可以提高混凝效果，而且在经济上更为节约。同时，一些天然的高分子物质，如淀粉、纤维素、蛋白质、胶和藻类等，本身就具有混凝或助凝的作用。

相对于混凝剂，助凝剂本身可以起混凝作用，也可以不起混凝作用，可分为以下 3 类。

（1）pH 调整剂。

pH 调整剂用于调节水体的酸碱度，特别是在原水的 pH 不符合工艺要求，或在投加混凝剂后 pH 发生较大变化时。常见的 pH 调整剂包括石灰（氢氧化钙）、硫酸、氢氧化钠等。通过调整水体的 pH，可以为后续的混凝过程提供良好的条件。

（2）絮体结构改良剂。

当生成的絮体较小、松散且易碎时，需要投加絮体结构改良剂以改善絮体的结构，增加其粒径、密度和强度，从而提高絮体的沉降性能。常用的絮体结构改良剂包括活性硅酸、聚丙烯酰胺、各种黏土和粉煤灰等。这些改良剂可以在形成絮体的过程中提供支撑和增强效果，使絮体更加稳定和易于沉降。

（3）氧化剂。

当污水中有机物含量较高，易导致絮凝体起泡沫，使其不易沉降，此时可以投加氧化剂来破坏有机物，从而提高混凝效果。常用的氧化剂包括氯、次氯酸钠、臭氧等，这些氧化剂能够氧化有机物，降低其表面张力，减少泡沫的生成，有利于絮凝体的沉降。

通过合理使用不同功能的助凝剂，可以更精确地调控废水处理过程中的混凝条件，提高絮凝体的性质和沉降效果，从而达到更高效、更经济的废水处理效果。

3. 影响混凝效果的因素

在污水的混凝沉淀处理过程中，有多个因素会对混凝效果产生重要影响，以下是其中几个重要方面。

（1）废水水质的影响。

废水的浊度直接影响混凝剂的使用量和混凝效果，高浊度的水需要更多的混凝剂来形成絮凝体。水的酸碱度对混凝剂的效果有显著影响，不同的混凝剂在不同的 pH 范围内表现出最佳效果。水温对混凝剂的水解速率和絮凝体的形成速度有影响，一般而言，较高的水温有助于提高混凝效果。废水中的其他杂质，如重金属离子等，可能与混凝剂发生竞争反应，影响絮凝体的形成。

(2)混凝剂的影响。

不同种类的混凝剂在不同条件下表现出不同的效果,选择适合废水特性的混凝剂是关键。过量或不足的混凝剂投加都可能影响混凝效果。存在最佳的混凝剂用量,但需要通过试验确定。混凝剂的投加顺序也可能对混凝效果产生影响,特别是当同时使用多种混凝剂时。

(3)水力条件。

混凝过程中的水力条件对絮凝体的形成至关重要,主要分为混合阶段和反应阶段。混合阶段需要在短时间内使混凝剂均匀分散到整个水体中,创造良好的水解和聚合条件。混合的目的是使胶体脱稳,并通过颗粒的布朗运动和紊动水流进行凝聚。搅拌不宜过于剧烈。反应阶段的目标是通过混凝剂微粒的絮凝形成大而具有沉淀性能的絮凝体。搅拌强度或水流速度应随着絮凝体的增大逐渐降低,以避免破坏较大的絮凝体。

以上这些因素的综合考虑,将有助于优化混凝过程,提高污水处理的效率和效果。

4. 混凝过程及设备

混凝处理工艺流程包括混凝剂的配制与投药、混合、反应及沉淀分离几个过程(图2.6),其混凝设备介绍如下。

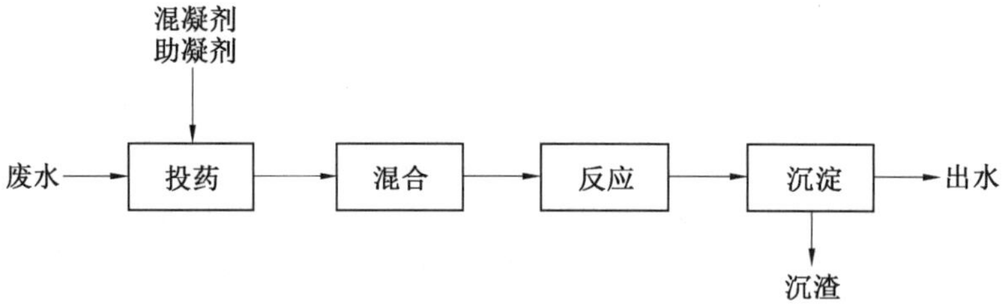

图 2.6　混凝流程示意图

(1)投药。

投药是混凝处理的起始阶段,采用的方法主要分为干投法和湿投法。干投法即将固体混凝剂破碎成粉末后,定量地投入待处理水中。然而,此方法对混凝剂的粒度要求较严格,投加量控制较难,对机械设备的要求较高,且劳动条件相对较差,因此在国内目前使用较少。湿投法是将混凝剂和助凝剂先溶解配制成一定浓度的溶液,然后按处理水量大小定量投加。这种方法的优势在于投药精确,控制容易,因此在实际处理过程中得到广泛应用。

混凝剂溶液投入原水时必须有计量设备,并能随时调节投加量。计量设备可以采用浮杯计量设备、孔口计量设备、转子流量计、电磁流量计等。药剂投入原水中的方式可采用泵前重力投加,也可以使用水射器投加或直接用计量泵投加。

(2)混合。

混合阶段是指在药剂投入废水后,发生水解并产生异电荷胶体与水中胶体和悬浮物接触形成细小絮凝体(俗称矾花)的过程。混合的目的是将药剂迅速均匀地扩散到废水中,确保混凝剂的水解与聚合,使胶体颗粒脱稳,并互相聚集成细小的矾花。混合阶段需要剧烈短促的搅拌，混合时间要短，一般在 10～30 s 内完成，通常不超过 2 min。混合有两种基本形式：一种是通过水泵的吸水管或压力管进行混合，另一种是在混合设备内进行混合。

在专用混合设备中进行混合，可以采用机械搅拌和水力混合两种方法。机械搅拌包括机械搅拌混合槽、水泵混合槽等；水力混合则包括管道式、穿孔板式、涡流式混合槽等。

(3)反应。

混合完成后，水中已经产生了细小的絮体，但尚未达到能够自然沉降的粒度。反应阶段的目的是使小絮体继续形成大的、具有良好沉淀性能的絮凝体，以便在后续的沉淀池内沉降。反应设备需要一定的停留时间和适当的搅拌速度，使小絮体相互碰撞，并防止生成的大絮体沉淀。搅拌强度不宜过大，以免生成的絮体破碎。通常反应时间为 20～30 min。

在混凝处理工艺中，反应池的类型主要分为机械搅拌和水力搅拌两类。水力搅拌反应池在我国得到广泛应用，包括隔板反应池、涡流式反应池等。以下介绍几种常见的反应池类型。

①平流式隔板反应池。平流式隔板反应池的结构如图 2.7 所示。

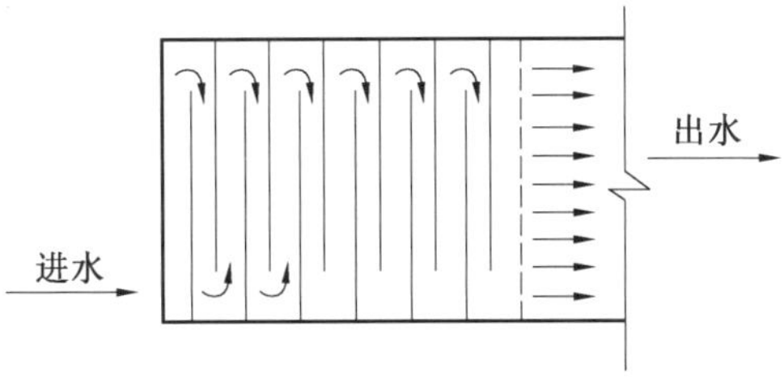

图 2.7　平流式隔板反应池的结构

反应池内设有木质或水泥隔板，使水流沿廊道回转流动，有助于形成良好的絮凝体。其优点在于反应效果好、构造简单、施工方便，但相应的缺点是池容量较大，水头损失较多。竖流式隔板反应池的工作原理与平流式相似，也是通过水流沿着竖直方向流动，促使絮凝体形成。

②回转式隔板反应池。回转式隔板反应池是平流式隔板反应池的一种改进形式，通常与平流式沉淀池合建，如图 2.8 所示。其优点在于反应效果良好，且水头损失较小。

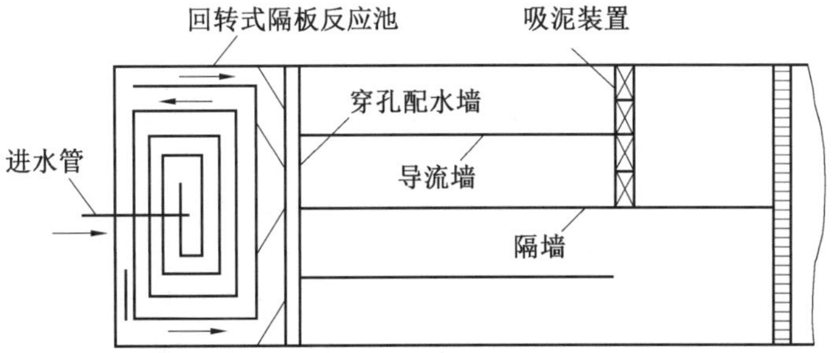

图 2.8　带回转式隔板反应池的平流式沉淀池

③涡流式反应池。涡流式反应池的结构如图 2.9 所示，下半部为圆锥形，水从锥底部流入，形成涡流扩散后缓慢上升。随着锥体面积的增大，反应液流速由大变小，这种流速变化有利于絮凝体的形成。其优点在于反应时间短、容积小、易于布置。

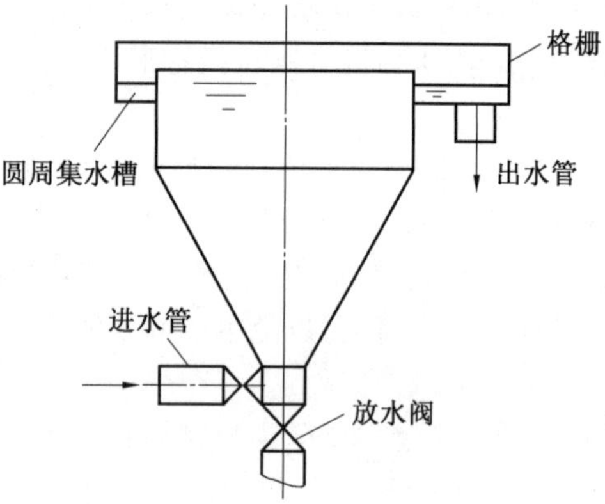

图 2.9 涡流式反应池的结构

④机械搅拌式反应池。机械搅拌式反应池的结构包括多个格子，其结构如图 2.10 所示，每个格子装有搅拌叶轮，叶轮有水平和竖直两种设置。

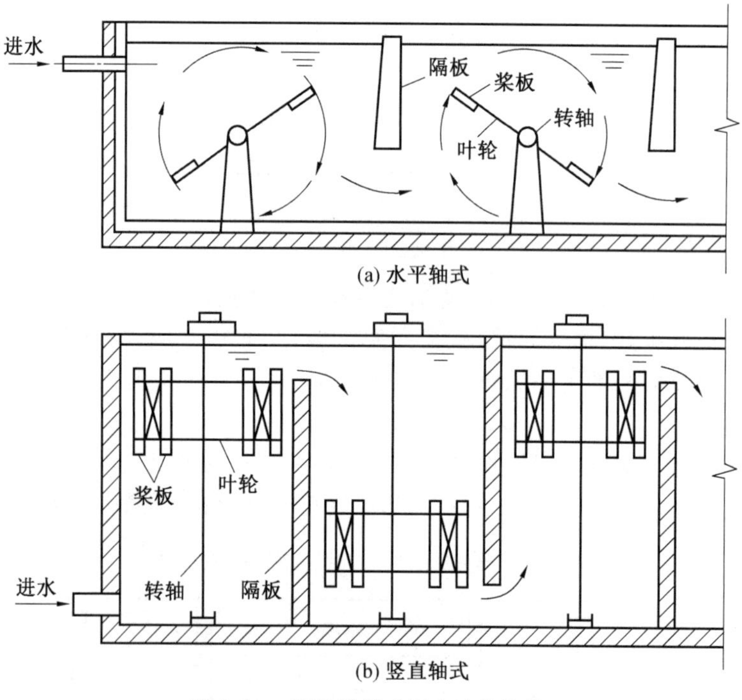

图 2.10 机械搅拌式反应池的结构

(4)澄清池。

澄清池是一种同时实现混凝剂与原水混合、反应、澄清的设备，其核心在于接触絮凝原理：通过悬浮泥渣的形成，在澄清池中使已生成的絮凝体悬浮成为悬浮泥渣层，从而在接触絮凝区促使新生成的微絮粒快速吸附在悬浮泥渣上，以达到良好的去除效果。澄清池具有占地面积小、处理效果好、生产效率高、节省药剂用量等优点。

澄清池的关键部分是接触絮凝区，根据基本原理，其构造形式主要分为两大类：悬浮泥渣型和泥渣循环型。悬浮泥渣型包括悬浮澄清池和脉冲澄清池，而泥渣循环型则包括机械加速澄清池和水力循环加速澄清池。目前，机械加速澄清池是较为常用的一种澄清池类型。以下针对机械加速澄清池构型和原理进行介绍。

机械加速澄清池通常采用圆形钢筋混凝土结构，小型的也可能采用钢板结构。其主要构造包括第一反应室、第二反应室、导流室和泥渣浓缩室，如图 2.11 所示。此外，还包括进水系统、加药系统、排泥系统、机械搅拌提升系统，大型加速澄清池可能还配备刮泥装置。第二反应室、第一反应室与分离室之间的容积比通常为 1∶3∶7。

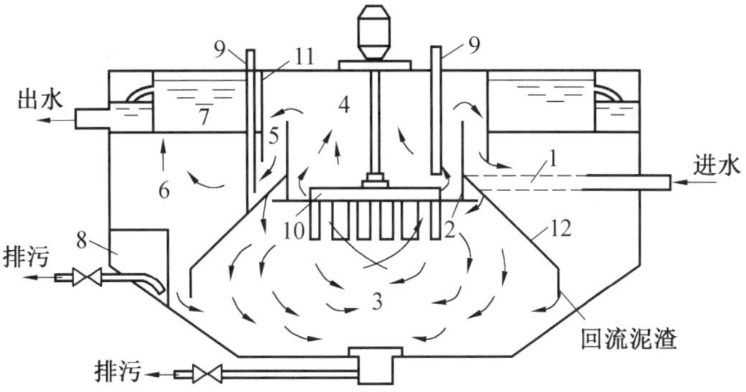

图 2.11　机械加速澄清池示意图

1—进水管；2—配水槽；3—第一反应室；4—第二反应室；5—导流室；6—分离室；7—集水槽；8—泥渣浓缩室；9—加药管；10—搅拌叶轮；11—导流板；12—伞形板(用于大池)

加药处理过的污水首先进入三角形分配槽，通过底边的调节缝流入第一反应室。水中的空气通过三角槽顶部的放空管排出。在第一反应室中，水经过搅拌提升至第二反应室，进一步进行混凝反应，形成更大的颗粒，然后从四周进入导流室，流向分离室。由于进入分离室时断面突然扩大，流速骤降，泥渣下沉，清水以 1.0～1.4 mm/s 的速度向上经过集水槽流出，沉下的泥渣通过回流缝进入第一反应室，再与从三角槽出来的原水相混合。在分离室内，部分泥渣进入泥渣浓缩斗，定期排除。池底还设有排泥阀，用于调整泥渣含量。提升循环回流的水量通常为处理水量的 3～5 倍。随着循环的进行，泥渣量逐渐增加，需要定期排放以保持一定的沉降比。在第二反应室和导流室内设有导流板，旨在改善水力条件，有利于混合反应，也有助于泥渣与水的分离。对于处理高浊度水和直径较大的池子，有些还在池底配备刮泥机装置，方便将池底的沉泥刮至池子中央，通过排放管排出，使排泥操作更为便捷。

机械加速澄清池中，泥渣循环流动，悬浮层中泥渣浓度较高，颗粒之间的相互接触机会较大。因此，该池投药量较少，运行效率高且稳定。处理效果主要取决于池体各部分尺寸是否合理及两个关键因素：①搅拌速度。以确保泥渣和水中小絮体充分混合，避免搅拌不均匀导致泥渣沉积。搅拌速度的选择应根据污泥浓度决定，低浓度时搅拌速度较小，高浓度时则需要增大搅拌速度。②泥渣回流量及浓度。控制合适的回流量可获得良好的反应效果，但回流量过大可能导致流速增大，影响分离室的稳定性，通常控制回流量为水量的 3～5 倍。泥渣浓度的提高有助于截留废水中的悬浮颗粒，但过高的浓度可能导致澄清水分离困难，影响出水水质。因此，在不影响分离室工作的前提下，应尽量提高泥渣浓度。

2.1.3 沉淀

1. 物理沉淀法

物理沉淀法是一种分离污水中固体悬浮物的方法，依赖于这些悬浮物的密度与水不同。当悬浮物的密度高于水时，它们在重力的作用下会下沉并形成沉淀物。这种沉淀处理方法简单易行，效果良好，在有机废水处理中被广泛采用。有时，为了提高分离效果，废水在处理前会经过混凝过程，将水中较小的颗粒凝聚成较大的絮凝物，然后依靠其自身的重力将其从水中沉淀分离出来。在处理高浓度有机废水时，常见的物理沉淀池类型包括平流沉淀池、竖流沉淀池、辐射沉淀池和斜板(管)沉淀池。

(1)平流沉淀池。

平流沉淀池通常为矩形水池，水流平面流过水池，构造简单，易于管理，可以建于地表或地下，适用于各种规模的水处理厂。它既可以用作自然沉淀池，也可以用作混凝沉淀池。常见的平流沉淀池的结构如图 2.12 所示。

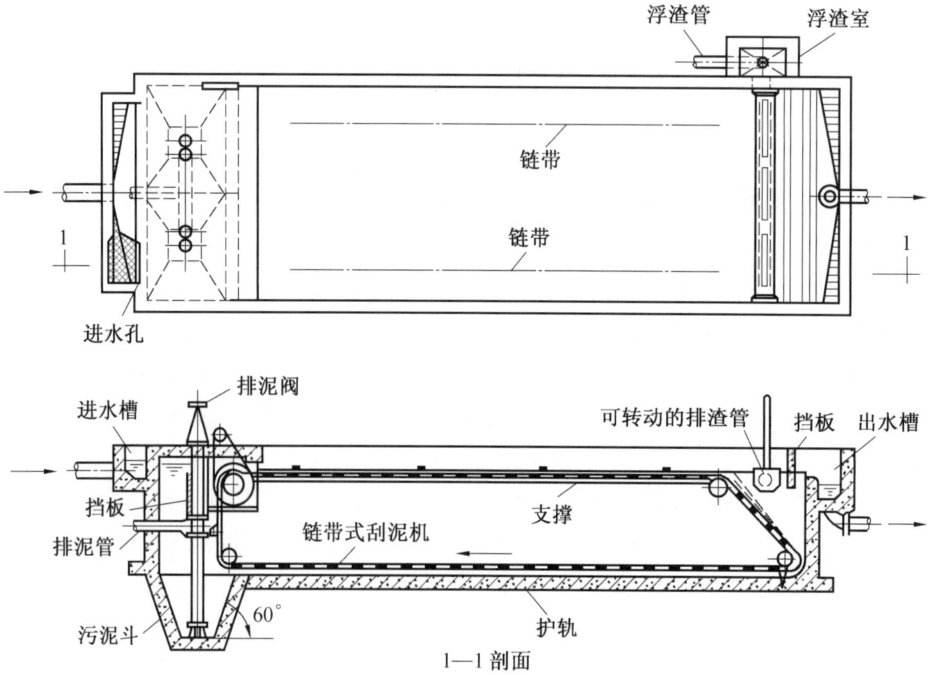

图 2.12 常见的平流沉淀池的结构

平流沉淀池的长宽比应大于 4∶1，长深比应大于 10∶1，一般的池深约为 2 m。在自然沉淀应用中，池内水流的水平流速通常低于 3 μm/s；而在混凝沉淀应用中，水平流速一般为 520 μm/s。

停留时间取决于原水水质和出水水质的要求，通常经过试验测定，一般在 1～2 h。如果处理低温、低浊度水或高浊度水，可能需要适当延长沉淀时间。在混凝沉淀应用中，出水浊度一般小于 20 mg/L。

(2)竖流沉淀池。

竖流沉淀池的特点是水流与颗粒的沉淀方向相反。如图 2.13 所示，这种设计确保具有相同上升速度的水流和颗粒在沉淀池中能够有效相遇。当水中的颗粒自由沉淀时，其效率可能不如平流沉淀池。然而，当水中的颗粒表现出絮凝性质时，上升的细小颗粒与下沉的较大颗粒会相互作用，通过碰撞和接触促使絮凝体形成，从而增大颗粒的直径和沉降速度。

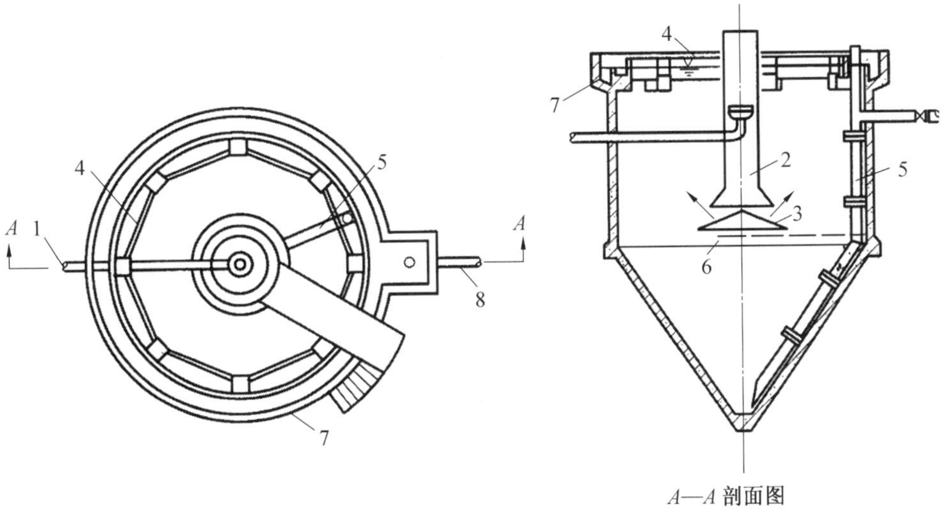

图 2.13　竖流沉淀池的结构

1—进水槽；2—中心管；3—反射板；4—挡板；5—排泥管；6—缓冲层；7—集水槽；8—出水管

此外，当颗粒的沉降速度与水流的上升速度相等时，这些颗粒会在沉淀池中形成一层悬浮区域，该区域能够有效地拦截上升的细小颗粒，起到过滤作用，进而提高沉淀效率。竖流沉淀池通常采用圆形、方形或多角形设计，直径一般不超过 8 m。其结构上分为上部的沉淀区和下部的锥形污泥区，两者之间设有缓冲层。废水通过进水管进入池的中心，然后从中心管的下部流出，并通过设置于池中心的反射板向四周分布，使得水流沿着沉淀区的整个断面向上移动。处理后的清水则通过四周的集水槽收集，其中集水槽通常采用平顶堰或三角形锯齿堰设计。污泥则通过池底的排泥管利用静水压力排出。

(3)辐射沉淀池。

辐射沉淀池通常为圆形，其直径通常不超过 100 m。它可以用作自然沉淀池，也可以用作混凝沉淀池。辐射沉淀池的结构如图 2.14 所示。水流从中心管自底部进入辐射式沉淀池中心，然后均匀地沿着池的半径辐射流动，水中的絮状沉淀物逐渐分离并下沉。清水从池的周边环形水槽排出，而沉淀物则由刮泥机刮到池中心，并通过排泥管排走。

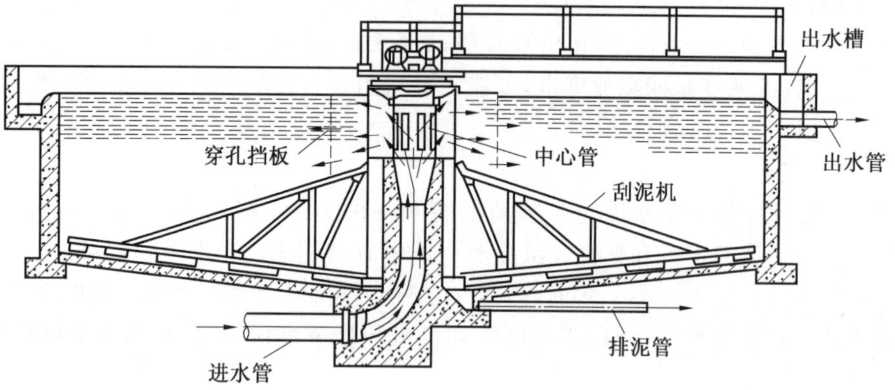

(b)

图 2.14　辐射沉淀池的结构

辐射沉淀池的沉淀效果出色，适用于处理高浊度的原水。然而，刮泥机的维护管理较为复杂，施工难度较大，投资也较高。

(4)斜板(管)沉淀池。

斜板(管)沉淀池是基于浅池沉淀理论发展起来的一种高效沉淀池，如图 2.15 所示。其特点是在沉降区内设置了大量密集排列的斜置管道或板材，目的是在有限的空间内增加沉淀面积，从而提高沉淀效率。水流在通过这些斜置的结构时，水中的悬浮固体颗粒会在重力的作用下沿斜面下滑至池底，然后集中排除。这种设计显著提高了沉淀效率，相较于传统设计，其沉淀效率可以提高 50%～60%，且在相同的占地面积下，处理能力可以提高 3～5 倍。

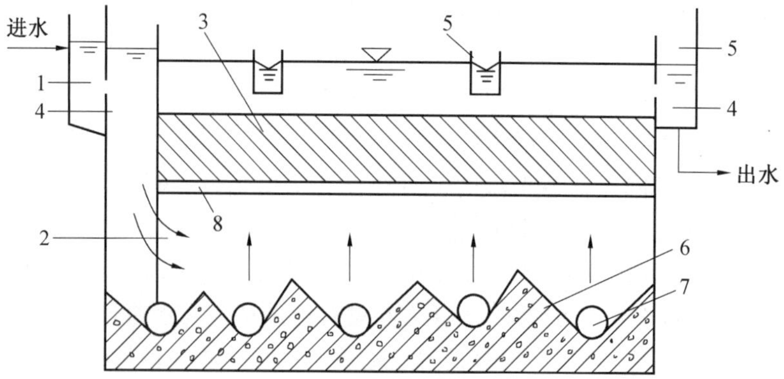

图 2.15　斜板(管)沉淀池的结构

1—进水管；2—喷嘴；3—喉管；4—第一反应室；5—第二反应室；6—分离室；7—环形集水槽；8—出水槽

2. 化学沉淀法

化学沉淀法是一种通过添加化学试剂到废水中以促使溶解态污染物与之反应，形成难溶于水的沉淀物从而被去除的废水处理方法。此法广泛适用于去除废水中的重金属离子(如汞、银、铅、锌、镍、铬、铁、铜等)、碱土金属(如钙、镁)，以及某些非金属元素(如砷、氟、硫、氰、硼)等。它也可用于去除特定的有机污染物。

(1)氢氧化物沉淀法。

氢氧化物沉淀法是通过向废水中加入碱性沉淀剂，如氢氧化钠、石灰(氧化钙)、碳酸钠、石灰石或白云石，使多数金属离子与沉淀剂反应形成难溶的金属氢氧化物沉淀。此法特别适用于除去非碱金属和部分碱土金属离子。

氢氧化物的沉淀与 pH 有很大关系。如以 $M(OH)_n$ 表示金属氧化物，则有

$$M(OH)_n(s) = Mn^+ + nOH^- \quad K_{sp} = L_{M(OH)n} = [M^{n+}][OH^-]^n \tag{2.4}$$

同时发生水解：

$$H_2O = H^+ + OH^- \quad K_w = [H^+][OH^-] = 1\times10^{-14}(25\ ℃) \tag{2.5}$$

将式(2.5)代入式(2.4)，得

$$\lg[M^{n+}] = \lg K_{sp} + npK_w - npH \tag{2.6}$$

由此式可以看出：①金属离子浓度 M^{n+} 相同时，溶度积 K_{sp} 越小，开始析出氢氧化物沉淀的 pH 越低；②同一金属离子，浓度越大，开始析出沉淀的 pH 越低。根据各种金属氢氧化物的 K_{sp} 值，由式(2.6)可以计算出某 pH 时溶液中金属离子的饱和浓度。以 pH 为横坐标，以 $-\lg[M^{n+}]$ 为纵坐标，即可绘出溶解度对数图。根据溶解度对数图，可以方便地确定金属离子沉淀的条件。

金属离子形成沉淀的过程受 pH 的影响，且每种金属离子有其特定的最佳沉淀 pH 范围(表 2.2)。由于废水性质复杂，干扰因素多，上述理论计算结果可能与实际有出入，最好通过试验来控制 pH。

表 2.2　某些金属氢氧化物沉淀析出的 pH 范围

金属离子	Fe^{3+}	Al^{3+}	Cr^{3+}	Cu^{2+}	Zn^{2+}	Sn^{2+}	Ni^{2+}	Pb^{2+}	Cd^{2+}	Fe^{2+}	Mn^{2+}
沉淀的最佳 pH	6～12	5.5～8	8～9	>8	9～10	5～8	>9.5	9～9.5	>10.5	5～12	10～14
加碱溶解的 pH	—	>8.5	>9	—	>10.5	—	—	>9.5	—	>12.5	—

石灰(氢氧化钙)作为沉淀剂的使用尤为普遍。石灰沉淀法的优势在于其能够广泛去除多种污染物，包括重金属如铅、锌、铜、镉等，以及非金属污染物，如砷、氟、磷等。此法的优点还包括石灰的广泛可用性、低成本、简便的操作步骤、可靠的处理效果，以及不会产生二次污染等。

图 2.16 为某有色金属冶炼厂采用石灰沉淀法处理酸性含锌废水工艺流程图。在此流程中，废水首先与石灰乳混合，以提高 pH 并促使重金属离子与石灰反应形成难溶的金

属氢氧化物沉淀。该处理过程不仅限于锌离子，也适用于废水中的其他重金属和污染物，如铜、镉、铅和砷等。废水处理量可达 800 m^3/h，显示了此法在大规模应用中的可行性。

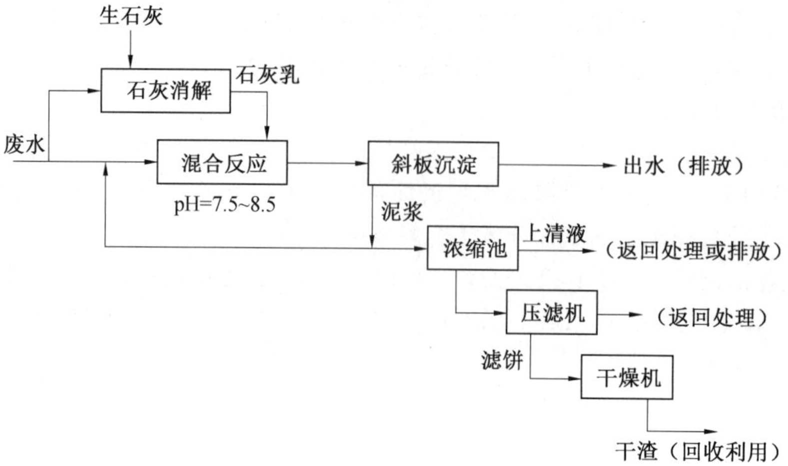

图 2.16　石灰沉淀法处理酸性含锌废水工艺流程图

石灰沉淀法处理效果见表 2.3。处理后的出水外排，而产生的沉淀物（干渣）则可以回收并返回到冶炼炉中进行再利用，这不仅减少了废物的产生，还实现了资源的循环利用。此外，通过将沉淀池底部的泥浆部分回流到处理系统中，可以进一步优化泥渣的沉降和过滤性能，增强整个处理过程的效率和可靠性。

表 2.3　石灰沉淀法处理效果

项目	pH	锌 /($mg \cdot L^{-1}$)	铅 /($mg \cdot L^{-1}$)	铜 /($mg \cdot L^{-1}$)	镉 /($mg \cdot L^{-1}$)	砷 /($mg \cdot L^{-1}$)
原废水	2.0～6.7	60.64～89.47	3.87～7.78	0.81～3.10	0.78～1.39	0.26～1.15
处理后出水	10～11	0.95～3.73	0.39～0.74	0.12～0.27	0.03～0.06	0.021～0.059

（2）硫化物沉淀法。

硫化物沉淀法利用多数过渡金属硫化物的难溶性，通过向废水中加入硫化氢或硫化钠等硫化剂，使重金属离子形成难溶的硫化物沉淀。硫化物沉淀法常用的沉淀剂有 H_2S、Na_2S、NaHS、$(NH_4)_2S$ 等。根据沉淀转化原理，难溶硫化物 MnS、FeS 等也可作为处理药剂。

S^{2-} 与 OH^- 一样，也能够与许多金属离子形成络阴离子，从而使金属硫化物的溶解度增大，不利于重金属的沉淀去除，控制硫化剂的浓度至关重要，以避免硫化物的过量导致溶解度增大或产生可溶性络阴离子，从而降低去除效率。

提高沉淀剂（S^{2-}）浓度有利于硫化汞沉淀的析出；但是，过量的硫离子不仅会造成水体贫氧，增加水体的 COD，还能与硫化汞沉淀生成可溶性络阴离子 $[HgS_2]^{2-}$，降低汞的去除率，而且由于生成的 HgS 颗粒很小，直径只有 7 μm，沉降困难。为了解决这些问题并提高处理效率，可以向废水中补充 $FeSO_4$ 溶液，以去除过量的硫离子，并生成 FeS 作为共沉淀载体，帮助硫化汞沉淀。此外，补加的 Fe^{2+} 还会在水中形成 $Fe(OH)_2$ 和 $Fe(OH)_3$ 沉淀，这些沉淀物能够吸附和凝聚硫化汞的悬浮微粒，从而促进它们的沉降。在某些情况下，为了进一步加速硫化汞微粒的沉降，可以向废水中添加焦炭末或粉状活性炭。这些物质具有良好的吸附性能，能够吸附硫化汞微粒，进一步促进其沉降。

(3)碳酸盐沉淀法。

碳酸盐沉淀法通过向废水中加入碳酸盐或碱性物质，如石灰，促使碱土金属和重金属离子形成难溶的碳酸盐沉淀。这种方法根据处理对象的不同，可以采取以下 3 种不同的方式。

①投加难溶碳酸盐(如碳酸钠)，利用沉淀转化原理，使废水中重金属离子(如 Pb^{2+}、Cd^{2+}、Zn^{2+}、Ni^{2+} 等)生成难溶度更小的碳酸盐而沉淀析出。

②投加可溶性碳酸盐(如碳酸钙)，使水中重金属离子生成难溶碳酸盐而析出。

处理含锌废水：$ZnSO_4+NaCO_3 = ZnCO_3\downarrow+NaSO_4$

处理含铜废水：$2Cu^{2+}+CO_3^{2-}+2OH^- = Cu_2(OH)_2CO_3\downarrow$

处理含铅废水：$Pb^{2+}+CO_3^{2-} = PbCO_3\downarrow$

③投加石灰，与造成水中碳酸盐硬度的 $Ca(HCO_3)_2$ 和 $Mg(HCO_3)_2$ 生成难溶的碳酸钙和氢氧化镁而沉淀析出。

(4)卤化物沉淀法。

卤化物沉淀法利用卤素离子与废水中特定金属离子反应形成难溶的沉淀物，以此去除废水中的污染物。这种方法主要包括氯化物沉淀法和氟化物沉淀法两种。

①氯化物沉淀法。氯化物沉淀法主要用于从废水中去除银离子，因为氯化银具有极低的溶解度($K_{sp}=1\times10^{-10}$)。这种方法尤其适合处理来自镀银和照相工艺的含银废水。在处理含银废水时，通常首先通过电解法回收大部分银离子，将银的质量浓度降至 100～500 mg/L，然后再通过加入氯化物(如氯化钠或氯化钾)，使剩余的银离子转化为难溶的氯化银沉淀，将银的质量浓度降至 1 mg/L 左右。当废水中含有其他金属离子时，通过调节 pH 至碱性，并加入氯化物，可以同时形成其他金属的氢氧化物沉淀和银的氯化银沉淀，进一步提高处理效率。

对于含氰的镀银废水，它会与银离子形成 $[Ag(CN)_2]^-$ 络离子，对处理不利，通常需要先通过氯化处理氧化氰离子，释放出的氯离子随后与银离子反应生成氯化银沉淀。这一步骤能显著降低废水中的银离子和氰离子浓度，达到环保排放标准。根据试验资料，银和氰质量相等时，投氯质量为 3.5 mg/mg(氰)。氧化 10 min 以后，调节 pH 至 6.5，使氰完全氧化。继续投氯化铁，以石灰调节 pH 至 8，沉淀分离后清除上清液，可使银离子质量浓度由最初的 0.7～40 mg/L 降至 0～8.2 mg/L，氰离子质量浓度由 159～642 mg/L 降至 15～17 mg/L。

②氟化物沉淀法。氟化物沉淀法主要用于处理含氟废水。通过向废水中加入石灰(氢氧化钙)，在高 pH 条件下(pH＝10～12)，氟离子与钙离子反应形成难溶的 CaF_2 沉淀。

这一过程不仅适用于单纯的含氟废水,也适用于含有其他金属离子的复杂废水。在后者情况下,加入石灰还会导致金属氢氧化物的形成,其吸附和共沉淀作用有助于进一步降低废水中的氟离子浓度。若加入石灰至 pH=11~12,再加入硫酸铝,使 pH=6~8,则形成氢氧化铝,可使含氟质量浓度降至 5 mg/L 以下,如果加入石灰的同时加入磷酸盐(如过磷酸钙、磷酸氢二钠),则磷酸根、钙离子能与水中的氟离子形成难溶的磷灰石沉淀。

$$3H_2PO_4^- + 5Ca^{2+} + 6OH^- + F^- \longrightarrow Ca(PO_4)_3F\downarrow + 6H_2O$$

当石灰的投加量为理论投加量的 1.3 倍,过磷酸钙的投加量为理论投加量的 2~2.5 倍时,可使废水中氟的质量浓度降至 2 mg/L 左右。

(5)磷酸盐沉淀法。

磷酸盐沉淀法是通过向废水中加入铁盐或铝盐,使水中的可溶性磷酸盐与这些金属离子反应,形成难溶的磷酸盐沉淀。这种方法不仅能直接去除磷酸盐,还能通过沉淀物表面的吸附作用和多核氢氧化铁(Ⅲ)悬浮体的凝聚作用,增强去除效率。这种方法适用于含有高浓度磷酸盐的工业废水和城市污水处理,能有效减少水体中的营养盐负荷,防止水体富营养化。

2.1.4 气浮

气浮技术是一种在高浓度有机废水处理中极为关键的固一液、液一液分离方法。这一技术通过向废水中引入大量的微细气泡,依靠这些气泡与污染物之间的黏附作用及气泡的浮力,将悬浮在水中的污染物带至水面,从而实现污染物的有效去除。气浮过程需要满足 3 个基本条件:首先,需要向水体中提供充足的微细气泡;其次,废水中的污染物必须处于可悬浮的状态;最后,确保气泡能够与这些悬浮物质有效黏附。只有同时满足这些条件,气浮处理才能顺利进行。

气浮技术的应用范围广泛,特别适用于那些含有细小颗粒物质(颗粒密度接近或略小于 1)的污水处理。在水处理领域内,气浮技术的应用包括但不限于以下几个方面:

①分离水中的微小悬浮物、藻类和微絮体,提高水质清洁度。

②在工业废水处理中回收有用物质,例如,造纸厂废水中的纸浆纤维和填料。

③作为二次沉淀池的替代方案,用于分离和浓缩剩余活性污泥,尤其适合于那些容易引发污泥膨胀的生化处理系统。

④分离和回收含油废水中的悬浮油滴和乳化油,提高油水分离效率。

⑤从废水中分离和回收以分子或离子形式存在的目标物质,如表面活性剂和金属离子等,增强资源回收利用。

根据产生细微气泡的方法不同,气浮技术可分为散气气浮、电解气浮和溶气气浮 3 种主要类型:

①散气气浮。散气气浮通过机械方式直接向水中引入空气,产生大量微细气泡。

②电解气浮。电解气浮利用电解作用在电极表面产生气泡,通常用于生成氢气和氧气气泡。

③溶气气浮。溶气气浮通过减压释放溶解在水中的空气，形成微细气泡，这种方法在工业应用中尤为常见，因为它能产生均匀且稳定的微气泡，提高分离效率。

1. 散气气浮

散气气浮是一种通过机械手段产生微细气泡，以促进固－液、液－液分离的有效方法。这种方法主要通过机械剪切力将混合于水中的空气细化成微小气泡，利用气泡的浮力将悬浮在水中的污染物带至水面。根据气泡产生的具体机制，散气气浮可分为射流气浮、扩散曝气气浮和剪切气泡气浮 3 种不同的类型。

(1)射流气浮。

射流气浮利用特制的射流装置射流器(图 2.17)，通过高速水流在喉管中形成的负压或真空状态吸入空气，随后在高速水流的剧烈搅拌下，空气被细化成微小气泡。当气泡与水流一同进入扩散段时，由于压力的增大，气泡被进一步压缩，提高了空气在水中的溶解度。这些细微气泡随后进入气浮池，开始与污染物黏附并使其浮到水面。

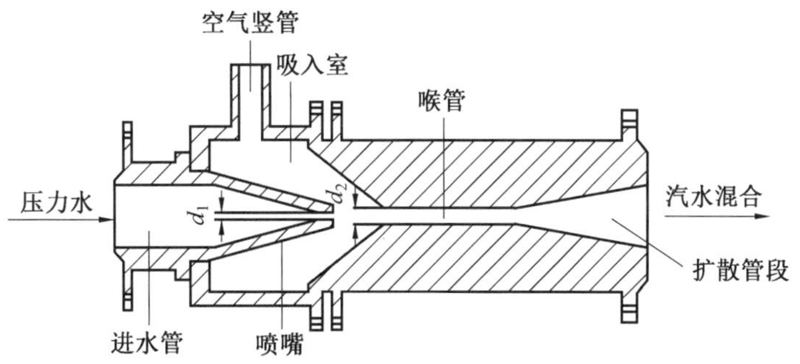

图 2.17　射流器的构造

(2)扩散曝气气浮。

扩散曝气气浮通过在水底部安装扩散板或微孔扩散装置，将压缩空气以细小气泡的形式释放到水中，如图 2.18 所示。这种方法操作简单，设备构造不复杂，但存在一定的局限性，如扩散装置的微孔容易堵塞，产生的气泡相对较大，可能会影响气浮效果。

(3)剪切气泡气浮。

剪切气泡气浮通过将空气引入高速旋转的叶轮附近，利用叶轮产生的负压将空气吸入并与水充分混合。在叶轮的高速切割作用下，空气被细化成极小的气泡。这些气泡随着水流上浮，形成泡沫，随后被缓慢旋转的刮板从水面刮除，如图 2.19 所示。剪切气泡气浮法适用于处理规模较小、污染物浓度较高的废水场合，尤其在除油应用中表现出较高的效率。

2. 电解气浮

电解气浮是一种在直流电场作用下，通过电解作用在水中产生微细气泡(氢气和氧气)的方法，如图 2.20 所示。这些微细气泡能够黏附在废水中的悬浮颗粒上，并将其带至水面实现固液分离。

电解气浮具有多重作用，除了物理上的分离作用，还包括电解液中的氧化还原反应，

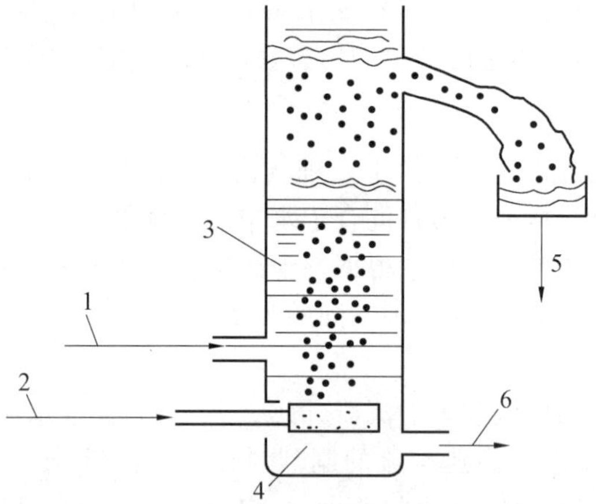

图 2.18　扩散曝气气浮法示意图

1—入流废水；2—空气；3—分离区；4—微孔扩散设备；5—浮渣；6—出流

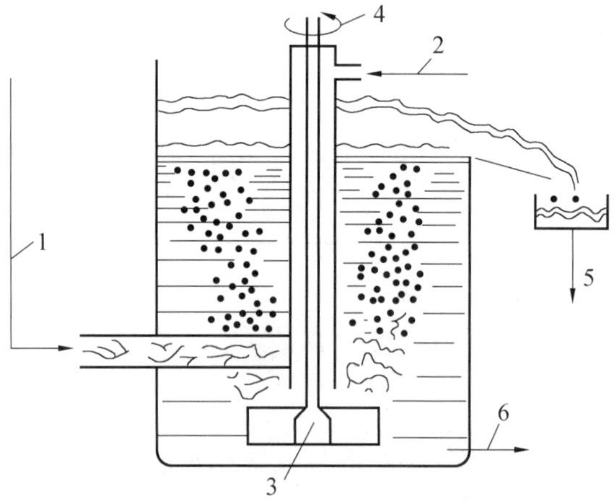

图 2.19　剪切气泡气浮的示意图

1—叶轮；2—固定盖板；3—转轴；4—轴套；5—轴承；6—进气管

这些反应能对水中的某些金属离子和溶解有机物进行氧化、脱色和杀菌处理。电解气浮的优点在于其广泛的污染物去除能力、较少的泥渣产生、简单的工艺流程和小型的设备需求；但主要缺点是相对较高的能源消耗。

3. 溶气气浮

溶气气浮是通过在一定压力下使空气溶解于水中达到饱和，然后通过减压使溶解的空气以微细气泡形式析出的过程。这种方法产生的气泡非常细小，初始粒度在 80 μm 左右，从而使得溶气气浮在清除水中细小悬浮物方面特别有效。溶气气浮主要分为加压溶气气浮和真空气浮两种类型。前者是空气在加压条件下溶于水中，在常压条件下析出；后者是空气在常压或加压条件下溶于水中，在负压条件下析出。

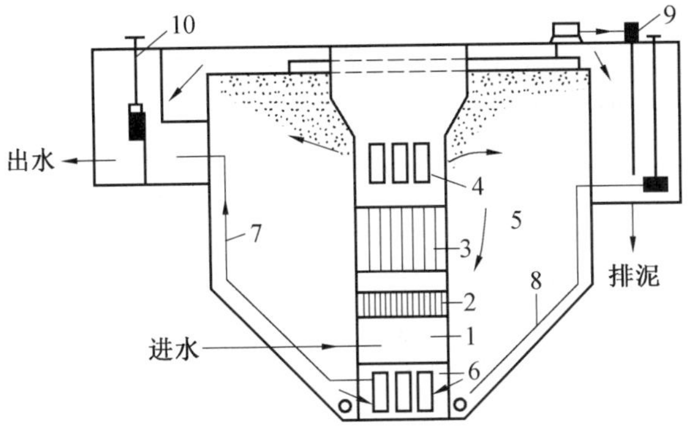

图 2.20　电解气浮装置

1—入流室；2—整流栅；3—电极组；4—出流孔；5—分离室；6—集水孔；7—出水孔；8—沉淀排泥管；9—刮渣机；10—水位调节器

(1)真空气浮。

真空气浮是在常压或稍高于常压的条件下使空气溶解于水中，然后通过创建负压环境使溶解的空气以气泡的形式析出，如图 2.21 所示。污水经流量调节器后先进入曝气室，由机械曝气设备预曝气，使污水中的溶气量接近于常压下的饱和值。未溶空气在脱气井脱除，然后污水被提升到分离区。由于浮上分离池压力低于常压，因此预先溶于水中的空气就以非常细小的气泡溢出来，污水中的悬浮颗粒与水中逸出的细小气泡相黏附，并上浮至浮渣层。旋转的刮渣板把浮渣刮至集渣槽，然后进入出渣室。在浮上分离池的底部装有刮泥板，用以排除沉到池底的污泥。处理后的出水经环形槽收集后排出。

这种方法的缺点是溶解空气的能力有限，因此气泡释放量也有限，且设备需要密闭运行，使得操作和维护相对困难。

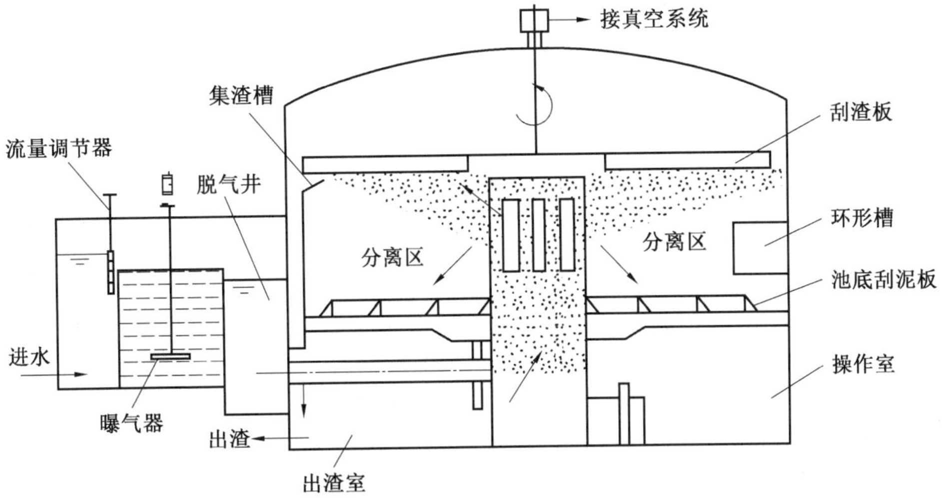

图 2.21　真空气浮设备示意图

(2)加压溶气气浮。

加压溶气气浮是目前最常见的溶气气浮，根据加压溶气水的来源不同，又可以分为全溶气气浮、部分溶气气浮和回流加压溶气气浮3种。

全溶气气浮将所有入流废水进行加压溶气处理，再经减压释放装置进入气浮池进行固液分离，如图2.22所示。

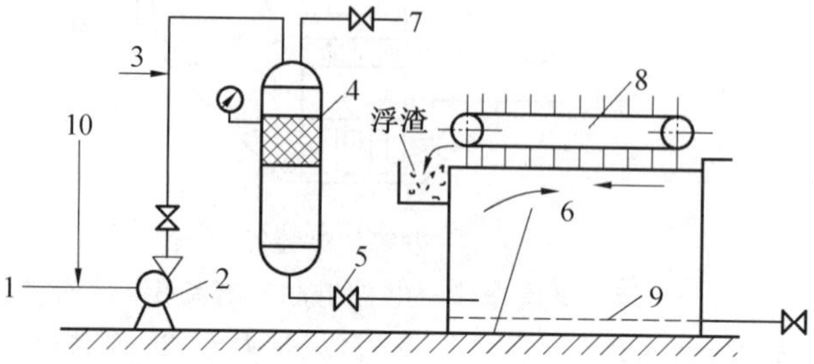

图2.22 全溶气气浮流程

1—废水；2—加压水泵；3—空气；4—压力溶气罐；5—减压阀；6—气浮池；7—泄气池；8—刮渣机；9—出水；10—化学药剂

部分溶气气浮只对部分废水进行加压溶气，剩余的废水与之混合后进入气浮池，如图2.23所示。利用部分加压溶气水的减压释放微小气泡对全部废水进行固液分离。该法缩小了溶气罐的容积，节省了加压的能耗，但系统提供的溶气量亦相对较少，因此欲提供相同的溶气量，则必须加大溶气压力。

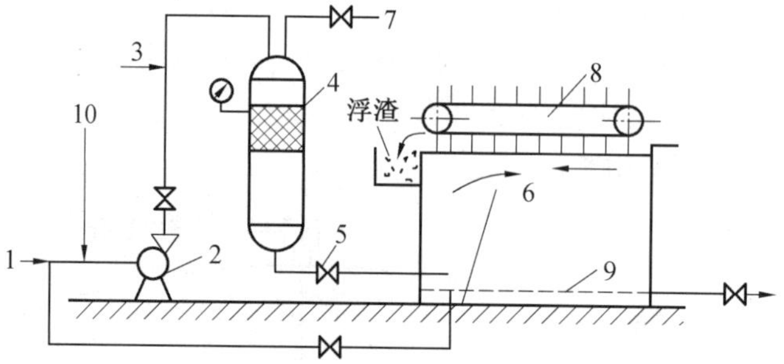

图2.23 部分溶气气浮流程

1—废水；2—加压水泵；3—空气；4—压力溶气罐；5—减压阀；6—气浮池；7—泄气池；8—刮渣机；9—出水；10—化学药剂

回流加压溶气气浮是将部分处理后的清洁水回流进行加压溶气，与未处理的废水一同进入气浮池，如图2.24所示。回流加压溶气气浮因其高效和经济性而成为目前应用最广泛的溶气气浮工艺。

气浮池根据进水方式的不同，主要分为平流式和竖流式两种类型。

①平流式气浮池。如图2.25所示，其特点是废水从气浮池的底部进入，经过接触区后，其中的颗粒物与微气泡结合，并沿导流板向上移动至气浮分离区进行渣水分离。浮于水面的浮渣通过刮渣机刮入渣槽，而清洁的水则从池底的集水管排出。此类气浮池具有结构简单、造价低廉、运行方便的优点，因此应用较多；但其在分离区的容积利用率相

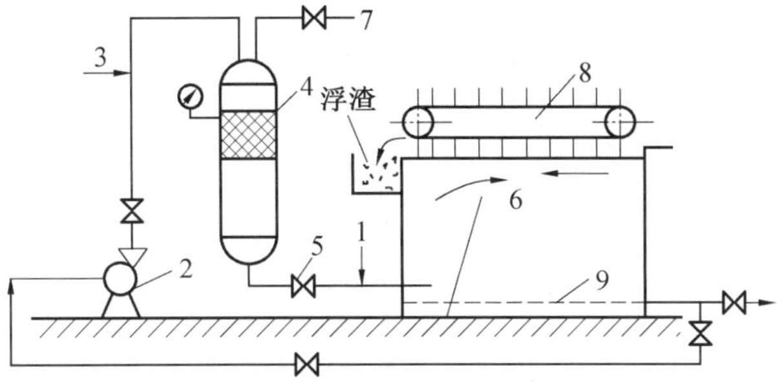

图 2.24　回流加压溶气气浮流程

1—废水；2—加压水泵；3—空气；4—压力溶气罐；5—减压阀；6—气浮池；7—泄气池；8—刮渣机；9—出水

对较低。在池底设置污泥斗可以排除未与气泡结合上浮的重颗粒污泥。

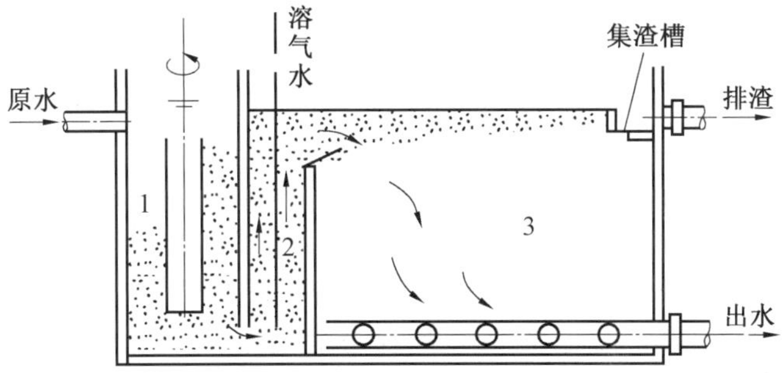

图 2.25　平流式气浮池

1—反应室；2—接触室；3—分离室

②竖流式气浮池。如图 2.26 所示，接触室位于池的中央，废水由此向四周扩散，这种水流布局有利于水力条件的优化。与平流式气浮池相比，竖流式气浮池的主要优势在于更好的水力条件和对流动性能的改善；但其与反应池的衔接较为复杂，且整体容积利用率较低。根据实际经验，当处理的水量大于 150 m^3/h，且废水中的悬浮固体浓度较高时，竖流式气浮池是更合适的选择。

2.1.5　除油

含油废水的处理是环境工程中的一个重要领域，尤其是对于石油工业、油轮、机械加工业、钢铁制造、食品工业和农药工业等产生的含油废水。废水中存在的油分不仅增加了水处理的难度，还可能对环境造成严重污染。

含油废水的处理方法主要采用浮上法，浮上法是指借助于水的浮力，使水中不溶态污染物浮出水面，然后用机械加以刮除的水处理方法。根据分散相物质的亲水性强弱和密度大小，以及由此而产生的不同处理机理，浮上法可分为自然浮上法(重力法)、气泡浮上法和药剂浮选法 3 类。

①自然浮上法。利用油的相对密度小于水的特性，使油自然浮至水面，然后通过机

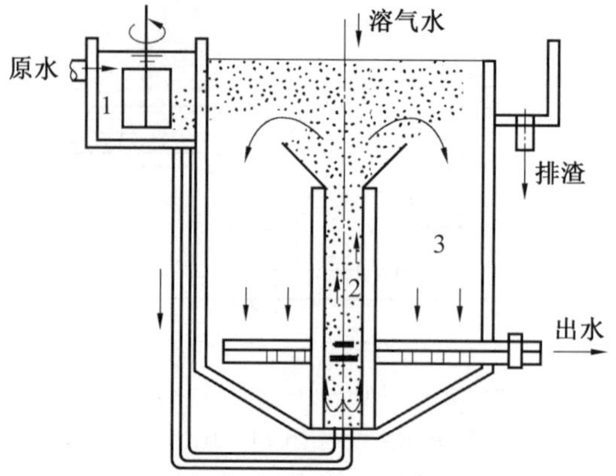

图 2.26　竖流式气浮池

1—反应室；2—接触室；3—分离室

械方式刮除。这种方法简单、成本低，但效率有限，主要适用于去除大颗粒浮油。

②气泡浮上法。向水中注入气泡使细小的油滴附着在气泡上一同浮到水面。气浮法适用于去除分散油和乳化油，效率较高，是处理含油废水的常用方法。

③药剂浮选法。通过加入特定的药剂（如絮凝剂和表面活性剂），改变油滴的表面特性，增强其与气泡的结合能力，进而提高油滴的上浮速度和去除效率。

含油废水处理中，对不同类型和粒径的油类采取适当的分离方法是至关重要的。油类在废水中的存在形式主要包括重油、浮油和分散油，除了重焦油相对密度可达 1.1 以外，其余的相对密度都小于 1，每种形式都有其特定的处理策略。

①重油。重油由于相对密度大于 1，可以通过沉淀方法进行有效去除。沉淀是利用重力作用，使密度大于水的物质沉到容器底部的过程。对于含有重焦油等重油的废水，沉淀池或专门设计的沉油池是去除这些油类的有效设施。

②浮油。浮油的粒径通常大于 100 μm，这使得它们在水中相对稳定，容易浮到水面形成油膜或油层。对于这种大颗粒的浮油，可以通过物理手段，如隔油池进行有效去除。隔油池通过减缓水流速度，让油滴因浮力作用自然上浮到水面，再通过机械刮渣装置将其移除。

③分散油。分散油的粒径一般在 10～100 μm 之间，这些油滴在水中不稳定，容易聚集成更大的油滴或在静止一段时间后上浮成浮油。针对分散油的去除，隔油池同样适用，尤其是设计有斜板的隔油池。

1. 平流式隔油池

平流式隔油池的设计基本与平流式沉淀池类似，主要用于通过物理分离方法去除废水中的大颗粒油滴，其示意图如图 2.27 所示。为了有效地进行油水分离并及时排除污泥，大型隔油池通常装备有刮油和刮泥机械。污泥通过位于池底的排泥管利用静水压力进行排放，而池底的设计与沉淀池相似。为了保持浮渣的流动性，防止火灾和雨水入侵，隔油池表面通常会设置盖板，特别是在寒冷地区，还需要在集油管和油层内设置加温设施以防冻结。

平流式隔油池的优点在于其结构简单、运行管理方便以及油水分离效果稳定。据研究，平流式隔油池能够去除直径在 100～150 μm 范围内的油滴，其对应的上升速度不超过 0.9 mm/s。

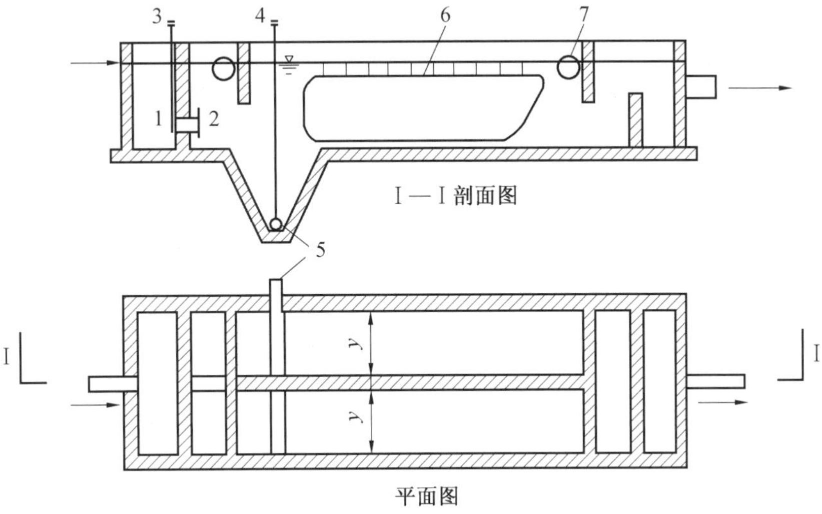

图 2.27　平流式隔油池示意图

1—布水间；2—进水孔；3—进水阀；4—排泥阀；5—排泥管；6—刮油刮泥机；7—集油管

2. 斜板隔油池

斜板隔油池的设计包括进水区、出水区、集油区以及油水分离装置，其示意图如图 2.28所示，其中油水分离通常采用波纹板斜板。废水在斜板上向下流动并从出水堰排出，而油滴则沿着斜板的下表面向上移动，并通过集油管进行收集和排出。斜板的设计增加了油滴上浮的路径，从而提高了分离效率。

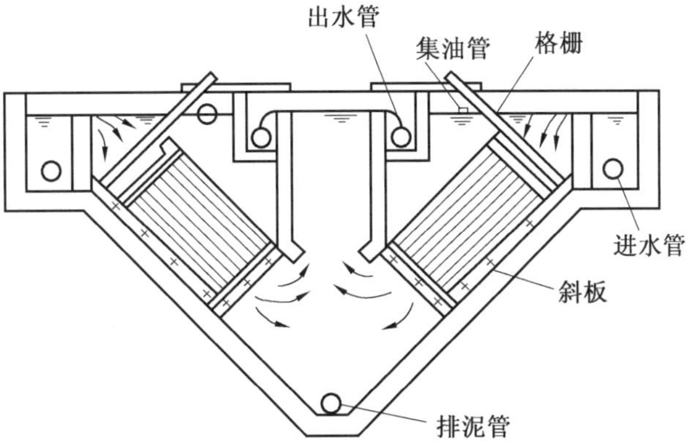

图 2.28　斜板隔油池示意图

斜板隔油池能够分离直径为 80 μm 及以上的油滴，其相应的上升速度不超过 0.2 mm/s。该方法主要依靠油滴与水的密度差来实现油水分离，一般的去油效率在

70%～80%之间。然而,斜板隔油池的出水中仍可能含有一定量的乳化油和附着在悬浮固体上的油分,通常难以达到更严格的排放标准。

2.1.6 过滤

过滤技术在水处理和废水处理领域中发挥着至关重要的作用,特别是在去除悬浮物质和微小颗粒方面。过滤过程主要通过一定孔隙率的过滤介质,使含有悬浮物的水流通过时,悬浮物被截留,从而实现水质净化。根据过滤机理和介质类型,过滤工艺主要分为深层过滤、表面过滤和膜过滤3种。

①深层过滤。深层过滤涉及水流穿过厚层的颗粒介质(如砂、砾石、无机或有机颗粒等),在此过程中,悬浮物质通过物理吸附和机械截留被去除,如图2.29(a)所示。在深层过滤中,滤料的孔隙结构使得水流在通过滤层时与滤料充分接触,悬浮物在滤料表面或内部空隙中被截留。深层过滤特别适用于去除较大颗粒的悬浮物,是传统水处理中常见的一种方法。

②表面过滤。表面过滤主要是通过一层或多层薄的滤材(如布、纸、金属网等),截留大于滤材孔径的悬浮物,如图2.29(b)所示。在表面过滤过程中,水通过滤材时,悬浮物直接被滤材表面阻挡,形成滤饼。表面过滤适用于去除较细小的悬浮颗粒。

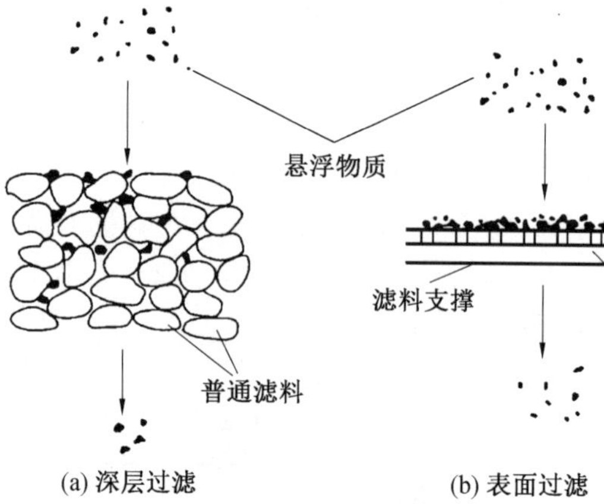

图2.29　深层过滤和表面过滤

③膜过滤。膜过滤是利用半透膜的选择性透过性,通过施加压力差使水分子通过膜,而将悬浮物、细菌、病毒和溶解物质等截留。按照截留颗粒大小和操作压力的不同进行分类,膜过滤技术可分为微滤(MF)、超滤(UF)、纳滤(NF)和反渗透(RO)等。膜过滤具有高效、可靠和适应范围广等优点,广泛应用于饮用水处理、废水深度处理和工业过程水净化等领域。

在过去的几十年,众多的过滤技术得到了发展,并已被广泛应用于废水处理领域。这些技术根据滤池的层厚(如浅层、常规和深层滤床)、滤料的类型(如单层、双层和多层滤料)、滤料是否分层,以及操作方式(如上向流式和下向流式)等方面有所不同,因此滤池的分类也十分多样。

在废水处理中,最常见的滤池类型包括普通快速滤池(普通快滤池)和压力滤池。普通快滤池通常用于去除悬浮物和部分溶解物,而压力滤池则可以在更高的压力下运行,适用于处理要求更高的水质。近年来,合成滤料滤池也越来越多地应用于废水处理,这种滤料因其高效的过滤性能和较长的使用寿命而受到青睐。根据驱动力的不同,滤池还可以进一步分为重力式和压力式滤池。重力式滤池依靠水自身的重力通过滤料层,适用于处理量大、要求不极端严格的场合;而压力式滤池则通过外加压力驱使水通过滤料,适用于空间受限或需要更深度处理的应用场景。

1. 普通快滤池

普通快滤池是水处理和废水处理中广泛使用的一种过滤设备,其示意图如图 2.30 所示。主要用于去除水中的悬浮物质和部分胶体物质,以提高水质。这种类型的滤池通常采用钢筋混凝土结构,具有结构稳定、处理能力大等特点。

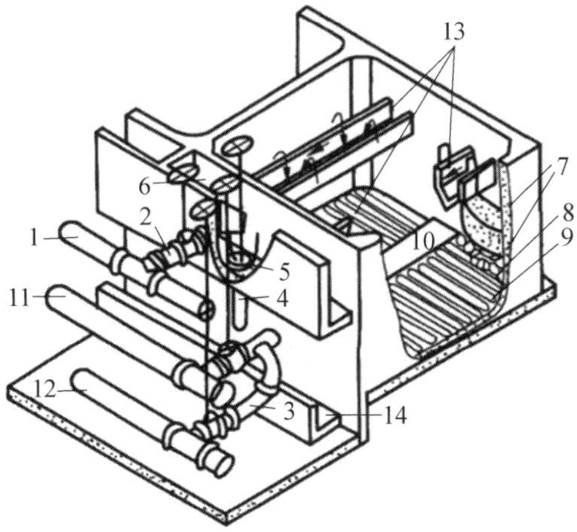

(a) 透视图

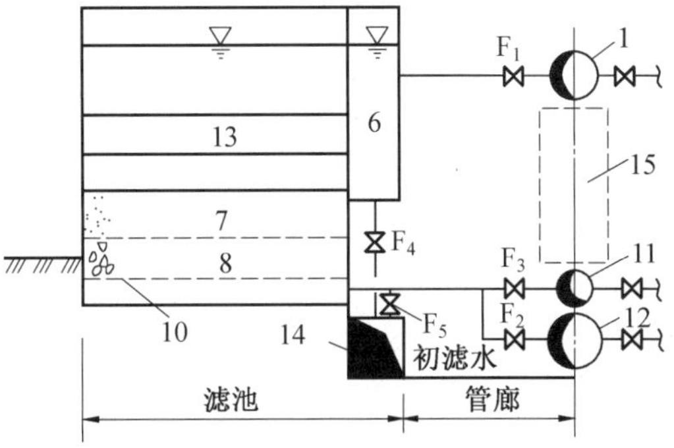

(b) 剖面图

图 2.30　普通快滤池构造示意图

1—进水干管;2—进水支管;3—清水管;4—排水管;5—排水阀;6—集水渠;7—滤料层;8—承托层;9—配水支管;10—配水干管;11—冲洗水管;12—清水总管;13—排水槽;14—废水渠;15—走道空间;F_1～F_5—阀门

在普通快滤池中，废水通过进水管流入滤池，并自上而下通过滤料层和垫料层。滤料层负责截留水中的悬浮物，而垫料层则支撑滤料层并防止滤料被冲走。清水通过配水系统收集后，由出水管排出滤池。随着过滤过程的进行，滤料层会逐渐截留更多的悬浮物，导致孔隙率降低和过滤阻力增大，这会影响到出水的水质和水量。当水头损失达到一定程度或出水水质不符合标准时，需要停止过滤并进行反冲洗，以恢复滤料的过滤能力。反冲洗过程中，水从底部向上穿过滤料层，将其中的悬浮物冲洗出来，并通过排水系统排出滤池。

2. 压力滤池

压力滤池是另一种常见的过滤设备，特别适用于小型污水处理设施或需要将处理后的水直接输送到下一处理步骤或使用点的场合。与普通快滤池不同，压力滤器是一个完全封闭的有压容器，水通过泵直接打入滤器，并在一定压力下进行过滤，其示意图如图2.31所示。

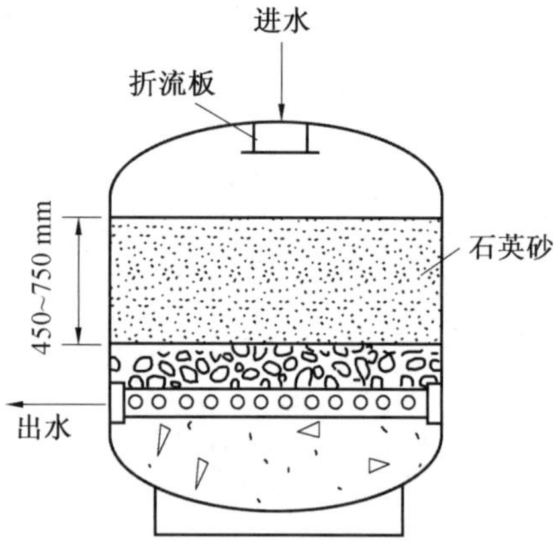

图 2.31 压力滤池示意图

压力滤器的内部结构与普通快滤池相似，包括滤料层和垫料层，但其滤层厚度通常大于重力式滤池，允许的水头损失也相应较大(一般可达 5～6 m)。压力滤器可以是竖式或卧式，竖式压力滤器有现成的产品，直径通常不超过 3 m，适合于空间有限的场合。

3. 合成滤料滤池

合成滤料滤池利用高效多孔的合成滤料(如聚氨酯材质)进行过滤处理，这种滤料的特点在于其高孔隙率，实验室条件下可达 88%～90%，而在实际应用中滤料在滤床中的孔隙率大约为 94%。这种高孔隙率的滤料使得滤速可以达到非常高的水平，为 400～1 200 L/(m^2 · min)，大大提高了过滤效率。

合成滤料滤池的设计允许通过调整上、下两块多孔板的位置来改变滤层的深度和孔隙率，从而适应不同的过滤需求，其示意图如图 2.32 所示。在反冲洗过程中，通过调整上层多孔板的位置和侧向通入空气，使滤料在水流的作用下翻滚和摩擦，实现有效的清洗和再生。

4. 膜过滤工艺

膜过滤工艺通过使用特殊的薄膜对水中的成分进行选择性过滤，是一种精细的分离

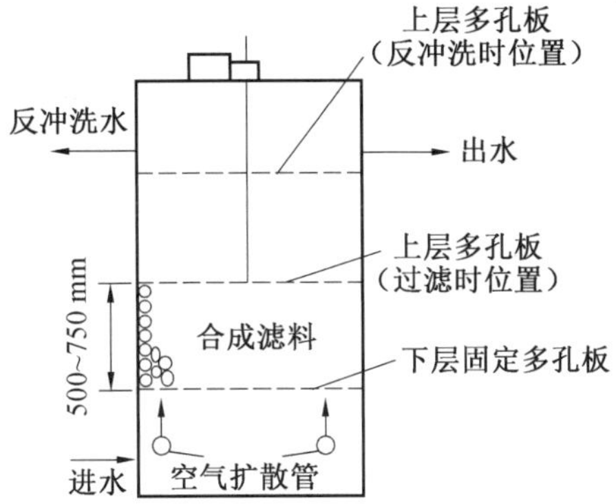

图 2.32　合成滤料滤池示意图

技术。膜过滤工艺根据膜的孔径大小和操作压力的不同，可以分为微滤（MF）、超滤（UF）、纳滤（NF）、反渗透（RO）和电渗析（ED）等不同类型，每种类型针对不同大小的颗粒或分子进行有效过滤。

微滤（MF）和超滤（UF）主要用于去除较大的悬浮颗粒和病菌，适用于较低的操作压力和较低的成本场合。

纳滤（NF）和反渗透（RO）则能去除更小的分子，如无机离子和部分有机物，通常用于深度水处理和去盐处理。

电渗析（ED）技术则专门用于去除水中的带电颗粒（如离子），但对非电荷颗粒（如细菌和大多数有机物）的去除效果较差。

膜过滤工艺在废水处理中的应用见表 2.4。膜过滤工艺去除废水中特殊成分的应用见表 2.5。

表 2.4　膜过滤工艺在废水处理中的应用

膜技术	应用	说明
微滤和超滤	好氧生物处理	膜用于分离活性污泥工艺中的泥水混合物、膜分离单元可以浸入生物反应器的内部或在生物反应器的外部，此过程称为膜生物反应器（MBR）
	厌氧生物处理	膜用于分离完全厌氧混合反应器中的泥水混合物
	膜的好氧生物处理	板框式、管式及中空式膜用于向外面黏附的生物量传递纯氧，此过程称为膜的好氧生物处理（MABR）
	萃取膜生物处理	通过膜从废水中的无机组分（如酸、碱和盐）中萃取可降解性有机分子，用于后续的生物处理，此过程称为萃取膜生物反应器（EMBR）
	消毒的预处理	去除二级出水或深层滤池中的残余悬浮固体，进行更有效的氯或紫外消毒，满足回用要求
	纳滤和反渗透的预处理	对后续工艺进行预处理，去除残余的胶体和悬浮固体

续表2.4

膜技术	应用	说明
纳滤	废水回用 废水软化	在饮用水回用(如地下水回灌)中,处理预过滤的出水(微滤)为特殊回用,降低多价离子浓度和出水硬度
反渗透	废水回用 锅炉用水	在饮用水回用(如地表水回灌)中,处理预过滤的出水(微滤)两级反渗透用于处理高压锅炉用水

表 2.5 膜过滤工艺去除废水中特殊成分的应用

成分或指标	微滤	超滤	纳滤	反渗透	建议
可生物降解性有机物		√	√	√	
硬度			√	√	
重金属			√	√	
硝酸盐			√	√	
优先有机污染物		√	√	√	
合成有机污染物			√	√	
总溶解固体(TDS)			√	√	
总悬浮固体(TSS)	√	√			在纳滤和反渗透的预处理中 TSS 被除去
细菌	√	√	√	√	膜法消毒时不用 MF 和 UF 作为 NF、RO 的预处理
原生动物孢囊	√	√	√	√	
病毒			√	√	用于膜法消毒

2.2 其他物化处理技术

2.2.1 中和

中和是一种常用于调节废水 pH 的基本水处理方法,旨在将废水的 pH 调整到中性范围,以满足排放标准或后续处理工艺的要求。这种方法通过向酸性或碱性废水中添加碱性或酸性药剂来实现 pH 的调整。酸性废水常含有硫酸、硝酸、盐酸、氢氟酸、磷酸等无机酸,以及醋酸、甲酸、柠檬酸等有机酸。这些废水中也可能溶解有各种金属盐。碱性废水则常含有苛性钠(氢氧化钠)、碳酸钠(纯碱)、硫化钠以及各种胺类等碱性物质。

在实施废水中和处理时,首选的策略是"以废治废",即利用工业过程中产生的酸性废水和碱性废水相互中和,或者使用废渣(如电石渣、碳酸钙碱渣等)来中和酸性废水。这种方法不仅可以减少药剂的使用,降低处理成本,而且有利于资源的回收和再利用。

当废水中的酸或碱的质量分数较高(例如 3%以上)时,应考虑将其回收或利用,因为在这种质量分数下,酸或碱的回收具有经济价值。当酸或碱的质量分数较低(3%以下)时,由于回收利用的经济效益不高,通常采取中和处理。

在没有以废治废的条件下,或者酸碱负荷较重时,需要使用适量的药剂进行中和处理。中和过程中应仔细控制药剂的投加量,避免过量投加导致 pH 反复波动,影响处理效果和稳定性。

1. 酸性废水的中和处理

在工业废水处理中,酸性废水的中和是一个基础而关键的步骤,旨在将酸性废水的 pH 调整至接近中性,以满足后续处理或排放要求。中和方法主要包括利用碱性废水的自然中和、药剂中和和过滤中和等方式,下面介绍后两种方法。

(1)药剂中和。

药剂中和是一种普遍应用于各种浓度和性质酸性废水的处理方法,特点是对废水的质量和数量波动具有较强的适应性,并且能高效利用中和药剂。酸性废水主要产生于如化学制品、金属加工、纺织品生产、石油精炼和金属表面处理等工业过程中。常见的中和剂包括石灰($Ca(OH)_2$)、氢氧化钠(NaOH)、碳酸钠(Na_2CO_3)、石灰石和电石渣等,碱性中和剂的理论单位消耗量见表 2.6。

表 2.6　碱性中和剂的理论单位消耗量　　g

酸	中和 1 g 酸所需的碱性物质的质量				
	CaO	$Ca(OH)_2$	$CaCO_3$	$CaCO_3 \cdot MgCO_3$	$MgCO_3$
H_2SO_4	0.571	0.755	1.020	0.940	0.860
HCL	0.770	1.010	1.370	1.290	1.150
HNO_3	0.445	0.590	0.795	0.732	0.668

在选择中和药剂时,需要考虑药剂的溶解性、反应速率、经济性、可能引发的二次污染问题以及使用和储存的便利性。石灰因其成本低廉和广泛的可获得性而被频繁使用,尽管其存在一些问题,如含有较多杂质、产生的沉淀量大且脱水困难。石灰除了具有中和作用外,还能发挥凝聚效果,特别适用于处理含有大量杂质和高浓度的酸性废水。

药剂中和的流程主要包括废水的预处理、中和药剂的配制与加入、混合反应、中和产物的分离,以及泥渣的处理和利用等环节。废水的预处理旨在清除悬浮杂质并均衡水质和水量,从而减少药剂的使用量并创造稳定的处理条件。

石灰的加入方式分为干法和湿法两种。干法直接将石灰粉投入废水中,虽操作简单,但反应较慢,药剂耗量较大(理论用量的 1.4～1.5 倍)。湿法即将生石灰在消解槽内消解为质量分数为 40%～50%的乳液,排入石灰乳储槽,并配成质量分数为 5%～10%的工作液,然后投加,这种方法反应更迅速、更均匀。中和过程可以采用间歇或连续处理方式,其中连续处理适用于大流量废水,并可能需要采用多级 pH 自动控制系统以确保中和效果的稳定性。

中和反应产生的沉淀物需通过沉淀池或气浮池进行分离，并进一步经过浓缩和脱水处理。整个中和处理的流程设计需综合考虑废水特性、处理目标和经济因素，以实现高效、经济的废水中和处理。

(2)过滤中和。

过滤中和涉及使用粗颗粒的碱性滤料构成的滤床来处理酸性废水。当酸性废水通过这些碱性滤料时，其酸性得到中和。此方法特别适合于中和质量浓度不超过 2～3 mg/L的酸性废水，且这些废水中的酸在中和后能形成易溶的盐。如果废水中含有大量悬浮物、油脂、重金属盐或其他有毒物质，过滤中和则不适用。

碱性滤料主要包括石灰石、大理石和白云石，其主要成分分别为碳酸钙($CaCO_3$)、碳酸钙和碳酸镁($CaCO_3 \cdot MgCO_3$)。滤料的选择需考虑中和产物的溶解度。中和反应主要在滤料颗粒的表面进行，如果产物溶解度较低，可能在滤料表面形成不溶的硬壳，从而阻碍反应的继续进行。

不同酸中和后生成的盐溶解度不同，影响滤料的选择，其顺序为：$Ca(NO_3)_2 > CaCl_2 > MgSO_4 \geqslant CaSO_4 > CaCO_3 > MgCO_3$。例如，处理硝酸和盐酸时，石灰石、大理石或白云石均可使用；处理碳酸时，含钙或镁的碱性滤料不适用；处理硫酸时，含镁的滤料(如白云石)更为合适。然而，由于白云石成本较高、来源有限且反应速度较慢，实际应用中常采用石灰石或大理石，但需控制硫酸允许质量浓度为 1～1.2 g/L，以避免超过硫酸钙的溶解度。

使用碳酸盐作为滤料时，会产生 CO_2气体，这些气体可能附着在滤料表面形成气膜，阻碍中和反应的进行。采用上升流过滤和较大的过滤速度可以帮助减轻气体阻碍。由于 CO_2 的溶解会使出水 pH 约为 5，通过曝气去除 CO_2 可以将 pH 提高至约 6。去除 CO_2 的方法包括穿孔管曝气、多级跌落式自然脱气和板条填料式淋水脱气等。此外，还需注意废水中铁盐、泥沙和惰性物质的含量，这些物质若含量过高，可能导致滤床堵塞，因此在这些物质含量较高时，需进行适当的预处理以避免滤床堵塞问题。

根据操作方式和结构特点，中和滤池主要分为 3 类：普通中和滤池、升流式膨胀中和滤池和过滤中和滚筒。

普通中和滤池以其操作的简便性、较低的运行成本和较好的劳动条件而受到青睐，尽管它不适宜处理高浓度酸性废水。这类滤池通常为固定床设计，根据水流方向，可分为平流式和竖流式，其中竖流式更为常见。竖流式中和滤池又细分为升流式和降流式，其示意图如图 2.33 所示，两者在实际应用中均有其应用场景。

升流式膨胀中和滤池以出水 pH 的稳定性、较少的沉渣产生以及适度容忍的废水酸度而突出，但它要求定期的滤床倒换，劳动强度相对较大。在此类滤池中，废水自下而上流动，导致滤料保持在膨胀状态，增大了反应表面积，缩短了中和所需时间，其示意图如图 2.34 所示。此外，滤料的互相碰撞有助于去除表面的硬壳，从而避免滤床堵塞。采用升流式膨胀中和滤池可以适当提高酸性废水中允许的酸浓度。

如果改变升流式滤池的结构，采用变截面中和滤池，克服了恒速膨胀滤池下部膨胀不起来，上部带出小颗粒滤料的缺点。这种改良式的升流滤池称为变流速升流式膨胀中

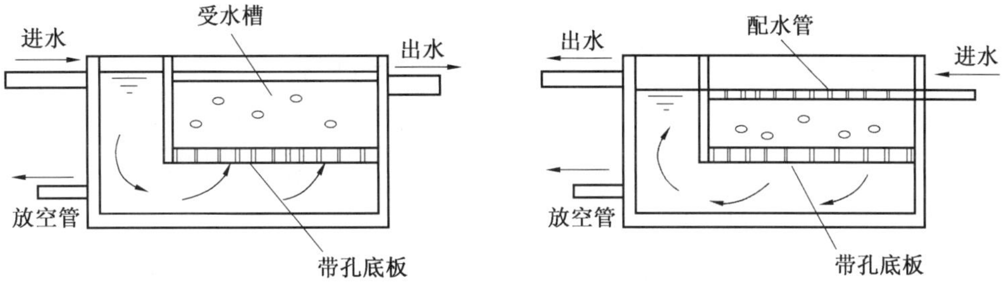

(a) 升流式　　　　(b) 降流式

图 2.33　普通中和滤池示意图

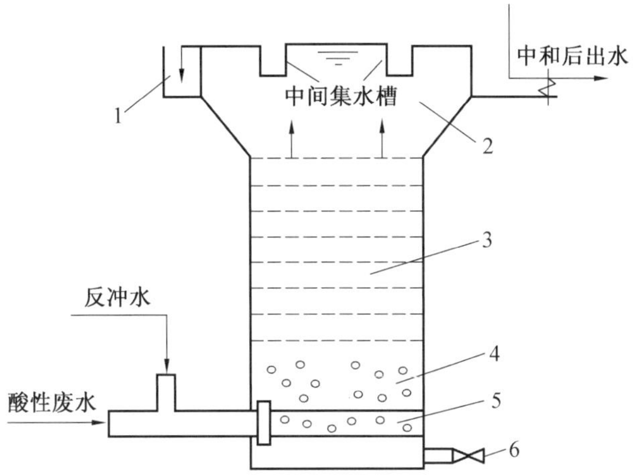

图 2.34　升流式膨胀中和滤池示意图

1—环节集水槽；2—清水渠；3—石灰石滤料；4—卵石垫层；

5—大阻力配水系统；6—防空管

和滤池，其装置流程图如图 2.35 所示。采用此种滤池处理含硫酸废水，可使硫酸允许浓度提高到 2.58 倍。

过滤中和滚筒采用卧式设计，其示意图如图 2.36 所示，废水从滚筒的一端流入并从另一端流出。滤料在滚筒内随着转动而进行激烈的摩擦和碰撞，有效地剥离了中和产物形成的覆盖层，加速了滤料表面的更新。这种设计使得滚筒能够处理更高浓度的酸性废水（硫酸的质量浓度可达 3～3.5 g/L）。

这种装置的最大优点是进水的硫酸浓度可以超过允许浓度，而滤料粒径却不必破碎得很小；缺点是负荷率低（约为 36 $m^3/(m^2 \cdot h)$）、构造复杂，动力费用较高，运行时噪声较大，同时对设备材料的耐腐蚀性要求高，故较少使用。

2. 碱性废水的中和处理

碱性废水通常产生于造纸、皮革制造、化工和印染等行业。为了调节碱性废水的 pH，常采用酸性物质进行中和处理。处理碱性废水的常见方法包括利用废酸中和、烟道气中和及药剂中和。

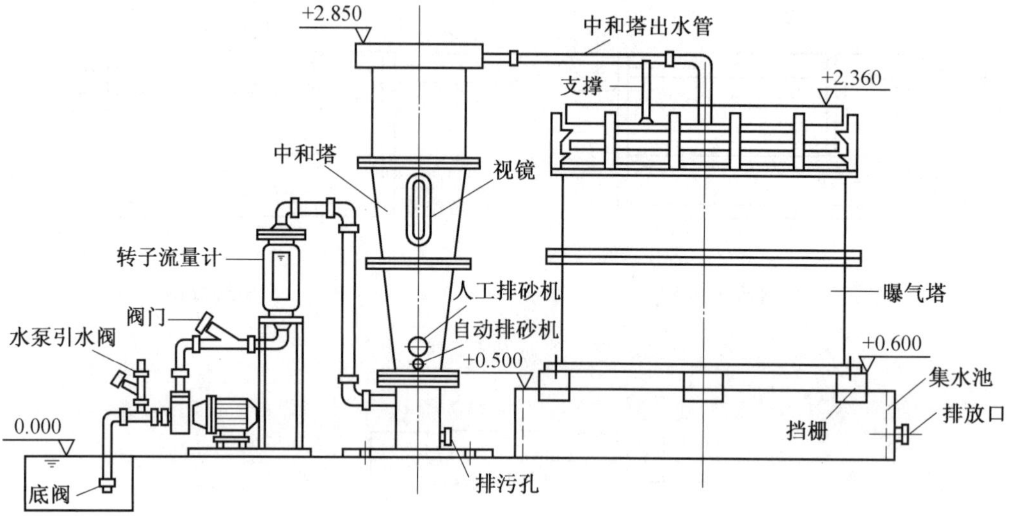

图 2.35 采用变流速升流式膨胀中和滤池(塔)处理酸性污水装置流程图

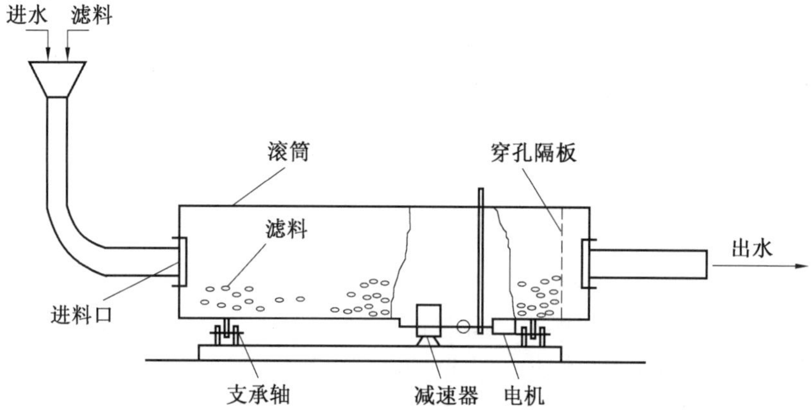

图 2.36 过渡中和滚筒示意图

烟道气含有 CO_2、SO_2、H_2S 等酸性气体,可作为碱性废水的中和剂。这一过程通常在喷淋塔内进行,其中和产物如碳酸钠(Na_2CO_3)、硫酸钠(Na_2SO_4)和硫化钠(Na_2S)均为弱酸强碱盐,因而需要超量的酸性物质。在此过程中,碱性废水通过塔顶的布水器均匀喷出,而烟道气从塔底引入,在填料层中与废水逆流接触进行中和,同时实现废水和烟道气的净化。烟道气中和法的优点是能将废水处理与烟道气净化结合,具有投资少、运行成本低的优势;但其缺点是处理后废水中硫化物、色度和化学需氧量(COD)均有所增加。

碱性废水也可通过药剂中和进行处理,常见的酸性中和剂包括硫酸、盐酸和压缩二氧化碳。使用无机酸中和碱性废水的工艺和设备与中和酸性废水的方式基本相同。使用 CO_2 气体中和碱性废水时,为了增强气液接触和反应效率,常采用逆流接触的反应塔,其中 CO_2 气体以微小气泡的形式从塔底吹入,废水则从塔顶喷淋而下。这种方法的优势在于处理后的 pH 通常不低于 6，从而避免了对 pH 控制装置的需求。

在选择酸性中和剂时，需要考虑理论单位消耗量，这对于评估处理成本和效率至关重要。不同酸性中和剂中和相同量的碱性废水所需的理论消耗量各不相同，应根据具体情况进行选择和计算，表 2.7 为酸性中和剂的理论单位消耗量。

表 2.7　酸性中和剂的理论单位消耗量　　g

碱类	中和 1 g 碱所需的酸性物质的质量				
	98% H_2SO_4	36% HCl	65% HNO_3	CO_2	SO_2
NaOH	1.24	2.53	2.42	0.55	0.80
KOH	0.90	1.80	1.74	0.39	0.57
$Ca(OH)_2$	1.34	2.74	2.62	0.59	0.86
NH_3	2.93	5.90	5.70	1.29	1.88

2.2.2　空气氧化

空气氧化是一种通过向污水中通入空气，利用空气中的氧分子来氧化污水中可氧化的有害物质的技术。这种方法在工业废水处理领域，尤其是在脱硫过程中得到了广泛应用。在石油化工、皮革制造和制药等行业中，排放的废水往往含有较高浓度的硫化物，这些硫化物通常以钠盐或铵盐的形式存在。当废水中的含硫量较低，无法经济回收时，可以采用空气氧化技术进行脱硫。通过向废水中注入空气和蒸汽，硫化物被氧化成无毒的硫代硫酸盐或硫酸盐。

空气氧化脱硫通常在封闭的塔式反应器中进行，如空塔、板式塔或填料塔。图 2.37 所示为某炼油厂的空气氧化法处理含硫废水氧化装置。在这些塔器中，经过预处理（如隔油和沉渣）的含硫废水与压缩空气及水蒸气混合后加热至 80～90 ℃，然后进入氧化塔，在塔内停留 1.5～2.5 h 完成氧化反应。

焚烧是另一种利用空气中的氧来氧化污水中有机物的方法，尤其适用于难以通过其他方法处理的有机污水。通过将污水喷入温度达 800 ℃的高温燃烧炉中，污水中的有机物质在高温下被氧化分解成二氧化碳和水蒸气，而无机物质和矿物质则转化为固体或熔融状态，便于收集。

焚烧处理主要使用的设备是焚烧炉，可分为立式和卧式两种。尽管焚烧法能有效处理有机污水，但其缺点是燃料消耗量较大，尤其是当污水中可燃物浓度较低时。对于低热值的污水，可以通过蒸发、蒸馏等预处理方法来提高其热值，或者使用催化剂来实现更高效的焚烧。

2.2.3　吹脱法

在水和污水处理过程中，经常会遇到需要去除溶解在水中的气体的情况。例如，当石灰石被用于中和硫酸污水时，会产生大量的二氧化碳（CO_2）。同样，在水软化和脱盐过程中，通过氢离子交换器处理后，也会释放出大量的 CO_2。此外，一些工业废水，如来自

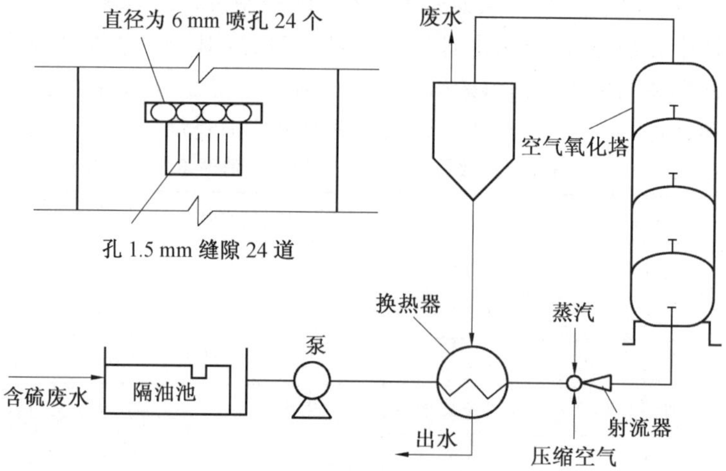

图 2.37　空气氧化法处理含硫废水氧化装置

石油化工、皮革制造和制药行业的废水，可能含有硫化氢(H_2S)、氰化氢(HCN)、二硫化碳(CS_2)和挥发性有机酸等有害气体，这些气体可能导致腐蚀问题，对人体有害，或不利于水处理过程的后续步骤。为了解决这些问题，吹脱法被广泛应用于去除这些溶解气体。

吹脱法基于气液相平衡和传质速度理论。通过将空气通入水中，可以实现溶解在水中的气体的吹脱作用和化学氧化作用。这一过程的效率受到许多因素的影响，包括溶解气体的种类、浓度、水的温度和 pH 等，通常需要通过试验来确定最优条件。

在实际应用中，常用的吹脱设备包括吹脱池和吹脱塔，后者内部通常装有填料或筛板以增加气液接触面积，从而提高传质效率。例如，在某维尼纶厂处理酸性废水的过程中，经过石灰石滤料中和后产生的游离 CO_2，pH 为 4.2～4.5，需要通过吹脱处理去除，以达到生物处理所要求的 pH，其示意图如图 2.38 所示。

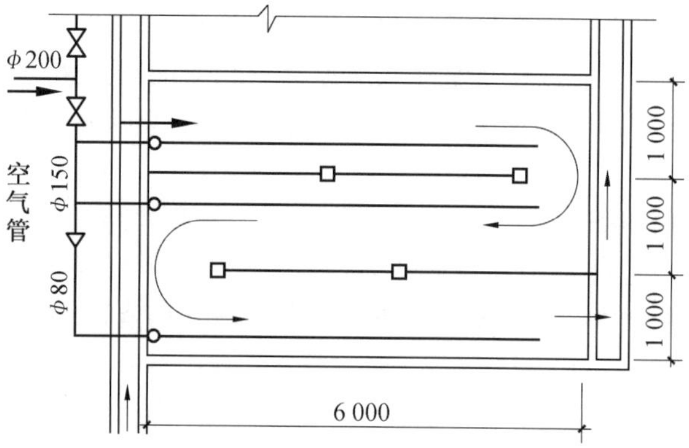

图 2.38　某维尼纶厂吹脱池示意图(尺寸单位：mm)

采用塔式吹脱装置，特别是填料塔，能够有效提高吹脱效率，有利于有用气体的回收和防止二次污染。在填料塔内，污水自上而下流动，而空气由下向上通过填料层逆流，实现气液混合和传质。这种设置有助于吹脱过程的进行，其工艺流程示意图如图 2.39 所示。填料塔缺点是塔体大，传质效率不如筛板塔高，当污水中悬浮物含量较高时，易发生堵塞现象。

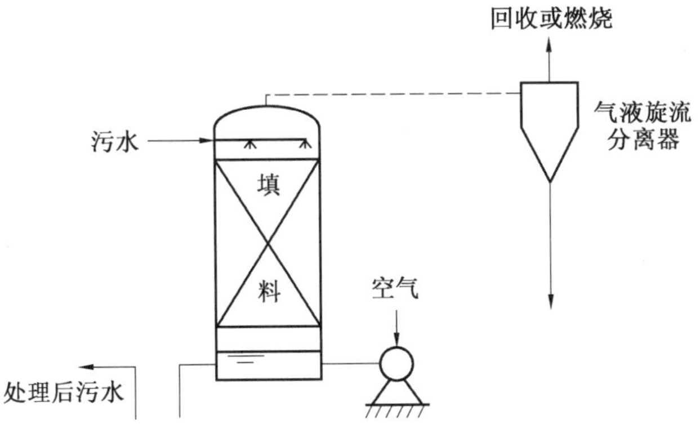

图 2.39　填料吹脱塔工艺流程示意图

在吹脱过程中，影响吹脱的因素有很多，主要有以下几种。

(1)温度。

温度的升高有利于吹脱，因为气体在水中的溶解度随温度升高而降低。

(2)气液比。

适当的气液比可以确保充分的气液接触，过多的空气会增加操作成本并可能引起液泛现象。

(3)pH。

不同 pH 下气体的存在状态不同，游离的 H_2S 和 HCN 等只有在偏酸条件下才能有效吹脱。

(4)油类物质和表面活性剂。

油类物质和表面活性剂可能会阻碍气体的扩散和填料的效果，应在吹脱前进行去除。

从污水中吹脱的气体可以通过吸收或吸附等方法进行回收，例如使用 NaOH 溶液吸收 HCN 生成 NaCN，或使用活性炭吸附 H_2S，回收硫。这不仅有助于资源的利用，也减少了环境污染。

2.2.4　吸附

吸附是一种通过利用多孔性固体材料的表面，将水中的污染物质吸附并去除的处理方法。这种技术尤其适用于从水中去除痕量污染物，如色素、异味、重金属、溶解性有机物和放射性元素等。

1. 吸附机理与分类

吸附过程涉及溶质从水相转移到固体颗粒表面的动态，这是水、溶质和固体颗粒之间相互作用的结果。引起吸附的主要原因如下。

①溶质的疏水性。溶质的疏水性质越强，其向吸附剂表面移动的倾向越大。溶质的

溶解度越小，疏水性越强，吸附趋势越明显。

②溶质与固体颗粒的亲和力。这种亲和力可能是由分子间的范德瓦耳斯力、化学键或静电引力引起的。

根据吸附过程的性质，吸附可分为以下 3 种基本类型。

①物理吸附。物理吸附是由吸附质与吸附剂之间的范德瓦耳斯力引起的非选择性吸附。物理吸附通常在较低温度下发生，吸附热较小（≤41.9 kJ/mol），可能形成单分子层或多分子层。

②化学吸附。化学吸附涉及吸附质和吸附剂之间通过化学键力的作用。化学吸附通常在较高温度下进行，具有较大的吸附热（83.7～418.7 kJ/mol），表现出对特定吸附质的选择性，通常只形成单分子层。

③离子交换吸附。离子交换吸附是指吸附质的离子因静电引力而聚集于吸附剂表面的带电点，并置换原先固定在这些点上的其他离子的过程。

在实际应用中，这些吸附类型往往共存，难以完全区分。

2. 影响吸附的主要因素

吸附过程受多种因素影响，包括吸附剂的性质、吸附质的性质、水质参数、吸附操作条件等。

（1）吸附剂的性质。

①比表面积和孔隙结构。吸附剂的有效比表面积及其孔隙的大小和分布直接关系到吸附容量和效率。

②表面化学性质。吸附剂比表面的化学组成和性质决定了其对特定污染物的亲和力。

③粒度大小。吸附剂的粒度会影响水流通过吸附床的阻力以及与污染物的接触效率。

（2）吸附质的性质。

①溶解度。吸附质在水中的溶解度对吸附有较大影响。溶解度较低的污染物更倾向于从水相转移到固相吸附剂表面。水溶液的表面活性是随着添加物质的碳原子数的增加而按几何级数增加。根据吉布斯吸附理论，越是能降低溶液表面张力的物质就越容易被吸附。所以，吸附量存在下列关系式：

甲醇＜乙醇＜丙醇＜…＜甲酸＜乙酸＜丙酸＜…

②分子结构。芳香族和不饱和化合物通常比脂肪族和饱和化合物更易被吸附，不饱和键有机物较饱和键有机物易吸附，直链化合物比侧链化合物容易被吸附。表 2.8 为取代基团对活性炭吸附能力的影响。

表 2.8　取代基团对活性炭吸附能力的影响

取代基团	影响的本质
羟基	一般降低吸附能力，降低的程度取决于母体分子的构造
氨基	与羟基影响类似，但更大些，许多氨基酸吸附都很不显著
羰基	影响随母体分子的不同有很大差别

续表2.8

取代基团	影响的本质
双键	其影响如羰基
磺基	通常降低吸附能力
硝基	通常增加吸附能力

③极性。极性污染物倾向于被极性吸附剂吸附，而非极性污染物则更易被非极性吸附剂吸附，如活性炭是一种非极性吸附剂，能从溶液中选择性吸附非极性或极性很低的吸附质，对水中非极性物质的吸附能力大于极性物质；反之，硅胶和活性氧化铝为极性吸附剂又称亲水性吸附剂，它们可以从溶液中选择性吸附极性分子，包括水分子。

④分子大小。吸附质分子大小与吸附剂孔径大小成一定比例时有利于吸附。较大的分子在孔隙大小适配的情况下更易被吸附，但也可能导致吸附剂孔隙的堵塞。

⑤浓度。在一定范围内，吸附质随着浓度的增高，吸附容量增大。

(3)水质参数。

①pH。pH 的变化会影响污染物的电荷状态以及吸附剂表面的电荷特性，从而影响吸附过程，一般而言，吸附质从水中吸附有机物的效果一般随着溶液 pH 的增加而降低，pH 高于 9 时不易吸附。

②温度。一般来说，物理吸附随温度升高而减少，因为它是一个放热过程。

③共存物质。污水通常含有多种污染物，这些污染物在与吸附剂接触时可能会共同吸附到吸附剂表面，也可能会相互干扰，影响彼此的吸附效率。实际应用中发现，当处理含有多种污染物的水时，尽管每种污染物的吸附容量可能低于其单独存在时的容量，但整体吸附容量往往大于任何单一污染物的吸附容量。在多组分污染物的环境中，有机物的吸附通常不受水中存在的无机离子的影响。然而，某些金属离子，如汞、铬和铁等，可能在活性炭表面发生氧化还原反应。这些反应产生的沉淀物可能堵塞活性炭的孔隙，从而阻碍有机物向活性炭内部的扩散，降低吸附效率。

(4)吸附操作条件。

①液膜扩散速度。液膜扩散速度决定了污染物达到吸附剂表面的速率，影响吸附平衡的建立。

②接触时间。足够的接触时间有利于吸附过程达到平衡，提高去除效率。

③设备选择和流速。吸附装置的设计和操作流速应确保吸附剂与污染物的有效接触，同时避免过快流速导致的低吸附效率。

3. 吸附剂及其再生

(1)吸附剂。

吸附剂种类很多，根据其来源和性质，吸附剂可分为无机吸附剂和有机吸附剂，合成吸附剂和天然吸附剂。优选的吸附剂应具备以下特性：①吸附量大，容易再生；②有一定机械强度，具有耐腐蚀、耐磨、耐压性能；③密度较大，沉降性能良好；④价格低廉，来源充足。

常见的吸附剂包括活性炭、沸石、硅藻土、活性氧化铝、矿渣、炉渣、大孔吸附树脂和腐殖酸类吸附剂等。

①活性炭作为水处理中使用最广泛的吸附剂，以其高比表面积(500～1 700 m^2/g)和良好的疏水性特征而著称，能有效吸附水中的有机物质。其来源多样，可由各种含碳物质制备而成，形态分为粉状和颗粒状。碳化和活化过程中形成的有机官能团赋予了活性炭与吸附质之间的化学相互作用，从而实现选择性吸附。

②沸石属于多孔性含水铝硅酸盐晶体，具有独特的分子筛性能，能够根据分子的形状和大小进行选择性吸附。沸石的三大组成部分包括铝硅酸盐格架、孔道及阳离子和沸石水。沸石水在加热时的脱附使沸石具有筛分功能，而对其晶格结构影响甚微。

③腐殖酸类吸附剂主要来源于风化煤、泥煤和褐煤等，含有丰富的腐殖酸。其活性基团对阳离子具有较强的吸附能力，适用于去除水中的某些金属离子。

(2)吸附剂的再生。

为了实现吸附剂的持续使用，饱和的吸附剂需要通过再生过程恢复其原有的吸附能力。再生过程旨在不显著改变吸附剂结构的前提下，通过不同的方式将吸附在其表面或孔隙中的物质去除。常见的再生方法包括物理法、化学法和生物法，每种方法适用于不同的情况和需求。

①活性炭的再生。

a. 干式加热再生。该方法通过高温处理(700～1 000 ℃)来烧解活性炭表面的有机物，几乎适用于所有有机物的去除。常用的设备包括回转炉、耙齿形多段炉和流动炉等。这种方法是目前最广泛采用的活性炭再生技术。

b. 化学药品洗脱再生(溶剂再生法)。使用酸、碱或有机溶剂对活性炭进行洗脱，以去除吸附物。这种方法适用于特定类型的污染物，需要根据污染物的性质选择合适的化学药品。

c. 微生物再生。利用微生物代谢作用分解活性炭上的有机污染物，从而恢复其吸附能力。这种方法环保且成本较低，但处理时间较长。

②沸石的再生。沸石的再生通常采用化学药剂，尤其是氯化钠(盐)或氢氧化钙等碱性物质。这些药剂通过与沸石上的吸附物发生反应，将其替换下来，从而恢复沸石的吸附性能。氯化钠是最常用的再生剂，因为它成本低廉且易于获取。

4. 吸附工艺和设备

在设计吸附工艺及其装置时，需综合考虑吸附剂类型、吸附方式、废水预处理需求以及吸附剂的处理和再生需求。吸附过程分为静态吸附和动态吸附两大类。

(1)静态吸附。

静态吸附是在无流动条件下进行的吸附，通常通过将一定量的吸附剂直接加入到含有污染物的水体中，通过搅拌以增强吸附剂与污染物之间的接触。达到吸附平衡后，通过沉淀或过滤等方式将吸附剂与清水分离。静态吸附由于其间歇性特点，需要两个或两个以上吸附池交替运行，故在水处理中较少采用，更多用于实验室研究或小规模废水处理。

(2)动态吸附。

动态吸附在废水流动的条件下进行,其中包括固定床、移动床和流化床等吸附装置。

固定床吸附是水处理中广泛采用的一种方法,其核心是在一个静态的容器中填充吸附剂材料,让含有污染物的水通过吸附剂层进行净化。这种方式类似于快速砂滤池的工作原理,旨在通过吸附剂的表面和孔隙结构捕获和去除水中的污染物。具体来说,吸附剂固定在容器内,形成一个称为吸附床的结构,废水通过这个床层流过,污染物被吸附剂捕获。吸附与再生过程可以在同一容器内交替进行,或将饱和的吸附剂卸出,进行外部再生处理。

固定床按照水流方向又可分为升流式和降流式两种。降流式固定床中水自上而下通过吸附床,其示意图如图 2.40 所示。这种方式出水水质较好,但由于水流需克服吸附层的阻力,特别是对于含有较多悬浮物的废水,可能导致较大的水头损失,需定期反冲洗以维持运行。

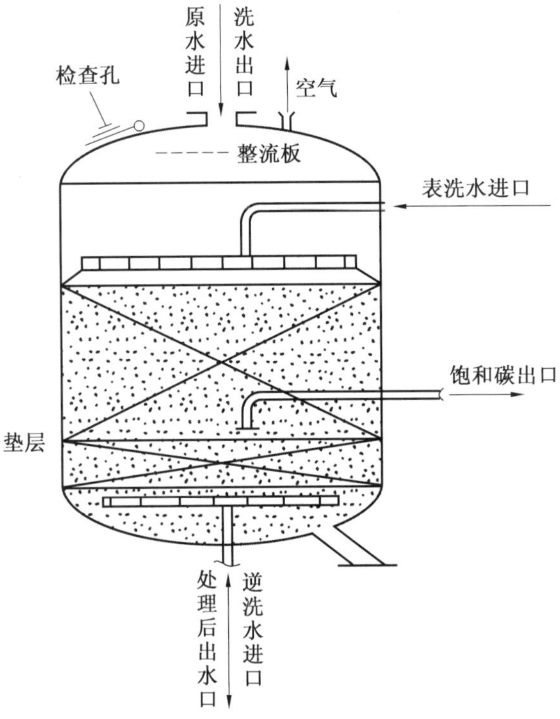

图 2.40　降流式固定床型吸附塔构造示意图

升流式固定床中水自底部上升流过吸附床,适当增加水流速度可使吸附剂轻微膨胀,减少水头损失,延长运行周期,但需注意防止吸附剂的流失。

在设计固定床吸附系统时,根据处理的水量、水质以及特定的处理目标,吸附床的配置方式对于实现高效的污染物去除至关重要。常见的配置有单床式、多床串联式和多床并联式,其示意图如图 2.41 所示。每种配置方式有其适用场景和优势。

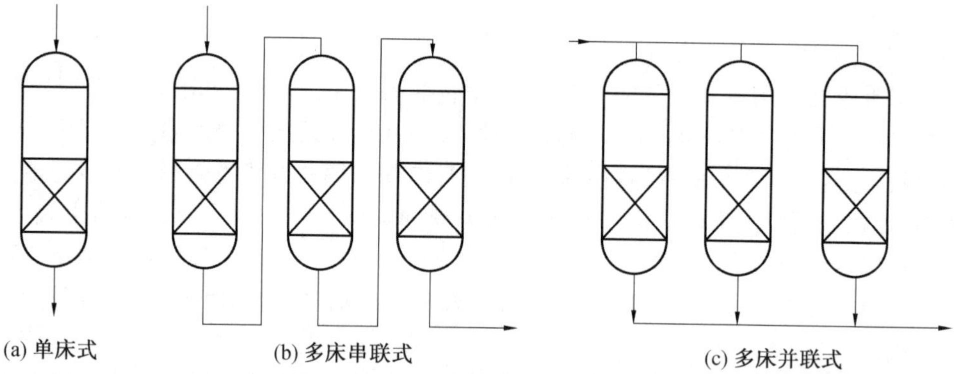

图 2.41　固定床吸附操作示意图

单床式配置是最基本的形式，适用于处理量较小或对水质要求不是特别高的情况。在这种配置下，所有的处理水都通过一个吸附床进行处理，这种方式简单、易于管理，但可能在高污染负荷下效率较低。

多床串联式配置通过将多个吸附床按顺序连接起来，使得处理水依次流经每个床层，这种方式适用于需要高水质标准的场合。每个床层可以针对不同的污染物进行优化，从而在整个系统中实现更为彻底的污染物去除。多床串联式配置虽然能提高处理效果，但也增加了系统的复杂性和运行成本。

多床并联式配置在处理大水量时特别有效，通过并行连接多个吸附床，可以同时处理更大的水流量，而不会显著增加水头损失。这种配置有助于平衡各床层的使用寿命和再生周期，确保系统的连续运行和稳定性。多床并联式配置提供了较高的灵活性，可以根据实际处理需求调整运行的床层数量。

移动床吸附工艺涉及将废水自底部引入吸附塔，并与自顶部投入的吸附剂在塔内进行逆流接触，从而实现污染物的有效去除。处理后的清洁水从塔顶排出，而饱和的吸附剂则定期从塔底移除，确保系统的持续运行。移动床吸附允许连续操作，不需因吸附剂饱和而停机反冲洗，适合大规模水处理需求。由于悬浮物可随饱和吸附剂一同排出，大大减少了反冲洗的需求，简化了运行维护。但这种操作方式要求塔内吸附剂上、下层不能相互混合，对操作运行管理要求较高。移动床的线速度一般维持在 10～30 m/h，确保吸附效率和系统稳定性。

在缺乏具体设计经验的情况下，应进行详细的动态吸附试验，以便为实际工程设计提供必要的参数支持，包括但不限于以下几个方面：

①吸附装置的设计。选择合适的吸附装置结构，考虑塔体形式、填料类型等因素。

②串联级数确定。根据处理要求和水质，决定采用单级或多级串联配置。

③运行周期与床层高度。确定吸附剂的更换周期和吸附塔中床层的合适高度。

④接触时间。设定废水与吸附剂的最佳接触时间，以保证足够的吸附效率。

2.2.5　离子交换

离子交换是一种通过离子交换剂上的离子与废水中离子进行交换反应，从而移除水中有害离子的技术。该方法在工业废水处理领域广泛应用，特别是在回收和除去废水中的重金属离子如金、银、铜、镉、铬、锌等方面，同时也用于处理放射性废水和有机废水。

1. 离子交换剂的分类

离子交换剂可以根据其基材分为无机和有机两大类。无机离子交换剂包括天然及合成沸石，它们是硅基阳离子交换剂，成本相对较低，但不适用于酸性条件。有机离子交换剂包括磺化煤和各类离子交换树脂，其中磺化煤是通过磺化处理烟煤或褐煤得到的阳离子交换剂，成本适中但交换容量较低，机械强度和化学稳定性较差。离子交换树脂则因其独特的高分子结构，在水处理中得到了广泛应用。

离子交换树脂是一种具有离子交换功能的有机高分子聚合物，表现为多孔结构的固体颗粒。其由高分子骨架（树脂母体）和活性基团组成，树脂母体为有机化合物和交联剂组成的高分子共聚物，交联剂的作用是使树脂母体形成主体网状结构。活性基团由起交换作用的离子和与树脂母体连接的固定离子组成，例如，树脂 $R—COO^- H^+$，其中 R 为树脂母体，$—COO^- H^+$ 为活性基团，$—COO^-$ 为固定离子，H^+ 为可交换离子。

根据树脂类型和孔结构的不同，离子交换树脂可进一步细分为凝胶型、大孔型、多孔凝胶型、巨孔型及高巨孔型等；根据活性基团的不同，又可分为阳离子交换树脂（酸性基团）、阴离子交换树脂（碱性基团）、螯合树脂、氧化还原树脂以及两性树脂等。

2. 离子交换树脂的性能指标

离子交换材料的性能直接影响污水处理的效果和经济性，其性能直接影响污水处理效率、再生周期及再生剂的消耗量，了解离子交换树脂的性能对于合理选用离子交换树脂很重要。

（1）选择性。

离子交换树脂对某种离子优先吸附的性能称为选择性，这是材料对特定离子的亲和力。不同的材料对不同离子的亲和力不同，这决定了它们在去除特定污染物时的有效性。

在常温和低浓度溶液中，各种树脂对不同离子的选择性大致有如下规律：

①在常温、低浓度条件下，阳离子交换树脂对各种离子的选择性顺序为

$$Fe^{3+} > Cr^{3+} > Al^{3+} > Ca^{2+} > Cu^{2+} > Mg^{2+} > K^+ = NH_4^+ > Na^+ > H^+ > Li^+$$

②阴离子树脂对各种离子的交换性顺序为

$$CrO_7^- > SO_4^{2-} > CrO_4^{2-} > NO_3^- > AsO_4^- > PO_4^{3-} > MoO_4^{2-} >$$
$$Ac^- > I^- > Br^- > Cl^- > F^- > HCO_3^-$$

需要指出的是，由于试验条件不同，各研究者得出的选择性顺序不完全相同。

在常温低浓度时，位于顺序前列的离子可取代位于顺序后面的离子；在高温条件下，位于顺序后面的离子可以取代位于顺序前列的离子，这是树脂再生的依据之一。

（2）交换容量。

交换容量用于定量表示树脂的交换能力，单位是 mol/kg。这表示材料能够吸附多少离子，高交换容量意味着更高的处理效率和较长的服务周期。交换容量又可分为全交

换容量和工作交换容量，前者是指一定量的交换剂所有的活性基团或可交换离子的总数量，后者指交换剂在给定工作条件下的实际交换能力。

(3)溶胀性。

各种离子交换树脂都含有极性很强的交换基团，树脂的这种结构使它具有溶胀和收缩的性能，树脂溶胀或收缩的程度以溶胀率来表示。树脂的交联度越小，活性基团越多，越易离解，其溶胀率越大。水中电解质浓度越高，由于渗透压增大，其溶胀率越小。溶胀性较高的材料在处理过程中可能需要额外注意，以避免影响系统的性能。

(4)稳定性。

稳定性包括物理稳定性和化学稳定性。树脂的物理稳定性涉及材料对机械压力的抵抗能力，还包括温度变化时对树脂影响的程度。树脂的化学稳定性则涉及其在不同化学环境下保持性能的能力，树脂稳定性是选择和使用树脂时必须注意的因素之一。

(5)粒度和密度。

树脂粒度对水流分布、床层压力有很大影响。密度是设计计算交换柱、确定反冲洗强度以及混合床再生前分层分离状况等的重要指标，也是影响树脂分层的主要因素。合适的粒度和密度可以优化处理效率和降低运行成本。

3. 离子交换树脂的选择

在离子交换过程中，选择合适的离子交换树脂至关重要，因为它直接影响废水处理的效果和成本。离子交换树脂的选择依赖于原水水质、树脂类型、经济和操作考虑处理目标。

(1)原水水质。

分析水样，了解其含有的主要离子种类和浓度，有助于确定需要使用的树脂类型。

(2)处理目标。

明确需要去除的污染物种类，比如是重金属离子还是有机物，或者是需要进行水的软化处理。

(3)树脂类型。

①阳离子交换树脂。适用于去除水中的阳性金属离子，如铜、铅等。

②阴离子交换树脂。适合去除水中的阴性离子，如硫酸根和氯化物。

③螯合树脂。特别适用于特定重金属离子的捕获，如镉、汞等。

④大孔树脂。适合去除大分子有机物，如某些工业废水中的色素和酚类化合物。

(4)经济和操作考虑。

考虑树脂的再生能力和成本，以及系统的操作复杂度。

污水处理时，对于交换势大的离子，宜选用弱性树脂。此时弱性树脂的交换能力强，再生容易，运行费用较少。当污水中含有多种离子时，可利用交换选择性进行多级回收，如不需回收时，可用阳阴树脂混合床处理。

4. 离子交换工艺与设备

根据离子交换装置的设计和工作方式的不同，可以将它们大致分为两类：固定床式离子交换器和连续床式离子交换器。

在固定床式离子交换器中，常使用一种或多种树脂填充在一个容器中，水从上面流入，通过树脂层流出。这种类型的交换器可以进一步分为单层床、双层床和混合床。单层床中只装一种树脂，可以单独使用，也可以串联使用；双层床用两种不同的树脂，它们因为密度不同而自然分层；而混合床则将不同类型的树脂混合在一起使用，以提高效率。固定床交换柱的上部和下部设有配水和集水装置，中部装填 1.0～1.5 m 厚的交换树脂。其优点处在于结构简单、操作方便，而且能够提供较高质量的处理水。但是，需要定期更换树脂，再生费用较大、生产效率不高，目前仍然是应用比较广泛的一种设备。

另一种是连续床式离子交换器，包括移动床和流动床两种。移动床交换设备包括交换柱和再生柱两个主要部分，其会定期将部分用过的树脂取出进行再生，然后再放回去继续使用。这样可以保持树脂的效能，但操作相对复杂。流动床设备则在整个处理过程中树脂一直在动，这可以提高处理速度和效率，但对设备的要求更高，对水质变化的适应性也较差，限制了使用范围。

2.3　高级氧化技术

在许多工业领域，如医药、化工和染料生产中，会产生大量的工业废水，这些废水中含有各种人工合成的有机化合物，其中许多由于其结构复杂，难以通过常规方法分解，因此被称为难降解有机物。这些物质，如芳烃、苯胺、硝基苯和多环芳烃等，不仅难以分解，而且对环境有害，因此需要特殊的处理技术来处理这些高浓度的难处理废水。

高级氧化技术(AOT)是处理这些难降解有机废水的一种有效方法。这项技术基于一个强大的化学反应者——羟基自由基(—OH)，这是一种具有强烈氧化能力的分子，能够迅速、非选择性地分解水中的有机和无机污染物。过去 20 年来，高级氧化技术已经成为环保领域的一个重要进展，广泛应用于各种污水处理场景。

2.3.1　湿式氧化法

湿式氧化(wet ari oxidation，WAO)法是一种在高温和高压条件下，使用空气、氧气或其他氧化剂(如臭氧、过氧化氢、Fenton 试剂等)氧化水中的污染物的方法。湿式氧化过程在 150～374 ℃(水的临界温度)的温度范围内进行，常用的操作条件是 200～320 ℃的温度和 1.5～20 MPa 的压力。在这种条件下，氧气的溶解性增加，而且由于高压抑制了水的蒸发，液态水可以促进氧化反应的进行。

湿式氧化法的优点包括广泛的应用范围、高处理效率、较少的二次污染、快速的氧化速度和较小的装置体积。此外，它还能够回收能量和一些有用的物质。自 20 世纪 70 年代以来，湿式氧化法得到了快速发展，应用范围不断扩大，装置数量和规模也在增长。该法主要用于处理含氰废水、含酚废水、活性炭的再生、造纸黑液以及其他难以降解的有机物质，如城市污泥和城市垃圾渗滤液的处理。

然而，湿式氧化法也有其局限性。首先，高温高压的工作条件意味着设备成本高，初期投资大；其次，这种方法更适合处理小流量的高浓度有机废水，如果用于大流量废水的处理可能经济效益不高。此外，对于一些特定的有机物，如多氯联苯和小分子羧酸，湿式氧化可能难以完全分解。

为了克服这些限制，人们开发了催化湿式氧化法，使用高效稳定的催化剂来降低反应的温度和压力，同时提高处理效率。另一种方法是湿式过氧化物氧化法，通过加入更强的氧化剂来提高去除效率。此外，超临界湿式氧化法利用超临界水的特性，在水的临界温度以上进行处理，加速了反应过程，以彻底去除难以处理的有机物。

湿式氧化工艺流程如图 2.42 所示。废水通过储存罐由高压泵打入热交换器，与反应后的高温氧化液体换热，使温度上升到接近于反应温度后进入反应器。反应所需的氧由压缩机打入反应器。在反应器内，废水中的有机物与氧发生放热反应，在较高温度下将废水中的有机物氧化成 CO_2 和 H_2O，或低级有机酸等中间产物。反应后气液混合物经分离器分离，液相经热交换器预热进料，回收热能。高温高压的尾气首先通过再沸器（如废热锅炉）产生蒸汽或经热交换器预热锅炉进水，其冷凝水由第二分离器分离后通过循环泵再打入反应器，分离后的高压尾气送入透平机产生机械能或电能。这一典型的工业化湿式氧化系统不但处理了废水，而且对能量逐级利用，减少了有效能量的损失，维持并补充湿式氧化系统本身所需的能量。

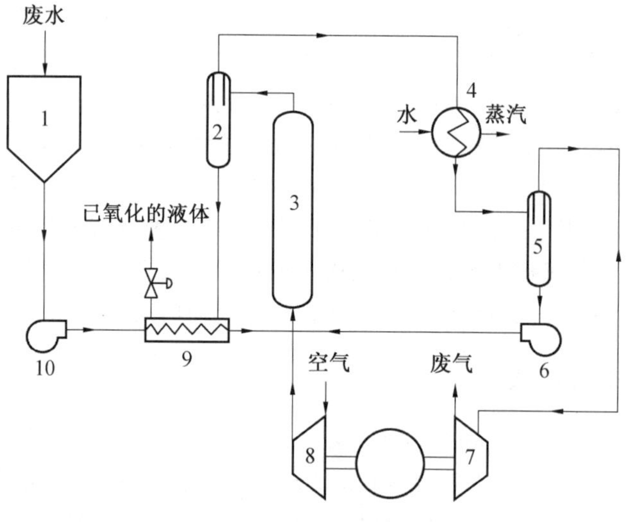

图 2.42　湿式氧化工艺流程

1—储存罐；2、5—分离器；3—反应器；4—再沸器；6—循环泵；7—透平机；8—空压机；9—热交换器；10—高压泵

在设计湿式氧化工艺时，反应器的选择至关重要。除了要求其耐压、防腐、保温盒安全可靠外，同时要求反应器内气液接触充分，并有较高的反应速率，通常采用不锈钢鼓泡器。反应器的尺寸及材质主要取决于污水性质、流量、反应温度、压力及时间。

湿式氧化法的影响因素有以下几个。

①反应温度。对常规的湿式氧化处理系统，操作温度在 150～374 ℃范围内，有机物氧化反应的速度随温度的升高而升高。许多研究表明，反应温度是湿式氧化处理效果的决定性影响因素。反应温度低，即使延长反应时间，有机物的去除率也不会显著提高，但过高的温度是不经济的。因此，操作的最佳温度是 200～320 ℃。

②反应压力。湿式氧化系统应保证在液相中进行，总压力不低于该温度下的饱和蒸汽压。同时，氧分压也应保持在一定范围内，以保证液相中的高溶解氧浓度。随着反应温度的提高，必须相应地提高反应压力。表 2.9 列出了湿式氧化装置内反应温度与压力的经验关系。

表 2.9　湿式氧化装置内反应温度与压力的经验关系

反应温度/℃	230	250	280	300	320
反应压力/MPa	4.5～6.0	7.0～8.5	10.5～12.5	14.0～16.0	20.0～21.0

③反应时间。反应时间的长短，决定着湿式氧化器的容积。试验与工程实践证明，在湿式氧化处理装置中，达到一定的处理效果所需的时间随着反应温度的提高而缩短。根据污染物被氧化的难易程度及处理效果的要求，可以确定最佳反应温度和反应时间，通常湿式氧化装置的停留时间为 0.1～2.0 h。

④pH。废水的 pH 是影响湿式氧化处理效果的显著因素，通常较低的 pH 条件下，氧化还原反应才能有效地进行。

⑤燃烧热值与所需空气量。在湿式氧化系统中，一般依靠有机物被氧化所释放的氧化热维持反应温度。根据废液所需去除 COD 值，可计算出所需空气量。考虑到氧的利用率等因素，所供应的空气量应比理论值高 5%～20%。

⑥废水性质。有机物氧化与其电荷特性等有关。研究表明，脂肪族和卤代脂肪族化合物、氰化物、芳烃、芳香族及含非卤代基团的卤代芳香族化合物等易氧化；不含非卤代基团的卤代芳香族化合物（如氯苯和多氯联苯等）难氧化。氧在有机物中所占比例越少，其氧化性越强；碳在有机物中所占比例越大，其氧化越容易。

2.3.2　催化湿式氧化法

在处理含有难以分解的有机物的高浓度工业废水方面，催化湿式氧化法被认为是一种非常有效的技术。这种技术被许多发达国家视为工业废水处理领域的第二代高新技术，专门用来应对那些传统方法（比如生物处理或物理化学处理）难以克服的挑战。

催化湿式氧化法的核心在于使用特定的催化剂来促进反应，其可以在较低的温度和压力下实现高效的有机物分解，从而节省时间，减少设备的腐蚀，降低整体成本。由于催化剂的选择性，不同类型和结构的有机化合物对催化剂的反应性各不相同，因此需要仔细选择和评估最合适的催化剂。

1. 催化湿式氧化法常用的催化剂

在催化湿式氧化过程中，通常使用的催化剂包括过渡金属及其氧化物、复合氧化物和盐类，这些催化剂能够帮助加速有机物的氧化过程。

特别地，贵金属系列催化剂，如铂(Pt)和钯(Pd)，因其出色的催化活性、长久的使用寿命和广泛的适应性，被认为是非常有效的。然而，由于这些材料的成本相对较高，它们的应用在某种程度上受到了限制。因此，在研究中，非贵金属催化剂受到了更多的关注。例如，过渡金属铜(Cu)、铁(Fe)、镍(Ni)、钴(Co)和锰(Mn)在许多不同的反应条件下都表现出了良好的催化性能。表2.10列出了催化湿式氧化法常用的催化剂。

表2.10 催化湿式氧化法常用的催化剂

类别	催化剂
均相催化剂 金属盐	$PdCl_2$，$RuCl_3$，$IrCl_4$，K_2PtO_4，$NaAuCl_4$，NH_4ReO_4，$AgNO_3$，$Na_2Cr_2O_7$，$CuSO_4$，$CoCl_2$，$NiSO_4$，$FeSO_4$，$MnSO_4$，$ZnSO_4$，$SnCl_2$，$NaCO_3$，$Cu(OH)_2$，$FeCl_2$，$MnCl_2$，$Cu(BF_4)_2$，$Mn(AC)_2$
非均相催化剂 氧化物	WO_3，V_2O_5，MoO_3，ZrO_4，TaO_2，Nb_2O_5，HfO_2，OsO_4，CuO，Cu_2O，Co_2O_3，NiO，Mn_2O_3，CeO_2，Co_3O_4，SnO_2，Fe_2O_3
非均相催化剂 复合氧化物	$CuO-Al_2O_3$，$MnO_2-Al_2O_3$，$CuO-SiO_2$，$CuO-ZnO-Al_2O_3$，RuO_2-CeO_2，$RuO_2-Al_2O_3$，RuO_2-ZrO_2，RuO_2-TiO_2，$Mn_2O_3-CeO_2$，$Rh_2O_3-CeO_2$，$PtO-CeO_2$，IrO_2-CeO_2，$PdO-TiO_2$，$Co_3O_4-BiO(OH)$，$Co_3O_4-CeO_2$，$Co_3O_4-BiO(OH)-CeO_2$，$Co_3O_4-BiO(OH)-Lu_2O_3$，$CuO-ZnO$，$SnO_2-Sb_2O_4$，SnO_2-MoO_3，$Fe_2O_3-Sb_2O_4$，$SnO_2-Fe_2O_3$，$Fe_2O_3-Cr_2O_3$，$Fe_2O_3-P_2O_5$，Cu—Mn—Fe氧化物，Cu—Mn氧化物，Cu—Mn—Zn氧化物，Co—Mn氧化物，Co—Cu氧化物，Cu—Mn—Co氧化物

2. 催化湿式氧化法在高浓度有机废水处理中的应用

(1)焦化废水处理。

日本大阪瓦斯公司采用非均相湿式氧化技术处理焦化废水，其中试验装置为6 t/d规模，催化剂以TiO_2或ZrO_2为载体，在其上附载Fe、Co、Ni、Ru、Rh、Pd、Lr、Pt、Cu、Au中的一种或几种活性组分制得催化剂，为避免堵塞，应使用蜂窝状。该装置连续运行11 000 h的结果表明，催化剂无失效现象。表2.11～2.13列出其运行参数与处理效果，现已扩大试验规模为60 t/d。根据强化的催化剂性能测试，该催化剂可连续处理同类焦化废水或性质相同的焦化废水，可连续运行5年再生一次。

表2.11 应用催化湿式氧化法处理焦化废水

处理条件	温度/℃	压力/MPa	液量/($L\cdot h^{-1}$)	空气量/($m^3\cdot h^{-1}$)	液空流速/($L\cdot h^{-1}$)	催化剂类型
	250	7.0	200	144	2.5	贵金属

表 2.12　进出水浓度与处理效率　　mg/L

项目	pH	NH_3-N	COD	TOD	酚	TN	CN	SS	气味
原水	10.5	3 080	5 870	17 500	1 700	3 750	15	60	氨、酚味
出水	6.4	3	10	未检出	未检出	160	未检出	未检出	无

表 2.13　尾气成分与浓度

成分	N_2/%	O_2/%	CO_2/%	NO_x /(mg · m^{-3})	SO_x /(mg · m^{-3})	NH_3 /(mg · m^{-3})	气味
	83.1	9.9	7.0	未检出	未检出	未检出	无

一般的焦化废水处理流程为：脱酚→脱氨→活性污泥→絮凝沉淀→硝化反硝化脱氮→砂滤→活性炭过滤。流程长，占地多，操作复杂。若用催化湿式氧化，则可一段完成。

(2)处理化工废水。

日本触媒化学工业株式会社采用非均相催化湿式氧化技术处理化工废水取得了成功。其催化剂的制备方法为：首先用共沉淀、焙烧等步骤得到 Ti－Zr、Ti－Si、Ti－Zn 等的复合氧化物粉末，掺加淀粉等黏合剂捏成蜂窝状载体，孔径为 2～20 mm，孔隙率为 50%～80%。然后用浸渍法在其上附载 Mn、Fe、Co、Ni、Ru、Rh、Pd、Lr、Pt、Cu、Au、Ir 或其水不溶性化合物制成催化剂，对 COD 为 40 g/L、总氮为 2.5 g/L、SS 为 10 g/L 的废水，在 240 ℃、4.9 MPa 压力，水空间流速 1 L/h 的条件下，COD、总氮、氨氮的去除率分别为 99.9%、99.2%、99.9%。

应用该催化剂的中试装置于 1989 年建成，排水处理量为 50 m^3/d，主要设备包括隔膜式除热型反应器、气液分离器、热媒循环系统、蒸汽发生器、压力与流量等调节阀、自动控制系统。废水为含有低级脂肪酸、醛类的化工废水，COD 为 25 000 mg/L，TOC 为 11 000 mg/L，在 250 ℃、7.0 MPa、O_2/COD＝1.05、液体空间流速 2 L/h 的条件下，处理效率可达 99.9%以上，能满足直接排放的要求，效果稳定，运行良好。应用本工艺，可回收 COD 氧化所放热量的 40%。

(3)处理染料中间体废液。

清华大学以染料中间体 H 酸废液模拟配水为试验用水，反应温度为 200 ℃、氧分压为 2.5 MPa，废液 pH＝12，采用 4 种催化剂进行催化湿式氧化法处理，结果比较见表 2.14。

表 2.14　4 种催化剂处理结果比较

催化剂	处理效率/%			出水中 Cu^{2+} 量/(mg · L^{-1})			
	30 min	60 min	120 min	最大值	30 min	60 min	120 min
Cu－Zn	88.8	91.6	94.0	91.4	45.2	23.3	15.2
Cu－Fe	83.0	89.0	92.5	67.5	54.0	38.8	18.3

续表2.14

催化剂	处理效率/%			出水中 Cu^{2+} 量/($mg \cdot L^{-1}$)			
	30 min	60 min	120 min	最大值	30 min	60 min	120 min
Cu－Zn－Fe	82.0	87.0	93.8	59.3	39.7	27.3	10.8
Cu－Zn－Ce	85.0	89.6	91.9	39.2	31.9	12.6	7.9

从试验数据可以看出，上面几种较优催化剂的性能存在一定差别，其中 Cu－Zn 的催化效果在所考察的时间段内最好，但是它的铜离子溶出量也最高；Cu－Zn－Ce 催化剂铜的溶出量最低，催化效果也较好。因此，以 Cu、Zn 为活性组分，Ce 为电子助剂的催化剂将是该类试验的优选催化剂。

与常规的湿式氧化法相比，在相同条件下，催化湿式氧化法的处理效果显著高于前者，达到相同的处理效果，湿式氧化法需要 120 min，而催化湿式氧化法仅需要 20 min，反应速率提高了 5 倍。催化湿式氧化与湿式氧化工艺作为含高浓度有机废水的预处理方法，是一种高效率、低能耗、封闭型无二次污染的优良方法，尤其对于超高浓度和有毒有害的有机废水，是一种有效的处理方法。

2.3.3 超临界水氧化技术

超临界水氧化(supercritical water oxidation，SCWO)技术是一种革命性的污水处理方法，最初由美国学者 Modell 在 20 世纪 80 年代中期提出。这项技术利用了水在超临界状态下的特殊性质来彻底分解有机物，其中“超临界”指的是水处于超过其临界点(温度超过 374 ℃，压力超过 22.1 MPa)的状态。在这种状态下，水的物理性质发生根本性变化，使得有机物和气体能够完全溶解在水中，消除了传质阻力，当氧加入到有机污染物中，在上述条件下，经过 30～60 s 的短时间快速反应，生成 CO_2 和水，从而极大地加速了氧化过程。其流程如图 2.43 所示。

①污水预处理。污水被泵入反应器，在这里与循环的反应物质混合并被加热至超临界状态。

②氧气注入。空气被压缩并通过喷射器引入反应器，以供应反应所需的氧。

③快速氧化反应。在超临界水的环境中，有害有机物与氧迅速反应，有机物被氧化成二氧化碳和水。这个过程产生的热量足以维持物料在超临界状态。

④分离与循环。反应后的物料进入旋风分离器，其中无机盐等固体物质被分离出来。然后，流体一分为二，一部分循环回反应器，另一部分通过蒸汽发生器产生蒸汽，最终通过气液分离器分离出气体和液体。

⑤能量回收与水处理。分离出的气体主要是氮和二氧化碳，可用于为空气压缩机等设备提供动力。液态部分主要是清洁的水，可以经过减压后用作补充水。

SCWO 技术在处理难降解、有毒的有机废物方面具有显著优势。与传统的焚烧或湿式催化氧化方法相比，SCWO 技术能够实现污染物的完全氧化，产生的二次污染较小，且设备和运行成本相对较低。这使得 SCWO 技术在处理难以用常规方法处理的有机污染

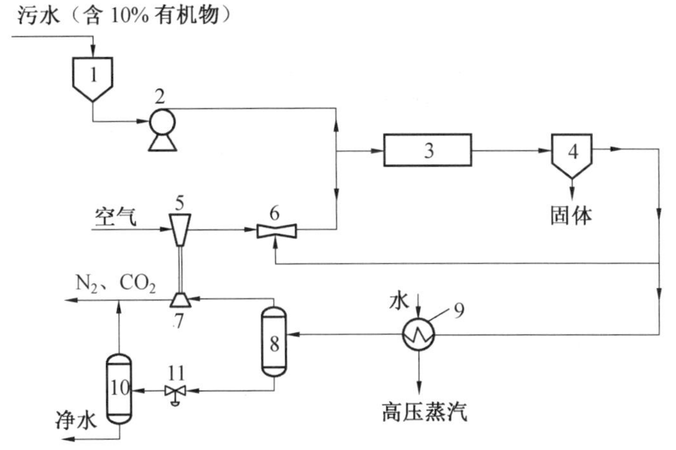

图 2.43　超临界水氧化技术处理污水流程

1—污水槽；2—污水泵；3—氧化反应器；4—固体分离器；5—空气压缩机；6—循环用喷射泵；7—膨胀透平机；8—高压气液分离器；9—蒸汽发生器；10—低压气液分离器；11—减压阀

物方面，以及在替代传统焚烧法等场合具有广阔的应用前景。特别是对于印染废水、医疗废水、肉联厂废水、焦化废水、含油废水、造纸废水等含有大量有机物的工业废水，SCWO技术尤其适用。

2.3.4　臭氧氧化法

臭氧是一种强大的氧化剂，位于所有天然元素中的第二位，仅次于氟。在工业废水处理中，臭氧因其强大的氧化能力而被广泛应用，特别是在消除异味、脱臭、脱色以及降低化学需氧量和生物需氧量等方面。臭氧处理污水氧化反应反应速率快，氧化反应时间短，设备尺寸小，设备费用低，而且剩余的臭氧很容易分解为氧，既不产生二次污染又能增加水中的溶解氧。由于具备这些特点，所以用臭氧净化和消毒工业废水已得到了广泛的重视和应用。

1. 臭氧的制备

臭氧的制备方法有多种，包括化学法、电解法、紫外线法和无声放电法等。在水处理中，最常用的是无声放电法，其制备原理及装置如图 2.44 所示。这种方法涉及在两个高压交流电极之间形成放电电场，其中介电体的存在限制了电流的流动，导致在介电体表面的凸点上发生局部放电。由于这种放电不会形成电弧，因此被称为无声放电。当氧气或空气通过电极间的间隙时，会在高速电子的轰击下部分转变为臭氧。这个过程中，臭氧也会分解成氧气，且分解速度会随着臭氧浓度的增加和温度的升高而加快。在一定条件下，臭氧的生成和分解会达到动态平衡。出于经济考虑，通常控制臭氧浓度在空气中不超过 2%，在氧气中不超过 4%。

用无声放电法制备臭氧的理论比电耗为 0.95 kW·h/kg，而实际电耗大得多。单位电耗的产臭氧率实际值仅为理论值的 10%左右，其余能量均变为热量，使电极温度升高。

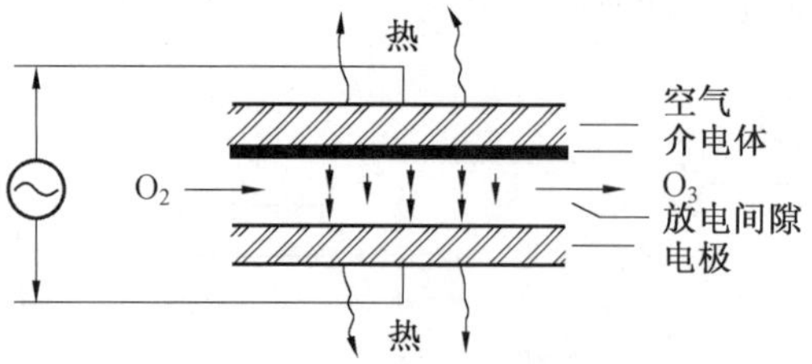

(a) 无声放电法制备臭气原理

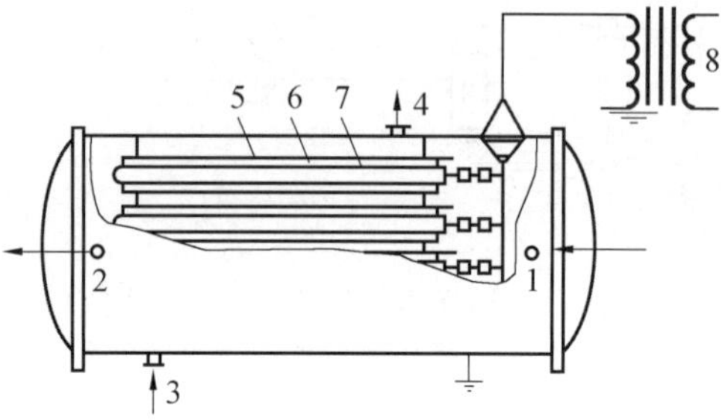

(b) 管式（卧式臭氧发生器）

图 2.44　臭氧的制备原理及装置

1—空气或氧气进口；2—臭氧化气出口；3—冷却水进口；4—冷却水出口；5—不锈钢管；6—放电间隙；7—玻璃管；8—变压器

为了保证臭氧发生器正常工作和抑制臭氧热分解，必须对电极进行冷却，常用水做冷却剂。

2. 臭氧氧化法在工业废水处理中的应用

臭氧氧化法在处理工业废水方面有着悠久的历史，主要用于炼油废水中的酚类化合物去除、电镀含氰废水的氧化、含染料废水的脱色、洗涤剂的氧化、废水中合成表面活性物质的处理等。臭氧不仅可以快速氧化游离氰和某些络合氰化物，还能有效脱色不溶性染料，尤其对含有不饱和键的染料分子，臭氧能断裂双键、破坏发色基团，生成更易于生物降解的小分子有机酸和醛，从而达到脱色目的。

将臭氧氧化与混凝或活性污泥法结合使用，可以有效去除色度和难降解有机物。试验表明，臭氧氧化能显著提高有机物的生物降解性。紫外线照射可以激活臭氧分子和污染物分子，加快反应速率，增强氧化能力，降低臭氧消耗量。尽管臭氧氧化法具有许多优点，但其主要缺点是电耗大，成本较高。未来的研究和技术改进可能会解决这些问题，使臭氧氧化法更加经济高效。

3. 臭氧一过氧化氢组合工艺

虽然臭氧是一种强大的氧化剂，但其使用成本较高，且受生产能力的限制。与之相比，过氧化氢价格更低，来源更广泛，并且能够更快地促进臭氧产生羟基自由基。

试验研究表明，影响臭氧一过氧化氢组合工艺的主要因素为废水的 pH、投加的氧化

剂总量和 H_2O_2、O_3的比例。

①pH。在中性条件下，臭氧一过氧化氢组合工艺的反应速率最高。

②氧化剂比例。过氧化氢与臭氧的质量比对处理效果有显著影响。在染料中间体 H 酸废水的处理中，当 H_2O_2与 O_3的质量比在 0.1～0.3 时，效果最佳，该比例超过 0.4 时，处理效率下降。

③臭氧投加量。总有效臭氧量对处理效果有重要影响。例如，在 H 酸废水处理中，要完全分解有机物，需要较高的氧化剂投加量。但要改善废水的生化性，提高生物降解能力，只需约为完全氧化所需量的 1/4。

臭氧氧化技术在近年来得到了较多研究和发展，出现了新的臭氧氧化形式。除了前述几种外，研发了使用活性炭、金属盐及其氧化物等固体物质作为催化剂，加强臭氧的氧化反应；结合紫外线照射，可以激活臭氧分子和污染物分子，加速反应，提高氧化能力，降低臭氧消耗。

2.3.5　氯氧化法

氯氧化法是一种在污水处理领域广泛使用的技术，特别适用于医院污水处理、无机和有机物的氧化以及污水的脱色和脱臭。在氯氧化过程中，水的 pH 对反应有显著影响，因此，加氯量需要根据具体情况通过试验来确定。

(1)含氰废水处理。

第一阶段：将氰化物(CN^-)转化为较不有毒的氰酸盐(CNO^-)，在 pH 为 10～11 的条件下，此反应仅需 5 min，通常控制在 10～15 min。当用 Cl_2作氧化剂时，要不断加碱，以维持适当的碱度；若采用 NaOCl，由于水解呈碱性，只要反应开始调整好 pH，以后可不再加碱。第二阶段：将氰酸盐进一步氧化为氨(NH_3，酸性条件下)或氮气(N_2，pH 为 8～8.5)，反应可在 1 h 内完成。处理设备主要是反应池及沉淀池。反应池常采用压缩空气搅拌或用水泵循环搅拌。小水量时，可采用间歇操作，设两池，交替反应与沉淀。

(2)含酚废水处理。

通过氯氧化法除去酚，理论上酚与氯的质量比为 6∶1 时可将酚完全破坏，但由于污水中存在其他化合物与氯作用，实际投氯量必须过量数倍，实际需要的氯量通常是理论值的 10 倍以上，以确保充分氧化并避免生成有臭味的氯酚。当氯化过程在碱性条件下进行时，也会产生氯酚。

(3)污水脱色。

氯氧化法对印染废水等具有良好的脱色效果，特别是在碱性条件下，若结合紫外线照射，可进一步提高脱色效率并降低所需氯量。

氯气有毒且有刺激性，需要特别注意其运输、储存和使用的安全性。一般将氯气加压制成液氯，用钢瓶装运。加氯设备应安装在靠近使用点的位置，结构需要坚固，具备良好的防冻保温和通风条件，并配备必要的维修和紧急救援设备。采用 ZJ 型转子加氯机的处理工艺如图 2.45 所示。

加氯过程中，通过虹吸作用或水力抽气技术控制加氯池水位，以实现污水流量与加

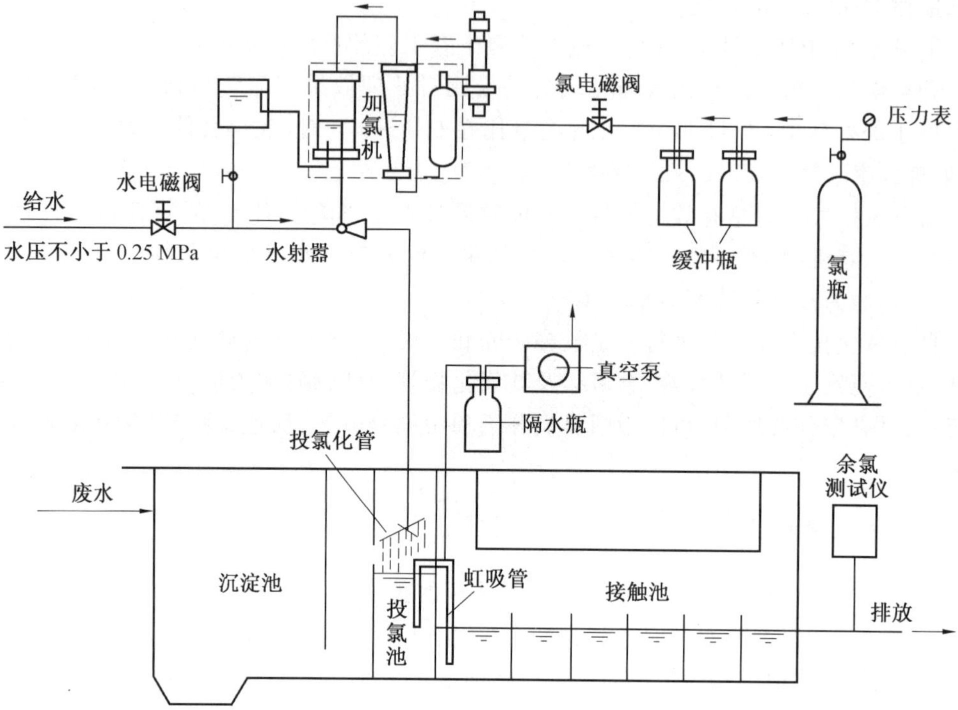

图 2.45　采用 ZJ 型转子加氯机的处理工艺

氯量的比例加氯。加氯量的适当性可以通过观察处理效果和余氯量来确定。

对于固体氯化剂，如漂白粉，需先制成 1%～2%的溶液再进行投加，投加方法与混凝剂相同。

2.3.6　二氧化氯催化氧化技术

二氧化氯催化氧化技术是一种在常温常压条件下使用的高效催化氧化方法。它利用二氧化氯这种强氧化剂，在表面催化剂的帮助下，催化氧化废水中的有机污染物。这一过程不仅可以直接氧化有机污染物，还能将大分子有机污染物转化为小分子，从而提高废水的生物降解性（即可生化性）并有效去除有机污染物。

在其催化氧化过程中，二氧化氯打断有机物分子中的双键发色团（如偶氮基、硝基等），从而达到脱色的目的，并有效提高 BOD/COD 值，使废水更易于生物降解。这样，二氧化氯催化氧化反应在高浓度、高毒性、高含盐量废水中充当常规物化预处理和生化预处理之间的桥梁。

在酸性条件下，二氧化氯能够分解产生氯酸和氧气，从而氧化废水中的有色基团和其他有机污染物。在弱酸性条件下，二氧化氯更倾向于直接与污染物反应，破坏有机物的结构。

二氧化氯分解迅速，分解时会生成多种强氧化剂（如 $HClO_3$、HClO、Cl_2、H_2O_2等）和活性基团，这些基团可以激发有机物分子中的活泼氢，通过脱氢反应将污染物逐步分解至无机物。因此，二氧化氯易于氧化分解废水中酚、氯酚、硫醇、仲胺、叔胺等难降解的有机物和氰化物、硫化物等。

一般而言，利用二氧化氯催化氧化技术的工艺流程为：废水→前预处理→催化氧化→配水→生化。如嘉兴市某厂医药中间体和染料废水处理过程，废水水质：pH＝2～3，COD＝15 000～20 000 mg/L，色度为 6 000 倍，挥发酚质量浓度为 14.9 mg/L，水量为 4 m^3/h，可生化性差。

处理工艺：先经二氧化氯催化氧化法处理后，提高废水可生化性和减低废水色度，再生化处理，工艺流程如图 2.46 所示。处理结果：pH＝6～8，COD≤180 mg/L，色度不大于 50 倍，挥发酚质量浓度不大于 0.1 mg/L，COD 去除率不小于 98.8%，色度去除率不小于 99.2%，挥发酚去除率不小于 92.6%。

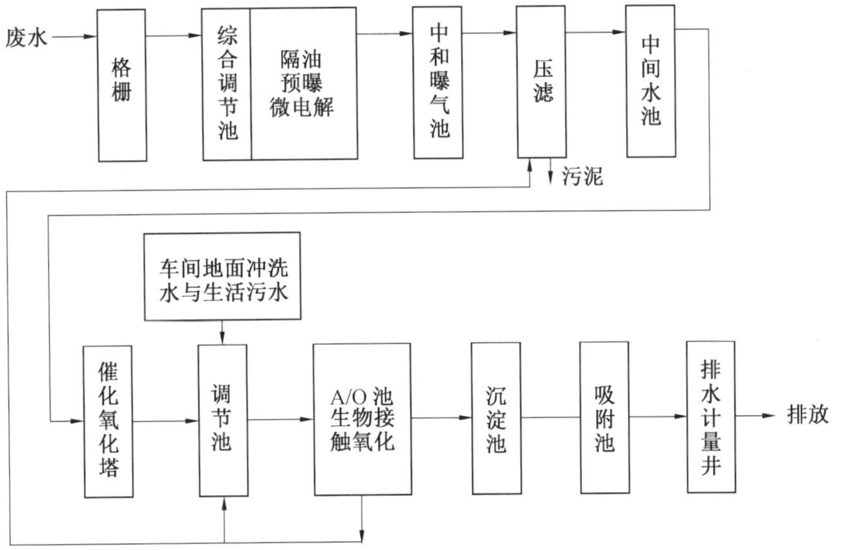

图 2.46　嘉兴某厂医药中间体、染料废水处理工艺流程

2.3.7　光化学氧化法

光化学氧化法是一种在光的作用下强化氧化剂的氧化作用的技术。通过利用氧化剂如氯、次氯酸盐、过氧化氢、空气和臭氧等，在紫外光的照射下，加速废水中有机物和无机物的氧化过程。实践证明，有光照的氯气氧化能力比无光照的氯气氧化能力高 10 倍以上，且处理过程一般不产生沉淀，不仅可处理有机物，也可处理能氧化的无机物。

(1)光化学氧化原理。

光化学反应中，分子通过吸收光能激发到高能态，进而与其他分子发生化学反应。光降解通常指有机物在光的作用下逐步氧化成 CO_2、H_2O 等。直接光降解是指污染物直接吸收光能发生反应，而间接光降解则涉及光化学产生的活性物质(如羟基自由基)促进污染物的降解。

光化学反应一般是通过产生羟基自由基(·OH)对有机污染物进行降解去除，这是由于羟基自由基比一些常用的强氧化剂具有更高的氧化电极电位，具有很高的电负性或亲电性。光化学降解多采用臭氧和过氧化氢等作为氧化剂，在紫外光的照射下使污染物氧化降解。

(2)光化学氧化系统。

①UV/O_3系统。结合臭氧和紫外光辐射的高级氧化过程。臭氧在紫外光照射下分解，产生的次生氧化剂如羟基自由基用于氧化有机物。这种系统的降解效率远高于单独使用臭氧或紫外光的方法。

UV/O_3系统降解效率比单独使用 O_3或 UV 要高得多。单独的 O_3对废水中的有机物降解，主要是通过有机物的直接氧化进行的，或者通过 O_3间接进行氧化及随后产生的 ·OH 对有机物的降解。通过加紫外光辐射可以促进 ·OH 的生成，达到使有机物完全降解的目的。

②UV/H_2O_2系统。利用过氧化氢在紫外光照射下产生羟基自由基的特性来氧化和降解有机物。这种方法不仅对 COD 和 BOD 的去除效果好，而且经济、操作方便，尤其适用于处理有毒、难降解的工业废水。

一般认为 UV/H_2O_2系统的反应机理是 1 分子的 H_2O_2首先在紫外光的照射下产生 2 分子的 ·OH，而 ·OH 是一种极强的氧化剂。该反应速度与 pH 有关，酸性越强，反应速度越快，生成的羟基自由基对有机物氧化与降解能力越强。

此外，用 H_2O_2比 O_3更为经济方便，由于 O_3是一种微溶且不稳定的气体，需要现场制备和储存，这需增加设备，给操作带来不便。而 H_2O_2在水中可全部溶解，不需要特殊设备和储存方法。

2.4　物化处理新技术

2.4.1　多效蒸发

多效蒸发是一种节能型蒸发方法，通过利用前一级产生的二次蒸汽作为后一级的加热源，从而最大化地利用能量。

1. 工艺原理

在多效蒸发过程中，仅第一级(称为第一效)需要外部加热(通常使用生蒸汽)。从第二级(第二效)开始，每一级都使用前一级产生的二次蒸汽进行加热。为了使这一过程顺利进行，每一级的操作压力和溶液的沸点都需要比前一级低。这样，每一级不仅作为加热室，也充当前一级二次蒸汽的冷凝器。它可以提高生蒸汽的利用率，具体情况见表 2.15。

表 2.15　蒸发 1 kg 所需的加热蒸汽量

效数	单效	双效	三效	四效	五效
(D/W)/min	1.10	0.57	0.40	0.30	0.27

注：D—加热蒸汽消耗量(kg)；W—蒸发量(kg)。

四效顺流式降膜蒸发器如图 2.47。

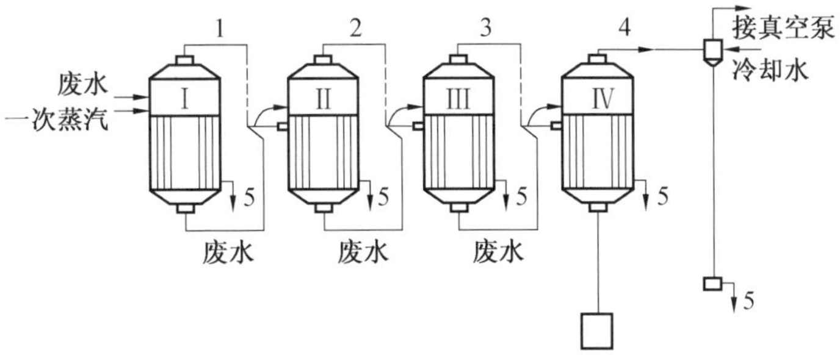

图 2.47　四效顺流式降膜蒸发器

1～4——一效、二效、三效、四效二次蒸汽；5——冷凝水

2. 工艺分类

多效蒸发工艺主要根据二次蒸汽和溶液的流向分为以下几种类型。

(1)顺流式(并流式)。

溶液和二次蒸汽同向流动，由于每一级的操作压力逐渐降低，溶液能够利用这种压力差自动地从一个蒸发级别流向下一个蒸发级别，无须额外的泵送设备，顺流式多效蒸发系统示意图如图 2.48 所示。主要适用于来料温度高、蒸发后的物料易于输送的情况。

优点是料液自然流动、无须额外泵送和第三效蒸发量大；缺点是后效的传热效率低。

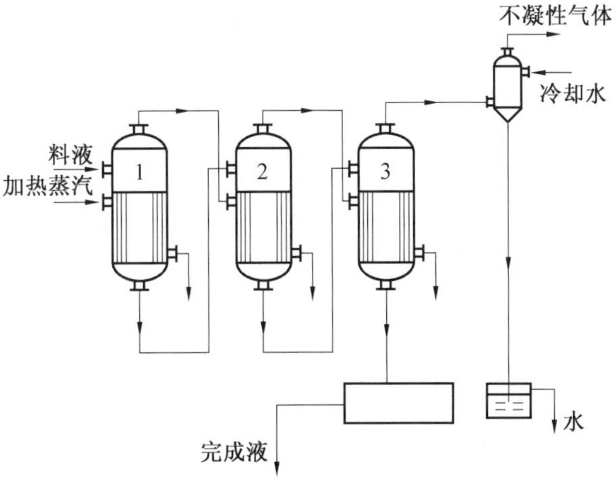

图 2.48　顺流式多效蒸发系统示意图

(2)逆流式。

溶液和二次蒸汽流动方向相反,加热蒸汽从第一级(第一效)开始,二次蒸汽依次流向最后一级(末效),而待蒸发的物料则从末效开始,通过泵送依次进入前一级,最终浓缩液从第一效排出,逆流式多效蒸发系统示意图如图 2.49 所示。适用于来料温度低、出料温度要求高的情况。

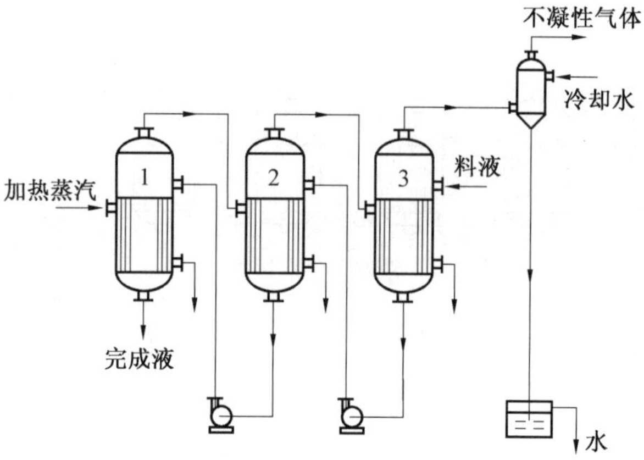

图 2.49　逆流式多效蒸发系统示意图

优点:由于溶液的浓度和温度在各级之间变化较小,各效的传热系数相对接近,有助于保持稳定的蒸发效率。

缺点:物料需要从后效泵送到前效,由于前效的压强高于后效,这一过程需要额外的能量;由于溶液的黏度随温度和浓度的变化而变化,这种方法更适合黏度变化大的溶液。但对于热敏性物料,逆流式蒸发可能不是最佳选择,因为高温可能对这些物料造成损害。

(3)平流式。

在平流式多效蒸发中,每一级蒸发器独立地处理其接收的原料液,产生的二次蒸汽被用做下一级的加热源。这种方式确保了各级之间溶液浓度的一致性,平流式多效蒸发系统示意图如图 2.50 所示。

优点是适应于易结晶物料;缺点是可能需要复杂的控制和调节。

(4)混流式。

在混流式设置中,蒸汽按照从第一级到最后一级(第 N 效)的顺序流动,而料液的流程则更为复杂。料液通常从中间的某一级(第 M 效)开始,经过后续的级别直到最后一级,然后重新进入第一级,依次流经前面的级别,直到回到第 $M-1$ 效。

混流式工艺允许在特定的级别内对料液进行重复处理,这对于某些需要精细控制浓缩度的应用非常有用。

3. 多效蒸发工艺的实际应用案例

(1)农业产品加工废水的资源化处理。

袁永军等人成功地采用了四效蒸发技术处理小麦淀粉和谷朊粉生产过程中产生的高浓度有机废水。通过这一技术,不仅实现了废水的达标排放,还回收了废水中的有机

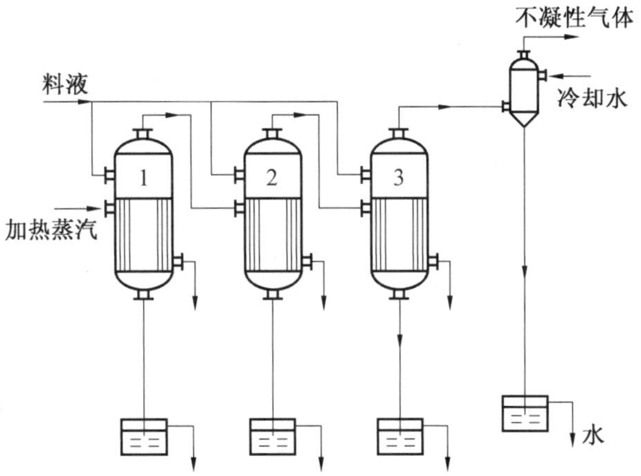

图 2.50　平流式多效蒸发系统示意图

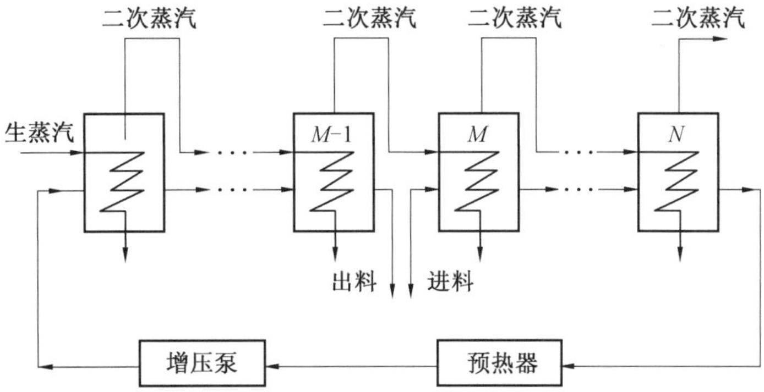

图 2.51　混流式多效蒸发系统示意图

物，将其作为饲料使用，从而提高了整个生产线的经济效益。

(2)化工废水的经济处理。

丁润发探讨了含酮废液生产硫酸铜工艺中含氨废水的处理方法，采用三效热泵蒸发工艺，对工艺系统的设备及材料进行了选择，表明含氯化铵废水可以通过三效蒸发技术处理，并取得经济效益。

(3)食品加工废水的资源化利用。

马静等人通过四效蒸发方法对玉米淀粉行业产生的高浓度菲酊废水进行了资源化处理。实际操作结果表明，该方法有效降低了淀粉废水中 75%的 COD，同时回收了废水中的有用资源。

(4)味精生产废水的综合处理与资源回收。

古文炳等人将四效蒸发与双效浓缩工艺结合，对味精生产中的高浓度废水进行预处理。在此过程中，硫酸铵和氨基酸被回收用做肥料，蒸发冷凝液与其他中低浓度废水混合后经初沉→二级 A/O→二沉处理，在进水 COD≤2 000 mg/L、$\rho(NH_3-N)\leq 500$ mg/L 情况下，出水 COD<100 mg/L、$\rho(NH_3-N)\leq 30$ mg/L，达到了预期处理效果。

(5)工业废水回用技术的突破。

2005 年,山东东大化工有限公司的废水回用一期工程投产,标志着我国在多效蒸发领域取得了重大突破。该工程通过多效蒸发技术,将废水中的氯化钙浓缩并加工为成品出售,同时产生的冷凝水被回收用于生产过程。

2.4.2 铁碳微电解法

铁碳微电解法是一种用于废水处理的高效技术,它利用铸铁屑和活性炭或焦炭作为电解材料。当这些材料浸没在废水中时,会发生一系列复杂的电化学反应,从而有效地去除水中的污染物。

1. 工艺原理

铸铁中的纯铁和碳化铁之间存在氧化还原电势差,形成许多微小的原电池,其中纯铁充当阳极,碳化铁充当阴极。铸铁屑与其周围的炭粉共同形成较大的原电池,这种内部和外部的双重电解过程是铁碳微电解处理废水的关键。因此,利用铁碳微电解法进行废水处理的过程实际上是内部和外部双重电解的过程,或者称为存在微观和宏观的原电池反应。

电极反应产生的新生态氢离子(H^+)具有高活性,能够与废水中多种物质发生氧化还原反应,有效降解难生物降解和有毒物质。铁元素与废水中铁后的重金属离子(如铜、锌等)发生置换反应,进一步去除这些重金属离子。经过铁碳微电解处理的废水中含有大量的二价铁离子(Fe^{2+})。当废水 pH 调节至中性并经过曝气后,会生成具有强絮凝作用的氢氧化铁($Fe(OH)_3$)沉淀,这有助于吸附废水中的悬浮物和重金属离子,如三价铬(Cr^{3+})。

2. 工艺应用

(1)在印染废水处理中的应用。

近年来,由于印染技术的不断进步和有机合成染料新产品的不断出现,印染废水具有 pH 低、色泽深、毒性大、生物可降解性差等特点。铁碳微电解法用于印染废水的处理体现出了其他工艺不可比拟的优势。梁耀开等人采用图 2.52 所示的装置分别对色度为 300 倍、COD 为 602 mg/L、pH 为 9.76 和色度为 700 倍、COD 为 1 223 mg/L、pH 为 5.76的 2 种印染废水进行处理,结果发现,当铁、碳质量比为 1∶1、pH 为 3.0 左右,反应时间为 20～30 min 时,对色度的去除率能够达到 95%以上,同时 COD 的去除率也达到 60%～70%。

罗旌生等人用铁碳微电解法处理印染废水,结果表明,pH 为 1、接触时间为 20～30 min时,色度去除率达到 90%以上,COD 去除率达到 60%左右。

对于 COD 很高或者出水要求较高的印染废水,单纯用铁碳微电解法处理并不能达到要求,常使之与其他的生物处理工艺相结合,作为生物处理的预处理。吴小宁等人对原水 COD 为 11 000 mg/L、pH 为 6、色度为 8 000 倍的印染废水采用铁碳微电解法进行预处理,当铁粉粒径为 18 目,焦炭粒径为 2～4 mm,铁、炭质量比为 1∶1,水力停留时间

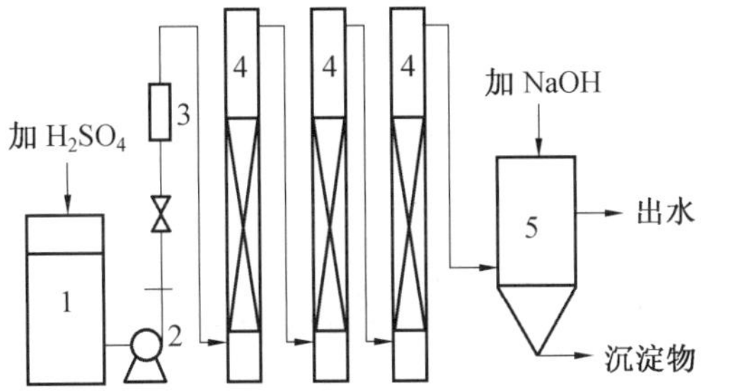

图 2.52　铁碳微电解法试验装置

1—调节池；2—泵；3—转子流量计；4—反应柱；5—沉淀池

为 60～90 min 时，脱色率达到 90%以上，BOD/COD(B/C)值从原来的 0.23 提高到 0.59，大大提高了后续生物处理的 COD 去除率。

(2)在造纸废水处理中的应用。

任拥政等针对用白腐菌－厌氧－好氧生物法处理造纸黑液的出水色度过高，而 COD 也不能达标的现象，利用铁碳微电解反应柱对出水进行脱色与去除 COD 的研究，发现在常温下，铁、炭质量比为 2∶1，初始 pH 为 4.5～5.5，反应时间为 30～40 min 时，最终色度与 COD 的去除率分别达到 94.2%与 68.9%，出水达到了行业排放标准。

乔瑞平等人采用强化的铁碳微电解对制浆造纸二级出水进行深度处理，在铁碳微电解反应体系中加入适量的 H_2O_2，使电解产生的 Fe^{2+} 与 H_2O_2 形成 Fenton 试剂，与铁碳微电解协同作用，强化微电解反应后用 $Ca(OH)_2$ 调节出水的 pH 至中性，并与电解液中的 Fe^{2+} 和 Fe^{3+} 生成 $Fe(OH)_2$ 和 $Fe(OH)_3$ 絮体，进一步网捕水中的 COD_{Cr} 并去除了水中的 Fe^{2+}、Fe^{3+} 和 SO_4^{2-} 等离子，使溶液的色度进一步得到改善。研究结果表明，当溶液初始 pH 为 3.0、活性炭投加量为 8.0 g/L、铸铁屑质量浓度为 40.0 g/L、H_2O_2 浓度为 7.17 mmol/L、反应时间为 60 min、$Ca(OH)_2$ 投入量为 8.0 g/L 时，总 COD_{Cr} 和色度去除率分别达到 75%和 95%，达到了国家造纸工业水污染物排放一级标准(GB 3544—2001)。

(3)在焦化废水处理中的应用。

陈芳艳利用铁碳微电解法和 Fenton 试剂联合氧化法对焦化废水进行预处理的试验研究，通过单因素试验法确定了最佳工艺条件，在铁、炭质量比为 4∶1，铁、炭用量分别为 300 mg/L 和 75 mg/L，H_2O_2 的用量为 1 000 mg/L，pH 为 3，反应时间为 20 min 时，COD、NH_3-N、CN^- 和色度的去除率分别为 61.2%、74%、56.2%和 74.3%。B/C 值由 0.189 提高到 0.387，大大降低了后续生物处理的有机负荷并提高了生物处理的效率。

(4)在炸药废水处理中的应用。

张晓慧等对西北某军工厂炸药废水用铁碳微电解法进行了处理。采用的微电解反应器柱高为 82 cm，内径为 7 cm，内装有一定体积比的铁屑和焦炭，铸铁屑在使用前用热碱液浸泡除油。结果显示，在 pH 为 2～3，铁、炭质量比为 1∶1，停留时间为 90 min 时，炸药废水的 COD 和 NH_3-N 的去除率分别为 86%和 70%，且 B/C 值提高到 0.37，经过生物处理废水中的污染物得到了进一步的去除。

(5)在制药废水处理中的应用。

研究者对含有硝基苯、氯硝柳胺、草甘磷、抗生素的制药废水利用铁碳微电解法进行处理,结果表明,铁碳微电解法对各种成分的制药废水 COD、色度都有较好的去除效果,同时 B/C 值有所提高。

本章参考文献

[1] 唐受印,汪大翚.废水处理工程[M].北京:化学工业出版社,1998.

[2] 任南琪,赵庆良.水污染控制原理与技术[M].北京:清华大学出版社,2007.

[3] 天津大学化工原理教研室.化工原理[M].天津:天津科学技术出版社,1983.

[4] 马承愚.高浓度难降解有机废水的治理与控制[M].2 版.北京:化学工业出版社,2011.

[5] 缪应祺.水污染控制工程[M].南京:东南大学出版社,2002.

[6] MANTZAVINOS D, KASSINOS D, PARSONS S A. Applications of advanced oxidation processes in wastewater treatment[J]. Water research, 2009, 43(16): 3901.

[7] 稂友明.混凝－Fenton 氧化法处理印染废水试验研究[D].长沙:长沙理工大学,2010.

[8] 袁永军,程丽华,张树艳.四效蒸发处理小麦淀粉/谷朊粉生产高浓度有机废水[J].青岛建筑工程学院学报,2003,24(4):79-81.

[9] 丁润发.三效热泵蒸发工艺在含氨废水处理中的应用及经济分析[J].广东化工,2006,33(157):86-87.

[10] 马静,吴守江,张荣庆,等.淀粉行业高浓度菲酊废水的资源化处理[J].天津化工,2006,20(3):55-56.

[11] 古文炳,陈俊刚,梅荣武.高浓度含氮味精废水综合治理技术[J].工业水处理,2009,29(2):83-86.

[12] 续京,李宏燕.宁夏南部山区马铃薯淀粉生产废水循环利用的工艺设计[J].安徽农业科学,2010,38(2):861-862.

[13] 孙晓君,冯玉杰,蔡伟民,等.废水中难降解有机物的高级氧化技术[J].化工环保,2001,21(5):264-269.

[14] 汤贵兰,蓝伟光,张烨,等.焦炭和废铁屑微电解预处理垃圾渗滤液的研究[J].环境污染治理技术与设备,2006,7(11):121-123.

[15] 蒋蓉,孙振亚,吴吉权.氧氢氧化铁在水处理及环境修复中的应用研究[J].武汉理工大学学报,2007,29(8):70-74.

[16] 李家珍.染料、染色工业废水处理[M].北京:化学工业出版社,1997.

[17] 梁耀开,王汉道,秦文淑.铁碳微电解法处理印染废水的试验研究[J].广东轻工职业技术学院学报,2003,2(3):19-21.

[18] 罗旌生，曾抗美，左晶莹，等. 铁碳微电解法处理染料生产废水[J]. 水处理技术，2005，31(11)：67-70.

[19] 吴小宁，姚秉华，龚浩珍. 铁碳内电解前置处理染料废水的试验[J]. 西安文理学院学报(自然科学版)，2006，9(1)：38-40.

[20] 任拥政，章北平，张晓昱，等. 铁碳微电解对造纸黑液的脱色处理[J]. 水处理技术，2006，32(4)：68-70.

[21] 乔瑞平，孙承林，永辉，等. 铁碳微电解法深度处理制浆造纸废水的研究[J]. 安全与环境学报，2007，7(1)：57-59

[22] 陈芳艳，钟宇，何军，等. 铁屑/焦炭/H_2O_2法预处理焦化废水的试验研究[J]. 环境科学与技术，2007，30(8)：90-92.

[23] 张晓慧，李德生，姚志文. 曝气铁炭微电解法预处理 TNT 废水的实验研究[J]. 安全与环境工程，2007，14(3)：50-53.

[24] 李欣，祁佩时. 铁炭 Fenton/SBR 法处理硝基苯制药废水[J]. 中国给水排水，2006，22(19)：12-15.

[25] AY F，KARGI F. Advanced oxidation of amoxicillin by Fenton's reagent treatment[J]. Journal of hazardous materials，2010，179(1/2/3)：622-627.

[26] 石建军，李治国，严家平. 强化微电解法预处理氯硝柳胺生产废水的研究[J]. 安徽建筑工业学院学报(自然科学版)，2006，14(3)：78-80.

[27] 夏静芬，程灵勤. 铁炭微电解法处理草甘磷农药废水的研究[J]. 浙江万里学院学报，2007，20(5)：55-57.

[28] 史敬伟，杨晓东. 铁炭微电解法预处理制药废水的研究[J]. 辽宁化工，2006，35(4)：211-213.

第 3 章　难降解有机污染物好氧生物处理技术

3.1　好氧生物处理技术的发展

3.1.1　好氧生物处理原理

在有氧条件下，有机物在好氧微生物的作用下氧化分解，有机物浓度降低，微生物量增加。污水中的有机物，首先被吸附在活性污泥和生物膜表面，并与微生物细胞表面接触，在透膜酶的作用下，透过细胞壁进入微生物细胞体内，小分子的有机物能够直接透过细胞壁进入微生物体内，而如淀粉、蛋白质等大分子有机物则必须在细胞外酶——水解酶的作用下，被水解为小分子后再被微生物摄入细胞体内。微生物以吸收到细胞内的物质作为营养源加以代谢，代谢按两种途径进行：一是合成代谢，部分有机物被微生物所利用，合成新的细胞物质；二是分解代谢，部分有机物被分解形成 CO_2 和 H_2O 等稳定物质，并产生能量，用于合成代谢。同时，微生物的细胞物质也进行自身的氧化分解，即内源代谢或内源呼吸。微生物降解污水中有机物过程的代谢示意图如图 3.1 所示。在有机物充足的条件下，合成反应占优势，内源代谢不明显。有机物浓度较低或已耗尽时，微生物的内源呼吸作用则成为向微生物提供能量、维持其生命活动的主要方式。

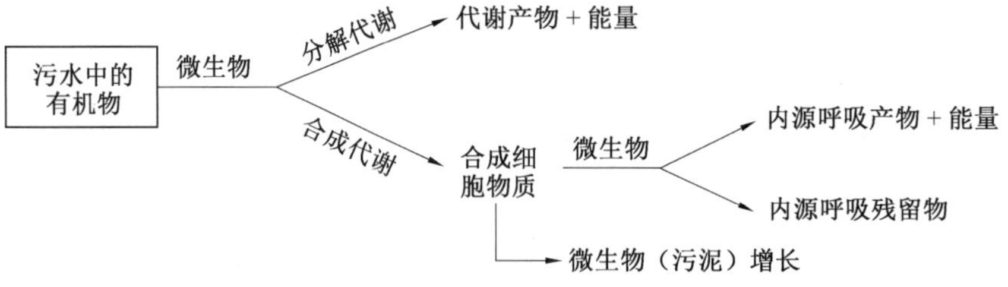

图 3.1　微生物降解污水中有机物过程的代谢示意图

在有机物的好氧分解过程中，有机物的降解、微生物的增殖和溶解氧的消耗这 3 个过程是同时进行的，也是控制好氧生物处理成败的关键过程。在不同的生物处理工艺中，微生物的生存方式与增殖规律、有机物的分解速率、溶解氧的来源和分布规律均有差异，而有关好氧生物处理工艺的研究和改进也是针对这 3 个关键过程开展的。

1. 有机物的降解

(1)有机物的降解途径。

有机物好氧生物降解的一般途径如图 3.2 所示。大分子有机物首先被微生物产生的各种细胞外酶分解成小分子有机物。这些小分子被好氧微生物氧化分解,通过不种途径进入三羧酸循环,最终被分解成简单的无机物,如二氧化碳、水、硝酸盐和硫酸盐等。

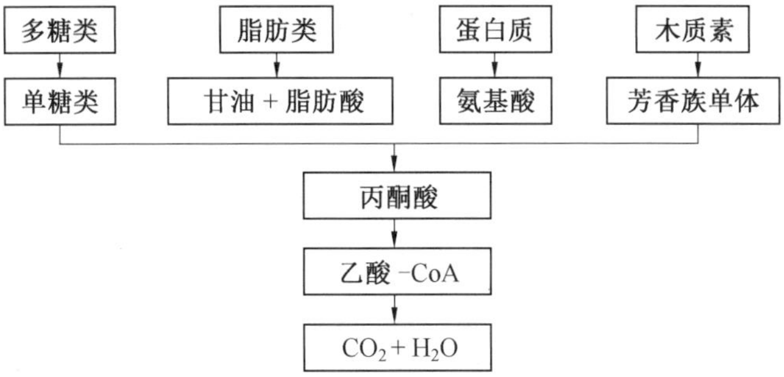

图 3.2　有机物好氧生物降解的一般途径

难降解有机物的降解过程相对更复杂。一般而言,难降解有机物结构稳定或抑制微生物的活动,适合生长的微生物种类很少。不同种类难降解有机物的降解过程也不尽相同。已有相关的研究成果表明,质粒参与了许多难降解有机物的降解过程。质粒是细菌体内的环状 DNA 分子,是除染色体以外的遗传物质。降解质粒编码生物降解过程中的一些关键酶类,抗药性质粒可使宿主细胞对多种抗生素和有毒化学物质产生抗性。

(2)有机物降解动力学。

关于有机化合物降解动力学已进行了许多研究工作。根据微生物降解对象、环境条件、微生物生长方式(反应器类型)等的变化,动力学过程、动力学方程的形式以及参数值等都会有所不同。最常见的两种模型是指数模型(式(3.1))和双曲线模型(式(3.2))。

$$-\frac{\mathrm{d}c}{\mathrm{d}t}=Kc^n \tag{3.1}$$

式中,c 为污染物质量浓度,mg/L;t 为反应时间,h; K 为降解速率常数,h^{-1};n 为反应级数,$n\geqslant 0$。

指数方程适用于均匀溶液中的化学反应。根据反应过程的不同,K 和 n 的取值不同。该方程可以在相当大的范围内拟合污染物生物降解的数据。

当 $n=1$ 时,生物降解速率表示为

$$-\frac{\mathrm{d}c}{\mathrm{d}t}=\frac{K_1c}{K_2+c} \tag{3.2}$$

式中,K_1 为随浓度增加的最大反应速率,h^{-1}; K_2 为假平衡常数,mg/L。

双曲线方程适用于非均相的化学反应。在数学表达形式上与表示酶动力学的米—门(Michaeles-Menten)方程相似。

2. 微生物的增殖

在污染物处理过程中应用的微生物通常是多种微生物的混合群体,其增殖规律是混合微生物群体的平均表现。如果将活性污泥微生物接种到污水中，在低温和溶解氧充足的条件下进行培养，并及时取样测定，可以得到微生物数量与培养时间之间具有一定规律性的增殖曲线（图 3.3）。随着时间的推移，底物浓度逐渐降低，微生物的增殖经历了适应期、对数增殖期、衰减增殖期和内源呼吸期。

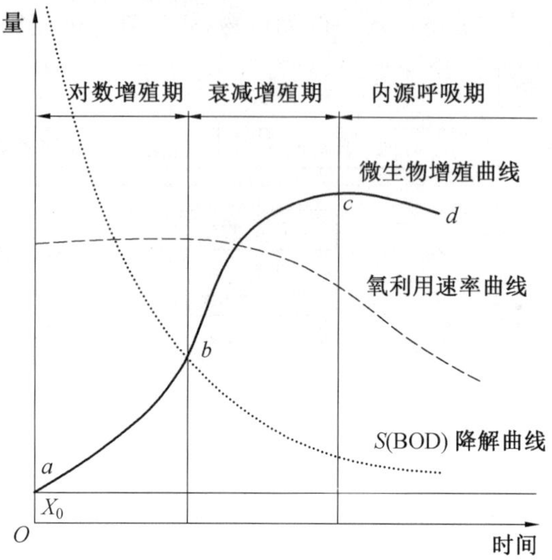

图 3.3 活性污泥微生物增殖曲线及其与有机底物降解、氧利用速率的关系（间歇培养、底物一次性投加）

在温度适宜、溶解氧含量充足，并且不存在抑制剂的条件下，活性污泥中微生物的增殖速率主要取决于有机底物量或营养物质量（F）与微生物量（M）的比值（F/M）。它对有机底物的降解率、氧气利用率、活性污泥的凝结和吸附性都有重要影响。

当微生物接种到新的基质中时，常常会出现一个适应阶段。适应阶段的长短取决于接种微生物的生长状况、基质的性质及环境条件等。当基质是难降解有机物时，适应期会相应延长。对数增殖期 F/M 值很高，微生物处于营养过剩状态。在此期间，微生物以最大速率代谢基质并进行自身增殖，增殖速率与基质浓度无关，与微生物的浓度呈一级反应。微生物细胞数量按指数增殖，即

$$N = N_0 2^n \tag{3.3}$$

式中，N、N_0 为最终及起始微生物量，个；n 为世代数，代。

随着有机物浓度的降低，新的细胞不断合成，F/M 值降低，营养物质不再过剩，直到成为微生物生长的限制因素，微生物进入衰减期。在此期间微生物的生长与残余有机物的浓度有关，呈一级反应。随着有机物浓度的进一步降低，微生物进入内源呼吸阶段，残存营养物质已不足以维持细胞生长的需要，微生物开始大量代谢自身的细胞物质，微生物总量不断减少，并走向衰亡。

3. 溶解氧的供给

溶解氧是影响好氧生物处理过程的重要因素之一。充足的溶解氧可促进好氧生物

降解过程的顺利进行。微生物的新陈代谢过程与溶解氧的需求量密切相关。根据好氧生物处理过程和工艺的不同,溶解氧的提供方式也不同。例如,在废水好氧生物处理中,可以通过表面曝气、自然曝气、鼓风曝气等方式提供溶解氧。

3.2.1　好氧生物处理工艺的发展

好氧生物处理工艺可分为两种主要类型:悬浮生长工艺和附着生长(生物膜)工艺。悬浮生长工艺是指将废水中有机物或其他成分转化为细胞组织和气体的微生物在液相中处于悬浮状态生长的生物处理工艺;附着生长工艺是指废水中有机物或其他成分转化为气体和细胞组织的微生物附着于某些惰性介质,例如炉渣、碎石及专门设计的塑料材料或陶瓷上生长的生物处理工艺,也称为固定生物膜法。

最常用的悬浮生长工艺是活性污泥法。活性污泥法由 Lockett 和 Ardern 于 1914 年在英国曼彻斯特建成试验厂首创以来,已有 110 年的历史,近几十年来,对活性污泥法的生物反应及净化机理都进行了深入研究探讨,这使得活性污泥法在反应动力学和生物学理论等方面有了很大的发展,出现了各种能够适应多种条件的工艺流程。活性污泥法广泛用于处理工业废水,比如轻工业废水、造纸工业废水、化学工业废水、食品工业废水、纺织工业废水、石油工业废水等。我国的一些大型企业,配套建成了一批工业废水处理厂,如上海金山石化总厂、吉林化学公司等都建成大型活性污泥法污水处理厂。目前,活性污泥法是处理生活污水、城市污水以及有机性工业废水中最常用的工艺。基于生物反应、活性污泥生物学、净化机理、生物反应器、反应动力学等方面的研究,已开发应用了多种活性污泥法及其各种演变工艺。目前高浓度废水处理中常用的处理工艺主要有 SBR 法、AB 法和氧化沟法等,详见第 3.2 节。

废水的固定生物膜法始于 19 世纪中叶,经过多年的发展、改进、创新和开发,迄今为止已拥有多种处理工艺技术,广泛而有效地用于生活污水、城市污水以及各种有机性工业废水的处理。固定生物膜法工艺主要有生物转盘、生物滤池、生物流化床、生物接触氧化,以及近年开发的曝气生物滤池新工艺。每一种固定生物膜法处理工艺又有多种变型工艺,详见第 3.3 节。作为与活性污泥法并列的废水生物处理技术,固定生物膜法仍在继续发展,不断开发出新工艺。

3.2　好氧悬浮生长工艺

活性污泥法是一种应用最广泛的废水好氧生化处理工艺,其主要由曝气池、二次沉淀池、曝气系统及污泥回流系统等组成。废水经初次沉淀池后与二次沉淀池底部回流的活性污泥同时进入曝气池,通过曝气,活性污泥呈悬浮状态并与废水充分接触。废水中的悬浮固体和胶状物质被活性污泥吸附,而废水中的可溶性有机物被活性污泥中的微生物用作自身繁殖的营养,代谢转化为生物细胞,并氧化成最终产物(主要是 CO_2)。非溶解性有机物需先转化成溶解性有机物,而后才被代谢和利用,废水由此得到净化。净化后废水与活性污泥在二次沉淀池内进行分离，上层出水排放，分离浓缩后的污泥部分返回曝气池，以保证曝气池内保持一定浓度的活性污泥，其余则作为剩余污泥排出系统。

活性污泥系统分为传统活性污泥法、AB活性污泥法、A/O（A^2/O）法、间歇式活性污泥（SBR）法、氧化沟法等多种类型。近年来得到迅速推广应用的废水生物处理新技术膜生物反应器（membrane bio-reactor，MBR），从机理上讲也是活性污泥系统的一种。

3.2.1 传统活性污泥法

1. 活性污泥法的基本原理

向生活污水中不断地通入空气，维持水中有足够的溶解氧，经过一段时间后，污水中即生成一种絮凝体。该絮凝体由大量微生物构成，易于沉淀分离，能够使污水得到澄清，即活性污泥。活性污泥法就是以悬浮在水中的活性污泥为主体，在有利于微生物生长的环境条件下和污水充分接触，使污水净化的一种方法。活性污泥法的主要构筑物是曝气池和二次沉淀池，其基本流程如图3.4所示。需处理的污水和回流活性污泥一起进入曝气池，成为悬浮泥合液，沿曝气池注入压缩空气曝气，使污水和活性污泥充分混合接触，并供给混合液足够的溶解氧。这时污水中的有机物被活性污泥中的好氧微生物群体分解，然后混合液进入二次沉淀池，活性污泥与水澄清分离，部分活性污泥回流到曝气池，继续进行净化过程，澄清水则溢流排放。由于在处理过程中活性污泥不断增长，部分剩余污泥从系统排出，以维持系统稳定。

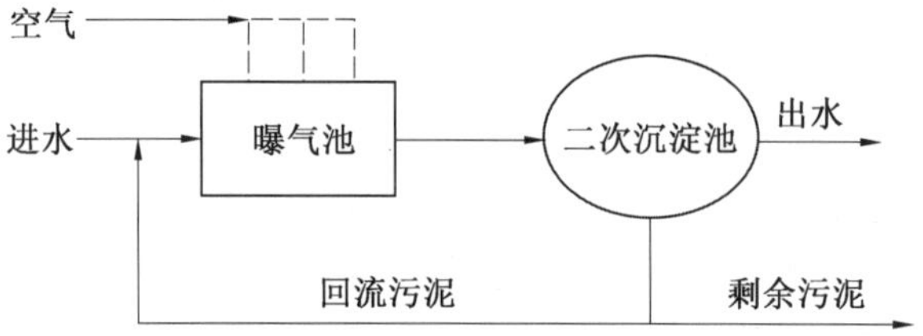

图3.4 活性污泥法基本流程

2. 活性污泥法的净化过程与机理

采用活性污泥法去除水中有机物，主要经历3个阶段。

（1）吸附阶段。

污水与活性污泥接触后的很短时间内，水中有机物（BOD）浓度迅速降低，这主要是吸附作用引起的。由于絮状的活性污泥表面积很大（2 000～10 000 m^2/m^3（混合液）），表面具有多糖类黏液层，污水中悬浮的和胶体的物质被絮凝和吸附而迅速去除。活性污泥的初期吸附性能取决于污泥的活性。

（2）氧化阶段。

在有氧的条件下，微生物将一部分吸附阶段吸附的有机物氧化分解获取能量，另一部分则合成新的细胞。从污水处理的角座看，不论是氧化还是合成都能从水中去除有机物，只是合成的细胞必须易于絮凝沉淀，从而能从水中分离出来。这一阶段比吸附阶段慢得多。

(3)絮凝体形成与凝聚沉淀阶段。

氧化阶段合成的菌体有机体絮凝形成絮凝体，通过重力沉淀从水中分离出来，使水得到净化。

活性污泥的吸附凝聚性能、有机物的去除速率及活性污泥增长速率与活性污泥中微生物的生长期有关。在对数增长期，微生物活动能力强，有机物氧化和转换成新细胞的速率最大，但不易形成良好的活性污泥絮凝体；在衰减增殖期，有机物去除速率与残存有机物呈一级反应，速率有所降低，但污泥絮凝体易于形成；在内源呼吸期，有机物迅速耗尽，污泥量减少，絮凝体形成速率高，吸附有机物的能力强。

3. 影响活性污泥增长的因素

活性污泥法是水体自净过程的人工强化。要充分发挥活性污泥微生物的代谢作用，必须创造有利于微生物生长繁殖的良好条件。影响活性污泥增长的主要因素如下。

(1)溶解氧。

活性污泥法是好氧的生物处理法，氧是好氧微生物生存的必要条件，供氧不足会妨碍微生物的代谢过程，造成丝状菌等耐低溶解氧环境的微生物滋长，使污泥不易沉淀，这种现象称为污泥膨胀。活性污泥混合液中溶解氧质量浓度以 2 mg/L 左右为宜。

(2)营养物。

微生物生长繁殖需要一定的营养物。碳元素的需要量一般以 BOD_5 负荷表示，它直接影响污泥的增长、有机物降解速率、需氧量和污泥沉降性能。若以混合液悬浮固体(MLSS)表示活性污泥，则一般活性污泥法 BOD_5 负荷控制在 0.3 kg(BOD_5)/[kg(MLSS) · d]左右；高负荷活性污泥法 BOD_5 负荷高达 2.0 kg(BOD_5)/[kg(MLSS) · d]左右。除碳外，微生物生长繁殖还需氮、磷、硫、钾、镁、钙、铁以及各种微量元素。一般对氮、磷的需要量应满足 $m(BOD)_5 : m(N) : m(P) = 100 : 5 : 1$。

(3)pH 和温度。

为维持活性泥泥法处理设施正常运转，混合液的 pH 应控制在 6.5～9.0，温度应控制在 20～30 ℃为宜。

除此之外，还应控制对生物处理有毒害作用的物质的浓度。对微生物有毒或抑制作用的物质有重金属、氰化物、H_2S、卤族元素及其化合物等无机物以及酚、醇、醛、染料等有机物。

3.2.2　AB 活性污泥法

AB 活性污泥法(AB 工艺)是吸附一生物降解法的简称，是德国亚琛工业大学 Bohnke 教授于 20 世纪 70 年代中期开创，目的是解决传统的二级生物处理系统存在的去除难降解有机物和脱氮除磷效率低及投资运行费用高等问题，在对两段活性污泥法和高负荷活性污泥法进行大量研究的基础上，开发的新型污水生物处理工艺。20 世纪 80 年代开始用于生产实践。

AB 工艺的工作原理主要是充分利用微生物种群的特性，为其创造适宜的环境，使不同的生物群得到良好的繁殖、生长，通过生物化学作用净化废水。在工艺流程上分 A、B

两段处理系统。其中，A 段由 A 段曝气池与沉淀池构成，B 段由 B 段曝气池与二次沉淀池构成，两段分别设有污泥回流系统。通常情况下，维持 A 段在高负荷下运行，使微生物处于快速增长期，以发挥其对有机物的快速吸附作用，维持 B 段在较低负荷下运行，利用长世代期微生物的作用，保征出水水质。典型的 AB 工艺流程如图 3.5 所示。从工艺流程图中可以看出，AB 工艺中的 A、B 两段需严格分开，污泥系统各段独立循环，两段串联运行。

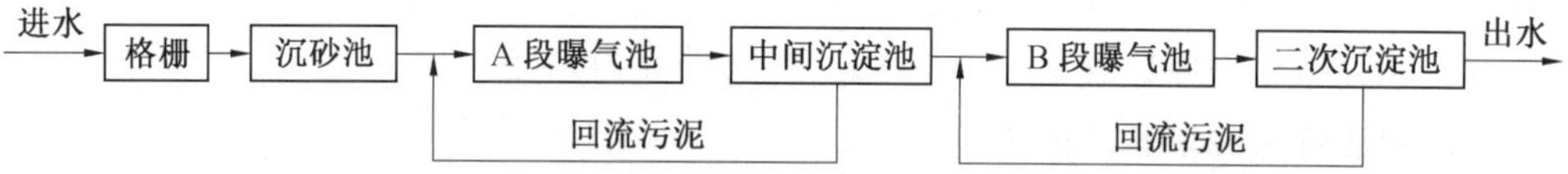

图 3.5　典型的 AB 工艺流程

AB 工艺中的 A 段为高负荷的生物吸附段，通常污泥负荷为 2～6 kg(BOD_5)/[kg(MLSS)・d]，为常规活性污泥法的 10～20 倍，污泥龄仅 0.3～0.5 d，水力停留时间通常只有 30～40 min。A 段曝气池利用活性污泥的吸附絮凝能力将废水中有机物吸附于活性污泥上，进而将其部分降解，产生的大量生物污泥在随后设置的 A 段沉淀池（或称为中间沉淀池）中进行泥水分离，大部分有机物质以剩余污泥方式排出。A 段系统中的污泥同时具有吸附、絮凝、分解和沉淀等作用，可除去 50%～60%的有机物，且运行能耗较低（约为常规活性污泥法需氧量的 30%）。

AB 工艺中的 B 段为低负荷段，污泥负荷通常为 0.15～0.3 kg(BOD_5)/[kg(MLSS)・d]，污泥龄 15～20 d，水力停留时间一般大于 2 h。在该段，经 A 段处理后残留于废水中的有机物将继续被氧化甚至硝化，以保证较好的运行稳定性和较高的废水处理效率，BOD_5 去除率可达 90%～98%。

AB 法工艺具有以下显著特点。

①AB 工艺的微生物群体是完全分开的，有效地保证了处理效果。

②AB 工艺中有一个连续运转的高负荷 A 段，连续不断从外界接种具有较强繁殖能力和适应环境变化能力的短世代微生物，大大提高了处理工艺的稳定性。

③A 段和 B 段中的活性污泥，分别由 A 段沉淀池和 B 段沉淀池（二次沉淀池）中分别回流，这种流程布置方式有利于利用原废水中的活性微生物，有利于在 A 段和 B 段生物处理池中保持各自的优势微生物种群，并及时以剩余污泥方式排出已截留的有机质，从而城少系统中氧的消耗。

④AB 工艺中的 A 段，可根据原废水水质等情况的变化，而采用好氧或缺氧的运行方式。

上述介绍的是经典的 AB 工艺，在国内外工程中应用较为普通。但随者环境质量要求的不断提高，经典 AB 工艺已不能满足氮磷去除的要求，因此在此基础上逐渐形成了改进的新工艺，如 AB＋生物滤池(BF)、AB＋A/O、AB＋A^2/O、AB＋氧化沟、AB＋SBR 等，其主要目的是进一步提高 B 段有机物的去除效率，同时达到脱氮除磷的要求。

3.2.3　SBR 法

间歇式活性污泥法(sequencing batch reactor),简称 SBR 工艺,或称序批式(间歇)活性污泥法处理系统。它是近年来在国内外被引起广泛重视的一种污水生物处理技术。

尽管间歇式活性污泥法是污水生物处理方法的最初模式,由于进、出水切换复杂,变水位出水,供气系统易堵塞及设备等方面的原因,限制了其最初的应用和发展。到了 20 世纪 70 年代,随着各种新型设备、计算机及自动控制技术的发展和使用,作为活性污泥法开发初期的间歇运行操作中的诸多问题,现在已经完全可以解决,因此该工艺的优势逐步得到发挥,并使该工艺迅速得到开发和应用。

随着人们对 SBR 研究的深入,各种新型的 SBR 工艺不断出现。20 世纪 80 年代初,澳大利亚开发出间歇式循环延时曝气活性污泥法(intermittent cyclic extended activated sludge,ICEAS),接着在 1976 年建成了世界上第一座 ICEAS 废水处理厂。随后在美国、加拿大、澳大利亚和日本等地得到了推广应用。后来美国的 Goranszy 教授利用活性污泥基质累积—再生理论以及污泥活性和呼吸速率之间的关系,相继开发出了循环式活性污泥法(cyclic activated sludge technology,CAST)。这个时期,SBR 的研究在与其他工艺的结合上也有了比较大的进步,如 MBR 工艺、DAT—IAT 工艺、UNITANK 工艺和 AICS 工艺等,其中 DAT—IAT 工艺和 AICS 工艺由我国自行研发设计,具有自主知识产权的工艺技术。现介绍其中两种主要工艺。

1. ICEAS 工艺

ICEAS 工艺是澳大利亚新南威尔士大学与美国 ABJ 公司共同开发的。1987 年,澳大利亚昆士兰大学与来自南非、美国等地的专家对此工艺进行了改进,使其具有良好的脱氮除磷效果,出水满足三级处理要求。目前,该工艺已发展为通过计算机控制处理废水进行生物脱氮除磷的新工艺。

ICEAS 的主要特点是在反应器的进水端设有预反应区,并采用连续进水(沉淀期与排水期间保持进水)和间歇排水的运行方式。

ICEAS 的优点:①当主反应区处于停曝搅拌状态进行反硝化时,连续进水的污水可提供反硝化所需的碳源,从而提高了脱氮效率;②由于连续进水,配水稳定,简化了操作程序;③现在的 SBR 处理系统可较容易的改造成这种运行方式。

ICEAS 的主要缺点:进水贯穿于整个运行周期的所有阶段,在沉淀期时,进水在主反应区底部造成水力紊动进而会影响泥水分离效果,所以进水量受到了一定限制。

2. CASS(或 CAST、CASP)工艺

CASS(cyclic activated sludge system)或 CAST 或 CASP(cyclic activated sludge process)工艺是循环式活性污泥法的简称。该工艺的前身为 ICEAS 工艺,由 Goronszy 教授开发,并分别在美国和加拿大获得专利。CASS 整个工艺是间歇式反应器,反应器中进行交替的曝气—不曝气过程,并不断重复,将生物反应过程和泥水分离过程结合在一个池子中完成。

每个CASS反应器最少由2个区域组成,即主反应区和生物选择区,但也可在主反应区前设置一个兼氧区。生物选择器是根据活性污泥种群组成动力学的规律来设置的,为微生物生长创造合适的条件,并选择出絮凝性细菌。在生物选择区内,通过主反应区污泥的回流并与进水混合,不仅能充分利用活性污泥的快速吸附作用而加速对溶解性底物的去除,而且对难降解有机物起到了良好的水解作用,同时可使污泥中的磷在厌氧条件下得到有效的释放。此外,生物选择器还能有效地抑制丝状菌的大量繁殖,克服污泥膨胀,提高系统的稳定性。选择器可定容运行,亦可变容运行,多池系统中的进水配水池也可用做选择器。

CASS工艺的主要特点:①反应器的前端设有生物选择器,并将主反应区的污泥回流至生物选择器,增强了系统运行的稳定性;②可变容积的运行提高了系统对水量水质变化的适应性和操作的灵活性;③CASS工艺在沉淀阶段无进水,保证了沉淀过程在静止的环境中进行,并使排水的稳定性得到保障;④采用多池串联运行,使污水在反应器的流动呈现出整体推流而在不同区域内完全混合的复杂流态,保证了稳定的处理效果;⑤通过对曝气时间的控制,使反应器以厌氧—缺氧—好氧—缺氧—厌氧的序批方式运行,使其具有优良的脱氮除磷效果,降低了运行费用,提高了容积利用率。

目前,SBR工艺广泛应用于生活污水、屠宰废水、化工废水、淀粉废水、啤酒废水和其他一些工业废水的处理中。它高效、经济、管理简便,适用于中、小水量的污水处理,具有广泛的应用前最。

3.2.4 氧化沟法

氧化沟法是一种完全混合且不需要初沉池的延时曝气活性污泥工艺,其结构形式采用环形沟渠,混合液在氧化沟曝气器的推动下水平流动。氧化沟系统主要有以下种类:单沟式转刷和转盘曝气系统、交替式多沟式氧化沟、射流曝气氧化沟、表曝系统氧化沟、一体化氧化沟等。氧化沟一般由沟体、曝气设备、进水分配井、出水溢流堰和导流装置等部分组成。

氧化沟法适用于大、中、小型生活污水处理厂,也可适用于处理某些工业废水,还可适用于去除氮、磷。

对于具有稳定污泥功能的氧化沟,在污泥处理部分可不设污泥消化池。氧化法与活性污泥法相比的主要优点是废水处理过程与污泥稳定化阶段相结合,并且简化了运行操作。流程中的沉淀池可与氧化沟分建,也可与其合建。

与活性污泥法相同,自从第一座氧化沟问世以来,演变出了许多变型工艺方法和设备。氧化沟根据其构造和运行特征,并根据不同的发明者和专利情况可分为以下几种有代表性的类型。

1. 卡罗塞(Carrousel)氧化沟

20世纪60年代末由荷兰DHV公司开发所得,其主要目的是寻求一种效率更高、渠道更深同时机械性能更好的系统设备,以改善和弥补当时流行的转刷式氧化沟的技术弱点。卡罗塞氧化沟系统由多沟串联氧化沟及二次沉淀池、污泥回流系统组成,如图3.6所示。

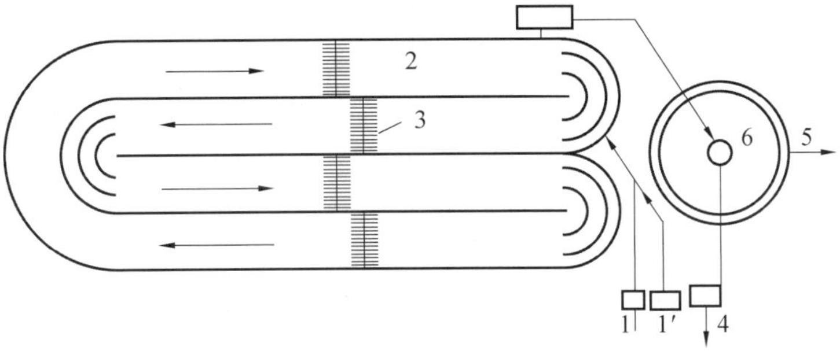

图 3.6　卡罗塞氧化沟

1—污水泵站；1′—回流污泥泵站；2—氧化沟；3—转刷曝气器；4—剩余污泥排放；5—处理水排放；6—二次沉淀池

2. 交替工作氧化沟系统

交替工作氧化沟系统由丹麦 Kruger 公司所开发，有二沟和三沟两种交替工作氧化沟系统。二沟氧化沟由容积相同的两池组成，串联运行，交替作为曝气池和沉淀池，无须设污泥回流系统。该系统处理水质优良，污泥也比较稳定。缺点是曝气转刷的利用率低。三池交替工作氧化沟，应用较广。两侧的两池交替地作为曝气池和沉淀池。中间池则一直为曝气池，原污水交替地进入两侧的两池，处理水则相应地从作为沉淀池的中间池流出。三池交替氧化沟不但能够去除 BOD，还能完成脱氮和除磷的目的。这种系统无须污泥回流系统。

3. 奥贝尔(Orbal)氧化沟系统

奥贝尔氧化沟是由多个呈椭圆形或圆形同心沟渠组成的氧化沟系统，如图 3.7 所示。这种氧化沟系统多采用三层沟渠，最外层沟渠的容积最大，为总容积的 60%～70%，第二层沟渠为 20%～30%，第三层沟渠则仅占 10%左右。

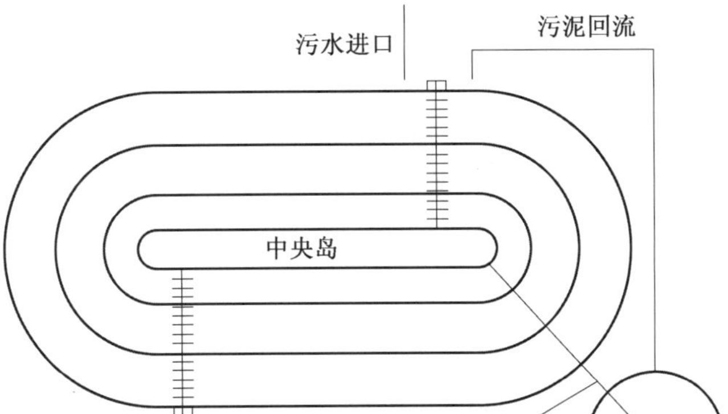

图 3.7　奥贝尔氧化沟

奥贝尔氧化沟系统的特点:①曝气设备均采用曝气转盘,由于曝气盘上有大量的楔形突出物,增加了推进混合和充氧效率,水深可达3.5～4.5 m;②圆形或椭圆形的平面形状,比渠道较长的氧化沟更能利用水流惯性,可节省推动水流的能耗;③多渠串联的形式可减少水流短流现象。

由于奥贝尔氧化沟属于多反应器系统,在一定程度上有利于难降解有机物的去除,抗冲击负荷能力强,处理工业废水较其他类型氧化沟有更好的适应性。

李国炜研究了奥贝尔氧化沟系统在电子工业园区污水处理厂中的应用,研究表明,采用奥贝尔氧化沟处理重庆市西永微电子工业园区污水,平均日处理量为3万 m^3/d,BOD和 COD_{Cr}的平均去除率分别为89%和88%,达到《工业废水综合排放标准(GB 8978—1996)》,且工艺运行稳定,运行费用较低。

3.3 好氧附着生长工艺

附着生长工艺中的微生物附着生长在填料或载体上,形成膜状的活性污泥——生物膜。由于微生物固着生长于固体表面上,故生物膜中的生物种类相当丰富,形成由各种微生物所构成的一个较稳定的生态系统。特别是生物膜上可以生长一些代谢能力强但易导致污泥膨胀的丝状微生物(如放线菌、霉菌等),由于被固着,因此不会发生悬浮生长工艺一样的污泥膨胀现象。

3.3.1 生物滤池

生物滤池是生物膜反应器的最初形式,已有百余年的发展史。生物滤池是以土壤自净作用原理为依据,在废水灌溉的基础上发展起来的。1900年后这种净化废水的方法得到公认,命名为生物过滤法,构筑物被称为生物滤池,并迅速地在欧洲和北美洲得到广泛应用。

1. 工艺原理

在生物滤池中,污水通过布水器均匀地分布在滤池表面,在重力作用下,以滴状喷洒下落,一部分被吸附于滤料表面,成为呈薄膜状的附着水层,另一部分则以薄膜的形式渗流过滤料,成为流动水层,最后到达排水系统,流出池外。污水流过滤床时,滤料截留了污水中的悬浮物,同时把污水中的胶体和溶解性物质吸附在自己的表面,其中的有机物被微生物利用以生长繁殖,这些微生物又进一步吸附污水中呈悬浮、胶体和溶解状态的物质,逐渐形成了生物膜。生物膜成熟后,栖息在生物膜上的微生物即摄取污水中的有机物作为营养,对污水中的有机物进行吸附氧化作用,因而污水在通过生物滤池时能得到净化。

生物滤池中污水的净化过程是很复杂的,它包括污水中复杂的传质过程、氧的扩散和吸收、有机物的分解和微生物的新陈代谢等各种过程。在这些过程的综合作用下,污水中有机物的含量大大减少,水质得到了净化。

2. 工艺形式

由于填料的革新、工艺运行的改善，生物滤池由低负荷向高负荷发展，现有的主要类型为普通生物滤池，高负荷生物滤池、塔式生物滤池和曝气生物滤池等。

(1)普通生物滤池。

普通生物滤池，又名滴滤池，是生物滤池早期出现的类型，即第一代的生物滤池。一般适用于处理每日污水量不高于 1 000 m^3 的小城镇污水或有机性工业废水。普通生物滤池由池体、滤料、布水装置和排水系统等 4 部分所组成。

其主要优点是：①处理效果好，BOD_5 的去除率高达 90%～95%，出水 BOD_5 可下降到 25 mg/L 以下；②出水水质稳定，硝酸盐含量在 10 mg/L 左右；③出水所带出的固体物数量少且不连续，无机化程度高，具有较好的沉淀性能；④二沉池污泥呈黑色，氧化良好；⑤运行稳定、易于管理、节省能源。

主要缺点是：①占地面积大、不适于处理量大的污水；②滤料易于堵塞，当预处理不够充分或生物膜季节性大规模脱落时，都可能使滤料堵塞；③滤池表面生物膜积累过多，易于产生滤池蝇，恶化环境卫生。

(2)高负荷生物滤池。

高负荷生物滤池是生物滤池的第二代工艺，它是在解决、改善普通生物滤池在净化功能和运行中存在的实际弊端的基础上而开创的。高负荷生物滤池大幅度地提高了滤池的负荷率，其 BOD 容积负荷率是普通生物滤池 6～8 倍，水力负荷率则是普通生物滤池的 10 倍。

高负荷生物滤池实现高滤率是通过限制进水 BOD_5 值和在运行上采取处理水回流等技术措施而达到的。进入高负荷生物滤池的 BOD_5 值必须低于 200 mg/L，否则用处理水回流加以稀释。

(3)塔式生物滤池。

塔式生物滤池，简称滤塔，属第三代生物滤池。塔式生物滤池内部通风情况非常良好，污水从上向下滴落，水流紊动强烈，污水、空气、滤料上的生物膜三者接触充分，充氧效果良好，污染物质传质速度快，这些现象都非常有助于有机污染物质的降解，是塔式生物滤池的独特优势。这一优势使塔式生物滤池具有以下主要工艺特征，并且得到较为广泛的应用。

①高负荷率。塔式生物滤池的水力负荷率可达 80～200 $m^3/(m^2 \cdot d)$，为一般高负荷生物滤池的 2～10 倍，BOD 容积负荷率达 1 000～2 000 g $BOD_5/(m^3 \cdot d)$，为高负荷生物滤池的 2～3 倍。高额的有机物负荷率使生物膜生长迅速，高额的水力负荷率又使生物膜受到强烈的水力冲刷，从而使生物膜不断脱落、更新。因此塔式生物滤池内的生物膜能够经常保持较好的活性。但是，生物膜生长过速易于产生滤料的堵塞现象。对此，将进水的 BOD_5 值控制在 500 mg/L 以下，否则需采取处理水回流稀释措施。

②滤层内部的分层。塔滤滤层内部存在着明显的分层现象，在各层生长繁育着种属各异但适应流至该层污水特征的微生物群集，这种情况有助于微生物的增殖、代谢等生理活动，更有助于有机污染物的降解、去除。由于具有这种分层现象的特征，塔滤能够承

受较高的有机污染物的冲击负荷，对此，塔滤常用于高浓度工业废水二级生物处理的第一级工艺，较大幅度地去除有机污染物，以保证第二级处理技术保持良好的净化效果。

(4)曝气生物滤池。

曝气生物滤池(BAF)是20世纪80年代末和90年代初在欧美兴起的一种污水生物处理技术，起初用做三级处理，后发展成直接用于二级处理。该工艺处理负荷高，广泛应用于生活污水、生活杂排水和食品加工、酿造及造纸等工业废水处理中，目前世界上已有100多座污水处理厂应用了这种技术。随着研究的深入，曝气生物滤池从单一的工艺逐渐发展成系列综合工艺。有去除SS、COD、BOD以及硝化、脱氮、除磷、去除AOX(有害物质)的作用。

一般来说，曝气生物滤池具有以下特征：①用粒状填料作为生物载体，如陶粒、焦炭、石英砂、活性炭等；②区别于一般生物滤池及生物滤塔，在去除BOD、氨氮时需进行曝气；③高水力负荷、高容积负荷、水力停留时间短及高的生物膜活性；④具有生物氧化降解和截留SS的双重功能，生物处理单元之后不需要再设二次沉淀池；⑤需定期进行反冲洗，清洗滤池中截留的SS，同时更新生物膜。

3.3.2 生物转盘

生物转盘是利用在圆盘表面上生长的生物膜处理废水的装置。它是在生物滤池的基础上发展起来的一种新型的废水生物处理技术，具有活性污泥法和生物滤池法的共同特点，因此利用生物转盘处理废水有一定的优越性。生物转盘初期用于生活污水处理，后推广到城市污水处理和有机性工业废水的处理。

生物转盘以较低的线速度在接触反应槽内转动。接触反应槽内充满污水，转盘交替地与空气和污水相接触。经过一段时间后，在转盘上附着一层栖息着大量微生物的生物膜。微生物的种属组成逐渐稳定，污水中的有机污染物为生物膜所吸附降解。转盘转动离开水面与空气接触，生物膜上的固着水层从空气中吸收氧，并将其传递到生物膜和污水中，使槽内污水中的溶解氧含量达到一定的浓度。在转盘上附着的生物膜与污水以及空气之间，除有机物(BOD、COD)与O_2的传递外，还进行着其他物质，如CO_2、NH_3等的传递(图3.8)。在处理过程中，盘片上的生物膜不断地生长、增厚；过剩的生物膜靠盘片在废水中旋转时产生的剪切力剥落下来，剥落的破碎生物膜在二次沉淀池内被截留。

生物转盘与生物滤池和活性污泥法相比，具有很多特有的优越性：①转盘中生物膜生长的表面积很大，不会发生像生物滤池中滤料堵塞的现象，或活性污泥法中污泥膨胀的现象，因此容许的进水有机物浓度很高，适宜处理高浓度有机废水；②转盘常处于厌氧(水中)—好氧(空气中)交替出现的状态下，因而往往出现反硝化作用，可达到生物脱氮的目的；③废水与生物膜接触时间比生物滤池长，抗冲击负荷的能力比活性污泥法和生物滤池法高，即使长时间的超负荷或停止运转一段时间后，恢复转盘的正常工作较快；④运转费用低于活性污泥法。但是转盘的直径还受一定限制，当处理水量很大，由于氧化槽有效水深较浅，占地面积较大，因此仅适用于中小型水量的废水处理工程。

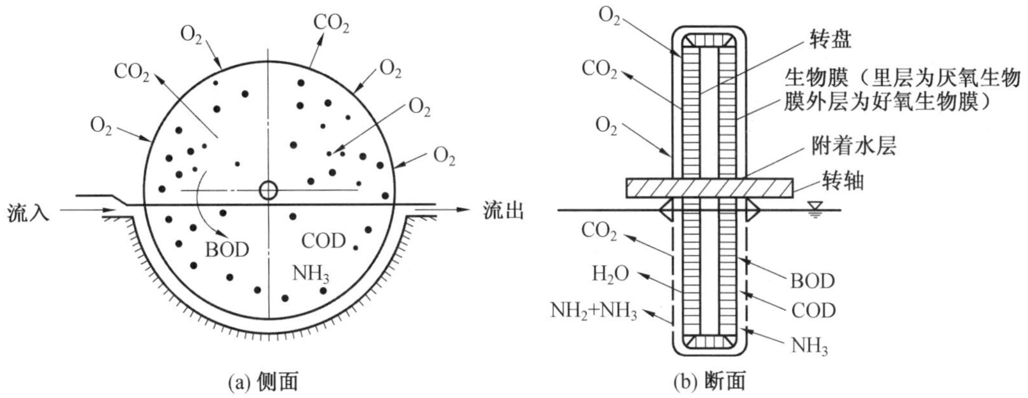

图 3.8　生物转盘净化反应过程与物质传递过程

3.3.3　生物接触氧化法

生物接触氧化法亦称淹没式生物滤池，近年来，该技术在国内外都得到了广泛的研究与应用。我国从 20 世纪 70 年代开始引进生物接触氧化处理法，并也得到了广泛的应用，除生活污水和城市污水外，还应用于石油化工、农药、印染、纺织、苎麻脱胶、轻工造纸、食品加工和发酵酿造等工业废水处理，都取得了良好的处理效果。

1. 工艺特征

生物接触氧化法是一种介于活性污泥法与生物滤池两者之间的生物处理技术。也可以说是具有活性污泥法特点的生物膜法，兼具两者的优点，因此，深受污水处理工程领域人们的重视。生物接触氧化处理技术，在工艺、功能以及运行等方面具有下列主要特征：①使用多种形式的填料，有利于氧的转移，溶解氧充沛，适于微生物存活、增殖，除细菌和多种种属原生动物和后生动物外，还能够生长氧化能力较强的球衣菌属的丝状菌，而无污泥膨胀之虑；②填料表面被生物膜所布满，形成了生物膜的主体结构，由于丝状菌的大量滋生，有可能形成一个呈立体结构的密集的生物网，污水在其中通过起到类似“过滤”的作用，能够有效地提高净化效果；③生物膜表面不断地接受曝气吹脱，有利于保持生物膜的活性，抑制厌氧膜的增殖，也利于提高氧的利用率，能够保持较高浓度的活性生物量，因此生物接触氧化处理技术能够接受较高的有机负荷率，处理效率较高，有利于缩小池容，减少占地面积；④冲击负荷有较强的适应能力，在间歇运行条件下，仍能够保持良好的处理效果，对排水不均匀的企业，更具有实际意义；⑤操作简单、运行方便、易于维护管理，无须污泥回流，不产生污泥膨胀现象，也不产生滤池蝇；⑥污泥生成量少，污泥颗粒较大，易于沉淀。

生物接触氧化法具有多种净化功能，除有效地去除有机污染物外，如运行得当还能够用于脱氮，因此，可以作为三级处理技术。

生物接触氧化法的主要缺点是：如设计或运行不当，填料可能堵塞，此外，布水、曝气不易均匀，可能在局部部位出现死角。

2. 工艺形式

目前，接触氧化池在形式上按曝气装置的位置可分为分流式与直流式，如图 3.9 所示；按水流循环方式，又分为内循环与外循环式。国外多采用分流式，分流式接触曝气池根据曝气装置的位置可分为中心曝气型与单侧曝气型两种。

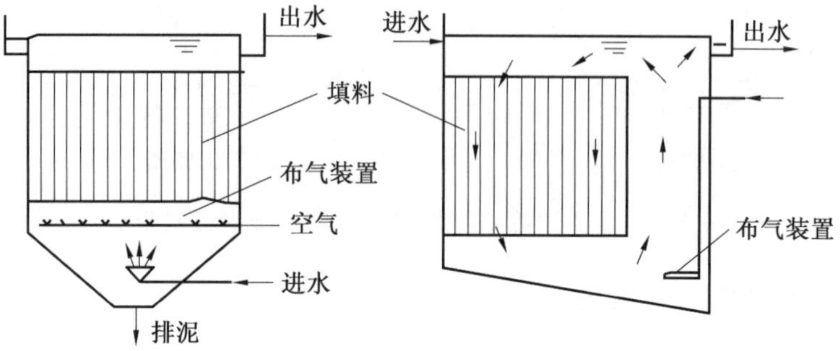

(a) 直流式　　(b) 分流式

图 3.9　接触氧化池的构造

一般国内多采用直流式接触氧化池。这种形式的接触氧化池的特点是直接在填料底部曝气，在填料上产生上向流，生物膜受到气流的冲击、搅动，加速脱落、更新，使生物膜经常保持较高的活性，而且能够避免堵塞现象的产生。此外，上升气流不断地与填料撞击，使气泡破碎，直径减小，增加了气泡与污水的接触面积，提高了氧的转移率。

我国采用的外循环式直流生物接触氧化池在填料底部设密集的穿孔管曝气，在填料体内、外形成循环，均化负荷，效果良好。

3.3.4　生物流化床

生物流化床是以砂、活性炭、焦炭一类的较小的惰性颗粒作为载体填充在床内，因载体表面被覆着生物膜而使其质变轻，污水以一定流速从下向上流动，使载体处于流化状态。它利用流态化的概念进行传质或传热操作，是一种强化生物处理、提高微生物降解有机物能力的高效工艺。

1. 工艺特征

在原理上，生物流化床是通过载体表面的生物膜发挥去除作用，但从反应器形式上看，它又区别于生物转盘、生物滤池等其他生物膜法。在生物流化床中，生物膜随载体颗粒在水中呈悬浮态，加之反应器中同时存在或多或少的游离生物膜和菌胶团，因此它同时具备有悬浮生长工艺（活性污泥法）的一些特征。从本质上讲，生物流化床是一类既有附着生长工艺特征又有悬浮生长工艺特征的反应器，这使得它在微生物质量浓度、传质条件、生化反应速率等方面有一些优点。

(1)生物量大，容积负荷高。

由于生物流化床是采用小粒径固体颗粒作为载体，为微生物附栖生长提供了巨大的表面积，使反应器内微生物质量浓度可达40～50 g/L，BOD容积负荷可达3～6 kg/(m^3·d)甚至更高。

(2)微生物活性高。

由于生物颗粒在床内不断相互碰撞和摩擦，其生物膜的厚度较薄，一般在0.2 μm以下，且较均匀。据研究，对于同类废水，在相同处理条件下，其生物膜的呼吸率约为活性污泥的两倍，可见其反应速率快，微生物的活性较强，这也是生物流化床负荷较高的原因之一。

(3)传质效果好。

流态化的操作方式为反应器创造了良好的传质条件，气－固－液界面不断更新，氧与基质的传递速率均明显提高，有利于微生物对污染物的吸附和降解，加快生化反应速率。对于像食品、酿造这类可生化性较好的工业废水，生化反应的速率较快，生物流化床在传质上的优势更能明显体现。

(4)具有较强的抵抗冲击负荷的能力，不存在污泥膨胀问题。

(5)较高的生物量和良好的传质条件使生物流化床可以在维持相同的处理效果的同时，减小反应器容积及占地面积小，节省投资。

尽管生物流化床具有上述的诸多优点，而且近30年来其应用范围和规模都日益扩展，但是其普及程度始终远不及活性污泥法、生物接触氧化法，也不及生物滤池。最主要的一点就是流态化本身的特点，使之对设计和运转管理技术的要求较高。因此在大多数有必要应用生物流化床的场合，除非设计者拥有相当的研究和设计经验，否则风险较大。这也是限制生物流化床普及的主要原因。

在投资和运转费用方面，根据国外的比较，生物流化床的投资及占地面积分别仅相当于传统活性污泥曝气池的70%和50%，但运转费用却相对较高，这主要缘于载体流化的动力消耗。为节省能量，有人倾向于使用低密度的载体，但低密度的载体使过程控制更加困难，载体极易流失，而且降低了传质性能。

2. 工艺形式

生物流化床按使载体流化的动力来源可分为液流动力流化床、气流动力流化床和机械搅动流化床等3种类型。此外，生物流化床还按其本身处于好氧或厌氧状态而分为好氧流化床和厌氧流化床。

(1)液流动力流化床。

液流动力流化床也称为二相流化床，在流化床内只有污水(液相)与载体(固相)相接触，而在单独的充氧设备内对污水进行充氧。

该工艺以纯氧或空气为氧源，原污水与部分回流水在专设的充氧设备中与氧或空气相接触，经过充氧后的污水与回流水的混合液，从底部通过布水装置进入生物流化床，缓慢而又均匀地沿床体横断面上升，一方面推动载体使其处于流化状态，另一方面又广泛、连续地与载体上的生物膜相接触。处理后的污水从上部流出床外，进入二次沉淀池，分离脱落的生物膜，处理水得到澄清。载体上的老化生物膜应及时脱除，为此，在流程中另设脱膜装置，脱膜装置间歇工作，脱除老化生物膜的载体再次返回流化床，脱除下来的生物膜作为剩余污泥排出系统外。

生物流化床内的载体，全为生物膜所包复，生物高度密集，耗氧速度很高，往往对污水的一次充氧不足以保证对氧的需要，此外，单纯依靠原污水的流量不足以使载体流化，因此要使部分处理水循环回流。

(2)气流动力流化床。

气流动力流化床也称三相生物流化床，即污水(液)、载体(固)及空气(气)三相同步进入床体，该工艺的流化床是由三部分组成的，在床体中心设输送混合管，其外侧为载体下降区，其上部则为载体分离区。

空气由输送混合管的底部进入，在管内形成废气、液、固混合体，空气起到空气扬水器的作用，混合液上升，气、液、固三相间产生强烈的混合与搅拌作用，载体之间也产生强烈的摩擦作用，外层生物膜脱落，输送混合管起到了脱膜作用。

该工艺一般不采用处理水回流措施，但当原污水浓度较高时，可考虑处理水回流，稀释污水。该工艺存在的主要问题是，脱落在处理水中的生物膜颗粒细小，用单纯沉淀法难以全部去除，如在其后用混凝沉淀法或气浮法进行固液分离，则能够取得优质的处理水。

(3)机械搅拌流化床。

机械搅拌流化床又称悬浮粒子生物膜处理工艺。池内分为反应室与固液分离室两部分，池中央接近于底部安装有叶片搅动器，由安装在池面上的电动机驱动转动以带动载体，使其呈流化悬浮状态。充填的载体为粒径为 0.1～0.4 mm 的砂、焦炭或活性炭。采用一般的空气扩散装置充氧。该工艺具有降解速率高、生物膜与污水接触的效率较高、混合液挥发性悬浮固体浓度(MLVSS)值比较固定无须通过运行加以调整等特征。

3. 工艺应用

生物流化床特别适于处理高浓度有机废水，流化床内生物污泥量最大可达到 30～40 g/L，因此，吸附、氧化降解有机物能力特别强，要求有很高的溶解氧浓度。但由于其动力消耗较大，处理的水量少，大型废水处理厂较难适用。

国内已建成了不少中小型的生物流化床装置并投入生产，其中除了处理生活污水以外，也包括对印染、炼油、抗生素、皮革等一些废水的处理。

吴海珍等采用自行研制的新型好氧生物流化床处理经水解后的饮料废水，COD 和 BOD_5 的平均去除率分别达到 91.6%和 95.2%；清华大学系用内循环三相生物流化床工艺处理丙烯腈、石油化工、抗生素制药废水进行中试研究，废水 COD 去除率为 65%～75%，容积负荷平均为 10 kg COD/(m^3 · d)，生物膜厚达 175 μm，进水酚质量浓度为 1.5～48.7 mg/L，出水质量浓度平均为 0.06 mg/L，说明流化床能有效地去除酚。

3.4 其他好氧生物处理工艺

3.4.1 复合式生物膜工艺

复合式生物膜反应器是近些年来发展较快、引起研究者极大兴趣的复合处理工艺，这些反应器将各单一操作的优点复合在一起，使反应器的净化功能极大提高。有代表性且进行深入研究或应用的复合式生物膜反应器主要有复合式活性污泥一生物膜反应器、序批式生物膜反应器。

1. 复合式活性污泥一生物膜反应器

复合式活性污泥一生物膜反应器是在活性污泥曝气池中投加载体作为微生物附着生长载体，悬浮生长的活性污泥和附着生长的生物膜共同承担着去除污水中有机物的任务。

流入曝气池污水中的有机物氧化分解速率主要取决于溶解氧的水平、营养物质是否充分和活性污泥微生物的浓度，在满足前两个要求的前提下，微生物的浓度越高，有机物的氧化速率越大。

为增加曝气池中微生物的浓度，从理论上可以增大回流污泥量提高曝气池中微生物的浓度，但也不能无限制地增大而使曝气池中 MLVSS 的质量浓度超过 4 000 mg/L，否则将造成污泥与处理水在二次沉淀池中分离困难。如在曝气池中加入粉末活性碳、无烟煤、多孔泡沫塑料等为微生物提供附着生长的载体，在悬浮的 MLSS 基础上，可固定的污泥浓度 MLSS 达 2 000～19 000 kg/m^3，大大提高了曝气池中的生物量。生物膜的厚度在很大程度上取决于反应器的曝气强度或由曝气而引起的水力剪切力。

2. 序批式生物膜反应器

基于序批式活性污泥法的工艺过程及有关特征，再加上生物膜反应器所固有的优点，一种新型复合式生物膜反应器应运而生，并引起了研究者们的兴趣。序批式生物膜反应器是在序批式活性污泥反应器中引入生物膜，就操作来讲，序批式生物膜反应器与序批式活性污泥法相同，一般依序进行如下 5 个工序过程，即进水、反应(曝气)、沉淀、排放和闲置。

可用于该工艺的生物膜载体有软纤维填料、聚乙烯填料和活性炭等。在净化功能方面，该工艺可用于脱氮除磷和去除难降解有机物，并具有更强的抗冲击负荷能力等。

3.4.2 生物膜/悬浮生长联合处理工艺

将生物膜与悬浮生长两类工艺联合，可以克服各自的弱点，使处理工艺具备生物膜法抗冲击负荷强、污泥沉降性能良好且易于维护与管理的优点，也有悬浮生长工艺出水水质好、硝化效果好的特点。

生物膜工艺与悬浮生长工艺联合的方式主要有两大类：一是生物膜与活性污泥在同一构筑物内共同存在的组合，即复合式生物膜反应器；二是生物膜系统与悬浮生长系统按串联方式组合，其中生物膜反应器类型主要包括塔式生物滤池、普通生物滤池、生物转盘，悬浮生长反应器主要包括活性污泥曝气池（或小型接触渠）和稳定塘。对联合处理工艺有多种不同的命名，如两级工艺、串联序列、联合工艺、双重工艺、投料曝气等。

目前，联合处理工艺在美国等国家已经得到广泛应用，尤其是应用于生物膜法和活性污泥法的污水处理厂的更新改造，以克服生物膜法或活性污泥法单一工艺的不足。其中有代表性的生物膜/悬浮生长联合处理工艺有普通生物滤池/固体接触（TF/SC）工艺、生物滤池/活性污泥（BF/AS）工艺、普通生物滤池/活性污泥（TF/AS）工艺等。

1. 普通生物滤池/固体接触工艺

普通生物滤池/固体接触工艺一般包括一个中低有机负荷的生物膜反应器，后续连接一个小型接触池，如图 3.11 所示。

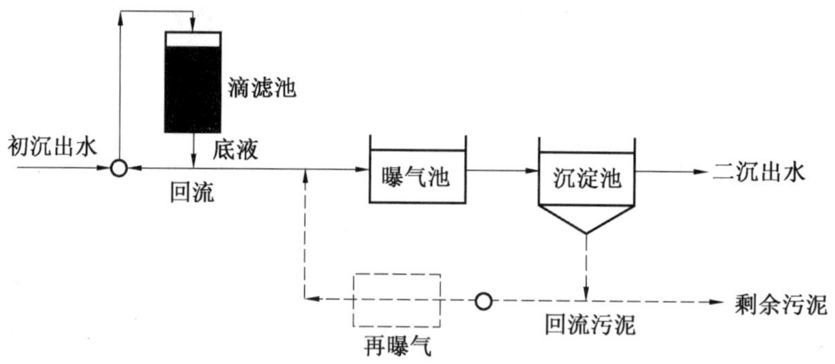

图 3.11　普通生物滤池/固体接触工艺示意图

接触池的容积一般为仅采用活性污泥法时所需容积的 10%～15%。将两者结合起来后，生物膜反应器（即普通生物滤池）的尺寸要比仅采用普通生物滤池时减少 10%～30%。

TF/SC 工艺的一个优点是活性污泥部分能耗相当低，这是因为普通生物滤池去除了大部分溶解性 BOD；另一个优点是采用这种方法很容易实现已有石质滤池的更新改造，通过增加活性污泥回流（作为生物絮凝剂）改善滤池出水的水质。

2. 生物滤池/活性污泥工艺

生物滤池/活性污泥工艺示意图如图 3.12 所示。在生物膜反应器上增加污泥回流之后有助于减少丝状菌引起的污泥膨胀，尤其是处理食品加工废水的情况。尽管该方法可以提高污泥的沉降性能，但目前还没有观测到污泥回流能够提高生物滤池的氧传输能力。

有试验研究表明，经过曝气的污泥回流可降低普通生物滤池臭味，这是因为污泥与进水混合后，细菌群体可以代谢进水中存在的硫化物，不会以臭味物质形式释放出来。

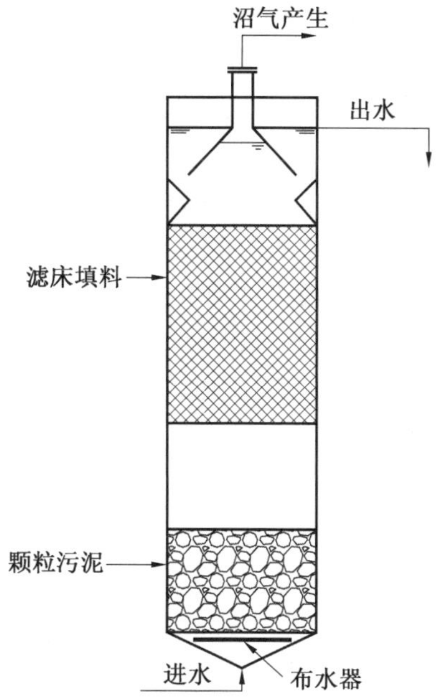

图 3.12　生物滤池/活性污泥工艺示意图

3. 普通生物滤池/活性污泥工艺

普通生物滤池/活性污泥工艺具有一个独有的特性，在生物膜反应器和悬浮生长反应器之间设有一个中间沉淀池。在生物膜反应器底流进入悬浮生长反应器之前，中间沉淀池去除脱落的生物膜污泥，如图 3.13 所示。

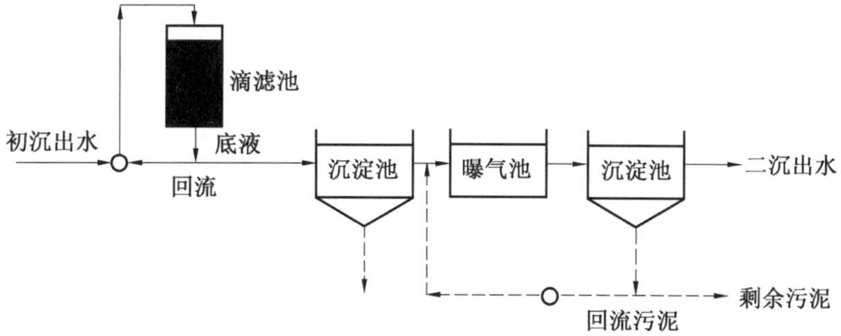

图 3.13　普通生物滤池/活性污泥工艺示意图

采用 TF/AS 工艺的一个主要好处是去除含碳 BOD 所产生的污泥可以在第二处理段之前得以分离。当工艺过程需要去除氨氮，第二段工艺单元主要由硝化菌起作用时，常推荐这种工艺。采用该工艺的另一个优点是中间沉淀池可以减少生物膜反应器脱落污泥对悬浮生长段的影响。

3.4.3　膜生物反应器

膜生物反应器作为一种新的废水生物处理技术，在废水资源化及中水回用方面具有广阔的应用前景，受到国内外的普遍关注。膜生物反应器是由膜分离技术与污水处理工程中的生物反应器相结合组成的反应器系统，英文名称为 Membrane biological reactor，简称 MBR。它综合了膜分离技术与生物处理技术的优点，以超、微滤膜组件代替传统生物处理系统的二沉池以实现泥水分离，被超滤、微滤膜截留下来的活性污泥混合液中的微生物絮体和相对分子质量较大的有机物又重新回流至生物反应器内，使生物反应器内获得高浓度的生物量，延长了微生物的平均停留时间，提高了微生物对有机物的氧化速率。膜生物反应器的出水水质很好，尤其对悬浮固体的去除率更高，甚至可以达到深度处理出水的要求。

1. 工艺特征

MBR 工艺作为一种新兴的高效水处理技术，与常规工艺相比，具有以下特点：

(1)污染物去除效率高，不仅能高效地进行固液分离，而且能有效去除病原微生物。

(2)生物反应器内微生物浓度高，MLSS 是常规处理工艺的 3～10 倍。

(3)高浓度活性污泥法的吸附与长时间的接触，使分解缓慢的大分子有机物的停留时间延长，其降解率提高，污泥产生量少，出水水质稳定。

(4)由于过滤分离机理，避免污泥膨胀，依靠膜的过滤截留作用出水，不影响出水水质。

(5)在废水处理史上首次实现污泥停留时间(SRT)和水力停留时间(HRT)的彻底分离，使运行控制更加灵活和稳定。MBR 工艺的固体停留时间很长，允许时代周期长的微生物充分生长，对某些难降解有机物的生物降解十分有利。

(6)剩余污泥量少，污泥处理和处置费用低。由于 SRT 长，生物反应器起到了污泥消化池的作用，节省了污泥处理的投资和费用。

(7)硝化能力大大提高。NH_3氧化的自养型硝化细菌时代期长，生长速度慢，易于流失。在 MBR 工艺中，由于膜的截留作用和 SRT 的延长，创造了有利于硝化细菌的生长环境。同时由于 MBR 中污泥浓度高，MLSS 可达 20 000 mg/L，污泥絮凝颗粒存在从外到内的 DO 梯度，相应形成好氧区、缺氧区和厌氧区，可实现反硝化和生物除磷。

(8)化学药剂投加量少或不投加化学药剂。

(9)MBR 结构紧凑，易于实现一体化自动控制。

(10)膜件化的设计能够使工艺操作具有较大的灵活性和适应性。

膜生物反应器也存在一些不足，如膜的制造成本较高；在运行过程中，膜容易受到污染，产水量降低，给操作管理带来不便，这是目前研究者致力改进的主要问题。

2. 膜生物反应器的分类

根据使用的膜种类和膜在系统中所起作用不同，膜生物反应器一般可以分为三大类：固液分离膜生物反应器、曝气膜生物反应器(membrane aeration bioreactor，MABR)和萃取膜生物反应器(extractive membrane bioreactor，EMBR)。

(1)固液分离膜生物反应器。

固液分离膜生物反应器是目前研究最为广泛的一类膜生物反应器，广泛应用于各种工业废水、生活污水及垃圾渗滤液。根据膜分离技术与生物反应器的组合方式以及膜组件的设置位置，固液分离膜生物反应器可分为一体式膜生物反应器和分置式膜生物反应器。

①一体式膜生物反应器。一体式膜生物反应器工艺流程如图 3.14 所示，是将膜组件放置在生物反应器内部，曝气器放置与膜组件的正下方。空气搅动在膜表面产生紊流，在这种剪切力的作用下，胶体颗粒被迫离开膜表面，减缓膜的堵塞。膜出水靠抽吸泵抽吸出水。由于这种形式的膜生物反应器省去了混合液循环系统，并且靠抽吸出水，能耗相对较低，结构较分置式膜生物反应器更为紧凑，占地少，近年来在水处理领域受到了特别关注。但是其膜通量相对较低，容易发生膜污染，不易清洗和更换膜组件。

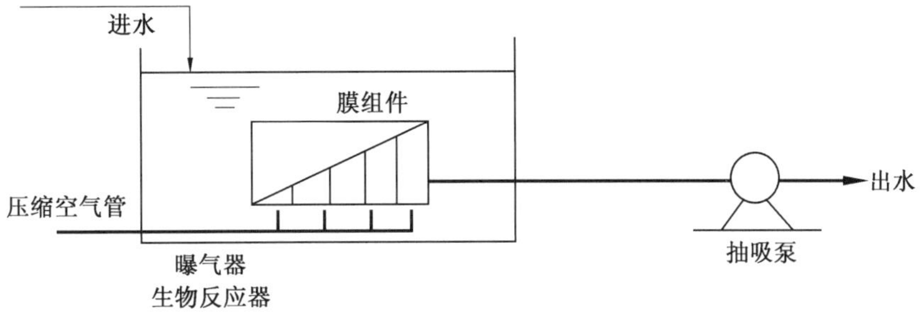

图 3.14　一体式膜生物反应器工艺流程

②分置式膜生物反应器。分置式膜生物反应器是指膜组件与生物反应器分开设置，在反应器中设有循环管路，靠加压泵加压出水，加压泵从生物反应器抽水，压入膜组件中，膜的滤过水排出系统，浓缩液回流至生物反应器，如图 3.15 所示。

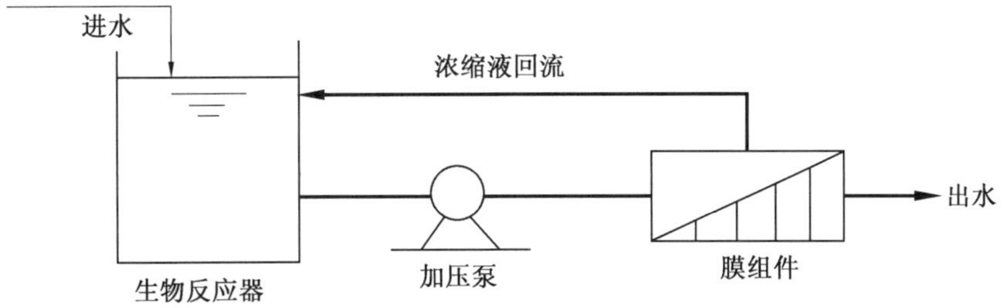

图 3.15　分置式膜生物反应器工艺流程

分置式膜生物反应器的特点是：运行稳定可靠，膜易于清洗、更换及增设，膜通量较大。但是在一般条件下，为了减少污染物在膜表面的沉积，延长膜的清洗周期，需要用循环泵提供较高的膜面错流流速，致使水流循环量增大，动力费用增高，并且泵的高速旋转产生的剪切力会使某些微生物菌体失活。

(2)曝气膜生物反应器。

在曝气膜生物反应器中，采用透气性膜作为曝气扩散器，产生无泡曝气，用以提高供氧效率。同时膜可以作为生物反应器内微生物附着生长的载体。通过膜两侧氧的直接供给和营养物的扩散，达到有效降解有机物的目的，如图 3.16 所示。

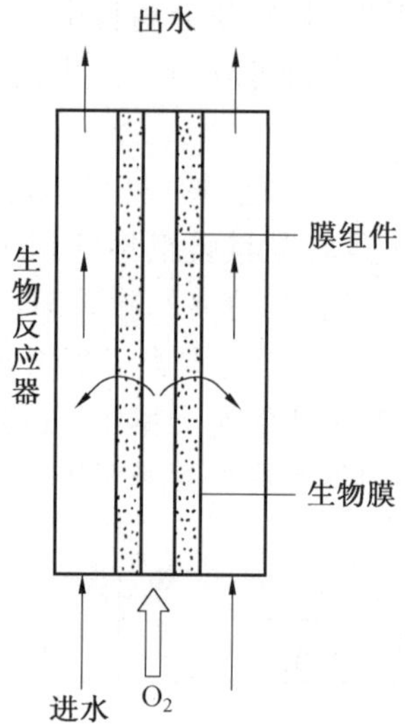

图 3.16　曝气膜生物反应器

在该系统中，由于氧的无泡传递，供氧不能对混合液产生混合效果。通常混合液的混合通过循环泵、搅拌等来实现。这种曝气器可用于含挥发性有毒有机物或发泡剂的工业废水处理系统，膜曝气系统尤其适用于曝气池活性污泥浓度很高、需氧量很大的系统。

Cranfield 大学水科学院的研究证明，在高效硝化过程中氧的利用率可达到 100%。高浓度啤酒废水（2 500 mg/L COD）的中试设备处理试验证明，在完全混合和推流式的运行中能耗较低，初步试验达到的标准曝气动力效率为 75 kg O_2/(kW·h)，而活性污泥法用空气和纯氧曝气的普通曝气动力效率仅为 0.6～5.5 kg O_2/(kW·h)。膜曝气生物反应器在如此高的动力效率下，有机物的去除负荷率达到了 27 kg COD/(m^3·d)，去除率达 81%。

MABR 的构型有一体式和分置式两种，多数研究中采用一体式的 MABR。其运行方式有连续式和间歇式两种，通常仅有生物膜附着于膜上的 MABR 工艺以连续式运行，而附加支撑介质的工艺以间歇式运行。Kolb 等于 1995 年描述了间歇式 MABR 与活性炭床联用处理废水中的 VOCs，其有机物和 2－氯酚的去除率分别为 15.5 kg/(m^3·d)和 20 kg/(m^3·d)。通过吸附 VOCs 的活性炭上的微生物降解，活性炭床能够确保每个循环开始时废水中的 VOCs 浓度降至微生物生存阈值以下。

MABR 工艺已用于处理各种废水，然而多数研究表明该工艺尤其适用于处理需氧量高的废水、可生物降解性的 VOCs 单池生物膜系统及同时硝化或降解有机碳的废水。MABR 工艺的特点是：氧的利用率高，有机物去除负荷率高，占地少，但是基建费用高，操作复杂，目前尚未有实际规模的应用实例。

(3)萃取膜生物反应器。

1994 年，英国学者 Livingston 研究开发了萃取膜生物反应器。EMBR 利用膜将工业废水中的有毒污染物萃取后对其进行单独的生物处理，如图 3.17 所示。在该系统中，废水与活性污泥被膜隔开，废水在膜腔内流动，与微生物不直接接触。通过硅树脂或其他疏水性膜选择性地将工业废水中的有毒污染物萃取并传递到好氧生物相中，在生物反应器内被微生物吸附降解。由于膜的疏水性，废水中的水及其他无机物不能透过膜向活性污泥中扩散。反应器的混合液与废水之间通过浓度梯度的作用，污染物不断从废水透过膜进入生物反应器。为促进生物反应器内有机物的降解，有时需要向生物反应器添加一些无机营养成分。

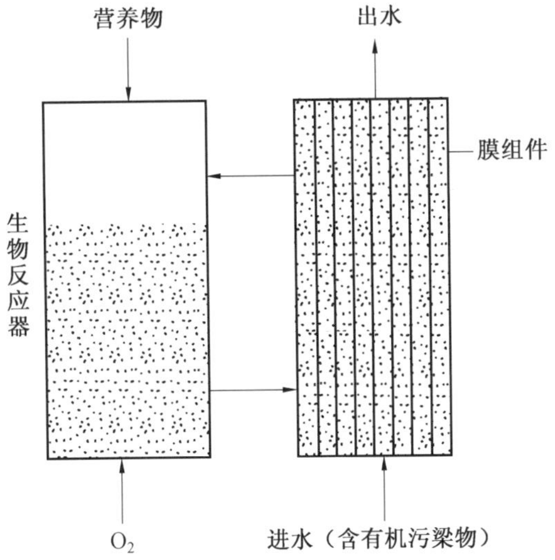

图 3.17　萃取膜生物反应器

萃取膜生物反应器适用于萃取和处理废水中的优先污染物，特别适用于以下情况：废水酸碱度高、盐浓度高或含有毒生物难降解有机物，不宜使废水与微生物直接接触处理；废水含有挥发性物质，采用传统的生物处理工艺易随曝气气流挥发。

英国 Andrew Livingston 及其研究组在帝国理工学院已成功应用这种 EMBR 从具有高盐度和 pH 的极端有害工业废水中萃取和降解有毒的挥发性有机污染物，如氯乙烯、氯苯、氯胺和甲苯。英国的一些工厂包括 Hillstone ICI 及 Urethone 进行了 EMBR 中试设备的运行试验。

随着膜/废水界面上生物膜的生长，有人在 EMBR 中采用超滤膜来从废水中分离缺乏生物性营养物的液态有毒化合物，废水中的污染物质通过生物膜沿反方向扩散到营养物溶液中（含磷酸盐缓冲液和矿物盐），然后再通过膜，如 3－氯苯进水质量浓度为 470 mg/L时，去除负荷率为 0.24 kg/(m^2·d)，去除率为 99.5%。另外，Diels 等于 1993 年用 EMBR 工艺来提高 Cd 和 Zn 的生物吸收及用于以后的再生和浓缩，膜为聚砜和 ZnO_2的复合材料。

3. 膜污染及其影响因素

膜污染是膜生物反应器运行过程中不可避免的，一旦系统投入运行，将发生不同程度的膜污染。影响膜生物反应器中膜污染的主要因素有膜固有性质、生物反应器内混合液性质和膜组件的操作条件等。国内关于膜污染的机理已有较多论著，本书不再做详细介绍。

4. 膜生物反应器应用

工业化的 MBR 工艺于 20 世纪 70 年代末首先出现于北美，20 世纪 80 年代初出现在日本，20 世纪 90 年代欧洲开始引入好氧 MBR 工艺。

由于膜生物反应器具有的独特优点，其在污水处理中得到了越来越广泛的应用，各大公司都致力于开发研制占地面积小、处理效率高的膜生物反应器。目前已经大量生产、得到工业规模应用的膜生物反应器主要有 Kubota、Zenon、Orelis、USF、Membratek、Wehrle Werk 6 种产品。这些产品各具特色，分别适用于不同的污水处理。表 3.1 列出了商品化 MBR 的特性。

表 3.1　商品化 MBR 的特性

公司	国家	生物反应器	膜	MBR 构型	通量/($L \cdot m^{-2} \cdot h^{-1}$)
Kubota	日本	好氧	平板式	淹没式	25
Zenon	加拿大	好氧	中空纤维式	淹没式	30
Orelis	法国	好氧	平板式	分置式	100
USF	美国	好氧	管式	淹没式	40
Membratek	南非	厌氧	管式	分置式	40
Wehrle Werk	德国	好氧	管式	淹没式	100

不同的 MBR 工艺都需要一定的过膜压力(TMP)以满足不同方式渗透的需要，Kubota MBR 是利用膜单元中的静水压力，即在正常的操作条件下，浸入一定深度处。ZenoGem MBR 工艺和 Kubota 工艺在高负荷情况下，静水压和真空压共同作用于膜的渗透水一侧，而 Orelis 和 Wehrle Werk 工艺则控制浸入分置膜的压力。在好氧膜生物反应器的工程实际应用中，工程实例最多、处理规模最大和最成功的是加拿大 Zenon 公司开发的 Zee Weed 淹没式膜生物反应器。

3.5　好氧生物处理技术最新进展

20 世纪 90 年代初，K. mishima 等首次在好氧升流式污泥床反应器(AUSB)中成功发现并培养出了好氧颗粒污泥。好氧颗粒污泥是指废水生物处理系统中由接种的活性污泥经过特殊水力与曝气条件培养形成的以杆菌、球菌和丝状菌为主要菌群，呈现形状规则的球形或椭球形，平均粒径约为 2 mm 的微生物聚集体。与传统活性污泥相比，好氧颗粒污泥具有沉降性能良好、结构密实、微生物丰度高、耐冲击负荷能力强等特点。良好的沉降性能可以有效地提高反应器内的污泥浓度和容积负荷。密实的颗粒结构可以削弱有毒物质对微生物的影响，从而增强对一些较为敏感的微生物(如硝化菌)的保护。同时由于氧渗透梯度的不同，颗粒中可能同时存在好氧/缺氧区或者好氧/缺氧/厌氧区，可实现同步硝化反硝化过程。另外，优良的耐冲击负荷能力可以使好氧颗粒污泥在处理高浓度、高毒性废水时达到较好的处理效果。

1. 好氧颗粒污泥技术工艺特征

与传统活性污泥相比，好氧颗粒污泥具有以下优点。

(1)高处理效率。

好氧污泥颗粒技术在处理有机废水时，其处理效率较高。好氧污泥颗粒能够快速降解有机物，转化为CO_2、H_2O等物质。在好氧污泥颗粒生物反应器中，有机负荷可以达到较高的水平，且不需要大量的外部供氧，可有效降低处理成本。

(2)低投资成本。

好氧污泥颗粒技术处理废水所需设备简单，工艺流程简单，不需要大面积土地和专门的设备，因此投资成本较低。此外，该技术可以弥补传统好氧污泥处理工艺的不足之处，如消耗大量电能和投资大等问题。

(3)减少化学污染。

好氧污泥颗粒技术在处理废水时不需要加入化学试剂，对环境的污染比较小，可减少化学污染问题。同时，好氧污泥颗粒技术通常采用好氧条件进行处理，不会产生刺激性气味。

好氧颗粒污泥也存在一些不足。

(1)污泥颗粒积累。

在好氧污泥颗粒生物反应器中，污泥颗粒会积累并形成较大的生物团块，这会影响反应器的生物反应和水体的流动性能。此外，污泥颗粒易于聚集和沉积，这会导致系统运行不稳定。

(2)系统稳定性差。

好氧污泥颗粒技术具有较强的抗负荷冲击能力，但在处理不同性质的废水时，往往需要相应的适应期，而且在废水水质、温度等变化较大的情况下，系统的稳定性不是很好，易导致废水处理质量下降。

(3)可能存在毒性问题。

好氧污泥颗粒技术存在的一个潜在问题是，当处理工艺中存在某些污染物质时，这些物质可能会对微生物产生毒害作用，进而影响好氧污泥颗粒技术的处理效果。

2. 好氧颗粒污泥形成的影响因素

(1)COD负荷。

COD的变化会影响活性污泥的积累量。在高负荷，其他条件最优的情况下，活性污泥量积累会导致反应器中的污泥浓度增加。COD负荷在一定范围下对颗粒化过程并无直接影响，但会影响颗粒的最终的形状。较高的COD负荷会引起丝状菌的生长，从而阻碍污泥的沉淀并导致反应器操作状态不稳定。

(2)污泥龄。

污泥龄短的颗粒小，这是因为在有机负荷相同的状况下，污泥龄短没有足够时间长大，但颗粒小，传质条件好，比表面积大，有助于提高反应器的处理能力。

(3)水力停留时间。

较低的水力停留时间能洗出悬浮微生物,减少反应器中悬浮微生物的生长,促进颗粒污泥的形成。水力停留时间过长,对微生物失去选择性,絮体在反应器中积累,颗粒难以形成。而水利停留时间太短,形成的颗粒太小,颗粒成长缓慢。因此较低的水力停留时间有利于颗粒的生长。

(4)溶解氧。

溶解氧通过改变微生物的生态系统和代谢途径来影响颗粒污泥的形成和性能。一般来说,要维持颗粒污泥的形态,溶解氧需维持在 1.0 mg/L 以上。所以在早期的试验中采用纯氧曝气和增加压力的形式来实现。

3. 好氧颗粒污泥应用

目前的好氧颗粒污泥多用于在 SBR 反应器中实现同步硝化反硝化。白晓慧提出利用好氧颗粒污泥实现同步硝化反硝化。由于 SBR 反应器独特的厌氧一好氧交替的反应性质及反应器中气液固呈上流式,有利于颗粒污泥的形成。在颗粒污泥中由于氧浓度梯度的存在,颗粒的外部氧浓度高,以好氧硝化菌为主,在颗粒的内部存在缺氧和厌氧的区域,存在着反硝化细菌,为好氧状态下实现同步硝化反硝化提供了良好的微环境。

杨麒等人在 SBR 反应器中培养了同步硝化反硝化的细菌。在污泥的驯化阶段,基本没有颗粒污泥的产生,在驯化经过 40 d 之后,接种污泥逐渐变成浅黄色絮体,有少量的颗粒状物质出现。他们通过在正常的 SBR 运行程序后加二次曝气和沉淀,通过较短的污泥沉降时间将沉降性较差的颗粒,如悬浮污泥和丝状菌等随出水排出,为沉降性良好的颗粒污泥的形成、生长提供了充足的营养。在颗粒初步形成后,通过调整 COD/N 提高负荷,使污泥的颗粒化程度进一步增加。在污泥颗粒形成后,进行同步硝化反硝化的试验中,他们的实验结果表明反应器中 NO_2^-、NO_3^- 并没有随着 NH_4^+ 的降低出现先增加后降低的现象。这也表明了由于在反应器内的颗粒污泥的存在,被颗粒外侧的硝化细菌氧化成 NO_2^-、NO_3^- 随即被内部的反硝化细菌转化为 N_2 释放出去。

目前对于好氧颗粒污泥的培养大多采用模拟的生活污水,应用工业废水的培养的研究报道还很少。此外对于好氧颗粒污泥的形成机理的研究还不够深入,对于形成机理没有一个统一的理论。这些都有待于日后的进一步研究,并且由于好氧颗粒污泥丰富的生物相,对污水的处理能力强,且对外界环境的恶化有较强的抵抗力,因此它在治理工业废水,尤其针对高浓度有机废水和除磷脱氮方面有着很广阔的应用前景。

本章参考文献

[1] 任南琪,赵庆良.水污染控制原理与技术[M].北京:清华大学出版社,2007.

[2] 蒋展鹏.环境工程学[M].2 版.北京:高等教育出版社,2005.

[3] 王宝贞,王琳.水污染治理新技术:新工艺、新概念、新理论[M].北京:科学出版社,2004.

[4] 缪应祺.水污染控制工程[M].南京:东南大学出版社,2002.

[5] 成官文. 水污染控制工程[M]. 北京:化学工业出版社,2009.
[6] 王惠勇,刘胜发,王少华. AB 法处理屠宰污水及中水回用[J]. 环境与可持续发展,2007,32(5):33-35.
[7] 李暑荣. UNITANK 工艺在制革废水处理中的实际应用[J]. 中国水运(下半月),2010,10(5):118-119.
[8] 罗颜荣,郑加利. 水解酸化—MSBR 工艺处理制药废水的研究[J]. 西南给排水,2007,29(6):27-31.
[9] 宋永富,宋兴安,张学杨,等. Carrousel 氧化沟工艺处理草制浆中段废水[J]. 水科学与工程技术,2008(增刊):7-8.
[10] 李国炜. 氧化沟工艺在电子工业园区污水处理厂中的应用[J]. 给水排水,2011,47(1):22-26.
[11] 吴海珍,曹臣,吴超飞,等. 水解/好氧双流化床工艺处理百事可乐生产废水[J]. 中国给水排水,2010,26(22):64-68.
[12] 付志敏,张玉高,党志,等. 生物流化床技术处理印染废水的研究现状[J]. 环境科学与技术,2010,33(6E):161-165.
[13] 白晓慧. 利用好氧颗粒污泥实现同步硝化反硝化[J]. 中国给水排水,2002,18(2):26-28.
[14] 杨麒,李小明,曾光明,等. SBR 系统中同步硝化反硝化好氧颗粒污泥的培养[J]. 环境科学,2003,24(4):94-98.
[15] 高廷耀,顾国维. 水污染控制工程—下册[M]. 2 版. 北京:高等教育出版社,1999.

第4章 难降解有机污染物厌氧生物处理技术

4.1 厌氧生物处理技术的发展

4.1.1 厌氧生物处理技术的概述及现状

废水厌氧生物处理是环境工程与能源工程中的一项重要技术，是有机废水强有力的处理方法之一。厌氧生物处理是指在缺乏氧气的环境中进行的废水生物降解过程，主要涉及厌氧菌的活动。过去，它多用于城市污水厂的污泥、有机废料及其部分高浓度有机废水的处理，在建筑物形式上主要采用普通消化池，由于存在水力停留时间长、有机负荷低等缺点，较长时间限制了它在废水处理中的应用，20 世纪 70 年代以来，世界能源短缺日益突出，能生产能源的废水厌氧技术受到重视，研究与实践不断深入，开发了各种新型工艺与设备，大幅度地提高了厌氧反应器内活性污泥的持有量，使处理时间大大缩短，效率提高。

4.1.2 厌氧生物处理技术发展

意大利物理学家 Alessandro Volta 首次认识到厌氧生物过程导致有机物转化为甲烷，他于 1776 年证明"可燃空气"是由湖泊、池塘和溪流中的沉积物形成的。Volta 得出结论，甲烷来自沉积物中的植物材料。1856 年，Reiset 发现腐烂的粪肥堆中能够释放出甲烷，并提议研究这一过程，以帮助解释一般有机物质的分解。

厌氧生物处理技术的首次全面应用也是针对生活污水，但在配置上更像是化粪池。1881 年，Moigno 在法国期刊 *Cosmos* 中描述了这种密闭气室，并将其称为"Mouras 自动净化器"(automatic scavenger)。文章指出，这项发明已经使用了 20 年，这使其应用开始于 19 世纪 60 年代。阿兰・塔吉(M. Allain Targe)在文章中指出，这是"现代发明中最简单、最美丽、也许也是最宏大的发明""彻底解决了几个世纪以来一直对全人类构成无情威胁的问题"。这也就成为人工厌氧生物处理废水的开始。

大约在 1890 年或 1891 年，W. D. Scott Moncrieff 建造了一个"下面是空的，上面是石床"的水箱。因此，这可以被看成罐式消化器和厌氧过滤器的混合体。10 人的废水先进入池子，然后向上通过厌氧过滤器。经过 7 年的运行，底部残留的污泥已被清除并易于处置。A. C. Houston 在 1892 年和 1893 年对该系统进行的其他研究证实，该系统处理的污泥量大大减少。

第一批厌氧滤池之一是 Massachusetts 州试验站的沙床，废水在其中的孔隙空间停留时间约为 8 d。1901 年，经过 14 年的运行，据称其 89％ 的有机杂质已被去除。这表明该装置始于 19 世纪 80 年代，有机物的去除被归因于微生物的活性。Massachusetts 州卫生委员会还指出，将废水固体保留一段时间以实现对废物固体的水解或溶菌作用的优点，从而将部分有机物转化为无害气体或可溶性化合物，并随废水一起排出。

1895，Donald Cameron 在英国埃克塞特建造了世界上第一个厌氧反应化粪池，每天处理约 230 m^3的污水。由于其成功运行，埃克塞特市于 1897 年批准从这种方式处理该市的所有废水。虽然化粪池开始广泛使用，但流出物通常呈黑色且具有腐蚀性，并且含有难以消化的物质，这些物质使通常用于后续处理的接触床堵塞。Massachusetts 州劳伦斯市的 Harry W. Clark 在 1899 年设计了一个分离的消化器，先把污水沉淀后再厌氧发酵，这也许是污泥单独消化的第一个迹象。

1904 年，William O. Travis 投入运行了一种新的两阶段工艺，其中悬浮固体沉降到单独的室中进行消化。Travis 认为，最好让一些废水通过“水解”室，即污泥消化室，但这会产生使出水中存在悬浮固体和腐败状态的问题。Travis 水箱于 1905 年在德国埃姆舍开始运行，但由 Karl Imhoff 进行了改造，以防止废水流过“水解”室。污泥可以在这个室内停留几周到几个月，之后就不再具有攻击性，可以无害地取出和处置。Imhoff 池大大降低了污泥处理成本，并迅速受到青睐。到 1914 年底，美国约有 75 个城市和许多机构已获得使用 Imhoff 池的许可。

随后，厌氧生物处理技术开始从废水处理转向沉降污泥处理。Imhoff 池显然不是废水处理的完整解决方案，它本身也存在需要解决的问题。池子很高，消化室必须与沉淀池紧密相连。随后，人们开始努力对污泥进行单独消化。1925 年德国的 Ruhrverbandn 在埃森市，1926 年美国多尔－奥利佛公司在威斯康辛州安替哥市，都建成了安装有加热设备和集气装置的密闭式消化池。处理效率大大超过了 Imhoff 池的处理效率，并且单独消化迅速普及。

消化产生的甲烷气体的价值得到了更普遍的认可。除了用于加热消化池外，它还被用于其他用途。1923 年，欧洲煤气公司大规模收集了甲烷气体，并将其输送到 Essen－Rellinghausen 工厂的市政燃气系统。1927 年，Ruhrverbandn 利用伊瑟隆和 Essen－Rellinghausen 的污泥气为生物处理厂发电，并利用电动机的冷却水为消化池加热。这种消化气的使用现在在世界各地的污水处理厂中是普遍的做法。20 世纪 30 年代，德国的许多城市增设了压缩空气站，将气体储存在钢瓶中，作为汽车燃料使用，这种做法在近代也一直沿用至今。伴随着这些应用，在 20 世纪 20 年代和 30 年代有许多关于单独厌氧生物处理技术的研究，到 20 世纪 30 年代末，已经发展到允许大规模实际应用。

最初对应用厌氧生物处理技术处理工业废水的浓厚兴趣可能来自于 Arthur M. 巴斯韦尔。从 20 世纪 20 年代开始，他和他的同事们对该工艺的性质及其在处理工业废水和农业残留物方面的潜在应用进行了广泛的研究。这些重要的研究在应用中受到了阻碍，因为单罐厌氧发酵器的使用，没有提供从废水中分离微生物的条件，在反应器中停留时间很长。尽管如此，巴斯韦尔对厌氧生物处理发展的贡献依然是巨大的。

20 世纪 40 年代在澳大利亚出现了连续搅拌的厌氧消化池，改善了厌氧污泥与废水的混合，提高了处理效率，但同时反应器内的完全混合状态导致污泥随出水流失，污泥在反应器中的停留时间(SRT)和废水的停留时间(HRT)是相同的，因此，反应器中污泥浓度很低，不能大量或者高负荷地处理废水，一般浓度较高的废水要得到比较好的处理效果，往往需要在反应器中停留几天甚至几十天，这项工艺主要应用于城市污水厂的污泥消化，而应用于工业废水处理是不经济的，需要进一步发展。

1950 年，南非人 Stander 发现了在厌氧反应器中保持大量细菌的重要性，开发了一种处理酒厂和药厂废液的装置，称为厌氧澄清器，这种装置把厌氧消化和沉淀合建在一起。1955 年 Schroefer 等人仿照好氧活性污泥法，开发了厌氧接触消化工艺(ACP)，他在厌氧消化池后设置了沉淀池和污泥回流，实现了污泥在反应器中的停留时间大于废水的停留时间，使厌氧消化池内可以维持较高的污泥浓度，有机负荷及其处理效率显著提高，从而可以有效地应用于工业废水的处理。ACP 对于高浓度、难降解、高悬浮物或含有毒物工业废水的处理以及应对冲击负荷等情况，具有得天独厚的优势。另一种方法是由 G. J. Schroepfer 等人(1955)提出的，他们使用类似于活性污泥法的反应器和具有有机物循环的沉淀池对稀释的牲畜屠宰加工厂废物进行了处理，并进行了有机体循环，使滞留时间缩短到 1 d 以内。这些应用和 Stander 的应用表明，当应用固体停留时间概念时，通过厌氧过程可以有效地处理稀释的工业废水。这些研究随后导致了对厌氧反应器的各种改造，以实现对废水的有效处理。

德国、丹麦、荷兰等发达国家的沼气工程装备已达到设计标准化、产品系列化、生产工业化，质量得到有效控制。工程装备的组装技术也达到模块化、规范化。其大型厌氧消化装置(容积为 2 000～5 000 m^3)为圆柱型立式罐，多为钢结构(Lipp 罐居多)，小型厌氧消化装置(容积在 200～1 500 m^3)多为圆柱型立式罐、钢结构或钢筋混凝土结构。二级厌氧消化装置(立式罐)顶部常常装有双膜储气罩，构成了发酵、储气一体化装置，既节省了单独设计储气装置的费用(较分体式降低 15%左右)和占地面积，又解决了在寒冷地区冬季储气装置水封防冻的问题。

20 世纪 70 年代以来，随着能源问题的突出，大量关于高效节能的废水处理新工艺的研究与开发工作大大推动了厌氧生物处理技术的发展。厌氧生物处理技术因为其高效的污染物处理能力和可回收沼气能源而备受关注。

1967 年 J. C. Young 和 P. L. McCarty 开发了厌氧滤池(anaerobic filter)，并获得了广泛的应用。1972 年，厌氧滤池首次大规模应用于小麦淀粉废水的处理。另一种生物膜概念是膨胀床反应器，该反应器较早成功应用于反硝化。该系统特别适用于极稀的废水，因为微生物滞留量大，滞留时间潜力短，不受生物堵塞的影响。然而，在其广泛应用于各种工业和城市污水的新型反应器设计中，最成功的是由 G. Lettinga 构想的上流式厌氧污泥床反应器(UASB)工艺。厌氧生物处理技术的发展和应用源于 Lettinga 的工作，已经取得了相当大的进展，值得特别关注。在随后的几年里，厌氧流化床(anaerobic fi-udized bed)、厌氧生物转盘(anaerobic rotating biological reactor)和厌氧折流板反应器

(anaerobic baffled reactor)相继出现。这些反应器的共同特点是可以将固体停留时间与水力停留时间相分离,其固体停留时间可以长达近百天。这使得厌氧生物处理高浓度污水的停留时间从过去的几天或几十天缩短到几小时或几天。

20 世纪 80 年代,一批新的高效厌氧生物处理技术不断从上述工艺中派生出来,如复合厌氧反应器(upflow anaerobic bed－filter,UBF)、USR(upflow solid reactor)、EGSB (expended granular sludge bed)和内循环厌氧反应器(internal circulation,IC)等被称为第三代厌氧反应器。这些新颖厌氧生物处理工艺的开发,打破了过去认为厌氧生物处理技术处理效能低,需要较高温度、较高废水浓度和较长停留时间的传统观念,可适应不同的温度和浓度,广泛应用于处理高浓度和低浓度废水的实际生产中。

4.1.3　厌氧生物处理技术的优越性

(1)有机负荷高。

典型厌氧生物处理技术的污泥负荷(F/M)为 0.5～1.0 kg BOD_5/(kg MLVSS · d),是好氧生物处理技术污泥负荷[0.1～0.5 kg BOD_5/(kg MLVSS · d)]的 2 倍多。在厌氧生物处理系统中,由于没有氧的转移过程,MLVSS 可以达到好氧生物处理系统的 5～10 倍之多。厌氧生物处理有机容积负荷为 5～10 kg BOD_5/(kg MLVSS · d),而好氧生物处理有机容积负荷只有 0.5～1.0 kg BOD_5/(kg MLVSS · d),两者相差可达 10 倍之多。

(2)剩余污泥产量少,处置费用低。

与好氧生物处理生物处理技术相比,厌氧生物处理技术的有机负荷是好氧生物处理技术的 5～10 倍,而合成的生物量仅为好氧工艺的 5%～20%,即剩余污泥产量要少得多。好氧生物处理系统每处理 1 kg COD_{cr}产生的污泥量为 250～600 g,而厌氧生物处理系统每处理 1 kg COD_{cr}产生的污泥量只有 20～180 g,且浓缩性和脱水性较好,同时厌氧生物处理过程可以杀死污水和污泥中的一部分寄生虫卵,即剩余污泥的卫生学指标和化学指标都比好氧生物处理技术稳定,因而厌氧污泥的处理和处置简单,可以减少污泥处置和处理的费用。

(3)处理季节性废水。

厌氧微生物对营养物质的需要量少,仅为好氧生物处理技术的 5%～20%,因而处理氮磷缺乏的工业废水时所需投加的营养盐量很少。而且厌氧微生物的活性比好氧微生物好维持得多,可以保持数月甚至数年无严重衰退,在停运一段时间后能迅速启动,因此,厌氧反应器可以间歇运行,适于处理季节性排放的污水。

(4)无须曝气,能耗低。

好氧微生物处理每去除 1 kg COD_{cr}因为曝气要耗电 0.5～1 kW/h,而厌氧生物处理就没有曝气带来的能耗,且处理含有表面活性剂的污水时不会产生泡沫等问题,不仅如此,每去除 1 kg COD_{cr}的同时,还会产生折合能量超过 12 000 kJ 的甲烷气。

(5)消除尾气污染,降低氯化有机物毒性程度。

好氧处理的曝气过程可以将废水中的挥发性有机物吹脱出来而产生大气污染,厌氧生物处理技术不存在这一问题，同时可以降解好氧生物处理技术无法降解的物质，减少氯化烃类等有毒高分子有机物的毒性。

(6)可降解好氧过程中的难降解物质。

厌氧生物处理的反应是由多种不同性质、不同功能的微生物协同发挥作用的连续微生物过程，远比好氧生物处理中的微生物过程复杂。因此，厌氧生物处理可以对好氧生物处理不能降解的大分子有机物进行全部或部分的降解。

4.1.4 厌氧消化原理

1.厌氧消化机理

废水的厌氧消化是一种通过将废水暴露于缺氧或无氧条件下，利用微生物降解有机废物的处理方法。有机物的厌氧消化是一个串联和并联反应的多步过程，涉及复杂的食物网，其中有机物依次被多种微生物降解。微生物群落共同将复杂的有机物转化为甲烷(CH_4)、二氧化碳(CO_2)、铵(NH_3)、硫化氢(H_2S)和水(H_2O)。厌氧消化的过程先后提出了二阶段、三阶段和四阶段理论。下面分别简单加以介绍。

(1)二阶段理论。

该理论是由 Thumm，Reichie(1914)和 Imhoff(1916)提出，经 Buswell、NeaVe 完善而成的，该理论流行于 20 世纪 30—60 年代，它将有机物厌氧消化过程分为酸性发酵和碱性发酵两个阶段。

在酸性发酵阶段，复杂的大分子有机物(如糖类、纤维素、烃类和蛋白质)首先在产酸菌(厌氧和兼性厌氧菌)的作用下降解为挥发性脂肪酸(VFA)和醇类等低分子量的中间产物，并有氢、CO_2、NH_4^+、H_2S 等气体产生。由于该阶段有大量的脂肪酸产生，发酵液的 pH 降低，所以此阶段被称为酸性发酵阶段，又称为产酸阶段。

在产甲烷阶段，第一阶段产生的甲酸、乙酸、甲胺、甲醇等小分子有机物在经过产甲烷菌的作用下转化为 CH_4、CO_2等，由于有机酸的转化消耗，厌氧消化体系的 pH 上升至 7.0～7.5，因此，此阶段被称为碱性发酵阶段，或产甲烷阶段。该阶段主要参与反应的微生物是产甲烷菌(methane producing bacteria，MPB)，其具有生长速率慢，世代时间长，对温度、pH、绝对厌氧、抑制物等环境条件极为敏感等主要特点。

厌氧消化的两阶段理论几十年来一直占统治地位，在国内外厌氧消化的专著和教科书中一直被广泛应用。

(2)三阶段理论。

随着对厌氧微生物学研究的不断推进，人们对厌氧消化的生物学和生化过程有了更深刻的认识，进一步丰富了厌氧消化理论。1979 年，M. P. Bryant 根据对产甲烷菌和产氢产乙酸菌的研究结果，在两阶段理论的基础上提出了三阶段理论。该理论将厌氧发酵分成 3 个阶段，3 个阶段有不同的菌群。该理论认为产甲烷菌不能利用除乙酸、H_2/CO_2 和甲醇等以外的有机酸和醇类，长链脂肪酸和醇类必须经过产氢产乙酸菌转化为乙酸、H_2和 CO_2等后，才能被产甲烷菌利用。

第一阶段为水解发酵，水解可以定义为将复杂的有机物(颗粒或溶解的)转化为产酸细菌容易接触的单体和二聚化合物的过程。在复杂底物的厌氧消化过程中，水解通常是第一步，水解产物是产酸细菌的底物。在产酸步骤中，水解产物是相对较小的可溶性化合物，可以通过细胞膜扩散到细菌细胞内，进一步发酵成乙醇和脂肪酸等。蛋白质则先水解为氨基酸，再经脱氨基作用产生脂肪酸和氨。脂类转化为脂肪酸和甘油，再转化为脂肪酸和醇类。

第二阶段为产氢、产乙酸阶段。在产氢菌和产乙酸菌的作用下，将除甲酸、乙酸、甲胺以外的第一阶段产生的中间产物，如脂肪酸（丙酸、丁酸）和醇类（乙醇）等水溶性小分子转化为乙酸、H_2和 CO_2。厌氧发酵过程中最重要的产乙酸底物是丙酸和丁酸，是厌氧发酵过程中的关键中间产物。同时乳酸、乙醇、甲醇甚至 H_2和 CO_2也被转化为乙酸。

第三阶段为产甲烷阶段。甲烷菌把甲酸、乙酸、甲胺、甲醇和（H_2+CO_2）等基质通过不同的路径转化为甲烷，其中最主要的基质为乙酸和（$H+CO_2$）。厌氧消化过程约有70％的甲烷来自乙酸的分解，少量来源于 H_2和 CO_2的合成。

从发酵原料的物性变化来看，水解的结果使悬浮的固态有机物溶解，称为“液化”。发酵菌和产氢产乙酸菌依次将水解产物转化为有机酸，使溶液显酸性，称为“酸化”。甲烷菌将乙酸等转化为甲烷和二氧化碳等气体，称为“气化”。

（3）四阶段理论。

1979 年，J. GZeikus 在第一届国际厌氧消化会议上提出了四阶段理论（四种群说理论）。该理论认为参与厌氧消化菌除水解发酵菌、产氢产乙酸菌、产甲烷菌外，还有一个同型产乙酸菌种群（图 4.1）。这类菌可将中间代谢物的 H_2和 CO_2（甲烷菌能直接利用的一组基质）转化成乙酸（甲烷菌能直接利用的另一组基质），这一阶段在厌氧消化中的作用目前仍在研究中。厌氧发酵过程分为 4 个阶段，各类群菌的有效代谢均相互密切连贯，达到一定的平衡，不能单独分开，是相互制约和促进的过程。

总体来讲，三阶段理论和四阶段理论是目前公认的对厌氧消化机理较为全面的描述。

根据厌氧消化的特征，通常可以将厌氧消化分为部分厌氧消化和完全厌氧消化。如果产甲烷菌仅利用了第一阶段水解酸化产生的乙酸、甲酸、甲醇和甲胺等小分子有机物，则称为不完全厌氧消化或部分厌氧消化；如果产氢产乙酸菌继续将不能被产甲烷菌直接利用的乳酸、丙酸、丁酸、乙醇等有机物转化为氢气和乙酸，进而被产甲烷菌利用，则称为完全厌氧消化。

2. 厌氧消化过程中的主要微生物

厌氧消化过程是由多种细菌共同完成的一系列发酵反应。这些细菌可分为水解和发酵细菌、产氢产乙酸菌、同型产乙酸菌和产甲烷菌 4 大类群。此外，还包括硫酸盐还原菌等其他微生物。这些微生物群落协同作用，完成废物的降解和有机物的分解。

（1）发酵细菌。

发酵细菌的主要功能如下。

①水解。分解复杂的有机物，将它们转化为更容易被其他微生物降解的中间产物，这为后续的产酸和产甲烷阶段提供了更易处理的底物。

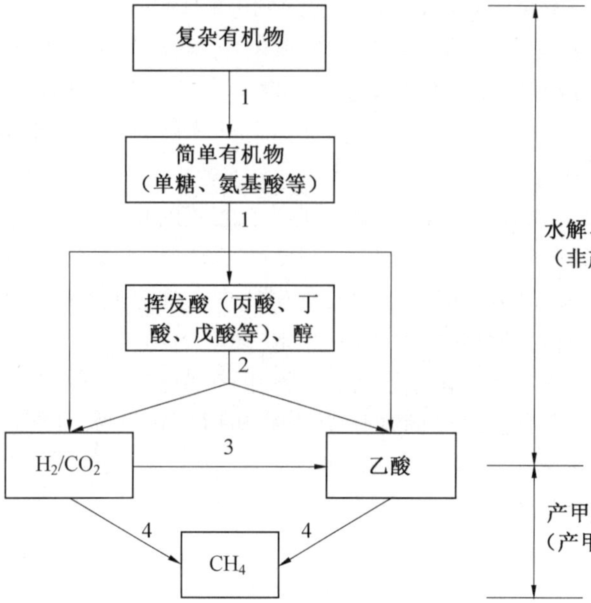

图 4.1　有机物厌氧降解步骤

1—发酵细菌；2—产氢产乙酸菌；3—同型产乙酸菌；4—产甲烷菌

②酸化。将溶解性有机物转化为以挥发性脂肪酸为主的末端产物。

主要的发酵产酸细菌：梭菌属（*Clostridium*）、拟杆菌属（*Bacteriodes*）、丁酸弧菌属（*Butyrivivrio*）、真细菌（*Eubacterium*）、双岐杆菌属（*Bifidobacterium*）等，这些都是专性厌氧菌，兼性厌氧菌包括链球菌（*Streptococcus*）和一些肠道菌。兼性厌氧菌可以把系统中的溶解氧消耗，进而实现严格的厌氧环境，对专性厌氧菌也是一种保护。水解过程较缓慢，并受多种因素影响（pH、SRT、HRT、有机物种类等），有时会成为厌氧反应的限速步骤，但产酸反应的速率较快。参与水解酸化的酶类有蛋白水解酶、脂肪分解酶、尿素分解酶、纤维素分解酶等，可以按功能划分为纤维素分解菌、半纤维素分解菌、淀粉分解菌、蛋白质分解菌和脂肪分解菌等。

（2）产氢产乙酸菌。

产氢产乙酸菌的主要功能是将各种高级脂肪酸和醇类氧化分解为乙酸和 H_2，为产甲烷菌提供合适的基质，在厌氧系统中常常与产甲烷菌处于共生互营关系。这类细菌大多为发酵细菌，亦有专性产氢产乙酸菌（obligate H_2－producing acetogens，OHPA），包括脱硫弧菌（*Desulfovibio desulfuricans*）、普通脱硫弧菌（*Dvulgaris*）、梭菌属（*Clostridium* sp.）等，多为专性厌氧或兼性厌氧菌。

（3）同型产乙酸菌。

同型产乙酸菌在厌氧产酸过程中具有特殊作用，它可以将二氧化碳和氢气转化为乙酸，在氢分压高时，它的作用增强；在氢分压低时，它的作用减弱，起到了一个平衡器的作用，有利于厌氧发酵过程的正常进行。这一菌群包括伍迪乙酸杆菌（*Acetobacterium woodii*）、戚林格乙酸杆菌（*A. wieringae*）、乙酸梭菌（*C. aceticum*）、甲酸乙酸化梭菌（*C.*

formicocaceticum)、乌氏梭菌(*C. magnum*)等。在一般厌氧消化器中,同型产乙酸菌所产的乙酸低于 4%。

(4)产甲烷菌。

Schnellen 第一个从消化污泥中分离纯化得到甲酸甲烷杆菌(*Methanobacterium formicium*)和巴氏甲烷八叠球菌(*Methanosarcina barkeri*);1974 年 Bryant 首次提出了产甲烷菌(*Methanogen*)一词,将其与以甲烷为能量来源的嗜甲烷菌(*Methanotrophs*)区分开来。从分类学上讲,产甲烷菌属于古细菌的水生古细菌门(Euryarchaeota),产甲烷菌是严格的厌氧微生物,不能利用氧气作为电子受体,而利用有机或无机物作为底物,在厌氧条件下转化形成甲烷。

产甲烷菌利用的底物种类非常有限,根据底物利用特征主要可分为 3 种营养类型:氢营养型产甲烷菌、乙酸营养型产甲烷菌和甲基营养型产甲烷菌。产甲烷菌也是自然界碳素物质循环中厌氧生物链的最后一组成员,在自然界碳素循环的动态平衡中具有重要作用。

(5)硫酸盐还原菌。

硫酸盐还原菌(sulfate—reducing bacteria,SRB)是一类能把硫酸盐、亚硫酸盐、硫代硫酸盐、单硫还原为硫化物的微生物。这类微生物可分为自养型和异养型两大类型。异养型硫酸盐还原菌通常为严格厌氧菌,包括脱硫弧菌属(*Desulfovibrio*)和脱硫肠状菌属(*Desulfotomaculum*)两类。SRB 所需的适宜碳源应是短碳链有机物,有研究报道,SRB 利用乳酸、丙酸、丁酸、乙酸的硫酸盐还原速率依次降低。

SRB 和产甲烷菌都存在于厌氧的生态系统中,彼此之间可能存在共生、竞争和协同作用。共生和竞争取决于 SRB 和产甲烷菌是否利用相同的电子供体,而共生作用涉及种间氢传递,即在保持低氢分压下的混合培养物中,分子氢在产氢微生物(如脱硫弧菌 *Desulfovibrio desulfuricans*)和耗氢的产甲烷菌间的传递[5]。

3. 生化反应过程

(1)水解酸化阶段。

由于细菌无法摄取颗粒态有机物,厌氧降解的第一步是聚合物的水解,这一过程仅仅是一种表面现象,即聚合物颗粒通过外切酶的作用降解,产生能够穿过细胞屏障的更小分子。在酶解过程中,蛋白质被水解为氨基酸,多糖被水解为单糖,脂类被水解为长链脂肪酸(LCFA)。在大多数情况下,水解是整个消化过程的速率限制,特别是对于(半)固体底物和悬浮固体(SS)/COD 比率较高的废水。而且,水解过程对温度和温度波动非常敏感。因此,针对(半)固体基质和具有高 SS/COD 比例的废水(例如酿酒厂废液和低温污水)的厌氧消化池的设计通常基于水解步骤。水解产物是产酸细菌的底物,通常水解反应过程可以用以下反应式表示为

$$R-X+H_2O \xrightarrow{\text{酶}} R-OH+X^-+H^+ \tag{4.1}$$

式中,R 为有机物分子的主体碳链;X 为分子中的极性基团。

图 4.2 给出了脂质水解反应示意图。

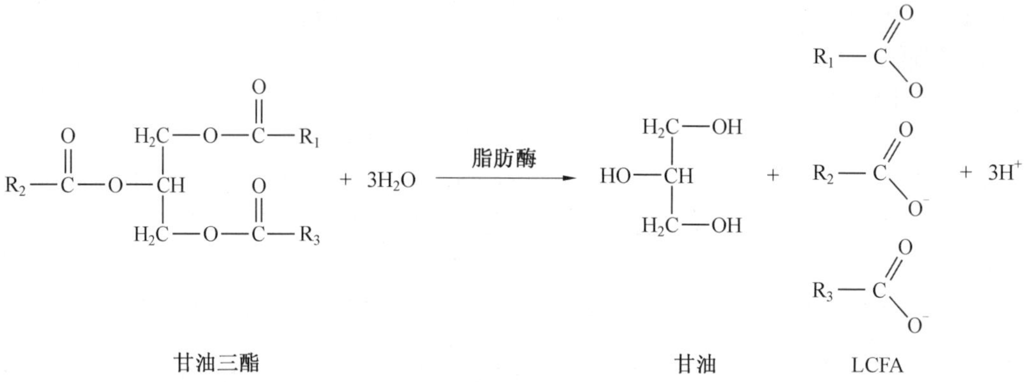

图 4.2 脂质水解反应示意图

在产酸步骤中，水解为长链脂肪酸(LCFA)的相对较小的可溶性化合物，通过细胞膜扩散到细菌细胞内，随后发酵或厌氧氧化。产酸是一种非常常见的反应，由一大群水解和非水解微生物进行。大约1%的已知细菌是(兼性)发酵菌。酸化产物由各种小有机化合物组成，主要是VFA，即乙酸盐和丙酸、丁酸等高级有机酸，以及H_2、CO_2、乳酸、乙醇和氨。

表4.1列出了几种从蔗糖开始的产酸反应，产生不同量的VFA、HCO_3^-、H_2、H^+。显然，最终产物的类型取决于反应器介质的条件。从表4.1可以看出，以蔗糖为底物的能量较低的产酸反应的发生很大程度上取决于H_2浓度。如果产生的H_2能被产甲烷菌快速有效地消耗，乙酸盐将是主要的最终产物。然而，如果产甲烷作用受阻且H_2积累，可能会出现更多还原产物，例如丙酸盐和丁酸盐，甚至可能出现更多还原化合物乳酸盐和醇。

表4.1 25 ℃下不同底物的产酸反应及相应的自由能变化($\Delta G^{0'}$)

底物	反应式	$\Delta G^{0'}/(\mathrm{kJ\cdot mol^{-1}})$
蔗糖	$C_{12}H_{22}O_{11}+9H_2O \longrightarrow 4CH_3COO^- + 4HCO_3^- + 8H^+ + 8H_2$	−457.5
	$C_{12}H_{22}O_{11}+5H_2O \longrightarrow 2CH_3CH_2CH_2COO^- + 4HCO_3^- + 6H^+ + 4H_2$	−554.1
	$C_{12}H_{22}O_{11}+3H_2O \longrightarrow 2CH_3COO^- + 2CH_3CH_2COO^- + 2HCO_3^- + 6H^+ + 2H_2$	−610.5
葡萄糖	$C_6H_{12}O_6+2H_2O \longrightarrow 2CH_3COOH+4H_2+2CO_2$	−206
	$C_6H_{12}O_6 \longrightarrow CH_3CH_2CH_2COOH+2CO_2+2H_2$	−254
	$C_6H_{12}O_6+2H_2 \longrightarrow 2CH_3CH_2COOH+2H_2O$	−279.4
	$C_6H_{12}O_6 \longrightarrow 2CH_3CHOHCOOH+H^+$	−225.4
	$C_6H_{12}O_6 \longrightarrow 2CH_3CH_2OH+2CO_2$	−164.8

(2)产乙酸反应阶段。

在产酸步骤中产生的除乙酸盐外的短链脂肪酸(SCFA)进一步被产乙酸菌转化为乙

酸盐、氢气和二氧化碳。最重要的产乙酸底物是丙酸盐和丁酸盐，它们是厌氧消化过程中的关键中间体。产氢产乙酸过程由产氢产乙酸菌（HPA）将水解酸化后期产生的不能被甲烷菌直接利用的有机物转化为乙酸等挥发性脂肪酸。同型产乙酸过程是指 CO_2 通过乙酰辅酶 A 途径被 H_2 还原为乙酸的过程。它主要通过自养和（或）异养底物进行传导，包括糖、醇、氨基酸、有机酸和甲基化芳烃、CO、H_2 和 CO_2。长链脂肪酸（LCFA）在 β 氧化作用后被特定的产乙酸细菌转化，其中乙酸酯部分从脂肪链中分裂出来。具有不均匀碳原子的 LCFA 还产生仅次于乙酸盐的丙酸盐。油酸和亚油酸等非饱和 LCFA 在β氧化之前首先通过添加 H_2 来饱和。产乙酸细菌是专性产氢者，它们的代谢受到氢的抑制。部分产乙酸过程的反应式和 $\Delta G^{0'}$ 见表 4.2。

表 4.2　部分产乙酸反应的反应式和 $\Delta G^{0'}$

底物	反应式	$\Delta G^{0'}$/(kJ · mol^{-1})
乙醇	$CH_3CH_2OH+H_2O \longrightarrow CH_3COOH+2H_2$	+9.6
丙酸	$CH_3CH_2COOH+2H_2O \longrightarrow CH_3COOH+3H_2+CO_2$	+76.2
丁酸	$CH_3CHOHCOOH+2H_2O \longrightarrow CH_3COOH+HCO_3^-+2H_2$	+48.4
戊酸	$CH_2CH_2COOH+2H_2O \longrightarrow CH_3CH_2COOH+CH_3COOH+2H_2$	+69.8
乳酸	$CH_3CH_2COOH+2H_2O \longrightarrow CH_3COOH+3H_2+CO_2$	−4.2
H_2/CO_2	$4H_2+2CO_2 \longrightarrow CH_3COOH+2H_2O$	−104.6
软脂酸盐	$CH_3-(CH_2)_{14}-COO^-+14H_2O \longrightarrow 8CH_3COO\quad+7H^++14H_2$	+345.6

注：假设 pH=7，温度为 25 ℃，压力为 1 atm。水被视为纯液体，所有可溶性化合物的活度为 1 mol/kg。

对产乙酸转化进行的研究阐明了产氢产乙酸菌和氢利用型产甲烷菌之间所需的狭窄关联，从而调节其环境中的 H_2 水平。这一点至关重要，因为如表 4.2 中的正 ΔG^0 值所示，这些反应在热力学上是不利的。在标准条件下除乳酸外，乙醇、丙酸、丁酸和戊酸的 ΔG^0 均为正值，所以都不会被产氢产乙酸菌降解。然而，在稳定的厌氧消化条件下，氢气分压一般保持在极低的水平。这可以通过产甲烷菌或硫酸盐还原菌有效吸收氢来实现。产甲烷菌通常会很快地利用厌氧消化器中的分子氢，使氢气分压降至 10^{-4} atm 以下，平均值约为 0.1 Pa，实际的吉布斯自由能 ΔG 成为负值，这足以确保产氢产乙酸反应的实际发生，以丙酸的产氢产乙酸反应为例，实际环境状态的 $\Delta G^{0'}$ 和标准状态的 ΔG^0 之间的转化关系可由式(4.2)获得：

$$\Delta G^{0'}=\Delta G^0+RT\ln\frac{[乙酸盐]\cdot[CO_2]\cdot[H_2]^3}{[丙酸盐]} \tag{4.2}$$

式中，R 为摩尔气体常数，其数值为 8.314 J/(mol · K)；T 为温度，K。

这种相互依赖性意味着高级脂肪酸和醇的降解很大程度上取决于电子利用微生物（例如产甲烷菌）的活性。只有产甲烷菌不断消耗乙酸、甲酸、H_2 和 CO_2，使它们的浓度降到很低时，转化反应才会发生，这种产生 H_2 的生物体只能在消耗 H_2 的生物体存在的情况下才能生长的微生物联合体被称为互营伙伴关系。

在同型产乙酸过程中，2 mol CO_2 通过 Wood－Ljungdahl（WL）途径被 H_2 还原为

1 mol乙酸盐(图 4.3)。该途径也指还原性乙酰辅酶 A 途径,因为它涉及乙酰辅酶 A 的形成作为转化为乙酸盐的中间体。

在该途径中,H_2和 CO_2分别作为电子供体和电子受体,被生物利用以产生乙酸为终点,同时生成 ATP。对 WL 途径中的 2 个分支(甲基和羰基分支)进行了表征。这两个分支可分别以 CO_2或 CO 为底物,在一氧化碳脱氢酶(CODH)等酶的作用下生成甲基和羰基,合成乙酰辅酶。生成的乙酰辅酶 A 则紧接着被转化成细胞物质或者生成乙酸、乙醇等产物。WL 通路中的两个分支(甲基和羰基分支)已得到表征。在甲基支链中,CO_2以 H_2为电子供体转化为甲酸盐,四氢叶酸(THF)通过甲酰四氢叶酸合成酶(FTHFS)与甲酸盐结合形成甲酰基－THF。在此反应期间,使用 1 mol ATP 并形成次甲基－HTF。FTHFS 是 WL 途径中的关键酶,其基因已用于调查不同环境中同型乙酸原的多样性。通过使用 H_2作为电子供体,次甲基－THF 转化为亚甲基－THF,然后转化为甲基－THF。THF 被分离,甲基被转移到包含类咕啉辅助因子和铁硫簇的蛋白质上,这被称为钴铁硫蛋白(CoFeSP)。接下来 CoFeSP 转移至一氧化碳(CO)脱氢酶/乙酰辅酶 A 合成酶(CODH/ACS),并从羰基分支的 1 mol CO_2中产生 CO。然后,CODH/ACS 有助于生成乙酰辅酶 A,乙酰辅酶 A 被磷酸化并形成乙酸,同时释放 1 mol ATP。CODH/ACS 酶的基因也已被用来揭示同型乙酸菌的多样性。

(3)产甲烷反应阶段。

产甲烷菌完成有机物向甲烷和二氧化碳的整体厌氧转化的最后阶段。在有机物厌氧降解的第 4 个也是最后一个阶段中,一组产甲烷菌既使用氢作为电子供体还原二氧化碳,又使乙酸脱羧形成 CH_4(图 4.3)。只有在这个阶段,进水的 COD 才会转化为气态,并自动离开反应器系统。产甲烷菌是专性厌氧菌,底物谱非常窄,有些只能使用某些确定的底物,例如乙酸盐、甲胺、甲醇、甲酸盐和 H_2/CO_2或 CO。根据对底物的选择性,可以把产甲烷菌分为 3 类:氢营养型产甲烷菌(利用 H_2、甲酸盐等电子供体还原 CO_2)、甲基营养型产甲烷菌(利用甲醇、甲胺等甲基化合物)和乙酸营养型产甲烷菌(利用乙酸),不同营养类型产甲烷菌的代谢反应和吉布斯自由能见表 4.3。一般来说,所产生的甲烷约 70%来自主要前体的乙酸盐。乙酸营养型产甲烷菌的生长速度非常低,导致数天甚至更长时间倍增。极低的生长速率解释了为什么厌氧反应器需要很长的启动时间及适量地接种污泥。氢营养型菌的最大生长速率比乙酸营养型菌高得多,倍增时间为 4～12 h。由于这一特征,厌氧高速反应器系统在不同条件下仍表现出显著的稳定性。

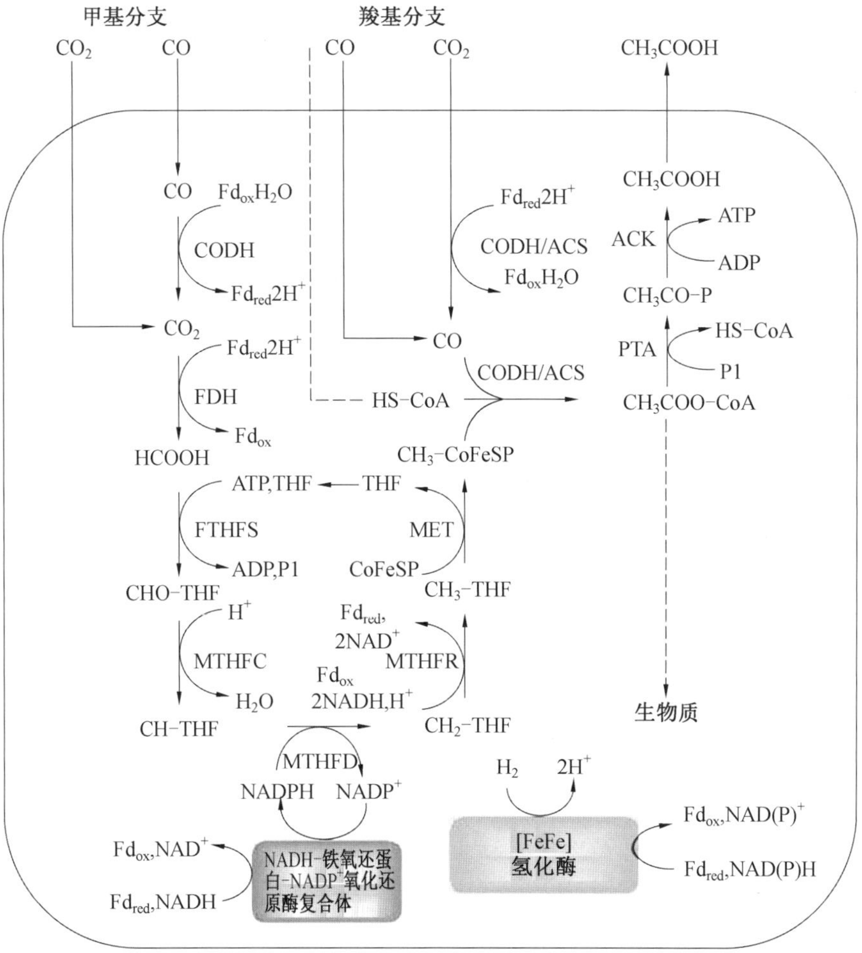

图 4.3　同型产乙酸过程的 Wood－Ljungdahl 途径(乙酰辅酶 A 途径)

THF—四氢叶酸；CoFeSP—钴铁硫蛋白；Fd_{ox}—氧化铁氧还蛋白；Fd_{red}—还原型铁氧还蛋白；参与氧化/还原 CODH/ACS 途径的功能酶如下：ACK—乙酸激酶；PTA—磷酸转乙酰酶；ACS—乙酰辅酶 A 合酶复合物；CODH——氧化碳脱氢酶；MET—甲基转移酶；MTHFR—亚甲基－THF 还原酶；MTHFD—亚甲基－THF 脱氢酶；MTHFC—次甲基－THF 环化水解酶；FTHFS—甲酰基－THF 合成酶；FDH—甲酸脱氢酶

表 4.3 不同营养类型产甲烷菌的代谢反应和吉布斯自由能

底物利用类型	反应	ΔG^0/(kJ·mol^{-1})	产甲烷菌
氢营养型	$4H_2+CO_2 \longrightarrow CH_4+H_2O$	−135	*Methanobacteriales*：*Methanobacterium*、*Methanobrevibacter*，*Methanothermobacter*、*Methanothermus*； *Methanococcales*：*Methanocaldococcus*、*Methanotorris*、*Methanocoecus*、*Methanothermococcus*； *Methanocellales*：*Methanocella*； *Methanomicrobiales*：*Methanocalculus*、*Methanocorpusculum*、*Methanoculleus*、*Methanofollis*、*Methanogenium*、*Methanolacinia*、*Methanomicrobium*、*Methanoplanus*、*Methanolinea*、*Methanoregula*、*Methanosphaerula*； *Methanosarcinales*：*Methanosarcina* *Methanopyrales*：*Methanopyrus*
	$4HCOOH \longrightarrow CH_4+3CO_2+2H_2O$	−130	*Methanobacteriales*：*Methanobacterium*、*Methanobrevibacter*、*Methanothermobacter*； *Methanococcales*：*Methanococcus*、*Methanothermococcus*、*Methanotorris*； *Methanocellales*：*Methanocella*； *Methanomicrobiales*：*Methanocalculus*、*Methanocorpusculum*、*Methanoculleus*、*Methanofollis*、*Methanogenium*、*Methanolacinia*、*Methanolinea*、*Methanomicrobium*、*Methanoplanus*、*Methanoregula*、*Methanosphaerula*、*Methanospirillum*
	$2CH_3CH_2OH+CO_2 \longrightarrow 2CH_3COOH+CH_4$	−112	*Methanomicrobiales*：*Methanogenium*、*Methanofollis*
	$CO_2+4(CH_3)_2CHOH \longrightarrow CH_4+4CH_3COCH_3+2H_2O$	−37	*Methanobacteriales*：*Methanobacterium*； *Methanomicrobiales*：*Methanocorpusculum*、*Methanoculleus*、*Methanofollis*、*Methanogenium*、*Methanolacinia*
	$4CO+2H_2O \longrightarrow 3CH_4+CO_2+2H_2O$	−196	*Methanobacteriales*：*Methanothermobacter*； *Methanosarcinales*：*Methanosarcina*

续表4.3

底物利用类型	反应	ΔG^0/(kJ·mol^{-1})	产甲烷菌
甲基营养型	$4CH_3OH \longrightarrow 3CH_4 + CO_2 + 2H_2O$	−105	*Methanosarcinales*：*Halomethanococcus*、*Methanococcoides*、*Methanohalobium*、*Methanolobus*、*Methanomethylovorans*、*Methanosalsum*、*Methanosarcina*、*Methermicoccus*
	$CH_3OH + H_2 \longrightarrow CH_4 + H_2O$	−113	*Methanobacteriales*：*Methanobacterium*、*Methanosphaera*；*Methanomassiliicoccales*：*Methanomassiliicoccus*
	$2(CH_3)_2S + 3H_2O \longrightarrow 3CH_4 + CO_2 + H_2S$	−49	*Methanosarcinales*：*Methanolobus*、*Methanomethylovorans*、*Methanosalsum*、*Methanosarcina*
	$4CH_3NH_2 + 2H_2O \longrightarrow 3CH_4 + CO_2 + 2NH_3$	−75	*Methanosarcinales*：*Methanococcoides*、*Methanohalophilus*、*Methanolobus*、*Methanomethylovorans*、*Methanosalsum*、*Methanosarcina*、*Methermicoccus*
	$2(CH_3)_2NH + 2H_2O \longrightarrow 3CH_4 + CO_2 + 2NH_3$	−73	*Methanosarcinales*：*Methanococcoides*、*Methanohalophilus*、*Methanolobus*、*Methanomethylovorans*、*Methanosarcina*
	$4(CH_3)_3N + 6H_2O \longrightarrow 9CH_4 + 3CO_2 + 4NH_3$	−74	*Methanosarcinales*：*Methanococcoides*、*Methanohalophilus*、*Methanolobus*、*Methanomethylovorans*、*Methanosarcina*、*Methermicoccus*
	$4(CH_3)_3N^+CH_2COO^- + 2H_2O \longrightarrow 4(CH_3)_2NH^+CH_2COO^- + 3CH_4 + CO_2$	−721.7	*Methanosarcinales*：*Methanococcoides*
	$4(CH_3)_3N^+CH_2CH_2OH + 6H_2O \longrightarrow 4H_2NCH_2CH_2OH + 9CH_4 + 3CO_2 + 4H^+$	−567.6	*Methanosarcinales*：*Methanococcoides*
	$2(CH_3)_2NCH_2CH_2OH + 2H_2O \longrightarrow 2H_2NCH_2CH_2OH + 3CH_4 + CO_2$	−140.8	*Methanosarcinales*：*Methanococcoides*
乙酸营养型	$CH_3COOH \longrightarrow CH_4 + CO_2$	−33	*Methanosarcinales*：*Methanosarcina*、*Methanothrix*
	$4CH_3COCOOH + 2H_2O \longrightarrow 5CH_4 + 7CO_2$	−96	*Methanosarcinales*：*Methanosarcina*

4.1.5 两相厌氧生物处理工艺

在常规应用中，产酸微生物和产甲烷微生物在单个反应器系统中保持在一起，并且这两组生物之间存在微妙的平衡，因为这两组生物在生理、营养需求、生长动力学和对环境条件的敏感性方面都有很大差异，无法使产酸菌和产甲烷菌都处于最佳的生理生态环境条件，因而影响了反应器的效率。因此可以说，在传统的单相厌氧反应器的运行中，在一定程度上牺牲了第一阶段细菌的部分功能，以保证产甲烷细菌能处在最佳的环境条件下。如在国外绝大多数的厌氧反应器都会采取加热和保温的措施，以保证反应器内的温度处于产甲烷菌的最佳温度范围内，即 35～37 ℃（中温运行的反应器）或者 55～65 ℃（高温运行的反应器）；为了确保反应器内的 pH 是被控制在产甲烷菌的最适范围内（6.8～7.2），一般的厌氧反应器都设置了在线 pH 控制装置，将反应器内的 pH 控制在所设定的范围之内。常规设计应用中遇到的稳定性和控制方面的问题使研究人员提出了新的解决方案。

20 世纪 70 年代初期，Pohland、Borchardt 和 Ghosh 等人在厌氧消化领域首先提出了“相分离”的概念，将产酸发酵菌和产甲烷菌分别富集在分离的环境中，满足各自最适的 pH、氧化还原电位、碱度和温度等条件，发挥各自最大的代谢能力。Pohland 和 Ghosh 等提出的两相厌氧工艺，由两个分离的中温厌氧反应器组成，第一个反应器用于水解和酸化，第二个反应器则主要实现产乙酸并实现产甲烷，最终完成整个厌氧消化过程。

两相厌氧消化工艺将产酸菌和产甲烷菌分别置于两个反应器内并为它们提供了最佳的生长和代谢条件，使它们能够发挥各自最大的活性，较单相厌氧消化工艺的处理能力和效率大大提高。

两相分离后，各反应器的分工更明确，产酸反应器对污水进行预处理，不仅为产甲烷反应器提供了更适宜的基质，还能够解除或降低水中的有毒物质（如硫酸根）、重金属离子的毒性，改变难降解有机物的结构，减少对产甲烷菌的毒害作用和影响，增强了系统运行的稳定性。

产酸菌表现出很强的缓冲能力，使得即使面对冲击负荷，导致酸积累，也不会明显影响产酸相，并且不会对后续的产甲烷相造成危害。这种策略有效地预防了在单相厌氧消化工艺中常见的酸败现象，并且一旦出现，调整和恢复系统变得相对容易，进一步提高了系统的抗冲击能力。

产酸菌的世代时间远远短于产甲烷菌，产酸菌的产酸速度高于产甲烷菌降解酸的速率，在两相厌氧消化工艺中产酸反应器的体积总是小于产甲烷反应器的体积。对于不同水质的污水，体积比有所不同。

与单相厌氧消化工艺相比，对于高浓度有机污水、悬浮物浓度很高的污水、含有毒物质及难降解物质的工业废水和污泥，两相厌氧消化工艺具有很大的优势，能够得到满意的处理效果。

在废水两相厌氧生物处理系统中，产酸相反应器能否为后续的产甲烷相提供适宜和稳定的底物，对产甲烷相的物质代谢速率乃至整个厌氧系统的高效稳定运行至关重要。

有关研究表明，水力停留时间(HRT)、有机物浓度、污泥龄、有机负荷、pH、温度、氧化还原电位(ORP)等生态因子对产酸相的末端发酵产物组成都有明显的影响。任南琪等通过长期的连续流试验运行发现，产酸相末端发酵产物的分布，完全取决于上述各种生态因子综合作用下出现的一些优势种群的个体代谢特点，即当产酸相环境最适合某一种群的生长繁殖时，这一种群就会很快在与其他种群的竞争中取胜并成为优势种群，此时优势种群所进行的生理代谢总体表现为以某种挥发性脂肪酸(如丙酸、丁酸、乙酸)和醇类(如乙醇)为主的发酵类型群。一般可将产酸相的菌群代谢途径根据稳定期的末端产物组成分为 3 种类型，即丁酸型发酵、乙醇型发酵和丙酸型发酵。

研究认为，产酸相形成何种发酵类型主要受限制性生态因子 pH、ORP 和温度等多个因素的制约。任南琪和刘艳玲等发现，在温度恒定、不调进水 pH 的情况下，发酵类型与反应器启动伊始接种污泥的微生物种类和污泥浓度、启动时的污泥负荷、容积负荷大小以及负荷的提高方式等紧密相关，从生理生态学观点分析，环境中生态因子的改变都会对生境中的微生物产生影响，这将导致微生物体内的生理代谢反应发生变化以适应生境中生态因子的改变，其结果表现为代谢产物组成乃至发酵类型的改变。从上述各发酵类型的典型产物的组成及不同发酵类型的形成过程分析，不同发酵类型的典型产物形成并稳定取决于不同生态因子下形成的优势种群的总体代谢特征。当生态因子发生某种改变时，即使是发酵类型没有发生根本性的改变，这些发酵优势种群亦将因机体内生理代谢的调节过程而引起各种末端发酵产物的转化率发生改变。近几年来，研究工作集中在末端发酵产物的分析和控制，利用微生物学、传质动力学、生理学、生态学等手段，人为调控产酸相的发酵类型，提供给产甲烷相最适宜的底物，从而提高系统的整体处理水平。

就本质而言，两相厌氧生物处理系统仍是一个人工创建的微生物生态系统，使两大类卫生物分别在各自最佳条件下发挥其最大的代谢能力，从而使整个工艺达到更好的处理效果，扩大厌氧生物处理工艺的处理能力和提高工艺的运行稳定性。随着现代高效厌氧消化技术的兴起和发展，两相厌氧消化工艺受到人们越来越多的重视，得到了多方面的研究和应用。

4.2　厌氧生物反应器

厌氧活性污泥以絮体或颗粒状悬浮于反应器液体中生长，称为悬浮生长厌氧反应器。第一代厌氧反应器中传统消化池、高速消化池、厌氧接触法等即属于此类反应器，第二代和第三代反应器中上流式厌氧污泥床反应器(UASB)、膨胀颗粒污泥床反应器(EGSB)、内循环应用反应器(IC)和上流式固体反应器(USR)等也属于悬浮生长厌氧反应器。本节主要介绍目前广泛应用于处理高浓度废水的工艺的第二代和第三代厌氧反应器。

4.2.1 上流式厌氧污泥床反应器

1. UASB 概述及构造

G. Lettinga 构思的 UASB 工艺被认为是全球工业和生活废水处理中使用最广泛的高效厌氧系统。Lettinga 的工作带来的厌氧生物处理的发展和应用相当可观，值得特别认可。

UASB 结构示意图如图 4.4 所示，由配水系统、污泥床区、污泥悬浮区、三相分离器、沉淀出水区组成。待处理的废水由配水系统从反应器底部进入，废水被尽可能均匀地引入反应器的底部，与污泥床中的污泥进行混合接触，污泥中的微生物分解废水中的有机物，把它转化为沼气，经三相分离器将沼气收集并分离出反应器，污泥沉淀后返回污泥床，出水经溢流堰排出。

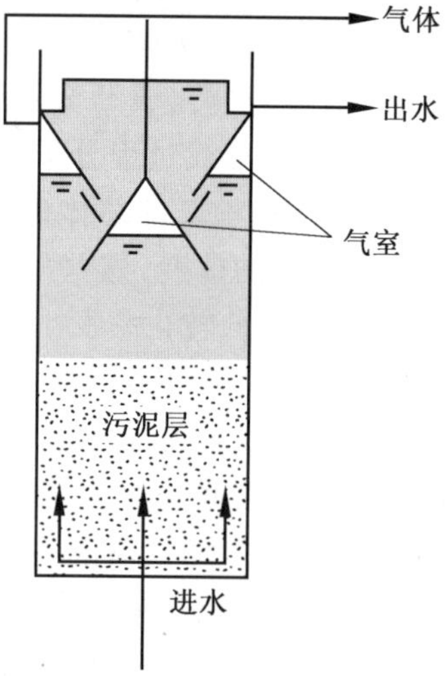

图 4.4　UASB 结构示意图

污水向上通过包含颗粒污泥或絮状污泥的污泥床。厌氧反应发生在废水和污泥颗粒接触的过程中。在厌氧状态下产生的沼气(主要是甲烷和二氧化碳)引起了内部的循环，这有利于颗粒污泥的形成和维持。在污泥层形成的一些气体附着在污泥颗粒上，向反应器顶部上升，上升到表面的污泥撞击三相分离器气体发射板的底部，引起附着气泡的污泥絮体脱气。气泡释放后污泥颗粒将沉淀到污泥床的表面，而气体则被收集到三相分离器的集气室，因而不需要外加搅拌系统就能使污水与污泥良好地混合。

2. 工艺运行条件

UASB 的启动关键就是要形成适应待处理废水有机物的颗粒化污泥，并使其具有良好的沉淀功能。当形成厌氧颗粒时，UASB 被认为是成功的。1968 年，厌氧过滤器使用惰性多孔介质作为载体来附着微生物，并在反应器中实现污泥的高水平截留。Lettinga 在一项全面的研究中得出结论，载体是多余的，因为微生物可以通过形成颗粒来自我固定。UASB 工艺之所以能够高效稳定地运行，除了通过对反应器的合理设计之外，主要还在于对物理、化学和生物因子进行综合优化的操作过程。颗粒化污泥的形成是综合优化的重要成果，它在实际应用中是 UASB 工艺的关键。以下为形成颗粒污泥的主要条件。

(1)接种污泥。

实际上，各种不同来源的接种污泥都可以成功地培养出颗粒污泥，如城市污水处理厂消化池的消化污泥，甚至城市污水处理厂的好氧活性污泥也能培养出颗粒污泥，只是后者的驯化期较长。在实际的生产性装置的启动运行中，应该尽可能地选择处理同种或类似的废水的厌氧装置中的污泥，甚至是颗粒污泥作为新的 UASB 的接种污泥，其次应选择消化污泥，只有在上述条件不具备的情况下才选择好氧活性污泥，这样可以大大缩短反应器的启动和培养颗粒污泥的时间。接种污泥的数量和活性是影响反应器成功启动的重要因素。一般絮状接种污泥浓度控制在 30～40 g VSS/L，颗粒污泥接种浓度控制在 20～30 g VSS/L。接种污泥仅仅是作为“种子”，而颗粒污泥的产生是建立在新繁殖厌氧菌的基础上，即使采用颗粒污泥作为种泥。采用絮状污泥接种时，为了缩短启动时间，可以向污泥中添加少量破碎的颗粒污泥，从而促进颗粒化过程。这种操作具有至少两个优点：一是颗粒污泥中含有大量活性甲烷微生物，而絮状污泥仅含有约 2% 的甲烷污泥(通过比活性估计)，添加少量颗粒污泥可以显著提高甲烷活性；二是通过将颗粒污泥破碎成大量小颗粒碎片，这些碎片将作为新的颗粒污泥的“前体”，为新颗粒的形成提供了大量的生长核心。

(2)废水性质。

与反应器设计或操作条件相比，颗粒污泥的形成更多地取决于废水类型。废水中应该含有营养物质和溶解性有机物。因此，食品工业废水是 UASB 启动最适宜的废水种类之一，包括甜菜制糖废水、土豆加工废水、酿酒厂废水、甲醇废水、啤酒废水及柠檬酸废水。脂类废水和蛋白质废水以及有毒难降解废水则较难或不能培养出颗粒污泥。Lettinga 认为，低浓度废水有利于 UASB 的启动，COD 以 4 000～5 000 mg/L 为宜，高浓度废水最好稀释后再用作进水，或者从反应器顶端回流，以降低进水浓度。在某些情况下，污水中不含有足够的营养物质，需要添加营养物质来创造合适的条件，以保证厌氧反应器的效率，要求废水的 C、N、P 质量浓度比约为 200∶5∶1。铁、镍、钴和锰等微量元素是生产甲烷辅酶重要的组成部分，适量补充可增加所有种群单位质量微生物中活细胞的浓度及它们的酶活性。适量惰性物如 Ca^{2+}、Mg^{2+}、CO_3^{2-} 和 SO_4^{2-} 等离子的存在能够促进颗粒污泥初成体的聚集和黏结。

(3)污泥负荷。

为了使 UASB 中的颗粒污泥迅速形成，在开始进水时可降解有机物的污泥负荷不宜过高，一般情况下为 0.05～0.10 kg COD/(kg VSS·d)。当观察到生物气产量增加以及 COD 的去除效果趋于稳定后，应逐步提高污泥负荷，但不得突然提高负荷，以防止形成冲击，不利于污泥颗粒化。当污泥负荷率达 0.3 kg COD/(kg VSS·d)以上便能开始形成颗粒污泥。当污泥负荷率达到 0.6 kg COD/(kg VSS·d)时，颗粒化速率加快，所以当颗粒污泥出现后，应迅速将污泥 COD 负荷率提高到 0.6 kg COD/(kg VSS·d)左右水平，利于颗粒化进行。

(4)水力负荷率和产气负荷率升流条件。

水力负荷，即水力上升流速，是颗粒污泥自行筛选、提高颗粒污泥密实度和强度的必要条件。当水力负荷提高到一定值时，可以冲走大部分絮状污泥，使密度较大的污泥在反应器底部积累，从而形成颗粒污泥。另外，一定的水力负荷可以在污泥床中产生沿高度(水流)方向的搅拌作用和水力筛选作用。定向搅拌作用产生的剪切力使微小的颗粒产生不规则的旋转运动，有利于丝状微生物的相互缠绕，为颗粒的形成创造一个外部条件。水力筛选作用可以同时使一些沉降性能差的絮体进入悬浮层或流失，截留沉降性能好的颗粒。一旦形成颗粒污泥，在目前的厌氧反应器水力负荷条件下，通常能够保留住颗粒污泥。然而，过快的水力流速(>6 m/h)可能会影响反应器内颗粒污泥结构的稳定，导致颗粒污泥解体，从而使出水中的悬浮物含量增加。

(5)碱度。

碱度对于厌氧污泥颗粒化有重要影响。一是对颗粒化进程的影响；二是对颗粒污泥产甲烷活性(SMA)的影响。厌氧系统在中性 pH 范围运行时，碳酸氢盐是主要的碱度，用于中和反应器中高 CO_2 分压导致的高碳酸浓度。刘安波(1988)在研究以啤酒废水为基质培养颗粒污泥的关键之一是维持进水碱度大于 1 000 mg/L(以 $CaCO_3$ 计)。傅金祥的研究结果也认为控制出水的碱度在 750 mg/L 以上能成功地培养出颗粒污泥。

(6)环境条件。

温度和 pH 对于 UASB 的启动与保持系统的稳定性具有重要的影响。温度的变化会直接影响微生物生长和代谢、电离平衡、基质及脂肪的溶解性等方面，从而影响污泥颗粒化效果。UASB 适宜在中温(35～40 ℃)或者高温(50～55 ℃)下启动，反应器内的 pH 应保持在 7.2～7.6 之间。一般在其他条件相同时，温度升高，培养颗粒污泥所需时间缩短，高温 55 ℃运行 100 d，中温 30 ℃运行 160 d，低温 20 ℃运行 200 d，颗粒化污泥才能培养完成。

成熟的颗粒化污泥通常具有较高的密度，并呈现出规则的颗粒形状。成熟的厌氧颗粒污泥(简称颗粒污泥)表面边界清晰。颗粒污泥的颜色通常是黑色或灰色，有时外部会包裹一层白色黏性物质。直径变化范围为 0.14～5 mm，最大直径可达 7 mm。颗粒污泥质量浓度为 1～1.05 g/L。通常具有较好的沉降性能，即在沉淀池或沉淀器中，颗粒化污泥能够相对快速地沉降到底部，而水质在上部相对清澈。基于扫描和透射电子显微镜，麦克劳德等(1990)报道了厌氧颗粒具有三层结构。最外层包含许多异质种群(不同大小的杆状、球状和丝状体)，主要为水解菌和产酸菌。在中间层，杆状细菌(产氢产乙酸菌和氢营养型微生物)占优势。核心(第 3 层)由 Methanotrix－like 细胞(产甲烷菌)组成。在颗粒内部可以发现孔洞或空腔，这些孔洞或空腔是产气旺盛的标志。成熟的颗粒污泥，产甲烷菌应占 40%～50%。反应器在颗粒污泥培养成熟后就可稳定运行，UASB 反应器一般不适合于处理高浓度悬浮固体废水，进水的 TSS 应控制在 500 mg/L 以下。

3. UASB 处理废水的应用现状

由于在反应器中形成一个上升的厌氧污泥床，这种反应器常被用于处理有机物质含量较高的工业和城市废水，特别是对于高浓度、难降解的有机废水，其性能优于许多其他废水处理技术，这使得 UASB 在处理工业废水中得到广泛应用。在 Lettinga 的推动下，荷兰为开发厌氧生物处理工艺做出了巨大努力，并取得了良好的处理效果。自 20 世纪 80 年代以来，UASB 被迅速推广使用。目前 UASB 已成功用于处理甜菜废水、养猪场废水、马铃薯淀粉废水、乳脂废水、甲醇废水以及造纸废水。表 4.4 列出了部分实际工程中 UASB 运行特性。

表 4.4　部分实际工程中 UASB 运行特性

废水种类	温度/℃	进水浓度/(mg COD・L^{-1})	COD 去除率/%	反应器容积/m^3	研究或应用单位
啤酒废水	37	3 500～4 500	80	1 000	安徽某啤酒厂
垃圾渗滤液	30	—	70	425	杭州市萧山垃圾焚烧厂
丙酮丁醇废水	43	6 280～15 400	—	1 401	北京环保所、华北制药厂
淀粉废水	中温	17 000	—	12.51	武汉能源所
生物制药废水	35	1 500	84	2 090	江苏诚意药业
柠檬酸废水	中温	1 000	80	380	连云港红旗化工厂
酿造废水	常温	2 000～6 000	82.4	64.8	通县酿造厂
精密酒精废水	32	34 060	81	130	平沙糖厂
涤纶聚酯废水	中温	9 460～11 650	80～94	240	哈尔滨建筑大学（现哈尔滨工业大学）
屠宰废水	中温	1 141	—	20	北京环保所

4.2.2　膨胀颗粒污泥床反应器(EGSB)

1986 年，de Man 等的示踪剂研究表明，在处理污水的中试 UASB 中，在 4～20 ℃的温度范围内，由于污水与污泥未得到足够的混合，相互间不能充分接触，这在反应器中产生了死空间，导致处理效率降低。为了解决这个问题，Lettinga 等人提出了提高反应器液体升流速度的办法，使颗粒污泥趋于膨胀状态，从而提高了废水与污泥之间接触的机会，加强了传质效果。另外，为了促进污泥—污水接触，高效利用整个反应器体积，需要较好的进水分布。不同的进水口装置、每平方米更多的进水口点数或更高的表观速度被提出作为解决方案。EGSB 是对传统 UASB 的改进。与 UASB 相比，EGSB 具有更高的上流速度和更高的负载速率，EGSB 的基本构造示意图如图 4.5 所示。EGSB 通常具有出水回流，改善了反应器底部的混合效果，这种反应器的另一个典型特征是具有较大的高径比，较大的高径比也是提高升流速度所需要的，EGSB 液体的升流速度可达 5～10 m/h，这比 UASB 的升流速度(一般在 1.0 m/h)高得多，所以整个颗粒污泥床是膨胀的。

EGSB 的构造与 UASB 有相似之处，分为进水配水系统、反应区、三相分离区和出水渠系统。由于更高的流速，对三相分离器要求更为严格。EGSB 三相分离器的内部结构

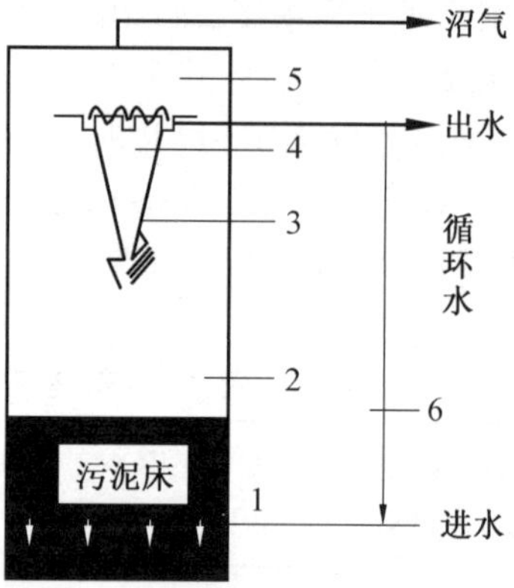

图 4.5　EGSB 的基本构造示意图

1—配水系统；2—反应区；3—三相分离器；4—沉淀区；5—出水系统；6—出水循环部分

是其高效性的关键，其设计需要考虑到反应器、分离器和气液固分离器三部分的协调配合。出水循环部分是 EGSB 不同于 UASB 之处，其主要目的是提高反应器内的液体上升流速，使颗粒污泥床层充分膨胀，污水与微生物之间充分接触，加强传质效果，还可以避免反应器内死角和短流的产生。

EGSB 作为一种改进型的 UASB，虽然在结构形式、污泥形态等方面与 UASB 非常相似，但其工作运行方式与 UASB 显然不同，高的液体表面上升流速使颗粒污泥床层处于膨胀状态，不仅使进水能与颗粒污泥充分接触，提高传质效率，而且有利于在基质和代谢产物在颗粒污泥充分接解，提高传质效率，而且有利于基质和代谢产物在颗粒污泥内外的扩散、传送，保证了反应器在较高的容积负荷条件下正常运行。

EGSB 的主要特点体现在以下几个方面。

(1)结构方面。

①高径比大，占地面积大大缩小，因此处理同样规模的有机废水，EGSB 所占的地面面积远远少于 UASB 的占地面积；②均匀布水，污泥床处于膨胀状态，不易产生沟流和死角；③三相分离器工作状态和条件稳定。

(2)操作方面。

①反应器启动时间短，COD 有机负荷率可以高达 40 kg/(m^3 · d)，污泥不易流失；②液体表面上升流通常为 2.5～6.0 m/h，最高可达 10 m/h，液固混合状态好；③反应器设有出水回流系统，更适合于处理含有悬浮性固体和有毒物质的废水；④由于上升流速大，有利于污泥与废水间充分混合、接触，因而在低温、处理低浓度有机废水时有明显的优势；⑤以颗粒污泥接种，颗粒污泥活性高，沉降性能好，粒径较大，强度较好。

(3)适宜范围。

①适合处理中低浓度有机废水；②对难降解有机物、大分子脂肪酸类化合物、低温、低基质浓度、高含盐量、高悬浮性固体的废水有相当好的适应性。

鉴于 EGSB 的特点，该反应器能够广泛适用于发酵行业(酒精、米酒、啤酒、柠檬酸、酵母、制药等)以及淀粉和部分化工行业的中、高浓度有机废水处理中。部分应用工程案例见表4.5。目前，BiothaneSystems公司已在世界范围内建造了多座处理工业废水Biobed EGSB装置，其中有著名的荷兰喜力(Heineken)啤酒公司和丹麦嘉士伯(Carlsberg)啤酒公司以及中国深圳的金威(Kingway)啤酒公司。实际运行结果表明，EGSB处理能力可以达到UASB的2～5倍。从目前的世界厌氧反应器的工程实际来看，EGSB可以称得上是世界上处理效能最高的厌氧反应器。

表4.5　EGSB的部分应用工程案例

处理对象	反应器容积/m^3	COD负荷/($kg \cdot d^{-1}$)	流量/($m^3 \cdot h^{-1}$)	国家
再生纸废水	1 500	29 816	232	美国
化工废水	1 100	28 000	183	智利
胰岛素废水	2 337	32 000	121	德国
制糖废水	2 065	41 600	173	法国
乳酸盐废水	590	12 000	45	荷兰
酿酒废水	940	12 500	208	中国
奶酪、冰淇淋废水	150	2 200	—	日本
柠檬酸废水	900	18 000	50	以色列

4.2.3　内循环厌氧反应器

作为第三代厌氧反应器，内循环厌氧(IC)反应器结合集成了UASB和流化床消化器的优点，利用反应器内产生的沼气提升力来实现发酵料液的内循环。荷兰Paques环境技术公司在1985年初建造了第一个IC中试反应器，该反应器采用UASB颗粒污泥接种，用于处理高浓度土豆加工废水。1988年，该公司建立了第一个生产性规模的IC反应器。目前，在啤酒处理行业，由于IC反应器高效率和占地面积小的特点，已经被广泛采用。

1. IC反应器的构造

IC反应器示意图如图4.6所示，其特点是具有很大的高径比，一般可达4～8，反应器的高度可达16～25 m。一般可以理解为IC是由上、下两个UASB组成的两个反应室，底部一个处于极端的高负荷，上部一个处于低负荷。每个反应室的顶部各设一个气－固－液三相分离器。如同两个UASB反应器的上下重叠串联。反应器内部由5个基本部分组成：混合区、颗粒污泥膨胀床区(第一反应室)、精处理区(第二反应室)、内循环系统。

(1)混合区。

经过调节pH和温度的生产废水首先进入反应器底部的混合区，并与来自泥水下降管的内循环泥水混合液充分混合后进入第一反应室中的颗粒污泥膨胀床进行COD的生化降解。

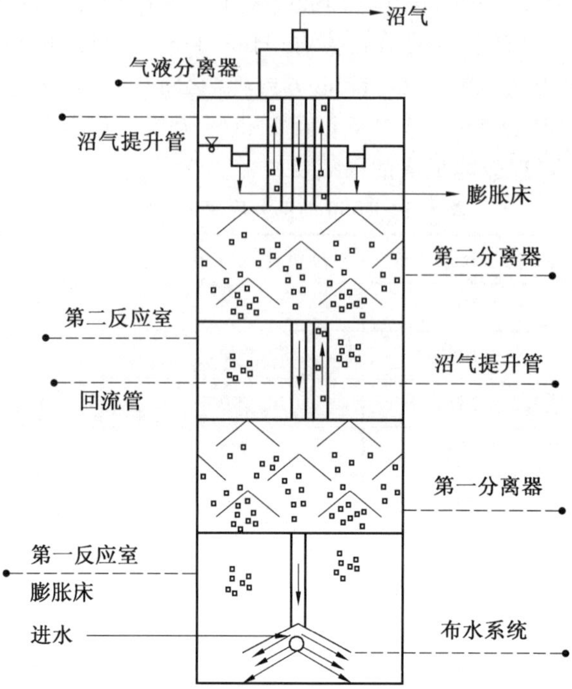

图 4.6　IC 反应器示意图

1—气液分离器；2—集气管；3—二级三相分离器；4—沼气提升管；5—一级三相分离器；6—泥水下降管；7—进水；8—出水区；9—精理区；10—膨胀床区；11—混合区

(2)第一反应室。

进水由底部进入第一反应室与颗粒污泥混合，大部分有机物在此被降解，产生大量沼气，沼气被下层三相分离器收集，由于内循环作用、高的水力负荷和产气的搅动，导致反应器底部的污泥膨胀状态良好，使废水与污泥能够充分接触，如此良好的传质作用和较高的污泥活性才保证了 IC 反应器具有较高的有机负荷。

(3)第二反应室。

第二反应室也是精处理区，在经过第一厌氧反应室处理过的废水会自动地进入第二厌氧反应室被继续进行处理。这个反应区内水力负荷和污泥负荷较低，产气量少，产气搅动作用小，因此可以有效地对废水中的有机物进行再处理，使废水得到更好的净化，提高了出水水质。

(4)内循环系统。

内循环系统是 IC 工艺的核心结构，由一级三相分离器、沼气提升管、气液分离器和泥水下降管等组成。沼气上升的同时把第一厌氧反应室的混合液提升至反应器顶的气液分离器，被分离出的沼气从气液分离器顶部的导管排走，分离出的泥水混合液将沿着回流管，返回到第一厌氧反应室的底部，并与底部的颗粒污泥和进水充分混合，实现了混合液的内部循环，IC 反应器的称号由此得来。

一般来说，与 UASB 相比，在获得相同处理效率的条件下，IC 反应器具有更高的进水容积负荷率和污泥负荷率，IC 反应器的平均升流速度可达处理同类废水 UASB 的 20 倍左右（底部区为 10～20 m/h，上部区为 2～10 m/h）。在处理低浓度废水时，HRT 可缩短至 2.0～2.5 h，使反应器的容积更加小型化。处理同类废水时，IC 反应器的高度为 UASB 的 3～4 倍，进水容积负荷率为 UASB 的 4 倍左右，污泥负荷率为 UASB 的 3～9 倍。

从上述的论述可以知道，IC 反应器具有很多优点，主要优点如下。

①容积负荷高。IC 反应器内污泥浓度高，微生物量大，且存在内循环，传质效果好，进水有机负荷可超过普通厌氧反应器的 3 倍以上。当进水 COD 为 10 000～15 000 mg/L 时，COD 容积负荷率可达 30～40 kg/(m^3 · d)。处理低浓度有机废水如啤酒废水，当 COD 为 2 000～3 000 mg/L 时，进水容积负荷率可达 20～25 kg/(m^3 · d)，HRT 仅为 2～3 h，COD 去除率可达 80%。

②节约投资和占地面积。IC 反应器容积负荷率是普通 UASB 反应器 3 倍左右，其体积相当于普通反应器的 1/4～1/3，大大降低了反应器的基建投资，而且 IC 反应器高径比很大（一般为 4～8），所以占地面积小。

③抗冲击负荷能力强。由于 IC 反应器实现了内循环，处理低浓度废水（如啤酒废水）时，循环流量可达进水流量的 2～3 倍。处理高浓度废水（如土豆加工废水）时，循环流量可达进水流量的 10～20 倍。因为循环流量与进水在第一反应室充分混合，原废水中的有害物质得到了充分稀释，大大降低了有害程度，从而提高了反应器的耐冲击负荷能力。此外，内循环技术的采用使污泥活性高、增殖快，为反应器的快速启动提供了条件。IC 反应器启动期一般为 1～2 个月，而 UASB 的启动周期达 4～6 个月。

④具有 pH 缓冲能力。反应器具有缓冲 pH 的能力。内循环流量相当于第一级厌氧的出水回流量，可以利用 COD 转化产生的碱度，对 pH 起到缓冲作用，从而保持反应器的 pH 稳定。在处理缺乏碱度的废水时，这种设计可以减少对进水投碱的需求。

⑤抗低温能力强。温度对厌氧消化的影响主要是对消化速率的影响。IC 反应器由于含有大量的微生物，温度对厌氧消化的影响变得不再显著和严重。通常 IC 反应器厌氧消化可在常温条件（20～25 ℃）下进行，这样减少了消化保温的困难，节省了能量。

⑥出水稳定性好。因为 IC 反应器相当于上、下两个 UASB 反应器串联运行，下面一个反应器具有很高的有机负荷率，起“粗”处理作用，上面一个反应器的负荷低，起“精”处理作用，使出水水质好且稳定。

2. IC 反应器的启动

由于国内已建立了许多生产性 UASB 装置，因此在启动 IC 反应器时，可以采用 UASB 反应器的颗粒污泥作为接种污泥。当采用 UASB 反应器的接种污泥作为 IC 厌氧反应器的接种污泥时，颗粒污泥会从 UASB 反应器演变为 IC 反应器的颗粒污泥，一般需要 1～2 个月的启动过程。丁丽丽等人采用 UASB 中的颗粒污泥接种 IC 厌氧反应器处理人工合成废水，反应器初次启动在 40 d 内完成。而王克浩等人则采用自行设计的一套 IC 反应器，接种啤酒厂生产废水消化污泥，通过人工配水对其进行启动运行，历时 60 d

完成了反应器的启动。

以絮状污泥启动需要更长的时间。刘冰等人采用污水处理厂的厌氧消化絮状污泥作为接种污泥，启动初期，采用低浓度进水方式，同时梯度性提高有机和水力负荷。在启动过程中，反应器中的污泥浓度经历了一个先降低然后升高的过程，并且污泥浓度沿着反应器高度进行了重新分布。运行 105 d 后，成熟的颗粒污泥已经形成，可实现 IC 反应器的启动。李海松等总结了郑州大学实际工程经验，对不同水质条件下 IC 反应器的启动进行了比较、讨论。以厌氧消化后的压滤污泥作为接种污泥，以金霉素废水和酒精废水启动反应器，分别在 168 d、112 d 完成启动。他提出，在启动过程中尤其是在初期应采用间歇脉冲进水；采用进料负荷模型 $N_n = N_1(1+k)^{n-1}$ 逐渐增加负荷，并根据 COD 去除率和 VFA 等一系列参数来确定和调整负荷。一般认为，如果采用处理相同废水的 IC 反应器污泥接种则更为理想，可缩短启动时间。

3. IC 反应器的应用

IC 反应器在国外的应用主要集中在欧洲，其运行经验相对于国内更加成熟。该反应器不仅在啤酒生产、造纸、土豆加工等生产领域的废水处理上取得了成功应用，而且正在扩展其应用范围，处理规模也日益加大。除了前面提到的荷兰 Paques 环境技术公司外，荷兰 SENSUS 公司也建造了 1 100 m^3 的 IC 厌氧工艺处理菊粉生产废水，而据估算，若采用 UASB 处理同样废水，反应器容积将达到 2 200 m，投资及占地面积将大大增加。

我国于 1996 年引进该技术用于啤酒废水的处理，从 IC 反应器的工程实践来看，国内的沈阳市和上海市已经成为采用 IC 处理啤酒生产废水的先行者。以沈阳某啤酒有限公司采用的 IC 反应器为例，该反应器高达 16 m，有效容积为 70 m^3。每天平均处理 COD 为 4 300 mg/L 的啤酒废水 400 m^3，在 COD 去除率稳定在 80%的条件下，容积负荷高达 25～30 kg/(m^3 · d)。公司在解决生产废水处理问题的同时，也在经济上取得了显著的收益：每年节省排污费 75 万元，沼气回收利用价值 45 万元。相较之下，反应器每年运行费用仅为 62 万元。这一实践不仅有效处理了废水，还创造了经济价值。

表 4.6 总结了 IC 反应器应用于处理不同废水的运行情况。可见，IC 反应器在处理效率上的高效性和大的高径比大大节省了占地面积和投资，特别适用于土地面积不足的工矿企业采用，故有着很大的推广应用价值和潜力。

表 4.6　IC 反应器应用于处理不同废水的运行情况

企业名称	进水 COD /(mg · L^{-1})	负荷/(kg COD · m^{-3} · d^{-1})	反应器高度/m	反应器容积/m^3	HRT /h	COD 去除率 /%
荷兰某土豆加工厂	6 000～8 000	48	15	100	5.6	85
荷兰某菊苣加工厂	7 900	31	22	1100	8.2	>80
法国某纸厂	650～2 650	5～26	16	100	18.3	60～75
德国某纸厂	1 510～2 920	9～20	20	385	8～10	58～74
德国某厂	1 250～3 515	9～24	24	465	55.5	90～95

续表4.6

企业名称	进水 COD /(mg·L^{-1})	负荷/(kg COD·m^{-3}·d^{-1})	反应器高度/m	反应器容积/m^3	HRT /h	COD 去除率 /%
江苏某柠檬酸厂	7 000～12 000	15	22	1 560	48	81
浙江某酿酒厂	4 500	—	12	35	6～8	>80
福建某股份有限公司	1 850	—	—	—	—	87
沈阳某啤酒有限公司	4 300	25～30	16	70	4.2	>80

4.2.4　折流式厌氧反应器

1. 概述及构造

大约在 Lettinga 开发 UASB 的同时，McCarty 在总结第二代各厌氧反应器特点的基础上，与斯坦福大学的同事于 1981 年前后提出了一种新型高效厌氧反应器——折流式厌氧反应器(ABR)。ABR 属于一种复杂流态的厌氧反应器，其构造示意图如图 4.7 所示。反应器内部设置竖向导流板，将反应器分隔成串联的几个反应室。废水在反应器内沿上下方向流动，借助产生的气体，反应器内的微生物上下运动，但整个反应器内的水流则以较慢的速度进行水平推流。每一个反应室都是一个相对独立的上流式污泥床系统，其中的污泥可以以颗粒化形式或絮状形式存在。折流使得水流所流经的总长度加大，再加之间隔大小不等的折流板的阻挡及污泥自身的沉降作用，生物固体被有效地截留在反应器内，进水中的底物与微生物充分接触而得以降解去除。

ABR 将 UASB 和分阶段多项厌氧反应器(SMPA)技术融合在一体，这不仅显著提高了厌氧反应器的负荷和处理效率，还增强了其稳定性和对不良因素的适应性，是废水处理领域的一项有效的新技术。

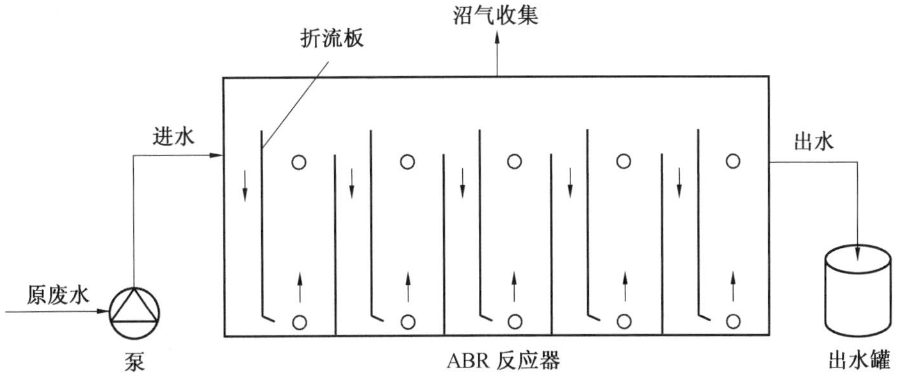

图 4.7　ABR 构造示意图

2. ABR 的特点

ABR 具有以下几个显著特点：

(1)投资少,工艺简单、运行费用低。

ABR 法设计简单,没有活动部件,与传统的厌氧消化池相比,无须机械搅拌装置,也不需要设计复杂的三相分离器。与 UASB 和 AF 相比,ABR 也不需要昂贵的进水系统。

(2)水力条件优良。

ABR 的流态是介于推流与完全混合流态之间,ABR 这种优良的水力条件使其具有稳定的处理效果。研究表明,不同条件在稳态情况下 ABR 死区体积分数为 7%～20%,平均为 9.8%。相比之下,厌氧滤池死区体积分数高达 50%～93%,因而容积利用率要高于其他型式的反应器。另外,这种流态有利于颗粒污泥的形成。

(3)良好的生物固体截留能力。

折流板的阻挡减弱了隔室间的返混作用。反应器中的生物固体集中在上向流室内形成高浓度的污泥层,污泥质量浓度高达 50～80 g/L。污泥的沉降性能好,泥龄增长,污泥产率低。相比之下,UASB 则在高水力负荷的条件下发生污泥流失的现象。研究表明,ABR 中生物固体的最短停留时间也能达到 68 d。因此,ABR 的运行是温度可靠的。

(4)良好的生物分布。

反应器内的微生物箱有明显的种群配合和良好的沿程分布,厌氧反应产酸相和产甲烷相沿程得到分离,使 ABR 在整体性能上相当于一个两相厌氧生物处理系统,从而确保相应的微生物相具有最佳的工作活性。

ABR 亦有其不利的方面:在同等的总负荷条件下与单级的厌氧反应器相比,反应器第一隔室要承受的负荷远大于平均负荷,造成局部负荷过载;对中试和生产规模的折板反应器的不利之处在于,为了保证一定的水流和产气上升速度,ABR 不能太深;必须保持入流分布均匀。另外,反应器也有厌氧反应器的共同弱点,即出水 COD 浓度较高,较难达到排放标准。

3. ABR 的应用

ABR 的推流特性使其在处理对微生物有抑制或毒性作用的物质时具有潜在的优势,因此在实际工程中应用广泛,如低温废水、多种浓度有机废水、有毒性废水及难降解有机废水的处理。

(1)低浓度废水处理。

多位研究者采用 ABR 有效处理了低浓度废水,部分低浓度废水处理性能数据见表 4.7。稀释废水本质上在生物质和底物之间提供的传质驱动力较低,根据 Monod 动力学分析,生物质活性将大大降低。Hassouna 和 Stuckey 的研究表明,在处理稀牛奶废物的反应器长度范围内,产酸细菌的种群没有发生实质性变化,这表明在低 COD 浓度下缺乏显著的种群选择。另外,Gopala Krishna 以及杜接弟等人的研究也发现,对于低浓度有机废水,缩短水力停留时间,ABR 仍能保持较高的 COD 去除率[21-22]。

表 4.7　部分低浓度废水处理性能数据

废水类型	HRT/h	COD/(mg·L^{-1})		COD 去除率/%	有机负荷率/(kg·m^{-3}·d^{-1})	产气速率/(L·L^{-1}·d^{-1})
		进水	出水			
灰水	84	438	109	75	0.13	0.025
灰水	48	492	143	71	0.25	0.05
灰水	84	445	72	84	0.13	0.025
蔗糖废水	6.8	473	74	74	1.67	0.49
蔗糖废水	8	473	66	86	1.42	0.43
蔗糖废水	11	441	33	93	0.96	0.31
屠宰场废水	26.4	730	80	89	0.67	0.72
屠宰场废水	7.2	550	110	80	1.82	0.33
屠宰场废水	2.5	510	130	75	4.73	0.43

(2)高浓度有机废水。

处理高浓度有机废水是 ABR 应用前景最为广阔的一个方面。目前采用 ABR 处理各种高浓度废水的研究和应用日益增多。对于低浓度废水来说，短保留时间是可能的，甚至是必要的，但在处理高浓度废水时则相反。其产气对促进泥水混合的作用占主导地位，因而对上升流速的控制范围较宽。故对高浓度废水，建议采用较长的 HRT，以防止产气作用造成的污泥流失，否则须加装填料或者对反应器设计进行修改以减少污泥流失。

目前，ABR 已经被广泛地应用于处理屠宰废水、糖蜜废水、酿酒废水、制药废水、印染废水、豆制品废水等的研究当中。

曹晓莹采用 ABR 处理草甘膦废水，结果表明，在反应器运行温度为 35 ℃，进水的 COD_{Cr}为 6 500 mg/L，反应器的水力停留时间为 15 h，COD_{Cr}有机负荷为 10.4 kg/(m^3·d)的条件下，反应器运行稳定且高效。出水的 COD_{Cr}低于 300 mg/L，污染物去除率超过 95%，出水 pH 始终在 6.5～8.0 之间，完全达到所需的处理目标，且反应器中的污泥呈现明显的产酸菌—产甲烷菌的相分离特性。何仕均等进行了 ABR 常温下处理制糖废水的中试研究。随着有机负荷地的提高，反应器后部对 COD 降解的贡献大大增加，且反应器各格的 VFA 浓度均有较大幅度的上升，而碱度和 pH 则下降明显，这表明反应器存在过度酸化的危险。总的来看，进水 COD 为 2 000～9 000 mg/L、HRT 为 24～60 h 时，ABR 对 COD 的平均去除率大于 70%。根据生物动力学考虑，高底物浓度将促进快速生长的细菌和具有高 K_s 值的生物体，并且甲烷的产生主要来自甲烷八叠球菌和氢利用型产甲烷菌(例如 *Methanobrevibacter*、*Methanobacterium* 等)的乙酸脱羧作用。随后发现甲烷八叠球菌在高浓度废水的生物絮体中占优势。

目前，大部分 ABR 处理废水仅限于试验阶段，部分处于中试阶段(处理食品废水、综合印染废水)，在实际工程中的应用还比较少见，部分高浓度废水处理性能数据见表 4.8。

表 4.8　部分高浓度废水处理性能数据

废水类型	进水 COD /(g · L^{-1})	HRT/h	反应器容积/L	温度/℃	OLR /(kg · m^{-3} · d^{-1})	COD 去除率/%	产气速率 /(L · L^{-1} · d^{-1})
原糖蜜废水	990	850	150	37	28	50	>5
糖蜜酒糟	115.8	138～636	150	37	4.3～20	70～88	>2.3
猪粪废水	58.5	360	15	35	4	62～69	2.9～3.2
威士忌酒厂	51	360	6.3	30	2.2～3.46	>90	1.2～3.6
醇类发酵废水	9	60	8	—	2	90	0.25

4.2.5　厌氧生物滤池

1. 厌氧生物滤池的特点及构造

厌氧生物滤池(AF)是 20 世纪 60 年代末由美国斯坦福大学的 Mc Carty 和 Young 在 Coulter 等研究基础上发展并确立的高速厌氧反应器，是公认的早期高效厌氧生物反应器。之所以被称为高速厌氧反应器，是在于它采用了生物固定化的技术，使污泥在反应器内的停留时间极大地延长，厌氧生物滤池的两种形式如图 4.8 所示。

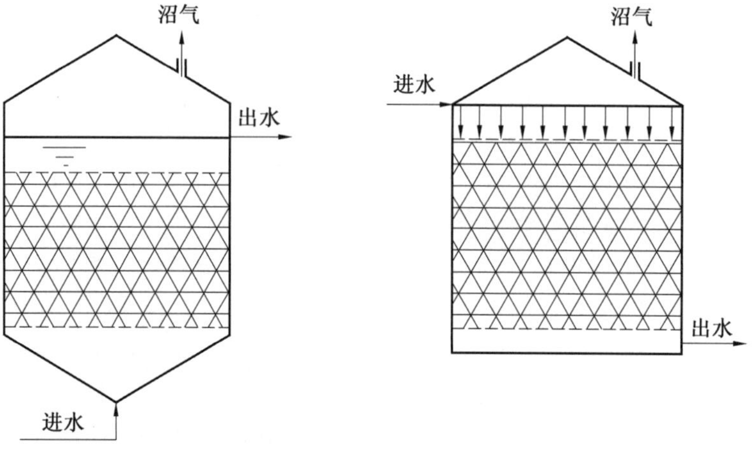

(a) 升流式 (AF)　　(b) 降流式 (DSFF)

图 4.8　厌氧生物滤池的两种形式

厌氧生物滤池内部装填有微生物载体。厌氧微生物部分附着生长在滤料上，形成厌氧生物膜，有部分微生物悬浮在填料的空隙之间。废水从反应器的下部和上部流经有生物膜的填料时，废水中的污染物扩散到生物膜表面被厌氧分解转化为沼气。净化后的水排出滤池外，所产生的沼气被收集利用。由于较高的污泥浓度和长达 100 d 以上的污泥龄，AF 具有良好的运行稳定性，能承受水质和水量的冲击负荷，在常温甚至低温下均能处理城市污水等低浓度有机废水。厌氧生物滤池生物膜菌群结构复杂，对于升流式厌氧生物滤池，填料底部中水解细菌和产酸菌相对丰度更高，随着高度的增加，产乙酸菌和产甲烷菌逐渐增多。

填料是厌氧生物滤池的主要组成部分，作为生物膜的载体。填料的种类、密度和放置方式等因素会影响滤池中的生物附着情况和布水性能等方面，从而对系统运行结果产生影响。最初，很难找到适合该系统的载体材料。从将污泥截留形成生物膜的角度来讲，表面粗糙、空隙率高易于生物膜附着是对填料的基本要求。同时还要求填料的化学及生物学的稳定性强。早期 AF 所采用的填料以硬性填料为主，如用沙粒、碎石、焦炭等，粒径一般为 25～50 mm，也可用各种形状的塑料制品做填料，如粒状、波纹状板和蜂窝状塑料，还可用软性材料做滤料。由于厌氧生物有效黏附到惰性载体上，应用适当的支撑材料 AF 系统可以快速启动。该系统易于启动是其在 20 世纪八九十年代流行的主要原因。

AF 的主要缺点是难以维持污泥和废水之间所需的接触，因为“床”很容易发生堵塞。对于部分溶解的废水尤其如此。这些堵塞问题显然可以通过应用初沉池和预酸化步骤来克服(至少部分克服)。然而，这将需要建造和运营额外的装置。此外，除了成本较高之外，它还不能完全消除水流短路的问题，从而导致处理效率不尽如人意。

为了最大限度地减少过滤材料间隙中的堵塞和污泥积累，厌氧滤池有时以下流模式运行，即下流式厌氧滤池。下向流式厌氧滤池出水从滤池底部排出，悬浮污泥和冲刷下来的生物膜会被及时带出滤池，因而堵塞问题没有升流式滤池严重。也正是这种原因，下流式厌氧生物滤池不易保存高浓度污泥，细菌的增殖较缓慢。另外，可以将厌氧滤池处理后的水回流，也称完全混合式厌氧滤池工艺，该工艺基本上消除了滤池底部堵塞的可能性，还可以对进水起到中和作用，从而减少中和剂用量。

2. AF 的应用

早在 1891 年，英格兰建成了第一座厌氧生物滤池，这被认为是使用得最早的废水生物处理构筑物之一。20 世纪 60 年代末由 Mc Carty 等在研究基础上发展并确立了其在现代高速厌氧反应器中的地位。第一座大型厌氧滤池建于 20 世纪 70 年代，1982 年，英国百加得公司投入使用了一座处理蒸馏废水的 10 万 m^3 的厌氧滤池。据统计，在 1981—2007 年，约有 140 座全规模 UAF 装置投入运行，用于处理各类废水，约占已安装高速厌氧反应器总数的 6%。该系统适用于相对较高的负载率(高达 10 kg COD/(m^3 · d))，其处理效果令人相当满意。厌氧滤池已经应用于处理多种有机废水，如抗生素发酵废水、柠檬酸发酵废水、酵母生产废水、酿酒厂和葡萄酒厂废水、糖蜜蒸馏泔水、发酵和制药废水、化学加工废水、垃圾填埋场沥滤液以及食品罐头和软饮料废水等。

采用厌氧生物滤池对焚烧厂垃圾渗沥液进行处理，以比表面积约为 420 m^2/m^3 的 HDPE 作为填料。当进水 COD 为 49 000～82 000 mg/L，有机负荷最高达到 15 kg/(m^3 · d)，HRT 约为 4 d，出水 COD 为 3 000～8 000 mg/L，COD 去除率基本维持在 90%以上。反应器运行稳定，抗冲击负荷能力较强，有效地防止了反应器发生酸化。厌氧生物滤池还可以有效进行厌氧氨化作用，将有机氮转化为氨氮，将 NH_3-N/TN 从 0.4～0.7 提升至 0.85～0.99。

以下流 AF 处理高蛋白含量的鱼类加工废水，COD 去除率可达 90%，负荷最高可达

10 kg COD/(m^3·d)。在处理COD为5 g/L的废水的生产性试验中，出水回流已证明可使系统耐受pH变化和有毒物的冲击并减少中和所需费用，运行表明回流对含易沉淀悬浮物的废水有利。下流式滤池的回流比一般为进水量的0～4倍，表4.9展示了AF处理工业废水研究的部分小试成果。

表4.9　AF处理工业废水研究的部分小试成果

废水类型	处理温度/℃	进水COD/(g·L^{-1})	容积负荷/(kg COD·m^{-3}·d^{-1})	COD去除率/%	运行方式	HRT/h
制药废水	35	4	8	94	小试	12
	35	8	8	95		24
	35	16	8	98		48
蔬菜废水	22～33	16	8	81	—	48
	22～33	16	16	86	小试	24
	22～33	16	32	90	—	12
人工合成废水	30	8.7	2.5～10	79～93	小试	—
柠檬酸废水	36	6.8～9.1	3.16	73	小试	48
酵母菌废水	36	8.77～16.48	3	65	小试	60
海鱼加工废水	55 37	10～50 10～50	0.79～6.76 0.76～7.50	67～78 67～77	小试	53～372 48～415
印染废水	35	0.21～2.23	0.5～2.0	70～86.6	小试	18.3
锅炉废水	36～38	38	3	81.2	小试	30

4.2.6　序批间歇式厌氧反应器

1. 序批间歇式厌氧反应器概述和构造

厌氧序批式反应器（ASBR）是一种新型高速厌氧工艺（美国专利号5185079），由Dague和爱荷华州立大学的同事于20世纪90年代初开发，Dague教授也是目前对ASBR研究最深入和全面的学者。ASBR是间歇运行的非稳态厌氧生物反应器，Dague等人发现在ASBR中可以形成颗粒污泥，污泥沉降快且易于保留在反应器内，具有高SRT和低HRT的特点，ASBR对于克服厌氧污泥流失问题是一种具有创新性的解决办法。尽管ASBR的运行方式与厌氧接触法相似，但ASBR的固液分离是在反应器内部进行的，因此无须另外设置澄清池，也不需要真空脱气设备。

2. 工艺运行特性

ASBR是将好氧生物处理的序批式反应器SBR运用于厌氧生物处理发展而来的。工艺操作流程示意图如图4.9所示，与SBR一样，ASBR工艺的运行以间歇操作为主要特征。每个ASBR池的运行操作在时间上是按次序排列的，一般可按运行次序分为4个阶段，即进水、反应、沉淀和排水阶段，称为一个运行周期。

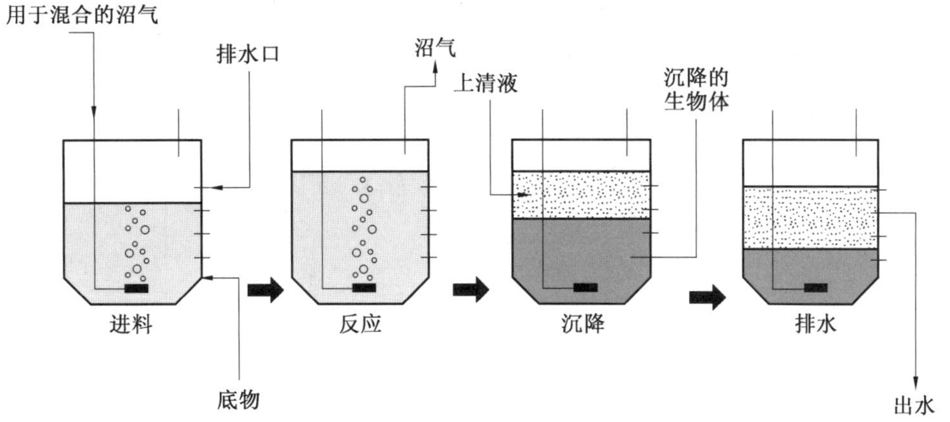

图 4.9　ASBR 工艺操作流程示意图

在进水阶段，涉及将底物添加到反应器中。随着进水过程中的持续混合，底物浓度迅速增加，由 Monod 动力学方程可知，代谢率增加到最高值。S. Sung 等认为，进水体积根据多种因素确定，包括所需的水力停留时间、有机负荷和污泥的预期沉降特性。

在反应阶段，该阶段在有机底物转化为沼气的过程中最重要。反应阶段所需的时间取决于几个参数，包括底物特性和浓度、所要求的出水质量、污泥浓度、搅拌效果和反应温度。其中，搅拌对于均化环境条件（温度、pH、基质浓度等）很重要。但是，Dague 教授认为，混合过于剧烈可能会剪切脆弱的厌氧生物絮凝物并导致固体分离不良。据报道，混合不必是连续的。事实上，研究表明，基于 COD 去除效率，间歇混合（2 min/h）实际上改善了生物质一固体分离和反应器的整体性能。

在沉淀阶段，停止搅拌以允许生物质固体分离。反应器本身充当沉淀池。沉淀所需的时间会有所不同，具体取决于生物质沉降性能，但通常为 10～30 min。反应器中混合液悬浮固体（MLSS）的浓度是影响生物质沉降速度以及待排上清液澄清程度的一个重要变量。另一个重要的相关变量是食物浓度（F）与微生物质量（M）的比率（F/M）。

排水阶段在发生充分的泥水分离后进行。排水体积通常等于前一进水步骤期间进水的体积。排水步骤所需的时间由每个循环期间要排水的总体积和排水速率决定。一旦排水步骤完成，反应器就准备好进入下一个周期的进水阶段。

ASBR 的运行特征是周期性序列间歇运行。反应器内 F/M 是变化的，其变化过程在时间上是一个推流过程。

早在 1966 年，Dague 和合作者 Mc Kinney 和 Pfeffer 就报道称，观察到厌氧生物质以类似于好氧活性污泥的方式絮凝，并且 F/M 是影响厌氧生物絮凝的重要参数。在低 F/M 比例下，生物质絮凝良好并快速沉降，提供反应器流出物低悬浮固体。降低 F/M 可以通过一种或者两种方式的组合来实现：降低食物浓度和/或增加微生物质量。通过固体分离和内部保留，反应器中可达到的微生物密度是有限度的。另一个变量是食物浓度。在稳定运行的连续进水、全混流的反应器中，微生物周围的食物浓度是恒定的。相反，在分批进水反应器中，食物浓度在进水后立即升高，并逐渐下降，直到反应器再次进水，如图 4.10 所示。分批进水系统中进水之前的底物浓度低于连续进水系统中任何时间的底物浓度。因此，与连续进水的厌氧接触过程相比，分批进水系统能够实现更有效的生物质絮凝造粒和固体分离。

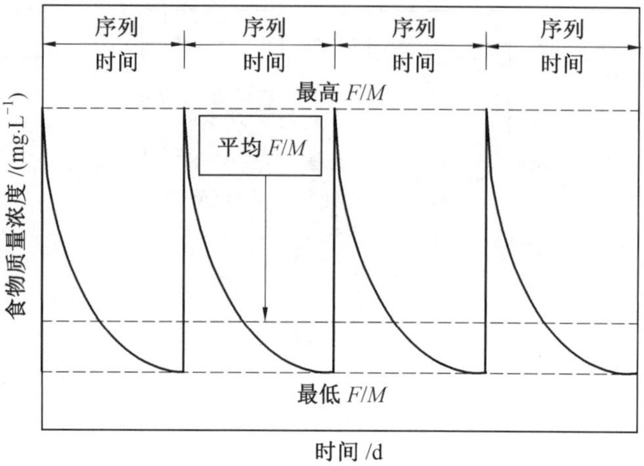

图 4.10 批次进水对食物浓度和 F/M 的影响

ASBR 工艺的一个重要特点是絮状生物质逐渐转化为沉降良好且高活性的颗粒污泥。厌氧微生物倾向于彼此黏附以及黏附到无机和（或）有机支持颗粒上以形成坚固、致密的颗粒，完成颗粒化过程。ASBR 倾向于通过在排水期间向液面施加一定压力来促进颗粒化过程。排水过程往往会冲掉沉降不良的絮凝物和分散的有机体，并选择较重、沉降速度较快的聚集体。因此，随着时间的推移，颗粒污泥占主导地位并导致快速沉降的污泥和高度稳定的反应器系统。

研究发现，向 ASBR 中投加小颗粒的辅助材料可以促进絮状污泥的颗粒化过程，缩短反应器的启动时长。孙剑辉以未经驯化的厌氧消化污泥接种，以 2 g/L 的投加量向 ASBR 中加入粒径约为 0.5 mm 的颗粒活性炭（GAC），能使 ASBR 反应器快速启动，68 d 时污泥已颗粒化，比正常颗粒化时间（10 个月）大为缩短。COD_{Cr} 去除率达 95%，出水挥发酸 VFA 质量浓度低于 200 mg/L[39]。徐晓妍向 ASBR 中添加粒径为 3 mm 左右的生物炭，提高了厌氧反应器的启动效率，缩短了启动时间，并提高大颗粒的污泥占比及污泥的沉降速度，而且在相同的处理效率条件下，生物炭的添加可以减少厌氧反应器种子污泥接种量。作为固态缓释碳源，生物炭促进了生物膜的形成，提高了颗粒污泥的稳定性。

根据以上工艺特征，ASBR 与连续流厌氧反应器相比有以下优势：

①固液分离效果好，出水悬浮物较低。SRT 较长，出水水质良好。

②能够承受较高的有机负荷，反应器容积较小。

③不需要污泥回流、出水循环、澄清设备。

④运行灵活，能适应废水间歇无规律排放。

⑤不需要污泥回流、出水循环、澄清设备，无须三相分离器。

3. 工艺应用情况

ASBR 用于屠宰场废水、垃圾渗滤液的处理以及焦化废水的预处理已有相关报道。屠宰废水的运行条件是:初始进水有机负荷 0.6 g COD/(L·d),HRT 为 3.5～4.5 d,进水 SS 为 5.6 g/L,接着容积负荷每周增加 20%,经过 3.2 个月的运行后达到最大负荷率 6.1 g COD/(L·d),HRT 为 0.625 d,反应器内的 pH 为 7～7.6,碱度总是维持在 1.5 g/L,SS 高达 9.5 g/L。试验结果表明,在启动阶段,反应器负荷率稳定在 4.5 g COD/(L·d),总 COD 去除率达 86%,溶解性 COD 去除率达 91%。张文艺应用这一工艺进行屠宰废水的处理试验。结果表明,搅拌方式、温度、反应时间对 ASBR 处理效果影响较大,ASBR 处理屠宰废水的适宜条件是:采用间歇搅拌 $SV_{30}=35\%\sim46\%$(SV_{30} 表示污泥混合液存量筒静沉降 30 min 后污泥所占的体积分数),温度为 25～35 ℃,反应时间为 24 h,污泥负荷为 0.2～0.5 kg/(kg MLSS·d),但经 ASBR 处理后的屠宰废水色度较大,有一定的臭味。要使其达标排放,还必须进行深度处理。王亮采用 ASBR 处理食品加工废水。反应器启动时的 HRT 为 9.0 d,平均 OLR 为 0.51 kg/(m^3·d)。之后逐渐提高有机负荷(OLR),降低 HRT。COD_{Cr}容积负荷在 8 kg/(m^3·d)左右、反应温度为 35 ℃的条件下,当进水时间/反应时间为 2.5 h/4.5 h 时,进水 pH 可降低到 5.0,出水 VFA 为 108.4 mg/L,COD_{Cr}的去除率可达到 88.4%,出水水质稳定。

李亚新在中温 35 ℃条件下,利用 ASBR 试验装置对焦化废水进行了厌氧预处理研究。反应器 ρ(MLSS)=22.9 g/L,运行周期取 24 h(其中进水 7.2 h,反应 14.3 h,沉淀 2.0 h,排水 0.5 h)。当进水 COD_{Cr}为 416～1 304 mg/L,有机负荷为 0.17～0.54 g/(L·d)时,COD_{Cr}去除率为 30%～40%,出水 SS 的质量浓度小于 150 mg/L。王军采用 ASBR 反应器对实际垃圾填埋场内的中期渗滤液的中试验,发现间歇搅拌方式能维持较好的微生物形态和厌氧环境而取得优于连续搅拌的去除效果。在温度为(35±1)℃,HRT 为4 d 和每小时搅拌 15 min 的间歇搅拌时,ASBR 对 COD、TN 和 SS 的去除率比较稳定,平均去除率分别为 32.04%、10.5%和 32.65%,并改善垃圾渗滤液的可生化性。

目前国内外对 ASBR 的研究还停留在试验阶段,主要集中在 ASBR 的设计方法、操作要点、工艺特性、颗粒污泥的微观结构及各种影响因素等方面的研究,取得了一些研究成果,但较少有工业应用方面的文献报道,仍处于起步阶段。

4.2.7　厌氧生物流化床反应器

1. 概述及构造

厌氧生物流化床反应器(AFB)的一般优点首先被认识并实现为好氧碳氧化和反硝化。在 20 世纪 70 年代中期,人们发现流化床系统非常适合厌氧生物处理。从那时起,几个小组就进行了厌氧工艺开发的研究。美国人 Jeris 和 Jewell 分别于 1974 年提出了厌氧流化床和厌氧膨胀床工艺,这两种反应器的区别不明显,一般认为,膨胀床反应器是床层膨胀度极低(20%)的流化床。自 1984 年以来,已经安装了几个全尺寸的厌氧流化床反应器。在 Jeris 等人的努力下,美国 Ecolotrol 公司推出了用于工业上的 HY－FLO

厌氧流化床反应器;Sutton 等也研究出了 ANYTRON 反应器,厌氧生物流化床处理废水的研究迅速发展起来。

在厌氧流化床反应器中,生物质在密度较高的小颗粒周围生长为生物层,这些生物层覆盖的颗粒以污水作为流化介质,由外界施以动力,克服重力与流体阻力,保持在流化状态,厌氧生物流化床反应器示意图如图 4.11 所示。

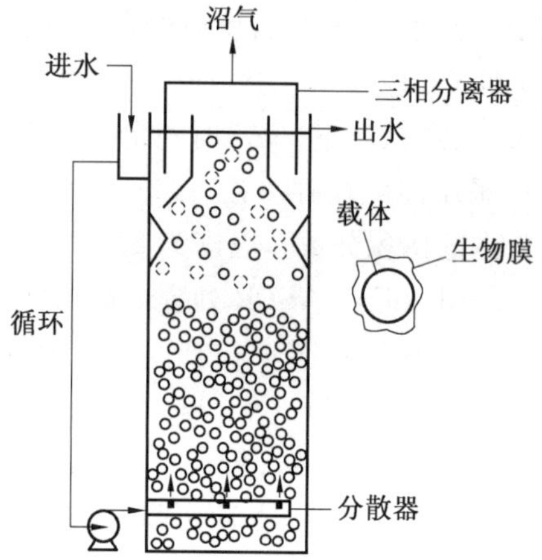

图 4.11 厌氧生物流化床反应器示意图

2. AFB 的工艺特点

与传统工艺相比,这种反应器配置具有许多优点。由于颗粒较重(例如沙子),沉降速度非常高,约为 50 m/h。这使得能够在反应器中应用高液体速度(10～30 m/h),这也避免了固定床生物膜反应器容易堵塞的缺点。由于液体流速高,废水中存在的惰性沉积物不会积聚在反应器中,因此污泥活性高。由于小载体(典型直径为 0.2～0.8 mm)上的附着表面积非常高,超过 2 000 m^2/m^3,因此典型的生物质浓度接近 40 kg/m^3。由于高生物质浓度和活性,获得了非常高的处理能力。因此,厌氧生物流化床反应器非常紧凑并且需要很少的空间。

厌氧流化床反应器的缺点见表 4.10。

表 4.10 厌氧流化床反应器的缺点

载体上生物膜的形成带来了启动时间长的问题
很难控制生物膜的厚度
非常高的液体再循环率而导致高能耗
在大型反应器上获得均匀流化的液体分配器成本昂贵,功能不佳,并且会带来堵塞问题

3. AFB 载体颗粒的特性

载体粒径一般为 0.3～3.0 mm。构成生物膜的厌氧微生物附着在其上生长而形成生物粒子。几乎所有流化床研究砂都被用作载体,并且使用此类砂作为载体可以实现高生物量浓度。有时,也使用其他载体如聚氯乙烯(PVC)粒、玻璃球、颗粒活性炭、多孔陶粒、多孔矾土(Al_2O_3)、无烟煤、硅藻土、沸石等，显然取得了相当大的成功。有迹象表明载体直径有一些影响，粒径越小，比表面积越大，同时临界流化速度也越小。已经发现，使用直径为 0.35 mm 的砂子的启动比使用直径为 0.75 mm 的砂子的启动快得多，原因是较小颗粒的较低液体剪切力。但粒径也不能太小，否则微生物量将会下降，因为粒径太小造成单位体积颗粒数量增加，因而碰撞次数增大，膜较易受损。采用颗粒活性炭(GAC)作为载体时，GAC 本身也能吸附有机物，吸附可在膜形成前或膜老化剥落时进行。生物膜可以从液体中和膜内部同时得到营养。

4. AFB 在废水处理中的应用

试验/中试规模 AFB 处理研究见表 4.11。

表 4.11　试验/中试规模 AFB 处理研究

废水种类	反应器			载体		操作条件				COD 负荷/(kg·m⁻³·d⁻¹)	COD 去除率/%
	体积/L	流化床体积占比	类型	种类	粒径/mm	温度/℃	pH	HRT/h	COD/(g·L⁻¹)		
预酸化酵母废水	310	0.90	流化床	沙砾	0.1～0.3	37	7	1	2.5	50	>90
乙酸/异丁醇	16	—	流化床	沙砾	0.4	35	7	0.3～8	1～8	12	>90
甘油废水	5	0.67	流化床	沙砾	0.4	20	7	4	1.4	7	95
预酸化葡萄糖废水	4	0.75	流化床	沙砾	0.22	35	7	20	12	12	80
乙醇废水	50	0.75	流化床	沙砾	0.6	35	7	15	12	20	85
苯酚废水	15	—	流化床	活性炭	—	35	7	24	4	4	90
乳清渗透液	0.4	1.00	流化床	沙砾	0.24	35	7	2.4	3	20	70
糖蜜废水	40	—	流化床	沙砾	—	36	7	8	4	10	90
乳清废水	1	0.50	膨胀床	Al_2O_3	0.5	35	7	24	10	7	70
蔗糖废水	2	0.50	膨胀床	硅藻土	0.45	55	7	1～4	1.5～3	30	80
牛奶废水	4	0.60	膨胀床	沙砾	0.22	37	7	15	5	4.5	90
酿酒厂废水	60	0.75	流化床	沙砾	0.35	35	7	15	12	20	95
大豆生产废水	60	0.75	流化床	沙砾	0.5	35	7	20	12	9	60
淀粉废水	60	0.80	流化床	沙砾	0.6	36	7	12	9	16	80
白酒废水	60	0.80	流化床	沙砾	0.6	30	7.3	22	10	8	70
软饮料(糖类)废水	60	0.80	流化床	沙砾	0.6	35	7	15	6	8	80
葡萄糖废水	1	0.50	膨胀床	Al_2O_3	0.5	10～30	7	2	0.2～0.6	1.8～5.4	70

厌氧生物流化床处理废水的研究与应用实例比较广泛，处理的工业废水包括含酚废水、磺酸废水、鱼类加工废水、炼油污水、乳糖废水、屠宰场废水、煤气化废水等，部分实验室或者中试规模的应用见表 4.11。基于 AFB 工艺优良的实验室/中试性能，20 世纪 80

年代初开始建设全尺寸 AFB 反应器。由 3 个公司建造了全尺寸反应器：Ecolotrol HY-FL0 反应器、Dorr-Oliver Anytron 工艺、Gist-brocades。其中，Ecolotrol HY-FLO 反应器位于美国亚拉巴马州伯明翰市，用于处理软饮料废水，容积约为 120 m^3，以直径为 0.6 mm的沙子作为载体，循环废水所消耗的电量占产生沼气发电量的 10%，实现了能量自给。Dorr-Oliver 反应器位于美国爱荷华州马斯卡廷县，该工程以两级模式运行，即水解酸化和产甲烷相分离。有两个反应器序列，共 4 台。废水来自大豆蛋白工厂，该反应器于 1982 年启动。反应器体积为 360 m^3，流化床体积为 300 m^3，使用直径为 0.5 mm 的沙子作为载体。反应器中的液体速度为 31 m/h，泵水能耗为沼气产能的 10%～13%。Gist-brocades 反应器分别位于荷兰代尔夫特和法国普鲁维镇，代尔夫特的反应器总高度为 21 m，流化床部分高度约为 13 m，流化床的体积为 215 m^3。反应器顶部设有三相分离器以分离载体颗粒，气体缓冲器的存在可以在无须气体压缩机的条件下将沼气输送到锅炉房。废水的循环率小于 1，液体泵送能耗较低，以直径为 0.1～0.3 mm 的沙子为载体，液体表观速度为 8～20 m/h。全尺寸厌氧流化床系统的运行数据见表 4.12。

表 4.12　全尺寸厌氧流化床系统的运行数据

运行参数	Dorr-Oliver Muscatine（1984 年 4 月）	Gist-brocades Delft（1984 年 8 月）	Gist-brocades Prouvy（1985 年 10 月）
进水 COD/($g \cdot L^{-1}$)	12	3.2	3.6
温度/℃	35	37	37
pH	6.7～7.1	6.8	7.4
HRT/h	19	2.4	3.2
COD 去除率/%	75	70	75
进水流量/($m^3 \cdot h^{-1}$)	32	180	50
进水有机负荷/($kg \cdot m^{-3} \cdot d^{-1}$)	11	22	20
生物量浓度/($kg\ VSS \cdot m^{-3}$)	12	20	20
出水 VFA/($mg \cdot L^{-1}$)	600	<100	100

4.2.8　升流式厌氧污泥床一滤层反应器

升流式厌氧污泥床一滤层反应器（UBF）是由加拿大的 S. R. Guiot 于 1984 年在实验室规模上首创的。UBF 将 UASB 与 AF 相结合。反应器的下面是高浓度颗粒污泥组成的污泥床，其混合液悬浮固体浓度可达每升数十克，上部是填料及其附着的生物膜组成的滤料层。研究表面，这种配置结合了 UASB 和 AF 的优点，同时最大限度地减小了它们的局限性。UBF 构造图如图 4.12 所示。

UBF 下部为厌氧污泥床，与 UASB 反应器下部的污泥床相同，有很高的生物量浓度，床内的污泥可形成厌氧颗粒污泥，污泥具有很高的产甲烷活性和良好的沉降性能。

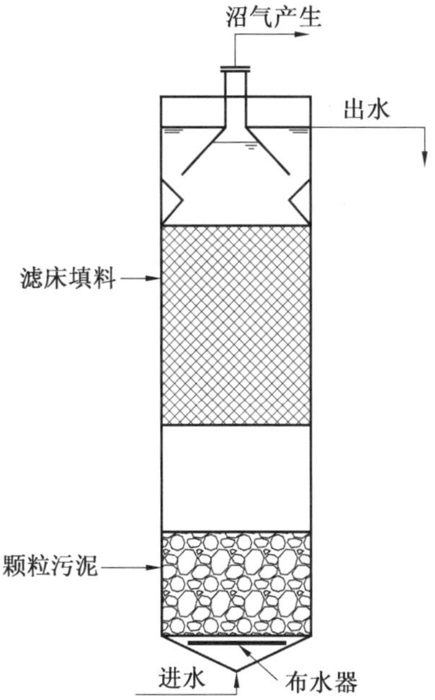

图 4.12　UBF 构造图

上部为与厌氧滤池相似的填料过滤层，填料的目的在于增强微生物固附和附生。既利用原有的无效容积增加了生物总量，截留厌氧污泥，防止了生物量的突然洗出，又对污泥床处理后的废水中的 COD 进一步去除。更重要的是，由于填料的存在，夹带污泥的气泡在上升过程中与填料发生碰撞，加速了污泥与气泡的分离，从而降低了污泥的流失。填料在此过程中起到了促进气泡与污泥有效分离的作用。

UBF 试图以上部的填料滤层代替 UASB 上部的三相分离器，使整个反应器的构造更为简单。滤层采用的填料材质与厌氧滤层的基本相同，填料当前使用的主要有聚合物、石英砂、飞灰和活性炭等。要求孔隙率大、机械强度高和表面粗糙易于挂膜，但应避免发生堵塞。因此 UBF 适于处理含溶解性有机物的废水，不适于处理含 SS 较多的有机废水，否则填料层容易堵塞。UBF 可提供高污泥浓度和长固体保留时间，从而能够以高有机负荷率和短水力保留时间处理低至高浓度的废物，启动速度快，处理率高，运行稳定，对容积负荷、温度、pH 的波动有较好的承受能力。

S. R. Guiot 使用放射性追踪剂研究了 UBF 的混合特性，在反应器内无活性污泥且没有废水再循环的条件下运行的反应器的混合曲线是完美混合类型的。无废水再循环的操作导致约 18%死区体积的产生，当再循环比为 5.4 时，死区体积均小于 10%。滤层的存在对反应器内部的混合特性几乎不存在影响。在高达 25 kg COD/(m^3·d)的负荷率下运行，可溶性 COD 去除率为 95%，甲烷产量为 5.9 m^3/(m^3·d)。但是，后期的实践表明系统在设计负荷下不需要回流亦可稳定运行，新建的反应器逐渐取消了回流装置，既节省了工程造价又降低了运行能耗。另外在实际工程中，通过改造布水系统的配水方式和管路，修改了排泥装置的管道位置，调整了生物滤床布置的密度和位置，改造了厌氧反应器相关管路的材质及连接方式，也可以避免厌氧罐底部污泥死区的形成和厌氧罐有效容积的减少，改善混合条件。

我国关于 UBF 的研究始于 20 世纪 80 年代初，1982 年广州能源研究所开始采用 UBF 处理蜜糖酒精废水和味精废水的研究，“七五”期间 UBF 的研究和应用有了较大发展，河北轻化工学院成功把 UBF 应用于处理维生素 C 废水和甲醇废水，并成功运用于生产中，日处理 COD 为 10 000 mg/L 维生素 C 废水 200 m^3，建成了两座有效容积为 150 m^3 带三相分离器的 UBF，进水容积负荷率达到了 10 kg COD/(m^3 · d)，COD 去除率大于 80%。表 4.13 总结了国内部分 UBF 研究与应用情况。

表 4.13　国内部分 UBF 研究与应用情况

废水种类	进水 COD /(mg · L^{-1})	容积负荷 /(kg COD · m^{-3} · d^{-1})	COD 去除率/%	HRT /d	温度 /℃	沼气产率 /(m^3 · m^{-3} · d^{-1})	规模 /m^3
味精	17 150	5.5	88.5	3.15	30～32	2.30	3.8
糖蜜酒精	34 000	13.6	81.1	2.05	32	4.20	100
糖蜜酒精	17 000	17.0	70.3	1.0	34	6.80	0.009
抗生素废水	6 382	5	77	2	35	1.33	510(18 个)
抗生素废水	8 608	2.48	89.48	3.47	30～40	—	500(2 个)
橡胶乳清	7 157	12.0	82.9	0.4	常温	4.1	17.4
苎麻脱胶	10 000	6.0	55.4	1.67	36～37	1.78	0.025
甲醇废水	29 300	33.4	95	1.14	35	—	小试
维生素 C	20 000	10.8	95	1.85	35～37	5.41	2
维生素 C	9 050	10.0	>80	0.68	35	3.2	150(2 个)
乳品	11 000	13	85～87	0.85	35	4.0	6
啤酒	—	10～15	80	0.28	—	7.2	小试

4.2.9　厌氧迁移式污泥床反应器

1. 概述及构造

厌氧迁移式污泥床反应器（AMBR）发明于 1994 年 8—10 月。在 1994 年夏天运行厌氧序批式反应器（ASBR）后，美国爱荷华州大学 Angenent 和 Dague 教授讨论了 ASBR 系统的优点，但是其不能连续运行。在这种知识背景下，AMBR 被开发出来。AMBR 是一种以水平方式反向流动的连续进水、多隔室结构的矩形反应器，至少有 3 个格室，反应器两侧各有进、出水口。运行时进水从反应器的一端水平流入，从另一端流出。

AMBR 有两种不同的构造型式。第一种是早期 Angenent 在开发时沿用的反应器构型（图 4.13(a)），在分隔隔室的两片有机玻璃板底部开一个圆形的开口（每片一个开口）。这些开口位于底部，以在生物质和基质之间产生足够的接触，确保生物质的迁移，并限制基质的短路。当 COD 负荷增加时，产气量也会增加从而导致进水室的扰动增大，污泥迁移速率增大，此时增加孔的尺寸可以显著地减小污泥迁移速率。另外一种 AMBR 结构示意图如图 4.13(b)所示，也是由 Dague 和 Angenent 考虑到第一种反应器缺点的基础上设计的，并于 1999 年申请了美国专利(专利号:5885460)。与图 4.13(a)反应器不同之处在于，相邻隔室中间的挡板底部不设置通道，而是在两侧设置一系列垂直安装的导流板来代替圆孔，使污水在反应器内沿导流板作上下折流，借助于反应过程中产生的气体和间歇的轻微搅拌可使微生物固体在导流板形成的各个隔室内做上下运动。这种结构上的改变，有利于在水力停留时间较短时减少底物的短路循环。由于反应器进水采用水平流动，而出水不进行循环，为了促进泥水混合液的充分混合，3 个隔室中均设置了污泥搅拌设施。AMBR 的上部空间相互连通，并在隔室的上部设有集气系统。两种系统出水口前设置了挡板，以防止污泥的流失。

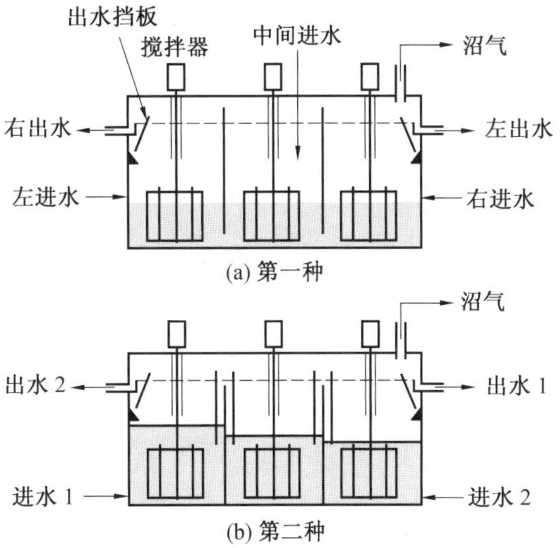

图 4.13　两种 AMBR 示意图

废水水平流入反应器一端，由另一端流出。由于最后一个隔室接收的底物浓度最低，因此该隔室中微生物的活性较低，沼气产量较低，最后一个隔室在不开启搅拌器的情况下能够充当内部澄清池，以防止废水中的生物质流失。为防止最后隔室中完全相分离和生物体的过量积累，采取定期改变流向的措施，将最后一隔室变成第一隔室，起初的第一格室又作为内部澄清池。在流向改变前进水先快速注入反应器的中间隔室，作为缓冲区，以免产生水流的短流。水流方向的定期改变促使絮状污泥在反应器内不断迁移，可以使具有高活性、沉淀性能好的颗粒污泥被截留在反应器内，并不断生长。有研究表明，改变 AMBR 的进水模式(第一格室与中间格室进水时间分配比例)，对反应器的处理效果存在一定影响。设置了不同格室进水时间比为 8∶4、7∶5 和 9∶3，在进水 COD=3 000 mg/L、HRT=24 h 的条件下，进水模式为 8∶4 时 AMBR 对污水的处理效果最好，对 COD 的平均去除率为 88%，出水 SS 平均为 0.15 mg/L。在 9∶3 进水模式下，反应器两端的格室没有足够的缓冲时间来降解有机物。而在 7∶5 进水模式下，由于缓冲阶段有大量的有机质进入中间格室，后面格室的处理负荷增大。

2. AMBR的工艺运行特性

(1)水力条件。

AMBR特殊的结构和运行方式使得隔室中VFA浓度和pH沿反应器长度方向具有一定梯度值，第1隔室中微生物处于对数增长期，底物利用率最高，产生的沼气量也最高。

AMBR反向流动之间的时间长度，即水力运行周期，受到HLR或COD负载率的限制。在高水力负荷率(HLR)或COD负荷率下，需要控制生物质的迁移，以限制反向流动的量。对于第一个限制，这导致初始隔室中的生物量水平成为限制因素，尤其是在低水力停留时间(HRT)低浓度废水的情况下。对于第二个限制，在较高的COD负载率下，初始隔室中的pH值和VFA浓度可能成为限制因素，因为VFA的产生将主要发生在初始隔室中。上述分析表明初始隔室中的生物量水平或pH可用于确定流动逆转之间的时间长度，以获得最佳操作条件。

生物质迁移率(BMR)是通过在流动方向不反转的一段时间内初始隔室中混合液挥发性悬浮固体(MLVSS)的减少量来计算的。在高COD或水力负荷率下，需要控制生物质的迁移，以限制反向流动的量。随着COD负荷率的增加，沼气产量的增加将增加初始隔室中的湍流，从而增加BMR。内壁底部较大的开口或隔间之间放置的挡板已显著降低了AMBR的BMR。隔室之间的壁底部的开口可用于具有长HRT的系统。当HRT较短时，应使用挡板以减少迁移并防止反应器内底物短路。应该意识到，为了选择颗粒生物团，BMR应该与迁移絮凝污泥一样高。但是，颗粒污泥的迁移并不是完全必要的，这可能导致污泥中不同相之间的分离。其中，相对更多的产酸物质存在于外部隔室中。然而，当废水含有固体时，需要高BMR来冲洗这些固体，以防止积聚。

(2)颗粒污泥的优化。

AMBR工艺通过周期性的改变流向，可以有效防止絮状污泥在出水室积累，从而增强了反应器内污泥与废水之间的混合接触，在较短的时间内形成沉淀性能良好的颗粒污泥。相对于沉淀性能好的颗粒状生物体，絮状生物体由于沉淀性能差而具有较高的迁移速率，易于从出水室中被冲刷出去，从而实现颗粒污泥的优化选择。

(3)微生物的种群分布。

研究指出，传统观点认为两相厌氧生物处理系统中的产酸阶段对第二阶段产甲烷反应器中颗粒污泥的生长产生负面影响，因此水解/酸化和产甲烷过程最好完全分离。然而，新型的AMBR工艺通过分隔室结构成功降低了后续隔室中乙酸和氢的含量，为中间产物的降解提供了有利条件。AMBR工艺采用定期改变水平流向的方法，使得反应器内不同隔室中的厌氧微生物分布良好。各隔室内存在适应废水水质的优势微生物群，如第一隔室中的产酸菌活性较高，而最后隔室中产甲烷菌占优势，提高了生物降解效率。试验证明，即使在没有完全分离的情况下，AMBR系统在不循环出水且不投加缓冲溶液的条件下，能够保持较高的pH水平，保持甲烷菌的活性。电子显微镜分析显示，随着隔室的推移，最后隔室中甲烷八叠球菌减少，而甲烷鬃毛细菌占据主导地位。这种逐室变化促使优势微生物群得以良好地生长、繁殖，不同污染物在不同的隔室中得到高效降解，从而实现了高效稳定的废水处理效果。

AMBR 特点总结如下：①运行方式灵活、结构简单，不需要气固分离系统和进水配水系统；②系统多采用隔室的结构，废水以推流式运行，反应过程中产生的难降解中间产物降解充分，出水中 VFA 含量低，出水水质好；③系统中废水水平流动，最后隔室可起到内部澄清池的作用，用于固/液分离；④水流方向的改变，可以防止污泥在最后隔室的积累，同时促进污泥的迁移，有助于颗粒污泥的形成，并可以起到对颗粒污泥的优化选择作用；同时改变水流方向，可创造产生甲烷的有利条件，反应过程不需投加缓冲液或出水循环；⑤系统耐冲击负荷能力强，对有机物的去除效果好，与其他厌氧生物处理工艺相比，甲烷产率高；⑥系统不需预酸化，即使在反应器中检测到酸化菌的存在，系统也不会出现污泥膨胀和污泥漂浮流失现象。

3. AMBR 的应用

Dague 和 Angenent 是 AMBR 的主要研究者，工艺处于实验室的小试研究阶段。他们通过开发 AMBR 并与 UASB 和 ASBR 进行运行性能上的对比，以解决后两个系统观察到的问题。试验使用含有蔗糖的合成废水作为唯一底物，运行温度均为 35 ℃，运行效果见表 4.14。

表 4.14　AMBR、UASB 和 ASBR 3 种反应器平行运行结果

性能参数	单位	AMBR(54 L)	AMBR(12 L)	UASB	ASBR
COD 负荷率	g/(L·d)	21	21	19.5	18.9
HRT	d	0.5	0.5	0.5	0.5
MLVSS	g/L	40	13	12	30
SRT	d	15	5	NA	6
污泥负荷率	g/(g·d)	0.5	1.6	1.6	0.6
出水 VFA	mg/L	75	190	120	360
SCOD 去除率	%	99	95	97	94
TCOD 去除率	%	76	78	70	59
标准甲烷生产率	L/(L·d)	5.6	5.7	4.8	3.9
污泥平均直径	mm	0.82	0.74	2.9	0.8
最高 COD 负荷率	g/(L·d)	23	30	21	19

注：TCOD 为总 COD；SCOD 为可溶性 COD；NA 表示无数据。

与 UASB 和 ASBR 相比，具有 3 个以上隔室的 AMBR 的可能优点包括较小的生物量迁移速率、较少发生短路的机会，以及在冲击负荷期间对高浓度废水以阶梯式进水方式运行。此外，难以降解的化合物（例如丙酸盐）在具有更多隔室的系统中将被更有效地降解，因为预计多隔室 AMBR 的最终隔室中的乙酸盐浓度和氢气水平较低（其中顶部空间也被划分）。此外，多隔室 AMBR 可能是处理富含硫酸盐废水的理想选择，因为在较低的 pH 水平下，产生的硫化氢从初始隔室中剥离，从而减少了最终隔室中的硫化氢水平，并减轻了对产甲烷作用的抑制。

4.3 厌氧生物处理技术最新研究进展

4.3.1 厌氧膜生物反应器耦合厌氧氨氧化

厌氧膜生物反应器(anaerobic membrane bioreactor，AnMBR)是一种结合厌氧生物处理和膜分离技术的废水处理系统。它在处理高浓度有机废水和难降解有机物方面具有显著优势，可以实现高效固液分离，出水具有低浊度、低悬浮固体(SS)浓度、低 COD 等优点。虽然 AnMBR 对有机物较好的去除效果符合大多数实践应用的预期，但是 AnMBR 对废水中氮等营养物质的去除效果较差，处理后的废水产生碳氮比失衡的情况。氮素污染又会带来水体富营养化等严重的环境问题。因此，AnMBR 与部分亚硝化/厌氧氨氧化(PN/ANAMMOX，简称 PN/A)脱氮技术耦合工艺的研究颇具意义。

对于耦合工艺而言，AnMBR 可有效去除水体中的 COD，并将有机氮转化为氨氮态。厌氧氨氧化则去除 AnMBR 出水中的高浓度氨氮，其膜组件可以有效截留异养微生物和悬浮物，优化了厌氧氨氧化菌(AnAOB)的生存环境。由于 AnMBR 出水水质优良，出水剩余的 SCOD 适合作为碳源促进 PN/A 中可能存在的反硝化过程。据报道，PN/A 过程可以去除厌氧消化出水中 50%～70%的 COD，因此，耦合 AnMBR 和 PN/A 工艺可通过协同作用实现更高效的 COD 和 TN 去除效果，试验规模的 AnMBR－PN/A 装置。王连旭构建了 AnMBR－PN/Anammox 污水处理工艺，在 HRT＝11.2 h 时，AnMBR－PN/A 工艺 COD 去除率稳定在 97%以上，COD 转化为 CH_4 效率超过 77.5%，TN 去除率为 78%。AnMBR 段 COD 去除率达到 95%，平均甲烷产率为 0.39 L/(L·d)。与传统 A^2/O 工艺相比，AnMBR/PN/A 组合工艺可降低能耗 0.416 kWh/m^3，CO_2 排放量减少 74.9%。可以想象，集成 AnMBR 和 Anammox 工艺处理工业有机废水具有更高的降低碳排放和能耗的潜力。在实际应用中，AnMBR 产生的甲烷大量溶解于废水中，不能直接作为能源，而甲烷是一种比二氧化碳的温室效应更显著的气体。与其消耗能量从废水中提取溶解态甲烷，不如直接利用这种形式的甲烷。因此，硝酸盐驱动的厌氧甲烷氧化(N－damo)正成为未来的研究重点，该工艺解决了溶解性甲烷和额外硝酸盐产生的问题，同时也为 Anammox 提供了亚硝酸盐。

膜污染的处理消耗 AnMBR 反应器总能耗的 60%～75%，膜污染问题仍然是耦合工艺实现碳中和的主要障碍。研究表明，AnMBR 处理 COD 为 3 219 mg/L 的工业废水时，膜污染能耗(0.46 kWh/m^3)占总能耗(0.49 kWh/m^3)的 93%，占 AnMBR 产能量(3.45 kWh/m^3)的 13%。因此，膜污染控制是实现能量盈余的重要限制单元，需要开发更加节能的膜污染控制方式。为低能耗处理膜污染，采用生物炭改性 AnMBR 是一种解决方案。生物炭无须活化即可使用且其密度低于总密度，这意味着流态化所需的能耗也较低。AnMBR 膜组件的存在使得生物炭更容易以颗粒状形式回收。生物炭对可溶性微生物产物(SMP)和胞外聚合物(EPS)的吸收以及对有毒污染物的去除是膜污染减少的主要原因。

耦合工艺面临的另一个主要问题是 ANAMMOX 所需亚硝酸盐的供应。目前大多数研究使用 PN 来提供亚硝酸盐，但 PN 需要曝气，这就迫使 PN 和 ANAMMOX 在空间上分离，最终导致工艺分级。因此，在一个单一反应器中同时实现 PN 和 ANAMMOX 是未来耦合工艺应重点考虑的问题。

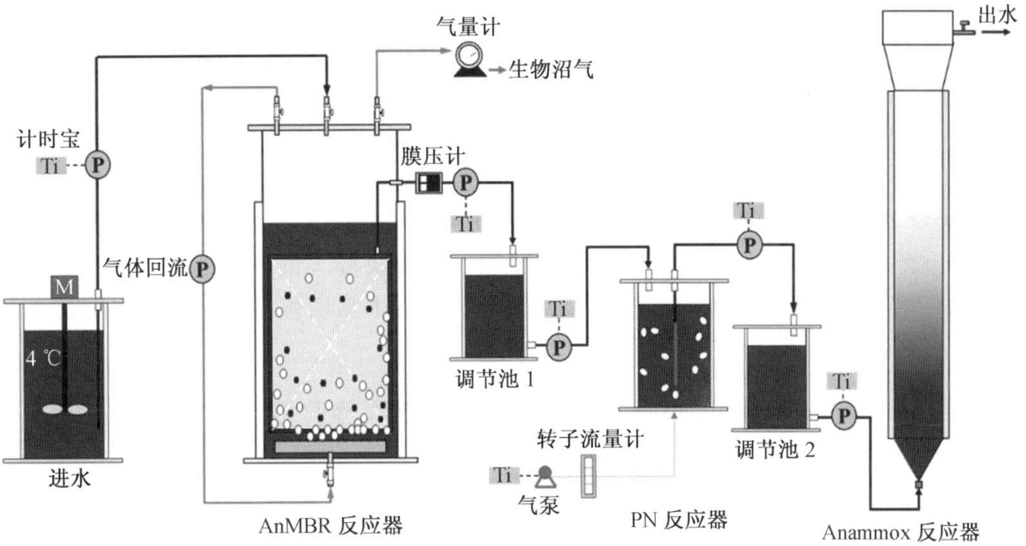

图 4.14　实验室规模的 AnMBR－PN/A 装置

4.3.2　生物电化学厌氧消化系统

生物电化学系统(BES)是一种灵活、可持续的技术，可与厌氧消化等技术结合应用，其示意图如图 4.15 所示。常见的 BES 包括微生物燃料电池(MFC)、微生物电解池(MEC)、微生物脱盐池(MDC)和微生物电合成(MES)。生物电化学厌氧消化系统(BEAD)是一种利用生物电化学系统耦合厌氧消化的新型反应系统。在厌氧消化系统中引入电极材料和外部电路，其中电极材料表面会聚集微生物，形成生物阴极和生物阳极。通过外部电路添加电源，可以克服系统的热力学和动力学障碍，提高阳极周围的有机物水解和产酸效率，同时促进反应器内质子和电子的传递，增强细菌与产甲烷菌之间的直接种间电子传递(DIET)，从而促进难降解物质的降解，加速甲烷的转化。BES－UASB 耦合系统处理费托废水，COD 去除率和产甲烷量分别为 86.8%和(2.31±0.1)L/(L·d)，而单独使用 UASB 系统时，COD 去除率和产甲烷量分别为 72.1%和(1.77±0.08)L/(L·d)[57]。BES－AD 系统在处理高浓度硫酸盐工业有机废水时，由于在阴极创造了弱碱性条件，可以有效降低 H_2S 对厌氧消化系统的影响，甲烷产量是未进行碱性 pH

控制的厌氧反应器的 3.03 倍。

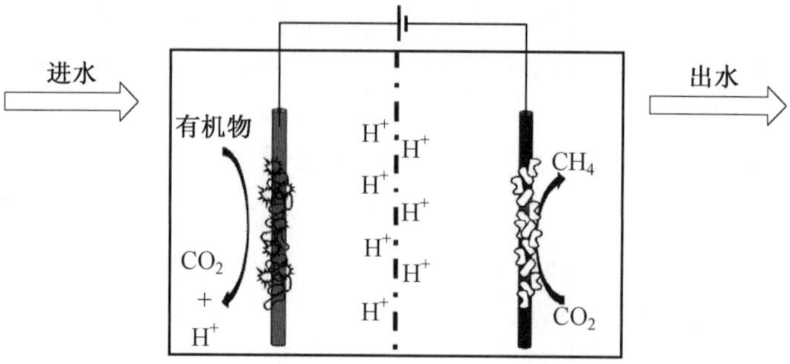

图 4.15　生物电化学厌氧消化系统示意图

目前,生物电化学厌氧消化相关研究主要应用于使用模拟废水和有机垃圾作为底物的批次、低含固率消化系统中。一方面,批次试验主要用于研究底物的产甲烷潜能,探索技术的可行性,但其操作模式与实际工程存在较大差距。因此,在半连续试验中,研究电压、电极材料、间距等操作参数对 BEAD 系统长期效果的影响是必要的。除了实验室规模的研究外,还应考虑逐步放大到小试和中试规模,解决放大试验中可能出现的效能下降问题。更重要的是,需要开展经济技术评估,这是技术从实验室走向工程应用的必经之路。

4.3.3　基于基因编辑和代谢过程的微生物群落调控

基因编辑和代谢工程为厌氧生物处理带来了革命性的潜力。通过对微生物基因组进行精准改造,可以优化代谢途径,显著提高厌氧消化的效率和稳定性。例如,增强产甲烷菌对恶劣环境的耐受性,扩大可利用底物的范围,提高产甲烷效率等。此外,代谢工程还可用于构建高效产氢菌株,提高生物固碳能力,为生物能源生产和环境修复提供新的技术手段。这些技术的应用前景广阔,涵盖污水处理、固体废物处理、生物能源生产以及环境修复等多个领域。基因编辑技术,如 CRISPR－Cas9,使得对微生物基因组进行精准修饰成为可能。通过敲除、插入或替换特定的基因,可以改变微生物的代谢特性。例如,通过敲除产甲烷菌中竞争性代谢途径的基因,可以提高甲烷产率。代谢工程则通过对代谢途径进行系统优化,提高目标产物的产量。例如,通过过表达关键酶基因,可以提高产氢菌株的产氢效率。这些技术在实际应用中已取得了一些进展,如构建能够降解复杂有机物的合成微生物群落等。

尽管基因编辑和代谢工程在厌氧生物处理中具有巨大的潜力,但仍面临一些挑战,如基因编辑技术的安全性、代谢网络的复杂性以及成本问题。然而,随着技术的不断进步和成本的降低,这些问题有望得到解决。未来,基因编辑和代谢工程将在厌氧生物处理领域发挥越来越重要的作用,推动可持续发展。

4.3.4　微藻培养与厌氧消化相结合

高效利用污水培养微藻不仅能吸收空气中的 CO_2,还可以处理富含氮磷元素和高浓度有机物的工业废水。微藻培养与厌氧消化工艺的结合很可能是未来处理工业有机废水的碳中和技术。微藻在捕获 CO_2 净化沼气的同时，利用厌氧消化器出水中的物质(COD、TN、TP 和 VFAs)供给自身生长。据报道，用微藻处理厌氧发酵滤液，COD 去除率为 39.02%～68.11%，TN 去除率为 26.58%～59.08%，TP 去除率为 22.78%～60.03%，沼气中甲烷含量提高到 73.61%～84.28%[59]。此外，成熟的微藻富含碳水化合物、蛋白质、脂肪和多种营养物质，是一种优良的共消化底物。实施厌氧消化措施可加强从微藻及微藻残余中回收资源。厌氧共消化是一种同时消化两种或两种以上底物的方法，它克服了微藻和微藻残留物单一消化的生物可降解性差和氨抑制的风险。此外，微藻还可以作为沼气厂的共基质，以提高有机负荷率，同时提供碱度、大量和微量营养物质。因此，厌氧消化结合微藻培养可以通过净化沼气、提供共消化底物、燃烧生物质或生物燃料发电等方式增强厌氧消化过程的碳中和潜力。

本章参考文献

[1] 单丽伟，冯贵颖，范三红. 产甲烷菌研究进展[J]. 微生物学杂志，2003，23(6)：42-46.

[2] LIU Y C, WHITMAN W B. Metabolic, phylogenetic, and ecological diversity of the methanogenic archaea[J]. Annals of the New York academy of sciences, 2008, 1125(1): 171-189.

[3] 蔡靖，郑平，张蕾. 硫酸盐还原菌及其代谢途径[J]. 科技通报，2009，25(4)：427-431.

[4] 李新荣，沈德中. 硫酸盐还原菌的生态特性及其应用[J]. 应用与环境生物学报，1999，5(S1)：10-13.

[5] BRYANT M P, CAMPBELL L L, REDDY C A, et al. Growth of Desulfovibrio in lactate or ethanol media low in sulfate in association with H_2-utilizing methanogenic bacteria[J]. Applied and environmental microbiology, 1977, 33(5): 1162-1169.

[6] PAN X F, ZHAO L X, LI C X, et al. Deep insights into the network of acetate metabolism in anaerobic digestion: Focusing on syntrophic acetate oxidation and homoacetogenesis[J]. Water research, 2021, 190: 116774.

[7] 曹刚，徐向阳，冯孝善. 碱度对 UASB 污泥颗粒化的影响[J]. 中国给水排水，2002，18(8)：13-16.

[8] 傅金祥，于兴，孙文章，等. UASB 污泥颗粒化试验研究[J]. 沈阳建筑大学学报(自然科学版)，2006，22(1)：133-136.

[9] 左剑恶，王妍春，陈浩. 膨胀颗粒污泥床(EGSB)反应器的研究进展[J]. 中国沼气，2000，18(4)：3-8.

[10] 钟启俊. 内循环(IC)厌氧反应器在废水处理中的应用[J]. 中国环保产业，2014(8)：22-24.

[11] 丁丽丽，任洪强，华兆哲，等. 内循环式厌氧反应器启动过程中颗粒污泥的特性[J]. 环境科学，2001，22(3)：30-34.

[12] 王克浩,梁有千,李东伟,等. IC 厌氧反应器处理有机废水启动实验研究[J]. 环境工程学报,2011,5(2):352-356.

[13] 刘冰,赵雅光,余国忠,等. 内循环厌氧反应器的启动及影响因素[J]. 环境工程学报,2012,6(10):3412-3416.

[14] 吴允,张勇,刘红阁,等. 啤酒生产废水处理新技术:内循环反应器[J]. 环境保护,1997(9):18-19.

[15] WANG D X, HAN H J, HAN Y X, et al. Enhanced treatment of Fischer-Tropsch (F-T) wastewater using the up-flow anaerobic sludge blanket coupled with bioelectrochemical system: Effect of electric field[J]. Bioresource technology, 2017, 232: 18-26.

[16] 沈耀良. 新型厌氧处理工艺:厌氧折流板反应器[J]. 重庆环境科学,1994(5):36-38,54.

[17] 徐金兰,王志盈,李贺. 厌氧折流板反应器(ABR)的工艺特征与处理性能[J]. 西安建筑科技大学学报(自然科学版),2002,34(4):362-365.

[18] 刘荣荣. 复合式厌氧折流板反应器处理高浓度退浆废水的研究[D]. 上海:东华大学,2010.

[19] 王建龙,韩英健,钱易. 折流式厌氧反应器(ABR)的研究进展[J]. 应用与环境生物学报,2000,6(5):490-498.

[20] 宋铁红,张芳,董利鹏,等. 厌氧折流板反应器(ABR)的应用研究进展[J]. 中国资源综合利用,2015,33(1):29-32.

[21] GOPALA KRISHNA G V T, KUMAR P, KUMAR P. Treatment of low-strength soluble wastewater using an anaerobic baffled reactor (ABR)[J]. Journal of environmental management, 2009, 90(1): 166-176.

[22] 杜接弟,王毅力,李炯,等. HRT 对 ABR 处理低浓度废水的效果和颗粒污泥特征的影响[J]. 环境科学,2009,30(7):2022-2029.

[23] 李静,王金虎,蔡甲,等. 微藻废水处理的研究现状及展望[J]. 再生资源与循环经济,2022,15(8):29-33.

[24] WANG Z W, ZHAO Y J, GE Z G, et al. Selection of microalgae for simultaneous biogas upgrading and biogas slurry nutrient reduction under various photoperiods [J]. Journal of chemical technology & biotechnology, 2016, 91(7): 1982-1989.

[25] POLPRASERT C, KEMMADAMRONG P, TRAN F T. Anaerobic baffle reactor (ABR) process for treating a slaughterhouse wastewater[J]. Environmental technology, 1992, 13(9): 857-865.

[26] BARBER W P, STUCKEY D C. The use of the anaerobic baffled reactor (ABR) for wastewater treatment: A review[J]. Water research, 1999, 33(7): 1559-1578.

[27] 曹晓莹,沈耀良. ABR 反应器处理草甘膦废水的研究[J]. 工业水处理,2004,24(7):

28-29.
[28] 何仕均，王建龙，罗艳，等. 折流式厌氧反应器处理甜菜制糖废水的中试研究[J]. 中国给水排水，2006，22(21)：74-77.
[29] BOOPATHY R，TILCHE A. Anaerobic digestion of high strength molasses wastewater usinghybrid anaerobic baffled reactor[J]. Water research，1991，25(7)：785-790.
[30] 张忠祥，钱易. 废水生物处理新技术[M]. 北京：清华大学出版社，2004.
[31] 钱易，王凤芹. 常温下厌氧生物滤池处理生活污水的试验研究[J]. 给水排水，1994(1)：24-27.
[32] 薛倩，林娜，张玉宝，等. 厌氧生物滤池技术研究及应用进展[J]. 北京水务，2016(2)：12-15.
[33] YOUNG J C. Factors affecting the design and performance of upflow anaerobic filters[J]. Water science and technology，1991，24(8)：133-155.
[34] SOLÉ-BUNDÓ M，PASSOS F，ROMERO-GÜIZA M S，et al. Co-digestion strategies to enhance microalgae anaerobic digestion：A review[J]. Renewable and sustainable energy reviews，2019，112：471-482.
[35] 蒲红霞，江亚斌，魏新庆，等. 停料时间对厌氧生物滤池二次启动的影响[J]. 环境卫生工程，2020，28(1)：54-58.
[36] 方芳，龙腾锐. 厌氧生物滤池的研究及应用现状[J]. 中国给水排水，1999，15(4)：24-27.
[37] 李亚新，李玉瑛. 厌氧生物处理新工艺：厌氧序批式反应器[J]. 工业用水与废水，2002，33(1)：4-6.
[38] DAGUE RICHARD R，MCKINNEY ROSS E，PFEFFER JOHN T. Solids retention in anaerobic waste treatment systems[J]. Journal (water pollution control federation)，1970，42(2)：R29-R46.
[39] 孙剑辉，王海燕. ASBR 反应器快速启动的研究[J]. 环境工程，2001，19(1)：10-12.
[40] 徐晓妍，李虹，徐昊，等. 生物炭载体对厌氧反应器启动的影响研究[J]. 工业水处理，2022，42(10)：91-96.
[41] 张文艺. 采用厌氧序批间歇式反应器处理屠宰废水试验研究[J]. 农业工程学报，2002，18(6)：127-130.
[42] 王亮，李风亭，刘华. ASBR 反应器处理豆制品废水的试验[J]. 环境工程，2006，24(1)：18-21.
[43] 李亚新，李玉瑛. 厌氧序批式反应器预处理焦化废水研究[J]. 工业用水与废水，2002，33(5)：17-20.
[44] 王军，袁维芳，陈小珍. ASBR 处理中晚期垃圾渗滤液中试研究[J]. 广东化工，2011，38(3)：159-160.
[45] HEIJNEN J J，MULDER A，ENGER W，et al. Review on the application of an-

aerobic fluidized bed reactors in waste-water treatment[J]. The chemical engineering journal, 1989, 41(3): B37-B50.

[46] 杨平,方治华. 厌氧流化床废水处理技术研究及应用进展[J]. 环境科学进展, 1994(5): 35-44.

[47] 温军杰, 胡勤海, 陈欢林. 厌氧流化床生物膜形成及脱落研究进展[J]. 中国沼气, 2004, 22(2): 12-17.

[48] 孙剑辉,倪利晓. 新型高效厌氧反应器 UBF 的研究进展[J]. 环境污染治理技术与设备, 2000 (6): 20-24.

[49] 谢辉, 陈育豪. UBF 厌氧反应器运行存在问题及优化设计实施方案[J]. 中国资源综合利用,2018,36(11):55-57.

[50] 王薇,吴立波,李艳玲. 厌氧迁移式污泥床反应器的研究进展[J]. 水处理技术,2009,35(4):1-3.

[51] 马勇,彭永臻,王晓莲,等. 新型厌氧处理工艺:厌氧迁移式污泥床反应器[J]. 工业水处理,2003,23(10):17-20.

[52] 朱越平,韩锋,顾敏. 运行模式对 AMBR 处理高浓度污水的影响[J]. 中国给水排水,2013,29(19):97-100.

[53] ZHANG X Z, FAN Y Q, HAO T W, et al. Insights into current bio-processes and future perspectives of carbon-neutral treatment ofindustrial organic wastewater: A critical review[J]. Environmental research, 2024, 241: 117630.

[54] COGERT K I, ZIELS R M, WINKLER M K H. Reducing cost and environmental impact of wastewater treatment with denitrifying methanotrophs, anammox, and mainstream anaerobic treatment[J]. Environmental science & technology, 2019, 53(21): 12935-12944.

[55] 王连旭,侯朝阳,王俊,等. 厌氧膜生物反应器耦联部分亚硝化/厌氧氨氧化用于污水处理研究[J]. 环境科学学报,2021,41(6):2092-2098.

[56] 李蕾,罗思晗,叶文杰,等. 生物电化学厌氧消化的应用现状与研究进展[J]. 中国环境科学,2024,44(5):2568-2579.

第5章　高浓度有机工业废水污泥处理技术

工业废水处理过程中会产生大量的污泥，其数量占处理水量的0.3%～0.50%（以含水率97%计），如果进行深度处理，污泥量还可能增加0.5～1.0倍。这些污泥中含有大量的有机物、病原微生物、重金属、氮磷植物营养物、有害有毒物质等。若不加处理随意堆放，将对周围环境造成新的污染。污泥的处理和处置，就是要通过适当的技术措施，使污泥减量化、稳定化、无害化和资源化。

5.1　污泥处理与处置技术概述

废水处理过程中产生各种污泥。工业废水处理污泥的性质随废水性质变化较大。污泥按来源不同分类以下几类。

1. 初次沉淀污泥

来自初次沉淀池，主要为污水中的悬浮物和部分BOD_5（占总BOD_5的20%～30%）

2. 剩余活性污泥

来自于活性污泥法或生物膜法后的二沉池，主要成分是新产生的微生物及其残渣，以有机物为主。

以上2种污泥可统称为生污泥或新鲜污泥。

3. 消化污泥

消化污泥分为厌氧消化污泥和好氧消化污泥两种。污泥经过消化后，分解为CO_2、CH_4、H_2O等，得到稳定。厌氧消化污泥带焦油味，易于脱水；好氧消化污泥呈褐色、絮状、无臭味，易于脱水。

4. 化学污泥

化学法处理过程产生的污泥，如混凝沉淀、电解法等产生的沉淀物称为化学污泥，以无机成分为主。

通常将改变污泥性质使之减量化、稳定化、无害化的过程，称为处理，而安排污泥的最终出路称为处置。污泥处理即污泥处置的前处理，主要方法是对污泥进行浓缩和脱水。通过对污泥的浓缩处理，可使污泥体积缩小到原来的1/3左右。浓缩污泥的含水率通常在96%～97%。对浓缩污泥进行脱水则是通过机械脱水方法达到污泥减量的目的，使脱水污泥由原来的液态转化为固态。脱水污泥的含水率通常为60%～80%。

污泥经浓缩、脱水干化后，含水率还很高，体积很大，必要时可进行干燥处理或焚烧。

干燥处理后污泥含水率可降至20%左右。污泥自身的燃烧热值高，当污泥不符合卫生要求，有毒物质含量高，不能被农副业利用时，可考虑与城市垃圾混合焚烧并利用燃烧热气发电。采用污泥焚烧工艺时，前处理不必用污泥消化或其他稳定处理工艺，以免由于挥发性物质减少而降低污泥的燃烧热值，但应通过脱水、干燥工艺。目前，国内城市污泥处理工艺路线基本按照浓缩、调理、脱水、稳定、干化等，处置技术以卫生填埋、土地利用、焚烧、堆肥为主；工业污泥处理更是一大难题，处理技术以脱水为主，处置方式大致是回收利用、隔离填埋、无害化焚烧的思路。

5.2 污泥处理工艺的应用与发展

污泥处理与处置方法很多，最终目的是实现污泥减量化、稳定化、无害化和资源化。

从沉淀池来的污泥呈液态，含水率高于95%。降低污泥含水率的最简单有效的方法是浓缩。浓缩可使污泥体积缩小到原来的1/3左右。但浓缩污泥仍呈液态，进一步降低含水率的方法是脱水，经过脱水污泥将从液态转化为固态。为了避免污泥进入环境时其有机部分发生腐败，污染环境，常在脱水之前进行降解，称为稳定。经过稳定的污泥如果脱水性能差，还需调理。脱水污泥的含水率仍旧相当高，一般在60%～80%，需进一步干化，以降低其质量。干化污泥的含水率一般低于10%。经过各级处理，100 kg湿污泥转化为干污泥时，质量常不到5 kg。污泥处理与处置的基本流程如图5.1所示。

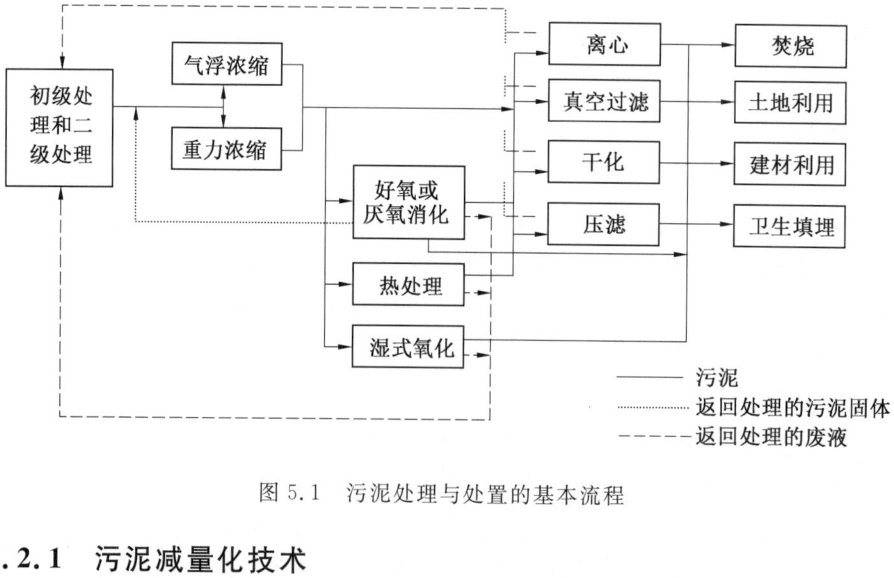

图5.1　污泥处理与处置的基本流程

5.2.1 污泥减量化技术

污泥减量是指采用物理方法、化学方法以及微生物法，降低污水处理厂产生的污泥量。污泥减量可在不同污水处理阶段进行，在污水处理过程中通过调整生化系统工艺运行参数以及对部分回流污泥采取减量措施，称为原位污泥减量。对污水处理工艺产生的排出系统之外的污泥，可通过污泥浓缩、污泥消化、污泥脱水、污泥干化、污泥焚烧等系统装置，减少污泥的质量和体积，从而方便运输和处置，此过程称为后污泥减量，也是典型的污泥处理方式。

1. 污泥浓缩

当污泥中含有大量水分时，在进行厌氧消化处理前需要先进行浓缩。如初沉污泥的含水率为 95%～97%，剩余活性污泥的含水率为 99.2%～99.6%。为了提高消化效果，在进入消化处理前必须先进行浓缩。污泥浓缩的目的是去除污泥中大量的水分，从而缩小其体积，减轻其质量，以利于运输和进一步处置及利用。在污泥进行脱水前，如含水率太高，一般也要先进行浓缩。污泥浓缩主要减缩污泥的间隙水，经浓缩后的污泥近似糊状，仍保持流动性。

污泥浓缩的方法主要有重力浓缩法、气浮浓缩法、带式重力浓缩法和离心浓缩法，还有微孔浓缩法、隔膜浓缩法和生物浮选浓缩法等。选择污泥浓缩方法时，还应考虑污泥的性质、来源、整个污泥处理流程及最终处置方式等。如重力法用于浓缩初沉污泥和剩余活性污泥的混合污泥时效果较好；单纯的剩余活性污泥一般用气浮法浓缩，近年来发展到部分采用离心法浓缩。在小型污水处理厂中有的污泥用污泥塘对污泥进行浓缩和脱水。美国芝加哥市西南污水处理厂是世界上最大的污水处理厂，其处理能力为 450 万 m^3/d，部分污泥一直用污泥塘浓缩脱水，另一部分用离心浓缩机和离心脱水机分别进行浓缩和脱水。

2. 污泥调理

消化污泥、剩余活性污泥、剩余活性污泥与初沉污泥的混合污泥等在脱水之前应进行调理，以改善污泥的脱水性能。

调理就是破坏污泥的胶体结构，减少泥水间的亲和力，改善污泥的脱水性能。其途径有二：一是脱稳、凝聚，脱稳依靠在污泥中加入合成有机聚合物、无机盐等混凝剂，使颗粒的表面性质改变并凝聚起来，由于要投加化学药剂，所以增加了运行费用；二是改善污泥颗粒间的结构，减少过滤阻力，使不堵塞过滤介质（滤布）。无机沉淀物或一定的填充料可以起这方面的作用。

污泥经调理能增大颗粒的尺寸，中和电性，使吸附水释放出来，这些都有助于污泥浓缩和改善脱水性能。此外，经调理后的污泥在浓缩时污泥颗粒流失减少，并可以使固体负荷率提高。

调理分物理调理、水力调理和化学调理等方法，最常用的调理方法有化学调理和热处理，此外还有冷冻法、加骨粒调理法、淘洗和辐射法等。

3. 污泥脱水

污泥脱水的作用是去除污泥中的毛细水和表面附着水，从而缩小其体积，减轻其质量，便于后续的处理、处置和利用。污泥中的自由水分基本上可在污泥浓缩过程中被去除，而内部水一般难以分离，所以污泥脱水去除的主要是污泥颗粒间的毛细水和颗粒表面的吸附水。污泥脱水主要处理方式包括机械脱水法、自然干化法和造粒法等。机械脱水法通常是先投加无机盐或高分子混凝剂对污泥进行预处理，改善脱水性能后再通过板框压滤机、离心脱水机等机械设备进行脱水；自然干化法主要是利用自然力量脱除自由水，适用于气候比较干燥、用地不紧张以及环境卫生条件允许的地区；造粒法适用于混凝沉淀的污泥。经过脱水处理，污泥含水率从 96%左右降到 60%～80%，其体积为原体积的 1/10～1/5，有利于运输和后续处理。大型、特大型污水处理厂多采用离心脱水机，其优点是体积小、布局紧凑、完全密封、卫生条件好。

4. 污泥干化

污泥脱水后，含水率还很高，体积仍很大，为了便于进一步利用和处理，可将污泥进行干燥处理。污泥干化是将脱水污泥通过处理，去除污泥中绝大部分毛细管水、吸附水和颗粒内部水的方法。污泥经干燥处理后含水率从 60%～80%降低至 10%～30%。干化的类型主要包括热干化、太阳能干化、微波加热干化、超声波干化及生物干化等。污泥的大规模、工业化处理工艺中最常见的是热干化，指利用燃烧化石燃料所产生的热量或工业余热、废热，通过专门的工艺和设备，使污泥失去部分或大部分水分的过程。

热干化技术通常按照要干燥的湿固体的传热方式进行分类，这些方法包括对流（直接干化）、传导（间接干化）和辐射式干化，或者是这些技术的整合。对流式热干化是热量通过热气体介质与物料进行直接接触而传递给物料的干化方式，加热方式可以采用直接（热源直接作热介质）或间接（热源间接对热介质进行加热）方式；传导式热干化是热量通过间接的热交换表面从热介质转移至物料的干化方式，加热方式均为间接加热；辐射式热干化主要包括太阳能干化、微波干化等，热量通过电阻加热、微波加热、红外线、太阳能辐射等方式以辐射能的形式传递给湿物料。

目前采用较多的、比较典型的污泥热干化工艺有流化床干化工艺、带式干化工艺、涡轮薄层干化工艺、转鼓干化工艺、圆盘式干化工艺、桨叶式干化工艺等。干化工艺根据加热方式的不同，其可利用的能源来源有一定区别，一般来说间接加热方式可以使用所有的能源，其利用的差别仅为温度、压力和效率。直接加热方式则因能源种类不同，受到一定限制，其中燃煤炉、焚烧炉的烟气因量大和腐蚀性污染物存在而难以使用，蒸汽因其特性无法利用。根据能源的成本，从低到高包括：烟气、燃煤、热干气、沼气、蒸汽、燃油、天然气等，其中热干气、蒸汽、导热油为比较常用的热介质。

在干化的过程中，污泥中生物体的细胞壁被破碎，释放出生物体表面吸附水和颗粒内部水，在污泥与热媒进行换热的过程中，生物体的细胞壁破裂并因水分流失而形成颗粒物。污泥干化按照干化后污泥的状态可分为全干化和半干化。干化污泥含水率小于 15%的可以称为完全干化，当干化产品含水率高于 15%时，可以称为半干化。通过污泥干化技术，可以实现将含水率为 85%剩余污泥干化成含水率很低的半干污泥或全干污泥。经测算，若干化后污泥的含水率在 40%左右，污泥质量会减少 72%左右；若干化后污泥的含水率在 10%左右，污泥质量会减少 83%左右。因此，通过污泥干化工艺，可以实现污泥的减量化目标；同时，由于污泥中水分的蒸发，干化后污泥热值大幅度提升，干化后的污泥经焚烧炉焚烧，会大幅度地减少焚烧炉燃料的消耗，在解决污泥最终去向问题的同时，也实现降低能耗的目标。

5. 基于生物捕食作用的污泥减量化

生物捕食法是运用生态学食物链原理而进行的污泥减量技术。在生态系统中，从能量传递角度来看，所产生的90%的能量在捕食过程中会被消耗掉，因此其食物链越长，能量损失也越多，能量的损失使得用于生物体合成的能量随之减少，从而污泥量得以减少。

污水为多种多样的微生物提供了理想的生存和增殖介质，因此在一些污水处理厂的最后沉淀池、过滤池和最后净化池中，放养适量的鱼类，包括滤食性、草食性和杂食性鱼类，能有效清除污泥、藻类和水生植物，建立由多种多样微生物组成的复杂的生态系统，其中有多条较长的食物链，如细菌⟶原生动物⟶后生动物，原生动物如纤毛虫，后生动物如轮虫、寡毛类，环节动物，线虫等处于食物链的高端，起到捕食者的作用，它们捕食细菌，将污泥转化为能量、水和二氧化碳，这种通过发展高等动物的生物链的方法是一种耗能低、成本低且无二次污染的污泥减量技术，减少污泥产生量30%～40%。

利用生物捕食法进行剩余污泥的减量化研究已经越来越受到国内外学者们的关注。目前，生物捕食法进行污泥减量的技术主要基于直接投加微型动物、两段法污泥减量工艺、蚯蚓生态滤池等研究。

1. 直接投加微型动物

直接投加微型动物是指向活性污泥系统的曝气池中直接接种微型动物，或在系统中添加载体后再接种微型动物，因此要更好地达到污泥减量效果，应该通过试验并结合实际情况研究投加的微型动物的生物量，并要对最佳的投加点进行试验研究。Elissen等利用水蚯蚓(*Lumbriculus variegatus*)的捕食作用进行批式试验，其研究表明，污泥的减量达到75%以上，同时改善了污泥的沉降性能。白润英等人向污泥反应器中投加卷贝的研究发现，卷贝对剩余污泥的相对减量约为40%，而绝对的污泥减量为37.5 mg/(L·d)，其研究还表明，向活性污泥系统中投加卷贝不会对去除废水工艺中的COD、总磷和氨氮的效果产生影响，同时对污泥的沉降性能也不会产生太大的影响。

2. 两段式污泥减量工艺

两段式污泥减量工艺是由两段反应器所组成，该系统的第一段采用完全混合式反应器，其为分散培养细菌阶段，这一段的水力停留时间和污泥停留时间是相等的，没有污泥停留，为了使大量分散菌生长，利用污水中的有机物促进分散细菌的增殖；第二段为生物捕食反应器，其污泥停留时间较长，这一段的环境条件适宜微型动物的大量繁殖，该阶段可利用传统活性污泥系统或膜生物反应器来实现。Ratsak等最早采用纤毛虫(*Tetrahymena pyriformis*)捕食细菌进行两段式生物污泥减量反应器的技术研究发现，剩余污泥的产量与没有纤毛虫捕食反应器相比减少12%～43%。魏源送等研究了蠕虫的污泥减量的效果，研究发现，膜生物反应器系统的污泥产率为0.40 kg SS/kg COD，传统活性污泥系统的污泥产率为0.17 kg SS/kg COD，蠕虫生长对传统活性污泥系统的污泥产率的减量效果更为明显，同时可以改善污泥的沉降性能。张绍园等用两段淹没式膜生物反应器(第一阶段为污染物转化池，第二阶段为污泥降解池)处理城市废水。通过对反应器回流污泥量和出水量的调节，控制污泥在两段内的分配。试验证明当容积负荷为2～5 kg

COD/(kg SS·L)时，蠕虫数量升至 2 600～380 条/mL 时，污泥产率在 0.1～0.15 kg SS/kg COD 范围内变化，并呈下降趋势。同时 COD 和氨氮的去除率分别为 97.3%和 99.5%。

3. 蚯蚓生态滤池

蚯蚓生态滤池(microbial－earthworm ecofilter system，MEEF)是在对普通生物滤池改进的基础上，向系统中引进蚯蚓，通过其较强的捕食细菌以及有机物的能力，达到污泥减量以及更有效的处理污水的目的。蚯蚓生态滤池是在普通生物滤池改进为三层处理结构，上层由无定形有机材料以及蚯蚓组成，其作用是供蚯蚓生存；中层也由无定形的有机材料组成，其作用是补充有机质的消耗；下层由一定大小的碎石所组成，其作用是承托与排水。其优点是构造简单、建造和运行费用较低、无二次污染，并可以实现较好的污泥减量以及污水处理效果，因此这种生态技术有着较好的工程应用前景。但这种工艺对于投加的微型动物的种类和数量的控制，对氮、磷的去除以及水力负荷的提高还需要进一步地研究。

杨健等利用爱胜蚯蚓生态滤池处理剩余污泥，试验证明污泥 SS 去除率可达 99%以上，COD_{Cr}的去除率可达 90%左右，同时可以达到污泥减量以及有效地处理有机污染物的效果。同时他们还研究了陶粒蚯蚓生物滤池的污泥减量效果，试验表明陶粒蚯蚓生物滤池污泥减量率高达 40.5%～48.2%，VSS 减量率达到 52.9%～65.6%，同时证明了陶粒蚯蚓生物滤池的污泥减量效果和系统的稳定性均优于石英砂蚯蚓生物滤池。吴敏等利用蚯蚓污泥稳定床来处理剩余污泥量，向蚯蚓污泥稳定床中投加经过驯化培养的爱胜蚯蚓(4 kg，10 000 余条)，试验表明 SS 的去除率达到 99.1%～99.4%，系统 COD 的去除率达到 89.5%～92.1%，表明没有对污水处理效果产生影响。

4. 淹没式生物膜法

哈尔滨工业大学水污染控制研究中心小试和中试都证明，淹没式生物膜法的剩余污泥量仅为相同处理能力的活性污泥法剩余污泥量的 1/5～1/3，这是因为固定淹没式生物膜为原生动物和后生动物的生长和增殖提供了有利的场所，用研究开发的淹没式生物膜法处理技术设计建成的广州市番禺区祈福新村生活污水处理厂(处理能力为 8 000 m^3/d)，在连续 3 年的运行中未曾排出任何剩余污泥，而且进入二沉池的污水悬浮物质量浓度为 15～30 mg/L，因而二沉池的沉淀作用不大。

6. 基于溶胞－隐性生长的污泥减量化技术

隐性生长是指微生物利用自身细胞溶解后所释放的产物进行生长的方式。隐性生长过程需要完成 2 个步骤，首先运用相应手段作用于污泥实现溶胞过程，然后将处理后的污泥回流到生物反应器中促进微生物隐性生长，最终降低污泥产率，有效缓解剩余污泥处理问题。此类技术达到预期效果的关键点是溶胞过程，常用的手段包括化学处理法(采用酸碱、臭氧、芬顿氧化)、物理法(加压、加热或超声波)、生物法(外加酶水解)，其中效果较好的溶胞技术主要有超声波法、臭氧氧化法等。

1.超声波法污泥减量化技术

超声波法污泥减量化技术(超声波法)的应用始于 20 世纪初期,作为一种信息载体,广泛应用于医学、探测、探查及微电子学等领域,而将超声波技术应用到剩余污泥处理过程中,展示出巨大的应用和研究价值并逐渐受到国内外学者的广泛关注。对于超声波技术的研究,国外学者已经获得了大量试验规模的研究成果,并且对其实际应用提供了参考价值。而国内对于超声波技术对污泥处理方面的应用研究尚处于初始阶段。超声波的频率一般为 20 kHz 至 10 MHz,且不同频率的超声波在污泥处理过程中会产生不同的效果且在较低频的超声波范围内,其处理效果尤为明显。当一定强度的超声波作用于某一液体系统中时,将产生一系列物理和化学反应,并明显改变液体中的溶解态和颗粒态物质的特征。Uwe Neis 最初从各地采集泥样在实验室做间歇超声波试验,超声波反应器采用的频率为 31 kHz,能耗为 500 W。随后他们又开发了更加高效的超声波反应器,其主要参数和性能为:频率 31 kHz、反应器容积 1.28 L、能耗 3.6 kW、声强 5～18 W/cm^2、单位体积能量输入 2.2～7.9 W/cm^3。为了考察超声波分解是否仅仅是空化作用时气泡崩灭产生的力学作用,自由基反应是否对细胞破坏有作用,以及分解生物固体的最佳频率范围是多少,Uwe Neis 在超声波反应器中采用不同振子以产生不同的频率,而其他条件保持不变。试验表明,随着频率增加,细胞降解程度明显下降,最佳分解时的频率为 41 kHz。这些数据表明,污泥分解主要是力学过程,为了获得高效的污泥分解效果,推荐采用较低的超声波频率。此外,为了进行比较,Uwe Neis 定义了一个分解程度系数 DD_{COD},将采用超声波进行的分解和标准化学水解进行的最大分解值联系起来。超声波技术是利用超声波在液相中产生共振空化作用来破解微生物细胞、污泥絮体及菌胶团的技术,其具有能量高、效率高且分解速度快等特点,可杀灭污泥中的病原微生物如大肠杆菌、结核菌等有害细菌,防止对环境造成二次污染。超声波技术是利用超声波破解活性污泥微生物的细胞壁,使细胞内细胞质释放到环境中作为底物供微生物生长,即隐性生长,从而减少系统的污泥产量。其自身具有的优点是设施简单,占地面积小且集高级氧化、焚烧和超临界氧化等多种水处理技术特点于一身,同时可单独或与其他工艺联合,可实现 50%～80%的污泥减量甚至达到零排放,在废水处理上极具应用潜力。王芬等考察了超声波破解污泥的机理及其对污泥破解的贡献:当超声波声能密度为 0.096 W/mL 时,超声波破解污泥的主要作用力为水力剪切力;当超声波声能密度为 0.384 W/mL 时,水力剪切力与自由基氧化所占的比例分别为 80.85%与 19.15%;而当超声波声能密度升高到 0.72 W/mL 时,水力剪切力与自由基氧化所占的比例分别为 74.14%与25.86%。曹秀芹等研究探讨了超声波处理后污泥性质发生的变化,经过超声波分解后,污泥中微生物胞内基质被释放出来,随超声波时间和声能密度的变化,污泥上清液中 SCOD、TN、TP 及污泥耗氧速率 OUR 有明显的变化,同时发现经过超声波处理的污泥具有良好的生化降解性能。曾晓岚等在较低的声能密度(50 W/L)下,对活性污泥进行不同辐射时间的研究,结果表明:在超声波辐射 10 min 后,污泥的 OUR 提高了 129%,蛋白酶活性提高了 23.7%,脱氢酶活性提高了 24.6%,因此较低的超声波声能密度辐射可以显著地提高污泥的 OUR、蛋白酶活性以及脱氢酶活性。薛玉伟等以污泥 SCOD 的增加量及污泥破解度进行了评估，发现污泥的 pH、初始温度和污泥浓度等参数对污泥破解效果起到重要的影响。龙腾锐等研究在不同的超声波频率、声能密度以及作用时间下，利用超声波对活性污泥的活性进行处理，从而确定相对最佳的控制条件，结果得出：在超声波频率为 28 kHz、声能密度为 20 W/L 下作用 2 min 对污泥处理可以达到最佳的处理效果。马守贵等对用超声波处理活性污泥进行了中试研究，结果表明：当超声波频率为 28.7 kHz、输出电压为 70 V 的条件下作用 2 min，污泥滤饼含水质量分数降低 2%，体积减小，污泥的脱水效果最佳；当超声波输出电压为 150 V，作用时间为 60 min 时，与传统污泥厌氧消化方法相比，时间缩短 20 d。因此在较大的功率、较长的处理时间下，更有利于促进污泥的厌氧消化，从而达到污泥减量的目的。

2. 臭氧氧化污泥减量化技术

大量的研究资料表明，在污泥减量化技术中，臭氧氧化法比其他方法效能更高，在一定运行条件下，可以实现活性污泥法处理过程中剩余污泥的零排放。

臭氧是十分活跃的氧化剂，它以两种方式与污泥化合物进行反应：直接反应与间接反应，这两种反应是同时进行的。间接反应取决于寿命较短的自由羟基；直接反应速率较低，取决于反应物的结构形式。为了确定臭氧与污泥的反应过程中污泥中的 3 种主要组分：蛋白质、多聚糖和脂类化合物的去向，A. Scheminske、K. Krull 和 D. C. Hempel 等利用消化后的干污泥进行试验，臭氧量为 0.5 g O_3/g 干污泥，污泥中 60% 的固体有机组分可以转化为可溶性的物质。污泥中蛋白质的含量可以减少接近 90%。Bunning 和 Hempel 等证实，臭氧与污泥反应时，破坏了细胞壁，使蛋白质从细胞中释放出来，释放到污泥液体中的蛋白质只能瞬间测定。凝胶渗透色谱分析表明，被污泥溶液稀释的蛋白质与臭氧反应、分解，由于氧化过程分解反应的速率很高，因此在氧化后的污泥液中测不出蛋白质的浓度增加。大约 63% 的多聚糖被溶解而进入污泥液中，并继续被氧化。但是由于氧化的速率很慢，可以测出污泥液中多聚糖浓度的增加，而污泥中多聚糖浓度与臭氧的投加量呈线性关系减少。污泥中的脂类减少 30%，臭氧与不饱和脂肪酸直接反应或者间接反应，形成可溶于水的短链片段。

由于臭氧与微生物反应破坏了细胞壁，释放出细胞质，同时也将不溶解于水的大分子分解成小分子片段而溶于水中。当臭氧投加量为 0.2 g/g 干污泥时，污泥中 40% 的有机碳转化到污泥液体中。氧化后污泥的基质构成发生了显著的变化，当臭氧投加量为 0.38 g/g 干污泥时，处理前干污泥的蛋白质质量分数为 16%，处理后降为 6%。

为了对各种不同的污泥细胞分解方法进行评价，A. Scheminske、K. Krull 和 D. C. Hempel 等又对不同的分解法：臭氧化、机械、热和化学方法，按照有机碳释放率作为标准，对它们的分解效能进行了对比研究，结果见表 5.1。

需要说明的是，虽然表 5.1 中碱处理后污泥释放了 55% 的有机碳，但是增加了盐离子浓度和后续处理工艺的难度。在做上述对比研究时，只考虑了有机物释放率这个单一的标准，而没有对不同的方法进行能耗对比。

表 5.1 几种污泥细胞分解方法的对比

方法	条件		有机碳释放率/%
臭氧化	臭氧投加量为 0.2 g/g 干污泥		40
超声波高压均质机	20 min，200 kW/m^3，50～60 MPa		10
热分解	30 min	90 ℃	15
		134 ℃	30
碱处理	0.5 mol/L NaOH		55

比利时的 M. Weemaes 等用污水处理厂二沉池污泥进行了臭氧处理的试验，在鼓泡柱反应器中进行，气体流量为 200 L/h，臭氧质量浓度为 35 mg/L，臭氧投加量为 0.1 g/g COD（污泥的 COD），并且根据污泥中 COD 的含量调整污泥接触氧化的时间，运行结果表明，臭氧化能分解细菌细胞释放出溶解性细胞内化合物和固体生物细胞破碎的水解物，由此使溶解性 COD 增加 29%±6%，溶解性 TOC 增加 16%±4%，SS 减少 40%±5%，VSS 减少 50%±6%。

Y. Sakai、H. Yasuiv 和 M. Shibata 等进行了处理能力为 440 m^3/d 城市污水处理厂中污泥减量的生产性试验，曝气池体积为 800 m^3，臭氧反应器体积为 4.5 m^3，臭氧投加量为 0.04 g O_3/g SS，进入臭氧接触反应器的污泥浓度为 510 g SS/m^3，运行过程中曝气池中污泥质量浓度维持在 3 000 mg/L，进水水质 BOD 为 60～185 mg/L。经过 9 个月的运行试验没有剩余污泥产生。为了证明是否有惰性污泥的积累，测定了系统的 MLVSS 和 MLSS 的比值，结果从运行初期的 0.87 降到 9 个月后的 0.81，可见没有显著降低。为了进一步判断臭氧化后的污泥中残留的惰性物质和此时污泥的活性，测定了污泥的耗氧速率（oxygen uptake rate of sludge，OUR），OUR 平均值为 0.51 g O_3/(g VSS·d)，比常规未经臭氧处理系统的 OUR 值低 32%，但是考虑到系统的 BOD 负荷仅为 0.04 kg BOD/kg MLSS，当 OUR 为 0.2～0.4 g O_3/(g VSS·d)已经足够维持系统正常运行。

因此，臭氧是一种活跃的强氧化剂，能与污泥中的细菌进行反应，破坏细胞壁，释放出细胞内的细胞质，并继续将大分子有机物降解为小分子的有机物，提高了后续系统的生物降解性能，回流进入曝气池，可以作为碳源提高生物脱氮的效能。在适当的臭氧投加量下，可以实现污泥的零排放。

7. 基于解偶联的污泥减量化技术

微生物最基本的特征之一就是代谢作用，它包括生物体内一切分解和合成作用。在生物处理过程中，细菌首先对废水中的有机物进行分解，然后用分解产生的化合物以及水中其他成分提供能量和细胞物质所需的成分，合成新的细胞物质。生物降解与生物合成的两个过程分别称为分解代谢（catabolism）与合成代谢（anabolism）。这两个代谢之间的能量转移是以三磷酸腺苷（ATP）的形式进行的。细胞内的 ATP 为细胞的各种生理活动提供能量。ATP 分解为腺苷二磷酸（ADP）+P_i，产生能量，为各种功能提供能量，如合成代谢、细菌繁殖、运动和维持功能（如基质的运输细胞内浓度的调节）。Senez 认为细菌的分解代谢与合成代谢通过呼吸控制作用偶联在一起。然而,如果呼吸控制不存在,就会发生代谢解偶联 (uncoupling),并且微生物新陈代谢过程中产生的剩余能量没有被用来合成生物体。解偶联的方法是降低分解代谢与合成代谢之间的能量(ATP)水平差异,使得用于合成代谢的能量受限制。Russel 等对解偶联的定义是:化学渗透氧化磷酸化作用不能产生以 ATP 式存在的最大理论能量,将 ATP 用于非生长反应定义为 ATP 消散(ATP spilling),即解偶联的氧化磷酸化作用。这表明 ATP 在分解代谢中的产生速率大于其在合成代谢中的消耗速率,这样便会减少生物体的产生量。在污泥处理方面,解偶联可以通过提高温度、投加化学解偶联剂、实现微生物非稳定生长等方式实现。

1. 提高温度

提高温度会使细胞膜的质子通透性增大,细胞膜两侧的质子梯度降低,随后发生氧化磷酸化解偶联。据报道,23 ℃污泥表观产率系数为 0.35,40.8 ℃时仅为 0.01。当然提高温度使污泥减量的原因还有温度升高可以改变细菌种群结构,细菌自身氧化速率变大等,这需要与代谢解偶联区分。

2. 投加化学解偶联剂

化学解偶联剂主要是使细胞膜对 H^+ 的阻力降低,细胞膜内外质子浓度降低,进而使得细胞的 ATP 合成效率下降,所生成的能量大部分用于产热,不能有效地使细胞完成合成代谢过程,通过此方式使污泥产量降低。化学解偶联法应用方便操作简单,便于应用,只要在原有的工艺上配置加药装置即可。早在 1948 年 Lomis 等就发现了 2,4 二硝基酚(DNP)的解偶联作用。现在已经研究过的解偶联剂有很多,主要是硝基苯酚,如对硝基苯酚(pNP)、2,4 一二基酚 (dNP)、间硝基苯酚(mNP)、邻硝基苯酚 (oNP),氯基苯酚,如对氯苯酚 (pCP)、间氯苯酚(mCP)、2,4 一二氯苯酚(DCP)、2,4,5 一三氯苯酚(TCP)、五氯苯酚(PCP)等,以及 3,3′,4′,5一 四氯水杨酰苯胺(TCS)、氨基苯酚等。多方试验结果证明,解偶联剂能够对微生物表观产率产生较为显著的影响,且解偶联剂种类及剂量都会影响污泥减量化效果。

Chen 等人以 TCS 作为解偶联剂,证明当 TCS 质量浓度大于 0.4 mg/L 时,可以明显抑制污泥生长。Euan 等人向活性污泥处理系统中投加 TCP,具有较好的污泥减量效果,且设备简单,只需在原有污泥处理设备基础上加设投药装置;Li 等人通过向 A^2/O 工艺中投加 TCS、2,4-DCP、THPS 3 种解偶联剂,来比较其污泥减量效果,结果证明 3 种解偶联剂都可以有效实现污泥减量化,其中 THPS 与 TCS 污泥减量化效果较好;Aragon 等人研究了 Zn、Cu、TCS、DNP 的污泥减量效果,结果表明 4 种物质均可以起到一定程度的污泥减量作用,其中 TCS 效果最佳,当投加 TCS 质量浓度处于 0.8 mg/L 时,对底物去除率的影响不足 10%,但污泥产率可减少 1/3 以上。

利用解偶联剂,将微生物分解代谢与合成代谢实现最大幅度相分离,可以较为显著地减少污泥量,在污泥减量化方面是一个很有发展前景的技术途径。但影响除污染效能、药效持续时间较短、供氧量增加且解偶联剂价格较高导致运行成本高、毒性较大、对环境的影响及安全性尚不明确等问题限制着解偶联处理污泥的大规模应用。

3. 高 S_0/X_0 条件

Tempest 等发现在营养物受限制和碳基质过剩的情况下，代谢产物过量碳基质吸收率和 CO_2 产率都会大大提高。在高初始基质浓度/初始生物量浓度（S_0/X_0）条件下，微生物在分解有机物时产生的 ATP 速率大于合成时消耗 ATP 的速率，造成 ATP 积累。随后会发生能量消散（energy spilling），生物体产量降低。目前对于此条件下的污泥减量机理有如下解释：由于离子如 K 泄漏，离子通过细胞膜，使得细胞膜两侧质子梯度降低，造成能量消散，随后发生氧化磷酸化解偶联；微生物产生其他代谢途径（甲基二乙酸旁路），回避了糖酵解步骤。缺乏其他生长因子也会导致代谢解偶联。Chua 等发现将 CN 从 20 提高到 140，污泥量减少 39%，并能生成可生物降解塑料聚羟基脂肪酸（PHAS）。高 S_0/X_0 条件尤其适合处理需要添加氮来维持生物处理的工业污水 Liu 等建立了高 S_0/X_0 条件下微生物生长动力学和能量消散模型。但高 S_0/X_0 条件（$S_0/X_0>8\sim10$）用于实际污水处理还有待于实践证实。

4. 好氧—沉淀—厌氧（oxic-settling-anaerobic，OSA）工艺

OSA 工艺是在常规活性污泥（CAS）工艺的污泥回流过程中设置一段厌氧处理设施，使微生物在好氧条件下合成的 ATP 在底物匮乏的厌氧环境下只能优先用于生命维持，几乎没有多余能量用于生物生长，如图 5.2 所示。当污泥再次回流到底物充足的好氧池中，微生物会开始大量地对有机底物进行氧化分解，所生成的能量不会立刻进行细胞物质的合成，而是优先用于合成 ATP 储备，此过程有效地降低了污泥的增长速率。

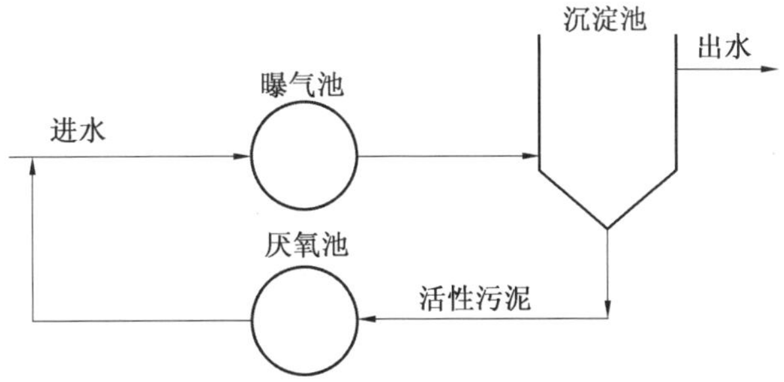

图 5.2 OSA 工艺示意图

Westgarth 等在 1964 年首次报道了在好氧淀—厌氧高效活性污泥法中剩余污泥的产率降低了近一半。Chudoba 等研究发现污泥龄为 5 d，污泥量减少 38%～53%。Saby 等发现，OSA 工艺中厌氧池的氧化还原电位（ORP）和污泥产量之间有联系，ORP 从 +100 mV降低到 −250 mV，污泥量减少 36%。随着污泥负荷的增加，OSA 工艺的污泥量有下降的趋势，这表明 OSA 工艺适合处理有机物浓度高的工业污水。OSA 工艺还能提高污泥沉降性能和 BOD 去除率。

5.2.2 污泥稳定化技术

从严格意义上讲，污泥稳定化就是通过生物、化学或物化处理，使污泥中有机态化合物转化为无机态化合物过程的总称。实践中，部分标准将病原体控制等无害化指标也纳入稳定化过程，如《城镇污水处理厂污泥处理稳定标准》(CJT 510—2017)对污泥稳定化的定义是：污泥通过生物、化学或物化处理，使处理产物达到不易腐败发臭、控制病原体等要求。

污泥稳定化的核心内涵是有机物的降解。污泥稳定化工艺有好氧消化、厌氧消化、好氧堆肥、碱法稳定和干化稳定等。好氧消化、厌氧消化、好氧堆肥这 3 种方式是利用微生物将污泥中的易腐有机组分转化，是应用最为广泛的传统的污泥稳定化方法；碱法稳定是通过添加化学药剂实现易腐物质的络合、提高 pH、降低微生物活性及达到污泥稳定化，如投加石灰等；干化稳定则是通过高温杀死微生物，以遏制微生物活性，达到稳定化的目的。

1. 污泥好氧消化技术

污泥的好氧消化是在不投加底物的条件下，对污泥进行持续曝气，使污泥中的微生物处于内源呼吸阶段进行自身氧化。其主要优点是：污泥中可降解有机物的降解程度较高，上清液有机物浓度低，消化污泥量少，无臭、易脱水，处置方便；消化污泥肥分高，运行管理方便，构筑物基建费用低。缺点是：运行能耗大，不能回收沼气，污泥有机物分解程度随温度波动大，消化污泥重力浓缩时上清液 SS 较高。

(1)污泥好氧消化机理。

好氧消化法类似活性污泥法，在曝气池中进行，曝气时间长达 10～20 d。污泥好氧消化处于内源呼吸阶段，在好氧条件下，细胞组织被氧化成 CO_2、H_2O 和 NO_3^- 等。事实上，只有 75%～80%的细胞能被氧化，其余的 20%～25%是惰性物质和不可降解的有机物。氨在好氧条件下会发生硝化反应，反应式如下(式中 $C_5H_7NO_2$ 代表微生物的细胞组成)：

$$C_5H_7NO_2+7O_2 \longrightarrow 5CO_2+3H_2O+H^++NO_3^-$$

因此，氧化 1 kg 细胞物质需要氧 224/113≈2 kg。在好氧消化过程中，氨氮被氧化为 NO_3^-，pH 将降低，故需要足够的碱度来调节，以便好氧消化池内的 pH 维持在 7 左右。每氧化 1 kg 氨氮约消耗 7 kg 的碳酸钙碱度，当 pH 低于 5.5 时，需额外投加碱度。好氧消化池内的污泥应保持悬浮状态，溶解氧维持在 2 mg/L 以上。

初沉污泥与剩余活性污泥混合后进行好氧消化时，由于初沉污泥不含微生物体，但含有供微生物生长的营养源，因此好氧消化时，微生物要把外部营养源消耗以后才进入内源呼吸阶段，此时好氧消化所需时间较长。腐殖污泥好氧消化所需时间介于两者之间。经好氧消化后的污泥，脱水性能良好，上清液的 BOD_5 常低于 100 mg/L，SS 为 100～300 mg/L，TP<100 mg/L，可作为营养液回流至曝气池。

(2)污泥好氧消化池。

污泥好氧消化池的构造与完全混合式活性污泥法曝气池相似，如图 5.3 所示。池型可建成矩形或圆形。

影响污泥好氧消化过程的因素包括污泥温度、停留时间、污泥负荷、需氧量、搅拌等。好氧消化池的设计参数一般应通过试验确定。典型的污泥好氧消化池推荐设计参数见表 5.2。

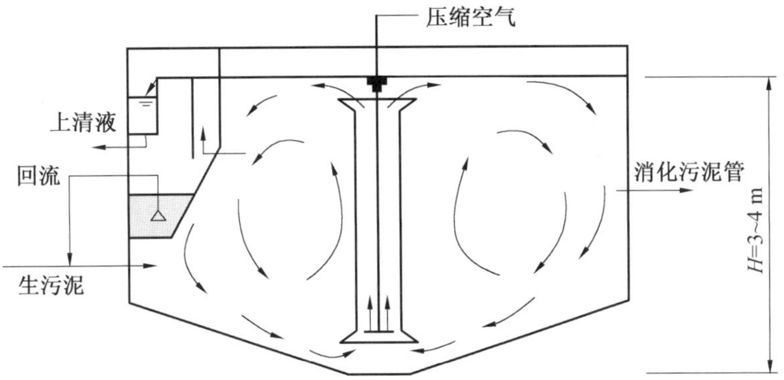

图 5.3　好氧消化池构造

表 5.2　好氧消化池推荐设计参数

设计项目	参数
污泥停留时间 t/d	
活性污泥	10～15
初沉污泥与活性污泥的混合污泥	15～20
有机负荷/(kg VSS·m^{-3}·d^{-1}),混合污泥用下限	0.38～2.24
空气需氧量(当为鼓风曝气时)/(m^3·m^{-3}·min^{-1})	
活性污泥	0.02～0.04
初沉污泥与活性污泥的混合污泥	≥0.06
机械曝气所需功率/(kW·m^{-3})	0.02～0.04
最低溶解氧浓度/(mg·L^{-1})	2
温度/℃	>15
挥发性固体(VSS)去除率/%	50 左右
VSS/SS 值/%	60～70
污泥含水率/%	<98
污泥需氧量/(kg O_2·kg^{-1} VSS)	3～4

近年来,高温需氧消化又开始被用作污泥中温厌氧消化的预处理。随着污泥好氧消化研究的不断深入,在传统污泥需氧消化工艺基础上出现了一些新的工艺方法,这一实用技术得到进一步充实和完善。常用的污泥好氧消化工艺有以下 3 种。

(1)延时曝气。

非洲和中东国家多采用延时曝气消化污泥,即活性污泥在曝气池中同时稳定。曝气池中污泥负荷一般在 0.05 kg/(kg·d)左右,其污泥泥龄需保持在 25 d 以上,污水在曝气池中的停留时间为 24～30 h。此工艺由于大大增加了曝气池容积,污水厂的能耗急剧增加,一般认为仅限于小型污水厂使用,有些国家在较大的污水处理厂中也采用此工艺,但从整体上看,难以真正保证污泥的稳定效果。

(2)污泥单独好氧消化。

污泥单独好氧消化工艺可视为活性污泥法过程的继续。污泥在稳定池中的停留时间取决于污水处理工艺中所采用的泥龄,一般来讲,污泥在稳定池中的泥龄和污水处理时活性污泥在曝气池中停留的泥龄之和不低于 25 d。污泥单独好氧稳定一般也只限于小型污水厂,大型污水厂目前已较少使用。

(3)高温好氧稳定。

利用污泥中有机物被微生物降解过程中所释放的热量使反应器(消化器)温度维持在 50～60 ℃之间,污泥在反应器中的停留时间一般在 8 d 左右。反应器需采取隔热措施,为使反应器温度即使在冬天也能维持在高温范围内,进入反应器的污泥含固率有一定的要求,根据不同的进泥温度、池子形状、环境温度等,进泥含固率一般维持为 2.5%～6.75%。污泥高温好氧稳定方法基本上能完全杀灭病原菌,污泥中有机物降解效率也较高,因而可以达到较高的污泥稳定程度。

2.污泥好氧堆肥技术

污泥堆肥化实质上是在人工控制条件下,利用污泥中的微生物将有机固体物质降解,向稳定的腐殖质进行生化转化的微生物学过程。按其需氧程度分为好氧堆肥和厌氧堆肥,现代化的堆肥工艺基本上都采用好氧堆肥。

好氧堆肥化过程分为中温和高温两个阶段,中温范围是 15～45 ℃,高温范围是 45～80 ℃。在中温阶段和高温阶段活动的微生物是有区别的,分别称为嗜温性微生物和嗜热性微生物。现代化堆肥生产最低温度为 55 ℃,大多数微生物在 45～80 ℃范围内最活跃,分解有机物能力最强,其中的病原菌和寄生虫大多可被杀死。

堆肥化开始,温度慢慢上升,嗜温菌较为活跃,大量增殖。有机物在被微生物转化和利用的同时,有一部分化学能转变为热能,加之堆肥物料本身具有良好的保温作用,温度不断上升,这种自我加热的作用可以将堆肥中的温度升高到 75 ℃甚至更高。到达此温度后,嗜温菌受到抑制,甚至死亡,复杂的有机物如半纤维素、纤维素和蛋白质也得到分解。经过高温发酵,堆肥中的温度会逐渐下降,当温度在 40 ℃左右,堆肥基本达到稳定,形成腐殖质。然后将达到稳定的物质送到发酵室堆积,使其中的有机物熟化(腐化)。熟化过程一般不需通气,每 1～2 周翻动一次即可。为了防止具有恶臭的硫醇、甲硫醚、二硫化物及二甲胺等生成物的挥发,需在堆肥上覆盖一层熟化后的堆肥,厚度约为 30 cm。堆肥的熟化根据不同情况需要 7～120 d。

堆肥技术发展至今,已形成很多工艺类型。按堆肥微生物对氧的要求,可分为好氧堆肥和厌氧堆肥;按堆肥物料运动形式可分为静态堆肥和动态堆肥;按堆肥堆制方式分为间歇式堆肥和装置式堆肥。

间歇堆肥法又称露天堆肥法,这是我国长期沿用的一种方法,要求对堆肥原料进行前处理,根据其含水率和 C/N 值,确定原料配比。

连续堆制法工艺采取连续进料和连续出料方式发酵,原料在一个专设的发酵装置内完成中温和高温发酵过程,因此又被称为装置式堆肥技术。这种堆肥方法除具有发酵时间短,能杀灭病原微生物外,还能防止异味,成品质量比较高,已在美国、日本、欧洲广为采用。连续发酵装置类型有多种，主要类型有立式堆肥发酵塔、卧式堆肥发酵滚筒、筒仓式堆肥发酵仓等。

堆肥如同烘干和颗粒化技术一样，就其本身来说不属于处置或利用，但是这些处理技术的应用促进了其在农业或园艺上的利用。堆肥往往被看成是一种待用的处置方法，实际上是一种将污泥变得适于农业和园艺利用的处理方法。堆肥比已有的液态污泥特别是消化污泥的农业利用成本要贵的多，因此，堆肥技术在欧洲国家不适用。

3. 污泥的厌氧消化技术

①污泥厌氧消化是对污泥进行稳定处理的常用方法，是一个复杂的过程，分为 3 个阶段：水解发酵阶段，大分子不溶性复杂有机物在细胞外酶的作用下，水解成小分子溶解性高级脂肪酸；②产氢产乙酸阶段，将第一阶段的产物降解为简单脂肪酸并脱氢；③产甲烷阶段，在产甲烷菌的作用下，将第二阶段的产物转化为 CH_4 和 CO_2。

(1)污泥厌氧消化的类型。

由于污泥中有机物主要以固体状态存在，一般认为在污泥的厌氧消化中，固态物的水解、液化是污泥厌氧消化的主要控制过程。厌氧消化产生的甲烷能抵消污水厂所需要的部分能量，并使污泥固体总量减少，当污泥中挥发性固体量降低 40%左右即可认为已达到污泥稳定。消化污泥是一种很好的土壤调节剂，含有一定量的灰分和有机物，能提高土壤肥力和改善土壤结构。但是厌氧消化投资较大，运行易受环境条件影响，消化污泥不易沉淀，反应时间也较长。

根据操作温度，污泥厌氧消化分为中温消化和高温消化。高温消化池容积小，高温消化过程(50～60 ℃)能杀死致病菌，达到消毒的目的。但是高温消化所需能耗大大高于中温消化，运行费用高，反应过程产生的有机酸较多，消化后污泥的异味大，后续脱水困难，因此只有条件非常有利于高温消化或有特殊要求时才会采用。

根据厌氧消化的负荷率，又可分为低负荷率和高负荷率两种。

低负荷率消化池是一个不设加热、搅拌设备的密闭池子，池液分层，如图 5.4 所示。负荷率一般为 0.5～1.6 kg MLVSS/(m^3 · d)，消化速度慢，停留时间为 30～60 d。污泥间歇进入，在池内经历产酸、产气、浓缩和上清液分离等所有过程。产生的沼气气泡的上升有一定的搅拌作用。池内形成 3 个区——上部浮渣区、中部上清液、下部污泥区。顶部汇集消化产生的沼气并导出，经消化的污泥在池底浓缩并定期排出，上清液回流到处理厂前端与进厂污水混合。

高负荷消化池的负荷率达到 1.6～6.4 kg MLVSS/(m^3 · d)或更高，与低负荷率的消化池的区别在于设有加热、搅拌装置，连续进料和出料，最少停留时间为 10～15 d，整个池内污泥处于混合状态，不分层。高负荷率消化池通常设两级，第二级不设搅拌设备，作泥水分离和缩减泥量之用，如图 5.5 所示。

此外，随着工艺的发展，又出现了两相消化工艺。它根据厌氧分解的两阶段理论，把产酸和产甲烷分开，使之分别在两个池子内完成，如图 5.6 所示。该工艺的关键是如何使两阶段分开，方法有投加相应的菌种抑制剂，调节和控制停留时间、回流比等。

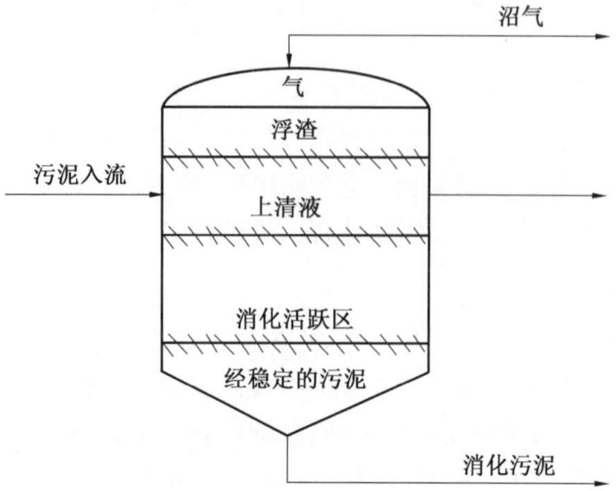

图 5.4　低负荷率厌氧消化池

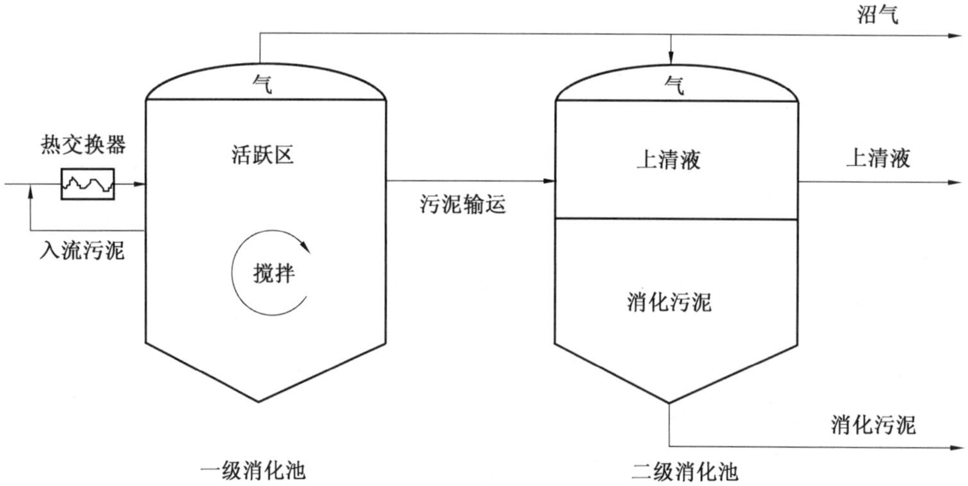

图 5.5　高负荷率厌氧消化池

2. 污泥厌氧消化池

污泥消化池有圆柱形和蛋形两种，如图 5.7 所示。图 5.7(a)～(c)为圆柱形，蛋形消化池在工艺与结构方面有如下优点：①搅拌充分、均匀，无死角，污泥不会在池底固结；②池内污泥的表面散热面积小，易于保温；③蛋形的结构与受力条件最好，如采用钢筋混凝土结构，可节省材料；④防渗水性能好，聚集沼气效果好。蛋(卵)形壳体如图 5.7(d)所示。消化池的构造主要包括污泥投配、排泥及溢流系统、沼气收集与储气系统、搅拌及加热设备等。

3. 污泥消化新技术

(1)高温－中温两段厌氧消化。

与传统的高温消化－中温消化不同，由哈尔滨工业大学赵庆良教授与德国尼尔斯河

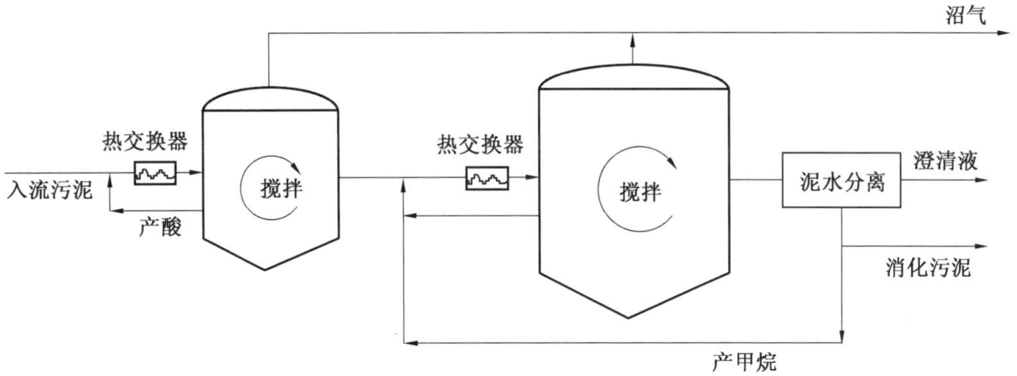

图 5.6　两相消化工艺

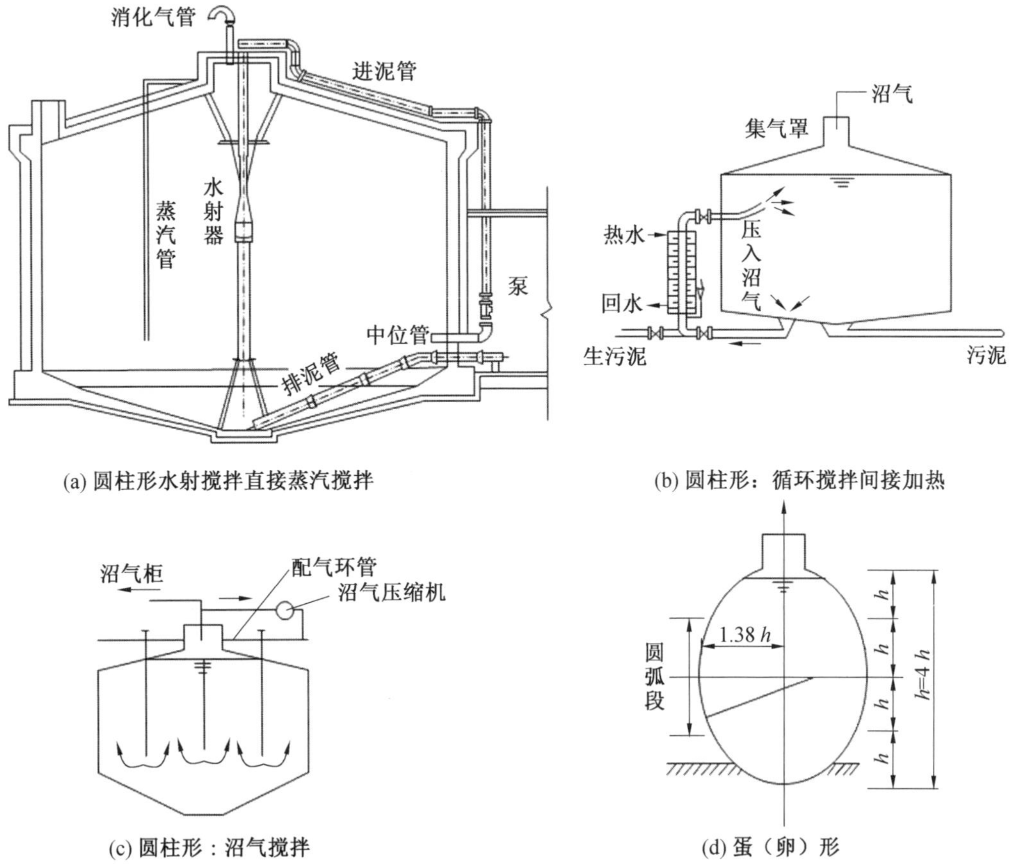

图 5.7　消化池基本池型

协会 G. Kugel 博士等联合研究开发的超高温消化—中温消化，其特点是消毒与消化同时进行，并且能达到更快和更有效的消化。已经在 Niers 河管理协会建成的生产规模两段超高温消化池（操作温度为 70～75 ℃）—中温消化池（35～37 ℃），其运行和技术参数如下：

消化池体积消减率为50%。

超高温消化池：2×350 m^3，停留时间为3 d。

污泥容积负荷：12.7 kg/(m^3·d)。

中温消化池：停留时间为11 d。

总停留时间为14 d，而传统消化池需要25～30 d。两段消化池的原污泥经高温消毒又进行了消化，污泥有机物剩余率小于45%，产气量增加10%。

(2)热水解预处理的污泥高级厌氧消化技术。

在众多预处理技术中，热水解被公认为是具有良好经济效益且可实施性强的预处理措施。早在1978年已有研究表明经热水解后活性污泥的降解性能(以甲烷产量计)得到了提高，原因在于复杂有机物组分的水解和溶出。Bougrier等人研究发现随着热水解温度的提高，污泥的厌氧消化性能也随之提高，然而当温度升高到200 ℃以上时，由于热水解过程中发生的美拉德反应，活性污泥的厌氧消化性能反而会降低。为了提高污泥的降解性能以及产甲烷量，同时缩短污泥在反应器中的停留时间，大量学者采用190 ℃以下的温度对污泥进行热水解以提高污泥的厌氧消化性能，这些研究评估了热水解前后污泥的厌氧消化性能，如产气量、COD降解量、TS减少量、VS降解率以及产甲烷量等。

以单位投入能量计，是非常经济有效的预处理方法，拥有大规模工程应用的技术优势。污泥的"热水解—厌氧消化"联合工艺在美国、德国、英国、挪威、丹麦等国得到了重视并进行了工程应用，近年来国内的厌氧消化实际工程中也逐步应用了污泥热水解预处理的手段。以往关于污泥的热水解－厌氧消化的研究多以含水率大于95%的浓缩污泥为对象，将污泥加热到约170 ℃，热水解30 min，再经过高温或中温厌氧消化处理，使得有机物分解率大大提高，实现了污泥减量化、无害化的目的。但由于污泥含水率高，而水的汽化潜热大，加热时大部分能量消耗在加热污泥中大量的水分上，造成"热水解－厌氧消化"工艺的能耗较大。如果对含固率大于10%的高含固率污泥进行热水解－厌氧消化处理，则整个工艺的能耗将大大降低。

4.污泥的化学稳定技术

化学稳定是向污泥中投加化学药剂，以抑制和杀死微生物，消除污泥可能对环境造成的危害(产生恶臭及传染疾病)，一般采用的方法如下。

(1)石灰稳定法。

用石灰使污泥的pH提高到11～11.5，15 ℃下接触4 h，能杀死全部大肠杆菌及沙门氏伤寒杆菌，但对钩虫、阿米巴包囊的杀伤力较差。若采用石灰乳投加则制备麻烦、产生的渣量大，但其脱水性好。石灰稳定法是一种简单的污泥稳定化方法，所需的基建费用不高。

(2)氯稳定法。

氯能杀死病菌，有较长期的稳定性，但pH低、过滤性差，而且氯化过程中常产生有毒的氯胺，给后续处置带来一定困难。

5.2.3　污泥热处理技术

污泥热处理技术是利用不同热处理工艺实现污泥的减量化、稳定化、无害化和资源化。常用的热化学处理方法有焚烧、碳化、热加工做建材、直接液化、气化、热解等。根据氧化还原环境，污泥热化学处理工艺可分为 3 种，即有氧、缺氧、无氧。污泥焚烧、湿式氧化为有氧热化学处理；气化为缺氧热化学处理；污泥热化学转化（热解、直接液化等）为无氧热化学处理。污泥热化学处理方法作为一种处理彻底、速度快、设施占地小的污泥处理方法，正受到各国广泛的重视。而且，随着科技水平的提高，这种处理方式在污泥处理技术体系中的地位更加突显。

(1)污泥焚烧技术。

焚烧是污泥最终处置的最有效和彻底的方法。污泥焚烧是指污泥所含水分被完全蒸发、有机物质被完全焚烧，焚烧的最终产物是 CO_2、H_2O、N_2 等气体及焚烧灰渣。焚烧时借助辅助燃料，使焚烧炉内温度升高至污泥中有机物的燃点以上，令其自燃，如果污泥中的有机物的热值不足，则需不断添加辅助燃料，以维持炉内温度。

污泥具有一定的热值，但仅为标准煤的 30%～60%，低于木材，与泥煤、煤矸石接近，因此污泥焚烧工艺可以在一定程度上借鉴煤矸石焚烧工艺。

污泥的燃烧热值也可用式(5.1)计算

$$Q=2.3a\left(\frac{100P_v}{100-G}\right)\left(\frac{100-G}{100}\right) \tag{5.1}$$

式中，Q 为污泥的燃烧热值，kJ/kg；P_v 为有机物质（即挥发性固体）含量，%；G 为机械脱水时，所加污泥混凝剂量（以占污泥干固体质量百分数计），当用有机高分子混凝剂或未加混凝剂时，$G=0$；a，b 为经验常数，与污泥性质有关（新鲜初沉污泥与消化污泥 $a=131$，$b=10$；新鲜活性污泥 $a=107$，$b=5$）。

污泥焚烧可分为单独焚烧和协同焚烧两种类型。单独焚烧是利用污泥本身有机物的热值，将污泥经过脱水等处理后添加少量的助燃剂送入焚烧炉进行燃烧；协同焚烧是将污泥与煤或可燃固体废物等混合燃烧，用于发电、制砖等。

1. 单独焚烧技术

污泥焚烧工艺系统一般包括预处理、燃烧和烟气处理与余热锅炉利用 3 个子系统。预处理子系统包括污泥的前置处理和预干燥。污泥焚烧系统的原料一般以脱水污泥饼为主，前置处理过程包括浓缩、调理、消化和机械脱水等。考虑到焚烧对污泥热值的要求，一般拟焚烧的污泥不应再进行消化处理。在选用污泥脱水的调理剂时，既要考虑其对污泥热值的影响，也要考虑其对燃烧设备安全性和燃烧传递条件的影响，因此，腐蚀性强的氯化铁类调理剂应慎用，石灰有改善污泥焚烧传递性的作用，适量（量过大会使可燃分降低）使用是有利的。

污泥焚烧主要可分为两类：一类是将脱水污泥直接送焚烧炉焚烧，另一类是将脱水污泥干化后再焚烧。预干燥对污泥焚烧达到自持燃烧条件有很大的帮助，大型污泥焚烧设施，都应采用预干燥单元技术。

对于污泥燃烧子系统，主要考虑污泥焚烧炉型的选择，焚烧炉型的不同直接影响污泥焚烧的热化学平衡和传递条件。污泥焚烧设备主要有回转式焚烧炉(回转窑)、立式多段焚烧炉、流化床式焚烧炉等。从污泥性状来看，污泥焚烧会阻塞炉排的透气孔，影响燃烧效果，因此炉排炉不适于焚烧污泥。在污泥焚烧工业化的初期，多采用多膛炉，多膛炉燃烧的固相传递条件较差，污泥燃尽率通常低于95%，同时，辅助燃料成本的上升和气体排放标准变得更加严格，使得多膛炉逐渐失去竞争力。目前应用较多的污泥焚烧炉形式主要是流化床和卧式回转窑两类。

2. 协同焚烧技术

单独建大型污泥焚烧厂存在投资成本大、运行成本高、建设周期长等问题，另外污水处理厂的污泥含水率通常为80%左右，体积庞大，而且城市污水处理厂往往较为分散，集中焚烧处理必然带来高昂的运输费用。如果利用污水处理厂附近的电厂、水泥厂、垃圾焚烧厂等现有的燃烧设备和技术就近焚烧处理污泥，不仅可节省大量的湿污泥运输费用，而且投资少、运行成本低、见效快，在经济效益和环境保护上均具有显著的优点。目前，利用现有工业窑炉实现污泥协同焚烧已有较多工程案例。

(1)利用垃圾焚烧炉焚烧。

垃圾焚烧炉大都采用先进的技术，配有完善的烟气处理装置，可以在垃圾中混入一定比例的污泥一起焚烧，一般混入比例可达30%左右。

(2)利用工业用炉焚烧。

主要利用沥青或水泥的工业焚烧炉焚烧干化后的污泥，污泥的无机部分(灰渣)可以完全地被利用于产品之中。通过高温焚烧至1 200 ℃，污泥中的有机有害物质被完全分解，同时在焚烧中产生的细小水泥悬浮颗粒会高效吸附有毒物质，而污泥灰粉也一并熔融入水泥产品之中。

(3)利用燃煤发电厂焚烧。

经过国外发电厂焚烧污泥研究证明，污泥投入量为耗煤总量的10%以内时，对于烟气净化和发电站的正常运转没有不利影响。

2. 污泥热解技术

传统的热化学处理(如焚烧法)通常需加入辅助燃料。污泥热解是指在无氧或低于理论氧气量的条件下，将污泥加热到一定温度(高温：600～1 000 ℃，低温：<600 ℃)，利用温度驱使污泥有机质热裂解和热化学转化反应，使固体物质分解为油、不凝性气体和炭三种可燃物的过程。污泥的最大转化率取决于污泥组成和催化剂的种类，正常产率为200～300 L/t，其性质与柴油相似。部分产物作为前置干燥与热解的能源，其余作为能源回收。

由于高温热解耗能大，目前研究重点放在低温热解(热化学转化)上。污泥在低温下转化为水、不凝性气体、油和炭，其中最引人关注的是污泥低温热解制油技术，它是在催化剂条件下，在较低的温度下使污水污泥中含有的有机成分，如粗蛋白、粗纤维、脂肪及碳水化合物，经过一系列分解、缩合、脱氢、环化等反应转变为一些物质的混合物。热解产物的组成及分布主要由污泥性质决定，但也与热解温度有关。由于现今进行的污泥热解试验多限于实验室规模，因此提出了不同的作用机理。较普遍的看法为：在 300 ℃以下发生的热化学转化反应，主要是污泥中脂肪族化合物的转化，此类化合物沸点较低，其转化形式主要为蒸汽；300 ℃以上蛋白质转化与 390 ℃以上开始的糖类化合物转化，主要转化反应是脑键的断裂、基因转移变性及支链断裂等；含碳物质在 200～450 ℃发生转化，至 450 ℃基本完毕。

与目前常用的污泥焚烧工艺相比，污泥热解的主要优点是操作系统封闭，污泥减容率高，无污染气体排放，几乎所有的重金属颗粒都残留在固体剩余物中，在热解的同时还可实现能量的自给和资源的回收，因而是一种非常有前途的污泥处理方法和资源化技术。

3. 污泥水热处理技术

污泥具有高含水率特性，特别适合采用水热处理的方式，实现污泥的改性、活化或定向转化。根据水热温度的不同，污泥水热处理可以分为热水解、水热炭化、水热液化等技术（图 5.8）。

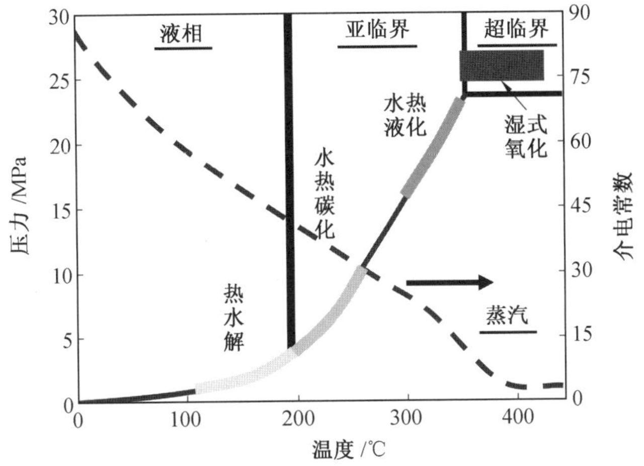

图 5.8　不同温度水热预处理技术分类

1. 热水解预处理技术

高温热水解预处理工艺采用高温、高压对污泥进行热水解与闪蒸处理，使污泥中的胞外聚合物和大分子有机物发生水解，并破解污泥中微生物的细胞壁。热水解处理通过破坏污泥微生物结构，使污泥体瓦解，胞外聚合物（EPS）结构破坏，细胞溶胞，大大降低污泥黏度，进而提高进泥含固率和有机负荷，减小消化体积；通过溶解颗粒有机质，以及长链大分子有机物水解，提高污泥厌氧消化性能，缩短停留时间；通过改变污泥水分分布，结合水释放，进而提高污泥脱水性能，减轻后续运输处理费用，并能实现病原菌灭活。

2. 热水解预处理技术

水热炭化（HTC）是指在一定的温度（180～350 ℃）和密封的压力容器中，以生物质或其组成为原料，以液体（水等）作为溶剂和反应介质，经过水解、脱羧、缩聚等一系列复杂的化学反应生成气态、液态、固态产物的过程。

水热炭产物的性状主要取决于水热炭化温度。在较高温度（>180 ℃）的条件下，污泥脱水率才能达到较高水平。这是因为污泥中的有机物经过水热炭化脱除羟基和羧基后，其产物亲水性与原始污泥相比较低，从而使得高温水热条件下的污泥的脱水性能得到较大改善。

3. 水热液化技术

水热液化技术是在密封的压力容器中，以水为溶剂，在高温高压的条件下进行化学反应的各种技术的统称，在化工、冶金等领域被广泛应用。在水热反应体系中，水的性质发生强烈改变，蒸汽压升高、密度降低、表面张力降低、黏度降低、电离常数增大，离子积升高。利用水的这些性质变化，无需添加药剂即可对污泥进行改性。

污泥中含有一定量的有机质，可经过水热液化（hydrothermal liquefaction, HTL）处理把有机物转化成碳氢化合物，该化合物性质与柴油相似，因此污泥被认为是一种潜在的生物质能源。水热液化工艺一般在惰性气体环境下在高温（200～400 ℃）、高压（5～25 MPa）条件下进行热化学反应，将污泥转化为高热值的液体产物，该过程无须对原料进行干燥，在外加气体的压力下可以提高水的沸点，减少蒸汽的生成量，进而节约热能，有利于生物质大分子有机物水解，产物分离方便，且清洁环保，无毒副作用。

4. 湿式氧化技术（WAO）

湿式氧化技术（wet air oxidation, WAO）是在高温（125～350 ℃）和高压（0.5～20 MPa）条件下，以空气中的 O_2 为氧化剂（也可使用其他臭氧、过氧化氢等氧化剂），在液相中将污泥中有机污染物氧化为 CO_2 和水等无机物或小分子有机物的化学过程。

湿式氧化技术最早应用于处理造纸黑液，在温度为 150～350 ℃、压力为 5～20 MPa 条件下，使黑液中的有机物氧化降解，处理后的 COD 去除率达 90%以上。随后 WAO 在处理造纸黑液及城市污泥方面得到了商业化的发展，并建立了城市污泥的 WAO 处理厂。与常规的处理方法相比，WAO 有以下几个特点：

（1）应用范围广，处理效率高，几乎可以无选择地有效处理各种污泥。

（2）氧化速率快，大部分的 WAO 所需的反应停留时间为 30～60 min，且温度、压力低于超临界氧化，因此装置比较小，且相对易于管理。

（3）二次污染较少，大部分被氧化为 CO_2、各种有机酸、醇、NH_3、NO_3^- 等，而 SO_2、HCl、CO 等有害物质产生很少。

（4）可以回收能量和有用物料，例如，系统中排出的热量可以用于产生蒸汽或加热水，反应放出的气体用于使涡轮机膨胀，产生机械能或电能，有效回收磷等。其缺点是反应在高温高压的条件下进行，设备要求高，系统复杂，成本较高，运行维护复杂。

我国有关污泥湿式氧化的技术研究和装备开发还处于起步阶段，在系统的稳定性、污染物控制、装备集成及成本控制方面还需开展深入研究。

5.2.4　污泥处置及资源化利用技术

污泥资源化，是指将污泥处理后的产物直接作为原料进行利用或者对其进行再生利用。早期污泥处置采用填埋或土地利用方式，随着社会发展和技术进步，填埋已逐渐面临淘汰或作为应急手段少量保留，资源化成为污泥处置的趋势，主要包括能源化、肥料化、建材化等3个方向。

(1)污泥能源化利用。

基础主要体现在自身所具有的热值和产生沼气方面，利用形式简单，技术方面没有应用障碍，在经济性良好的前提下应优先选择。机械热干化焚烧、工业炉窑协同焚烧是目前最主要的污泥能源化处理处置技术路线。

(2)污泥肥料化利用。

基础主要体现在污泥所蕴含的有机质和营养元素上，这部分是污泥成分中最具市场价值的部分，但市场在污染物含量方面存在应用门槛，必须是符合标准要求的产品方可进入土地。好氧发酵和厌氧消化是目前最主要的肥料化前处理技术。

(3)污泥建材化利用。

基础主要体现在污泥所含有的无机质上，这部分价值低，而且市场竞争严重，在实际中较少采用。

1. 污泥卫生填埋

污泥卫生填埋是目前我国普遍采用的污泥处理处置技术路线，其优点是投资少、处理量大、效果明显，对污泥的卫生学指标和重金属指标要求比较低。但也存在一些问题，如场地资源受限，污泥运输和填埋场建设费用较高，填埋容量有限，有害成分的渗漏可能会造成地下水污染，填埋场的卫生、臭气会造成二次污染，污泥中含有的营养物质会使大量病原菌繁殖等。同时，从碳排放的角度分析，污泥填埋会释放大量无组织排放的CH_4、N_2O等温室气体，最终产生大量的碳排放。随着无废城市的建设以及碳减排的要求，污泥填埋只能作为一种阶段性的应急处理处置方式。

由于污泥填埋容易造成渗滤液对地下水的污染和城市用地减少等，世界各国对污泥填埋处置技术标准要求越来越高。例如，所有欧盟国家在2005年以后，有机物含量大于5%的污泥都已禁止填埋。在这样的形势下，全世界污泥填埋的比例正在逐步下降，美国和德国的许多地区已经禁止了污泥的土地填埋。我国污泥处理处置起步较晚，污泥填埋方式和生活垃圾填埋处理一样，还会有一定的过渡时间。生活垃圾混合填埋是污泥传统的填埋方式，值得注意的是污泥混合填埋比例过高或填埋污泥自身含水率过高对填埋场具有较大影响，其主要原因如下：

(1)由于脱水污泥颗粒细小，极易堵塞渗滤液收集和排水管道，在填埋区积存大量渗滤液，清理疏通的费用昂贵。

(2)脱水污泥具有流变性，使得场内垃圾填埋体容易变形、滑坡，给场区带来了极大的安全隐患。脱水污泥的高含水率和高黏度，大大增强了填埋渗滤液产生量，并导致填埋垃圾运输车辆、推土机、挖掘机等打滑、陷车，造成填埋操作困难。

(3)由于污泥吸水特性,造成填埋垃圾难以压实,影响填埋场的使用年限。

污泥填埋前需进行稳定化处理,处理后泥质应符合《城镇污水处理厂污泥处置 混合填埋用泥质》(GB/T 23485—2009)的要求。污泥以填埋为处置方式时,可采用石灰稳定等工艺对污泥进行处理,也可通过添加粉煤灰或陈化垃圾对污泥进行改性处理。污泥填埋处置应考虑填埋气体收集和利用,减少温室气体排放。

2. 污泥土地利用

污泥中含有丰富的有机质和氮、磷、钾等营养元素,经过稳定化和无害化处理,可以作为营养土或改良剂进行土地利用。土地利用主要包括3个方面:一是作为农作物、牧场草地肥料的农用;二是作为林地、园林绿化肥料的林用;三是作为沙荒地、盐碱地、废弃矿区改良基质的土壤改良。土地利用可以改善土壤的性质,实现营养物质的循环利用,对于碳减排也具有重要的意义。

(1)污泥在农业上的利用。

当污泥重金属含量较低,符合用于农田肥料的规定标准时,一般将其用作农田有机肥料和土壤改良剂,欧洲共同体约有30%的污泥用于农田施肥,北美则有40%,美国的许多污水处理厂,包括世界最大的污水处理厂芝加哥西南污水处理厂(450万 m^3/d),美国第二大污水处理厂波士顿鹿岛污水处理厂(340万 m^3/d)和美国第三大污水处理厂洛杉矶海波伦污水处理厂(270万 m^3/d),都将脱水或烘干后的污泥送往农田用做肥料或土壤改良剂。

(2)污泥用于土地回收与复原。

污泥用于农业肥料时因要控制其对农作物的污染而使其施用负荷率受到限制,而在用于土地回收时,其采用的污泥施用负荷率远大于农业利用所允许的负荷率,因为在施用污泥期间,并不在要回收的土地上种植农作物,有时种植绿化植物,如草、树木和花卉等。

污泥也可用于垃圾填埋场顶部填土,大规模建筑施工后填土,采矿后土地的回收和复原用土,以及废弃煤矿的处置和贫瘠的灌木丛等处的土壤恢复活力等的最好的土壤改良剂。这样就无须运进昂贵的顶部土壤,因为污泥可以在现场与土壤形成混合材料,并将形成的混合物用于表层土壤。

当然,污泥用于土地回收和复原受到一些因素的限制,如用污泥处理而恢复的土地,对其使用价值缺乏评估;对由重金属、病原微生物、臭味、水污染等引起的潜在环境有疑虑心态;连续的污泥生产很难与偶然或有限的恢复土地的运作相适应,这种作业费用较高,特别是需要使用特殊的设备。

(3)污泥在林业上的应用。

污泥可以提供营养物和有机物源。欧洲和美国的试验证明,污泥可以作为林业常规肥料的良好代用品。已有的经验表明,污泥可以用于商业针叶林,即可使用脱水的污泥做植树前的土地准备,也可用液态污泥对生长中的树木施肥。在英国越来越重视将污泥处置应用于落叶林中,以及柳树和杂木树等树林中。目前的研究集中于考察树木生长反应、环境影响和运行操作等问题。

污泥在林业上的应用不会有病原微生物传播和食物链污染等问题产生，需要考虑的是雨水径流带来的污染问题，因为树林地通常是汇水区域的陡坡上和酸性土壤，这会引起土壤中的金属离子移动。欧洲和美国的共同经验是大量的有机物能很好地固定污泥中的金属，树木多年生的根系也能在适宜的气候下对金属进行吸收。

(4)污泥用于园艺土地。

污泥用于园艺土地，就金属的影响和病原微生物潜在的传播来说，这是一种危险性比较大的做法。存在对污泥应用控制不当的风险，因此种植的花卉等产品进入市场时，必须对其质量(尤其是金属和病原微生物)进行严格的控制。但是，这会提高生产成本，总体来说属于一种比较昂贵的污泥处置办法。尽管如此，污泥用于园艺土地在许多地方被采用。在美国的法规中，规定了 A 级污泥的标准，以提供保障。

3. 污泥的建筑材料利用

污泥中除了有机物外往往还含有 20%～30%的无机物，主要是硅、铁、铝和钙等。因此即使将污泥焚烧去除有机物，无机物仍以焚烧灰的形式存在，需要进行填埋处置。为充分利用污泥中的有机物和无机物，污泥的建筑材料利用是一种经济有效的资源化方法。

污泥的建筑材料利用大致可以归结为以下方法：制轻质陶粒、制水泥、制砖等。过去大部分以污泥焚烧灰作为原料生产各种建筑材料，近年来为了节省投资(建焚烧炉)，充分利用污泥自身热值，利用污泥作为原料生产各种建筑材料的技术已开发成功。

(1)制轻质陶粒。

污泥制轻质陶粒的方法按原料不同可以分为两种，一种是用生污泥或厌氧发酵污泥的焚烧灰造粒后烧结。这种方法在 20 世纪 80 年代已趋成熟，并投入应用。利用焚烧灰制轻质陶粒需要单独建设焚烧炉，污泥中的有机成分没有得到有效利用。近年来开发了直接利用脱水污泥制陶粒的第二种方法，该方法将含水率为 50%的污泥与主材料及添加剂混合，在回转窑焙烧生成陶粒。图 5.9 所示为污泥制轻质陶粒烧结工艺流程。

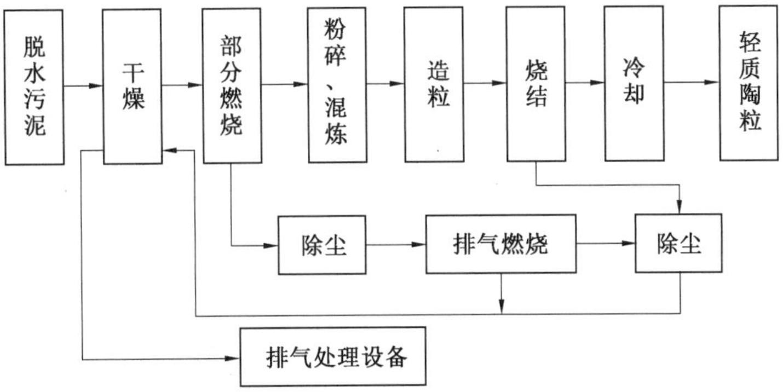

图 5.9　污泥制轻质陶粒烧结工艺流程

污泥陶粒最早由 S. Nakouzi 等提出，以城市污水厂污泥为主要原料，掺加适量黏结材料和助熔材料，经过加工成球、焙烧而成。与传统污泥处置技术相比，污泥陶粒具有以下显著优点：

①不仅利用污泥中的有机质作为陶粒焙烧过程中的发泡物质，而且污泥中的无机成分也得到了利用。

②二次污染小。污泥中含有的难降解有机物、病原体及重金属等有害物质，如果处置不当可能造成二次污染，而制陶粒时焙烧的高温环境可以完全将有机物和病原体分解，并把重金属固结在陶粒中。

③污泥烧制陶粒可充分利用现有陶粒生产设备和水泥窑等，设备投入生产成本较低。

④用途广泛，市场前景好。

⑤可替代传统陶粒制造工艺中的黏土和页岩，节约了土地和矿物资源。

陶粒可直接使用或用于制作陶粒制品。污(淤)泥焙烧陶粒原理与水泥生产中污泥燃烧处理原理基本一致。该技术生产的陶粒产品经实验室和生产实践证明，质量不因处理污泥而造成影响，技术性能指标符合国家标准《轻集料及其试验方法》(GB/T 17431.1—2010)的陶粒性能要求。此技术以污泥代替部分原材料及燃料，对新型墙体材料应用和推广具有现实意义。

(2)制水泥。

近年来，人类面临日趋严重的环保和燃料供应紧缺问题，促使污泥资源化利用研究深入发展，同时随着窑炉燃烧技术水平的提高，利用水泥窑处置和利用污泥等可燃废物具有很大优势，其处理温度高，焚烧停留时间长，可将污泥中的绝大多数重金属离子彻底固化在水泥熟料中，减少有害气体排放，使得水泥生产过程中使用污泥作为燃料替代物的利废工业进一步成为可能。这一技术提供了解决填埋和不当焚烧带来的环境污染问题，同时也可缓解日益扩大的水泥工业生产所需燃料的资源缺乏问题。

水泥生产系统具有较大的热容量，对整个物料中加入的成分具有很强的包容性，同时由于水泥矿物在形成过程中有液相出现，因此在物料加入污泥后，焚烧残渣可以被水泥矿物者固熔，不存在残渣处理问题。水泥窑处理污泥在污染排放和能源利用上具有较大优势，是固体废物处理和利用的一个较好出路。

污泥的燃烧过程主要为挥发分和固定碳的燃烧，伴随燃烧反应的同时进行有害气体的分解。该处理技术的特点是将污泥的处理与水泥生产相结合，污泥在水泥生产窑炉中煅烧，其干燥煅烧全部在密闭的分解炉中进行。进入流态化焚烧分解炉中的水泥生料温度高达 7 000 ℃，分解炉中又有三次热风引入，完全保证了污泥中的水分蒸发及燃烧。流态化焚烧分解炉的燃烧区分解温度为 800～9 000 ℃，气体停留时间大于 2 s，比有机物要求的燃烧温度(350～6500 ℃)高得多，同时在悬浮态下进行能够保证气体中的有害物高效、彻底地燃尽(去除率达 99.99%以上)。焚烧后的物料随气流进入旋风筒，经旋风分离后进入水泥生产系统，不存在残渣排放问题。生料能及时吸收污泥中的 SO_3，生产过程中不必设置可持续发展战略的要求。该技术的推广对我国这个水泥生产大国在资源综合利用方面具有较为深远的意义。

(3)污泥制砖。

对污(淤)泥进行脱水、除臭、去重金属等无害化处理后，可以直接生产建筑砖产品。首先对污(淤)泥进行除臭处理，然后加入使其含水率达到 90%以上，再用化学方式(按水不溶和弱酸不溶）对其进行去除重金属的处理过程，同时进行破胶处理（防止淤泥胶结，影响后程脱水）、助滤及颗粒分离，最后进行重力式真空分离生产制砖原料用于生产建筑砖。目前该技术已经投入实际生产应用。

有些工业废水和生活污水混排处理后的污泥含有机废物、重金属和一些有害微生物，不宜作为肥料使用，简单堆会埋造成二次污染。鉴于此，蔡文金等将污泥（85%含水率）与粉煤灰以 1∶3 的质量比混合，进行烧制建材制品。其工艺流程如下：

含水率 85%的污泥 1 份＋干粉煤灰 3 份混合→搅拌→成粒→烘干→焙烧→烧结料

研究表明，以污泥和粉煤灰混合烧结，制成品性能优良、无臭味，基本符合卫生标准，且重金属含量大为降低，接近土壤（粉煤灰的稀释作用）含量。污泥炼制普通烧结砖、特种烧结砖（隔热、耐火等）为处理污泥、利用污泥开辟了新途径。

4. 其他污泥利用技术

污泥还可以作为原材料之一制造生化纤维板、制灰渣混凝土及聚合物复合材料等。同时污泥还可以作为重要的原材料提取 DNA、合成与提取 β—羟基烷酸、提取重金属等，但这些技术离工业应用还有一定的距离。

5.2.5　污泥消毒

废水中的细菌与寄生虫卵在处理的过程中，约有 80%转移到污泥中，故需对污泥进行经常性或季节性的消毒处理。

各种病菌、病虫卵和病毒的致死温度与时间见表 5.3。从表中可以看出，绝大多数病菌、寄生虫卵与病毒可在约 60 ℃、60 min 内致死。但由于污泥中的病菌、寄生虫卵与病毒被污泥所包覆，致死温度与时间略高于表中列值。

污泥处理的某些工艺，如高温消化、干燥、焚化、湿式氧化、堆肥等都有消毒效果。专用的污泥消毒法有巴氏消毒法、石灰稳定法、加氯消毒法及辐射消毒法等。

表 5.3　各种病菌、病虫卵和病毒致死温度与时间

种类	致死温度/℃	所需时间/min	种类	致死温度/℃	所需时间/min
蝇蛆	51	1	猪丹毒杆菌	50	15
蛔虫卵	50～55	5～10	猪瘟病虫	50～60	迅速
钩虫卵	50	3	口蹄疫菌	60	30
蛲虫卵	50	1	畜病虫卵与幼虫	50～60	1
痢疾杆菌	60	10～20	二化螟虫	60	1
伤寒杆菌	60	10	谷象	50	5
霍乱菌	55	30	小豆象虫	60	4
大肠杆菌	55	60	小麦黑穗病菌	54	10
结构杆菌	60	30	稻热病菌	51～54	10
炭蛆杆菌	50～55	60	病毒	70	25

1. 巴氏消毒法(低热消毒法)

巴氏消毒法分两种:①蒸汽直接通入污泥,使污泥温度达到 70 ℃,维持 30～60 min;②热交换器法,使污泥温度达到 70 ℃。

巴氏消毒后的污泥余热应回收,用于预热待消毒的污泥。如采用蒸汽直接消毒法,污泥的含水率可能增加 7%左右。

2. 石灰稳定法

利用石灰提高污泥的 pH,可达到消毒的目的。污泥 pH 为 12.5,持续 2 h,伤寒沙门氏杆菌可全部杀死;pH 为 11.5,持续 2 h,可杀灭病原菌。此法可抑制污泥臭味挥发。但由于 pH 过高,消毒后的污泥不利于农用,只能用做填埋或制作建筑材料(如水泥的添加料等)。

3. 加氯消毒法

氯是有效的消毒剂。由于细菌被污泥包裹以及污泥中存在许多还原性物质,需要消耗大量的氯,因此污泥消毒加氯量往往很大。此外,加氯后,会产生 HCl 或氯胺,pH 急剧降低,HCl 可以溶解污泥中的重金属,使污泥水中的重金属含量增加,因此,使用氯消毒应非常慎重。

4. 辐射消毒法

辐射消毒法是采用足够剂量的 X 射线、γ 射线或电子束的方法杀灭污泥中的病原菌、寄生虫卵和病毒。辐射具有高度穿透力,与污泥瞬间接触即可达到消毒的目的,不受温度、含水率的影响,可以连续运行,消毒过程不产生气味,对消毒设备的腐蚀性较低,能使有毒和难生物降解的有机物(如酚、氰、农药和染料、表面活性剂以及合成洗涤剂、生物制品等)的毒性降低,辐射处理后,产生的游离基团对有机物有自动氧化作用,降低 BOD_5,提高污泥稳定性,改变污泥的胶体性能,减小胶体颗粒的负电荷,降低比阻,提高污泥的沉降与脱水性能。辐射消毒法的缺点是运行费用较其他方法高,并需要有安全防护设备,基建投资大。

各种污泥稳定法、污泥消毒法的比较见表 5.4。

表 5.4　各种污泥稳定法、污泥消毒法的比较

处理方法	杀灭病原体效果	稳定作用	减少气味
厌氧消化	尚好	好	好
好氧消化	尚好	好	好
加氯消毒	好	尚好	好
石灰稳定法	好	尚好	好
巴氏消毒法	良好	不好	不好
电离辐射	良好	好	尚好
热处理(195～200 ℃)	良好	不好	不好

续表5.4

处理方法	杀灭病原体效果	稳定作用	减少气味
堆肥(60 ℃)	好	好	好
消化污泥堆肥	好	好	好

5.3 污泥处理技术最新进展

5.3.1 预分离技术

1. 溶剂萃取法

溶剂萃取法是使用合适的萃取剂提取原油，然后通过蒸馏将萃取剂和油料分离，从而达到分离油、水、泥的目的。溶剂萃取的主要优点是操作简单、回收效率高、时间消耗短、将含油污泥分离成有用的碳氢化合物和固体或半固体杂质，并大大减小了污泥的处置量。然而，溶剂萃取法需要大量的萃取剂，成本高，处理能力有限，无法处理重金属，使得该工艺难以扩大规模。此外，萃取溶剂往往具有很强的挥发性和毒性，不仅会造成溶剂损失，还会造成环境污染。它要求设备的气密性高，并且经常需要连续的处理过程。提取后的含油污泥可能含有残留的提取剂，造成二次污染。由于该技术和材料的局限性，该方法仍处于实验室开发阶段，尚未得到广泛应用。影响溶剂萃取处理效率的因素包括溶剂配比、萃取温度、搅拌强度、搅拌时间和萃取压力。

溶剂萃取过程中溶剂的挥发可能会造成二次环境污染。目前，正在研究使用超临界流体溶剂(如超临界水和超临界乙醇)代替传统的化学溶剂来提取含油污泥中的有机成分，石油采收率可达78%。

2. 化学热洗法

化学热洗法是向含油污泥中加入一定比例和一定温度的热水以及化学药剂，经充分搅拌混合来分离油品资源并回收。化学热洗法具有工艺简单、成本低、可靠性高、采油率高等优点。热化学清洗技术往往不具备较高的处理深度，单纯采用热化学清洗技术难以达到目前深度处理的目标。对于含油量高的含油污泥，宜采用热化学清洗法作为预处理法，回收其中的油，然后结合生物处理工艺，达到无害化。但是，这种方法有很大的局限性。不同种类的含油污泥具有不同的性质，化学药剂具有特异性。该方法的发展方向是筛选广谱、高效的化学制剂，提高其应用范围。

Jing等研究了AEO－9、Peregal O、TritonX－100和十二烷基磺酸钠(DBS)对含油污泥的洗涤效果，结果表明DBS具有较好的洗涤效果，用DBS洗涤后污泥含油量为60.36%，降至2.66%。在最佳条件下，采用复合清洗剂热化学清洗处理的含油污泥含油量可降低至1%，其中清洗剂质量分数为2%，温度为50 ℃，料液比为1∶3，处理时间为

40 min。

5.3.2 强化脱水

亚铁离子活化过硫酸盐氧化是一个新兴污泥前处理技术，Zhen 在 2012 年首次提出用过硫酸盐来改善和加强污泥脱水性能。过硫酸盐能够被高温、紫外、过渡金属活化产生硫酸根基团，其具有极强的氧化性。他们将污泥脱水性能提高归咎于硫酸根基团的强氧化能力，硫酸根基团攻击胞外聚合物和细菌细胞，并随之改善污泥脱水能力。后来进一步研究发现在酸性条件下污泥更容易被氧化，因此成为一种较划算的替代方案，在工艺过程中可以显著提高污泥脱水率和污泥干重。

5.3.3 材料化利用

污泥材料化利用是指将工业污泥经过无害化处理后，将其作为原料或者辅料，用于建筑材料、轻质骨料、合金等产品的生产过程中，为其提供必须的化学成分。此类方法将工业污泥中的有害重金属固化，降低了污染环境的风险，并实现了资源化利用，成为国内外研究的焦点。沈博文基于对电镀污泥和盐酸酸洗废液的研究，提出一种新的可行性技术途径——浓差电池资源化协同处理处置电镀污泥技术对浓差电池中重金属的迁移去向、浓/淡水室参数优化、电极改性以及膜改性等方面进行探讨，得出当淡水室碳酸氢钠电解液的浓度为 0.1 mol/L、浓水室固液比为 40∶60(质量与体积比)时，采用 EK－11 改性电极、二氧化硅改性阳离子交换膜可实现电镀污泥中 58.87%的重金属综合去除率，且此时电池功率最佳，可达 14.69 W/m^2，为电镀污泥的资源化协同处理提供了新思路。

5.3.4 燃料化利用

燃料化利用是将污泥进行脱水和加药直接制备或与煤混合制备成燃料的一种方法。例如将含油污泥进行脱水并加入破乳剂、干化剂和疏散剂等药剂直接制备或与煤混合制备成燃料。杨鹏辉等通过优化破乳剂并耦合使用干化剂、疏散剂和催化剂处理含油污泥制备了 22 062 kJ/kg 热值的燃料，并且通过添加脱硫剂实现燃烧烟气 SO_2 和 NO_x 浓度直接达标排放。

此外，随着水煤浆技术(coal-water slurry, CWS)的不断进步，可作为制浆原料的种类也更广泛，将污泥与煤掺配制备废弃物水煤浆，是基于水煤浆技术发展起来的废弃物处置方法之一，污泥水煤浆(coal-sludge slurry, CSS)是指将污泥与煤、水、添加剂混合制成的一种新型高效污泥利用技术，可作为石油的替代燃料进行燃烧或气化，这种技术具有如下优点：①脱水后可回收污泥的热值；②煤中的高岭土和二氧化硅会与污泥中的有害重金属反应，形成稳定的化合物，污泥中的某些金属可以降低煤灰的熔融温度，从而满足液渣锅炉的要求；③利用 CWS 现有的燃烧、气化和气体净化技术，可以减少污泥焚烧过程中氮、硫和飞灰的排放。污泥的加入不仅使得水煤浆具有良好的流动性、稳定性，着火点提前，燃尽率提高，并且可以直接应用到燃烧水煤浆的锅炉中，消除了购买污泥焚化所需设备的成本，具有经济和环保的双重效益。

本章参考文献

[1] ELISSENH J H, HENDRICKX T L G, TEMMINK H, et al. A new reactor concept for sludge reduction using aquatic worms[J]. Water research, 2006, 40(20): 3713-3718.

[2] 白润英,梁鹏,黄霞. 卷贝进行污泥减量的应用研究[J]. 给水排水,2005,31(7):19-22.

[3] RATSAK C H, MAARSEN K A, KOOIJMAN S A L M. Effects of protozoa on carbon mineralization in activated sludge[J]. Water research, 1996, 30(1): 1-12.

[4] 魏源送,刘俊新. 利用寡毛类蠕虫反应器处理剩余污泥的研究[J]. 环境科学学报,2005,25(6):803-808.

[5] 张绍园,闫百瑞. 二段淹没式膜生物反应器处理城市污水的研究[J]. 工业用水与废水,2003,34(6):40-42.

[6] 杨健,吴敏. 城市污水厂混合污泥的生态稳定处理[J]. 环境污染与防治,2003,25(6):345-347.

[7] 杨健,赵丽敏,陈巧燕,等. 石英砂和陶粒蚯蚓生物滤池的污泥减量化效果比较[J]. 中国给水排水,2008,24(7):12-15.

[8] 吴敏,杨健. 蚯蚓生态床处理剩余污泥[J]. 中国给水排水,2003,19(5):59-60.

[9] NEIS U. Ultrasound in water, wastewater and sludge treatment[J]. Water 21, 2000,21(4):36-39.

[10] 薛玉伟,季民,李文彬. 超声破解污泥影响因素分析[J]. 环境工程学报,2007,1(6):118-122.

[11] 王芬,季民. 污泥超声破解预处理的影响因素分析[J]. 天津大学学报,2005,38(7):649-653.

[12] 曹秀芹,陈珺,唐臣,等. 超声处理后剩余污泥性质变化及分析[J]. 环境工程,2005,23(5):84-86.

[13] 曾晓岚,龙腾锐,丁文川,等. 低能量超声波辐射提高好氧污泥活性研究[J]. 中国给水排水,2006,22(5):88-91.

[14] 龙腾锐,蒋洪波,丁文川. 不同工况的低强度超声波处理对活性污泥活性的影响[J]. 环境科学,2007,28(2):392-396.

[15] 马守贵,许红林,吕效平,等. 超声波促进处理剩余活性污泥中试研究[J]. 化学工程,2008,36(2):46-49.

[16] SCHEMINSKI A, KRULL R, HEMPEL D C. Oxidative treatment of digested sewage sludge with ozone[J]. Water science and technology, 2000, 42(9): 151-158.

[17] BÜNNING G, HEMPEL D C. Vital-fluorochromization of microorganisms using

3', 6'-diacetylfluorescein to determine damages of cell membranes and loss of metabolic activity by ozonation[J]. Ozone: science & engineering, 1996, 18(2): 173-181.

[18] WEEMAES M P J, VERSTRAETE W H. Evaluation of current wet sludge disintegration techniques[J]. Journal of chemical technology & biotechnology, 1998, 73(2): 83-92.

[19] SAKAI Y, FUKASE T, YASUI H, et al. An activated sludge process without excess sludge production[J]. Water science and technology, 1997, 36(11): 163-170.

[20] 许保玖,龙腾锐.当代给水与废水处理原理[M].北京:高等教育出版社,1991.

[21] SENEZ J C. Some considerations on the energetics of bacterial growth[J]. Bacteriological reviews, 1962,26: 95-107.

[22] RUSSELL J B, COOK G M. Energetics of bacterial growth: Balance of anabolic and catabolic reactions[J]. Microbiological reviews, 1995, 59(1): 48-62.

[23] MAYHEW M, STEPHENSON T. Low biomass yield activated sludge: A review [J]. Environmental technology, 1997,18(9): 883-892.

[24] LOOMIS W F, LIPMANN F. Reversible inhibition of the coupling between phosphorylation and oxidation[J]. Journal of biological chemistry, 1948, 173(2): 807-808.

[25] CHEN G H, MO H K, LIU Y. Utilization of a metabolic uncoupler, 3, 3', 4', 5-tetrachlorosalicylanilide (TCS) to reduce sludge growth in activated sludge culture[J]. Water research, 2002, 36(8): 2077-2083.

[26] LOW E. Uncoupling of metabolism to reduce biomass production in the activated sludge process[J]. Water research, 34(12): 3204-3212.

[27] LI P, LI H C, LI J, et al. Evaluation of sludge reduction of three metabolic uncouplers in laboratory-scale anaerobic - anoxic - oxic process[J]. Bioresource technology, 2016, 221: 31-36.

[28] ARAGÓN C, QUIROGA J M, COELLO M D. Comparison of four chemical uncouplers for excess sludge reduction[J]. Environmental technology, 2009, 30(7): 707-714.

[29] TEMPEST D W, NEIJSSEL O M. Physiological and energetic aspects of bacterial metabolite overproduction[J]. FEMS microbiology letters, 1992, 100(1/2/3): 169-176.

[30] LIU Y. Bioenergetic interpretation on the S_0/X_0 ratio in substrate-sufficient batch culture[J]. Water research, 1996, 30(11): 2766-2770.

[31] LIU Y, CHEN G H, PAUL E. Effect of the S_0/X_0 ratio on energy uncoupling in substrate-sufficient batch culture of activated sludge[J]. Water research, 1998, 32

(10)：2883-2888.
[32] LIU Y. The S_0/X_0-dependent dissolved organic carbon distribution in substrate-sufficient batch culture of activated sludge[J]. Water research，2000，34(5)：1645-1651.
[33] DMITRIENKO M A，STRIZHAK P A. Coal-water slurries containing petrochemicals to solve problems of air pollution by coal thermal power stations and boiler plants：An introductory review[J]. Science of the total environment，2018，613：1117-1129.
[34] CHUDOBA P，MOREL A，CAPDEVILLE B. The case of both energetic uncoupling and metabolic selection of microorganisms in the OSA activated sludge system [J]. Environmental technology，1992，13(8)：761-770.
[35] SABY S，DJAFER M，CHEN G H. Effect of low ORP in anoxic sludge zone on excess sludge production in oxic-settling-anoxic activated sludge process[J]. Water research，2003，37(1)：11-20.
[36] MAO F Y，HAN X，HUANG Q X，et al. Effect of frequency on ultrasound-assisted centrifugal dewatering of petroleum sludge[J]. Drying technology，2016，34(16)：1948-1956.
[37] AL-DOURY M M I. Treatment of oily sludge using solvent extraction[J]. Petroleum science and technology，2019，37(2)：190-196.
[38] HU G J，LI J B，THRING R W，et al. Ultrasonic oil recovery and salt removal from refinery tank bottom sludge[J]. Journal of environmental science and health，part A，2014，49(12)：1425-1435.
[39] 王玉华，陈传帅，孟娟，等. 含油污泥处置技术的新发展及其应用现状[J]. 安全与环境工程，2018，25(3)：103-110.
[40] ISLAM M N，JUNG S K，JUNG H Y，et al. The feasibility of recovering oil from contaminated soil at petroleum oil spill site using a subcritical water extraction technology[J]. Process safety and environmental protection，2017，111：52-59.
[41] KHAN M K，SARKAR B，ZEB H，et al. Simultaneous breaking and conversion of petroleum emulsions into synthetic crude oil with low impurities[J]. Fuel，2017，199：135-144.
[42] KHAN M K，KWEK W，KIM J. Conversion of petroleum emulsion into light fraction-rich upgraded oil in supercritical methanol[J]. Fuel，2018，218：78-88.
[43] KHAN M K，CAHYADI H S，KIM S M，et al. Efficient oil recovery from highly stable toxic oily sludge using supercritical water[J]. Fuel，2019，235：460-472.
[44] WANG J，HAN X，HUANG Q X，et al. Characterization and migration of oil and solids in oily sludge during centrifugation[J]. Environmental technology，

2018, 39(10): 1350-1358.
[45] RAMIREZ D, COLLINS C D. Maximisation of oil recovery from an oil-water separator sludge: Influence of type, concentration, and application ratio of surfactants[J]. Waste management, 2018, 82: 100-110.
[46] JING G L, CHEN T T, LUAN M M. Studying oily sludge treatment by thermo chemistry[J]. Arabian journal of chemistry, 2016, 9: S457-S460.
[47] DUAN M, WANG X D, FANG S W, et al. Treatment of Daqing oily sludge by thermochemical cleaning method[J]. Colloids and surfaces A: Physicochemical and engineering aspects, 2018, 554: 272-278.
[48] ZHEN G Y, LU X Q, LI Y Y, et al. Novel insights into enhanced dewaterability of waste activated sludge by Fe(Ⅱ)-activated persulfate oxidation[J]. Bioresource Technology, 2012, 119: 7-14.
[49] 沈博文.基于浓差电池的电镀污泥和酸洗废液资源化协同处理技术研究[D].杭州:浙江大学,2021.
[50] 杨鹏辉,李元,杨文超,等.含油污泥的燃料化处理及清洁燃烧技术研究[J].石油化工应用,2019,38(9):104-107.
[51] 张国庆,杜善周,黄涌波,等.水煤浆制备工艺现状及发展趋势[J].洁净煤技术,2023,29(5):133-142.
[52] ZHAO X L, ZHU W, HUANG J Y, et al. Emission characteristics of PCDD/Fs, PAHs and PCBs during the combustion of sludge-coal water slurry[J]. Journal of the energy institute, 2015, 88(2): 105-111.
[53] FOLGUERAS M B, ALONSO M, FOLGUERAS J R. Modification of lignite ash fusion temperatures by the addition of different types of sewage sludge[J]. Fuel processing technology, 2015, 131: 348-355.

第6章 几种典型行业难降解废水处理技术及工程应用案例

6.1 难降解有机污染物处理技术的选择

6.1.1 选择原则

高浓度有机工业废水处理技术的选择受多种因素影响。首先,需要考虑废水的水质水量及其变化规律。其次,对出水水质的要求以及所需的处理程度也是影响因素之一。此外,处理厂(站)建设区的地理、地质条件也会对技术选择产生影响。最后,工程投资和建成后的运行费用是必须考虑的因素之一。因此,在选择处理技术时,需要综合分析以上各因素,建立多个方案,并通过比选确定最佳方案。对于一些处理难度较大的高浓度有机工业废水,如果缺乏可参考的资料,就需要通过试验来确定处理的工艺和工艺参数。

高浓度有机工业废水的处理类似于城市污水处理,可以根据处理程度的要求分为一级处理、二级处理和三级处理。一级处理主要利用物理或化学方法去除废水中的悬浮物(固态、液态)和调节 pH 等。这通常包括物理处理方法,如格栅、沉淀等,是二级处理的预处理。对于高浓度有机工业废水的处理,一级处理的涵义较广,包括物理处理法和化学处理法,可作为某些无机工业废水的主要处理方法。在高浓度有机工业废水中,由于废水成分复杂,有时需要采用化学混凝法等进行预处理,以保障后续生物处理效果。

二级处理通常采用生物化学或化学混凝法去除可生物降解的溶解状态和部分交替状态的有机污染物,以减少废水的 BOD 和 COD。二级处理能显著改善水质,处理后的出水通常能够达到排放标准。

三级处理则采用物理化学方法、生物法或化学法去除难以生物降解的有机物和氮、磷等可溶解性有机污染物。这一阶段通常被称为深度处理,用于二级处理后。在废水再利用中,一级、二级处理后所增加的处理工艺也被称为深度处理。

6.1.2 不同类型废水处理技术的选择

根据有机物被微生物降解的难易程度,以及是否有生物毒性,有机物还可分为以下 4 类:

(1)易生物降解、对微生物无毒性的有机物,大部分天然有机物属于这一类。

(2)可生物降解、对微生物有毒性的有机物,如甲醛、苯酚、硝基化合物等。

(3)难生物降解、对微生物无毒性的有机物,如木质素、纤维素、聚乙烯醇等。

(4)难生物降解、对微生物有毒性的有机物,如喹啉、吡啶、多氯联苯、有机磷农药等。

第一类有机污染物可直接采用生物处理工艺去除。对于第二类有机物,一般可以通过控制进水浓度、对微生物进行驯化、工艺技术和处理流程的优化等工艺学措施来提高其降解效果。第三、第四类有机污染物需要通过预处理措施降低有机物的毒性,提高有机物的可生物降解性,然后再进行生物处理。

1. 高浓度易生物降解有机工业废水处理技术的选择

以第一类、第二类有机污染物为主要污染物的高浓度工业废水,可直接采用废水厌氧生物处理技术或相关技术的变型。厌氧生物处理工艺见本书第 4 章。

2. 高浓度难降解有机工业废水生物处理技术的选择

以第三类、第四类有机污染物为主要污染物的工业废水均属于难降解有机工业废水。根据第三、第四类污染物的性质和浓度,对于高浓度的此种废水,基本处理途径主要有两种:预处理—厌氧生物处理—好氧生物处理—后处理途径和优势菌种生物处理途径。高浓度难降解有机废水的预处理技术种类繁多,常用的预处理技术如下。

(1)生物水解酸化法预处理。

近年来,水解生物预处理工艺在城市污水和难降解工业废水处理中得到广泛应用。通过水解预处理,污水的 BOD_5/COD 值显著提高,增强了废水的可生化性,降低了后续好氧处理工艺的负荷,提升了生化处理效率。水解生物处理技术包括厌氧反应的水解阶段和产酸脱氢两个阶段。通过利用非严格厌氧的兼氧微生物对有机物进行初级分解,将废水中不溶的固体物质转化为溶解性物质,大分子物质降解为小分子物质,将难降解物质转化为易降解物质,从而提高了废水的可生物降解性和生物降解速率,有利于后续的好氧生物处理,以达到更高的 COD 去除率。特别是在废水中有机物主要为苯系物时,通过水解处理可降低大部分苯环和苯的衍生物对水解微生物的抑制作用,使其更易于好氧降解,从而显著提高废水的可生化性。水解生物处理过程通常只需 4～18 h,COD 去除率一般为 30%～40%。但经过水解处理后,废水中的 COD 仍然较高,必须通过厌氧产甲烷阶段或好氧生物过程进行后续处理,以完全矿化有机物。因此,在处理高浓度废水时,若不对水解过程产生的代谢物进行及时降解,会导致代谢物积累到一定程度,从而抑制整个水解生物处理过程。与厌氧工艺相比,水解酸化工艺具有以下优点:

①不产生臭味,无须气体收集利用系统,节省基建费用。

②对环境条件的要求较低,使工艺运行和操作难度降低。

③兼性菌主导的水解酸化工艺反应速率较快,抗冲击负荷能力强,可提高废水的可生化性。生物水解酸化法作为预处理措施,已广泛应用于印染、制药、焦化、造纸、合成洗涤剂等多种有机工业废水的处理,也用于城市污水处理,以降低供气量和提高 COD 去除效率。

(2)化学水解法预处理。

某些难降解有机化合物(如大部分烷烃)不易生物降解,但可在酸性或碱性条件下进行水解(酸水解、碱水解),分解为醇、醛、酮或有机酸等,提高其可生物降解性。如,石灰法生产氯仿所产生的废水中的氯仿不仅难以生物降解,而且对活性污泥有一定的毒性作用。这种废水可采用碱水解法进行预处理,使其分解为能被微生物降解利用的甲酸盐,提高废水的可生物降解性。

(3)物化法预处理。

用于难降解有机工业废水生物处理的物化法预处理技术主要包括气提法、吹脱法、吸附法、萃取法、化学混凝沉淀(气浮)法、离子交换法、膜分离法和微电解法等。对于高浓度的有机废水,通常首先采用气提法、吹脱法、吸附法和萃取法等工艺进行预处理,从废水中回收有机物,使其浓度大幅度降低,然后与其他低浓度的有机废水混合后再进行生物处理。而化学混凝沉淀(气浮)法和内电解法则常用于浓度较低、无法进行循环回收利用时的预处理。特别是化学混凝沉淀(气浮)法在印染废水处理中得到了广泛应用,而内电解法在经过多年的研究和探索后,也已经应用于印染废水和某些有机化学工业废水的处理,用于去色、降低 COD 和提高废水的生物降解性等方面。

针对高浓度难降解的有机工业废水,在经过预处理后,应选择适当的后续处理工艺进行处理,例如高级氧化法处理技术、厌氧生物处理技术、好氧处理工艺等。具体的处理工艺见第 2～4 章。

6.1.2　废水处理反应器构型的选择

在选择用于废水处理过程的一种或多种反应器型式时,必须考虑的因素如下:

①所处理的废水性质。

②反应性质(是均相反应还是多相反应)。

③控制处理过程的反应动力学的性质。

④对过程性能的要求。

⑤当地环境状况。

实际上,施工费用、运行和维护费用也同样影响反应器的选择。在工程应用中,上述因素相对的重要性会有所变化,因此,每一因素都应单独予以考虑。

1. 废水性质

废水中的颗粒和可溶性成分百分比对厌氧反应器类型的选择和设计具有影响。当处理固体浓度较高的废水时,悬浮生长反应器比起升流式或降流式附着生长工艺更为适用。特别是在需要转化颗粒有机物较多的情况下,如果固体的水解作用是厌氧处理中反应速率的限制阶段,可能需要更长的固定污泥滞留时间(SRT)。

废水中某些物质可能对污泥的成粒产生不利的影响,导致气泡生成或者浮渣形成。废水中含有较高浓度的蛋白质和脂肪往往引起上述问题。随着废水中固体百分比的增加,形成致密颗粒污泥的能力会降低。一些研究表明,在某些较高固体浓度条件下(大于 6 g TSS/L),厌氧消化工艺和厌氧接触工艺可能更为适用。

2. 反应性质

发生在废水处理中的反应分为均相反应及非均相反应两种基本类型。

在均相反应中，反应物均匀分布在整个液体中，因而在液体内部的任一点的反应势能都是相同的。均相反应通常在间歇式、完全混合式和平推流式反应器中完成。

非均相反应发生在可用特定位置表示的一种或多种组分之间，如在离子交换树脂上一种或多种离子被另外的离子所取代的反应。需要有固相催化剂参与的反应也属于非均相反应。非均相反应通常在填料床反应器和流化床反应器中完成。

3. 反应动力学性质

应用反应动力学来进行设计，要了解在过程中发生反应的性质。一般依据如下：

①从文献中获取的信息。

②类似系统设计和运行的经验。

③从中间试验得到的数据。

反应的级数对反应器的型式及大小具有非常大的影响。为达到同样的去除率，完全混合反应器与平推流反应器相比需要较大的体积。但对于零级动力学反应，两种反应器所需的体积是一样的。

选择合适的动力学速率常数除依据上述 3 种方法外，在废水性质出现较大差异或采用没有应用经验的现有技术或新过程时，建议优先考虑进行中间试验。进行中间试验的目的在于确定拟采用的反应过程在特定环境条件下对处理目标废水的适宜性，与此同时获取必要的数据，作为实际设计的依据。

6.2 水解酸化一好氧组合工艺及应用

6.2.1 工艺原理

水解一好氧工艺是一项新的污水处理技术，其最显著的特点是利用多功能的水解反应器取代传统的专用初沉池，其示意图如图 6.1 所示。通过水解和产酸菌的反应，将不溶性有机物水解成溶解性有机物，将大分子物质分解成小分子物质，从而显著提高污水的可生化性，减轻后续好氧处理工艺的负荷，同时也实现对污泥和污水的同时处理，避免污泥的消化。

水解一好氧系统包括预处理、沉砂、水解处理、好氧后处理和污泥处理等部分。污水经水泵提升后，经过预处理装置去除悬浮颗粒物质，然后进入沉砂池沉淀以去除砂粒。后续处理可以采用传统的活性污泥工艺、氧化沟和 SBR 等方式。例如，采用传统曝气池处理时，曝气池的停留时间较传统工艺缩短，气水比也降低，处理后的水进入二沉池即可达标排放。

水解酸化一好氧生物处理组合工艺利用厌氧微生物和好氧微生物对有机污染物进

行氧化代谢，通过控制厌氧微生物在水解酸化环境下将难降解的大分子有机底物转化为易降解的小分子简单有机物，从而改善和提高废水的生化性能。这种处理方法可以与不同形式的好氧处理工艺结合使用，有效地处理难降解的工业废水。

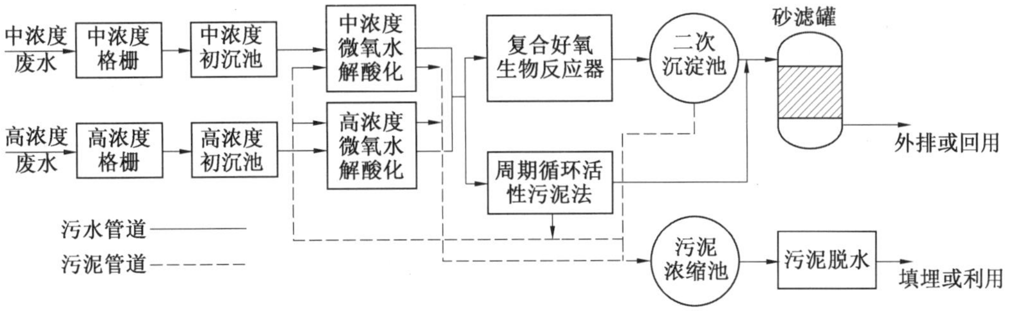

图 6.1　水解酸化工工艺示意图

从机理上看，水解和酸化是厌氧消化过程的关键阶段。水解是指有机物在微生物细胞外进行的生物化学反应，通过释放胞外自由酶或连接在细胞外壁上的固定酶来完成生物催化反应；而酸化是一种典型的发酵过程，微生物代谢产物主要是各种有机酸。不同工艺的水解酸化具有不同的处理目的，主要是将原有废水中的非溶解性有机物转变为溶解性有机物，尤其是对于工业废水，主要是将难降解的有机物转化为易降解的有机物，以提高废水的生化性能，为后续的好氧处理提供条件。

尽管水解酸化—好氧处理工艺中的水解酸化段、两相厌氧消化工艺中的产酸相和混合厌氧消化中的产酸过程都会产生有机酸，但由于它们各自的处理目的不同，运行环境和条件也存在明显差异。具体来说，它们在氧化还原电位（ORP）、pH、反应温度等方面存在差异。在水解酸化—好氧处理系统中，水解酸化段是典型的兼性过程，只需将 ORP 控制在约＋50 mV，水解酸化过程即可正常进行，对 pH 和反应温度也无特殊的要求。

表 6.1　水解酸化工艺与厌氧消化工艺的比较

项目	水解酸化工艺	两相厌氧消化中的产酸相	厌氧消化
ORP/mV	＜＋50	—100～—300	—300 mV 以下
pH	5.5～6.5	6.0～6.5	6.8～7.2
温度	不控制	控制	控制
优势微生物	兼性菌	兼性菌及厌氧菌	厌氧菌
产气中甲烷含量	极少	少量	大量
最终产物	低浓度的有机酸	高浓度的有机酸，如乙酸、少量 CH_4 和 CO_2	CH_4 和 CO_2

根据反应条件的不同，3 种工艺系统中的优势菌群也不相同，在水解酸化工艺中，控制在兼性条件下，系统中的优势菌群也是厌氧微生物，但以兼性微生物为主，完成水解酸化过程的微生物相应地主要为厌氧（兼性）菌。当控制的氧化还原电位 ORP 较低时，完成水解、酸化的微生物主要为厌氧菌；当控制的较高时，则完成水解、酸化的微生物主要

为兼性菌。微生物种群的差异使得生化反应过程的最终产物也完全不同。水解酸化工艺中的最终产物为低浓度的有机酸,个别情况下也会产生少量的甲烷。

6.2.2 工艺研究现状

目前,已知水解工艺对于城市综合废水、印染废水、造纸废水、化工废水以及合成洗涤剂(ABS、LAS)废水等各种工艺废水的处理十分有效。由于其具有高悬浮物去除率以及水解池内部分消化的特点,水解工艺在开发初期主要用于同时处理废水和污泥。近年来,人们利用这一特点,将其应用于去除含有高浓度悬浮物和脂类的废水,例如酒糟废液、活性污泥、乳制品废水以及畜禽粪便废水等。

1.轻工业废水的处理

在轻工业废水处理方面,采用水解酸化—活性污泥法处理制浆中段废水,研究表明,该工艺不仅能够将难降解的氯代有机物还原降解,减弱甚至消除抑制作用,提高废水的可生化性,还能通过水解酸化污泥的吸附作用去除废水中的部分木质素沉淀,从而有利于提高好氧段的有机负荷并稳定改善处理出水水质,COD_{Cr}去除率可达 80%以上。而啤酒废水采用水解酸化—接触氧化工艺处理后,出水的 BOD_5/COD_{Cr}值由原来的 0.51 提高至 0.72,其 COD_{Cr}和 BOD_5 去除率分别可达 96.9%和 98.7%。

对于龙须草制浆废水的处理,由于其中含有大量难降解的木质素及各种有毒的木质素降解产物,单独使用物化法、好氧法或厌氧法效果不佳。但采用水解酸化预处理后,进水的 BOD_5/COD_{Cr}值由 0.5 提高到约 0.65,出水的可生化性大为提高,为后续的好氧处理创造了良好的条件。在染料生产废水处理方面,采用水解酸化—好氧曝气方法,能够降解对生化处理有抑制作用的物质,使后续好氧反应顺利进行,最终 COD_{Cr} 去除率可达 92%。

在食品行业废水处理方面,水解反应器用于预处理时对悬浮性 COD 和脂类有较高的去除率。例如,采用水解反应器预处理奶制品废水,可使剩余污泥质量浓度达到 20~30 g/L。另外,某淀粉加工厂排放的废水中含有大量大分子物质,因此采用水解酸化—接触氧化工艺处理后,COD_{Cr}和 BOD_5 去除率可分别达到 97%和 98%。

国家纺织工业设计院应用水解技术的特点,成功处理了 BOD_5/COD_{Cr}值接近 0.2 的纺织废水。例如,某印染厂的 COD_{Cr} 质量浓度为 761~904 mg/L,BOD_5 为 100~169 mg/L,而 BOD_5/COD_{Cr}仅为 0.16,表明废水的生化性较差,含有难以处理的化学浆料聚乙烯醇(PVA)和表面活性剂。如果采用常规的好氧处理方法,曝气池的泡沫会满溢,导致整个处理过程无法正常进行。但采用水解处理后,COD_{Cr}有所下降,BOD_5 增加,从而改善了废水的生化性,并且断开了大分子 PVA 和表面活性剂的链条,减少了曝气产生的泡沫,使得废水的好氧处理效果明显提高。

侍广良等人进行了厌氧水解酸化—好氧工艺处理印染废水的研究,结果表明,在水解酸化阶段的水力停留时间为 78 h,COD_{Cr}负荷为 1.52.5 kg/(m^3 · d)的条件下,以及好氧段的水力停留时间和 COD_{Cr}负荷分别为 4.55 h 和 4.55 kg/(m^3 · d)时,取得了良好的处理效果。

祁佩时等人采用了水解－混凝－复合生物滤池处理印染废水的方法。水解调节池采用地下式设计，平均水力停留时间为 8.5 h。水解调节池具有水解和调节两方面的功能，通过水泵循环搅拌来调节水质。同时，采用悬浮填料作为生物载体，增加了池中的生物量。设计中还采用了出水多点回流的方式，在池中造成剧烈搅动，加强泥水接触，促进污染物的水解，避免池底沉积污泥的情况发生。

刘建广报道了水解－气浮－曝气生物滤池工艺在处理印染废水中的应用。水解与调节池的平均水力停留时间为 8 h，具有水解和调节双重功能。废水从配水口流出上行，并通过污泥层与污泥接触，水解菌将废水中的大分子有机物分解为小分子有机物。经过水解池后，色度去除率可达 80%以上。虽然 COD_{Cr}、BOD、SS 的去除率不高，但水解前后的氨氮含量相差较大，经水解后的氨氮指标高于进水的 4 倍左右。染料中含有 N 元素，水解后，其结构被打破，其中的 N 被还原为 NH_3，结果是染料的发色团消失，使废水的色度大大降低，而氨氮增加。

2. 食品行业废水的处理

食品行业废水中含有较高的 COD 和脂类，水解反应器用于预处理时对悬浮性 COD 和脂类有较高的去除率。因此采用水解反应器预处理奶制品废水，由于乳酸的预酸化作用，pH 降低至 4.0，造成蛋白质和脂类的沉淀。去除的悬浮状 COD 或污泥在水解池内得到富集，对于城市污水，剩余污泥质量浓度可达 20～30 g/L，奶制品废水质量浓度达到 100 g/L。

李清泉等采用水解－接触氧化组合工艺处理高浓度玉米淀粉废水，COD_{Cr}、BOD_5 的总平均去除率分别达 98.0%和 99.4%。柴社立等采用多阶段水解－好氧串联工艺处理高浓度玉米淀粉废水，在总 HRT 为 60 h、进水 pH 为 5.90～6.05，进水 COD_{Cr}、BOD_5、NH_4^+ 平均分别为 8 205 mg/L、7 395 mg/L、160.0 mg/L 的条件下，COD_{Cr}、BOD_5 和 NH_4^+ 去除率分别达 97.7%、99.1%和 88.1%。

Ince 对乳酪废水用有无水解酸化段的好氧处理工艺进行试验，通过 9 个月的运行发现，有水解酸化段的工艺在水力停留时间为 12 h、COD 负荷为 23 kg/(m^3·d)时，处理系统 COD 及 BOD_5 去除率分别为 90%和 95%，而无水解酸化段的工艺处理系统水力停留时间为 36 h，且 COD 负荷仅为 7 kg/(m^3·d)。

3. 化工行业废水的处理

化工行业废水具有多重特点。首先，其复杂性体现在废水通常由多种有机物、无机物和重金属组成，来源广泛，使得废水的组成复杂多样；其次，化工行业废水的污染物浓度较高，含有大量的有机物、无机盐和重金属离子，这增加了废水处理的难度。同时，废水中可能含有具有毒性的化学物质，对环境和生物造成潜在危害，因此需要特殊处理以保护环境和人类健康。另外，化工行业废水中的有机物往往具有难降解性，需要采用专门的处理方法才能有效去除。此外，废水的性质和成分可能随着生产工艺的变化而变化，因此处理过程需要考虑废水性质的不稳定性。

针对化工行业废水的处理，需综合考虑几个关键要素。首先是预处理，通过调节

pH、去除悬浮物和沉淀物等，为后续处理工艺提供良好的条件；其次是进行水质监测，了解废水的具体组成和性质，以便选择合适的处理工艺和调整操作参数。在选择处理工艺时，需要根据废水的特性和目标排放标准，灵活选择适用的物理化学方法、生物方法或它们的组合应用。对于含有可生物降解有机物的废水，可采用生物处理方法，如生物降解、厌氧处理和好氧处理等。而对于含有难降解有机物或重金属的废水，则可能需要采用化学处理方法，如氧化、还原、沉淀等。

随着技术的不断进步，化工行业废水处理技术也在不断创新。因此，化工企业应及时采用新技术和设备，提高处理效率和降低成本。综上所述，针对化工行业废水的处理需综合考虑其特点和处理要素，以实现环境保护和资源利用的双重目标。

某化工厂苯胺类废水的可生化性不高，采用厌氧水解－生物接触氧化法处理结果表明：该工艺厌氧段能增强系统耐冲击负荷能力，并有效地提高废水的可生化性，使 BOD/COD_{Cr}值上升到 0.4。好氧段投加特效菌 STR－NiTRO 能有效地去除废水中的苯胺，最终 COD_{Cr}、BOD_5 和苯胺的去除率分别为 85.9%、78%和 97.8%。

研究表明，在厌氧条件下，芳香类化合物可被水解、酸化为有机酸。这是因为厌氧反应可以将 H_2分压降低到很低的水平，从而促进多数芳香类化合物的降解。钱易等人对焦化废水的研究表明，水解可以将难降解物质转变为易降解物质，并通过后续的好氧处理去除。另外，萘经过水解处理后与污泥接触 3 h，其结构发生了根本性变化。当萘与水解污泥接触 24 h 后，其光密度降低率达到 98.9%，水解预处理为进一步的生物处理创造了有利条件。

对于含有三氯甲烷等氯代脂肪酸的废水，经过水解处理后有明显的去除效果。废水在水解池停留 3 h，三氯甲烷、二氯甲烷和四氯化碳的去除率分别为 75.8%、63.1%和 45%。这些有机物具有化学毒性且不易被生物降解，经水解处理后变成易于降解和无毒性的化合物以及氯化物，为后续处理中微生物酶的适应性和酶对底物的利用创造了有利条件。

W. J. Ng 等人对含有硝基苯、联苯和多环芳烃等有毒物质的废水用水解酸化－好氧工艺进行研究，水力停留时间为 8 h，水解酸化段对硝基苯、联苯和多环芳烃的去除率分别为 98%、97%和 96%。土耳其 Mustafa 等人采用厌氧（水解酸化）－好氧工艺对印染模拟废水处理进行研究，在原水 COD 为 1 500～2 000 mg/L，水解酸化在 HRT 为 17 h 条件下，对 COD 和色度去除率达到 51%～84%和 81%～96%，处理系统对 COD 和色度的去除率达到 97%～83%和 87%～80%。

4. 制药废水的处理

采用厌氧－好氧序列间隙式反应器进行处理某生物制药厂的废水，使其 BOD_5/COD_{Cr}值由原来的 0.34～0.39 升高到 0.6～0.62，可生化性大为提高，而有利于后续好氧处理功能的发挥。研究表明，整个系统运行稳定、高效，COD 总去除率达 78.9%～92.8%，出水 COD 低于 250～300 mg/L。

采用水解－好氧组合生物处理工艺处理某中成制药厂的废水，水解池出水与进水相比，发现其 COD_{Cr}并没有降低，而是 pH 降低，挥发性有机酸含量升高，BOD_5/COD_{Cr}值提高，为后续好氧生物降解提供了保证。整个试验结果显示，COD_{Cr}和BOD_5去除率均大于90%，SS去除率大于85%，完全达到处理目的。

杨俊仕等采用水解酸化一AB生物法处理多品种混合抗生素工业废水，接种厌氧消化污泥20 g/L，实现了污水的达标排放，且水解酸化对色度去除效果较好，水解酸化后NH_4^+—N升高了136%，降低了运行费用，具有较高的工程应用价值。佘宗莲等采用厌氧—SBR对生物制药废水进行了研究，研究中将厌氧段控制在水解酸化阶段，搅拌HRT为7 h，并控制温度在25 ℃以上，研究所用废水COD为1 000～3 000 mg/L，BOD_5/COD值为0.34～0.39，水解酸化后BOD_5/COD值提高到0.6～0.62，整体工艺对COD总去除率达到78.9%～92.8%，出水COD低于250～300 mg/L。

Oktem等人采用水解酸化工艺对制药废水进行预处理试验研究，水力停留时间为12 h，COD有机负荷为14 kg/(m^3·d)，pH为5.0～6.3，研究结果最大酸化率达到44%，COD去除率为13%，乙酸和丁酸成为水解酸化出水主要脂肪酸类型。

6.2.3 还原性染料废水处理工艺应用实例

1. 概述

江苏四菱染料集团公司以生产还原染料及中间体为主，年产还原染料中间体1 500 m^3，占全国生产量的18.4%，品种有18个，占全国总数的47%，居全国第一位。该厂的主要产品有还原深蓝BO、蓝BB、橄榄绿B和绿T、苯酮、一溴苯酮、二溴苯酮、金橙G、金黄RK等，其核心基团为蒽醌和蒽酮。

染料及其中间体生产的基本原料为苯系、萘系、蒽醌系、苯胺、硝基苯、酚类等芳香族化合物，因此染料生产废水中除了含有硝基、氨基、羟基、甲基等芳香族化合物外，还含有各种有机溶剂、酸、碱和无机盐类，从而导致废水中有机物成分复杂、浓度高、色度深，属于难降解废水的代表。我国对于染料生产废水的治理十分重视，经过不断的研究，目前技术已经成熟的方法有生物处理法、物理化学法、焚烧法、碳化法、活性炭吸附法、酸化回收法，以及各种组合方法，特别是生物处理法与物化法有机结合是处理染料生产废水的发展趋势。

2. 原有废水一级处理装置

江苏四菱染料集团公司日排放废水4 000 m^3，经现有一级处理系统处理后，绝大部分染料中间体被去除，一级处理后的出水COD_{Cr}在1 500～2 000 mg/L之间，因水中含有难降解的蒽醌和蒽酮及中间体，再加之含有磺酸盐、醇类等溶剂物质及SO_4^{2-}、Cl^-、Br^-等无机物，使得废水难以生化处理，同时，由于废水间歇式排放，水质水量变化剧烈，增加了处理难度。

原有废水处理一级装置于1995年8月建成，并正式投入运行，该装置的处理流程如图6.2所示。

3. 处理工艺的确定

目前，国内染料废水的处理大部分采用一级处理，为中和、混凝、沉淀等物理化学方

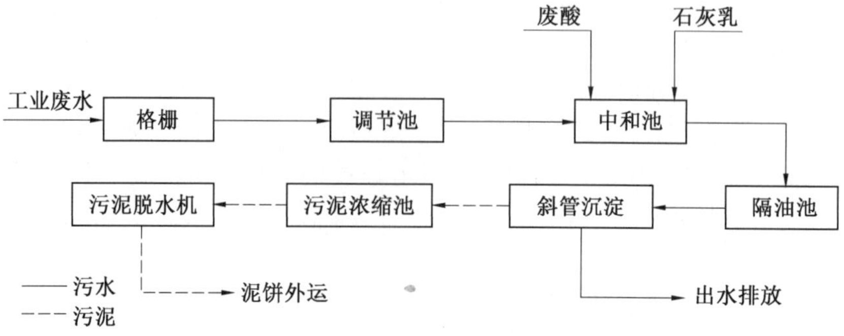

图 6.2　一级装置的处理流程

法，二级处理用生物处理的方法。

多次测定结果表明，该公司的染料生产废水经一级处理后，BOD_5/COD_{Cr} 值在0.30～0.35之间，基本上属于可生物降解性废水。在此基础上，选择何种生物处理工艺显得尤为重要。生物处理废水效率高，且日常运行费用低，因此在染料生产废水处理的实际工程中，应用最为广泛的仍是生物处理法，包括活性污泥法、生物膜法以及厌氧－好氧处理法。虽然这些方法在处理特定的染料生产废水过程中取得了一定的效果，但仍存在一些问题，其中最关键的是技术问题，因为随着染料工业的发展和新型化工染料的应用，单一的活性污泥法或生物膜法、传统的厌氧－好氧处理技术不能很好地适应染料生产废水处理需要。

活性污泥法是靠呈悬浮状态的微生物氧化降解水中的有机污染物，其特点是比表面积大、处理效率高、运行稳定、缺点是抗冲击负荷能力差、易产生污泥膨胀、负荷较低。因此，该处理方法对水质稳定、易生化降解、成分较单一的废水较为适用，而生物膜法是靠附着在载体上的微生物摄取废水中的有机物并将其分解，其特点是负荷较高，抗冲击负荷能力强，运行稳定，但处理效率低、投资大、停留时间长。

从上述情况看，传统的生物好氧处理方法对染料废水很难达到高效、稳定的处理效果。根据环境影响报告，废水监测数据分析，以及全国有关染料厂废水治理现状的调研，决定采用生物相分离技术对江苏四菱染料集团公司染料生产废水进行生化处理的研究。根据厌氧生物处理的原理，人们已研究开发出各种工艺和设备来处理高浓度有机废水。但是，采用完整的厌氧生物处理加后续好氧生物处理的工艺存在较多的缺点。尽管厌氧处理工艺投资大，操作运行复杂，水力停留时间长，占地面积大，能够获得 CH_4，但回收效果很差，同时环境条件的控制要求严格，为保持甲烷菌最适生长条件，需要加热保温，消耗一定的能源，这与从污水中回收的能源无法形成平衡，特别是对于浓度较低的废水，很不经济。

通过总结和借鉴现有废水处理技术，结合染料生产废水的特点，考虑到一级处理后出水 COD_{Cr} 为 1 500～2 000 mg/L，浓度较低，不适用于完整的厌氧处理工艺，因此，着眼于整个系统的处理效率和经济效益，决定在厌氧段摒弃厌氧过程中对环境要求严、敏感且降解速率较慢的甲烷阶段，只利用厌氧处理前段中的产酸相进行水解和酸化过程，再进行好氧生物处理过程，以处理染料生产废水。

综上所述，生物相分离一好氧处理工艺适合处理中等浓度的染料生产废水，其工艺流程如图 6.3 所示。

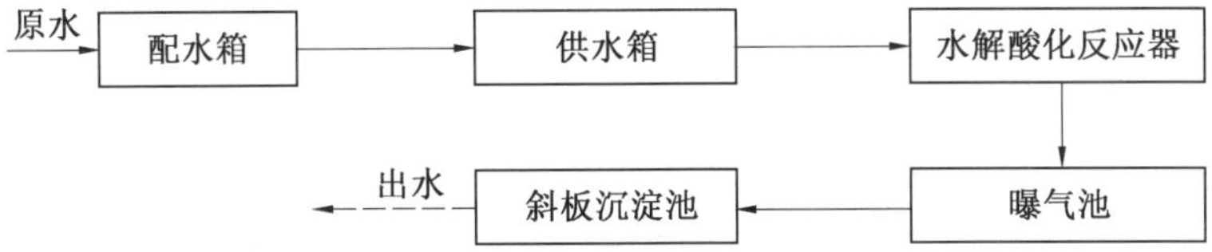

图 6.3　生物相分离一好氧处理工艺流程

4. 构筑物及装置

试验装置包括配水箱、供水箱、水解酸化反应器、曝气池、斜板沉淀池，各装置之间用塑料管连接。各单元的主要参数如下：

水解酸化反应器：$V_{有效}=6\ m^3$，HRT＝6.0 h

曝气池：$V_{有效}=6\ m^3$，HRT＝6.0 h

斜板沉淀池：$V_{有效}=2\ m^3$，HRT＝2.0 h

进水流量为 1 m^3/h，水解反应器污泥接种量占有效容积的 60％。

5. 工艺特征

生物相分离一好氧处理技术是首次应用于处理染料生产废水的新方法，经过试验研究证明是一项高效、经济、节能的染料生产废水生化处理技术，应用于工程实际具有以下显著特点：

(1)对于难降解及含毒性的染料生产废水，可通过水解一酸化过程使废水的可生化性显著提高，从而提高整个系统的处理效率。

(2)所开发的处理设备可以保证很高的生物量，这是该技术获得废水处理高效、稳定的原因之一。

(3)该技术污泥产量很少，甚至无污泥产生，解决了当今污水处理中污泥产生量大所致的隐患，从而显著降低了投资和运行费用，在保护环境的基础上确保了染料行业持续稳定的发展，该技术对国内乃至世界范围内的难于处理的染料生产废水治理提出了合理的技术路线和治理方法，此项技术的研究开发为成功地处理染料生产废水提供了技术保证，为其推广应用提供了可靠的参数，随着该项成果在生产上的应用推广，其经济效应、环境效益、社会效益将得以充分体现，也将为我国染料废水处理的研究和应用产生积极的促进作用。

6. 废水生物降解途径

还原染料生产工艺过程中排出的废水中含有染料及其中间体，以及有机醇(丁醇、三苷醇等)、苯及其氯代和溴代物，还有硫酸盐等无机盐类。虽然废水间歇排放，水质、水量变化很大，但大都是含蒽酮、蒽醌还原染料等物质，即蒽醌衍生物，分子中含有蒽醌核心基团，经过化学反应生成主要中间体，如 1一氨基蒽醌、2一氨基蒽醌、苯绕蒽酮。

染料中间体再经过一系列复杂的反应，可生成需要的染料，例如，用苯绕蒽酮可生产出深蓝 BO、直接黑 RB、橄榄绿 B、橄榄绿 T 等染料，而其中许多染料是由苯绕蒽酮的两个重要衍生物——紫蒽酮和异紫蒽酮引入各种取代基得来的。

由此可见，还原染料属于芳香族化合物，从微生物学角度来看，它们是可被生化降解的，只是加入氯代（—Cl）、溴代（—Br）、硝基（$—NO_3$）、氨基（$—NH_2$）、烷氧基（$—OCH_3$、$—OC_2H_5$）等取代基后，增加了生物降解难度，甚至不能被生物降解，因此，采用单纯的好氧处理很难将这些物质降解。只有首先将大分子物质开环，并在微生物的作用下降解为易好氧处理的小分子有机酸醇才能够实现这一目的的水解酸化。生物相分离一好氧处理技术已经证明了这一点。

染料废水中的有机污染物作为微生物的唯一碳源和能源，不能进入细胞内，而要想被微生物利用，只能靠胞外水解酶将其转化为可被利用的小分子化合物，但在此过程中需要消耗能量，一旦进入细胞内部，厌氧降解过程产生的能量很低。当小分子前体物进入曝气池中，就会被好氧微生物通过三羧酸循环途径（即 TCA 循环）而降解，最终生成 H_2O 和 CO_2。在好氧过程中，产生大量的 ATP 用于生物合成，因此好氧过程生物增长即活性污泥增长很快，在保证正常生物量的同时，要排出剩余污泥。在水解酸化过程中，厌氧微生物将产生乙酸、乙醇、乳酸等小分子有机物。

6.2.4 造纸废水处理工艺应用实例

我国造纸业目前正处于高速发展的时期，近 10 年平均年增幅为 18%。如第 1 章所述，造纸废水的特点是废水量大、COD 高，废水中的纤维悬浮物多，色度大，且有硫醇类恶臭。造纸行业污染物排放量仅次于化工行业。以某造纸厂为例，利用水解酸化结合氧化沟工艺对其生产的白水和少量黑液的混合废水进行处理。

1. 处理水质、水量及排放要求

某以毛竹为原料的造纸厂，其废水主要来源于碱法制浆的黑液和抄纸机白水，前者废水量为 100 m^3/d，COD 为 12 000～24 000 mg/L，pH 为 9.2～11.5，后者废水量为 1 200 m^3/d，COD 为 700～1 200 mg/L，pH 为 7.2～9.5；此外还有少量的生活污水，废水量约为 100 m^3/d，COD 为 300～350 mg/L。

处理后出水指标要求达到（GB 8978—1996）中的一级排放标准。

2. 处理工艺与设计参数

某造纸厂废水的处理工艺流程图如图 6.4 所示。纸浆废水的纤维含量高，因此回收利用前景十分可观，其产量可达 20 t/d（含水浮渣），采用气浮工艺能很好地予以回收，但目前该厂生产设备较为落后，导致回收的纤维无法充分利用，但在设计时留有后期改造、增加气浮设备的位置。

黑液、白水按 1∶12 的体积比进入水解酸化池。在水解酸化池中，兼性菌（主要是水解细菌和产酸细菌）在缺氧或厌氧条件下将废水中主要有机污染物木质素、纤维素等分解成小分子中间产物——有机酸及醇类（如乙酸、乙醇），同时一些有毒物质及一些带色

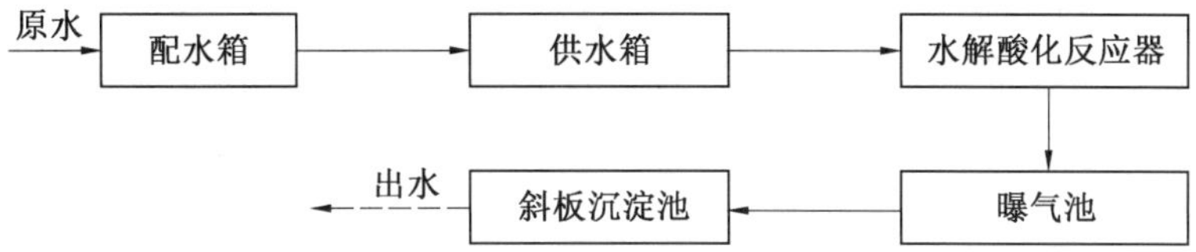

图 6.4　某造纸厂废水的处理工艺流程图

基团的分子键被打开。水解池出水 pH 一般控制为 5.8～6.8。

水解酸化池出水进入氧化沟。氧化沟设计流速为 0.3 m/s，相当于混合液在沟中平均环行了约 204 周，废水经稀释、吸附，得到长时间的降解。氧化沟的污泥龄长(30 d)，因此经过氧化沟处理后的污泥已经得到充分稳定，VSS/SS 值一般为 60%，系统污泥也近于零排放，自开始运行只排泥一次。氧化沟中充分的供氧发生在反应池一端，受限制的供氧发生在反应池的其余部分，混合液在曝气和非曝气段间循环，同时曝气机使池中形成上、中、下 3 种溶氧层次，厌氧、兼氧、好氧菌的协同作用成为可能。大环境和大量微环境(菌胶团内部形成的缺氧、厌氧区)的存在，使有机物得到更好的降解，并为硝化、反硝化、磷的吸收提供了条件，使氧化沟兼具脱氮除磷功效。

设 2 座一体化沉淀池，其中一座兼具沉淀池、回流污泥池、污泥浓缩池、出水池功能；另一座兼具沉淀池、絮凝反应池、污泥浓缩池、出水池功能。

主要构筑物及设计参数见表 6.2。

表 6.2　主要构筑物及设计参数

构筑物	设计尺寸与规格	数量/个	HRT/h	备注
集水池	$V=1\ 000\ m^3$	3	20	
气浮池	2 m×5 m×2 m	2	0.5	$V_{有效}=1\ 200\ m^3$，内设填料 650 m^3
水解酸化池	24 m×12 m×5 m	1	24	$V_{有效}=1\ 800\ m^3$
氧化沟	6 m×24 m×3 m	1	36	
一体化沉淀池	14 m×12 m×4 m	2	4	
过滤罐	$R=570$ mm $H=3\ 020$ mm	1	0.5	耐压强度为 980 kPa，罐内设金属丝网、聚苯乙烯塑料(20 目)

3. 运行效果与总结

(1)细菌培养。

为缩短培养时间、驯化时间，接种污泥采用附近某纸业厂的生化污泥(含水率 $P=99.6\%$)。开始培养时，氧化沟内放 1/4 白水、3/4 清水进行闷曝，投加面粉 50 kg/d，BOD、N、P 按质量比为 100∶5∶1 的比例投加氮、磷营养，换水 30 t/d。当污泥沉降比(SV)持续 3 d 为 3%时，逐渐增加换水量。经过一个月的培养与试运行，SV=12%，已达到满负荷进水条件，微生物生长良好，出水稳定。

(2)氧化沟 DO 分布情况。

氧化沟为该系统主要的生物处理构筑物，氧化沟内好氧、兼氧、厌氧环境共存，不同代谢类型的微生物相互作用，共同实现对有机物的降解，氧化沟的溶解氧分布对系统的处理效果影响显著。系统正常运行时，对氧化沟的不同部位的溶解氧浓度进行监测，监测结果见表 6.3；氧化沟平面示意图如图 6.5 所示。

表 6.3　表曝机不同的转速下池内各点的溶解氧浓度

转速	35 r/min		32 r/min			30 r/min			28 r/min		25 r/min	
位置	A	B	A	B	C	A	B	C	A	B	A	B
1	2.95	—	2.05	—		1.65	—		1.25	—	0.80	—
2	2.85	2.10	2.00	1.60	1.00	0.80	0.65	0.40	0.35	0.25	0.35	0.10
3	2.35	2.30	1.80	1.80	1.00	0.70	0.70	0.35	0.35	0.30	0	0
4	2.20	2.10	1.75	1.65	0.90	0.60	0.55	0.35	0.40	0.40	0	0
5	2.10	2.15	1.75	1.75	0.70	0.80	0.80	0.40	0.60	0.50	0.20	0.10
6	2.50	2.50	1.60	1.60	0.90	0.95	0.90	0.65	0.65	0.55	0.20	0.10
7	3.00	—	2.20	—		1.60	—		1.05	—	0.80	—
8	3.10	—	2.25	—		1.65	—		1.25	—	0.80	—
9	3.40	3.00	2.30	1.90	1.00	1.50	1.30	0.80	1.15	0.90	0.40	0.20
10	2.30	2.30	1.60	1.55	0.80	1.00	1.00	0.65	0.70	0.75	0.25	0.15
11	2.55	2.30	1.80	1.20	0.60	0.80	0.80	0.40	0.50	0.60	0.15	0
12	2.10	1.85	1.40	0.95	0.20	0.60	0.55	0.25	0.40	0.10	0.15	0
13	1.80	1.30	1.25	0.85	0.20	0.70	0.45	0.10	0.40	0.20	0.20	0
14	3.20	—	2.10	—		1.80	—		1.35	—	0.85	—

实际运行表明，当曝气机附近的 DO 维持在 2.0 mg/L 时，池内以好氧处理为主，同时底部存在缺氧或厌氧区，使好氧、缺氧、厌氧菌共存，协同作用。当曝气机附近的 DO 维持在 1.0 mg/L 以下时，则池内好氧区大大减少，除碳、硝化及脱氮都受到很大限制。DO 太高，污泥繁殖快，产泥多，不利于操作，也耗电。因此，最好控制转速，使表曝机附近的 DO 维持在 2.0 mg/L 左右，实践表明在该条件下的运行情况良好。

系统正常运行时的进水和出水 COD 情况见表 6.4。由表 6.4 可见，在稳定运行期间的 COD 总去除率可达 95%以上，满足设计要求。水解酸化一氧化沟相结合是一种合理的造纸废水处理工艺。该工程占地面积约为 1 700 m^2，总投资为 256.37 万元，日常运行费用为 0.83 元/m^3。

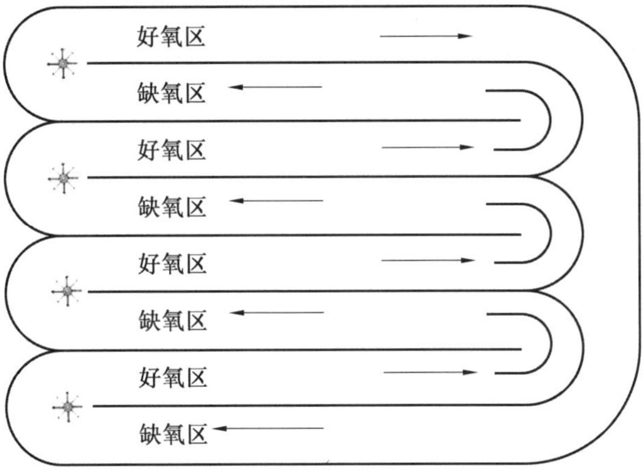

图 6.5　氧化沟平面示意图

表 6.4　系统运行时的进水和出水 COD 情况

水温 /℃	进水				出水		去除率 /%
	黑液		白水		pH	COD /(mg·L⁻¹)	
	pH	COD /(mg·L⁻¹)	pH	COD /(mg·L⁻¹)			
19.2	10.87	18 426	7.63	749	6.82	88	95.8
18.1	10.65	21 123	8.51	1 018	7.13	100	96.1
18.9	10.74	20 341	7.56	969	6.89	95	96.1
20.3	11.60	17 863	7.05	872	7.27	89	95.9
21.2	9.13	16 720	8.21	1 004	6.94	82	96.3
21.3	10.03	13 483	9.43	1 491	6.65	81	96.6
21.3	11.20	12 080	8.31	1 259	6.74	94	95.4
21.5	10.60	13 162	8.46	1 148	6.51	86	95.8
20.8	11.20	13 026	8.80	1 120	6.32	88	95.6
20.1	11.20	12 102	8.54	1 036	6.79	92	94.7

6.3　两相厌氧—好氧生物处理组合工艺及应用

6.3.1　工艺原理

近年来，工业废水中污染物的成分日趋复杂，增加了废水处理难度，传统生物处理工艺处理的废水已难以达标排放。在生物处理技术的发展中,已不再局限于改进单一的厌氧(水解)或好氧生物处理方法,而是呈现出把两者有机结合起来开发各种组合技术的趋势。各种不同形式的两相厌氧一好氧生物处理组合工艺便应运而生,其示意图如图 6.6 所示。

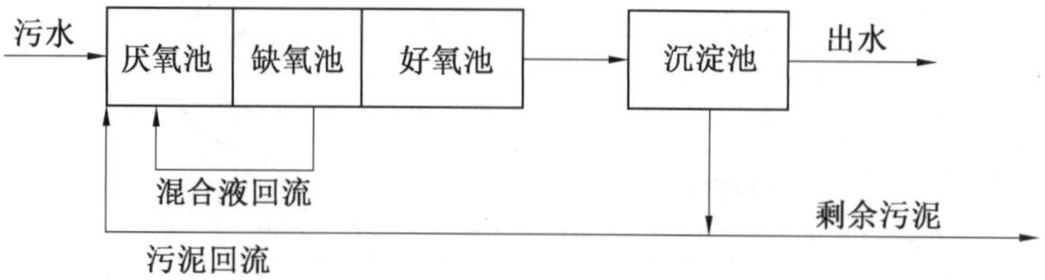

图 6.6 两相厌氧一好氧生物处理示意图

两相厌氧一好氧生物处理组合工艺集合了厌氧、好氧的优点:①克服了厌氧法出水难以达到排放标准,常规好氧活性污泥法处理高浓度有机废水能耗高等缺点;②可以实现高浓度进水和高去除容积负荷;③处理能力大,对冲击负荷有较强的适应性,污泥生成量少,运行费用低,无须污泥回流,且可降低基建费用。因此,目前广泛应用于制药废水、印染废水、精细化工废水等的治理中。关于两相厌氧一好氧生物处理工艺原理和各种好氧生物处理技术原理与应用分别在第 3 章和第 4 章做了介绍,这里不再赘述。

6.3.2 工艺研究现状

1. 两相厌氧一好氧生物处理组合工艺研究

(1)啤酒废水处理。

1984 年,Eeckhaut 等人报道了比利时一家啤酒厂采用两相厌氧生物处理工艺来处理其废水,结果发现两相厌氧系统特别适合于处理变化很大(pH 为 7~12,2 500~4 000 mg COD/L)的废水。废水首先进入一个 550 m^3的酸化调节池,产甲烷过程发生在一个 400 m^3的 CASB 反应器——一种装填 130 m^3高效载体(polyurethanefoam)的杂合厌氧反应器。但是反应器内未能形成稳定的高活性污泥床,反应器的绝大部分活性污泥集中在小部分附着生物膜的载体上。对于这种较低浓度的废水,反应器的去除负荷达到 5~8 kg COD/(m^3 · d),对溶解性 COD 的去除率达到 58%,这主要是由于反应器内的活性污泥量不足,当减少进水量时,溶解性 COD 的去除率可以达到 93%。

Guo 等人用一个固定床生物膜反应器作为产酸相反应器,UASB 作为产甲烷相反应器,研究了两相厌氧工艺处理高浓度啤酒废水和人工合成废水的情况,结果发现整个系统的最高负荷可以达到 32~35 kg COD/(m^3 · d)。他们还发现当进水浓度为 5 000 mg COD/L,进水负荷为 30 kg COD/(m^3 · d)时,为保证两相系统正常运行所需要的最小酸化率为 28%;两相厌氧系统对 COD 去除率的最主要影响因素是进水容积负荷、产酸相的酸化率以及进水碱度。在他们的研究中,还讨论了这些主要影响因素对反应器内污泥中的微生物生态、生物活性、生物反应器的运行效果等的影响。

(2)高悬浮物有机废水处理。

Yeoh 等人利用高温两相厌氧工艺处理蔗糖糖蜜酒精蒸馏废水,并与单相工艺的运行情况进行了对比。在试验中,单相工艺的 HRT 控制在 36.0~9.0 d,相应的有机负荷在 3.45~14.49 kg COD/(m^3 · d);两相工艺的 HRT 为 32.7~5.6 d,相应的有机负荷为 4.65~20.02 kg COD/(m^3 · d),结果发现,两相工艺对 BOD_5 和 COD 的去除率分别大于 85%和 65%,其中产酸相反应器可以很好地将原水中的有机物转化为 VFA,酸化率可以达到 15.6%。两个系统中产甲烷反应器的 pH 均维持在 7.4~7.8。两相工艺产生的沼气中的甲烷含量明显高于单相工艺,约高 17%;当提高有机负荷或者缩短 HRT 时,两个系统所产生的沼气中的甲烷含量均下降。两相厌氧工艺中产甲烷相反应器的甲烷产率为 0.17 m^3 CH_4/kg $COD_{进料}$或 0.29 m^3 CH_4/kg$VS_{进料}$,而单相反应器仅为 0.06 m^3 CH_4/kg $COD_{进料}$或 0.08 m^3 CH_4/kg$VS_{进料}$。将上述的两相厌氧工艺扩大应用到生产规模的处理厂时,发现其平均的 BOD_5 和 COD 的去除率分别可达 84.3%和 63.2%。

胡锋平在常温 25 ℃采用两相 UBF 反应器对养鸡场离心废水进行处理,结果表明:进水 COD_{Cr}为 18 300 mg/L,系统容积负荷为 17.26 kg COD/(m^3 · d),水力停留时间为25.47 h,COD_{Cr}去除率为 76.13%,BOD_5去除率为 87.76%,产气率为 0.410 m^3/kg COD_{Cr}。

H. Bouallagui 等采用两相 ASBR 反应器处理果蔬废水(FVW),COD 去除率达 96%,出水 COD 小于 1 500 mg/L,可溶性 SCOD 小于 400 mg/L,甲烷产率为 320 L/kg COD。

(3)印染、医药废水处理。

Sopa 等人研究了印染废水处理,结果表明两相厌氧工艺可以处理印染废水,系统中产甲烷菌是脱色作用的主体,而产酸相微生物在强化系统的脱色作用方面功不可没。Mahdavi Talarposhti 等研究了两相厌氧工艺处理印染废水,发现该工艺对色度也具有较好的处理效果,可以达到 90%以上。

孙剑辉、倪利晓采用的工艺为 Anodek,他们将铁屑为填料的 UBF 反应器作为酸化相、以 UASB 反应器作为甲烷相,处理 Zn5－ASA 医药废水。试验结果表明,此系统在 UBF 与 USAB 的 HRT 分别控制在 5.95 h 和 11.43 h 时,UBF 与 UASB 的 OLR(以 COD 计)分别高达 58.44 kg/(m^3 · d)和 17.01 kg/(m^3 · d),对 SCOD 和 BOD_5的总去除率分别达 90%和 95%左右,具有系统运行稳定、处理效率高等优点。

(4)淀粉废水处理。

戴建强等在中温(35±1) ℃条件下,采用 UASB 和混合活性污泥串联的方法来处理玉米淀粉生产废水,当 COD 在 7 000~8 000 mg/L,HRT 为 1 h 时,COD 的去除率在 97%以上。管运涛等采用传统两相厌氧工艺与膜分离技术相结合的两相厌氧膜生物系统(MBS)处理淀粉配制废水,系统 COD 去除率达 97.2%,并有一定的总氮去除率。毛海亮等采用 UASB－SBR 工艺处理淀粉废水,废水经颗粒化 UASB 稳定处理后,出水 COD 可降到 500 mg/L 以下,然后再经 SBR 处理后,出水 COD 可降到 100 mg/L 以下。石慧岗等也采用 UASB 和 SBR 相结合的工艺,处理山东某中型玉米淀粉厂废水,在进水 COD 高达 10 000~15 000 mg/L 的情况下,可使出水 COD 低于 120 mg/L。

(5)硫酸盐废水处理。

Czako、Reise 等和 Mizuno 等的试验证明两相厌氧工艺的酸化单元中微生物的产酸作用和硫酸盐还原作用可以同时进行。他们指出在酸性发酵阶段利用 SBR 去除硫酸盐具有以下优点:①硫酸盐还原菌可以代谢酸性发酵阶段的中间产物如乳酸、丙酮酸、丙酸等,故在一定程度上可以促进有机物的产酸分解过程;②发酵性细菌比平行生物反应器(MPB)所能承受的硫化物浓度高,所以硫化物对发酵性细菌的毒性小,不致影响产酸过程;③由于硫酸盐还原作用主要是在产酸相反应器中进行,避免了 SBR 和 MPB 之间的基质竞争问题,可以保证产甲烷相有较高的甲烷产率,而且在形成的沼气中的 H_2S 含量较小,便于利用;④由于产酸相反应器处于弱酸状态,硫酸盐的还原产物硫化物大部分以 H_2S 的形式存在,便于吹脱去除。

Sarner 用厌氧滤池作为两相厌氧工艺的产酸相反应器,用 UASB 反应器作为产甲烷相反应器处理纸浆废液,进水 COD 为 19 300 mg/L,BOD 为 5 930 mg/L,SO_4^{2-} 为 5 225 mg/L,pH 为 6.0～6.3 时,SO_4^{2-} 的还原率可达 63%,工艺系统的 COD 去除率达 90%以上。Gao 利用 CSTR 型两相厌氧工艺处理含乳清的硫酸盐废水,产酸相反应器进水 COD 为 8 500 mg/L,SO_4^{2-} 为 1 000 mg/L,pH 为 6.1～6.2 时,硫酸盐还原率可达 88%,工艺系统的 COD 去除率达 95%以上,产甲烷相中的产甲烷率达 0.31～0.40 m^3 CH_4/kg COD(30 ℃)。王爱杰等采用 CSTR 型产酸脱硫反应器作为两相厌氧工艺系统的产酸相处理高浓度含硫酸盐废水,进水 COD 为 3 000～4 000 mg/L,SO_4^{2-} 浓度为 1 000～2 000 mg/L,SO_4^{2-} 负荷率低于 7.5 kg/(m^3·d),HRT 为 4.8～6.0 h, pH 为 6.0～6.2 时,SO_4^{2-} 的还原率可达 90%～100%。同时,通过连续流试验和间歇试验,考察 SRB 的群体生态学规律,并发现了硫酸盐还原过程中微生物的特殊代谢类型——乙酸型代谢方式。王旭等提出,在处理需要外加碳源的无机硫酸盐废水(如酸矿废水)时,为降低成本,提高处理效率,应尽量降低废水的碳硫比至理论值 0.67,其途径是在反应器中培育完全氧化型 SRB。他采用 CSTR 型产酸脱硫反应器驯化完全氧化型 SRB,以乙酸为底物,进水不调节碱度,硫酸盐和 COD 去除率都可达到 80%。

王子波、封克、张键采用两相 UASB 反应器处理含高浓度硫酸盐黑液,酸化相为 8.87 L的普通升流式反应器,甲烷相为 28.75 L 的 UASB 反应器,系统温度为(35±1) ℃。当酸化相进水 COD 为 6.771～11.057 g/L,SO_4^{2-} 质量浓度为 5.648～8.669 g/L,pH 为 5.5 时,整个系统 COD 去除率平均值为 74.42%,系统对负荷的冲击有较强的耐受能力。

目前,两相厌氧工艺处理硫酸盐废水已得到诸多共识,并在此基础上发展了一些更理想的工艺系统。杨景亮和左剑恶等、李亚新等和王爱杰等分别提出了"硫酸盐还原—硫化物生物氧化—产甲烷"新工艺,其中硫化物氧化单元是利用无色硫细菌(*Thiobacillus*)将硫化物氧化为单质硫,从而彻底去除系统中的硫酸盐。此生物脱硫工艺条件温和、能耗低、投资少,具有广阔的应用前景。王爱杰等针对制药、垃圾渗滤液等富含硫酸盐的废水中同时含有硝酸盐或氨氮的特点,提出硫化物氧化单元可以利用脱氮硫杆菌(*Thiobacillus denitrificans*)同步脱氮脱硫的功能,实现废水在厌氧膨胀床反应器中同步脱氮脱硫的目的，并收获为单质硫。

2. 两相厌氧一好氧生物处理

王庆等采用 UASB－CAASF(好氧组合反应器)组合工艺对石家庄某药业所排放的酒精和乙酸乙酯混合废水进行了处理。结果表明，UASB 可以在有机容积负荷高达 9 kg COD/kg/(m^3 • d)的情况下，直接处理进水质量浓度高达 20 000～30 000 mg/L 的混合废水，对废水中有机物的去除率达到 90%；而 CAASF 对悬浮颗粒和氨氮的去除率分别达到 95%和 90%。从应用效果看，该组合工艺能发挥厌氧和好氧处理的优势，出水水质达到了国家污水综合排放标准一级标准。

Lefebvre 等采用 UASB－活性污泥法组合工艺处理某制革厂废水，结果表明，该组合工艺增强了整体废水处理工艺性能，最终 COD 去除率达到 96%。在好氧生物处理阶段采用 UASB 和 SBR 工艺，最终出水 COD_{Cr} 和 SS 平均值分别达到 100 mg/L 和 70 mg/L，并具有可靠性好、耐负荷冲击能力强、运行能耗低的特点。Igarashi 根据厌氧、好氧生化处理技术的原理，研发了一种好氧层和厌氧层依次交替按降序排列的多层复合层。有机污染物废水通过该复合层后，被多种微生物降解，COD 值大大降低，可以回流至地下水，而且由于该复合层附着微生物，因此可以用作植物生长的肥料；同时，设备安装成本低，不需要任何运行费用。

6.3.3　高浓度精细化工废水处理工艺应用实例

1. 概述

江苏省武进精细化工厂是国内最大的生产水质稳定剂的化工厂。水质稳定剂类生产废水的特点是：废水成分复杂且浓度高；间歇排放，水质水量波动大。该厂高浓度有机废水主要含有甲醇、脂类、醛、羟酸等有机物，且尤以甲醇为主要污染物，COD 高达2.5～44 万 mg/L。另外，生活生产废水 COD 在 7～700 mg/L 之间，水质水量波动尤为剧烈。因该厂废水受纳水域为太湖流域，废水处理须达《污水综合排放标准》(GB 8978—1996)新扩改一级标准。所有这些都在一定程度上增加了废水处理工程设计、运行控制的困难。

2. 废水的水质水量

设计处理的废水包括精馏塔预处理后的高浓度甲醇废水和生产生活废水，各类废水的水质状况见表 6.12。

表 6.12　各类废水的水质状况

废水种类	COD/(mg • L^{-1})	平均 COD/(mg • L^{-1})	水量/(t • d^{-1})	pH
甲醇废水	60 000～230 000	80 000	10～20	3.5
生活生产废水	—	300	290	6.0

3. 工艺流程的确定

武进精细化工厂废水情况复杂，从水质情况分析，生活生产废水比较容易处理，直接经好氧反应器处理即可，而高浓度甲醇废水因其浓度高、水质水量变化大而成为整个污水处理的主要部分。经测定，废水的 $BOD_5/COD_{Cr}>0.5$，初步判定属于易降解废水。根据实验室的研究结果及厂方提供的资料，选择以两段厌氧处理为主，好氧处理为辅的生物处理工艺，即两相厌氧一好氧生物处理工艺，其工艺流程如图 6.7 所示。

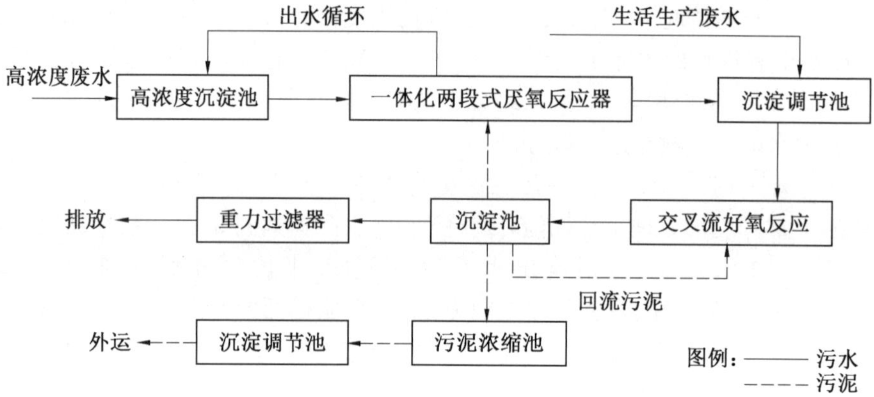

图 6.7　两相厌氧—好氧生物处理工艺流程

在该工艺流程中，高浓度甲醇废水在调节池内通过一体化两段厌氧反应器出水大部分循环回流而得到稀释，进行水质水量调节，进入一体化两段厌氧生物处理工艺，从一体化两段厌氧反应器出来后，进入沉淀调节池，在此与生产生活废水进行均质调节，进入后续的好氧工艺，然后经二沉池进行泥水分离，经重力过滤器进行过滤，出水排放。

4. 关键设备

武进精细化工厂高浓度甲醇废水生物处理工艺的关键设备有一体化两段厌氧反应器、交叉流好氧反应器，二者均是哈尔滨工业大学环境生物技术研究中心研制的专利产品。

(1)一体化两段厌氧反应器。

该反应器是两段厌氧生物处理工艺的另一种形式，它们的工艺原理是相同的，但表现形式不同。它在同一反应器内部通过结构调整使整个反应区分为完全独立的两个反应空间，实现两段厌氧消化工艺，实现两段厌氧消化过程分离，增强两段之间的互补、协同作用。两段一体化的实现，既提高了反应器的处理能力、抗冲击负荷能力，增强了系统的稳定性，又减少了处理设备，节省占地面积，简化工艺，减少了工程的建设投资和运行管理费用，具有经济可行的特点。

两段反应空间按进水先后称为一段反应器和二段反应器，通过水力喷射器高压喷射布水以及进水射流和回流的搅拌、卷吸作用使反应器内污泥与基质充分混合，增大接触反应面积，使得厌氧处理时间相对缩短，反应器所能承受的有机负荷增大。一段反应器的顶部设有独特的相分离装置，在结构上进一步完善了其分离气、液、固三相的功能，并与布水设施紧密结合，构成完整有序的反应区、悬浮区、分离区；同时配备污泥回流装置，启动运行过程中均可向反应器内装泥，也可进行事故状态下反应器内的污泥补充和置换；二段反应器内装有交叉流生物填料，使反应器保有较高的生物量，提高反应器的处理能力，由于填料的二次筛选菌种作用，反应器的反应空间向高度方向延伸，在发展空间作用的同时，减小反应器的占地面积。反应器采用中温消化，温度通过自控系统保持在 35 ℃左右。

(2)交叉流好氧反应器。

好氧反应器内置交叉流生物填料，该填料具有机械强度大、挂膜效果好、水力特性良好、使用周期长、性价比高等特点。微生物在其表面形成生物膜，可有效强化污水与微生物之间的传质速率，提高氧的利用率，同时使反应器内保有较高生物量，提高反应器的处理能力。该反应器可单独处理中等负荷的有机工业废水或城市污水，亦可作为厌氧生物处理工艺的后续处理系统。对较高负荷的污水具有良好的处理能力，同时对低负荷污水具有较好的适应性，可有效抑制低负荷污水容易出现的污泥膨胀现象。

工艺流程中各反应设备、构筑物的具体情况见表 6.13。

表 6.13　工艺流程中各反应设备、构筑物的具体情况

序号	设备名称	尺寸规格 V/m^3	数量	材质
1	一体化两段厌氧反应器	$D\times H$=6.6 m×7.8 m，V=200 m^3	一座	钢制
2	交叉流好氧反应器	6.6 m×2.8 m×4.5 m，V=75 m^3	两座	钢制
3	高浓度废水调节池	5.7 m×2.2 m×2.2 m，V=30 m^3	一座	钢砼
4	生活生产废水调节池	5.7 m×4.4 m×2.2 m，V=60 m^3	一座	钢砼
5	沉淀调节池	12.5 m×50 m×2.5 m，V=100 m^3	一座	钢砼
6	二沉池	2.0 m×3.20 m	两座	钢制
7	重力过滤器	柱高：2 m，内径：1.6 m	两座	钢砼
8	污泥浓缩池	3.60 m×3.60 m	一座	钢制
9	加药装置	WA－0.5－1	两台	钢制

5. 废水降解的机理分析

两段 UASB 反应器处理甲醇废水过程中，系统所能承受有机负荷高达 26.8 kg COD/(m^3·d)，其处理能力较单段 UASB 反应器具有较大的提高，而且两段 UASB 反应器的运行稳定性、抗冲击负荷能力均优于单段 UASB 反应器。这是因为在两段 UASB 反应器处理系统中，一段 UASB 反应器对进水进行适当的预处理和预酸化，减缓了环境变化对二段 UASB 反应器内生物系统的冲击力，提高了二段 UASB 反应器的运行稳定性，两段 UASB 反应堆器相辅相成、分工协作，共同维护系统的良好运转状态。

两段 UASB 反应器处理高浓度甲醇废水的过程中，甲醇有两种转化方式，分别为甲醇直接转化成甲烷的途径和甲醇先转化成乙酸后形成甲烷的途径。当系统容积负荷低于 26.8 kg COD/(m^3·d)时，甲醇直接转化成甲烷的方式占主导地位，此时两段 UASB 反应器内 VFA 浓度适中，pH 较为稳定，系统对有机物的去除率高于 90%；当系统容积负荷高于 26.8 kg COD/(m^3·d)时，甲醇形成乙酸的途径逐渐占优势，两段 UASB 反应器中 VFA 大量积累，pH 急剧下降，引起产甲烷菌活性降低，系统对有机物处理效果迅速下降。所以在运行过程中，应把系统容积负荷控制在一定范围内，保证其运行的稳定性和高效性。

6.3.4 高浓度中药废水处理工艺应用实例

1. 概述

哈尔滨某药厂是以生产治疗多发病和疑难病用药为主，滋补保健药为辅，以巩固蜜丸、酊水等传统药剂型品种为基础，以发展口服液、针剂等新型新产品为重点的综合性中成药企业。根据药品生产特点，要洗罐、洗贮桶，冲洗地面等，所排放废水属高浓度有机废水，间歇排放。工艺中大约有 40%的乙醇被回收，其余的乙醇随废水排放至污水处理系统。

该药厂废水主要来源于洗罐、洗贮桶、洗瓶、冲洗地面等各项工艺过程中，并伴随乙醇废液排放至污水处理系统。排放的是一种污染物种类繁多、成分复杂的高浓度难降解有机废水，该废水间歇排放，虽无毒但有害，具有 COD 高、可生化性差、水质水量变化大、色度高等特点，处理难度极大。

2. 废水的水质水量

工程设计处理水量一期为 750 m^3/d，二期为 1 500 m^3/d。排放的生产废水水质指标见表 6.7。

表 6.7 排放的生产废水水质指标

COD /(mg·L^{-1})	BOD_5 /(mg·L^{-1})	SS /(mg·L^{-1})	总氮 /(mg·L^{-1})	总磷 /(mg·L^{-1})	油 /(mg·L^{-1})	pH
19 000	3 600	418	22	16	8	6～7

处理后的出水要求达到《污水综合排放标准》(GB 8978—1996)中规定的二级排放标准。

3. 工艺流程的确定

药厂排放的废水属于高浓度难降解有机废水，可生化性很差。因此，对于中药废水来说，如何在处理工艺中使难于降解的大分子有机物迅速转化成易于被后续微生物菌群降解的有机底物，极大地提高废水的可生化性，成为工艺的关键。

解决这一关键问题有两种方式：一是采用 SBR 法及其改良工艺；二是采用厌氧发酵技术。由于前者对小水量、水质波动大、可生化性不太差且浓度不是很高的废水较具有优越性，但对于处理哈尔滨中药二厂的高浓度难降解有机废水不适宜；而采用厌氧发酵技术既可提高废水的可生化性，又可大幅度降低废水浓度，减轻后续工艺的负荷，两相厌氧工艺技术是处理该生产废水的首选。同时，由于原水是不易生物降解的高浓度有机废水，经两相厌氧工艺处理后出水仍会有相当的 BOD_5 存在。在两相厌氧消化工艺之后增设高效的生物接触氧化技术，才能使废水经处理后最终达标排放。

基于以上分析，确定该药厂高浓度有机废水综合治理技术路线如下：①对高浓度的原水进行沉淀、适当稀释、调整 pH 等预处理；②对经过预处理后的废水进行生物处理，主要采取两相厌氧—好氧接触氧化的工艺；③生物处理后的污水进行以过滤为主的后续处理，达标后排放水体；④预处理和生化处理过程产生的污泥，集中后进行脱水外运。废水处理工艺流程如图 6.8 所示。

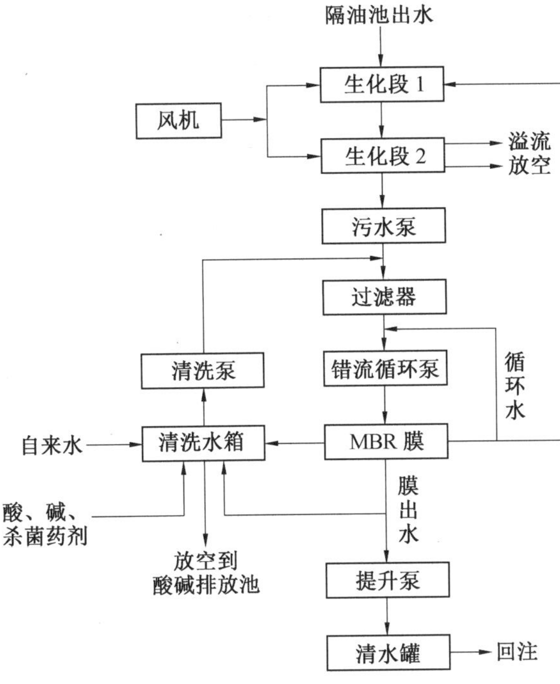

图 6.8　废水处理工艺流程

4. 关键设备

(1)产酸相反应器。

产酸相反应器主要完成的任务是水解、酸化，即将废水中的大分子有机物转化为小分子形式，提高废水的可生化性，以利于产甲烷菌利用。完成以上任务所需具备的两个条件是：反应器内大量富集非产甲烷菌；基质与微生物充分接触。本工艺采用的是任南琪院士发明的专利设备——高效产酸发酵反应器。

(2)产甲烷相反应器。

产甲烷相反应器主要完成的任务是富集大量产甲烷菌，大幅度降低有机污染物浓度。现代技术主要采用的形式为 UASB 及其改良工艺，本工艺采用的是复合厌氧反应池(UASBAF)。

(3)好氧反应器。

两相厌氧工艺的出水进入到好氧工艺，目的是进一步将出水污染物减量至最低，使废水在沉淀过滤后达标排放。该工程采用的是交叉流好氧反应池。对于这一组合工艺，一方面，两相厌氧消化及接触氧化法的串联极大地提高了不易降解有机物质的可生化性和去除率；另一方面，从整个工艺来看，相当于一个 A/O 系统，可提高难生物降解物质去除率。

药厂主要处理构筑物见表 6.14。

表 6.14　药厂主要处理构筑物

序号	名称	规格	数量	结构
1	初沉池	$V=42\ m^3$	3 座	钢砼
2	调节池	$V=675\ m^3$	1 座	钢砼
3	产酸发酵反应器	$D\times H=6\ m\times 5.2\ m$	3 座	钢制
4	复合厌氧反应器	$V=900\ m^3, H=10\ m$	2 座	钢制
5	交叉流好氧反应池	$V=375\ m^3, H=6\ m$	2 座	钢砼
6	沉淀池	$V=65\ m^3$	2 座	钢砼
7	砂滤罐	$V=15\ m^3, D=1.4\ m$	2 座	钢制
8	带式压滤机	$B=1.0\ m, N=1.5\ kW$	1 台	钢制

5. 运行效果

各高效处理构筑物分别启动后进行整套工艺的串联运行。表 6.15 总结了整套工艺系统对高浓度有机中药废水 COD 的去除率。

表 6.15　整套工艺系统对高浓度有机中药废水 COD 的去除率

流量/($m^{-3}\cdot d$)	调节池	产酸发酵反应罐		复合厌氧反应池		交叉流好氧+沉淀池		COD 总去除率/%
	出水 COD/($mg\cdot L^{-1}$)	出水 COD/($mg\cdot L^{-1}$)	去除率/%	出水 COD/($mg\cdot L^{-1}$)	去除率/%	出水 COD/($mg\cdot L^{-1}$)	去除率/%	
147.9	8 710	6 968	20	557.44	92	83.61	85	99.1
149.7	10 160	6 096	40	243.84	96	97.54	60	99.1
127.2	26 104	8 032	69.2	219.84	97.3	73.28	66.7	99.7
240	27 619	7 014	74.6	4 822	31.3	119.6	97.5	99.6
364	12 816	8 544	33.3	4 272	50	96.45	97.7	99.2
785	11 365	8 261.3	27.3	2 316.5	72	110.21	95.2	99.0

6. 厌氧生物降解途径分析

对药厂废水进行气液质—气质联用(GC—MS)分析，检出的有机物质见表 6.16。结合化学检测和有机物成分结构分析，综合认定废水中主要成分有：乙醇(约占废水总 COD 的 50%左右)、黄芩苷(约占废水总 COD 的 10%左右)、烃类(主要是长链饱和烃)、不饱和芳香族有机物，部分有机物中还含有少量 N、S 等元素，废水中部分有机物含有 Cl 原子，是与 GC 前处理液 CCl_4 发生取代反应而携带的，不属于原中药废水。

表 6.16　药厂废水的 GC－MS 分析结果

GC 所检出有机物分子式				
C_2H_6O	C_2H_7N	$C_3H_6O_2$	C_3H_9N	$C_3H_2ClN_3O_2$
C_6H_{14}	$C_6H_{10}Cl_2O_2$	$C_6H_{18}O_3Si_3$	$C_7H_{22}O_2Si_3$	$C_{14}H_{30}$
C_9H_6ClN	$C_{11}H_{12}O_4$	$C_7H_8O_2$	C_7H_8	$C_{13}H_{28}$
$C_3H_3Cl_3$	$C_6H_{13}Cl$	$C_7H_{12}O_2$	C_8H_{10}	C_8H_8
C_6H_6O	$C_5H_7Cl_3$	$C_6H_4Cl_6$	C_3H_2Cl4	$C_{14}H_{10}ClN$
$C_8H_{24}O_4Si_4$	C_5H_{10}	$C_{10}H_{16}$	$C_{10}H_{12}$	$C_{10}H_{30}O_5Si_5$
C_9H_{40}	$C_{15}H_{24}O$	$C_{13}H_{24}O4$	$C_{16}H_{34}$	$C_9H_{13}NO_2$
$C_{17}H_{36}$	$C_{28}H_{58}$	$C_{16}H_{22}O_4$	$C_{20}H_{30}O_4$	$C_2Cl_6S_2$

药厂废水中含有的大量长链大分子黄芩苷，具有高 COD、低生物降解性的特点，而且它还是发泡剂的一种，经过曝气甚至流动都会产生泡沫，曾在好氧曝气池单独运行时产生大量泡沫，严重影响污泥沉降性和出水水质。生产性试验中发现两相厌氧工艺可以有效降解该物质，经过厌氧发酵，它的影响几乎消失，因此对黄芩苷厌氧生物降解途径进行了探讨。

根据 GC－MS 具体的试验结果，认为黄芩苷在厌氧微生物作用下分解可能经历的过程为："脱糖—脱苯—开环—饱和化—拆链"等(图 6.9)。本试验进行到 47 h 以后就很少检测到芳香族化合物，说明此时大部分苯环已经打开，逐步被饱和化后进一步拆分为小分子饱和、不饱和酸、醇等物质。厌氧反应后期主要得到的是小分子氧化态物质，如醇、醛、酸、酯、烯烃及还原态饱和烷烃。

根据黄芩苷可能的降解途径和其长达 47 h 的降解时间，认定其降解的限速阶段在水解、酸化阶段。利用两相分离的厌氧消化技术，可以消除那些带有苯环、侧链及难降解的中间产物对产甲烷菌的影响，因此含有该污染物的中药废水适宜用两相厌氧工艺处理，同时应采用较长的停留时间彻底分解黄芩苷，消除其对好氧系统的影响。

6.3.5　高浓度硫酸盐废水处理工艺应用实例

1. 概述

成都某制药有限公司是 2003 年 5 月建成投产的中外合资企业，公司座落于四川成都彭州医药工业园区，占地面积近 500 000 m^2。主要生产经营品种有青霉素、头孢菌素、6－APA 医药中间体、7－ACA 与克拉维酸钾以及淀粉副产品、蛋白质饲料粉等产品。

现有的废水处理工艺是直接将废水混合后采用好氧生化处理(包括水解酸化加好氧生化处理)，存在处理设施容量不足、废水中一些影响生化处理效果的因素缺少有效的预处理控制措施等问题，已不能满足要求。尤其是 6－APA 生产过程产生的青霉素废酸水、洗滤布水以及 6－APA 结晶母液，其废水有机污染物浓度高、污染负荷量大，废水中含有大量的硫酸盐、氨氮以及菌丝体等物质。这些物质对废水生化处理的效果影响较

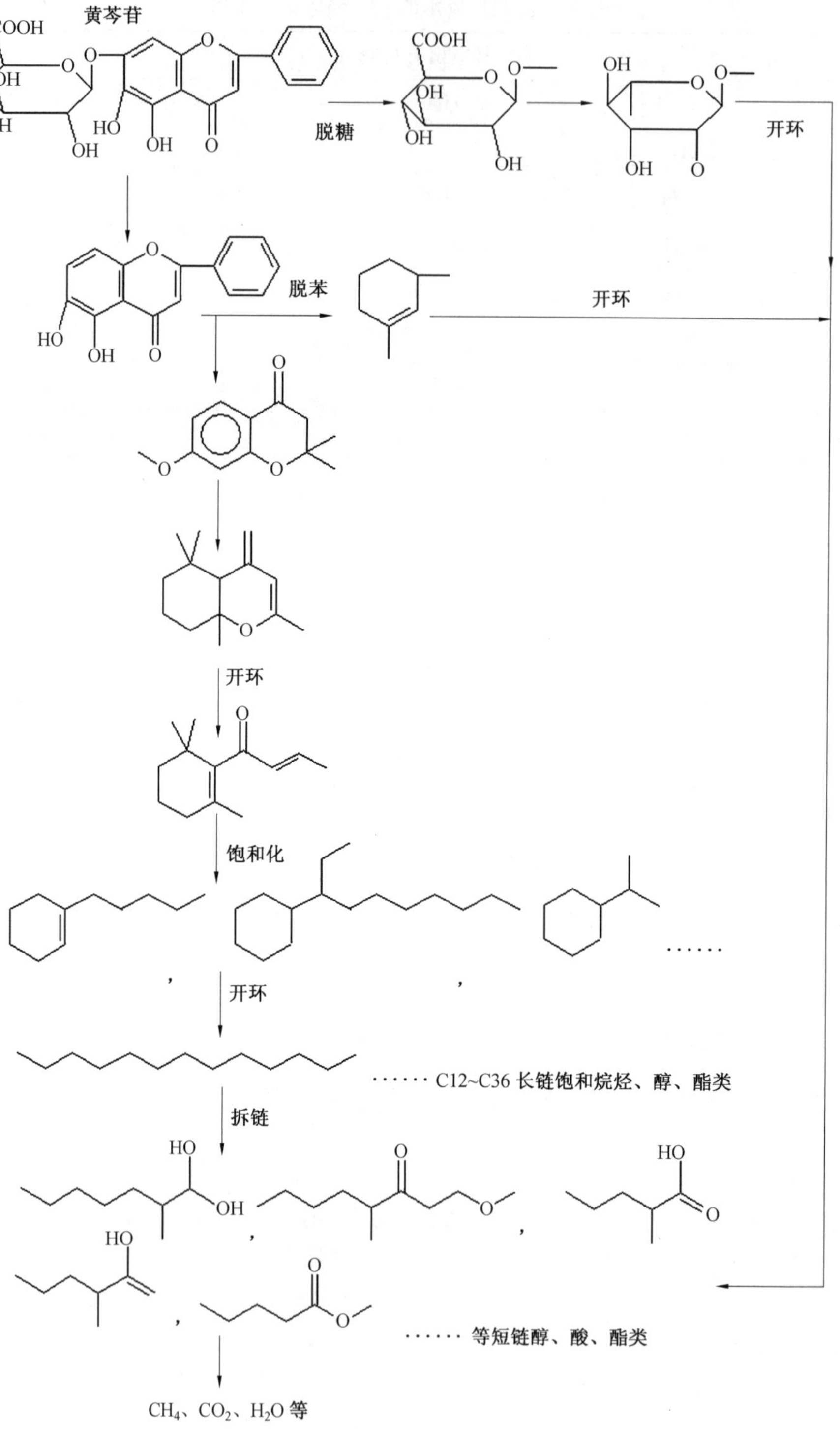

图 6.9　黄芩苷可能的降解途径

大，如不进行有效的预处理控制，废水难以实现达标排放。需要对废水处理系统进行改、扩建，提高废水处理系统的处理效率，实现废水的稳定达标排放。

2. 废水水质水量

当前该公司对各生产车间废水的水质分析监测资料显示，企业目前废水污染源种类主要分为高浓度青霉素生产废水、高浓度釜残液、洗滤布废水和其他综合生产废水 4 类，生产废水水质情况见表 6.17。

表 6.17　生产废水水质情况

序号	废水种类	排放量 /(m^3 · d)	COD_{cr} /(mg · L^{-1})	BOD_5 /(mg · L^{-1})	NH_3－N /(mg · L^{-1})	SS /(mg · L^{-1})	pH
1	青霉素废酸水	2 800	15 000	4 000	300～400	4 000	6.0
2	洗布水	2 174	8 000	4 500	＜100	—	—
3	真空系统排水	500	7 000	—	100～500	150	4～10
4	6－APA 母液	300	20 000	—	7 000	—	—
5	苯乙酸母液	20	—	—	—	—	—
6	含乙醇釜残液	6	—	—	—	—	—
7	7APA 发酵	100	5 000	—	50	4 000	6～7
8	7APA 提炼	3 000	10 000	—	300	150	2～13
9	棒酸发酵	50	5 000	—	50	4 000	6～7
	棒酸提炼	300	10 000	—	200	150	4～12
10	酶车间	50	5 000	—	50	4 000	6～7
11	淀粉车间	50	5 000	—	50	4 000	4～6
12	配料车间	100	5 000	—	50	4 000	6～7
13	动力系统排水	2 800	15 000	—	—	—	—
合计		9 450	10 926	—	434	1 805	5～7

(1)高浓度有机废水。

废水主要来自青霉素提取过程中产生的废酸水，其水有机物含量很高，COD_{Cr}约为 18 000 mg/L，有机污染物浓度高、污染负荷量大，其中含有大量的硫酸盐，废水的 pH 约为 5.0。

(2)洗滤布废水。

废水主要来自青霉素发酵和过滤过程产生的废液，废水 COD_{Cr}约为 8 000 mg/L，废水中含有大量抗生素菌丝体。

(3)高浓度有机釜残液。

废水主要来自 6－APA 母液、苯乙酸母液和含乙醇釜残液，废水中有机物含量很高，COD_{Cr}约为 50 000 mg/L，氨氮浓度约为 7 000 mg/L，废水的 pH 约为 5.0。

(4)其他废水。

主要来自7APA、克拉维酸生产过程和淀粉车间产生的有机废水以及厂区循环水系统产生的排污。

根据当前企业废水水质监测情况资料，污水处理站的设计废水水量为9 450 m^3/d。污水处理站出水指标达到要求为COD≤500 mg/L，SS≤70 mg/L，pH为6～9。

3. 工艺流程的确定

分析废水的水质特点，拟对不同废水首先采用不同的预处理，然后进行生化处理。青霉素废酸水先进行加石灰和絮凝沉淀预处理；洗滤布水直接沉淀预处理；6－APA结晶母液、苯乙酸母液和含乙醇等釜残液进行结晶母液蒸氨和四效蒸发预处理。经预处理后的青霉素废酸水、洗滤布水采用厌氧颗粒污泥复合填料床(UASB＋AF)反应器处理，出水与四效蒸发冷凝水等其他废水混合进水解酸化－CASS－生物接触氧化处理工艺方案，方案具有如下特点。

(1)6－APA结晶母液先进行蒸氨处理，其出水再与苯乙酸母液和含乙醇等釜残液混合后进四效蒸发预处理，青霉素废酸水加石灰和进行絮凝沉淀预处理；洗滤布水直接进行沉淀预处理；以脱出废水中的氨氮，改善废水的可生化性。

(2)经中和沉淀预处理后的青霉素废酸水、沉淀洗滤布水，先进行厌氧消化处理。处理装置采用高效厌氧颗粒污泥复合填料床(UASB＋AF)反应器，这种装置与传统的UASB反应器相比，具有气、固、液分离效率高，生物量富集能力强，布水均匀，处理负荷高，运行稳定且易于操作控制等优点。

(3)厌氧消化处理后的废水与四效蒸发冷凝水、厂区其他生产废水综合污水混合，再进行水解酸化、好氧生化处理。好氧生化处理装置采用CASS池系统、生物接触氧化工艺，CASS池系统装置集废水污染物的生物降解、沉淀功能于一体，省去二沉池，减少了工程投资，降低运行费用。CASS池中的生物选择器及活性污泥的回流作用，可创造合适的微生物生长条件并选择出絮凝性细菌，有效地抑制丝状菌的大量繁殖，改善沉降性能，防止污泥膨胀；工艺稳定性高，耐冲击负荷，并有较好的除水脱氮、除磷效果。

(4)生物接触氧化这种废水处理装置的特点是：有机污染物去除负荷高、耐废水污染负荷冲击性好、处理效果稳定，不产生活性污泥膨胀问题，运行操作控制方便。

(5)这种废水处理工艺运行可靠、操作及管理方便、处理效果好、耐冲击负荷、稳定性高，污泥产生量少，运行费用相对低。

(6)自动化程度高，管理方便，减轻工人劳动强度。通过采用液位及自控装置，使工艺全过程实现自动化。

4. 主要处理单元及处理效率

主要处理构(建)筑物见表6.18。处理单元的污染物去除率见表6.19。

表6.18　主要处理构(建)筑物

序号	构(建)筑名称	工艺尺寸/m	单位	数量	结构
1	平流沉淀池	26.0 m×4.0 m×7.5 m	座	2	钢砼

续表

序号	构(建)筑名称	工艺尺寸/m	单位	数量	结构
2	UASB	ϕ12.0 m×14.0 m	座	4	钢砼
3	UASB 调节池	5.7 m×9.0 m×4.0 m	座	2	钢砼
4	UASB 沉淀池	5.7 m×5.55 m×4.0 m	座	2	钢砼
5	格栅井	11.6 m×3.2 m×4.5 m	座	1	钢砼
6	一号集水井	10.6 m×6.5 m×6.0 m	座	1	钢砼
7	一级提升泵站	15.0 m×6.5 m×9.5 m	座	1	砖混
8	调节池	40.6 m×38.0 m×5.1 m	座	1	钢砼
9	二级提升泵站	9.6 m×6.5 m×7.8 m	座	1	砖混
10	水解酸化池	49.45 m×30.35 m×5 m	座	1	钢砼
11	二号集水井	9.3 m×6.3 m×2.2 m	座	1	钢砼
12	三级提升泵站	9.3 m×6.3 m×4.8 m	座	1	砖混
13	絮凝沉淀池	12.3 m×9.1 m×8.4 m	座	4	钢砼
14	配水井	ϕ4.8 m×3.5 m	座	2	钢砼
15	CASS 池	51.6 m×22.8 m×6.05 m	座	8	钢砼
16	中间水池	40.0 m×25.0 m×4.5 m	座	1	钢砼
17	接触氧化池	50.0 m×24.0 m×5.5 m	座	1	钢砼
18	气浮间	12.0 m×12.0 m×6.0 m	座	1	棚架
19	污泥浓缩池	15.3 m×15.3 m×4.5 m	座	2	钢砼
20	污泥提升泵站	12.6 m×6.3 m×9.0 m	座	1	砖混
21	加药间	18.0 m×9.0 m×6.0 m	座	1	砖混
22	污泥脱水机房	18.0 m×18.0 m×6.0 m	座	2	砖混
23	鼓风机房	36.0 m×12.0 m×9.4 m	座	2	钢构
24	变配电房	18.6 m×12.4 m×5.2 m	座	2	钢构

表 6.19　处理单元的污染物去除率

序号	处理单元	水量/($m^3\cdot d^{-1}$)	COD_{Cr}		BOD_5		SS	
			进料浓度/($mg\cdot L^{-1}$)	去除率/%	进料浓度/($mg\cdot L^{-1}$)	去除率/%	进料浓度/($mg\cdot L^{-1}$)	去除率/%
1	四效蒸发	900	100 000	97	—	—	—	—
2	厌氧系统	2 000	18 000	50	—	—	—	—

续表

序号	处理单元	水量/($m^3 \cdot d^{-1}$)	COD_{Cr}		BOD_5		SS	
			进料浓度/($mg \cdot L^{-1}$)	去除率/%	进料浓度/($mg \cdot L^{-1}$)	去除率/%	进料浓度/($mg \cdot L^{-1}$)	去除率/%
3	调节池	9 500	5 000	—	3750	—	400	25
4	酸化水解池	9 500	5 000	25	3 750	25	400	—
5	CASS池＋接触氧化池	9 500	3 750	92	2 815	98.2	—	—
6	气浮池	9 500	300	7	50	—	300	80
7	出水	9 500	280	—	50	—	60	—

6.4 物化一生化组合工艺及应用

6.4.1 工艺原理

在高浓度有机废水中，特别是含有有毒有害与难降解的有机工业废水，必须采用有效的预处理措施，去除或部分去除这些有毒有害物质，以满足生物处理的工艺要求。

对于含有高浓度难降解的有机废水，采用物化预处理手段，往往是十分有效地，它既可降低或去除部分有毒有害的有机物质，改善其生物降解性，又为后续处理创造条件。例如，染料工业废水、农药废水、制药废水、焦化废水等，这些废水除了含有超高浓度有机物外，还含有很强的酸碱物质、很高盐度和很深的色度，在进入生物处理系统之前，必须采取预处理措施。物化一生化组合工艺如图 6.10 所示。

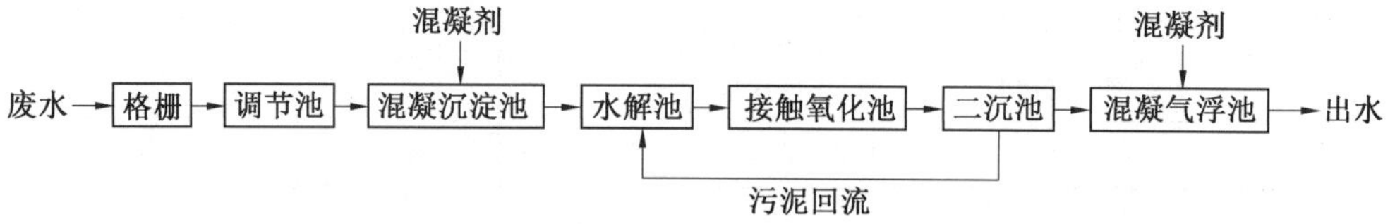

图 6.10　物化一生化组合工艺

采用何种预处理技术与措施，应针对不同类型的废水，根据不同的处理目标，选择相关的预处理技术。对于含有可利用资源的高浓度有机废水的预处理，应采取实施废水中有用资源回收技术，如溶剂萃取法、膜分离技术等。对于无资源回收价值、不能直接用生物法处理的高浓度有机废水，应选择适宜的物化处理工艺进行预处理。已实施资源回收的废水，其残液尚不能达到进入生物处理设施的许可浓度时，多数采用预处理措施。

目前，国内外针对高浓度难降解有机废水，研究和应用物化处理技术，重点是化学处理技术，包括化学氧化、湿式催化氧化、光催化氧化等。

随着化学合成产品种类的日益增多，更难处理的有机工业废水的种类不断增加，为了应对这一难题，目前国内外正在进行某些更新的物化处理的研究和开发，如超临界水处理技术、高能电子束处理技术、等离子超高温热解处理技术以及某些特殊的电化学处理技术等，这些高新技术是废水处理更深层的研究和发展。

6.4.2　工艺研究现状

Keller 用絮凝沉淀法对 Kroste 糖蜜酒精厂进行预处理，絮凝剂最佳用量为 1.6～2.4 mg/L，COD 和 BOD 的去除率为 35％和 40％；Veronica 介绍硫酸碱聚铁对高浓度有机废水有较好的脱色作用，脱色率可以达到 80％以上。

有机絮凝剂有聚丙烯酰胺(PAM)、羧甲基纤维素、聚丙烯酸钠、壳聚糖等。壳聚糖作为絮凝剂已经在许多废水处理领域中得到应用，如渔业废水处理、印染废水处理以及络合吸附重金属离子等。壳聚糖是甲壳素通过 β 糖氢键连接而成的一种线性高分子多糖的脱乙酰基产物，因其无毒无害，且不造成二次污染，适合对高浓度有机废水进行资源化利用。

在实际水处理工程中，一般是有机絮凝剂和无机絮凝剂混合使用，尤其对于高浓度有机废水，其絮凝效果优于单独使用有机絮凝剂或无机絮凝剂。

柴晓利等介绍了内电解混凝、厌氧、好氧处理工艺处理医药及其中间体生产废水，处理后 COD、NH_4^+-N、S^{2-}、苯胺的去除率分别为 99.1％、45.2％、90.6％、94.0％。蔡固平等介绍了一种新型内电解铁屑过滤塔在印染废水工业化规模处理中的应用，在弱酸性条件下，该类型铁屑过滤塔色度去除率高达 90％，废水可生化性提高 30％。范伟平利用微电解－白腐菌生物降解－絮凝沉降系统处理活性染料生产综合废水，COD 去除率达 90％以上，色度由 12 800 倍降低到 80 倍，出水清亮。一般认为，铁屑填料在废水中形成微小原电池产生内电解作用，电极反应产物是 Fe^{2+}、[H]、H_2 和 OH^-，具有较高的化学活性，通过电富集和氧化还原反应破坏染料不饱和发色结构。H^+ 参与电极反应，且在电场作用下 H^+ 移动速度快于 OH^-，显然低 pH 有利于电化学反应的发生。在碱性条件下，吸附于铁屑填料表面的 OH^- 因其电荷作用，影响了染料阴离子向填料界面的扩散转移。同时，随着溶液中 Fe^{2+} 逐渐增加，当 Fe^{2+} 与 OH^- 浓度乘积超过其溶度积时，会有 $Fe(OH)_2$ 形成，堆积填料表面，影响表面电化学反应的正常进行。而在中性条件下，离子浓度低，溶液电导率较小，不利于电化学反应的进行。

付永胜根据印染废水的特点，提出了水解酸化－UASB－SBR 组合工艺的处理方法。该法的实际应用表明，废水 COD 可由 2 500～4 500 mg/L 降低至 80～150 mg/L，BOD_5 可由 600～1 000 mg/L 降低至 30～40 mg/L，色度可由 100～600 倍降低至 50～60 倍。买文宁采用气浮提取蛋白－UASB&SBR 工艺处理淀粉废水，工程运行表明在进水 SS、COD、BOD_5 分别为 6 862 mg/L、14 467 mg/L、8 672 mg/L 的条件下，出水 SS、COD、BOD_5 分别为 86 mg/L、127 mg/L、22.5 mg/L，处理水质稳定达到《污水综合排放标准》(GB 8978—1996)二级标准，同时在处理过程中能够制取蛋白质饲料和沼气。

岑超平处理木薯淀粉黄浆水时，首先利用石灰乳进行中和反应，再用进口高分子絮凝剂 N－OP、650BC、AN 进行絮凝，结果表明有很好的净化效果，COD 去除率为 60.0%～99.3%，总固形物去除率为 45.0%～66.8%。李媚等采用聚铁（PFS）混凝法，在选定条件下处理某淀粉厂废水，处理后废水 COD 去除率达 88%以上。杨丽娟等用石灰、PAM、活性炭等化学方法进行试验研究并将结果应用于某淀粉厂。莫日根等对高浓度的有机淀粉废水，通过采用物化絮凝和吸附柱吸附等措施后，废水 COD 去除率为 54%～65%

买文宁等采用气浮提取蛋白－UASB－SBR 工艺处理淀粉废水，在进水 SS、COD_{Cr}、BOD_5 分别为 6 862 mg/L、14 467 mg/L、8 672 mg/L 的条件下，出水 SS、COD_{Cr}、BOD_5 分别为 86 mg/L、127 mg/L、22.5 mg/L。张之丹等采用厌氧－好氧－气浮工艺处理山东某淀粉厂废水，COD 和 SS 的平均去除率分别为 99.5%和 99.2%。皇甫浩等用 UASB 反应器处理淀粉废水，厌氧出水经曝气氧化塘处理，再经混凝沉淀后，COD 可降低到 100 mg/L以下，SS 可降低到 80 mg/L 以下。

6.4.3 印染废水物化－生化处理工艺应用实例

1. 概况

作为我国的经济十强市之一的浙江省绍兴市，纺织与印染行业的产值占全市工业总产值的 2/3 左右，成为我国最大的轻纺贸易市场。同时，绍兴市已成为中国印染废水排放量最大、最为集中的区域。绍兴水处理发展有限公司（绍兴污水处理厂）是由市、县两级政府出资合建的区域性污水处理厂，是目前国内规模最大的综合污水处理厂，也是迄今为止世界上最具规模的印染废水集中治理企业。设计处理规模为 100 万 t/d，占地 2 000 余亩（1 亩≈667 m^2），服务区域超过 300 km^2。作为目前国内最大的工业性污水处理厂，主要有一、二期工程两大污水处理系统，其处理能力为 70 万 t/d。一期工程采用传统的“厌氧－好氧－混凝”工艺，设计处理规模为 30 万 t/d，于 2001 年 6 月建成投产；二期工程采用意大利引进的延时曝气工艺，设计处理规模为 30 万 t/d，于 2003 年 12 月建成投产。从 2005 年 12 月开始，先后对一、二期工程进行了工艺技术改造，增强预处理工艺，使污水处理能力由原来的 60 万 t/d 提升至 70 万 t/d。同时，污水处理厂还已启动了三期工程的规划建设工作，设计规模为 20 万 t/d，使得污水处理能力进一步提高，以满足经济社会的发展需要。

由于污水组成以印染废水为主，经专家论证、环保管理部门同意，处理后的出水水质执行《纺织染整工业污染物排放标准》（GB 4287—92）中规定的二级排放标准进行控制，N、P 等指标按《污水综合排放标准》（GB 8976—1996）控制。绍兴污水厂处理后出水水质执行标准见表 6.20。

表 6.20　绍兴污水厂处理后出水水质执行标准

项目	COD_{cr} /(mg·L^{-1})	BOD_5 /(mg·L^{-1})	pH	SS /(mg·L^{-1})	色度/倍	NH_3－N	TP /(mg·L^{-1})
进水	1 000～2 000	400～800	10～11	200～300	100～500	30	3
出水标准	≤180	≤40	6～9	100	≤80	25	1
备注	纺织染整工业水污染物排放标准(GB 4287—2012)					《污水综合排放标准》(GB 8976—1996)	

2. 废水的组成及特征

绍兴污水厂的废水是混合印染废水，该废水中的污染物种类繁多，极为复杂，主要来自纤维材料和印染加工过程中的染料和化学药剂。具体印染废水的水质与生产原料、生产辅料、产品种类、生产工艺等因素有关。印染加工的工序较多，流程较长，不同工序排放的废水水质与水量也有很大的差别。如涤纶仿真丝碱减量印染工艺流程主要工序有：碱减量、中和、印染、漂洗、脱水、烘干、定型等。

印染加工过程中所消耗的绝大部分浆料、助剂、油料进入废水，还有大量的酸、碱和无机盐，染色加工过程中有 10%～20%的染料进入废水。染料结构中硝基和胺基化合物及铜、铬、锌、砷等重金属元素具有较大的生物毒性。纤维成分、染料、浆料和各类印染助剂是印染废水中的主要有机污染物。

废水存在以下特征：①成分十分复杂，污染因子多。含有印染、酿酒、食品工业、化工、制药、皮革等高浓度工业废水。从污水构成来看，工业废水占 80%以上，而印染废水占工业废水量的 90%以上。②有机物浓度较高。进水 COD 在 1 500 mg/L 左右，存在大量难生物降解物质，处理难度较大。③水量波动大。由于工业废水排放受生产淡、旺季影响，其整体水量波动幅度较大，高低水量差达到 1∶10，工艺控制难度非常大。④pH 高。进水 pH 为 10～11，这为厌氧系统稳定运行带来了一定难度。

3. 一期处理工艺流程及存在问题

(1)一期处理工艺流程。

一期工程工艺为“预处理＋厌氧＋好氧＋混凝沉淀”，产生的污泥采用“重力浓缩＋机械脱水＋卫生填埋”，设计总停留时间为 41 h，实际运行的总停留时间约为 56 h。其工艺流程如图 6.11 所示，构筑物及参数见表 6.21。

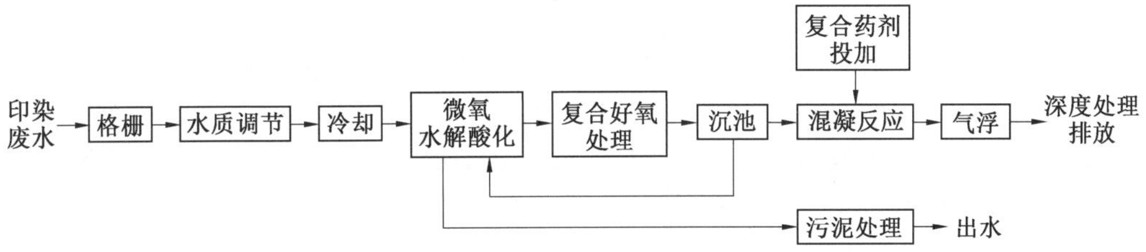

图 6.11　一期处理工艺流程

表 6.21　构筑物及参数

序号	构筑物名称	数量	规格	设计参数	运行参数
1	调节池	3	26 m×22 m×4.5 m	HRT=4.6 h	HRT=6.3 h
2	厌氧池	6	124 m×48 m×7.5 m	HRT=11.7 h	HRT=16.0 h
3	中沉池	4	ϕ50 m×4.8 m	HRT=2.6 h	HRT=3.5 h
4	曝气池	6	152 m×54 m×8.8 m	HRT=14.5 h	HRT=19.8 h
5	二沉池	8	ϕ48 m×4.3 m	HRT=4.6 h	HRT=6.3 h
6	凝聚沉淀池	6	ϕ45 m×4.4 m	HRT=3 h	HRT=4.1 h

预处理系统包括 1 座稳流池、3 座调节池和相配套的进水提升泵房，调节池以调节水量为主，同时起到水质均匀的作用。生化系统：厌氧处理包括采用水流上下翻转的推流式厌氧水解池 3 座，中间沉淀池 4 座和污泥回流泵房；好氧处理包括采用传统活性污泥法推流式好氧曝气池 6 座，二沉池 8 座和鼓风机房以及污泥回流泵房。物化处理包括凝聚沉淀池 6 座及配套的加药间、贮药池等。污泥处理包括浓缩池 2 座、贮泥池 1 座、3 m 宽带压滤机 6 台及容量为 10 万 m^3 的污泥堆积场。

(2)存在问题。

①生化工艺难达标。一期和二期工程的生化处理工艺出水均不能达到排放标准，需后续物化处理工艺。但是，投药量大，运行操作成本高。②排放标准升级。为进一步改善区域生态环境并实现国家“十一五”规划的节能减排任务，该市政府于 2008 年 4 月 9 日明确提出“进管达标、处理提标”的措施，要求各排污企业将排入污水处理厂的污水 COD 严格控制在 1 000 mg/L 以下，且要求污水处理厂出水水质 COD 排放标准由原来的 180 mg/L升级为 100 mg/L。

鉴于上述问题，2009 年 2 月确定由哈尔滨工业大学负责一期废水处理工程的改造和调试。

4. 改造后工艺流程

根据现有废水处理工程的条件和运行效果，提出改造后工艺流程，如图 6.12 所示，并于 2009 年进行了中试研究。

5. 中试研究结果

首先对一期工程厌氧段改造进行中试验研究，方案采用厌氧折流板式反应器形式。中试设计规模为 36 m^3/d，进水水质指标见表 6.22。中试试验装置和流程如图 6.13 所示。厌氧中试装置总容积为 18 m^3，采用 6 个格室，启动时控制进水浓度不变，逐渐增加水力负荷，进水 pH 为 8.5～9.5(不调节 pH)，温度为 20～40 ℃(不加温)。好氧中试装置总容积为 10 m^3，COD 负荷大于 0.2 kg/(m^3 · d)；污泥负荷为 0.3～0.4 kg COD/(kg MLSS · d)；HRT 为 15 h。

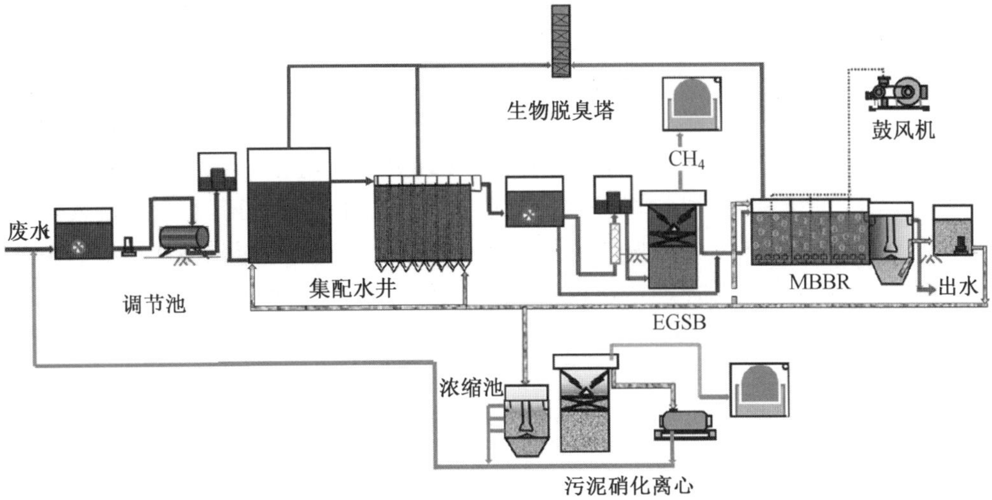

图 6.12　改造后工艺流程

表 6.22　中试研究进水水质指标

项目	COD	BOD_5	VFA	SO_4^{2-}	SS	TN	NH_3-N	TP	pH	色度
进水	700～1 200	400～600	2.5～4.0	800～1 500	200～500	40～50	30～40	2.5～3.0	7～9.5	200～400
进水平均值	1 000	550	3.26	1 100	300	45	35	2.8	8.8	300

注：VFA 单位为 mmol/L。

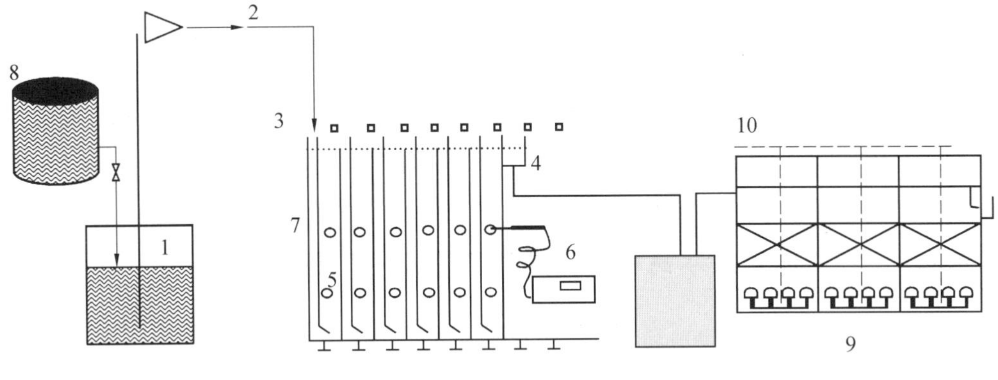

图 6.13　中试试验装置和流程

根据工艺的运行结果分析认为 ABR 的运行参数如下：启动时 HRT 控制在 30～60 h，稳定运行时 HRT 控制在 11～12 h；启动时 pH 为 7～8，稳定运行时 pH 为 7～9.5；启动时 MLSS 为 45 g/L，稳定运行时 MLSS 为 35～50 g/L；启动时 MLVSS 为 30 g/L，稳定运行时 MLVSS 变化范围为 20～35 g/L；启动容积负荷采用 2.0～6.0 kg COD/(m^3 · d)，稳定运行时容积负荷控制在 6.0～12.0 kg COD/(m^3 · d)；启动污泥负荷应控制在

0.1 kg COD/(kg MLVSS · d)左右，稳定运行时为0.2～0.5 kg COD/(kg MLVSS · d)；试验过程中，ORP应为－400～－500 mV，碱度为600～1 200 mg/L，温度为30～40 ℃。

采用GC－MS和LC－MS研究结果表明(表6.23)，厌氧进水中均含大量的高级烷烃、酰胺类、有机酸、酮类、酚类和酯类，ABR对其降解效果则很好，出水中这些物质含量很低。经过ABR后，物质化学结构基本都发生了较大的变化，许多大分子物质转化为小分子物质，如环烷烃、喹啉类、酚类等在厌氧进水前后分子量都不同，有利于后续好氧工艺的进一步降解。ABR对高级烷烃这类对产甲烷菌等厌氧菌有很强毒性物质的高效降解率，说明ABR内厌氧污泥的活性很高。ABR对色酚AS－E、偶氮染料酸性橙、直接蓝、蒽醌类－酸性蓝有较好的去除效果，但对偶氮类－苏丹红1号没有去除作用。总的来说，ABR对染料分子具有较大的去除作用。

表6.23 几种典型特征污染物的变化情况

项目	偶氮类－酸性橙 $M_w=451.38$	直接蓝106# $M_w=741.5$	蒽醌类－酸性蓝 $M_w=416.39$	偶氮类－苏丹红1号 $M_w=289.29$	色酚－AS－E $M_w=297.7$
原水(响应信号MH)	1 305 117	2 287 601	365 545	1 349 479	1 000 846
厌氧进水(响应信号MH)	1 435 983	734 914	585 646	373 597	460 969
厌氧出水(响应信号MH)	1 105 858	668 620	未检出	543 107	未检出

好氧中试试验结果表明，当HRT＝17 h时，好氧中试进水COD变化范围为523～776 mg/L，平均值为637 mg/L，好氧中试出水COD变化范围为66～112 mg/L，平均值为93 mg/L，好氧中试COD去除率变化范围为80%～94%，平均值为86%。当HRT提高到14 h时，好氧中试出水COD一直大于100 mg/L。所以，好氧中试最佳HRT为17 h。进水BOD多在400～500 mg/L之间，出水BOD小于15 mg/L，BOD去除率大于96%，BOD小于15 mg/L，工艺参数范围为：HRT＝17 h，pH＝7.5～8.5，MLSS为2 000～5 000 mg/L，MLVSS/MLSS大于0.55，温度在20～35 ℃之间变化，污泥负荷变化范围为0.1～0.4 kg COD/(kg MLSS · d)，容积负荷变化范围为0.5～0.8 kg COD/(m^3 · d)。

6.4.4 纺织印染废水高级氧化处理工艺应用实例

1.废水特性分析

研究表明，采用高级氧化法处理纺织工业废水可使COD、BOD_5、SS和浊度大为减少，出水不仅符合排放标准，还能达到循环回用水标准。因此高级氧化处理技术在纺织废水处理水的回用研究中具有一定的价值。

纺织废水特性变动的范围很大，分析结果表明，纺织废水COD值高，BOD_5的值不一定高，取决于被加工的纤维性质。混合废水的盐度不高，因此为了完全使这种废水循环，其中的污染物应当矿化或被去除，以达到可回用的纺织用水水质标准。表6.24为3个选取的印染厂纺织废水特性分析结果。

表 6.24　3 个选取的印染厂纺织废水特性分析结果

水质参数	洗涤废水	退浆废水	混合废水	回用水标准
pH	12.1	5.1～10.4	6.8～10.1	NA
COD/($mg\cdot L^{-1}$)	1 835	10 280～58 040	860～8 280	<10
BOD_5/($mg\cdot L^{-1}$)	358	4 203～5 351	172～3 272	NA
TOC/($mg\cdot L^{-1}$)	608.1	3 538～27 980	382.2～3 348	NA
TSS/($mg\cdot L^{-1}$)	99	418～9 180	56～464	0
油脂/($mg\cdot L^{-1}$)	NA	34～337.8	67.9	NA
硅酸盐/($mg\cdot L^{-1}$)	NA	173.5～2 484	244～10 036.8	NA
硬度/($mg\cdot L^{-1}$)	NA	NA	NA	<10
碱度/($mg\cdot L^{-1}$)	NA	NA	NA	<50
Fe/($mg\cdot L^{-1}$)	NA	NA	NA	<0.1
TDS/($mg\cdot L^{-1}$)	NA	NA	NA	<50
电导率/($\mu\Omega\cdot cm^{-1}$)	NA	NA	NA	<100
浊度/NTU	NA	NA	NA	<1

注：NA 为无分析数据或未有规定。

2. 纺织工业废水化学与生物综合处理技术

1997 年，Lin 和 Chen 在关于纺织废水二级处理水臭氧氧化和离子交换联合处理的研究中，进行了处理水和水的回用标准的对比。所有相关参数（色度、硬度、电导率、悬浮固体和 COD）都达到回用水标准甚至优于实验室中使有的脱离子水。1999 年，Rozzi 等进行了膜处理工艺（微滤、纳滤和反渗透）用于纺织废水二级处理出水的研究，其研究结果证明，不仅处理后的二级出水符合回用标准，而且这一处理的附加费用也是可行的。

普通处理方法如吸附、混凝或絮凝，仅可将污染物从一个相（液相）转移到另一个相（固相），这将产生二次污染问题。将污染物降解或矿化则是一种更令人满意的除污染处理方法，如采用联用处理系统便可达到这一目的。表 6.25 中列出了这些联用处理系统中各单元过程的降解剂、选择性、用途和相对的费用，根据所述的所有特性，推荐了图 6.14所示的处理系统。

表 6.25　水质改善的处理工艺

处理工艺	降解剂	选择性	用途	相对费用
高级氧化	羟基自由基	无选择性	低浓度难生物降解的废水	高
强化生物处理	微生物	选择性（仅能去除可降解的污染物）	可生物降解的有机污染物	低

续表6.25

处理工艺	降解剂	选择性	用途	相对费用
膜过滤	—	截流大分子污染物	分成两级水流:渗透液和浓缩液	中
湿法空气氧化	在高温高压下氧化	无选择性	高浓缩废液	中～高

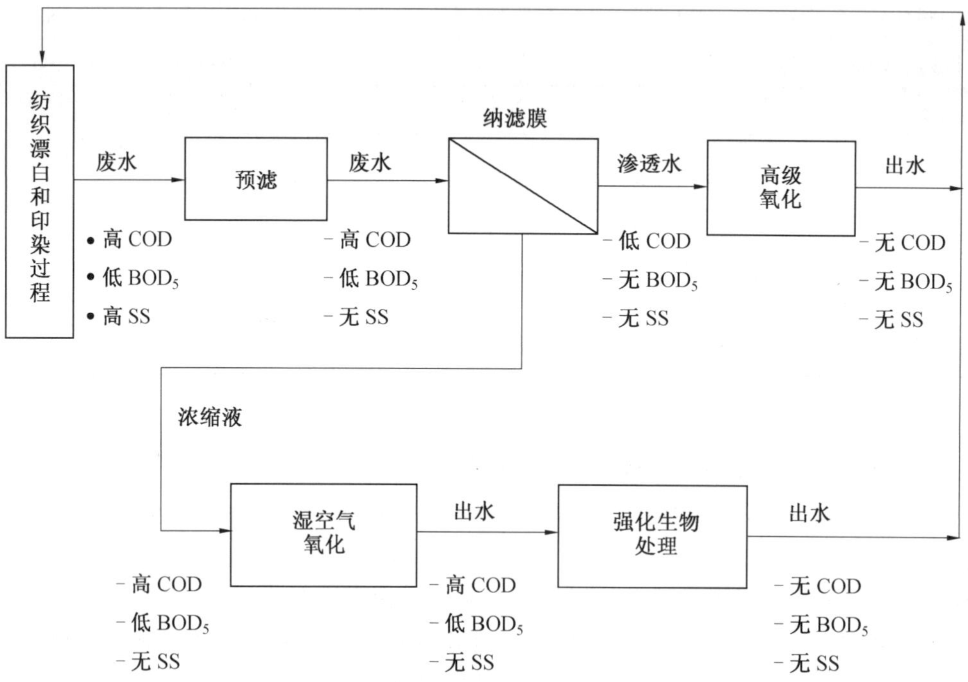

图 6.14　优化的综合处理系统

在该处理系统中,纺织废水首先用膜分离系统(MNF)处理,膜采用纳滤膜,由此产生了流量大、水质高的渗透水和流量较小的浓缩液。采用膜的预滤技术来去除悬浮固体(SS)以避免纳滤膜被 SS 形成污垢而阻塞,这样可延长其使用寿命。纳滤膜的渗透水 COD、色度和盐度很低,在纳滤工艺后附加高级氧化处理使其出水达到回用水标准,并可以循环回用。可采用的高级氧化方案如 UV/H_2O_2、UV/O_3或 $UV/H_2O_2/O_3$。

纳滤膜的浓缩液 COD 高,而 BOD_5 较低,对它进行湿法空气氧化(WAO)以降解部分难降解污染物,增加其可生物降解性(BOD_5/COD)。WAO 最适于处理高浓度的难降解污染物,它们在液相、高温高压下被溶解氧降解。

在 WAO 处理废水中含有可生物降解中间产物,可随后采用强化生物处理(IBT)。在其中装有固定化的驯化菌种,以提高污染物的降解率。强化生物处理装置由厌氧一好氧处理步骤组成。应用强化生物处理的优点是,减少反应器尺寸(在空间有限的场合尤为重要)，此外处理时间有所缩短，污泥产量也有所减少。厌氧处理阶段产生的生物气(主要是甲烷)可用来加热。除 CO_2 和 H_2O 以外的中间产物(污染化合物)的浓度、盐度、温度、pH 和生物毒性都是 IBT 的重要参数。

本章参考文献

[1] 任南琪，王爱杰. 厌氧生物技术原理与应用[M]. 北京：化学工业出版社，2004.

[2] 沈耀良，王宝贞. 水解酸化工艺及其应用研究[J]. 哈尔滨建筑大学学报，1999，32(6)：35-38.

[3] 任南琪，王爱杰，马放. 产酸发酵微生物生理生态学[M]. 北京：科学出版社，2005.

[4] 王海涛. 高浓度难降解有机废水的间歇水解－好氧循环生物处理技术研究[D]. 厦门：厦门大学，2007.

[5] 陶有胜. 水解酸化－生物接触氧化工艺处理啤酒废水工程实例[J]. 环境工程，1998，16(4)：20-22.

[6] 张小洪，漆玉邦. 水解酸化法处理龙须草制浆废水的条件研究[J]. 四川农业大学学报，2002，20(2)：131-133.

[7] 曾科，买文宁，高健磊，等. 生物水解在浆粕黑液处理工程中的应用[J]. 工业水处理，2002，22(6)：52-54.

[8] 马乐凡，李晓林，方跃泉. 水解酸化－活性污泥法处理制浆中段废水[J]. 中华纸业，2001，22(5)：51-52.

[9] 侍广良，马华年. 悬浮、附着厌氧－好氧生物处理新工艺的研究与应用[J]. 中国给水排水，2003，12(3)：4-7.

[10] 祁佩时，李欣，程树辉. 水解－混凝－复合生物滤池工艺处理印染废水的工程应用[J]. 给水排水，2003，29(3)：44-47.

[11] 刘建广. 水解－气浮－曝气生物滤池工艺在印染废水处理中的应用[J]. 工业给排水，2001，27(2)：43-45.

[12] 李清泉，柴社立，蔡晶，等. 两段水解－接触氧化工艺处理高浓度玉米淀粉废水的试验[J]. 中国环保产业，2001，6：40-41.

[13] 卓奋，张平，庄永强，等. 水解酸化－序批式活性污泥法在处理屠宰废水工程中的应用[J]. 环境工程，1998，16(5)：7-9.

[14] 李武. 水解－好氧生物处理工艺在制药废水处理上的应用[J]. 环境工程，1997，15(4)：7-8.

[15] INCE O. Performance of a two-phase anaerobic digestion system when treating dairywastewater[J]. Water research，1998，32(9)：2707-2713.

[16] 古杏红，耿书良，李峰. 厌氧水解－生物接触氧化法处理苯胺类化工废水[J]. 给水排水，2002，28(1)：69-70.

[17] 钱易，文一波，张辉明. 焦化废水中难降解有机物去除的研究[J]. 环境科学研究，

1992,5(5):1-9.
[18] NG W J, HU J Y, ONG S L, et al. Effect of acidogenic stage on aerobic toxic organic removal[J]. Journal of environmental engineering, 1999, 125(6): 495-500.
[19] IŞK M, SPONZA D T. Biological treatment of acid dyeing wastewater using a sequential anaerobic/aerobic reactor system[J]. Enzyme and microbial technology, 2006, 38(7): 887-892.
[20] 杨俊仕,李旭东,李毅军,等.水解酸化—AB生物法处理抗生素废水的试验研究[J].重庆环境科学,2000,22(6):50-53.
[21] 余宗莲,田由芸.厌氧—好氧序列间歇式反应器处理生物制药废水的研究[J].环境科学研究,1998,11(1):49-52.
[22] OKTEM Y A, INCE O, DONNELLY T, et al. Determination of optimum operating conditions of an acidification reactor treating a chemical synthesis-based pharmaceutical wastewater[J]. Process biochemistry, 2006, 41(11): 2258-2263.
[23] YEOH B G. Two-phase anaerobic treatment of cane-molasses alcohol stillage[J]. Water science and technology, 1997, 36(6/7): 441-448.
[24] 胡锋平.常温两相厌氧法处理养鸡场离心废水[J].华东交通大学学报,2000,17(2):51-54.
[25] 孙剑辉,倪利晓.UBF与UASB两相厌氧系统处理Zn5-ASA医药废水的研究[J].环境科学研究,2001,14(2):30-32.
[26] REIS M, GONÇALVES L, CARRONDO M. Sulphate removal in acidogenic phase anaerobic digestion [J]. Environ Techno Lett, 1988, 9: 75-84.
[27] 戴建强,郑敏.厌氧—好氧生物法处理玉米淀粉生产废水[J].中国资源综合利用,2004,2:6-7.
[28] 毛海亮,邱贤锋,朱鸣跃.UASB—SBR工艺处理淀粉废水的试验研究[J].交通部上海船舶运输科学研究所学报,2002,25(2):104-108.
[29] 石慧岗,王连俊.UASB—SBR工艺处理玉米淀粉生产废水[J].山西建筑,2003,29(17):71-72.
[30] 王爱杰,王丽燕,任南琪,等.硫酸盐废水生物处理工艺研究进展[J].哈尔滨工业大学学报,2004,36(11):1446-1449.
[31] 任南琪,王爱杰,赵阳国.废水厌氧处理硫酸盐还原菌生态学[M].北京:科学出版社,2009.
[32] 王旭.产酸脱硫生物膜反应器处理硫酸盐废水特性研究[D].哈尔滨:哈尔滨工业大学,2003.
[33] 陈川.自养菌—异养菌协同反硝化脱硫工艺的运行与调控策略[D].哈尔滨:哈尔滨工业大学,2011.
[34] 王子波,封克,张键.两相UASB反应器处理含高浓度硫酸盐黑液[J].环境技术,2003(2):38-40.

[35] 杨景亮,左剑恶,胡纪萃.两相厌氧工艺处理含硫酸盐有机废水的研究[J].环境科学,1995,16(3):8-11.
[36] 李亚新,苏冰琴.硫酸盐还原菌和酸性矿山废水的生物处理[J].环境污染治理技术与设备,2000,1(5):1-11.
[37] 王庆,丁原红,任洪强.UASB－CAASF 组合工艺在酒精和乙酸乙酯混合废水处理中的工程应用[J].水处理技术,2008,34(10):89-91.
[38] LEFEBVRE O, VASUDEVAN N, TORRIJOS M, et al. Anaerobic digestion of tannery soak liquor with an aerobic post-treatment[J]. Waterresearch, 2006, 40(7): 1492-1500.
[39] 周雪飞,任南琪,王爱杰,等.一体化两相厌氧反应器处理高浓度有机废水的性能研究[J].哈尔滨建筑大学学报,2000,33(6):62-65.
[40] 施悦.中药废水两相厌氧生物处理关键因生素及产性试验研究[D].哈尔滨:哈尔滨工业大学,2006.
[41] 柴晓利,高晓光,陈洁.内电解混凝沉淀－厌氧－好氧工艺处理医药废水[J].环境科学,2000(3):33-34.
[42] 蔡固平,葛晓霞,张蕴辉,等.新型内电解铁屑过滤塔在印染废水工业化规模处理中的应用[J].环境工程,2003,21(3):21-22.
[43] 范伟平,曹惠君,张俊.微电解－白腐菌生物降解－絮凝沉降系统用于染料废水的处理[J].南京化工大学学报,2001,23(4):28-32.
[44] 付永胜,鄂铁军.水解酸化－UASB－SBR 组合法处理印染废水[J].化工环保,2002,22(3):155-157.
[45] 岑超平.木薯淀粉废水的絮凝法处理[J].上海环境科学,2001(1):31-32.
[46] 买文宁.气浮提取蛋白－UASB&SBR 工艺处理淀粉废水[J].工业水处理,2002,22(6):42-43,46.
[47] 皇甫浩,罗德春.玉米淀粉废水处理工艺的研究[J].西安公路交通大学学报,1999,19(3):139-142.

第7章　难降解有机工业废水资源、能源化技术及应用

环境污染和能源危机的新态势赋予了水污染控制更高的要求及技术发展需求。污水中含有大量的资源和能源物质，将污水视为一种重要的可再生、可利用的资源，是水处理技术发展的重要理念转换。需要新的技术发展思路和新的污水处理技术体系作为理论基础与技术支撑，能够在可接受的成本费用范围内，实现废水资源的开发利用，促进经济社会的可持续发展。能源化技术主要包括处理高浓度有机废水同时产生甲烷、氢、电等能源。资源化技术主要包括从高浓度有机废水中回收碳、氮、硫等组分，从而产生高值生化品等技术。本章主要介绍近年来发展起来的废水能源化、资源化技术。

7.1　难降解有机废水回用技术

7.1.1　概述

废水回收及再利用是解决水资源短缺的有效途径，也是环境保护、水污染防治的主要途径。废水回用也是废水的一种“消减”，并且有利于提高工业企业的水资源利用的综合经济效益。工业企业应尽力将废水循环利用、循序再用，以提高水的重复利用率。工业用水根据用途的不同，对水质的要求差异很大，水质要求越高，处理费用也越大。理想的回用对象应是用水量较大且对处理要求不高的应用场景，如间接冷却用水和工艺低质用水（洗涤、冲灰、除尘、直冷、产品用水）等。

废水回收后不同的回用途径对污水处理程度有不同的要求，处理后的废水成分可分为常规类、非常规类及新出现类，典型成分的分类见表7.1。常规组分可由传统工艺去除，非常规组分可由深度处理工艺去除，而新出现的组分则由传统和深度处理工艺去除。

表7.1　废水中典型成分的分类

分类	组分
常规类	总悬浮物、胶质固体、生化需氧量、化学需氧量、总有机碳、氨、硝酸盐、亚硝酸盐、总氮、磷、细菌、原生动物的胞囊和卵囊①、病毒②
非常规类	耐火固体、挥发性有机固体、表面活性剂、金属、总溶解性固体

续表7.1

分类	组分
新出现类	药方和非药方性药物[3]，居家产品、兽用和人用抗生素、工业和家庭产品、性激素和类固醇激素、其他内分泌干扰物

注：①每 100 mL 的值；②噬斑形成单位(PFU)/100 mL；③药物活性物质。

表 7.2 所示为用于废水回用的单元工艺和污染物去除能力。

表 7.2　用于废水回用的单元工艺和污染物去除能力

组分	单元工艺								
	一级处理	活性污泥	硝化	反硝化	滴滤池	生物转盘	混凝—絮凝—沉淀	活性污泥后过滤	活性炭吸附
BOD	×	+	+	○	+	+	+	×	+
COD	×	+	+	○	+		+	×	×
TSS	+	+	+	○	+	+	+	+	+
NH_4^+-N	○	+	+	×		+	○	×	×
NO_3^--N				+				×	○
磷	○	×	+	+			+	+	+
碱度		×					×	+	
油和油脂	+	+	+				×		×
大肠杆菌数		+	+		○		+		+
TDS									
砷	×	×	×				×	+	○
钡		×	○				×	○	
镉	×	+	+		○	×	+	×	○
铬	×	+	+		○	+	+	×	×
铜	×	+	+		+	+	+	○	×
氟化物							×		○
铁	×	+	+		×	+	+	+	+
铅	+	+	+		×	+	+	○	×
镁	○	×	×		○		×	+	×
汞	○	○	○		○	+	○	×	○
硒	○	○	○				○	+	○
银	+	+	+		×		+		×

续表7.2

组分	单元工艺								
	一级处理	活性污泥	硝化	反硝化	滴滤池	生物转盘	混凝—絮凝—沉淀	活性污泥后过滤	活性炭吸附
锌	×	×	+		+	+	+		+
色度	○	×	×		○		+	×	+
起泡剂	×	+	+		+				+
浊度	×	+	+	○	×		+	+	+
TOC	×	+	+	○	×		+	×	+

组分	单元工艺								
	氨吹脱	选择性离子交换	折点氯化	反渗透	地表径流	灌溉	渗透	氯化	臭氧氧化
BOD		×		+	+	+	+		○
COD	○	×		+	+	+	+		+
TSS		+		+	+	+	+		
NH_4^+-N	+	+	+	+	+	+	+		
NO_3^--N					×				
磷				+	+	+	+		
碱度							×		
油和油脂					+	+	+		
大肠杆菌数			+		+	+	+	+	+
TDS				+					
砷									
钡									
镉									
铬									
铜							○		
氟化物									
铁							×		
铅									
镁							×		
汞				+					

续表7.2

组分	单元工艺								
	一级处理	活性污泥	硝化	反硝化	滴滤池	生物转盘	混凝一絮凝一沉淀	活性污泥后过滤	活性炭吸附
硒									
银									
锌							+		
色度				+	+	+	+		+
起泡剂				+	+	+	+		○
浊度				+	+	+	+		
TOC	○	○		+	+	+	+		+

注:○表示进水浓度的 25%去除;×表示进水浓度的 25%～50%;+表示进水浓度的 50%以上去除;空格表示没有资料。

操作单元即为按水处理流程划分的相对独立的水处理工序,它可以是一种或多种水处理基本方法的组合运用。处理方法包括前面章节所述的物理、化学、物理化学及生物处理的各种方法。

7.1.2　废水回用处理工艺

高浓度废水处理后回用,一般都必须以二级处理水为原水,经过不同工艺的净化,达到不同的水质目标。其比较常规的废水深度处理工艺是在生物处理之后增加诸如过滤、吸附、混凝沉淀及消毒等后续处理工艺,如砂滤、膜滤、反渗透、液氯、臭氧消毒等。处理流程可根据不同的用水对象和地方条件选用合适的流程。近年来也有一些新的处理工艺,处理效果好,出水根据不同用途有的可直接回用。

1. 一体式膜生物反应器

一体式膜生物反应器,又称 MBR 工艺,是一种新型废水生物处理技术,能高效地进行固液分离,其示意图如图 7.1 所示。膜生物反应器近年来已被逐步应用于工业废水的处理,不仅减少了传统工艺大部分的处理单元,节省了基建投资和占地,而且通过膜分离的选择透过性与高效性以及生物处理的有效性与彻底性,可将废水中的有害物质最大限度地去除,出水可直接回用。使用膜分离装置可以有效隔离生化反应器中的活性污泥和高分子有机物,取代二沉池,大大提高生化反应器中活性污泥(生物质)的浓度,分别控制水力停留时间和污泥停留时间,并将难降解的高分子有机物隔离在反应器之外,进行连续反应和降解。膜分离技术大大提高了生物反应器的处理效率,与传统生物处理工艺相比,膜分离技术具有生化效率高、抗负荷冲击能力强、出水水质好且稳定、占地面积小、排泥周期长、易于实现自动化等优点。

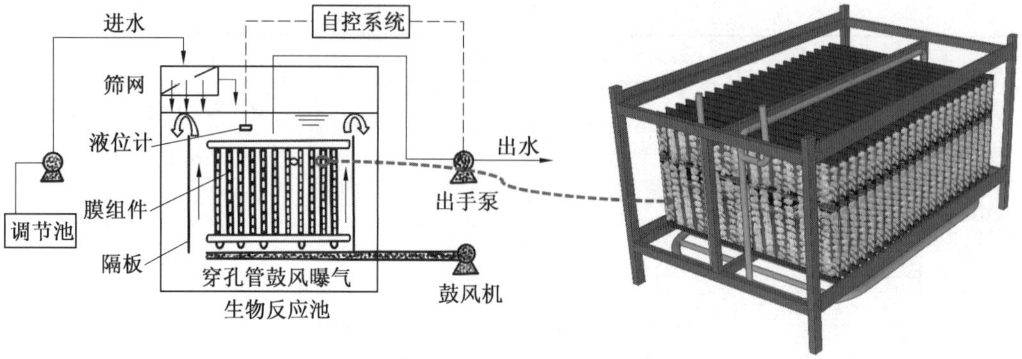

图 7.1　一体式膜生物反应器示意图

2. 湿地系统

在地球生态系统中,湿地被誉为"自然之肾",具有维持生物多样性、调蓄洪水、防止自然灾害、降解污染等不可替代的生态功能。湿地系统利用植物根系的吸收和微生物作用,并经过多层过滤,达到降解污染、净化水质的目的。人工湿地指用人工筑成水池或沟槽,底面铺设防渗漏隔水层,充填一定深度的基质层,种植水生植物;利用基质、植物、微生物的物理、化学、生物三重协同作用使污水得到净化。按照污水流动方式,分为表面流人工湿地、水平潜流人工湿地和垂直潜流人工湿地,如图 7.2～7.4 所示。通常水平潜流人工湿地占地面积小,对污染物的去除效率较高,受环境影响相对较小,但造价较高;表面流人工湿地占地面积大,对污染物的去除效率较低且受季节影响,但具有较好的环境美化效果。

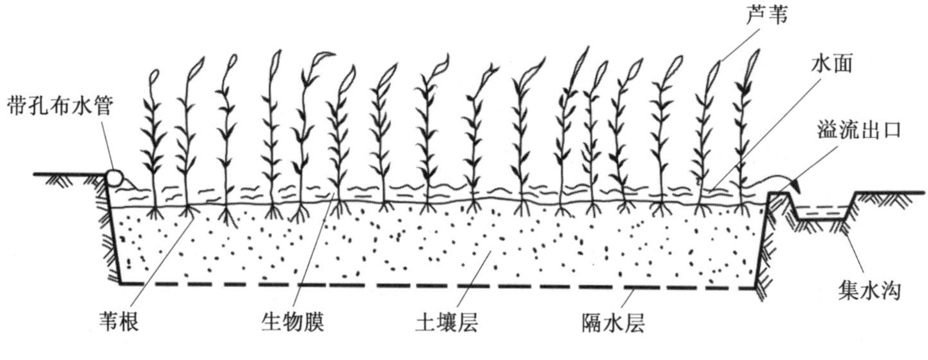

图 7.2　表面流人工湿地示意图

3. LM 污水深度处理工艺

LM(living machine)污水深度处理工艺是一种由 Dr. John Todd 发明的生态深度处理工艺,该工艺在 20 世纪 80 年代末至 90 年代初投入生产试验,并得到了美国 EPA 的鉴定。LM 工艺的主要特点包括强化的自然生态深度处理功能、景观审美功能、剩余污泥少和运行费用低等。

LM 工艺的基本流程包括以下几个主要步骤,相关工艺流程如图 7.5 所示。

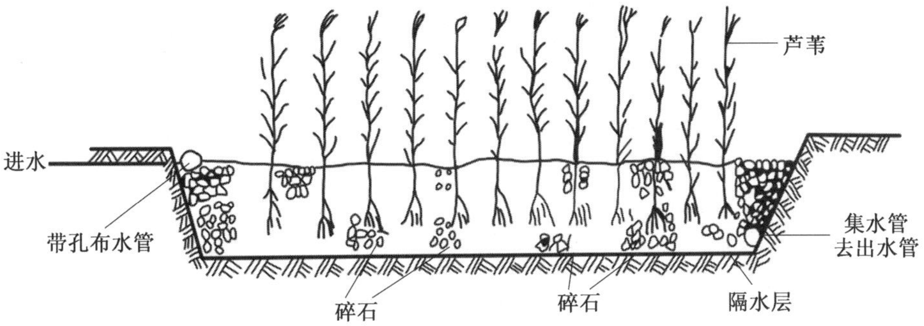

图 7.3　水平潜流人工湿地示意图

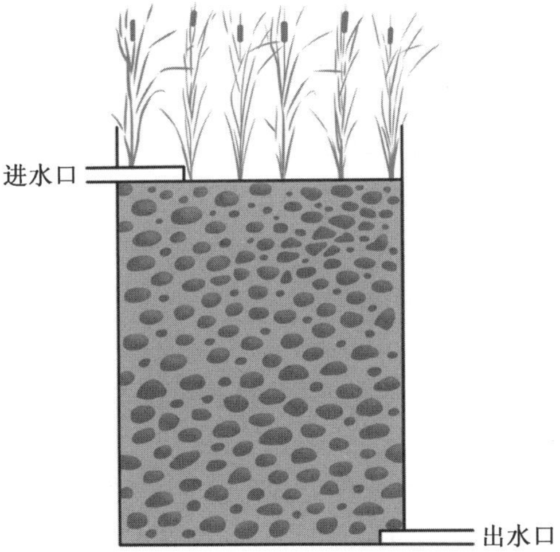

图 7.4　垂直潜流人工湿地示意图

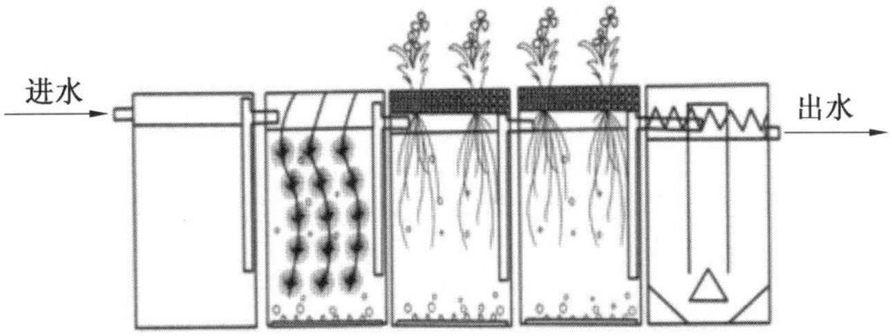

图 7.5　LM 工艺基本流程图

(1)生物厌氧池(anaerobic reactor)。

采用 UASB 悬浮污泥层去除有机物的机理,结合聚丙烯填料拦截污泥促使其沉淀。该池可去除约 67%的 BOD、COD 和 84%的 TSS。

(2)封闭好氧池(close aerobic reactor)。

采用传统的活性污泥法,主要去除溶解性的 BOD,去除率可达 90%。

(3)开放好氧池(open aerobic reactor)。

相当于延时曝气，池表面生长有许多具有巨大根系的水生植物，硝化微生物附着在根系上，能发生硝化反应。同时，池中存在许多原生后生动物和无脊椎动物，它们能去除水中的细菌和病原体。

(4)澄清池。

生物污泥回流到生物厌氧池和封闭好氧池，继续参与反应。

(5)人工湿地(wetland)。

采用地下流湿地形式，水以潜流形式渗过长有植物的浅层多孔滤床。植物根可提供氧气，水流通过厌氧、好氧交替的环境，发生硝化反硝化反应，达到脱氮的作用。植物的枯枝烂叶为反硝化反应提供碳源。

LM 工艺在处理量较小(如 300 t/d 以下)的情况下具有较好的经济性。其处理出水稳定在 BOD<10 mg/L，COD<50 mg/L，总凯氏氮 TKN<10 mg/L，适用于城市污水、生活污水和有机污水的处理。处理后的水质可达到生活杂用水的标准，如冲厕、洗车、浇灌绿地作物等。

LM 工艺的优势主要体现在以下几个方面：

①强化的自然生态深度处理功能。通过生物和化学的协同作用，有效去除污水中的杂质。

②景观审美功能。厌氧池、封闭好氧池可做成半埋地或全埋地式，开放好氧池和人工湿地则能创造美观的环境。

③剩余污泥少。运行过程中产生的污泥量较少，降低了后续处理成本。

④运行费用低。相较于其他工艺，LM 工艺在运行和维护方面的费用较低。

综上所述，Living Machine 污水深度处理工艺是一种结合了生态处理技术和深度净化功能的先进工艺，适用于多种类型污水的处理，并具有显著的经济和环保效益。

7.2 难降解有机污染物资源回收技术

高浓度有机废水由于其特殊性，一般含有芳香族化合物和杂环化合物等有毒物质，同时可能伴有次生有害物质，如硫化物、氮化物、铬等重金属离子或无机化合物和有毒有机物等，对自然环境和水体的污染程度大，处理难度大，消耗成本高，是废水处理的一大难题或挑战。高浓度有机废水的中水回用在水处理领域的难点和热点课题是如何高效经济地处理高浓度有机废水并做到废水循环利用。

7.2.1 营养元素的转化与提取回收技术

1. 氮提取与回收技术

随着工农业生产的发展和人们生活水平的提高，我国氮污染物的排放量急剧增加；众所周知，氮是水体富营养化的重要因素，目前水体富营养化对农业、渔业、旅游业等诸多行业已产生严重危害，也对饮水卫生和食品安全构成了巨大的威胁，因此工业含氮废水的排放需受到严格控制；然而，氮又是一种重要资源，它们既是所有生物细胞的重要组成元素之一，又是生产农肥、饲料、洗涤用品等生活必需品的原料，所以工业含氮废水的回收再利用至关重要。氮被用来提高粮食产量，以满足日益增长的人口需求，其中大部分农业氮是通过高能耗的哈伯—博世工艺固定的，但人类通过作物或牲畜消耗的氮仅占17%，其余的氮则流失到淡水和大气中。生产1 t无水NH_3化肥（占化肥工业总能耗的87%）需要949 m^3天然气，排放1.6 t二氧化碳。这种环境成本加上化肥货币成本的上升表明，应采用其他方法生产化肥。

人们对污水处理中的脱氮进行了研究，并在全规模工厂中实施了硝化/反硝化（限氧自养硝化—反硝化、利用芽孢杆菌的好氧硝化—反硝化）或脱氨技术，如厌氧氨氧化（anammox）、CANON和组合（anammox和反硝化、藻类—硝化细菌联合体）。通过这些技术，活性氮最终通过生物吸收和（或）将铵离子转化为氮气释放到大气中而消失。考虑到人为氮源的不断增加，研究重点已开始转向除磷以外的氮营养回收，以防止富营养化，同时节约能源和自然资源。目前的工艺是线性的，利用能源从氨气中产生大气氮，然后利用哈伯—博世工艺从大气氮中产生氨气。从废水中回收氮可实现氮循环的流动。

降低废水中氨的浓度实际上是一个从水中回收氮和铵盐并进一步脱氮的过程。目前主要有下述氨氮处理和回收工艺：蒸馏法处理高浓度含氨废水，碱性蒸氨法处理硫铵废水回收氨水，直接蒸发结晶法处理杂质较少、浓度较高的氯铵废水，回收氯化铵，采用空气吹脱法使液相中氨氮转移至气相，回收分子态氨。各种氨氮废水处理方法有各自的特点和适应条件。在实际废水处理中，往往要多种方法配合使用。操作简便、性能稳定、高效、运行费用低廉、能实现氨氮回收利用的处理技术是发展的方向。

（1）物理法。

①吹脱法。吹脱法是将空气或蒸汽通入氨氮废水后，气液相充分接触，使氨氮废水中的游离氨向气相中转移，达到除氨目的。水体中的氨氮主要以两种形式存在：游离氨（NH_3）和离子（NH_4^+），二者平衡的关系为

$$NH_3+H_2O = NH_4^+ + OH^-$$

可以看出，提高pH有利于氨的去除。吹脱法处理氨氮废水时，操作较为简单运行成本低，常用来处理中、高浓度的大流量氨氮废水。但此法也存在一些问题：a.温度会影响氨氮的去除率，低温会降低处理效果；b.吹脱法处理前，废水pH需要调至11以上处理完成后废水pH又需调至6～9，需要多次添加药剂；c.吹脱时需要大量蒸汽或空气。

②吸附法。吸附法处理废水中氨氮依据的主要原理是固液界面吸附。吸附剂的吸附性能与结构、比表面积息息相关，因此吸附材料通常选用比表面积大、多孔的物质。同时，根据吸附方式可分为物理吸附、化学吸附和离子交换性吸附，并且它们通常同时存在。常见的吸附材料主要有活性炭、沸石、膨润土、壳聚糖等，对上述材料进行改性，将吸附官能团或活性结构引入材料以提高比表面积，不仅可以提高吸附剂的吸阶性能，还可以提高选择性。吸附法适合处理中高浓度的氨氮废水，使用过后的吸附材料还能通过洗脱剂对已经吸附饱和的材料进行再生，实现了材料的循环使用。例如，在HCl调节pH后的磷酸盐溶液中进行解析，可以获得磷酸沉淀并直接用作农业肥料。

③膜分离法。膜分离法是指当含有氨氮的污水通过功能性膜后，氨氮被截留，与水溶液中的其他组分分离的工艺。目前用于氨氮废水处理的膜主要有聚合物膜和陶瓷膜，其中聚合物膜由于高温和高压耐久性较差，使用上有所限制，而陶瓷膜克服了此问题，但生产成本相对较高。因此，许多研究者正在探索低成本生产陶瓷膜的方法，如亚当等开发了一种沸石基陶瓷中空纤维膜材料，该材料采用远低于传统方法(105 ℃)的烧结温度，获得了透水性优异的中空纤维膜，其氨去除率达到 90%。还有许多研究者尝试使用天然矿物粉末或其他无机材料生产低成本陶瓷膜。

(2)化学法。

①化学沉淀法。化学沉淀法是指向废水中加入化学药剂后，与污染物反应生成沉淀，达到分离污染物目的的方法。就氨氮废水而言，通常选择加入镁盐和磷酸盐与 NH_4 反应，生成 $MgNH_4PO_4 \cdot 6H_2O$ 沉淀，该沉淀还可作为缓释肥料使用。此外，化学沉淀法还可与其他处理方法结合使用，如作为吸附和反渗透的预处理。但该法也存在不足，即在处理过程中往往需要加入过量的化学试剂，可能引入新的污染离子，且投加的药剂成本高，溶液的酸碱度对反应的影响也较大。

②折点氯化法。折点氯化法是指将氯气或次氯酸钠加入废水中，将氨氮氧化成氮气的处理方法。在处理过程中，氯气或次氯酸钠在某一加入点，废水中的游离氯含量最低，氨氮的浓度为零，此加入点称为折点，此状态下的氯化称为折点氯化。折点氯化法的原理为

$$2NH_4^+ + 3HClO = N_2\uparrow + 3H_2O + 5H^+ + 3Cl^-$$

折点氯化法具有反应快、效果稳的优点，对于氨氮的去除可达到 90%以上。但该法在处理过程中会使用到氯气，且其加入量随废水条件而变化，处理后废水中余氯还会造成二次污染，提高了后处理成本。

③电容去离子技术。高浓度氨氮废水处理后会产生大量的低浓度氨氮废水，直接进行回收时成本和能耗较高。通常采用膜技术对低浓度废水进行预浓缩，但膜材料成本高。电容去离子技术(CDI)具有环保、成本低等优点受到重视。电容去离子技术的原理示意图如图 7.6 所示。CDI 技术能使废水中阴、阳离子在带相反电荷的电极上富集浓缩。为了避免脱附时对面电极的影响以及防止水流对碳电机的直接冲刷作用，进一步发展了膜电容器去离子技术，分别在阴极和阳极上覆盖阳离子和阴离子交换膜，以降低富集效应。然而，该技术受到电极尺寸的显著限制，导致离子吸附量有限。又发展出了流动电极电容去离子技术(FCDI)，即将电极置于流室中，实现电极的连续再生，Fang 等创新性地利用 FCDI 对低浓度氨氮废水中的氨进行回收，发现氨氮浓度较高，在 pH 为 4 时，增加操作电压和流量可促进废水的活性，试验在 20 mg/L 氨氮废水中进行，得到的氨氮富集液为 322.06 mg/L，去除率达到 87%。

(3)生物法。

活性污泥法是一种好氧生物处理法，可以去除废水中具有可生物降解性的有机物。该法是通过好氧微生物在连续曝气条件下形成的活性污泥主体，分解有机污染物并氧化污染物。近年来，基于传统活性污泥法开发的固定膜活性污泥法、生物膜反应器和好氧

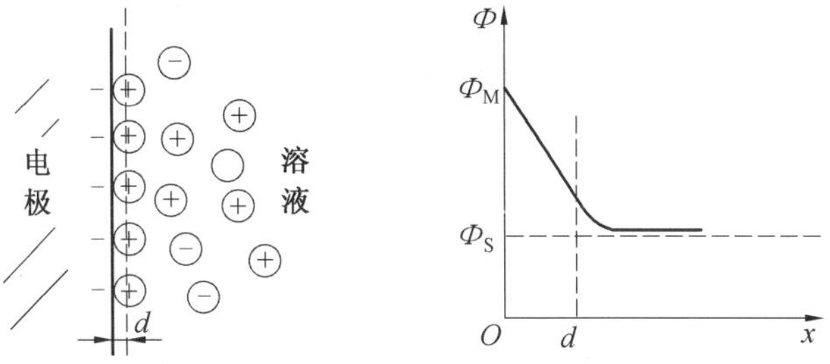

(a)　　(b)

图 7.6　电容去离子技术的原理示意图

颗粒污泥法等新方法引起了广泛关注，然而，作为一种传统生物处理方法，活性污泥仅能降解有机物，且存在颗粒膨胀、体积大等缺点。

②硝化反硝化法。硝化反硝化法是典型的活性污泥法。在有氧条件下，硝化细菌将氨氮转化为硝酸盐。随后，在缺氧条件下，反硝化细菌将硝酸盐还原为无害的氮气。在缺氧池中，反硝化细菌以有机物为碳源，以返回的硝酸盐和亚硝酸盐为电子供体进行反硝化，同时，还能将大分子有机物水解成小分子有机物，提高后续好氧池的生物降解效率。此外，为了解决污泥回流问题，提高氨磷去除效率，还开发了循环曝气池和厌氧－缺氧－好氧工艺等方法。但由于回流比大、曝气量大或废水 C/N 低等原因，运行成本高，应用受到限制。

③新型活性污泥法。近年来，出现了许多新型的活性污泥法，旨在缩短反应，降低能耗、节约成本或减少污泥产生。同步硝化和反硝化(SND)是指在同一反应器内实现硝化和反硝化过程，省去了污泥回流步骤。Ma 等在使用 SND 处理废水的过程中，氨氮和总氮的去除效率可以达到 76.91%和 70.23%。Rong 等使用 SND 与生物膜固定床混合系统处理焦化厂废水时，氨氮去除率大于 95%。然而，对于城市废水和其他低 C/N 废水，异养过程往往受到缺乏碳源的限制。

短程硝化/反硝化(SHARON)是一项能缩短反应过程的新技术，该技术能在亚硝酸盐生成阶段控制硝化过程，避免进一步硝化为硝酸盐。与常规硝化/反硝化相比，省去了亚硝酸盐的氧化和硝酸盐的还原，有效缩短了反应时间，降低了好氧阶段的耗氧量，降低对碳电子供体的需求，还能减少二氧化碳排放和污泥产生。

除短程硝化/反硝化技术外，厌氧氨氧化因其对溶解氧和外界碳源的需求较低而备受关注。厌氧氨氧化细菌利用亚硝酸盐作为电子受体，在厌氧条件下直接将氨氧化成氮气。与传统的硝化和反硝化相比，大大降低了对溶解氧、能量和外部有机碳的需求。然而，与硝化反硝化相似，厌氧氨氧化过程将城市废水中的氨最终转化为氮气，无法回收利用。此外，在处理过程中部分会不可避免地成为 N_2O，增加城市废水处理厂的碳足迹，N_2O的温室效应约为二氧化碳的 300 倍)。

2. 磷提取与回收技术

磷组分是动植物生长不可缺少的营养元素，在自然界中近乎是一种单向循环。目前人类对磷资源的需求不断增加，世界磷酸盐的消耗量年均增长 215%，到 2050 年，世界磷酸盐的消耗量将达到 1 亿 t，是目前消耗量的 3 倍。据估计，全世界磷矿储量只能维持 100 年左右，磷将成为人类和陆地生命活动的限制因素。同时，磷又是水体富营养化的重要因素。因此通过技术手段使磷从污水中回收利用，实现再生循环，是值得深入研究的课题。

1998 年在英国 Warwick 大学举行了第一届磷酸盐回收会议，这是一次探索性会议。第二届会议于 2001 年在荷兰 Nooordvijkerhout 举行，主要讨论从污水及动物粪便中回收磷并循环再利用的技术、经济及社会等方面问题，通过交流研究经验，明确了磷回收在经济技术方面的可行性。2004 年 6 月在英国 Cranfield 大学举行了围绕以鸟粪石（磷酸铵镁）形式回收磷的第三次会议，讨论了鸟粪石从理论研究到工程运用中的一系列问题。许多国家已在探索回收磷的再利用，包括鸟粪石作为农业原料的试验，用于园艺生产和工业循环利用等。日本已有公司将回收的磷酸盐作为肥料售出，用于水稻和蔬菜的种植；荷兰伊丹（Edam）的一个污水处理厂把回收的磷酸钙用作磷酸盐工业生产的原料。目前，含磷废水的主要处理技术有：生物法、化学沉淀法、吸附法、结晶法、离子交换法、电絮凝法等。下面分别简单介绍。

（1）生物法。

聚磷菌在厌氧条件下将体内的磷释放出来，而在好氧条件下它能将外界的磷摄取到体内转化为自身的营养物质。生物除磷主要是通过利用聚磷菌的代谢行为来实现废水除磷，由于生物法具有工艺简单、运行简便、处理效果好、运行方式灵活、运行费用低等优点，目前被广泛应用于污水处理中。生物法在运行过程中对溶解氧、温度、pH 等运行条件要求严格，对于波动性较大的水质生物法无法保证高的除磷效果。

（2）化学沉淀法。

化学沉淀法除磷的主要原理是向含磷废水中投加铁盐、铝盐、石灰等沉淀剂，磷与上述沉淀剂反应生成难溶于水的沉淀，从而使废水中磷含量降低。目前，常用的化学沉淀剂主要有三氯化铁、氯化亚铁、硫酸铁、硫酸亚铁、聚合铁、硫酸铝、偏铝酸钠、聚合铝和石灰。化学沉淀法具有除磷效率高，运行稳定、可靠，操作简单的特点。该方法的缺点是需要消耗大量化学试剂，而且产生大量成分复杂的污泥，无法实现磷的可持续利用。

（3）吸附法。

吸附法是利用吸附剂对废水中磷的亲和力来除磷。由于吸附剂具有疏松多孔的结构，它能够将磷以物理吸附、化学吸附等方式聚集在吸附剂表面，当吸附剂达到吸附饱和时对其进行解吸，进而实现磷的回收。目前，主要的吸附材料有沸石、方解石、高炉炉渣和钢渣、粉煤灰、人工合成吸附剂。吸附法具有吸附速度快、操作简易、吸附产物可以回收利用、不会对环境产生二次污染等特点。但是，吸附剂在抗干扰性、溶解损失以及再生方面仍然存在一些问题。

（4）结晶法。

自然界中，磷矿石的主要成分是羟基磷酸钙（hydroxyapatite，HAP），磷酸铵镁（magnesium ammonium phosphate，MAP）是一种磷肥，为此，在含磷废水处理方面，人们把关注的热点转向磷资源的回收利用，并希望通过结晶法将废水中的磷转化为可再生的 HAP/MAP。结晶法是通过向废水中投加晶种，控制溶液 pH、离子强度、各组分离子浓度及比例、反应时间等因素使废水中的磷在晶核表面以 HAP/MAP 的形式析出，从而实现磷的再生和回收利用，其除磷原理为

$$3PO_4^{3-}+5Ca^{2+}+OH^- \longrightarrow Ca_5(OH)(PO_4)_3$$

$$PO_4^{3-}+Mg^{2+}+NH_4^++6H_2O \longrightarrow MgNH_4PO_4 \cdot 6H_2O$$

该法能够实现磷的回收利用，而且处理过程中产生的污泥量比化学沉淀法少得多。不足之处是结晶法药剂成本较高，当污水中存在大量有机物时，易造成除磷剂的失效。

(5)离子交换法。

离子交换法通过阴离子交换树脂表面发生的离子交换反应来除磷，废水中的磷与功能基团因电荷相反而产生静电结合从而使功能基团上带同种电荷的离子发生了离子交换。其反应原理为

$$H_2PO_4^-+RNH_2 \cdot Cl \longrightarrow RNH_2 \cdot H_2PO_4+Cl^-$$

与传统废水处理技术相比，由于离子交换树脂不溶于酸、碱、有机溶剂而且离子交换反应是可逆的，离子交换法具有操作简单、树脂可重复利用的优点，因而离子交换法在废水处理方面得到了广泛应用。在水处理领域，离子交换法主要用于处理含重金属的废水，回收贵金属和稀有金属，去除废水中的有机物、氰化物等有毒有害物质。该法除磷存在树脂易中毒、树脂难再生、只能选择性地除去污水中的某种离子、交换容量低和选择性差等问题。

(6)电絮凝法。

电絮凝法是一种通过电解阳极产生具有凝聚效果的金属阳离子来除磷的电化学水处理方法，常用的阳极材料是铝和铁。以电解铝为例，在电极间施加直流电压，阳极开始电解产生 Al^{3+} 并电极表面以及本底溶液中发生如下反应：

阳极：$Al \longrightarrow Al^{3+}+3e^-$；

阴极：$6H_2O+6e^- \longrightarrow 3H_2(g)+6OH^-$；

本底溶液：$Al^{3+}(aq)+3H_2O \longrightarrow Al(OH)_3+3H^+(aq)$。

从上式可以看出，电解产生的 Al^{3+} 在本底溶液中生成 $Al(OH)_3$，它是一种良好的絮凝剂，可以将溶液中的磷吸附在自身表面而得以去除。电絮凝法集氧化、絮凝、浮选于一体，是一种经济可靠的废水处理技术，它具有工艺简单、易于操作控制、运行时间短、污泥量少等特点，而且电絮凝产生的大颗粒絮凝团可通过过滤除去。

3. 硫提取与回收技术

制药、发酵、化工、等重污染行业排放的含硫含氮有机污水的环境污染问题一直倍受国内外关注。此类废水中碳、氮、硫等多元污染物并存，硫含量大，且多以有机硫、硫酸盐等化合态存在，因此处理难度大，技术系统复杂，硫系物的安全隐患问题突出。20 世纪 90 年代以来，很多学者不断探索将污水中以及发酵沼气中的硫化合物转化为单质硫形式提取出来加以利用的技术措施。

根据不同的电子受体，废水中的生物硫化物去除工艺可分为好氧生物技术和厌氧(或缺氧)生物技术。前者以氧作为电子受体，后者以硝酸盐或亚硝酸盐作为电子受体。

近年来，研究人员应用生物电化学方法去除硫化物，与微生物燃料电池(MFCs)的发展有关。因此，应控制硫化物氧化过程，使元素硫作为废水中生物硫化物去除过程的主要产物。

(1)好氧生物技术。

早在1990年，Buisman等人就对好氧条件下的系统生物脱硫工艺进行了研究。他们研究了溶解氧和硫化物负荷对生物脱硫过程性能的影响。生物氧化的最终产物取决于氧气和硫化物的比例，反应如下：

$$H_2S+1/2O_2 \longrightarrow S^0+H_2O$$

$$S^0+H_2O+3/2O_2 \longrightarrow SO_2+2H^+$$

$$H_2S+2O_2 \longrightarrow SO_2+2H^+$$

研究发现，在不同的硫化物负载率下，反应器中的溶解氧浓度最佳。因此，该反应器的硫化物去除率最高(超过90%)，且大部分硫化物转化为S^0，没有形成硫酸盐。这表明，硫化物向硫的部分好氧转化是在限氧条件下进行的，硫化物可在过量氧气的存在下被氧化成硫酸盐。这一事实已被许多研究人员证实。

硫化物体积装载率的逐渐增加导致元素硫产量的增加。在最大硫化物体积负荷率为4.0 kg/(m^3 · d)时，硫化物消耗量为4.3 kg/(kg VSS · d)，硫化物去除率超过93%。调查显示，高达90%的硫化物转化为元素硫。

应该注意的是，通过传统的鼓泡曝气法维持微氧条件相当困难。此外，鼓泡曝气需要大量的能量，可能会导致水中硫化氢的剥离，从而引起臭味问题并影响硫回收效率。由于供气和反应器配置对优化硫的形成非常重要，因此研究了许多硫氧化系统，包括搅拌罐反应器、膨胀颗粒污泥床反应器、气馈间歇式反应器、气提反应器、反向流化环反应器、浮动床微好氧反应器、以Ceramsite为填充材料的生物膜反应器、上流式生物填料反应器等。这些反应器配置可分为两类：①氧气/空气直接进入反应器进行厌氧消化；②包含一个进行微曝气的腔室或独立单元的配置。

近年来，膜在废水处理生物反应器中的应用得到了研究，并被用于提供无气泡的氧气质量转移。Sahinkaya等人评估了基于氧气的膜生物反应器中的硫化物氧化和硫回收情况，该反应器处理来自硫化物厌氧折流式反应器的污水。硫化物氧化效率(37%～99%)和S^0回收率(氧化硫的64%～89%)可通过调节硫化物负荷、对纤维的氧气压力和水力停留时间(HRT)来控制。在硫化物负载量高、氧气压力高和水力停留时间短的情况下，性能最佳，85%的硫化物被氧化，大部分硫化物(89%)氧化为S^0。最近，Sun等人应用膜充气生物膜反应器处理含硫废水，并建立了一个数学模型来评估残留有机物时的硫化物氧化和元素硫产生情况。模拟结果表明，当硫化物负荷和氧压达到最佳组合时，硫化物去除率达到90%以上，元素硫回收率超过75%。此外，废水中挥发性脂肪酸的增加不会影响硫化物的氧化效率，但可以通过减少硫氧化成硫酸盐的量来提高硫的生产效率。据报道，有机硅膜是基于膜的无气泡曝气和控制传质的理想选择。Valdes等人采用了一个内部硅胶膜反应器，将部分硫化物氧化成元素硫。此外，硅胶膜用于微曝气，氧的转移受气压和流量的影响很大。在厌氧/微氧联合反应器中，硫化物的去除率达到96%，而且没有产生大量硫酸盐。同时，Camiloti 等人采用外置硅膜反应器进行硫化物氧化，结果表明，在 pH 为 10.0 时，Gap－S(根据质量平衡间隙，硫化物向其他中间产物(硫酸盐除外)的转化率)可高达 89.2%。

(2)厌氧生物技术。

1988 年，Gommers 等人在流化床反应器中使用铁氧化硫杆菌进行了去除硫化物的试验。结果表明，反应器对硫化物、硝酸盐和醋酸盐的去除效率很高。在这种情况下，生物产生的硫进一步氧化成 SO_4^{2-}。Reyes－Avila 等人利用反硝化污泥在厌氧连续搅拌槽反应器中处理含碳、氮和硫的炼油废水。他们在稳态异养反硝化反应器中施加了不同的硫化物负荷，发现硝酸盐去除率在整个过程中都保持在较高水平。当硫化物负荷为 0.294 kg/(m^3·d)时，硫化物去除率超过 99%，其中产物中元素硫的去除率为 99%，而硝酸盐和有机物的去除率分别为 78%和 65%。一些研究人员使用亚硝酸盐作为电子受体来氧化硫化物。

厌氧硫化物去除工艺可应用于多种场合。Gadekar 等人也证明，油藏中以硝酸盐为电子受体的主要产物是元素硫。在污水环境中，Yang 等人讨论了废水中生物硫化物氧化的过程动力学，并假设在缺氧条件下，当硝酸盐为电子受体时，元素硫是重要的最终产物。

Cai 等人全面研究了自养条件下厌氧生物脱硫工艺的性能，分别研究了上流式厌氧污泥床反应器(UASB)中硫化物浓度、硫氮物质的量比、含氮电子受体、pH 和冲击负荷对自养生物脱硫工艺的影响。结果表明，当调节适当的进水硫化物浓度、高硫氮比和反应溶液的中性 pH 时，硫化物和硝酸盐同时去除过程的效率、稳定性和选择性均有所提高。此外，还建立了一个神经网络模型，并通过连接权重法进行了分析。影响生物产硫的因素排序由大到小依次为：进水硫化物浓度、进水硝酸盐浓度、S/N 物质的量比、pH、HRT。

高 S/N 物质的量比有助于提高缺氧硫氧化过程的能力、稳定性和选择性，特别是提高元素硫生产的选择性。近年来，一些研究人员注意到该过程中的 N_2O 排放。Yang 等人观察到，硫化物在缺氧硫氧化过程中会刺激(而不是抑制)N_2O 的还原。许多研究人员发现，微氧条件有助于高 C/N 废水的硫化物去除和硫回收。Wang 等人在微氧条件(0.1～0.3 mg/L 溶解氧)下实现了 8.16 kg/(m^3·d)的硫黄转化率，去除率为 100%；同时实现了 2.48 kg/(m^3·d)的硝酸盐转化率，去除率为 90%。Chen 和合作者证实，在连续流试验中，溶解氧质量浓度为 0.2～0.3 mg/L 时，硫化物去除率增至 71%，S^0 转化率增至 55%。他们推测，微量溶解氧的存在增强了自养反硝化菌的活性，但抑制了某些硫还原菌(如甲烷菌)的活性，这种现象也出现在从厌氧污水中回收元素硫的过程中。Sousa 等人比较了两种不同的 UASB 反应器中生物硫化物氧化和硫生产的性能，一种是采用多孔聚氨酯泡沫作为支撑介质的厌氧混合(AH)反应器，另一种是在消化区上方装有曝气装置的微曝气 UASB 反应器。结果表明，微曝气 UASB 反应器的硫回收率为 46%，而 AH 反应器的硫回收率为 30%。

一些研究人员通过其他方法提高了元素硫的生成量。Nanda 等人通过批量试验和连续流试验提出，最佳的 HRT 可使 S^0 转化率最大化，而反应时间过长时，产生的 S^0 会被硫酸盐还原菌还原成硫化物，导致转化率低下。Tan 等人通过在反应器中加入反硝化细菌 X2 菌株，增强了厌氧脱硝和脱硫过程，从而提高了元素硫的产量。元素硫的产量从20%～37%(对照组)提高到 45%～70%。Sposob 等人通过提高温度来增加硫的产量。当温度为 10 ℃时，元素硫的产量仅为 67%。当温度为 25 ℃时元素硫的产量为83.7%。

7.2.2 碳源与高蛋白物质回收及利用技术

1.碳源物质回收技术

国内外在高碳氮比污水综合治理和回收利用有价值成分等方面开展了大量研究工作，直接处理与资源化相结合是治理高碳氮比污水的良策。我国很多研究者选用不同的工艺对高碳氮比污水资源化进行了研究，如含醇污水中甲醇的回收，含肼废水中肼回收，高浓度含酚废水回用制漆，利用树脂吸附法回收印染废水中的苯酚，用液膜法回收废水中的高浓度酚，水杨酸甲酯废水中回收甲醇、水杨酸、水杨酸甲酯等。

食品和发酵工业的污水排放量较大，污水有机物含量高，属于高浓度有机废水，如乳品废水、制糖废水、味精废水、淀粉废水等。对于高浓度制糖废水，采用树脂法提取食用色素，通过高速分离机分离酵母，发酵生产白地霉，与蔗渣混合制作肥料。糖蜜酒精废液经蒸发浓缩后，浓缩液做燃料、饲料、肥料、减水剂、阻蚀剂、黏合剂等。淀粉广泛地应用于食品、化工、纺织、医药等行业，我国每年淀粉废水约为 2 400 万 m^3，多用于生产微生物油脂、多糖、细胞蛋白、絮凝剂、乳酸钙、食用菌和生物农药等。

此外，城市污水和一些工业废水(如纸浆和造纸厂废水以及染色废水)中含有大量纤维素。就城市污水而言，卫生纸是主要来源，另外少量可能来自厨房垃圾或雨水径流(联合污水处理系统)。由于纤维素被定义为一种难以生物降解的有机物，卫生纸在管网中被分解，最终以线状纤维素的形式进入污水处理厂，成为悬浮固体的一部分。因此，进水中的纤维素含量取决于卫生纸的普及程度和具体消耗量。此外，制浆和造纸工业在将木材加工成纸浆和各种最终产品的过程中产生的废水中也含有大量纤维素。一般来说，目前制浆行业对纤维素的利用率仅为 40%～55%，其余的纤维素则最终排入废水中。典型的工业造纸污泥总固体含量约为 44%(以干物质计)，其中约一半的固体是纤维素，绝对含量为 24 g/(100 g)污泥。然而，制浆污泥中也含有类似数量的灰烬，这使得纤维素的回收和提纯变得更加复杂。此外，染色废水中的棉、毛、麻、丝和化学纤维在预处理和其他步骤中也含有一定量的纤维素。例如，中国每年产生约 24 亿 t 制浆造纸废水，其中纤维素回收具有巨大的收益潜力，在市政污水中回收利用纤维素十分必要。

2.高蛋白物质回收技术

(1)从污泥废水中回收高蛋白物质。

污泥通常由核酸、腐殖酸、蛋白质和多糖等溶解性有机物组成。从过量污泥中回收有用的生物材料，近年来受到了人们的广泛关注。Mulchandani 和 Westerhoff 研究了从污水污泥中回收金属和营养物质(如磷和氮)的问题。蛋白质约占细菌细胞干重的 50%。从污泥中回收的蛋白质可用作肥料、黏合剂或动物食品，也可作为能源和资源回收的一种新的可再生资源，为污泥管理提供了一个不同的视角。从污泥中回收蛋白质的步骤通常从筛选开始，然后进行预处理以增溶蛋白质，随后进行过滤，并从蛋白质溶液中沉淀蛋白质。最后，干燥沉淀的蛋白质，从而分离和回收蛋白质产品（粗蛋白）。

Yoshida等人回顾了44篇有关污泥管理的生命周期评估论文，发现70%的论文将污泥视为“废物变产品”，而不是“废物”。Li等人利用生命周期评估比较了5种不同厌氧消化工艺对经济和环境的影响，结果表明能源产出是影响评估结果的决定性因素。目前，对以CE为导向的污泥蛋白质回收进行审查或讨论的研究有限。因此，有必要对从污泥中回收蛋白质的经济、社会和环境影响进行评估，并研究全面厌氧消化的系统边界。

Xiao等人研究表明，从污泥中回收蛋白质是一项将“浪费”污泥转化为有用“产品”的潜在技术，回收的蛋白质可作为生产木材黏合剂、灭火剂、家禽饲料等的合适基质。使用不同的预处理方法可以提高蛋白质的溶解度。如果只考虑释放蛋白质的浓度，pH为12的碱性预处理与超声波（1 W/mL）和热（80 ℃）预处理相比是最有效的。但是，化学品、能源、电力、人员和安装等方面的额外成本必须合理。预处理的应用还能显著改变蛋白质的分子量、构象和类型等。未来的工作重点是通过使用特定的预处理方法改变蛋白质结构，从而回收特定的蛋白质。除了蛋白质的溶解，蛋白质分离纯化所需的化学试剂也要选择得当。据报道，添加硫酸铵是最好的分离方法，其次是pH分级凝胶、离子交换柱、尺寸排阻色谱和高效液相色谱。缺乏从污泥中回收蛋白质的操作/环境标准和激励政策可能会阻碍蛋白质回收从实验室规模的研究转向商业市场。有必要进行试点规模（全面规模）的研究，以便对技术进行微调。此外，从污泥中回收蛋白质的系统生命周期评估对于评估相关的经济、社会、技术和环境影响至关重要。

（2）从乳制品废水中回收高蛋白物质。

乳制品加工业已成为发展最迅速的行业，产生的废水过多，含有蛋白质、脂肪、油脂、油脂（FOGs）等。由于在能源使用和对水资源的依赖方面面临的压力越来越大，可持续研究的重点是减少废水的产生和开发增值产品。据观察，大约2%的加工牛奶被浪费，这导致了废水数量的增加。接收水的水体未经事先处理，就会被废水严重污染。牛奶加工废水中的主要污染物是乳清的有机负荷和体积负荷。乳清由4%～5%的碳水化合物组成，尤其是乳糖。此外，乳制品废水中含有1%的蛋白质和乳酸，0.4%～0.5%的脂肪，1%～3%的盐类。

植物修复是一类生物修复技术，涉及利用特定的植物来分离和降解土壤或水中存在的有毒污染物。植物修复被联合国环境规划署定义为“有效利用植物去除、解毒或固定环境污染物”。在其他处理技术中，植物修复被认为是去除有机和无机污染物的最经济有效、环保和生态可持续的技术。植物修复植物具有增强的生物量和对土壤、废水或修复水中的盐浓度、氮和磷等多种成分的耐受性。可持续发展技术、微藻培养、植物修复等技术使乳制品废水处理与资源回收相结合。

Lemnaminor在处理乳制品废水方面的植物修复效率，重点是利用产生的生物质，其蛋白质、碳水化合物、脂质和氨基酸含量分别约为58%、29.5%、15.6%和34.04%，作为生产微生物蛋白质的营养。例如，利用蟋蟀草进行厌氧消化后对乳制品废水进行植物修复，产生的蟋蟀草生物质可用于生产乙醇、活性炭、重金属和糖吸附剂(通过酶水解)、饲料、含矿物质养分(氮、磷和钾)的生物堆肥以及其他产品。同样，微生物燃料电池也被用于处理高浓度废水，包括乳制品、纺织、家庭、采矿等废水，并同时发电。

在另一项研究中，将 *Shewanellaoneidensis* 和丁酸梭菌的混合物与乳制品废水一起引入上游管状空气阴极 MFC 生物反应器，通过 MFC 工艺去除大量污染物，并实现了 3.5 W/m^3 的最大功率密度和 1.1 A/m^3 的电流密度。Arutselvy 等人使用一个综合厌氧消化器和植物修复装置来处理乳制品废水，并通过一种新颖的连续估价方法将收获的根瘤菌持续排放，以生产生物甲烷和肥料。同样，通过回收乳制品废水中的氮和磷，将排序生物膜反应器与营养膜水培系统集成，种植草莓、番茄和辣椒。在一系列试验中培养了水生大型藻类 *Typhadomingensis*、*Eleocharisintersticta*、*Cyperusarticulatus* 和 *Aichhorniacrassipes*，并评估了其在乳制品废水处理、营养物(氮和磷)回收以及利用水生生物质生产动物饲料、沼气和生物肥料方面的作用。

(3)从肉类加工废水中回收高蛋白物质。

在国内大多数屠宰场和肉类加工厂没有废物管理系统，特别是在回收有价值的生物分子(蛋白质)方面。因此，需要在废水排放到环境之前，从这些废水中有效地回收蛋白质。

一般来说，废水中的蛋白质主要来自内脏材料、水溶性蛋白质、肉类问题和血液。据指出，在用碎鱼制作 1 kg 鱼糜的过程中，会产生 27～29 L 废水。此外，1 L 鱼糜清洗水含有 2～5 g 蛋白质，占鱼初始蛋白质的 15%～30%。此外，每次屠宰牛都会产生 10～20 L 血液，这些血液一般都会进入废水中。据推测，进入废水中的蛋白质主要是肌肉和血液蛋白质。然而，废水中的蛋白质成分和数量主要取决于屠宰过程中的各种操作。血液蛋白质主要由血清白蛋白(约 55%)、球蛋白(约 38%)和纤维蛋白原(约 7%)组成。此外，骨骼肌蛋白质由肌纤维蛋白(50%～60%)、肌浆蛋白(30%)和基质蛋白(10%～20%)组成。废水中的血液蛋白质和肌肉蛋白质的组成会因动物种类、地理条件、屠宰动物的年龄和健康状况而异。由于富含必需氨基酸并具有生物潜力，废水中的蛋白质被认为是动物饲料的优质蛋白质。因此，从这些废水中有效回收和利用蛋白质是一个非常重要的问题，这不仅是因为蛋白质的质量，还因为经济和环境因素。

目前，一些方法已用于从废水中分离和浓缩蛋白质，如膜分离、pH 转移、絮凝剂、欧姆热处理和色谱法。然而，碱溶后等电蛋白沉淀是从低价值材料中回收蛋白质的更有效和常用的方法。与传统方法相比，该方法具有最大的优势，因为它提供了最大的回收率，高功能和稳定的蛋白质缺乏脂质。Hultin 和 Kelleher 通过碱性溶解和等电蛋白沉淀，成功地从副产品、加工废物和废水等低价值物质中分离出功能蛋白。

蛋白质在其功能上是多样的，并受到内在和外在因素的影响。蛋白质的技术功能特性决定了其应用范围的广泛程度。蛋白质的溶解度是一个关键的功能属性之一，因为它极大地影响了其他特性，如乳化、凝胶化和发泡特性。人们已经多次尝试从屠宰场和肉类/鱼类屠宰场工业的副产品(固体丢弃物)中提取蛋白质。Cathrine 通过研究得出，使用碱溶解和等电点沉淀法可以从不同的肉类加工废水中回收 55.54%～76.81%的蛋白质物质，其中蛋白质质量分数为 65.86%～78.22%。所有废水中都含有大量微生物。从不同废水中回收的蛋白质样品在近似成分、氨基酸成分、颜色、蛋白质形态和功能特性方面都存在差异。有趣的是，所有蛋白质样本都显示出较高的必需氨基酸含量。鱼糜加工废水的蛋白质含量、亮度值和溶解度（碱性 pH）均高于其他废水中的蛋白质。此外，山羊屠宰废水的必需氨基酸含量略高于其他废水蛋白质样本。从鱼糜加工废水和屠宰场废水中回收的蛋白质分别由肌纤维蛋白和血液蛋白组成。屠宰场废水蛋白质和鱼糜加工废水的蛋白质溶解度分别在 pH 为 4.5 和 5.5 时最小，但所有蛋白质样本在碱性 pH 下的溶解度都较高，且随着 pH 从 8 升至 11，溶解度也随之升高。鱼类屠宰废水和鱼糜加工废水分别具有较高的乳化性和发泡性。总体而言，所有蛋白质样品都表现出良好的理化和技术功能特性，但略有不同。因此，从废水中回收的蛋白质可能是很有前景的蛋白质来源，可用作食品和饲料系统中的蛋白质成分。

7.2.3　新兴技术的出现

传统的废水处理方法存在一些局限性，如管理废水中的污泥、与曝气方法相关的成本以及大量的能源消耗。在传统的废水处理方法中，一般每产生 1 kg 化学需氧量（COD），就会产生 0.3～0.5 kg 的二次污泥（干生物质）。2021 年联合国世界水发展报告中指出，世界各地的污水处理厂每年排放约 3%的温室气体。在世界各地，不同的研究团体和行业都将注意力集中在开发先进的废水处理设备上，这些设备可以实现低碳经济、高效节能、易于操作且经济可行。最近，人们开发了一些先进的废水处理工艺，如湿地和藻类处理、anammox 技术、膜生物反应器、厌氧处理以及微生物燃料电池（MFC）。然而，厌氧法处理污泥需要双倍的能量。此外，厌氧法需要较长的停留时间（20～30 d），并取决于所采用的技术、所用反应器的类型和系统的温度。

将厌氧法与膜反应器相结合有几个好处，如启动时间快、停留时间短、化学需氧量去除效率高、回收各种有害营养物质的概率小。厌氧法仍存在一些局限性，如处理后的水中甲烷溶解度较低。在这方面，微生物燃料电池可以帮助有效去除废水中的营养物质并产生能量。微生物燃料电池中使用的不同微生物可将废水中的有机物转化为电能。理想的微生物燃料电池包含带有离子膜的阴极室和阳极室。有机物氧化会在阳极产生电子和二氧化碳，从而有助于发电。此外，微生物燃料电池可有效去除约 50%的 COD。与厌氧方法相比，微生物燃料电池去除化学需氧量的效率较低。在厌氧法中，硝酸盐和铵在厌氧细菌的作用下发生转化，并产生氮气。厌氧法的化学需氧量去除率非常高（大于 90%），这种方法还能减少 60%以上的二氧化碳。

最近，基于藻类的废水处理方法因其多种优势而备受关注，如利用废水中的营养物质可持续地生产脂质和其他有价值的生物大分子，通过吸收降低大气中的二氧化碳含量，以及利用潜在的生物质作为第三代和第四代可再生能源。小球藻已被成功用于降低城市污水中约 70%的化学需氧量。藻类有可能将废水中的磷和氮等营养物质去除约 90%，而且与其他废水处理方法相比，只需少量能源。

7.3 有机废水生产微生物絮凝剂

生物絮凝剂是利用微生物技术，通过发酵、提取、精制而得到的一种可生物降解的高安全性、高效率、低成本的新型水处理剂。目前最常使用的絮凝剂是传统的无机絮凝剂和合成有机高分子絮凝剂。它们在使用过程中的不安全性和对环境造成的二次污染越来越受到人们的关注。传统絮凝剂虽在相当一段时间内起主导作用，但存在处理效率不佳、耗费大、有一定的危害且存在二次污染等问题。20 世纪 80 年代后期，伴随着生物技术的发展，生物絮凝剂应运而生。自从活性污泥中筛选出能产生絮凝剂的菌株以来，国内外已有不少研究人员筛选出能产生絮凝剂的微生物。产生絮凝剂的细菌广泛分布于土壤和水中，种类繁多，包括细菌、真菌、放线菌、酵母菌和藻类等。絮凝剂的成分也多种多样，通常由多糖、蛋白质、DNA、纤维素、糖、蛋白质、多种氨基酸和其他成分组成。絮凝剂材料大多是生物活性物质，可生物降解，无二次污染，克服了安全问题和环境污染问题，同时还具有高絮凝性，这些都带来了广阔的发展前景，成为近年来的研究热点。

7.3.1 微生物絮凝剂的组成与种类划分

根据生物絮凝剂的来源进行分类，可分为以下 3 类。

（1）利用微生物细胞壁提取物的絮凝剂。

絮凝酵母菌的絮凝机理是细胞外壁甘露聚糖与细胞表面蛋白结合造成细胞凝集。此外，酵母细胞壁葡聚糖、*N*－乙酰葡糖胺、丝状真菌细胞壁多糖等对许多微生物细胞和其他带负电荷的颗粒都有很强的絮凝作用。

（2）利用微生物细胞壁废弃物制成的絮凝剂。

利用微生物细胞壁废弃物制成的絮凝剂包括聚－β－羟基丁酸（PHB）、细胞内聚合物、藻类的细胞壁多糖等。*Zoogleoarainigera* 产生的附着在细胞表面的胞外纤维 PHBEC－1 直接使这些细胞具有絮凝活性。

（3）直接利用微生物细胞的絮凝剂。

中村等人从霉菌、细菌、放线菌、酵母菌等微生物中筛选出 19 种具有絮凝能力的微生物。直接利用微生物细胞的絮凝剂是由 *Aspergillussojae*AJ7002 产生的。仓根发现由红球菌（*Rhodococcuserythropolis*）制成的微生物絮凝剂 Noc－1 在大肠杆菌、酵母菌、浑水、河水、灰渣水、活性炭水、膨化污泥和纸浆污水中都有明显的絮凝和脱色效果。此后，Suh 等人发现的典型絮凝剂是 DP－152，这是首次发现杆状细菌也能产生絮凝剂。

根据多年的研究，可以初步确定，从化学本质来讲，生物絮凝剂主要是微生物代谢产生的各种多聚糖类，这类多聚糖中有些是由单一糖单体组成，有些是由多种糖单体组成的杂多聚糖，有些生物絮凝剂是蛋白质（或多肽），或者是有蛋白质（或多肽）的参与。脂类、DNA 等其他类型的生物絮凝剂较为少见。另外，有些絮凝剂中还含有无机金属离子，如 Ca^{2+}、Mg^{2+}、Al^{3+} 和 Fe^{3+} 等，但并非细菌合成的所有多糖均具有絮凝活性，研究表明，在 *Pseusdomonas* sp. 絮凝过程中只有 10% 的多糖发挥了作用。试验研究也证明，某些生物絮凝剂的分子结构还会随培养条件的改变而相应变化。

2. 微生物絮凝剂的絮凝机理

微生物絮凝剂是由微生物或其代谢产物形成的一种无毒生物高分子化合物，主要包括糖蛋白、多糖、蛋白质、纤维素、DNA，以及细菌的絮凝活性。微生物絮凝剂能使离散微粒(包括菌体细胞自身)之间相互黏附，并能使胶体脱稳，形成絮体沉淀而从反应体系中分离出去。絮凝过程是一个复杂的物化过程，关于微生物絮凝剂的作用机理先后提出过许多假说，如 Butterfield 的"黏质假说"，Crabtree 的利用 PHB 酯合假说，Fridman 的菌体外纤维素学说以及离子键、氢键架桥学说，电荷中和作用，卷扫作用，吸附架桥学说等。絮凝的形成是一个复杂过程，单一的某种机理并不能解释所有现象。

(1)离子键、氢键架桥学说。

絮凝剂大分子借助离子键、氢键和范德瓦耳斯力，同时吸附多个胶体颗粒，在适宜的条件下在颗粒之间产生"架桥"现象，从而形成一种三维网状结构而沉淀下来，表现出较好的絮凝能力。该学说可以解释大多数微生物絮凝剂引起的絮凝现象，以及一些因素对絮凝的影响，并为一些试验所证实，因此受到人们的普遍接受。微生物絮凝剂的絮凝活性受微生物的絮凝活性受分子链长度的影响。一般来说，分子链越长，絮凝效果越好。此外，分子结构也是影响絮凝效果的因素之一。由于空间的影响，线性结构的絮凝剂分子的絮凝效果优于支链结构或交联结构的絮凝剂分子。微生物絮凝剂通过吸附架桥作用使水中的悬浮颗粒沉降。絮凝剂的分子结构中含有许多亲水基团，如羟基、羧基等，活性基团由于中和作用和化学反应，促进了絮凝剂分子与气溶胶之间的吸附架桥作用。

(2)电荷中和作用机理。

电荷中和作用机理认为，水中的胶体普遍带有负电荷，可通过带有一定正电荷的链状生物大分子絮凝剂或水解产物的接近来中和其表面的电荷，并进一步引起胶体间的相互碰撞，胶体与絮凝剂分子通过分子间的作用力而团聚沉淀。

(3)卷扫作用机理。

当微生物絮凝剂投加量一定且形成小粒絮体时，可以在重力作用下迅速网捕、卷扫水中胶粒，从而产生沉淀分离。该理论认为，絮凝剂在重力作用下形成小尺寸絮体的沉淀过程就像滤网，能迅速扫除水中的颗粒，从而导致沉淀。清扫功能基本上是一种机械功能。

(4)类外源絮凝聚素假说。

外源性凝集素假说解释了微生物酶的絮凝机制，即微生物酶细胞壁上的特殊表面蛋白与微酶其他细胞表面的半糖残基特异性结合，这是絮凝的结果。絮凝的供体对沉淀物敏感，只在絮凝的细胞上。絮凝受体对释放不敏感，受甘露糖特异性的控制，只存在于絮凝和非絮凝细胞上。精糖层的形态和结构变化最终会导致酵母细胞絮凝活性的不可逆损失。Miki 采用甘露聚糖特异性结合剂 ConA－铁蛋白观察酵母的絮凝过程。研究发现，在絮凝过程中，两个酵母细胞的大部分表面接触，细胞壁上的精糖残渣结合，细胞壁变形，这可能与甘露糖层黏度大有关，而非絮凝酵母细胞相互作用较弱，难以接触。

(5)菌丝体外纤维素学说。

弗里德曼发现，絮凝产生的部分细菌外有原纤维，认为细菌外的原纤维聚合，形成絮凝物，因此，提供了细菌外有纤维素原纤维的假说。某些微生物产生的絮凝物质在细菌的营养液中不解离，而是作为类细菌细胞或类似的胶囊状物质(如具有絮凝性能的微酶和纤维蛋白产生的细菌)紧密附着在细胞表面，与细菌外的原纤维相似，引起絮凝。这一假设可以合理地解释纤维蛋白产生的细菌的絮凝机制。

(6)病毒假说。

斯特兰特福德提出的关于酵母絮凝机制的病毒理论认为，外源性絮凝凝集素可能是由酵母的一种感染剂产生的，而不是酵母本身的。这一假设得到了最近研究的支持，如酵母絮凝可能受到病毒诱导的激活蛋白表达的影响。还发现 Kill－L 病毒与 FLO 存在表型关联，LdsRNA 与假设的絮凝结构基因一致，提示酵母絮凝是 Kill－L 病毒壳蛋白表达的结果。然而，病毒假说是基于间接证据的，需要进一步的试验证据。

(7)化学反应。

絮凝剂大分子中的一些活性基团与相应的絮凝材料基团发生化学反应。然后，它们形成大分子并沉淀下来。通过对天然大分子的改性，添加或去除部分活性基团，其絮凝活性会受到很大的影响，说明这些絮凝剂的絮凝活性主要取决于活性基团。

以上介绍的絮凝机理，在水处理中常常不是单独孤立的现象，而往往可能是同时存在的，只是在一定情况下以某种现象为主而已，可以用来解释水的絮凝现象。现在多数学者认为，絮凝作用机理是由凝聚和絮凝两种作用过程完成的，凝聚是胶体脱稳并形成细小凝聚体的过程，而絮凝则是上述凝聚体在“桥联”作用下生成大体积絮体的过程。然而，絮凝过程是一个复杂的物理化学过程，对所有微生物絮凝剂的絮凝过程进行合理解释仍远远超出目前理论的范围。为了更好地解释其机理，需要对微生物絮凝剂和胶体颗粒的组成、结构、电荷、构象以及各种反应条件的影响进行更深入的研究。

7.3.2 微生物絮凝剂的研究概况

在 20 世纪 50 年代，人们就发现了能产生絮凝作用的细菌培养液。真正深入研究，却始于 1976 年，Naknmura 等对能产生絮凝效果的生物进行了研究。至今发现的具有絮凝性状的生物种类有真菌、酵母菌、细菌、藻类等，由它们产生的生物絮凝剂类型很多。Takagi 研究了由 *Paecilomyces* 属产生的 PF101 絮凝剂，它与大肠杆菌、枯草芽孢杆菌、酿酒酵母、红细胞、活性炭、活性污泥、纤维素粉末、硅藻土和氧化铝具有良好的絮凝作用。Salehizadeh 等人使用枯草芽孢杆菌产生的絮凝剂处理染料废水和酵母废水，取得了良好的絮凝效果。20 世纪 90 年代后，朝鲜、伊朗和日本等发现了一些新的絮凝剂产生菌，1999 年，关于糖类以外生物絮凝剂生产用碳源的报道，他们发现乙醇比葡萄糖和果糖可更有效地产生絮凝剂。目前，在日本和美国已有多种生物絮凝剂粉剂产品和液态生物活性剂品牌用于污水处理，可快速清除堵塞物，并解决污水污泥膨化问题。

我国的生物絮凝剂发展起步较晚，20 世纪 90 年代以来，国内有关的报道也日渐增多。张本兰从活性污泥中筛选出絮凝剂菌株(*Ralcaligenes*8724)，用于氯霉素、有色黑液等废水处理，取得了良好的絮凝脱色效果。李志良等筛选了 6 种微生物絮凝剂，其发酵上清液对黑液、偶氮染料废水、制革废水、电镀废水的 COD（去除率为 55%～98%）、悬浮物均有良好的去除效果，对色度和浊度的去除率均在 90%以上。哈尔滨工业大学马放教授首先提出复合型生物絮凝剂的概念，这种絮凝剂安全无毒，可以以稻草、秸秆等廉价的生物质材料作为底物，利用纤维素降解菌群和絮凝菌群进行两段式发酵后分离提取而获得。它可广泛应用于给水处理、废水处理、食品工业和发酵工业等领域。

7.3.3 微生物絮凝剂的生产

在以往实验室阶段的生物絮凝剂研制中，培养基的碳源物质大都为葡萄糖、果糖、蔗糖、半乳糖、淀粉等，氮源物质为酵母浸出汁、牛肉膏、蛋白胨、酪蛋白氨基酸等，这些物质价格昂贵，成为制约生物絮凝剂大规模生产和应用的一个主要瓶颈。为此，研究者进行了大量的利用廉价底物进行发酵生产絮凝剂的研究。

利用廉价的替代基质生产微生物絮凝剂，不仅有利于降低微生物絮凝剂的生产成本，还能实现固体废弃物或废水的资源化利用。高浓度有机废水富含有机物，可作为发酵碳源或氮源廉价生产微生物絮凝剂，如马铃薯淀粉废水、啤酒厂废水、玉米乙醇废水、养殖废水、棕榈油厂废水、苎麻生物发酵废水、含酚废水和铬酸废水。

玉米秸秆、玉米芯、花生壳和米糠等木质纤维素农业废弃物可被分解为还原糖，然后通过微生物发酵转化为其他高附加值产品。因此，如何有效地将这些农业废弃物转化为有价值的产品并减少环境污染是当前的研究热点之一。为了降低微生物絮凝剂的生产成本，利用热硫酸水解得到的农业废弃物水解物作为发酵培养基的碳源。例如，用玉米秸秆水解物作为红球菌（*Rhodococcus erythropolis*）生产微生物絮凝剂的发酵碳源，产量达到 2.4 g/L；以稻壳的热酸性水解物为碳源，微生物絮凝剂的产量达到 6.2 g/L；以花生壳水解物为碳源，假单胞菌 L918 的微生物絮凝剂产量达到 3.39 g/L。

厨余垃圾是一种半固体废物，主要由家庭、食堂和餐馆产生，它含有淀粉、脂肪、蛋白质、纤维素、果胶和无机盐等多种有机物质，为生产微生物絮凝剂提供了完整的营养需求。能直接将厨余垃圾转化为微生物絮凝剂的菌株一般需要产生多种降解酶，以分解厨余垃圾中的大分子物质。研究发现，*B. agaradhaerens* C9 能够产生多种降解酶，包括淀粉酶、蛋白酶、脂肪酶、纤维素酶、木聚糖酶和果胶酶，不仅实现了厨余垃圾的资源化利用，生产出微生物絮凝剂，而且成功应用于矿山废水处理，产率达到 6.92 g/L。

根据赵广人的研究，根瘤菌和芽孢杆菌在厌氧共消化（玉米秸秆和糖蜜废水）的废水上清液中生长时，能够合成絮凝物质。以甲醇废水为生长介质，生产出了有助于去除亚硝酸盐的生物絮凝剂。马铃薯淀粉废水被用于培养两株根瘤菌，从而生产出用于废水处理的高效生物絮凝剂 MBF917。此外，郭俊言等人还报道了利用废水污泥制备絮凝活性超过 92%的生物聚合物。

乔福珍从空气和活性污泥中筛选出絮凝剂产生菌，分离纯化后得到 2 株产絮菌，构建复合产絮菌群利用啤酒废水作为培养基生产絮凝剂，得到复合菌最佳产生絮凝剂的条件，表明啤酒废水完全可以取代葡萄糖作为复合菌的碳源和能源，从而“变废为宝”，实现其资源化利用,同时大大降低培养成本。进一步利用生物絮凝剂粗品对大庆某化工厂的含油废水进行处理,在生物絮凝剂投加量为 6 mL、$CaCl_2$投加量为 6 mL、pH 为 9 时絮凝率可达 90.5%,COD 去除率为 68.7%,氨氮去除率可达 95%。

马放等发明了一种利用谷氨酸发酵废水制取复合型生物絮凝剂的方法,在培养液中加入谷氨酸发酵废水,利用农业废弃物秸秆和谷氨酸发酵废液生产复合型生物絮凝剂。尹华等考察了生物絮凝剂产生菌在味精废水中发酵产生絮凝剂的絮凝特性,谷氨酸废液的加入可以降低酵母膏的投加量,有很高的经济价值。王爱杰等开发出利用生物发酵残液制备生物絮凝剂的新方法,用于废水的除浊、脱色效果显著。

综上所述,众多研究者在可替代的廉价培养基原料生产生物絮凝剂方面做了很多尝试和探索,但距离大规模工业化生产仍需要做大量的、进一步的试验和研究。

7.3.4 微生物絮凝剂的应用

对于微生物絮凝剂的研究,最基本的目的是用于实际生产和生活中。不同废水的来源不同,其组成差异很大,处理这些废水所需的生物絮凝剂也很不同。微生物絮凝剂种类多,处理不同废水时的絮凝机理不同,其性能也不同。

(1)煤浆处理。

煤浆是选煤厂湿处理过程中的工业废水。煤浆废水主要是水和细煤粉的混合物,固体颗粒较细,浊度较高。它受到布朗运动、重力和固体粒子界面间的相互作用的影响。煤浆废水同时具有悬浮液的性质和胶体的性质。因此,很难自然地澄清。目前,工厂仍普遍使用高分子絮凝剂来处理煤浆废水。然而,高分子絮凝剂的使用不仅价格昂贵,而且还可能产生二次污染,因此寻找一种经济安全的絮凝剂来处理煤泥水非常重要。20 世纪 60 年代初,R. WSmith 利用分枝杆菌处理煤浆,取得了良好的效果。目前,利用微生物絮凝剂处理煤废水不仅具有高效、快速、无污染的特点,而且还能降解有机污染物。刘展莹等首次研究了我国煤浆絮凝剂生产的微生物育种。在试验中,利原温孢菌的驯化育种应用于絮凝剂的生产过程。试验结果表明,在试验条件下,原黄孢菌的最大絮凝率为 93.5%,絮凝驯化黄孢菌率达到 88.68%,紫外诱变和化学诱变球黄孢菌的最高絮凝率分别达到 95.08%和 95.04%。研究还表明,驯化育种有助于提高絮凝煤浆的稳定性。

(2)食品工业废水处理。

食品工业产生的废水量最大,也是废水成分最复杂的行业之一。食品或杂货加工过程中未经彻底处理的废水具有很高的污染负荷。蛋白质食品生产过程中产生的废水营养成分含量高,容易造成水体富营养化,其中以乳制品最为明显。这类食品废水主要是有机污染物。早在 1974 年,我国就颁布了《水(污染防治)法》及修正案,对废水处理和合理利用水资源提出了限制和要求。食品加工业的废水中含有大量有机物和悬浮物。啤酒、淀粉等生产企业排放的废水中,生化需氧量和化学需氧量较高。如果这些废水直接排放到环境中,会消耗水中大量的溶解氧,直接导致环境恶化。试验证明,微生物絮凝剂对食品废水有较好的处理效果,且絮凝回收可生物降解,不会形成二次污染。

(3)重金属废水处理。

重金属废水是指冶炼、电子、化工等工业生产中产生的含有镍、镉、汞、铅、铬、铜等重金属的废水。电镀、采矿和化工行业每年都会产生大量的重金属废水，这些重金属废水排放到环境中，对环境和人类健康危害极大。如何有效去除废水中的重金属离子，同时实现废水回用和重金属的循环利用，是重金属废水处理的发展方向。微生物絮凝剂作为一种绿色絮凝剂，也被应用于重金属废水的絮凝过程中。微生物絮凝剂对金属废水的絮凝效果不仅受微生物性质的影响，还受微生物与金属亲和性的影响。例如，芽孢杆菌絮凝剂对 Cu^{2+} 和 Pb^{2+} 有很好的处理效果。假单胞菌对 Cd^{2+} 的去除率可达 93.5%。研究结果表明，在细胞外聚合物中，细胞外多糖的生物吸附能力远远高于细胞外蛋白质。

(4)造纸废水处理。

一般来说，造纸原料有 3 种：木材、非木材和回收纤维。在生产过程中，生产每吨纸要消耗 60 m^3 淡水，因此造纸厂也要消耗水资源。如果这些废水不能得到有效解决，很容易对水环境造成危害。在提取微生物絮凝剂处理造纸废水的研究中，絮凝效果良好，在最佳絮凝条件下，氨氮去除率高达 96%。真菌被广泛应用于制浆造纸厂废水处理。与细菌相比，真菌具有更强的抗干扰能力和产生胞外酶的能力，其中最常见的是白腐真菌。*Trametes pubescens* 和 *Phanerochaete chrysosporium* 是两种已被深入研究过的白腐真菌，它们能够通过产生过氧化物酶和酚类化合物来降解木质素和酚类化合物。Malaviya 和 Rathore 使用 *Merulius aureus*(一种未确定的菌属)和 *Fusarium sambucinum* 组成固化真菌复合物，用于处理牛皮纸废水。牛皮纸的生产原料是蔗渣和桉木，所产生的纸浆色度和 COD 都很高。试验结果表明，使用这种真菌复合物可使木材色度和木质素含量分别降低 78.6%和 79.0%，COD 去除率高达 89.4%。此外，试验还研究了 *Pleurotussajor-caju* 和 *Rhizopus oryzae* 两种真菌。前者属于白腐真菌，后者属于软腐真菌。用这种真菌复合物处理漂白硫酸盐蓝桉二级处理产生的废水，废水的色度和化学需氧量明显降低。培养 10 d 后，COD 的去除率为 74%～81%。Liu 等人选择了一种机械浆进行实验室测试，这种机械浆的主要成分是黑曲霉杨碱性过氧化物。正交试验优化了反应条件，结果表明，当接种量为 3%，反应 pH 为 6，以 160 r/min 的转速连续振荡 60～72 h，反应温度保持在 30 ℃时，效果最佳。此时，COD 去除率为 60%，浊度和色度去除率分别为 77%和 43%。试验可获得约 97%的甲基叔丁基醚(MTBE)提取物。

(5)纺织废水处理。

纺织业是工业废水的主要产生者之一。不同的资源和原材料的耗水量不同。相比之下，合成纤维的耗水量要小得多。不同工艺所需的水量也各不相同。纺织废水的成分很复杂。除了基本的酸碱、满足各种颜色需求的染料外，还有不同原料造成的差异，如棉纺织废水中的棉废料、毛纺织废水中的蛋白质和油脂、纤维纺织废水中的纤维碎屑等。此外，为了提高纺织品的质量，在纺织加工过程中会加入很多添加剂，这些添加剂会直接或间接造成纺织废水中有机污染物含量超标，重金属离子严重超标。因此，如果仅从对环境影响的角度来看全球影响，估计纺织业是需水量最大的行业。据世界银行估计，纺织废水占工业废水总量的17%～20%。一个典型的中型纺织厂的耗水量约为200 L/(d·kg)纺织品。更严重的是,高污染负荷的纺织废水很容易造成二次污染。纺织废水的生物处理一般以处理废水中的溶解物质为基础。微生物法的去除效率与微生物本身的负荷有关,也受系统中氧浓度、温度和有机负荷/染料比率的影响。微生物驯化是获得适应目标环境的微生物的较好方法。微生物会逐渐适应纺织染料,新生长的菌株更能适应环境要求。生物絮凝和生物降解的效率取决于微生物本身的适应性和产生的酶的活性。近年来,通过驯化微生物分离出了大量适应目标环境的微生物,从而获得了大量酶。生物絮凝和生物降解处理废水可以减少用水量,在新陈代谢中不产生有害物质。生物处理对生态更加友好,成本低,在行业中更具竞争力。藻类由于其独特的去除偶氮染料的能力,在纺织废水中染料的去除中得到了越来越广泛的应用。此外,利用藻类废物进行脱色的生物吸附过程是一种替代昂贵的活性炭和其他材料的实用替代材料。

(6)含油污水处理。

含油污水是一种常见的工业废水和生活废水,包括石油开采和石油化工排放的石化废水,以及其他行业排放的含油废水。絮凝剂处理含油污水费用低,常作为含油污水的一级处理。H. M. Oh等从污泥中筛选、复筛得到一株具有较高絮凝活性的菌,该菌产生的絮凝剂絮凝沉降石化废水,絮凝效果好,浊度去除率达90.1%。崔建升等用一种发酵法制备的生物絮凝剂,对试验用乳浊液絮凝除油效率达95%以上,优于商品破乳剂E－3453的絮凝性能。将生物絮凝剂用于含油废水的处理,出水含油量小于5 mg/L。尹华等对多糖微生物絮凝剂JNBFs－25的结构和性质进行研究,该絮凝剂对石化废水有良好的处理效果,并且污泥的沉降性能有较大改善。李桂娇等筛选出了3株絮凝活性很高的菌种(JSP－18、JSP－26、WU－16),分别采用80%(体积分数)的JSP－18、JSP－26、WU－16的培养液与20%(体积分数)的J－25菌液联合处理某石化厂废水,其浊度去除率大于90%,对COD的去除率分别为70.0%、44.0%和23.0%。

(7)印染废水的处理。

印染废水是指棉、毛、麻、纤维及其混合纺织品在印染加工过程中产生的废水。印染废水中含有纺织品杂质、染料和助剂。印染废水主要产生于退浆、洗净、漂白、丝光、增白、染色和印花等几个工序。印染废水中含有高浓度的纺织杂质、染料、助剂、油类和浆料。虽然不同印染产品中的污染物和不同印染工艺排放的废水差别很大,但总体而言,有机污染物含量高、碱度大、水质不稳定、化学需氧量高、生物降解性差、BOD/COD值低是印染废水的主要特点。印染废水的色度比一般废水高,成分比一般废水复杂。染料和中间体种类繁多,甚至含有六价铬、苯胺染料等有毒有害物质。

生物絮凝剂因其具有超强的絮凝性能,可使一些难处理的高浓度废水得到絮凝,并明显降低COD、色度等指标,并且微生物絮凝剂易生物降解,对环境安全,无二次污染,是一种具有良好发展前景的新型绿色药剂,因而具有广阔的应用前景。

7.4 有机废水处理与同步产电技术

近些年来，研究人员结合微生物降解和电化学反应，开发出了一种既能处理有机污染物处理又能将有机废物资源化的有机废水处理与同步产电技术，这种技术以有机废水为底物燃料，接种微生物分解有机物，在分解过程中微生物利用胞外电子转移和电化学反应将废水和固体废弃物中蕴含的化学能转化为电能，故被称为微生物燃料电池（microbial fuel cell，MFC）。微生物燃料电池工作条件温和、产生污泥量少、有机底物来源广、去除效率高，在运行过程中主要产物是二氧化碳和水，全过程清洁、高效、零排放，是颇具开发前景的绿色能源技术。

7.4.1 微生物燃料电池的理论基础

1. 基本原理

MFC 能够去除有机物并同步产生电能，是依靠微生物作为生物催化剂，将产电微生物在分解有机污染物时的厌氧呼吸过程产生的电子从阳极传导至阴极，在阳极和阴极连接的外电路之间形成电流，将废水中有机污染物的化学键能转化为电能，在常温常压下的温和条件下实现化学键能到电能的能量转换。

MFC 通常由阳极区、阴极区、质子交换膜 3 个关键组成部分。有机物投加至阳极室内，在阳极室接种的厌氧产电细菌的氧化作用下，释放出质子和电子。电子首先传递到阳极后，经外电路传递至阴极，而质子在电解质溶液中，通过质子交换膜进入阴极区。除了传递质子以外，分隔两极区的质子交换膜还可以阻止氧气扩散到阳极室，以维持阳极的厌氧条件。在阴极区内，传导至阴极的电子和进入阴极区的电子与阴极区的电子受体物质发生反应。如图 7.7 所示，以醋酸盐作为电子供体模型的 MEC 电氢化过程及其可能的电压损失包括：①阳极电位损失；②膜和欧姆损失；③阴极电位损失。

2. 性能评价

MFC 作为有机废水处理技术，最常用的衡量污水处理效率的指标是 COD 去除率。生物燃料电池具备去污净化和降解毒性有机物的能力。在试验计算中，一般用 COD 去除率评价微生物燃料电池的去污能力。与其余有机废水处理工艺中的 COD 去除率计算方法相同，微生物燃料电池阳极微生物的计算方法为

$$E=(\mathrm{COD_{in}}-\mathrm{COD_{ou}})/\mathrm{COD_{in}}\times 100\%$$

式中，$\mathrm{COD_{in}}$表示微生物燃料电池反应开始时阳极溶液的 COD 值；$\mathrm{COD_{out}}$表示反应结束时阳极溶液的 COD 值。

库仑效率（coulombic efficiency，CE）被用于评估和度量微生物燃料电池阳极电子的有效利用率。微生物燃料电池的阳极微生物种类繁多。多种微生物进行新陈代谢从而引起有机物降解方式多样。在各种微生物新陈代谢的过程中，只有一部分有机物的转换

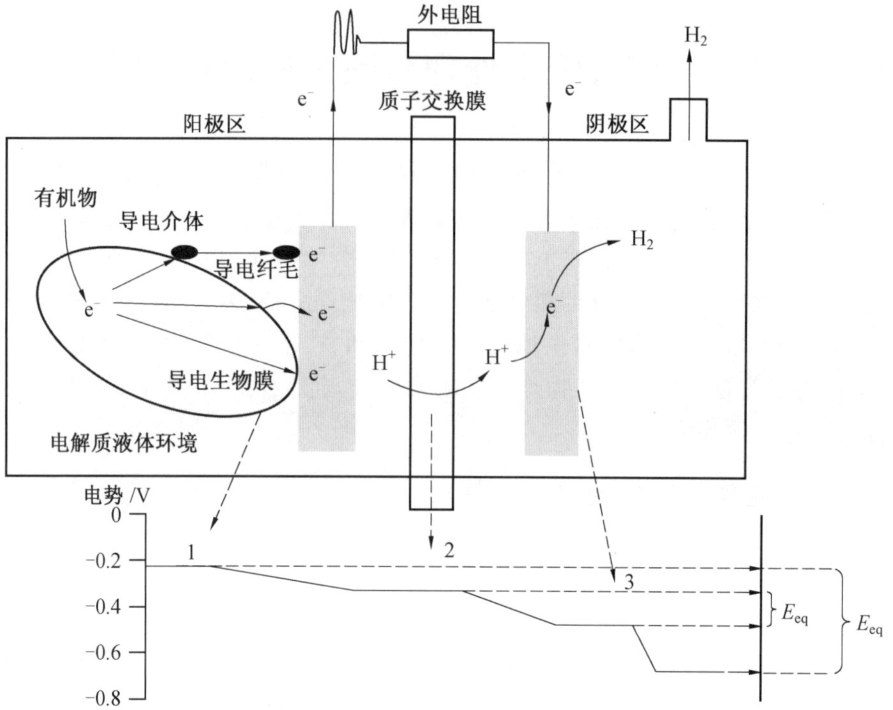

图 7.7 微生物燃料电池工作原理

过程会产生电流。产电微生物都会通过降解有机物产生电子，但是只有附着于阳极碳毡上的产电微生物产生的电子能够经过外电路，形成电流。这意味着阳极电解液中产电微生物产生的电子不会对外电流产生任何贡献作用。因此，可利用库仑效率来度量有机物转化为电能的总电量的百分比，即

$$CE=(COD_{in}-COD_{out})V_A bF/MO_2$$

式中，COD_{in}为初始化学需氧量(mg/L)；COD_{out}为反应后化学需氧量(mg/L)；V_A为 MFC 阳极总体积(m^3)；MO_2为以氧为标准的有机物摩尔质量(32 g/mol)；b 为以氧为标准的氧化 1 mol 有机物转移的电子数(4 mol/mol)；F 为 Faraday 常数(96 485 C/mol)。

MFC 输出功率的计算公式为

$$P=iU$$

式中，P 为输出功率；i 为电流，A；U 为输出电压，V。

MFC 运行时，可以直接用数字万用表测出的参数是外电阻两端的电压(U)，然后再根据欧姆定律计算出电流，即

$$i=\frac{U}{R_c}$$

为了比较不同 MFC 的性能优劣，通常会将输出功率依据 MFC 构型的特点进行标准化。由于很多系统没有进行输出功率的优化，一般选择实际应用中比较方便的参数来进行标准化。生化反应通常发生在阳极电极表面，所以，通常输出功率以阳极电极表面积

为基准进行标准化，其计算公式如下：

$$P_{\mathrm{An}}=\frac{U^2}{A_{\mathrm{An}}R_{\mathrm{v}}}$$

式中，P_{An}为以阳极电极表面积为参数的功率密度，$\mathrm{W/m^2}$；A_{An}为阳极电极表面积，$\mathrm{m^2}$。

3. 微生物燃料电池的研究概况

生物产电现象于 1911 年就被发现。1911 年英国科学家 Potter 首次将微生物用于燃料电池，他制作了一个燃料电池，将酵母菌接种到阳极上，将灭活酵母菌接种在阴极上，发现阴、阳极之间存在明显的电位差。1931 年，剑桥大学的 Cohen 研究员通过连接多个 MFC 获得了 35 V 的输出电压。这是第一个通过采用堆叠 MFC 的方法产生大量电压电流的试验。1999 年，Kim 课题组证实了在无外源电子介体加入条件下 MFC 可以产生电流。

目前，国内外学者在电极材料、电池构型、微生物群落、运行条件以及废水中的应用等方面对 MFC 展开了多方面研究。无论是简单的小分子有机物还是复杂的高分子物质均可被 MFC 直接或间接利用，并在降解的同时产生电能，因此 MFC 在有机废水处理领域的应用非常广泛。MFC 被广泛应用于各项污染物的去除及能量的回收，例如海水脱盐淡化、金属离子固化提取池。同时 MFC 也可与不同工艺进行耦合提高能量回收效率，例如植物 MFC 和藻类 MFC 等。

尤世界等利用厌氧活性污泥，以乙酸钠和葡萄糖为底物产生的最大功率密度分别为 146.56 $\mathrm{mW/m^2}$、192.04 $\mathrm{mW/m^2}$。清华大学的曹效鑫等人利用两套阴阳极组成的 MFC，采用厌氧污泥对乙酸自配水进行试验，可输出功率密度为 300 $\mathrm{mW/m^2}$。孙敏拓展了 MFC 的应用，以硫化物为电子受体在发电的同时进行脱硫，并将 MFC 与微生物电解池结合产生氢气。Logan 设计了具有中试规模的空气阴极 MFC 容积为 850 L 并用于有机废水处理及产电，为开发大规模 MFC 系统并用于能源回收及环境治理提供了指导。

目前研究发现制约 MFC 系统的电能输出和能量回收率的因素包括反应器的结构、接种物、温度、基质浓度等，不仅会影响 MFC 的电能输出和能量回收，也会影响电极表面生物膜的形成及其群落结构和功能。与其他太阳能和风能等能量转换系统相比，MFC 属于一种低能量系统，这主要是由于热力学因素的限制以及电极电势的损失，如活化极化、浓差极化、欧姆损失等。通常实验室规模 MFC 直接产生的能量不足以支撑实际应用。尽管在近些年的研究中 MFC 功率密度增加了数量级，从不足 1 $\mathrm{mW/m^3}$ 增加到 2.87 $\mathrm{kW/m^3}$，然而，在将该技术应用于商业规模之前，仍有许多挑战需要解决。目前，MFC 的进步是由于单个参数的优化和定制开发，如更适合这种应用的增强电极材料。随着电极表面细菌的跨学科研究，MFC 的生化途径和支持电子转移机制的次生代谢物的影响，可能促进 MFC 功率输出更接近理论极限，并进一步推进 MFC 的应用发展。

7.4.2　构型设计

从基本技术原理来讲，如前文所提，MFC 的结构主要由阳极、阴极和膜 3 个关键部件组成。从污水处理的角度而言，MFC 的阳极室就是一个填料型厌氧反应器，不同的是，在普通厌氧工艺中，填料只充当生物膜载体的作用，而在 MFC 内，阳极会起到生物膜载体和收集传导电子的双重作用。在 MFC 的 3 个关键部件中，阴极和阴极室是 MFC 区别于一般污水处理反应器最大的不同，阴极接收从阳极传来的电子并发生还原反应；而电解质和膜在 MFC 中最主要的作用是实现阴阳极的隔离（防止短路）、质子传递和阴阳极室条件的维持。根据电池构型一般将其分为单室型、双室型和三室型 MFC。根据阳极、膜、阴极的相对位置的不同，大致可将目前的 MFC 构型分为三类：两室型、“二合一”和“三合一”，如图 7.8～7.10 所示。

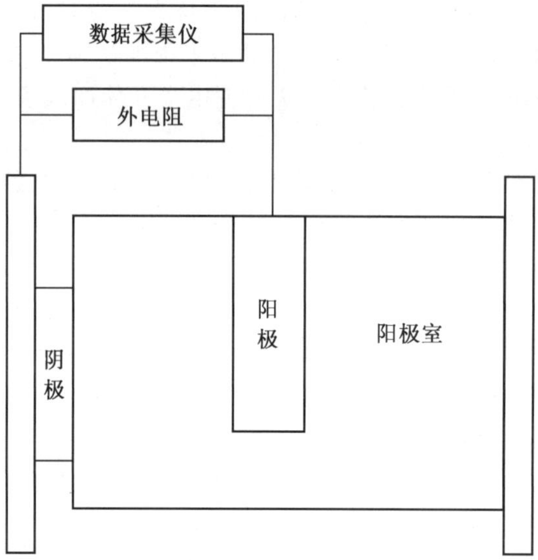

图 7.8　单室型 MFC

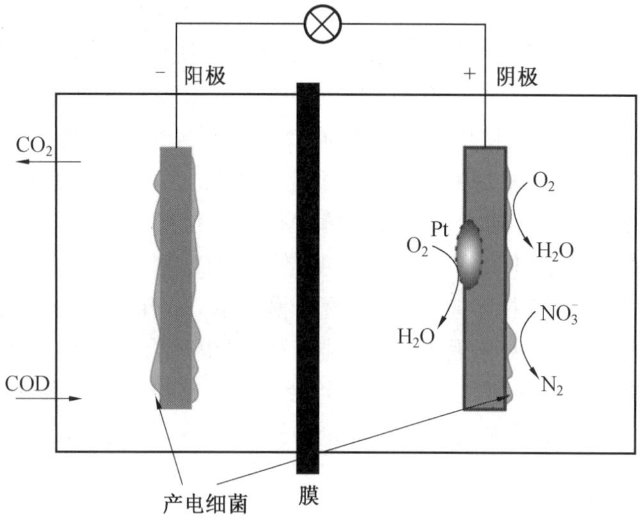

图 7.9　双室型 MFC

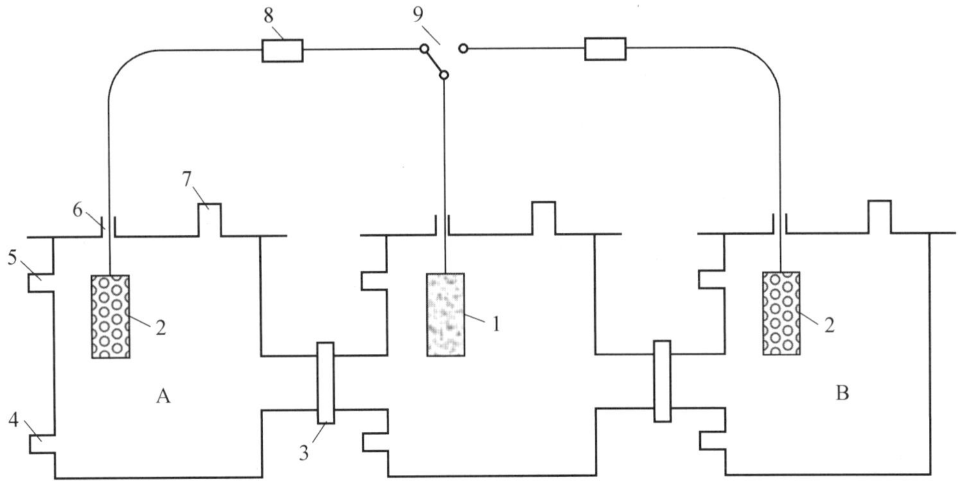

图 7.10　三室型 MFC

7.4.3　MFC 性能的影响因素

1. 阳极效能

(1)电极材料。

由于阳极材料是产电细菌分解有机物和传递电子的反应界面,使得阳极电极材料对电子传递、有机底物氧化、产电细菌附着都产生重要影响。阳极材料的改性修饰是实现 MFC 产电能力提高的主要研究方向之一。阳极材料作为产电细菌群落生物膜的负载平台,必须与存在的细菌细胞具有生物相容性。一个高的表面积是可取的,而一个相对粗糙的表面被认为是 MFC 结构中的一个理想的表面特性,因为它有助于将细菌保留在表面上,作为阳极电极使用的材料必须有几个特定的特性,以改善产电细菌群落和材料表面之间的相互作用。最重要的特性是:①导电性;②耐腐蚀;③高机械强度;④大表面积;⑤生物相容性;⑥环境友好;⑦低成本。

碳材料由于较容易满足上述要求,是目前在 MFC 配置中使用最广泛的电极材料。碳布是一种碳质材料,是 MFC 中常用的阳极材料,这种材料保证了高表面积和相对高的孔隙率,也显示高电导率,以及柔韧性和机械强度;碳刷的扭曲碳纤维的特殊材料表面积相当高,面积与体积比最优。中心钛金属保证了高电导率,同时增加了材料成本。碳棒的表面积较低,更适合作为电流传导材料,而不适合作为阳极电极。碳网也是一种碳质材料,成本相对较低,电导率相对较低,主要问题是机械强度低,可能导致高流量条件下的耐久性低。碳网也可以折叠成三维电极,但其孔隙率较低。碳面纱是一种非常便宜的碳质材料,具有较高的电导率和孔隙率。后者对于允许细菌进入和定植所有可用的位极其重要的。单层碳盖层相当脆弱,但由于材料用途广泛,它可以折叠形成一个坚固的多孔三维电极。碳素纸是一种平面碳质材料,相对多孔,但昂贵和脆弱,主要在批量条件下进行实验室规模的演示,现实应用性尚待进一步研究。颗粒状活性炭由于其生物相容性和成本较低，也被用作阳极电极。这种材料的多孔性很强，因此电导率仍然很低。由于这些特性，主要被用作包装材料，而不是独立的阳极。为了增加电导率，颗粒活性炭必须被包装，否则会导致流式 MFC 配置中的堵塞。颗粒活性炭总体表面积相当高，但可用于细菌相互作用的表面积相当低，因为大多数可用的表面积是在纳米尺度上。另外，由于其具有非常高的比表面积，可以帮助吸附有机污染物或重金属。该特性可用于进一步强化 MFC 净化废水或捕获重金属的功能。其他碳质材料，如电纺碳纤维、活性碳纳米纤维和碳化植物茎，也被用作碳质基阳极电极。有研究表明，在碳类电极上添加金属材料进行修饰可优化 MFC 性能。锰镍修饰碳材料或金属氧化物的碳表面沉积都可提高 MFC 产电效果。聚苯胺修饰碳钴阳极的非金属修饰也被发现具有强化产电效果。

(2)产电细菌的电子转移。

在 MFC 装置中，产电微生物在阳极氧化分解作用中产生电子和质子，电子从产电细菌到阳极表面的转移速率会影响电子在电路中的流动速率，进而影响 MFC 的产电能力。产电细菌的氧化过程可分为 3 个阶段：①产电细菌的脱氢酶使有机底物氧化分解，释放电子；②电子从阳极传递至阴极；③阴极区内氧化性受体接收电子，电子完成电路流动，MFC 实现电能产出，有机物释放电子产生能量供产电细菌生长。目前的研究发现细胞的电子转移有 3 种：细胞色素传递、纳米导线传递、电子穿梭体介导细胞色素传递，电子穿梭体接到的电子转移过程指的是微生物细胞的胞外生物膜为媒介的直接电子传递，利用胞外氧化还原活性色素蛋白直接接触电子传递方式。由于这种传递方式仅仅依靠附着于电极表面的微生物细胞单层将电子传导至电极，所以 MFC 产电性能会被附着于电极的单层微生物浓度局限。

纳米导线传递是硫还原地杆菌等一类能产生导电菌毛、纤毛的产电细菌，利用菌毛、纤毛充当纳米导线。在高温条件下，电导率与温度成反比；在低温条件下，电导率与温度成正比。电子穿梭体介导的间接电子传递是产电细菌分泌胞外电子穿梭体，携带电子传递至阳极。电子穿梭体传递电子被认为比细胞色素传递、纳米导线传递有更高的电子传递效率。与纳米导线不同的是，电子穿梭体介导削减了细菌细胞和电子受体(在 MFC 的情况下是电极)之间的直接接触的需求。在细菌细胞内，电子首先通过代谢途径运输到细胞表面，该代谢途径涉及氧化还原活性蛋白和低分子量化合物。随后，电子被运送到细胞质周围或外膜中的细胞色素或潜在的穿梭物中。可溶性电子穿梭子可以扩散到细菌细胞周围的介质中，一旦扩散出去，电子就可以转移到合适的外部受体中。一些被证明是有效电子穿梭的化合物包括硫氨酸、甲基维生素、2－羟基－1，4－萘醌、亚甲基蓝、腐殖酸和蒽醌－2，6－二硫酸等。研究人员发现，除了产电细菌和电极之间会发生电子转移外，不同细菌之间也会发生电子转移，这使得电子转移机制研究更加复杂，对 MFC 产电效果会产生何种影响目前仍不清楚。产电细菌内部、产电细菌和非产电细菌之间是否存在电子转移，以及对电子的转移速率、对 MFC 产电的影响是研究人员仍需探索的。

MFC 通常作为封闭系统设备操作，其中阳极室保持在厌氧条件下。这是具有电子转移能力的强制性厌氧细菌，如硫还原菌等产电细菌生长所必需的生长环境。阳极室组分和阳极材料会对电子传递产生影响，如聚合物或死细胞，可以将电化学活性生物膜从电极表面隔离，或将更多孔的电极困在三维结构中，导致可用表面积的减少，最终阻碍电子传递。外电路电阻虽不直接作用于电极，但电阻大小对电子在外电路流动的影响会导致 MFC 整个电路的电流受到影响，进而间接影响微生物群落的结构形态和数量，影响产电细菌分解有机物的效率，改变阳极对电子的接受能力。

(3)电子供体的种类。

电子供体，即接种的供产电细菌氧化分解的有机底物。产电细菌所使用的底物可以是来自简单分子(葡萄糖、醋酸盐、碳水化合物等)的任何一种有机物或复杂的化合物(纤维素、糖蜜等)以及污水处理厂、农业废物(奶牛场、粪肥等)中含有的有机物，生活废物和任何类型的可发酵基质。有机底物的生物电化学转化为能量的效率取决于其组成、特性和浓度。底物的性质影响在产电细菌生物膜中生长的细菌种群的组成，以及生物电化学性能，如生物阳极的电流密度或库仑效率一般使用的底物包括阿拉伯糖醇、半胱氨酸、乙醇、丙酸、富马酸、淀粉、人工废水等。然而，在其他更多应用的研究中，这项工作的方向是在生物阳极上使用真实的原始废水，以便它可以更接近有机废水的工程应用。

2. 阴极效能

在微生物催化的燃料电池运行过程中，发生在阴极表面的末端还原反应被认为是关键的，因为反应的命运最终取决于阴极。阴极处的还原反应对 MFC 的发电效率也有重要的作用。用于阴极的材料占 MFC 成本的 47%～75%，因此它是选择经济上可行的材料的先决条件。图 7.11 为微生物间接转移电子机理示意图。

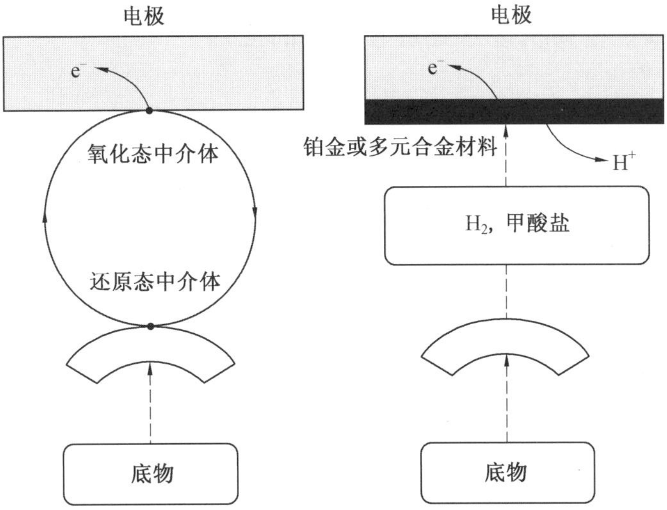

图 7.11　微生物间接转移电子机理示意图

在各类金属阴极材料中，铂电极由于电阻较低，导电性能很好，并且在阴极区起到催化还原作用而经常作为 MFC 阴极材料。铂基材料是目前在阴极反应中使用最多的材料。目前铂基材料包括单质铂电极和铂基多元合金材料等，但因其制备成本高昂，易受阴离子污染，导电和催化阴极区反应的效能降低，目前仍难以推广。碳基材料适用于低成本的实际应用，降低了成本，并具有相对较高和稳定的性能，阴极催化剂的碳质材料通常以石墨烯(这可能是所有碳质材料中最昂贵的)、活性炭、碳纳米管、碳纳米纤维或改性碳黑为基础。高表面积导电碳质材料和纳米孔隙可增强中性介质中的氧化还原电位。基于含碳和氮的过渡金属,如 Mn、Fe、Co、Ni 等材料是近些年来新兴的阴极材料。过渡金属基阴极材料的稳定性高于铂基材料,相较于铂基电极材料有着更强的使用寿命。

3. 分隔材料的种类及作用

分隔材料,即质子交换膜(PEM),在 MFC 中用于介导氢离子转运和分离阴、阳双极区域,防止阳极和阴极室之间的物质混合,如阴阳极液相、二氧化碳和氧气,保障 MFC 的正常运行。这是因为体系结构、材料的选择和整体几何形状会显著影响性能水平和单位成本。为了获得更好的性能,使用现成的或定制的材料,目前研究人员正在开发高性能、低成本的膜材料。在膜选择过程中,需要考虑膜内阻、底物损失、生物污染和氧扩散等因素。PEMs 被分为全氟聚合物膜、碳氢化合物聚合物膜和复合膜三类。全氟磺酸膜、Nafion 膜由于其高效的质子(H^+)传导能力,是 MFC 应用中较常见的 PEMs。为了克服成本问题,研究人员又开发了各种聚合物和无机添加剂(二氧化硅、二氧化钛、二氧化锆等),已引入 Nafion 离子聚物制备高效的、基于 Nafion 膜的新型 PEM。近年来,通过将有机纳米填料加入聚合物基体中,开发了几种有机－无机聚合物复合膜,以提高膜的性能和具有 MFC 性能的不同类型的聚合物,包括聚酰亚胺(PI)、聚苯并咪唑(PBI)、聚醚醚酮(PEEK)和聚醚砜,在 MFC 中表现出更好的性能和更高的成本效益。与其他聚合物相比,聚醚醚酮基聚合物被认为具有更好的热和机械稳定性、高质子电导率和成本效益。

7.4.4 MFC 在有机废水处理领域中的应用

1. 生物能源的生产

如前文所述,MFC 最主要的生物能源生产就是电能,通过阳极区域内的微生物催化作用,MFC 可将有机底物氧化分解,失去电子,电子经电极在外电路流动至阴极产生电流。MFC 产电过程在常温常压下进行,工艺环节较为简单,运行成本低,以有机污染物为燃料底物实现对外电能生产,对于电力需求较小的电器设备或地区,MFC 有望代替传统电源推广使用。有研究人员发现,利用单室 MFC 处理玉米废水,最高功率可达 239.4 mW/m^2。啤酒废水、养殖场废水、秸秆浆液等各类有机废弃物也都可作为 MFC 的发电底物。

2. 有机废水脱盐

微生物脱盐电池(microbial desalination cell,MDC)是 MFC 的衍生技术,这种技术是在双室 MFC 的基础上,在阳极区和阴极区之间分别安装阳离子交换膜和阴离子交换膜,构成三室系统。阳极区内微生物分解有机物,将电子传导至阳极表面,有机物被氧化分解过程中产生质子(H^+),中间室内的含盐废水的阴离子经过阴离子交换膜进入阳极室,电子经外电路传导至阴极室内,中间室内的含盐废水的阳离子经阳离子交换膜进入阴极室内,MDC 各区域实现电荷守恒。MDC 集污水净化、产电、脱盐于一体,是 MFC 的工艺强化模式。目前研究人员的主要精力在于优化 MDC 的结构,提高其脱盐效率。有研究认为，升流式 MDC 中间室废水盐的质量浓度为 20 g/L 时可达到 90%的最大脱盐率，采用离子交换量较高的膜可加速降低 MDC 溶液离子含量。在目前的研究中，pH 变化、膜污染等问题仍是提升 MDC 性能和工程化应用需解决的问题。

3. 环境修复

MFC 作为采用生物电化学的技术，可处理的底物基质来源广泛，已被证实可用于石油废水、盐碱地、抗生素降解等各类有机污染的环境修复中。石油的开采、储存、运输、加工等过程中产生的炼油废水或石油泄漏对地下水和土壤污染通常难于治理，MFC 可提高石油废水的可生化降解性，将石油烃投加至 MFC 进行治理，含油去除率可达 80%以上，但微生物菌株易出现功能退化，基因工程育种、培育新型功能菌株有助于提高 MFC 对石油废水的处理能力。前文所提到的 MFC 衍生技术 MDC 可用于盐碱地修复，相较于传统脱盐技术能耗较高的缺点，MDC 能耗低的优势尤其显著，将电极和膜材料插入土壤进行脱盐有望成为新的盐碱地修复技术，但关于其应用中的电池启动过程，土壤传质过程仍需进一步研究。在制药废水中，抗生素作为一种高生物富集性，Wen 等利用 MFC 处理盘尼西林废水，在盘尼西林废水中投加葡萄糖配制成的废水基质投入阳极区，24 h 内废水有机质混合物去除率高达 98%。选择合适的条件，如电压、pH、温度，添加化学试剂调控废水条件、筛选特定菌种、开发新型膜材料等都是优化 MFC 去除污染物的方式，目前 MFC 在环境修复中仍主要处于小试和中试研究中，关于走向工程应用的参数、结构的优化仍需大量研究。

本章参考文献

[1] 任南琪，王爱杰. 厌氧生物技术原理与应用[M]. 北京：化学工业出版社，2004.

[2] 任南琪，赵庆良. 水污染控制原理与技术[M]. 北京：清华大学出版社，2007.

[3] 曾庆玲，李咏梅，顾国维，等. 合成氨废水资源化处理技术研究进展[J]. 环境科学与技术，2010，33(2)：95-98.

[4] DARWISH M, ARIS A, PUTEH M H, et al. Ammonium-nitrogen recovery from wastewater by struvite crystallization technology[J]. Separation & purification reviews, 2016, 45(4): 261-274.

[5] 昌盛. 厌氧接触式发酵制氢反应器的运行调控与产氢效能[D]. 哈尔滨：哈尔滨工业大学，2011.

[6] 郑国臣. CSTR 和 ABR 处理有机废水产氢产甲烷特征与性能[D]. 哈尔滨：哈尔滨工业大学，2010.

[7] 郭婉茜. 附着型和颗粒型膨胀床生物制氢反应器的运行调控[D]. 哈尔滨：哈尔滨工业大学，2008.

[8] 任宏宇. 光发酵厌氧流化床制氢反应器载体优化与运行特性研究[D]. 哈尔滨：哈尔滨工业大学，2011.

[9] 周明罗，黄飞. 吹脱法处理高浓度氨氮废水的研究[J]. 工业安全与环保，2008，34

(11)：14-16.
[10] 陈星宇，马鑫铭，史明，等. 折点氯化法除钨冶炼厂氨氮废水研究[J]. 中国钨业，2019，34(1)：45-49.
[11] 孙梦，张培玉，张晨. 城市污水的除磷技术分析[J]. 水处理技术，2010，36 (8)：16-20.
[12] 王昶，吕晓翠，贾青竹，等. 含磷废水处理技术研究进展[J]. 水处理技术，2009，35 (12)：16-21.
[13] 郭海英，陈丹. 化学法除磷的试验研究[J]. 环境保护科学，2010，36 (2)：50-52.
[14] 朱乐辉，邱俊，叶晓冬，等. 高浓度含磷废水处理研究与应用[J]. 水处理技术，2009，35(4)：111-113.
[15] 王广伟，邱立平，张守彬. 废水除磷及磷回收研究进展[J]. 水处理技术，2010，36 (3)：17-22.
[16] 赵桂瑜，周琪. 沸石吸附去除污水中磷的研究[J]. 水处理技术，2007，33(2)：34-37.
[17] BASHIR M J K，AZIZ H A，YUSOFF M S，et al. Application of response surface methodology (RSM) for optimization of ammoniacal nitrogen removal from semi-aerobic landfill leachate using ion exchange resin[J]. Desalination，2010，254 (1/2/3)：154-161.
[18] KURAMA H，TUBA Ç. Removal of zinc cyanide from a leach solution by an anionic ion-exchange resin[J]. Desalination，2000，129(1)：1-6.
[19] BOYER T H，SINGER P C. Bench-scale testing of a magnetic ion exchange resin for removal of disinfection by-product precursors[J]. Water research，2005，39 (7)：1265-1276.
[20] 储力前，付永彬. 膜分离技术在大豆蛋白废水处理中的应用研究[J]. 给水排水，2000，26(5)：36-38.
[21] 祁佩时，吕斯濠. 超滤法处理大豆蛋白废水及资源回收的研究[J]. 哈尔滨工业大学学报，2005，37(8)：1138-1141.
[22] 吕斯濠. 超滤法处理大豆蛋白废水技术研究[D]. 哈尔滨：哈尔滨工业大学，2003.
[23] 赵丽颖，符群. 膜分离技术在大豆乳清废水回收中应用[J]. 粮食与油脂，2002，9：48-49.
[24] 乔福珍. 利用工业废水生产生物絮凝剂及其性能研究[D]. 大庆：大庆石油学院，2010.
[25] 周旭，王竟，周集体，等. 利用废弃物生产生物絮凝剂研究[J]. 化工装备技术，2003，24(4)：48-51.
[26] 郑丽娜. 复合型生物絮凝剂絮凝特性及絮体分形特征研究[D]. 哈尔滨：哈尔滨工业大学，2007.
[27] 李大鹏. 以秸秆和谷氨酸废液制取生物絮凝剂及其净水效能研究[D]. 哈尔滨：哈尔滨工业大学，2011.

[28] KOUL Y, DEVDA V, VARJANI S, et al. Microbial electrolysis: a promising approach for treatment and resource recovery from industrial wastewater[J]. Bioengineered, 2022, 13(4): 8115-8134.

[29] AN Y C, GAO X X, JIANG W L, et al. A critical review on graphene oxide membrane for industrial wastewater treatment [J]. Environmental research, 2023, 223: 115409.

[30] MASSARA T M, KOMESLI O T, SOZUDOGRU O, et al. A mini review of the techno-environmental sustainability of biological processes for the treatment of high organic content industrial wastewater streams[J]. Waste and biomass valorization, 2017, 8(5): 1665-1678.

[31] SOO A, KIM J, SHON H K. Technologies for the wastewater circular economy-A review[J]. Desalination and water treatment, 2024, 317: 100205.

[32] SHANG G, YU J, CUI K, et al. A novel tubular single-chamber microbial electrolysis cell for efficient methane production from industrial potato starch wastewater[J]. Biochemical engineering journal, 2025, 213: 109561.

[33] VERSTRAETE W, CLAUWAERT P, VLAEMINCK S E. Used water and nutrients: Recovery perspectives in a 'panta rhei' context[J]. Bioresource technology, 2016, 215: 199-208.

[34] VARJANI S, RAKHOLIYA P, SHINDHAL T, et al. Trends in dye industry effluent treatment and recovery of value-added products [J]. Journal of water process engineering, 2021, 39: 101734.

[35] TRIPATHY S, KAR O P, PRADHAN A. Challenges and innovations in industrial wastewater treatment: safeguarding water resources and promoting sustainable practices[J]. Water, air, & soil pollution, 2025, 236(2): 92.

[36] CASERO-DÍAZ T, CASTRO-BARROS C, TABOADA-SANTOS A, et al. Turning fish canning wastewater into resources: Effluents and operational conditions selection for volatile fatty acids production[J]. Journal of water process engineering, 2024, 64: 105738.

[37] PEREIRA A S A de P, MAGALHÃES I B, SILVA T A, et al. Municipal and industrial wastewater blending: Effect of the carbon/nitrogen ratio on microalgae productivity and biocompound accumulation[J]. Journal of environmental management, 2024, 370: 122760.

[38] BENTANCUR S, LÓPEZ-VÁZQUEZ C M, GARCÍA H A, et al. Resource recovery assessment at a pulp mill wastewater treatment plant in Uruguay[J]. Journal of environmental management, 2020, 255: 109718.

[39] LIU Z Q, YANG S Q, LAI H H, et al. Treatment of contaminants by a cathode/FeⅢ/peroxydisulfate process: Formation of suspended solid organic polymers[J].

Water research, 2022, 221: 118769.
[40] MAI D T, KUNACHEVA C, STUCKEY D C. A review of posttreatment technologies for anaerobic effluents for discharge and recycling of wastewater[J]. Critical reviews in environmental science and technology, 2018, 48(2): 167-209.
[41] PASQUET P L, VILLAIN-GAMBIER M, ZIEGLER-DEVIN I, et al. Valorization of phenolic compounds from brewery wastewater: Performances assessment of ultrafiltration and nanofiltration process with application of HPLC coupled with antioxidant analysis tool[J]. Chemical engineering journal, 2023, 476: 146696.
[42] KUMAR R, LIU C, HA G S, et al. A novel membrane-integrated sustainable technology for downstream recovery of molybdenum from industrial wastewater [J]. Resources, conservation and recycling, 2023, 196: 107035.
[43] MUHAMMAD YAQUB, LEE W. Zero-liquid discharge (ZLD) technology for resource recovery from wastewater: A review[J]. Science of the total environment, 2019, 681: 551-563.
[44] ARASHIRO L T, BOTO-ORDÓÑEZ M, VAN HULLE S W H, et al. Natural pigments from microalgae grown in industrial wastewater[J]. Bioresource technology, 2020, 303: 122894.
[45] BAYON L L E, BALLESTEROS F C, GARCIA-SEGURA S, et al. Water reuse nexus with resource recovery: On the fluidized-bed homogeneous crystallization of copper and phosphate from semiconductor wastewater[J]. Journal of cleaner production, 2019, 236: 117705.
[46] LIN J G, MA Y S, HUANG C C. Alkaline hydrolysis of the sludge generated from a high-strength, nitrogenous-wastewater biological-treatment process[J]. Bioresource technology, 1998, 65(1): 35-42.
[47] YADAV A, LABHASETWAR P K, SHAHI V K. Membrane distillation crystallization technology for zero liquid discharge and resource recovery: Opportunities, challenges and futuristic perspectives[J]. Science of the total environment, 2022, 806: 150692.
[48] SAR T, MARCHLEWICZ A, HARIRCHI S, et al. Resource recovery and treatment of wastewaters using filamentous fungi[J]. Science of the total environment, 2024, 951: 175752.
[49] LI Y, ZHANG Y, WANG X, et al. A novel electrochemical membrane filtration system operated with periodical polarity reversal for efficient resource recovery from nickel nitrate laden industrial wastewater[J]. Water research, 2024, 266: 122424.
[50] ZHONG W, GUO L, JI C, et al. Membrane distillation for zero liquid discharge during treatment of wastewater from the industry of traditional Chinese medicine: a review[J]. Environmental chemistry letters, 2021, 19(3): 2317-2330.

第 8 章　工业废水处理数学模型与仿真应用

8.1　活性污泥法数学模型与仿真

8.1.1　污水生物处理静态数学模型

建立实用的数学模型在工业废水生物处理过程中具有重要意义。这些模型不仅可以指导处理系统的设计、运行和管理，还对控制策略的制定提供了有价值的借鉴。目前，广泛应用的污水处理数学模型主要是基于活性污泥法的，研究人员利用 Monod 方程描述细胞生长动力学，并结合化工领域的反应器理论、微生物学理论和流体力学理论，以模型形式定量描述基质降解、微生物生长、污染物浓度分布以及各参数之间的关系。通过这些模型的发展，能够更好地理解和描述工业废水处理过程中的各种现象和变化。

1. 有机底物去除动力学

活性污泥法动力学模型可以用来预测反应器中底物浓度、溶解氧浓度和耗氧速率随进水量、水质和反应器形状的变化，从而影响出水水质。图 8.1 所示为活性污泥法动力学模型概念图。

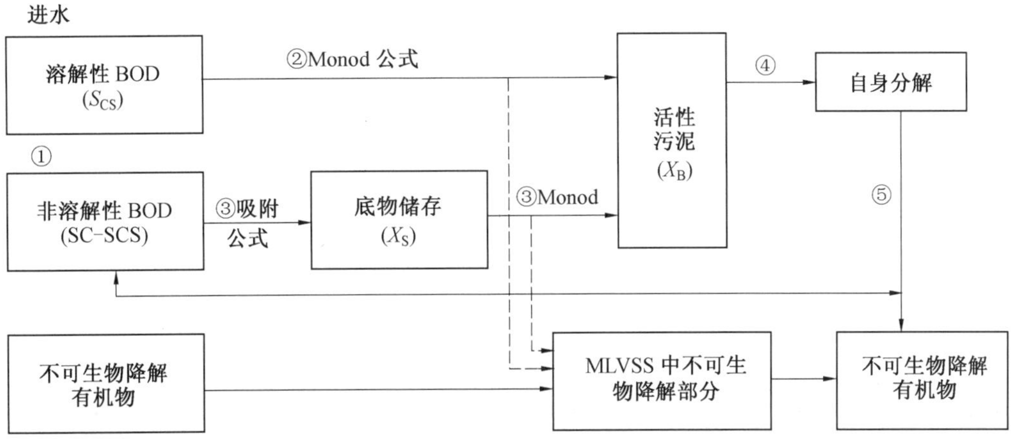

图 8.1　活性污泥法动力学模型概念图

该模型基于以下假设：

①废水中的生化需氧量(BOD)被分为快速分解的溶解性 BOD(S－BOD)和缓慢分解的非溶解性 BOD(SS－BOD)。

②使用 Monod 公式表示微生物对溶解性 BOD 的增殖速率。

③非溶解性 BOD 的降解分为两步：首先被活性污泥微生物吸附和储存，然后微生物利用储存的底物合成新细胞。这一过程也可以用莫诺(Monod)公式表示。

④活性污泥微生物的自身衰减死亡速度与活性污泥量成正比。

⑤未被自身分解的活性污泥微生物分为不易生物降解的有机物和非溶解性 BOD。

活性污泥污水中有机物的去除是通过吸附过程和底物生化分解过程共同完成的，现分述如下。

(1)吸附过程。

吸附过程是指当污水中非溶解性 BOD(SS－BOD 底物)与活性污泥絮体接触时，底物就被活性污泥吸附，从而使污水中底物浓度降低。

反映吸附过程的吸附等温式有朗格缪尔(Langmuir)公式、亨利(Henry)公式、弗兰德利希(Freuundlich)公式、凯兹(Katz)公式、BET 公式和埃肯弗尔德(Eckenfelder)公式等。

朗格缪尔公式：

$$q=\frac{abS}{1+bS} \tag{8.1}$$

式中，q 为吸附平衡时的吸附量；S 为吸附平衡时底物浓度；a、b 为常数。

当底物浓度很低时，$bc \ll l$，上式分母中 bS 可忽略不计，则变为亨利公式，即

$$q=abS=kS \tag{8.2}$$

朗格缪尔公式在低底物浓度时与亨利公式相同。

当底物浓度很高时，$bc \gg 1$，则公式(8.1)可近似写成

$$q=a \tag{8.3}$$

由此可知，吸附量随底物浓度增高而增加，a 称为最大吸附量。根据朗格缪尔公式，当底物浓度低时，吸附量与底物浓度成正比，当底物浓度很高时，吸附量接近于定值 a。中浓度底物时，可用弗兰德利希公式表示为

$$q=kS^{\frac{1}{n}} \tag{8.4}$$

不难看出，朗格缪尔公式与 Monod 公式在形式上很相似。

凯兹(Katz)假设费兰德利希公式中的 $n \approx 1$，导出公式(8.5)和公式(8.6)：

$$\frac{S_r}{S_0'}=1-\frac{1}{XK'} \tag{8.5}$$

$$\frac{S_r}{S_0'}=1-e^{(-K'X)} \tag{8.6}$$

式中，S_r 为初期吸附的底物浓度；X 为混合液悬浮固体浓度；S_0' 为初期可能被吸附的底物浓度；K' 为吸附速度常数。

(2)底物分解过程。

底物分解过程是活性污泥的酶促反应使底物分解的过程。目前，描述底物分解过程

的公式有多个，主要介绍 2 个有代表性的公式。

①Monod 公式（一相说）。

微生物比增殖速度与底物浓度的关系可用图 8.2 和 Monod 公式表示。

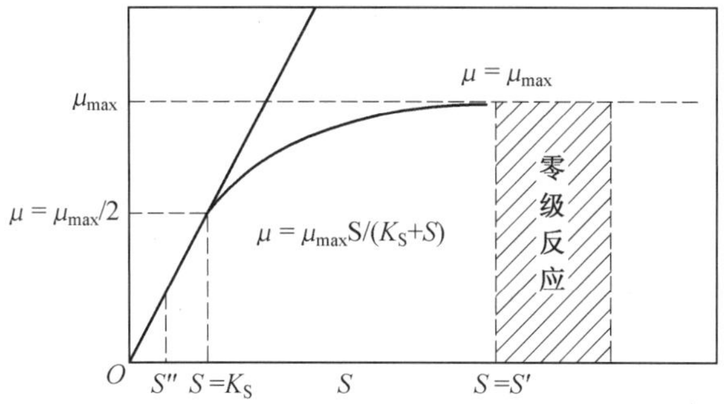

图 8.2　微生物比增殖速度与底物浓度的关系图

$$\mu=\frac{1}{X}\left(\frac{dX}{dt}\right)=\mu_{max}\frac{S}{S+K_S} \tag{8.7}$$

式中，μ 为微生物比增殖速度，d^{-1}；μ_{max} 为微生物最大比增殖速度，d^{-1}；X 为微生物浓度，mg/L；t 为反应时间，d；S 为底物浓度，mg/L，以 C－BOD 或 COD 表示；K_S 为饱和常数，mg/L，为 $\mu=\mu_{max}/2$ 时的底物浓度。

微生物的总增殖速度（γ_0）表示为

$$\gamma_0=\mu X=\left(\frac{dX}{dt}\right)=\frac{\mu_{max}}{K_S+S} \tag{8.8}$$

式中，γ_0 为微生物总增殖速度，mg/(L·d)。

分解单位底物产生的微生物量称为产率系数，用公式表示为

$$Y=\frac{\left(\frac{dX}{dt}\right)}{\frac{dS}{dt}}=\frac{\gamma_0}{\gamma_S} \tag{8.9}$$

式中，Y 为产率系数；$\gamma_S=dS/dt$ 为底物去除速度，mg/(L·d)。

由式(8.7)和式(8.9)得

$$\gamma_S=-\frac{dS}{dt}=\frac{\mu_{max}}{Y(K_S+S)} \tag{8.10}$$

令 $\mu_{max}/Y=K$，称为最大比底物去除速度，则上式变为

$$-\frac{dS}{dt}=\frac{KSX}{K_S+S} \tag{8.11}$$

上式称为 Monod 底物去除动力学公式。

②埃肯弗尔德（Eckenfelder）公式（二相说）。

对数增殖期：

$$\frac{dX}{dt}=k_1S \tag{8.12}$$

$$\frac{dS}{dt}=-\frac{1}{Y}\frac{dX}{dt}=-\frac{1}{Y}k_1S=-K_1S \tag{8.13}$$

衰减增殖期：

$$\frac{dX}{dt}=k_2XS \tag{8.14}$$

$$\frac{dS}{dt}=-\frac{1}{Y}\frac{dX}{dt}=-\frac{1}{Y}k_2XS=-K_2XS \tag{8.15}$$

式中，K_1、K_2、k_1、k_2为常数。

实际检测中把吸附过程和分解过程分开比较困难，因此通常把两个过程统一用Monod公式或Eckenfelder公式表示（由于两个过程的公式相似）。文献一般多采用Monod公式。

2.底物去除与微生物增殖

（1）微生物净比增殖速度。

在废水处理过程中，微生物的净增殖速度等于微生物基于底物的增殖速度减去微生物自身衰减死亡速度有关，可用下式表示为

$$\left(\frac{dX}{dt}\right)_g=\left(\frac{dX}{dt}\right)_T-\left(\frac{dX}{dt}\right)_E \tag{8.16}$$

式中，$\left(\frac{dX}{dt}\right)_g$为微生物净增殖速度，kg/d；$\left(\frac{dX}{dt}\right)_T$为微生物基于底物的总增殖速度，kg/d；$\left(\frac{dX}{dt}\right)_E$为微生物自身衰减死亡速度，kg/d。

微生物基于底物的总增殖速度与底物利用速度成正比，即

$$\left(\frac{dX}{dt}\right)_T=Y\frac{dF}{dt} \tag{8.17}$$

式中，$\frac{dF}{dt}=-\frac{dS}{dt}$为底物利用速度，kg/d；$Y$为产率系数。

假设微生物自身衰减死亡速度符合一级反应动力学，即

$$\left(\frac{dX}{dt}\right)_E=-k_dX \tag{8.18}$$

式中，k_d为微生物自身衰减死亡系数，d^{-1}。

将式(8.17)和式(8.18)代入式(8.16)得

$$\left(\frac{dX}{dt}\right)_g=Y\frac{dF}{dt}-k_dX \tag{8.19}$$

等式两边同时除以X得

$$\frac{\left(\frac{dX}{dt}\right)_g}{X}=Y\frac{\frac{dF}{dt}}{X}-k_d \tag{8.20}$$

或

$$\mu_g=YU-k_d \tag{8.21}$$

式中，μ_g为考虑微生物自身衰减死亡的微生物比增殖速率，又称微生物净比增殖速度，

d^{-1}；$U=\dfrac{\frac{dF}{dt}}{X}$为微生物比底物利用速度。

(2)污泥停留时间(SRT)。

将公式(8.20)改写为

$$\frac{\frac{1}{X}}{\left(\frac{dX}{dt}\right)_g}=Y\frac{\frac{dF}{dt}}{X}-k_d \tag{8.22}$$

$$\frac{1}{\theta_c}=YU-k_d \tag{8.23}$$

式中，θ_c为污泥停留时间，d。

(3)微生物净比增殖速度与污泥停留时间的关系。

由式(8.21)和式(8.23)得

$$\theta_c=\frac{1}{\mu_g} \tag{8.24}$$

不同的微生物聚集体构成了活性污泥絮体，在废水处理过程中，对于活性污泥的管理和控制，需要考虑到污泥停留时间的影响。当污泥停留时间较短时，活性污泥中的微生物大多处于对数生长期，此时净比增殖速度较大；而当污泥停留时间较长时，微生物主要处于内源呼吸期，净比增殖速度较小。适中的生物固体停留时间能够使微生物处于静止期，此时活性污泥的处理效果最好。

不同生长期的活性污泥具有不同特性，包括分解利用有机物能力、活性微生物比例、分泌的胞外聚合物种类和数量以及絮凝沉淀性能等。这些特性会影响活性污泥系统的处理效果。例如，污泥停留时间短的高负荷活性污泥法底物处理能力强且活性高，但絮凝沉淀性能较差，出水底物浓度高；相反，污泥停留时间较长的普通活性污泥法底物处理能力较低，但出水底物浓度较低，絮凝沉淀性能较好且剩余活性污泥量少。因此，在实际操作中，需要根据不同的处理要求选择适当的污泥停留时间，以达到高效的废水处理效果。

(4)底物负荷与污泥停留时间的关系。

由公式(8.22)可得

$$\frac{1}{\theta_c}=Y\frac{Q(S_0-S_e)}{XV}-k_d=Y\left(\frac{QS_0}{XV}-\frac{QS_e}{XV}\right)-k_d=Y\left(L_s-\frac{QS_e}{XV}\right)-k_d \tag{8.25}$$

式中，$L_s=\dfrac{QS_0}{XV}$为底物微生物负荷。

由于在一般情况下S_eQ/XV值比L_a小得多，式(8.25)可化简为

$$\frac{1}{\theta_c}=YL_s-k_d \tag{8.26}$$

从上式可知，底物负荷与生物固体停留时间成反比的直线关系。

(5)剩余污泥量与污泥停留时间的关系。

Sherrard 和 Schroeder 提出用如下方程表示微生物净增长速率：

$$\left(\frac{dX}{dt}\right)_g = Y_b\left(\frac{dF}{dt}\right) \tag{8.27}$$

式中，Y_b 为污泥表观产率系数。

由式(8.27)两端除 X 得

$$\mu_g = Y_b U \tag{8.28}$$

由公式 $\mu_g = YU - k_d$，得

$$Y_b = \frac{Y}{1+\frac{k_d}{\mu}} = \frac{Y}{1+k_d\theta_c} \tag{8.29}$$

在一个有限的时间内(一般为 1 d)可知剩余微生物量为

$$\Delta X = Y_b\Delta S == Y_b(S_0 - S_e)Q = \frac{YQ}{1+k_d\,\theta_c}(S_0 - S_e) \tag{8.30}$$

从上式可知，当 Y、k_d、Q、S_0、S_e 不变时，污泥停留时间长，则剩余污泥量少；污泥停留时间短，则剩余污泥量多。

(6)营养物需要量与污泥停留时间的关系。

活性污泥法是一种利用好氧异养细菌处理污水的方法，能够去除溶解的和胶体的可生物降解有机物，以及活性污泥能够吸附的悬浮固体和其他物质。在这个过程中，好氧细菌将污水中的一部分底物作为碳源，合成新的细胞物质，同时氧化另一部分底物，供细胞合成和其他生命活动所需的能量。然而，要进行细胞合成，污水中必须含有构成细胞物质所需的各种元素。一般来说，城市污水中含有丰富的营养物质，但某些工业废水可能缺乏氮和磷。在这种情况下，需要向水中添加适量的营养物质，以满足细菌合成细胞和增殖所需。通过调整营养物质的投加量，可以确保活性污泥系统高效运行，从而实现有效稳定的污水处理。一般认为氮和磷的需要量应满足 BOD_5、N、P 的质量比为 100 ∶ 5 ∶ 1。如图 8.3 所示，微生物对营养物质的需要量随生物固体停时间的增加而减少。

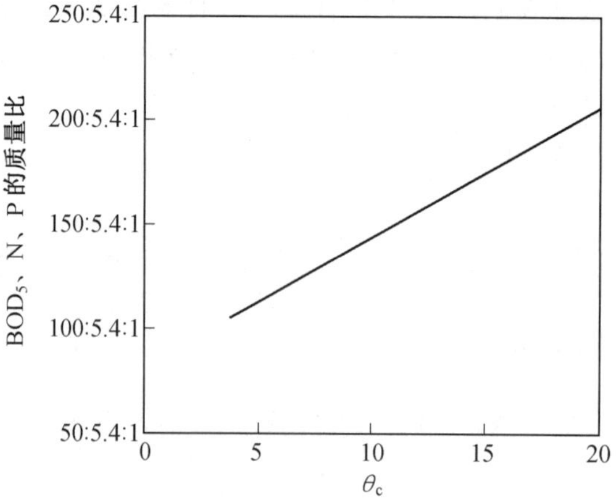

图 8.3 N、P 需要量与 θ_c 的关系

一般情况下，把活性污泥微生物的分子式设为 $C_{60}H_{87}O_{23}N_{12}P$，其分子量为1 374。其中，N 所占比例为 168/1 374 或 0.122(以质量计)，P 所占比例为 31/1 374，或0.023(以重

量计)。因此可利用下列公式计算氮磷的需要量。

$$\text{N 的需要量} = 0.122\Delta X \tag{8.31}$$

$$\text{P 的需要量} = 0.023\Delta X \tag{8.32}$$

式中,ΔX 为生物体的日产量,kg/d。

将公式(8.30)代入上述两式得

$$\text{N 的需要量} = 0.122\frac{YQ}{1+k_d\theta_c}(S_0-S_e) \tag{8.33}$$

$$\text{P 的需要量} = 0.023\frac{YQ}{1+k_d\theta_c}(S_0-S_e) \tag{8.34}$$

从上述两式可知,微生物对 N、P 的需要量与污泥停留时间成反比。

3. 生物硝化反应动力学

(1)生物硝化过程。

生物硝化过程如图 8.4 所示。在硝化过程中,要消耗氧和碱度,并且部分氮被应用于细胞的合成产生剩余活性污泥。

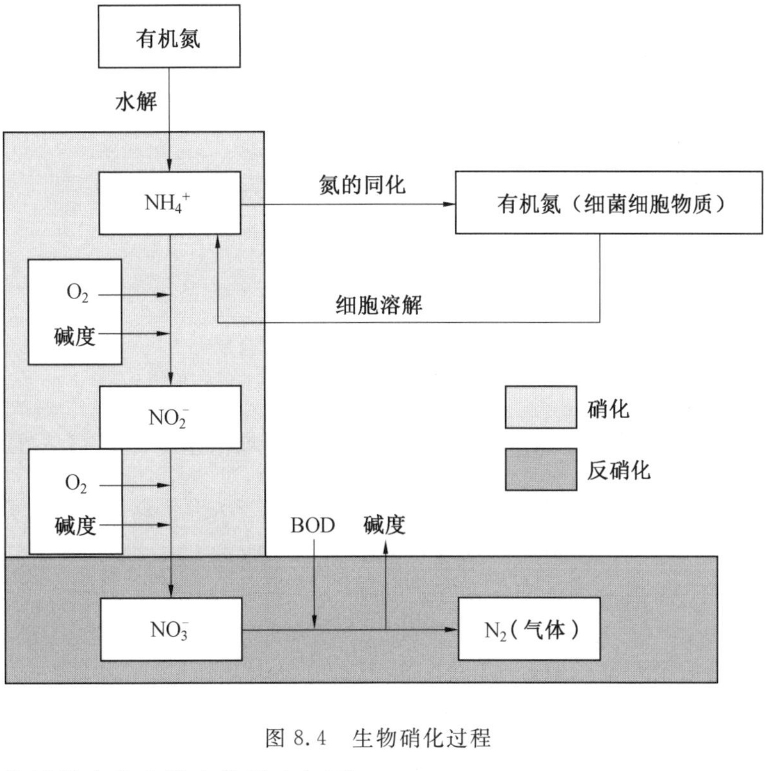

图 8.4　生物硝化过程

生物硝化过程中发生的生化反应如下:

根据生化反应式可知,将 lgNH_3－N 氧化为 NO_3^-－N,需要消耗 4.33 g 氧,中和 7.15 g碱度(以 $CaCO_3$ 计),利用 0.08 g 无机碳,从而产生 0.15 g 新细胞。

氨到硝酸盐的生物氧化过程是按上述顺序发生的反应过程。废水处理中只有很少的几种化能自养菌如亚硝化单胞菌(*Nitrosomonas*)、自养菌(*Autotrophic*)和硝化杆菌

(*Nitrobacter*)可以在绝对好氧条件下进行这一氧化反应。这些细菌可以从氧化反应中获得所需能量,从碱度中获得所需碳源。种类繁多的异养微生物可以进行有机氮的水解反应,因此水解反应很少会限制氮的氧化速度。这类细菌对活性污泥混合液条件,如pH、水温、毒物等都比消耗BOD的异养菌(*Heterotrophs*)更加敏感,并且增殖速度也较缓慢。在反应过程中不会发生亚硝酸的积累,因为在不存在抑制作用时,硝化杆菌的比增殖速度高于亚硝化单胞菌的比增殖速度。

(2)亚硝酸菌增殖速度。

硝化反应中亚硝酸菌的增殖速度控制总反应速度。亚硝酸菌的比增殖速度与氨氮浓度的关系可用Monod公式表示为

$$\mu_N=\frac{1}{X}\left(\frac{dX}{dt}\right)_T=\mu\frac{\rho}{K_{SN}+N_{Nmax}} \tag{8.35}$$

式中,K_{SN}为饱和常数,mg/L;μ_N为亚硝酸菌的比增殖速度,d^{-1};μ_{max}为亚硝酸菌的最大比增殖速度,d^{-1};ρ为NH_4^+-N的质量浓度,mg/L;X为亚硝酸菌浓度,mg/L;t为反应时间,d。

亚硝酸菌的增殖速度为

$$\mu=\mu_N X=\left(\frac{dX}{dt}\right)_T=\mu\frac{\rho X}{K_{SN}+N_{Nmax}} \tag{8.36}$$

式中,μ为亚硝酸菌的增殖速度,mg/(L·d)。

(3)氨氮氧化速度。

NH_4^+-N氧化速度可用下式表示为

$$q=-\frac{d\rho}{dt} \tag{8.37}$$

$$q_N=\frac{q}{X}=-\frac{\frac{d\rho}{dt}}{X} \tag{8.38}$$

式中,q_N为NH_4^+-N比氧化速度,d^{-1};q为NH_4^+-N氧化速度,mg/(L·d)。

亚硝酸菌产率系数为

$$Y_N=\frac{\left(\frac{dX}{dt}\right)_T}{\frac{d\rho}{dt}}=-\frac{\mu}{q}=-\frac{\mu_N}{q_N} \tag{8.39}$$

式中,Y_N为亚硝酸菌产率系数。

由式(8.35)、式(8.36)、式(8.38)得

$$q=-\frac{\mu}{Y_N}=-\frac{\mu_{max}}{Y_N(K_{SN}+\rho)} \tag{8.40}$$

$$q_N=-\frac{\mu_N}{Y_N}=-\frac{\mu_{max}}{Y_N(K_{SN}+\rho)} \tag{8.41}$$

令$\frac{\mu_{max}}{Y_{NN}}$,为最大NH_4^+-N氧化速度,d^{-1},则上式可改写为

$$q=-\frac{\mathrm{d}N}{\mathrm{d}t}=-\frac{K_{\mathrm{N}}NX}{K_{\mathrm{SN}}+N} \tag{8.42}$$

$$q_{\mathrm{N}}=-\frac{\frac{\mathrm{d}N}{\mathrm{d}t}}{X}=-\frac{K_{\mathrm{N}}N}{K_{\mathrm{SN}}+N} \tag{8.43}$$

式(8.42)和式(8.43)称为 NH_4^+－N 氧化 Monod 动力学公式。

(4)亚硝酸菌的净增殖速度。

亚硝酸菌的净增殖速度为其总增殖速度与自身分解速度之差，用公式表示为

$$\left(\frac{\mathrm{d}X}{\mathrm{d}t}\right)_{\mathrm{g}}=\left(\frac{\mathrm{d}X}{\mathrm{d}t}\right)_{\mathrm{T}}-\left(\frac{\mathrm{d}X}{\mathrm{d}t}\right)_{\mathrm{E}} \tag{8.44}$$

式中，$\left(\frac{\mathrm{d}X}{\mathrm{d}t}\right)_{\mathrm{g}}$ 为亚硝酸菌净增殖速度；$\left(\frac{\mathrm{d}X}{\mathrm{d}t}\right)_{\mathrm{T}}$ 为亚硝酸菌总增殖速度；$\left(\frac{\mathrm{d}X}{\mathrm{d}t}\right)_{\mathrm{E}}$ 为亚硝酸菌自身分解速度。

设亚硝酸菌自身分解速度符合一级反应，则

$$\left(\frac{\mathrm{d}X}{\mathrm{d}t}\right)_{\mathrm{E}}=-K_{\mathrm{d}}X \tag{8.45}$$

式中，k_{d} 为亚硝酸菌自身分解系数，d^{-1}。

将上式代入式(8.44)得

$$\left(\frac{\mathrm{d}X}{\mathrm{d}t}\right)_{\mathrm{g}}=\left(\frac{\mathrm{d}X}{\mathrm{d}t}\right)_{\mathrm{T}}-K_{\mathrm{d}}X \tag{8.46}$$

上式各项除 X 得

$$\frac{\left(\frac{\mathrm{d}X}{\mathrm{d}t}\right)_{\mathrm{g}}}{X}=\frac{\left(\frac{\mathrm{d}X}{\mathrm{d}t}\right)_{\mathrm{T}}}{X}-K_{\mathrm{d}} \tag{8.47}$$

式中，μ_{g} 为亚硝酸菌净比增殖速度，$\mu_{\mathrm{g}}=\frac{\left(\frac{\mathrm{d}X}{\mathrm{d}t}\right)_{\mathrm{g}}}{X}$。

由公式 $\theta_{\mathrm{c}}=1/\mu_{\mathrm{g}}$，则

$$\theta_{\mathrm{c}}=\frac{1}{\mu_{\mathrm{N}}-K_{\mathrm{d}}} \tag{8.48}$$

硝化反应的动力学常数(20 ℃时)见表 8.1。

表 8.1　硝化反应的动力学常数(20 ℃时)

常数	符号	单位	数值		
			亚硝化菌	硝化菌	总
最大比增殖速度	$\mu_{\max}$	d^{-1}	0.6～0.8	0.6～1.0	0.6～0.8
饱和常数	K_{SN}	$\mathrm{g/m^3}$	0.3～0.7	0.8～1.2	0.3～0.7
产率系数	Y_{N}	g VSS/g N	0.10～0.12	0.05～0.07	0.15～0.20
自身分解系数	K_{d}	d^{-1}	0.03～0.06	0.03～0.06	0.03～0.06

最小好氧生物固体停留时间 θ_{cmin} 必须大于亚硝酸菌净比增殖速度的倒数，这样可以

维持活性污泥混合菌群中亚硝化菌的数量，即

$$\theta_{cmin}>\frac{1}{\mu_g} \tag{8.49}$$

当应用由公式(8.48)计算得到的 θ_{cmin} 值来确定设计生物固体停留时间 θ_{cd} 时，应考虑数值为 1.5～2.5 的安全系数。

当处理后出水氨氮质量浓度约为 1 mg/L 时，可假设总比增殖速度为零级反应。

(5)环境因素对硝化的影响。

①温度。硝酸菌的最佳生长温度为 35～42 ℃，亚硝酸菌的最佳生长温度为 35 ℃。生物硝化反应可以在 4～45 ℃的温度范围内进行。温度不但可以影响硝化菌的总比增殖速度，也可以影响硝化菌的自身分解速度。

硝化菌总比增殖速度与温度(T)的关系可用以下经验公式表示为

$$\mu_{NT}=\mu_{N(15\ ℃)}\,e^{0.098(T-15)} \tag{8.50}$$

硝化菌自身分解系数 K_d 与温度(T)的关系可用以下经验公式表示为

$$K_{dT}=K_{d(20\ ℃)}\,1.04^{(T-20)} \tag{8.51}$$

在完成温度修正和选用适当的安全系数后，由公式(8.49)确定设计生物固体停留时间 θ_{cd}。

对于硝化菌的净比增殖速度与温度的关系或者污泥停留时间与温度的关系，已提出多个经验公式，除上述公式外，目前被广泛认可的公式如下：

a.美国环境保护局(EPA)建议的 θ_{cd} 公式为

$$\theta_{cd}=2.5\times 2.13\,e^{0.098(15-T)} \tag{8.52}$$

b.日本下水道协会建议的 θ_{cd} 公式为

$$\theta_{cd}=(1.2-1.5)20.6\,e^{-0.0627T} \tag{8.53}$$

c.亚硝酸菌的净化增殖速度(μ_{g1})与水温度的关系为

$$\mu_{g1}=0.18\,e^{0.116(T-15)} \tag{8.54}$$

硝酸菌的净比增殖速度(μ_{g2})与水温的关系式为

$$\mu_{g2}=0.79\,e^{0.069(T-15)} \tag{8.55}$$

从式(8.53)和式(8.54)可看出，亚硝酸菌的净比增殖速度比硝酸菌慢得多，因此，亚硝酸菌在曝气池内的停留时间为反应器运行的控制因素。

亚硝酸菌在曝气池内的停留时间(即生物固体停留时间)必须大于亚硝酸菌净比增殖速度的倒数，即

$$\theta_c\geqslant\frac{1}{\mu_{g1}}=\frac{1}{0.18\,e^{0.116(T-15)}}=5.56\,e^{-0.116(T-15)} \tag{8.56}$$

水温 T 为 20 ℃、15 ℃、10 ℃时 θ_c 分别为 3.1 d、5.6 d、9.9 d。

②溶解氧。混合液溶解氧浓度对硝化反应速度的影响目前一直处于争论之中，但可以确定的是，硝化反应必须在绝对好氧条件下进行。溶解氧在混合液中的浓度并不等同于在活性污泥絮体内部的浓度，而实际上氧的利用是发生在污泥絮体的内部，所以提高混合液溶解氧浓度，将会强化氧向污泥絮体内部的渗透，从而提高硝化反应速度。在较短的污泥停留时间(SRT)条件下，含碳有机物氧化过程的氧利用速度较高，这样会削弱

氧向污泥内部的渗透作用，相反 SRT 较长时，较低的氧利用速度可以提高氧向污泥内部的渗透作用，由于溶解氧浓度在活性污泥内部较高，因此发生硝化反应速度较快。所以，要维持最大硝化反应速度，在 SRT 值较短时，必须提高混合液溶解氧浓度。

混合液溶解氧最佳浓度与活性污泥絮体大小、污泥负荷、温度等因素有关。对于一般的活性污泥法，混合液溶解氧质量浓度应大 2 mg/L。但硝化反应可在溶解氧质量浓度时进行，如高氧曝气池溶解氧质量浓度高达 6 mg/L 也不会抑制硝化反应的进行。

③pH。pH 也是硝化反应的主要影响因素，硝化菌对 pH 十分敏感，最佳 pH 范围为 7～8。当 pH 降到 5～5.5 时，硝化反应几乎停止。在硝化反应过程中，每氧化 1 g 氨氮要消耗 7.15 g 碱度(以 $CaCO_3$ 计)。所以如果废水碱度不足时，需人为地调节碱度。

④抑制性物质。在处理工业废水时，硝化过程常因有毒性有机物或无机化合物的存在而受到抑制。

⑤碳氮比。废水中可生物降解含碳有机物浓度与含氮物质浓度之比称为碳氮比(C/N)，C/N 一般用 BOD_5/TKN 值表示，它是影响生物硝化速度和过程的主要影响因素之一。其中，TKN 为总凯氏氮，为废水中有机氮和氨氮之和。

活性污泥中硝化菌所占的比例 f_N 与 BOD_5/TKN 有很大关系。入流废水中 BOD_5/TKN 越大，则活性污泥中硝化菌所占的比例越小，因为活性污泥中的异养菌与硝化菌竞争营养和溶解氧，使硝化菌的增殖受到抑制，结果硝化速度下降；反之，BOD_5/TKN 越小，硝化速度越快。典型城市污水的 BOD_5/TKN 为 5～6，此时 f_N 约为 5%；如果 BOD_5/TKN 降到 3，则 f_N 可高达 9%；如果污水的 BOD_5/TKN 增至 9，则 f_N 将降到 3%。另外，BOD_5/TKN 太小时，由于 f_N 增大，虽然硝化速度高，但会使部分硝化菌脱离活性污泥絮体而处于游离状态，在二沉池内不易沉淀，导致出水浑浊。而 BOD_5/TKN 太大时，虽然出水透明度高，但硝化速度下降。因此，许多处理的运行表明，对某一生物硝化系统来说 BOD_5/TKN 值最佳范围为 2～3。

⑥污泥负荷和污泥停留时间。生物硝化负荷越低，硝化进行得越充分，NH_3-N 氧化为 NO_3-N 的硝化效率就越高。一般污泥负荷 L_s 都在 0.15 kg BOD/(kg MLSS·d)以下，为低污泥负荷工艺。有时为了使出水 NH_3-N 非常低，甚至采用污泥负荷 L_s 为 0.05 kg BOD/(kg MLSS·d)的超低负荷运行。

硝化菌增殖速度较一般异养菌的增殖速度慢，世代期长。如果 SRT 较短，系统内往往不存在硝化细菌，也就得不到硝化的效果。在设计和运行时 SRT 取决于温度等环境因素，但一般认为 SRT 至少应在 8 d 以上才能得到较好的硝化效果。也有人认为，BOD_5 低于 20 mg/L 时硝化反应才能完成。

4. 生物反硝化动力学

(1)生物反硝化过程。

反硝化过程是以硝酸盐为氧源，以 BOD 作为生物合成和能量的碳源，发生如下生化反应：

$$NO_3^- + BOD \longrightarrow N_2 + CO_2 + H_2O + OH^- + \text{新细胞}$$

在反硝化过程中，还原 1 g NO_3-N 约消耗 2.86 g BOD，产生 0.45 g VSS 和 3.57 g

碱度。

(2)反硝化菌增殖速度。

反硝化菌的增殖速度与硝酸盐浓度的关系可用 Monod 动力学公式表示为

$$\mu_D = \frac{1}{X}\left(\frac{\mathrm{d}X}{\mathrm{d}t}\right)_{\mathrm{T}} = \mu \frac{D}{K_{\mathrm{SD}} + D_{D\max}} \tag{8.57}$$

式中,μ_D为反硝化菌的比增殖速度,d^{-1};$\mu_{D\max}$为反硝化菌的最大比增殖速度,d^{-1};X 为反硝化菌浓度,mg/L;D 为 NO_3-N 浓度,mg/L; K_{SD}为饱和常数,mg/L;t 为反应时间,d。

当 $K_{\mathrm{SD}} \ll D$ 时,上式为零级反应,而当 $D \ll KSD$ 时,则为一级反应。

反硝化菌的增殖速度为

$$\mu = \mu_D X = \left(\frac{\mathrm{d}X}{\mathrm{d}t}\right)_{\mathrm{T}} = \mu \frac{DX}{K_{\mathrm{SD}} + D_{D\max}} \tag{8.58}$$

式中,μ 为反硝化菌的增殖速度,mg/(L·d)。

(3)NO_3-N 的还原速度。

NO_3-N 的还原速度可用下式表示为

$$q = -\frac{\mathrm{d}D}{\mathrm{d}t} \tag{8.59}$$

$$q_D = \frac{q}{X} = -\frac{\frac{\mathrm{d}D}{\mathrm{d}t}}{X} \tag{8.60}$$

式中,q 为 NO_3-N 的还原速度,mg/(L·d);q_D为 NO_3-N 的比还原速度,d^{-1}。

反硝化菌产率系数为

$$Y_D = -\frac{\left(\frac{\mathrm{d}X}{\mathrm{d}t}\right)_{\mathrm{T}}}{\frac{\mathrm{d}D}{\mathrm{d}t}} = -\frac{\mu}{q} = -\frac{\mu_D}{q_D} \tag{8.61}$$

由式(8.59)~(8.61)得

$$q = -\frac{\mu}{Y_D} = -\frac{\mu_{\max}}{Y_D(K_{\mathrm{SD}} + D)} \tag{8.62}$$

$$q_D = -\frac{\mu_D}{Y_D} = -\frac{\mu_{\max}}{Y_D(K_{\mathrm{SD}} + D)} \tag{8.63}$$

令 $\mu_{D\max}/Y_D = K_D$,称最大 NO_3-N 还原速度,d^{-1},则式(8.62)和或(8.63)可改写为

$$q = -\frac{\mathrm{d}D}{\mathrm{d}t} = -\frac{K_D DX}{K_{\mathrm{SD}} + D} \tag{8.64}$$

$$q_D = -\frac{\frac{\mathrm{d}D}{\mathrm{d}t}}{X} = -\frac{K_D D}{K_{\mathrm{SD}} + D} \tag{8.65}$$

式(8.64)和式(8.65)称为 NO_3^--N 还原 Monod 动力学公式。

(4)反硝化菌的净增殖速度。

反硝化菌的净增殖速度为其总增殖速度与自身分解速度之差,用公式表示为

$$\left(\frac{\mathrm{d}X}{\mathrm{d}t}\right)_{\mathrm{g}} = \left(\frac{\mathrm{d}X}{\mathrm{d}t}\right)_{\mathrm{T}} - \left(\frac{\mathrm{d}X}{\mathrm{d}t}\right)_{\mathrm{E}} \tag{8.66}$$

式中，$\left(\frac{\mathrm{d}X}{\mathrm{d}t}\right)_{\mathrm{g}}$ 为反硝化菌净增殖速度；$\left(\frac{\mathrm{d}X}{\mathrm{d}t}\right)_{\mathrm{T}}$ 为反硝化菌总增殖速度；$\left(\frac{\mathrm{d}X}{\mathrm{d}t}\right)_{\mathrm{E}}$ 为反硝化菌自身分解速度。

设反硝化菌自身分解速度符合一级反应，则

$$\left(\frac{\mathrm{d}X}{\mathrm{d}t}\right)_{\mathrm{E}}=-K_{\mathrm{d}}X \tag{8.67}$$

式中，K_{d} 为反硝化菌自身分解系数，d^{-1}。

将式(8.67)代入式(8.66)，并各项除以 X 得

$$\frac{\left(\frac{\mathrm{d}X}{\mathrm{d}t}\right)_{\mathrm{g}}}{X}=\frac{\left(\frac{\mathrm{d}X}{\mathrm{d}t}\right)_{\mathrm{T}}}{X}-K_{\mathrm{d}} \tag{8.68}$$

$$\mu_{\mathrm{g}}=\mu_D-K_{\mathrm{d}} \tag{8.69}$$

式中，$\mu_{\mathrm{g}}=\frac{\left(\frac{\mathrm{d}X}{\mathrm{d}t}\right)_{\mathrm{g}}}{X}$为反硝化菌净比增殖速度。

由 $\theta_{\mathrm{c}}=1/\mu_{\mathrm{g}}$，则

$$\theta_{\mathrm{c}}=\frac{1}{\mu_D-K_{\mathrm{d}}} \tag{8.70}$$

美国环保局提出反硝化过程反硝化菌自身分解系数 $K_{\mathrm{d}}=0.04\ \mathrm{d}^{-1}$，反硝化菌产率系数 $Y_D=0.6\sim1.2$ g VSS/g NO_3-N。

(5)环境因素对反硝化的影响。

①温度。温度对反硝化速度的影响，遵循 Arrheius 方程，可用下式表示为

$$K_T=K_{20}\theta^{(T-20)} \tag{8.71}$$

式中，K_T 为温度为 T ℃时的反硝化速度，g NO_3-N/(g VSS · d)；K_{20}为温度为 20 ℃时的反硝化速度，g NO_3-N/(g VSS · d)；T 为混合液温度，℃；θ 为温度修正系数，一般$\theta=1.03\sim1.15$。

反硝化逐度会随温度变化而变化，温度越高，反硝化速度越快，但不会像硝化菌那样敏感。反硝化最佳温度为 30～35 ℃。低于 15 ℃时，反硝化速度明显下降，低至 5 ℃时反硝化几乎停止。

②碳源有机物。反硝化反应是异养微生物参与下的生化反应。它在溶解氧浓度极低的条件下，利用硝酸盐中的氧作为电子受体，有机物碳源为电子供体，碳源物质不同，反硝化速度也不同。碳源、温度和单位生物量反硝化速度之间的关系如图 8.5 所示。

反硝化菌能利用的碳源有机物比较广。根据来源可分为内部碳源和外部碳源。内部碳源是来自处理工艺废水和污泥中的有机物，不需另外投加。外部碳源是从外部供给的碳源(如甲醇、乙酸、糖蜜等)。

③pH。反硝化过程的最适宜的 pH 为 7.0～7.5。当 pH 低于 6.0 或高于 4.0 时，会影响反硝化菌的增殖和活性，使反硝化反应受到抑制。

反硝化过程会产生碱度。碱度对 pH 也会有所影响。每还原 1 g NO_3-N 产生 3.5 g碱度(以 $CaCO_3$计)，但实测值常低于理论值，一般为 2.89 g。

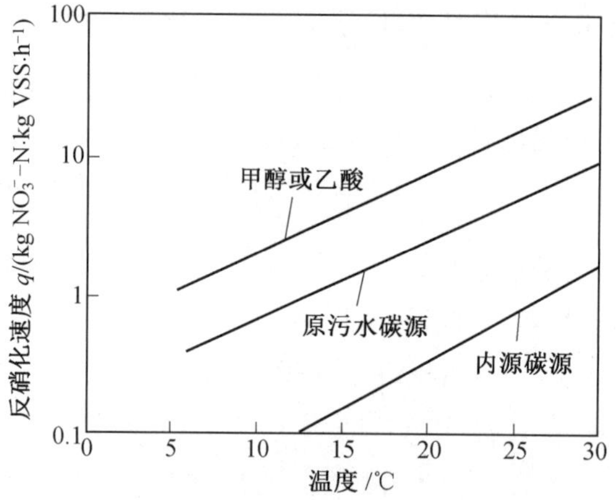

图 8.5 碳源、温度和单位生物量反硝化速度之间的关系

④溶解氧。一般在活性污泥系统中,溶解氧应保持在 0.15 mg/L 以下,才能使反硝化反应正常进行。因为溶解氧对反硝化过程有抑制作用主要是氧与硝酸盐竞争电子供体,同时分子态氧会抑制硝酸盐还原酶的合成及其活性。

⑤C/N。将 1 g NO_3-N 还原为 N_2,理论上需要碳源有机物(以 BOD_5 计)2.86 g。当反硝化池污水的 BOD_5/TKN 值大于 4～6 时,一般认为碳源充足。因为城市污水的成分复杂,只有一部分快速生物降解的 BOD 才可作为反硝化的碳源,所以单级前置反硝化活性污泥法(A^2/O 等)C/N 要求达到 8。如以甲醇为碳源,甲醇与 NO_3-N 比为 3 时就可充分反硝化(95%NO_3-N 还原为 N_2)。

⑥有毒物质。一般认为反硝化菌对有毒物质的敏感性与好氧异养菌相同。在应用好氧异养菌的抑制或有毒物质的资料时,应考虑驯化的影响。

5. 生物除磷动力学

(1)生物除磷反应过程。

在好氧条件下,聚磷的积累可按下式表示为

$$C_2H_4O_2+0.16NH_4^++1.2O_2+0.2PO_4^{3-}\longrightarrow$$
$$0.16C_5H_7NO_2+1.2CO_2+0.2(HPO_3)(\text{聚磷})+0.44OH^-+1.44H_2O$$

这里所选择的有机物组成类似于乙酸。因为细菌在好氧条件下,既可以用所储存的乙酸,也可以利用游离的乙醇(如果存在时)。储存的乙酸以聚合羟基烷酸(poly hydroxyalk anoates,PHA)的形式存在,其中聚 β 羟丁酸(PHB)最常见。

在缺氧条件下,聚磷的积累可按下式表示为

$$C_2H_4O_2+0.16NH_4^++0.2PO_4^{3-}+0.96NO_3^-\longrightarrow$$
$$0.16C_3H_7NO_2+1.2CO_2+0.2(HPO_4)(\text{聚磷})+1.4OH^-+0.48N_2+0.96H_2O$$

厌氧条件下,聚磷酸盐的释放可按下式表示为

$$2C_2H_4O_2+(HPO_4)(\text{聚磷})+H_2O\longrightarrow(C_2H_2O_2)_2(\text{储存有机物})+PO_4^{3-}+3H^+$$

(2)生物除磷动力学模式。

①厌氧阶段,吸收乙酸动力学可用 Monod 公式表示为

$$q_{HAC}=\frac{K_{HAC}c_{HAC}X_P}{K_{SHAC}+c_{HAC}} \tag{8.72}$$

式中，q_{HAC}为乙酸吸收速度，mg/(L・d)；K_{HAC}为乙酸最大吸收速度，d^{-1}；c_{HAC}为乙酸浓度，mg/L；X_p为聚磷菌浓度，mg/L；K_{SHAC}为饱和常数，mg/L。

若储存的聚磷菌全被释放，则乙酸吸收过程将停止。

②好氧阶段，磷酸盐的吸收动力学可用 Monod 公式表示为

$$q_P=\frac{\mu_{Pmax}c_P}{Y_p(K_{SP}+c_P)\dfrac{K_Pc_PX_P}{K_{SP}+c_P}} \tag{8.73}$$

式中，q_p为磷酸盐吸收速度，mg/(L・d)；c_p为磷酸盐浓度，mg/L；μ_{Pmax}为聚磷菌最大比增殖速度，d^{-1}；X_p为聚磷菌浓度，mg/L；Y_p为聚磷菌产率系数；K_p为磷酸盐最大吸收速度，$K_p=\mu_{pmax}/Y_p$，d^{-1}；K_{SP}为饱和常数，mg/L。

③在缺氧条件下，磷酸盐的吸收率为好氧条件下的 40%～60%。

20 ℃生物除磷反应的动力学常数见表 8.2。

表 8.2　20 ℃生物除磷反应的动力学常数

反应动力学常数	符号	单位	数值
聚磷菌最大比增殖速度	μ_{pmax}	d^{-1}	2～4
聚磷菌产率系数	Y_p	kg SS/kg COD(HAC)	0.6～0.8
聚磷菌产率系数	Y_p	kg P/kg COD(HAC)	0.07～0.1
乙酸吸收的饱和常数	K_{SHAC}	g HAC/m^3	2～6
磷酸盐吸收的饱和常数	K_{SP}	g P/m^3	0.1～0.5
乙酸吸收速度	K_{HAC}	kg COD(HAC)/(kg COD(X)・d)	0.5～2

8.1.2　活性污泥数学模型(ASMs)

传统活性污泥数学模型并未对生物固体(活性污泥)和污水中的有机底物进行具体分类，而仅模拟了生物固体的好氧生长过程。然而，在实际应用中，生物固体和有机底物可进一步细分，且生物固体的生长受其种类和环境影响。目前认为生物固体可分为两大类：活性异养菌(包括能反硝化的异养菌和不能硝化的异养菌)以及活性自养菌。这些生物固体及其内源呼吸衰减产生的惰性物质，以及进水中不可生物降解的有机物构成了活性污泥的主要成分。同时，污水中的底物也可进一步分类。传统简单的数学模型无法充分反映活性污泥法污水处理系统的实际情况。因此，1983 年国际水质协会成立了活性污泥通用模型国际研究小组，在总结各种污水生物处理数学模型基础上，陆续推出了 5 套活性污泥数学模型(ASM1、ASM2、ASM2d、ASM3 和 ASM3C)。ASM1 是一个公认的最简化的模型，能对同时进行碳氧化、硝化和反硝化的单个活性污泥系统的运行作出预测，并且在模型中清楚地列出包含的反应过程及模型使用的程序。活性污泥 2 号模型(ASM2)是活性污泥 1 号模型(ASM1)的延伸。ASM2 更复杂，并包括更多的描述污水

和污泥特性的组分。ASM2 包含了更多的生物处理过程，主要是为了解决生物除磷问题。从 ASM1 到 ASM2，最主要的变化是生物量具有细胞内部结构，因此，其质量浓度就不能简单地用分布参数 X_{BM} 来描述。这是在该模型中包括生物除磷过程的前提。活性污泥 2d 号模型对 ASM2 稍有延伸，它增加了两个过程来说明聚磷菌(PAO)可利用胞内有机储存产物进行反硝化。与 ASM2 假定 PAOs 仅在好氧条件下生长不同，ASM2d 包含了反硝化的 PAOs。这些模型为科研工作者提供了研究水污染模拟与控制的重要平台，对于优化工艺、故障检修、辅助设计和寻求最佳运行条件，以及废水生物处理技术的研究与开发都具有重要意义。ASMs 系列模型已在许多大型污水处理厂的设计、运行和改造中得到实际应用，积累了丰富经验，为推动污水处理领域的发展和进步做出了重要贡献。由于 ASM2d 可以同时对脱氮除磷除碳的生化过程进行模拟，因此，更加受到研究人员和工程人员的欢迎，接下来将详细地介绍其建模、求解及编程的过程。

1. 活性污泥 2d 号(ASM2d)模型

(1)ASM2d 的组分。

ASM2d 模型对污水中的有机物、含氮和含磷物质进行了划分，并将各组分进一步划分成溶解性和颗粒性组分，对于组分的表示，国际上有如下约定：颗粒性物质用 X 表示，溶解性物质用 S 表示；下角标表示不同种类的成分，如 B 表示生物质，S 表示基质，O 表示溶解氧。假定颗粒组分“X_h”与污泥絮体密切相关，能够通过沉淀/浓缩来去除或转移，而溶解性组分“S_h”只能在液相中进行迁移或转化(表 8.3)。

表 8.3　ASM2d 组成成分、定义及典型组成

组分	符号	名称	单位	典型值
溶解性组分	S_{O_2}	溶解氧	g/m^3	0
	S_F	易生物降解物质	g COD/m^3	30
	S_A	发酵产物	g COD/m^3	20
	S_{NH_4}	氨氮	g/m^3	16
	S_{NO_3}	硝酸盐氮	g/m^3	0
	S_{PO_4}	磷酸盐	g/m^3	3.6
	S_I	慢速溶解性惰性有机物	g COD/m^3	30
	S_{ALK}	重碳酸盐碱度	mol/m^3	5
	S_{N_2}	氮气	g/m^3	15

续表8.3

组分	符号	名称	单位	典型值
颗粒性组分	X_I	惰性不可生物降解有机物	g COD/m^3	25
	X_S	慢速可降解基质	g COD/m^3	125
	X_H	异养菌	g COD/m^3	30
	X_{PAO}	聚磷菌	g/m^3	0
	X_{PP}	聚磷酸盐	g/m^3	0
	X_{PHA}	聚磷菌的胞内储存产物 PHA	g COD/m^3	0
	X_{AUT}	自养菌	g COD/m^3	0
	X_{MEOH}	金属氢氧化物	g TSS/m^3	0
	X_{MeP}	金属磷酸盐	g TSS/m^3	0
	X_{TSS}	总悬浮固体	g TSS/m^3	180

注：进水水质参数 COD_{tot}＝260 g COD/m^3，TKN（总凯氏氮）＝25 g/m^3，TP（总磷）＝6 g/m^3。这是初沉池的默认值。

活性污泥过程中的溶解性组分包括溶解氧 S_{O_2}、易生物降解物质 S_F、发酵产物 S_A、氨氮 S_{NH_4}、硝酸盐氮 S_{NO_3}、磷酸盐 S_{PO_4}、慢速溶解性惰性有机物 S_I、重碳酸盐碱度 S_{ALK}、氮气 S_{N_2}。由于溶解氧浓度对反应的速率和反应类型有影响，而通过碱浓度则可以知道活性污泥过程中的化学和生物反应对 pH 的影响，因此这两种组分也包括在 ASM2d 中。

颗粒组分包括惰性不可生物降解有机物 X_I、慢速可降解基质 X_S、异养菌 X_H、聚磷菌 X_{PAO}、聚磷酸盐 X_{PP}、聚磷菌的胞内储存产物 PHAX_{AUT}、自养菌 X_{AUT}、金属氢氧化物 X_{MEOH}、金属磷酸盐 X_{MeP}和总悬浮固体 X_{TSS}。由于 X_I和 S_I在生物反应器内不发生任何反应，既不增加也不减少，因此其所在的列中不包含任何系数。但是，当进水中饱和 X_I时，它将以一定的速率在系统中积累，其累积速率由污泥停留时间（SRT）与水力停留时间（HRT）的比值决定。至于 S_I的出现对模型的建立和求解并无实质影响，仅仅是提醒人们，废水中通常含有一些难降解的溶解性物质。金属氢氧化物 X_{MEOH}和金属磷酸盐 X_{MeP}是用来模拟磷的化学沉淀的底物。

S_{O_2}为溶解氧，其受气体交换的影响。氧的利用率仅与异养生物质好氧生长有关，而与生物质的衰减无关。这与传统观点相异。由分解再增长模式可知，在计算与微生物衰减直接相关的需氧量时，通常是间接地通过生物质衰减产生慢速降解基质 X_S，进而引起生物质增殖这一过程的需氧量来计算的。

S_F为可发酵的易生物降解有机物，这部分溶解性 COD 可由异养菌直接降解。由于假定 S_F可作为发酵基质，因此它不包含发酵产物。

S_A表示为发酵产物，该发酵产物可按乙酸（盐）考虑。由于发酵包含在生物过程中，发酵产物必须同其他溶解性有机物分开来模拟。它们是发酵的最终产物，对所有的化学计量进行计算。假定 S_A是乙酸，实际上也表示了所有其他发酵产物。

S_{NH_4}为铵态氮和氨氮，为使电荷平衡，假设全部S_{NH_4}以NH_4^+形式存在。

S_{NO_3}为硝酸盐氮与亚硝酸盐氮，因为亚硝酸盐氮不作为一个独立的模型组分，因此假定S_{NO_3}包括硝酸盐氮与亚硝酸盐氮。在所有化学计量学计算中，假定S_{NO_3}全部为NO_3^-。

S_{PO_4}为溶解性无机磷，主要为正磷酸盐。考虑电荷平衡，假定S_{PO_4}包括质量分数为50%的$H_2PO_4^-$和质量分数为50%的HPO_4^{2-}，并且与pH无关。

S_I为惰性溶解性有机物，它的主要特征是，该部分有机物在本篇所涉及的污水处理厂中不能被进一步降解。这些物质假设是由进水带来的，也可以是颗粒性基质X_s水解过程中的产物。

S_{ALK}表示废水中的碱度(HCO_3^-)。碱度的引入是为了对可能抑制某些生物过程的低pH环境进行早期预测。由于自养生物质对低pH非常敏感，并且自养菌的增殖过程还将破坏废水中的碱度。如果废水所含碱度不足，自养生物质的增殖将终止。这是因为缺少必需的营养物(碳)以及pH下降，二者抑制了自养生物质的活性。影响碱度破坏的另一项因素为反硝化作用，在适宜的废水处理系统中，可以通过硝化反应产生碱度，从而在一定程度上可以补偿碱度损失。

S_{N_2}为氮气N_2，假定其为反硝化的唯一产物。S_{N_2}易受气体交换的影响。

X_1为惰性颗粒性有机物质，这种物质一般不易在系统内降解，它们聚集到活性污泥上，X_1可以是进水的一部分，也可以是微生物衰退过程中的产物。

X_S为慢速可降解基质，指高分子量、胶体状和颗粒状的有机物，它们必须经过胞外水解后才能够被降解。假定水解产物(S_F)可以发酵。

X_H为异养菌，这类微生物被假定是“全能”异养微生物。它们可以在好氧和缺氧(反硝化)条件下生长，并且在厌氧(发酵)条件下也比较活跃。它们负责颗粒性基质X_s的水解，并能在所有相关环境条件下利用所有可降解的有机物。

X_{PAO}为聚磷菌PAO，假定这一参数代表所有类型具有累积聚磷酸盐功能的微生物，X_{PAO}不包括细胞内部储存物X_{pp}和X_{PHA}，而仅代表“纯”生物量。在ASM2d模型中，假定其可以在缺氧和好氧环境中生长。

X_{PP}为聚磷酸盐，聚磷酸盐是PAO的胞内储存物，它只与X_{PAO}有关，然而却不包含在X_{PAO}中。它是颗粒性磷的一部分，并可通过化学分析测得。

X_{PHA}为聚磷菌(PAO)的细胞内储存物，主要包括聚羟基链烷酸(PHA)。X_{PHA}只与X_{PAO}有关，但并不包含在X_{PAO}中。X_{PHA}不能直接与分析测定的PHA相比较。X_{PHA}是仅为建模而设的一个功能性组分，不能直接用化学法测定，但它可在COD分析中得到反映，以满足COD的物料平衡。从化学计量学角度考虑，假定PHA具有聚β羟基丁酸$(C_4H_6O_2)_N$的化学组成。

X_{AUT}为硝化菌，硝化菌负责硝化，它们是好氧自养菌，硝化菌包括氨氧化和亚硝酸盐氧化细菌。假定硝化菌直接把氨氮S_{NH_4}氧化为硝酸盐氮S_{NO_3}。

X_{MEOH}为金属氢氧化物，这一组分代表了可能与磷酸盐结合的金属氢氧化物。它们可能来自污水本身，也可能是由外部投加到系统中的。在所有的化学计量学计算中，均

假定这个组分为 $Fe(OH)_3$。也可用其他试剂代表这个组分，但需要更改化学计量学和动力学参数。

X_{MeP} 为金属磷酸盐 $MePO_4$，这一组分是结合磷与金属氢氧化物得出的。对所有的化学计量学计算，假定该组分是 $FePO_4$。可以用其他沉淀物代替，但需要更改化学计量学和动力学参数。

X_{TSS} 为总悬浮固体 TSS，将总悬浮固体引入生物动力学模型，是为了通过化学计量学来计算它们的浓度。由于 P 去除和沉淀涉及活性污泥的无机部分，因此，TSS 的预测十分重要。

(2)ASM2d 的矩阵表述形式与守恒方程。

IAWQ 活性污泥 2d 号模型(ASM2d)的表述形式是沿用了活性污泥 1 号模型(ASM1)的概念，其在表述方面最主要的特征是采用矩阵的形式来描述活性污泥系统中各种组分的变化规律和相互关系，行号用 j 表示，列号用 i 表示。矩阵最上面一行从左到右列出了模型所包含的各种反应组分(活性污泥和有机底物)，左边第一列从上到下列出了各种生物反应过程，最右边的一列从上到下列出了各种生物反应的速率表达式。矩阵元素为计量系数，表明组分 i 与过程 j 的相互关系。如果某一组分不参与过程变化，相应的计量系数为零，矩阵中用空项表示。计量系数前的正负号表示该组分在转换过程中的增减情况。这种矩阵格式可以非常方便地描述所有可能的转化过程对所有组分的影响及各组分的表现转化速率。ASM2d 模型的模拟本质是质量守恒定律(公式(4.74))：

$$\text{基质量的变化速率}=\text{基质的输入速率}-\text{基质的输出速率}+\text{基质的利用速率} \tag{8.74}$$

序号为 i 的组分表现转化速率可由下式计算：

$$r_i=\sum_j v_{ij}\,\rho_j \tag{8.75}$$

式中，v_{ij} 表示 i 列 j 行的化学计量系数；ρ_i 表示 i 行的反应过程速率，mg/(L·d)。

ASM2d 中数学计量学以 COD、电荷、氮、磷和总悬浮物固体 X_{TSS} 等 5 种物质守恒关系为基础，对所有过程 j 和所有与物料平衡有关的物质 M 都有效的守恒方程可由式(4.76)表示为

$$\sum \nu_{ij}\, i_{ci}=0 \tag{8.76}$$

式中，ν_{ij} 为过程 j 中组分 i 的化学计量系数(M_i/M_j)；i_{ci} 为转化因子(M_i/M_j)可将组分 i 的单位转化为守恒所应用的物质的单位。

每个守恒方程包含一个预测性信息，可应用于每个相应的过程。如果其他系数已知，每个守恒方程允许对一个化学计量系数进行预测，而无须通过试验确定。

在 ASM2d 中，这些方程用来估计化学计量系数。从 COD 守恒估计 S_{O_2}，(反硝化过程中的 S_{NO_3} 和 S_{N_2})，从氮守恒估计 S_{NH_3}，从磷守恒估计 S_{PO_4}，从电荷守恒估计 S_{ALK}，从总固体守恒估计总悬浮固体。表 8.4 总结了必须应用于方程(4.76)的转换因子 i_{ci}。这些转换因子不论在何处，都是根据化学计量学确定的。“COD”作为一种守恒特性，它的定义尽量接近于化学分析测得的 COD。

表 8.4　ASM2d 守恒方程的转化因子 i_{ci}

因子 i	组分	单位	$i_{COD,i}$ g(COD)	$i_{N,i}$ g(N)	$i_{P,i}$ g(P)	$i_{Charge,i}$ (mole$^+$)	$i_{TSS,i}$ g(TSS)
1	S_{O_2}	g(O_2)	−1				
2	S_F	g(COD)	1	i_{N,S_F}	i_{P,S_F}		
3	S_A	g(COD)	1			−1/64	
4	S_{NH_4}	g(N)		1		1/14	
5	S_{NO_3}	g(N)	−64/14	1		−1/14	
6	S_{PO_4}	g(P)			1	−1.5/31	
7	S_I	g(COD)	1	i_{N,S_I}	i_{P,S_I}		
8	S_{KLA}	mol(HCO_3^-)				−1	
9	S_{N_2}	g(N)	−24/14	1			
10	X_I	g(COD)	1	i_{N,X_I}	i_{P,X_I}		i_{TSS,X_I}
11	X_S	g(COD)	1	i_{N,X_S}	i_{P,X_S}		i_{TSS,X_S}
12	X_H	g(COD)	1	$i_{N,MB}$	$i_{P,MB}$		$i_{TSS,MB}$
13	X_{PAO}	g(COD)	1	$i_{N,MB}$	$i_{P,MB}$		$i_{TSS,MB}$
14	X_{PP}	g(P)			1		3.23
15	X_{PHA}	g(COD)	1				0.6
16	X_{AUT}	g(COD)	1	$i_{N,MB}$	$i_{P,MB}$		$i_{TSS,MB}$
17	X_{TSS}	g(TSS)					−1
18	X_{MeOH}	g(TSS)					1
19	X_{MeP}	g(TSS)			0.205		1

(3)ASM2d 的动力学过程。

ASM2d 模型包含 21 个动力学过程，其中 19 个为生物过程，2 个为化学过程。进一步的动力学过程可分为水解过程和发酵过程，兼性异养菌 X_H生长和衰减过程，聚磷菌 X_{PAO}的释磷、聚磷、生长和衰减过程，活性自养菌 $X_{B,A}$生长和衰减，以及磷酸盐的化学沉淀过程。

①水解过程和发酵过程。许多大分子量、胶体或颗粒状有机物不能直接为微生物所利用，这些物质必须被水解过程的胞外酶反应所分解，才可为微生物所利用。该过程的反应速率为 $\rho_{1\sim}\rho_3$。发酵过程是异养菌将易生物降解有机物进行发酵，转化为发酵产物，该发酵产物可按乙酸(盐)考虑。该过程的反应速率为 ρ_8。

②兼性异养菌 X_H生长和衰减。在好氧条件下，如果有足够的溶解性快速可生物降解有机物 S_S存在，则活性异养菌 X_H好氧生长，生长反应速率为 ρ_4 和 ρ_5。当氧气的浓度很

低并且有足够的溶解性快速可生物降解有机物 S_S 和硝态氮 S_{NO_3} 存在时，活性异养菌 X_H 进行缺氧生长。该过程的反应速率为 ρ_6 和 ρ_7。活性异养菌衰减后主要转化为慢速可生物降解有机物 X_S 和惰性物质 X_P，同时也产生少量的颗粒性可降解有机氮 X_{ND}。该过程衰减速率为 ρ_9。

③聚磷菌 X_{PAO} 的释磷、聚磷、生长和衰减过程。过程 10～17 依次表示聚磷菌 X_{PAO} 的厌氧释磷储存 PHA 过程（速率为 ρ_{10}），好氧和缺氧条件下的聚磷过程（速率为 ρ_{11} 和 ρ_{12}），好氧和缺氧条件下的生长过程（速率为 ρ_{13} 和 ρ_{14}），以及聚磷菌，聚磷酸盐和 PHA 的自身衰减过程（速率为 ρ_{15-17}）。

④活性自养菌 $X_{B,A}$ 生长和衰减。活性自养菌的好氧生长过程实际上为一个硝化过程，该过程只有当氧气 S_O 充足，才能将铵态氮 S_{NH} 转化为硝态氮 S_{NO}，反应速率为 ρ_{18}。活性自养菌衰减过程和产生的物质与活性自养菌相同。其过程速率为 ρ_{19}。

⑤磷酸盐的化学沉淀。在生物除磷脱氮系统中，一般存在于废水中的金属（如 Ca^{2+}），遇到释放出的高浓度溶解性正磷酸盐 SPO_4，会产生磷的化学沉淀（如以磷石灰或磷酸钙的形式沉淀）。表 8.5 中过程 20 和 21 表示 S_{PO_4} 的沉淀及再溶解（速率为 ρ_{20} 和 ρ_{21}）。沉淀模型是基于沉淀与再溶解是相反的过程，假定这一过程是平衡可逆的过程。

表 8.5 最右边的“反应过程速率 ρ”中使用“开关函数”这个概念来反映由环境因素改变而所产生的遏制作用，即反应的进行与否。对于需要电子受体的反应过程来说，开关函数的概念尤为重要。例如，只有在反应器中存在溶解氧，硝化细菌才能繁殖，也就是说硝化作用必须有溶解氧的参与。因此，ASM2d 模型在硝化过程速率表达式中设置了溶解氧开关函数 $S_O/(K_O+S_O)$ 作为硝化反应的开关，即硝化作用可以顺利进行，K_O 选用一个很小的数值。当溶解氧（S_O）趋于零时，开关函数 $S_O/(K_O+S_O)$ 趋于零，则硝化速率也趋于零；当溶解氧（S_O）趋于一定浓度时，开关函数 $S_O/(K_O+S_O)$ 趋于 1。

类似地，反硝化过程的速率表达式中也设置了开关函数 $K_O/(K_O+S_O)$。当溶解氧浓度趋于零时，开关函数趋于 1，反硝化作用能顺利进行；反之，溶解氧升高到一定浓度后，开关函数趋于零，反硝化作用趋于停止。

表 8.5　ASM2d 模型动力表达式

序号	过程	过程速率 ρ 的表达式
1	好氧水解	$k_h \dfrac{S_{O_2}}{K_{O_2}+S_{O_2}} \cdot \dfrac{X_S/X_H}{K_X+X_S/X_H} X_H$
2	缺氧水解	$k_h \eta_{NO3} \dfrac{K_{O_2}}{K_{O_2}+S_{O_2}} \cdot \dfrac{S_{NO_3}}{K_{NO_3}+S_{NO_3}} \cdot \dfrac{X_S/X_H}{K_X+X_S/X_H} X_H$
3	厌氧水解	$k_h \eta_{fe} \dfrac{K_{O_2}}{K_{O_2}+S_{O_2}} \cdot \dfrac{S_{NO_3}}{K_{NO_3}+S_{NO_3}} \cdot \dfrac{X_S/X_H}{K_X+X_S/X_H} X_H$

续表8.5

序号	过程	过程速率 ρ 的表达式
4	基于 S_F 的生长	$\mu_H \frac{S_{O_2}}{K_{O_2}+S_{O_2}} \cdot \frac{S_F}{K_F+S_F} \cdot \frac{S_F}{S_F+S_A} \cdot \frac{S_{NH_4}}{K_{NH_4}+S_{NH_4}} \cdot \frac{S_{PO_4}}{K_P+S_{PO_4}} \cdot \frac{S_{ALK}}{K_{ALK}+S_{ALK}} X_H$
5	基于 S_A 的生长	$\mu_H \frac{S_{O_2}}{K_{O_2}+S_{O_2}} \cdot \frac{S_A}{K_A+S_A} \cdot \frac{S_A}{S_F+S_A} \cdot \frac{S_{NH_4}}{K_{NH_4}+S_{NH_4}} \cdot \frac{S_{PO_4}}{K_P+S_{PO_4}} \cdot \frac{S_{ALK}}{K_{ALK}+S_{ALK}} X_H$
6	基于 S_F 的反硝化	$\mu_H \eta_{NO3} \frac{K_{O_2}}{K_{O_2}+S_{O_2}} \cdot \frac{S_F}{K_A+S_A} \cdot \frac{S_F}{S_F+S_A} \cdot \frac{S_{NH_4}}{K_{NH_4}+S_{NH_4}} \cdot \frac{S_{NO_3}}{K_{NO_3}+S_{NO_3}} \cdot \frac{S_{PO_4}}{K_P+S_{PO_4}} \cdot \frac{S_{ALK}}{K_{ALK}+S_{ALK}} X_H$
7	基于 S_A 的反硝化	$\mu_H \eta_{NO3} \frac{K_{O_2}}{K_{O_2}+S_{O_2}} \cdot \frac{S_A}{K_A+S_A} \cdot \frac{S_A}{S_F+S_A} \cdot \frac{S_{NH_4}}{K_{NH_4}+S_{NH_4}} \cdot \frac{S_{NO_3}}{K_{NO_3}+S_{NO_3}} \cdot \frac{S_{PO_4}}{K_P+S_{PO_4}} \cdot \frac{S_{ALK}}{K_{ALK}+S_{ALK}} X_H$
8	发酵	$q_{fe} \frac{K_{O_2}}{K_{O_2}+S_{O_2}} \cdot \frac{K_{NO_3}}{K_{NO_3}+S_{NO_3}} \cdot \frac{S_F}{K_{fe}+S_F} \cdot \frac{S_{ALK}}{K_{ALK}+S_{ALK}} X_H$
9	溶菌	$b_H X_H$
10	X_{PHA} 的储存	$q_{PHA} \frac{S_A}{K_F+S_F} \cdot \frac{S_{ALK}}{K_{ALK}+S_{ALK}} \cdot \frac{X_{PP}/X_{PAO}}{K_{PP}+X_{PP}/X_{PAO}} X_{PAO}$
11	X_{PP} 好氧储存	$q_{PP} \frac{S_{O_2}}{K_{O_2}+S_{O_2}} \cdot \frac{S_{PO_4}}{K_P+S_{PO_4}} \cdot \frac{S_{ALK}}{K_{ALK}+S_{ALK}} \cdot \frac{X_{PP}/X_{PAO}}{K_{PHA}+X_{PP}/X_{PAO}} \cdot \frac{K_{max}-X_{PP}/X_{PAO}}{K_{IPP}+K_{max}-X_{PP}/X_{PAO}} X_{PAO}$
12	X_{PP} 缺氧储存	$\rho_{12}=\rho_{11}\eta_{NO3} \cdot \frac{K_{O_2}}{S_{O_2}} \cdot \frac{S_{NO_3}}{K_{NO_3}+S_{NO_3}}$

续表8.5

序号	过程	过程速率 ρ 的表达式
13	X_{PAO}好氧生长	$\mu_{PAO}\frac{S_{O_2}}{K_{O_2}+S_{O_2}}\cdot\frac{S_{NH_4}}{K_{NH_4}+S_{NH_4}}\cdot\frac{S_{PO_4}}{K_P+S_{PO_4}}\cdot\frac{S_{ALK}}{K_{ALK}+S_{ALK}}\cdot\frac{X_{PHA}/X_{PAO}}{K_{PHA}+X_{PHA}/X_{PAO}}X_{PAO}$
14	X_{PAO}缺氧生长	$\rho_{14}=\rho_{13}\eta_{NO3}\cdot\frac{K_{O_2}}{S_{O_2}}\cdot\frac{S_{NO_3}}{K_{NO_3}+S_{NO_3}}$
15	X_{PAO}的衰减	$b_{PAO}X_{PAO}\cdot\frac{S_{ALK}}{K_{ALK}+S_{ALK}}$
16	X_{PP}的分解	$b_{PP}X_{PP}\cdot\frac{S_{ALK}}{K_{ALK}+S_{ALK}}$
17	X_{PHA}的分解	$b_{PHA}X_{PHA}\cdot\frac{S_{ALK}}{K_{ALK}+S_{ALK}}$
18	X_{AUT}的生长	$\mu_{AUT}\frac{S_{O_2}}{K_{O_2}+S_{O_2}}\cdot\frac{S_{NH_4}}{K_{NH_4}+S_{NH_4}}\cdot\frac{S_{PO_4}}{K_P+S_{PO_4}}\cdot\frac{S_{ALK}}{K_{ALK}+S_{ALK}}X_{AUT}$
19	溶菌	$b_{PHA}X_{PHA}$
20	沉淀	$k_{PRE}S_{PO_4}X_{MeOH}$
21	再溶解	$k_{RED}\cdot\frac{S_{ALK}}{K_{ALK}+S_{ALK}}X_{MeP}$

(4)ASM2d 的化学计量学矩阵。

根据 ASM2d 模型的守恒方程和动力学过程可以计算出气化学计量学矩阵系数 v_{ij}，结果见表 8.6。

表 8.6　ASM2d 化学计量学矩阵

序号	过程	SO2	SF	SA	SI	SNH4	SN2	SNO3	SPO4	XPP	XPHA	XI	XS	XH	XPAO	XAUT	SALK	XMeOH	XMeP	XTSS
		COD	COD	COD	COD	N	N	N	P	P	COD	COD	COD	COD	COD	COD	HCO3	TSS	TSS	TSS
异养菌(XH)																				
1	好氧水解		$1-f_{SI}$		f_{SI}	$i_{N,X_S}-f_{S_I}i_{N,S_I}-(1-f_{S_I})i_{N,S_F}$			$i_{P,X_S}-f_{S_I}i_{P,S_I}-(1-f_{S_I})i_{P,S_F}$				−1							
2	缺氧水解		$1-f_{SI}$		f_{SI}	$i_{N,X_S}-f_{S_I}i_{N,S_I}-(1-f_{S_I})i_{N,S_F}$			$i_{P,X_S}-f_{S_I}i_{P,S_I}-(1-f_{S_I})i_{P,S_F}$				−1							
3	厌氧水解		$1-f_{SI}$		f_{SI}	$i_{N,X_S}-f_{S_I}i_{N,S_I}-(1-f_{S_I})i_{N,S_F}$			$i_{P,X_S}-f_{S_I}i_{P,S_I}-(1-f_{S_I})i_{P,S_F}$				−1							
4	厌氧发酵		−1	1																
5	SF 好氧	$-\frac{1}{Y_H}+1$	$-\frac{1}{Y_H}-\frac{k_{TB-EPS}}{Y_H}-\frac{k_{LB-EPS}}{Y_H}$			$-i_{N,BM}$			$-i_{P,BM}-i_{P,X_{TB-EPS}}\times\frac{k_{TB-EPS}}{Y_H}-i_{P,X_{LB-EPS}}\times\frac{k_{LB-EPS}}{Y_H}$					1						
6	SA 好氧	$-\frac{1}{Y_H}+1$		$-\frac{1}{Y_H}-\frac{k_{TB-EPS}}{Y_H}-\frac{k_{LB-EPS}}{Y_H}$		$-i_{N,BM}$			$-i_{P,BM}-i_{P,X_{TB-EPS}}\times\frac{k_{TB-EPS}}{Y_H}-i_{P,X_{LB-EPS}}\times k_{LB-EPS}/Y_H$					1						
7	SF 缺氧		$-1/Y_H$			$-i_{N,BM}$	$\frac{\frac{1}{Y_H}-1}{2.86}$	$-\frac{\frac{1}{Y_H}-1}{2.86}$	$-i_{P,BM}$					1						
8	SA 缺氧			$-1/Y_H$		$-i_{N,BM}$	$\frac{\frac{1}{Y_H}-1}{2.86}$	$-\frac{\frac{1}{Y_H}-1}{2.86}$	$-i_{P,BM}$					1						

续表8.6

序号	过程	SO2	SF	SA	SI	SNH4	SN2	SNO3	SPO4	XPP	XPHA	XI	XS	XH	XPAO	XAUT	SALK	XMeOH	XMeP	XTSS
		COD	COD	COD	COD	N	N	N	P	P	COD	COD	COD	COD	COD	COD	HCO3	TSS	TSS	TSS
9	XH 溶菌					$i_{N,BM}-f_{X_I}i_{N,X_I}-(1-f_{X_I})i_{N,X_I}$			$i_{P,MB}-f_X i_{P,X_I}-(1-f_{X_I})i_{P,X_I}$			f_{X_I}	$1-f_{X_I}$	-1						
聚磷菌(XPAO)																				
10	XPHA 贮存			-1					Y_{SO_4}	$-Y_{SO_4}$	1									
11	XPP 基于 XPAO 好氧贮存	$-Y_{PHA}$							-1	1	$-Y_{PHA}$									
12	XPP 基于 XPAO 缺氧贮存						$\frac{Y_{PHA}}{2.86}$	$\frac{-Y_{PHA}}{2.86}$	-1	1	$-Y_{PHA}$									
13	XPAO 好氧生长	$1-1/Y_{PAO}$				$-i_{N,BM}$			$-i_{P,BM}$		$\frac{-1}{Y_{PAO}}$				1					
14	XPAO 缺氧生长					$-i_{N,BM}$	$-\frac{1-1/Y_{PAO}}{2.86}$	$\frac{1-1/Y_{PAO}}{2.86}$	$-i_{P,BM}$		$\frac{-1}{Y_{PAO}}$				1					
15	XPHA 分解			1							-1									

续表8.6

序号	过程	SO2	SF	SA	SI	SNH4	SN2	SNO3	SPO4	XPP	XPHA	XI	XS	XH	XPAO	XAUT	SALK	XMeOH	XMeP	XTSS
		COD	COD	COD	COD	N	N	N	P	P	COD	COD	COD	COD	COD	COD	HCO3	TSS	TSS	TSS
16	XPP 分解								1	−1										
17	XPAO 溶解					$i_{N,BM}-f_{X_I}i_{N,X_I}-(1-f_{X_I})i_{N,X_I}$			$i_{P,MB}-f_Xi_{P,X_I}-(1-f_{X_I})i_{P,X_I}$			f_{X_I}	$1-f_{X_I}$		−1					
自养菌(XAUT)																				
18	XAUT 好氧	$1-4.57\times1/Y_A$				$-1/Y_A-i_{N,BM}$		$1/Y_A$	$-i_{P,BM}$							1				
19	XAUT 溶菌					$i_{N,BM}-f_{X_I}i_{N,X_I}-(1-f_{X_I})i_{N,X_I}$			$i_{P,MB}-f_Xi_{P,X_I}-(1-f_{X_I})i_{P,X_I}$			f_{X_I}	$1-f_{X_I}$			−1				
金属化合物沉淀																				
20	沉淀								−1									−3.45	4.87	1.42
21	再溶解								1									3.45	−4.87	−1.42

(5)ASM2d 模型中化学计量系数及动力学参数。

ASM2d 模型中共有 45 个动力学参数，同时 IWA 给出了所有动力学参数为 20 ℃时的典型值(表 8.7)，但是受到进水水质、工艺类型和运行参数等的影响，模型在应用前必须对这些参数值进行校正，模型的模拟才能与实际情况更加吻合。

表 8.7　ASM2d 动力学参数及典型值(20 ℃)

序号	符号	定义		单位	典型值
1	K_h	颗粒性基质 X_S 的水解	水解速率常数	d^{-1}	3.00
2	η_{NO_3}		缺氧水解速率降低修正因子	—	0.60
3	η_{Fe}		厌氧水解速率降低修正因子	—	0.10
4	K_{O_2}		氧饱和/抑制系数	$g(O_2)/m^3$	0.20
5	K_{NO_3}		硝酸盐饱和/抑制系数	$g(N)/m^3$	0.50
6	K_X	异养菌之 X_H	颗粒性 COD 饱和系数	$g(X_S)/g(X_H)$	0.10
7	μ_H		基于基质最大生长速率	$g(X_S)/(g(X_H)\cdot d)$	6.00
8	q_{fe}		最大发酵速率	$g(X_F)/(g(X_H)\cdot d)$	3.00
9	η_{NO_3}		反硝化降低修正因子	—	0.8
10	b_H		比衰减(死亡)速率	d^{-1}	0.40
11	K_{O_2}		氧饱和系数	$g(O_2)/m^3$	0.20
12	K_F		基于 S_F 的生长饱和系数	$g(COD)/m^3$	4.00
13	K_{fe}		S_F 发酵饱和系数	$g(COD)/m^3$	4.00
14	K_A		基于 S_A 的生长饱和系数	$g(COD)/m^3$	4.00
15	K_{NO_3}		硝酸盐饱和系数	$g(N)/m^3$	0.50
16	K_{NH_4}		S_{NH_4} 饱和系数	$g(N)/m^3$	0.05
17	K_P		S_{PO_4} 饱和系数	$g(P)/m^3$	0.01
18	K_{ALK}		S_{ALK} 饱和系数	$mol(HCO_3)/m^3$	0.10

续表8.7

序号	符号	定义		单位	典型值
19	q_{PHA}	聚磷菌之 X_{PAO}	PHA 储存速率常数	$g(X_{PHA})/(g(X_{PAO})\cdot d)$	3.00
20	q_{PP}		Poly—P 储存速率常数	$g(X_{PP})/(g(X_{PAO})\cdot d)$	1.50
21	μ_{PAO}		PAOs 最大生长速率	d^{-1}	1.00
22	η_{NO_3}		缺氧活性降低的修正因子	—	0.60
23	b_{PAO}		X_{PAO}的溶菌速率常数	d^{-1}	0.20
24	b_{PP}		X_{PP}的分解速率常数	d^{-1}	0.20
25	b_{PHA}		X_{PHA}的分解速率常数	d^{-1}	0.20
26	K_{O_2}		氧饱和/抑制系数	$g(O_2)/m^3$	0.20
27	K_{NO_3}		硝酸盐饱和/抑制系数	$g(N)/m^3$	0.50
28	K_A		S_A饱和系数	$g(COD)/m^3$	4.00
29	K_{NH_4}		氨氮的饱和系数	$g(N)/m^3$	0.05
30	K_{PS}		Poly—P 储存的磷的饱和系数	$g(P)/m^3$	0.20
31	K_P		磷的饱和系数	$g(P)/m^3$	0.01
32	K_{ALK}		S_{ALK}饱和系数	$mol(HCO_3)/m^3$	0.10
33	K_{PP}		聚磷酸盐饱和系数	$g(X_{PP})/g(X_{PAO})$	0.01
34	K_{MAX}		X_{PP}/X_{PAO}的最大比率	$g(X_{PP})/g(X_{PAO})$	0.34
35	K_{IPP}		X_{PP}储存的抑制系数	$g(X_{PP})/g(X_{PAO})$	0.02
36	K_{PHA}		PHA 饱和系数	$g(X_{PHA})/g(X_{PAO})$	0.01
37	μ_{AUT}	硝化菌(自养菌)之 X_{AUT}	X_{AUT}的最大生长速率	d^{-1}	1.00
38	b_{AUT}		X_{AUT}的衰减速率	d^{-1}	0.15
39	K_{O_2}		氧的饱和系数	$g(O_2)/m^3$	0.50
40	K_{NH_4}		氨氮的饱和系数	$g(N)/m^3$	1.00
41	K_{ALK}		S_{ALK}饱和系数	$mol(HCO_3)/m^3$	0.50
42	K_P		磷的饱和系数	$g(P)/m^3$	0.01
43	k_{PRE}	沉淀	磷沉淀速率常数	$m^3/(g(Fe(OH)_3\cdot d)$	1.00
44	k_{RED}		再溶解速率常数	d^{-1}	0.60
45	K_{ALK}		S_{ALK}饱和系数	$mol(HCO_3)/m^3$	0.50

(6)组分浓度的物料平衡方程。

ASM2d 模型包括上述 19 个组分和 21 个子过程。在已知的系统边界条件内，可得到生化反应器的物料平衡方程为

$$输入量-输出量+反应生成量=累积量 \tag{8.77}$$

$$\frac{d\xi}{dt}=r(\xi)+\frac{Q}{V(\xi_{in}-\xi)} \tag{8.78}$$

式中，ξ 和 ξ_{in} 分别为反应器向量和所有组分的输入浓度向量；Q 为进水速率；V 为生化反应器体积；Q/V 得到稀释速率 D；$r(\xi)$ 可从式(8.75)演化为

$$r(\xi)=\nu_{ij}\cdot\rho(\xi) \tag{8.79}$$

式中，ν_{ij} 为化学计量系数矩阵；$\rho(\xi)$ 为 21 个子过程的反应动力学向量。

2. ASM2d 模型的求解

(1)ASM2d 的约束条件。

对于数学模型而言，其实际应用过程中必须遵守某些约束条件，这一点很重要，因为数学上可行的东西在实践中并不一定可行。作为一个较为成熟的活性污泥系统模拟工具，ASM2d 在科学研究和实际工程得到了广泛的应用，但其应用必须遵守某些约束条件：

①微生物的净生长率和 SRT 必须保持在合适的范围内，以保证微生物絮体的形成。

②污泥的良好沉降性受进入二沉池中固体质量浓度的影响，在数学上可采用较高的污泥质量浓度来得到系统中较小的水力停留时间，但这在实际中并不可行，因为无法在高污泥质量浓度的情况下保证良好沉降得到清澈的出水。而污泥浓度过低又无法形成合适的污泥层，出水水质也会变差。因此，污泥质量浓度一般应在 750～7 500 g/m^3。

③反应器曝气死区比例不得超过 50%，否则污泥沉降性能将会恶化。

④在曝气反应器中，混合强度应与氧传输时单位体积消耗的功率成比例。如果强度超过 240 s^{-1}，污泥絮体受到过度剪切，沉降性能会变差，因此反应器的选择必须同时考虑混合强度和污泥质量浓度的限制。

(2)活性污泥系统流程的标准化。

①串联完全混合反应器(CSTR in series)的标准化说明及符号约定。由于活性污泥法的实际流程有多种形式，为满足通用程序编程要求，需对活性污泥系统进行标准化。任何形式的连续流活性污泥反应器都能根据其水力学状态用 n 个串联完全混合反应器来模拟，这个过程称为流程标准化。对任何形式的连续流活性污泥工艺(分段进水、污泥内回流等)，均可转化为图 8.6 所示的流程。

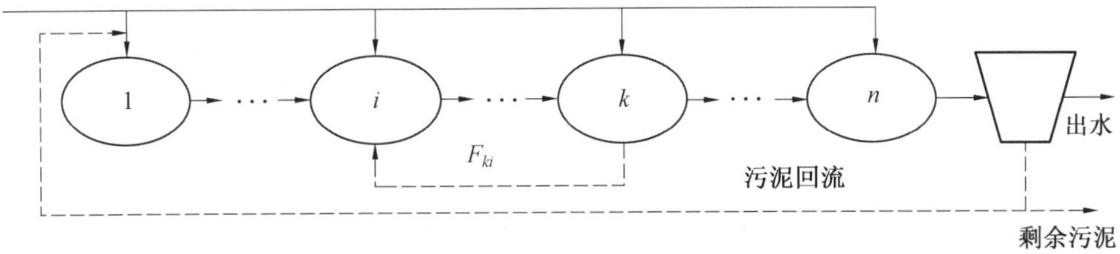

图 8.6　活性污泥法的流程标准化

根据反应器的水力学状态，假定反应器可用 n 个 CSTR 反应器表示，序号用 k(0≤

$k \leqslant n+1$)表示,其中 $k=0$ 表示进水原水的特性,$k=n+1$ 表示回流污泥的特性。进水矩阵用 F 表示,F_{mk} 表示由第 m 个反应器进入第 k 个反应器的进水量与原水的比值。因此,对于第 k 个 CSTR 反应器均包括以下属性:

反应器的体积:V_k;

反应器内第 i 个组分的浓度:C_{ki};

进水流量:Q_k^{inf},可由下式计算:

$$Q^{\mathrm{in\,f}} \sum_{m=0}^{n+1} F_{mk} Q_{0\,k} \tag{8.80}$$

进水中第 i 个组分的浓度:$C_{\mathrm{ki}}^{\mathrm{inf}}$,可由下式计算:

$$Q^{\mathrm{in\,f}} \frac{\sum_{m=0}^{n+1} F_{mk} C_{mi}^{\mathrm{eff}} Q_0}{Q_k^{\mathrm{in\,f}}}{}_{ki} \tag{8.81}$$

出水中第 i 个组分的浓度:C_{ki}^{eff},对 CSTR 反应器,有

$$C_{ki}^{eff} = C_{ki} \tag{8.82}$$

反应器中第 i 个组分的总反应速率:r_{ki},可由下式计算:

$$r_{ki} = \sum_{v_{ij}}^{i} \rho_{kj} \tag{8.83}$$

式中,j 为反应过程;v_{ij} 为化学计量系数;ρ_{kj} 为第 j 个反应过程的速率表达式。

②反应器的质量平衡方程。对于任何系统,在给定的边界条件下,系统的质量平衡基本关系式为

$$\text{累积项}=\text{输入项}-\text{输出项}+\text{反应项} \tag{8.84}$$

因此,第 k 个 CSTR 反应器中第 i 个组分的质量平衡方程为

$$\frac{\mathrm{d}\,C_{ki}}{\mathrm{d}t}=\frac{Q^{\mathrm{inf}}}{V_k(C_{ki}^{\mathrm{inf}}-C_{ki}^{\mathrm{eff}})}+r_{ki} \tag{8.85}$$

ASM2d 共包括 19 种组分,在每一个反应器中就由 19 个质量平衡方程。在由这 19 个质量平衡方程构成的方程组中,Q_k^{inf}、C_{ki}^{eff}、r_{ki} 均是反应器组分浓度 C_{ki}($i=1,2,\cdots,19$)的函数。假定二沉池回流污泥浓度可以通过某种算法给出,即 $C_{(n+1)}\,i^{\mathrm{eff}}$ 同样是反应器组分浓度 C_{ki}($i=1,2,\cdots,19$)的函数。那么对含有 n 个 CSTR 反应器的活性污泥流程,一共有 $19n$ 个方程和 $19n$ 个未知数,故可联立方程组求解,得出每个 CSTR 反应器中 19 种组分的浓度。

在稳态条件下,$\mathrm{d}C_{ki}/\mathrm{d}t=0$。因此,对于稳态模拟求解,方程组有唯一数值解。对于非稳态情况,可以先令 $\mathrm{d}C_{ki}/\mathrm{d}t=0$,求取稳态解,然后在给定边界条件的情况下,得到后续时刻 t 各反应器内各组分浓度的数值解,不同时刻的数值解又能够离散表示组分的时间变化曲线。

③ASM 1 的求解步骤。针对各个反应器内的物质浓度变化,可通过各组分(颗粒性和溶解性组分)的数值积分进行计算模拟。积分路线流程图如图 8.7 所示。

对于一个分为 n 个 CSTR 反应器的复杂活性污泥系统,由 $19n$ 个质量平衡方程组成的方程组的求解有两种方法:一是将 $19n$ 个质量平衡方程组成的方程组直接联立求解;

二是直接积分法，以单一反应器的解作为初始浓度按时间对各反应器的组分进行积分。

对于一个稍微复杂的活性污泥系统，由 19n 个质量平衡方程组成的方程组属于大型方程组，如果考虑二沉池因素，则更为复杂。对于这类方程，如果采用直接法求解，由于计算机舍入误差的问题，模拟结果的准确性和稳定性都很难得到保证；采用间接法求解，由于方程阶数的增加，方程组则易于发散。编程实践表明，无论是直接法中的高斯消去法和 LU 分解法，还是间接法中的迭代法和 QR 分解法等，对低阶方程组的求解都十分精确，但将其直接用于对 ASM2d 高阶方程组的求解时，均无法得到令人满意的结果。因此，直接求解法在基于 ASM 1 的活性污泥系统模拟中并不可行。

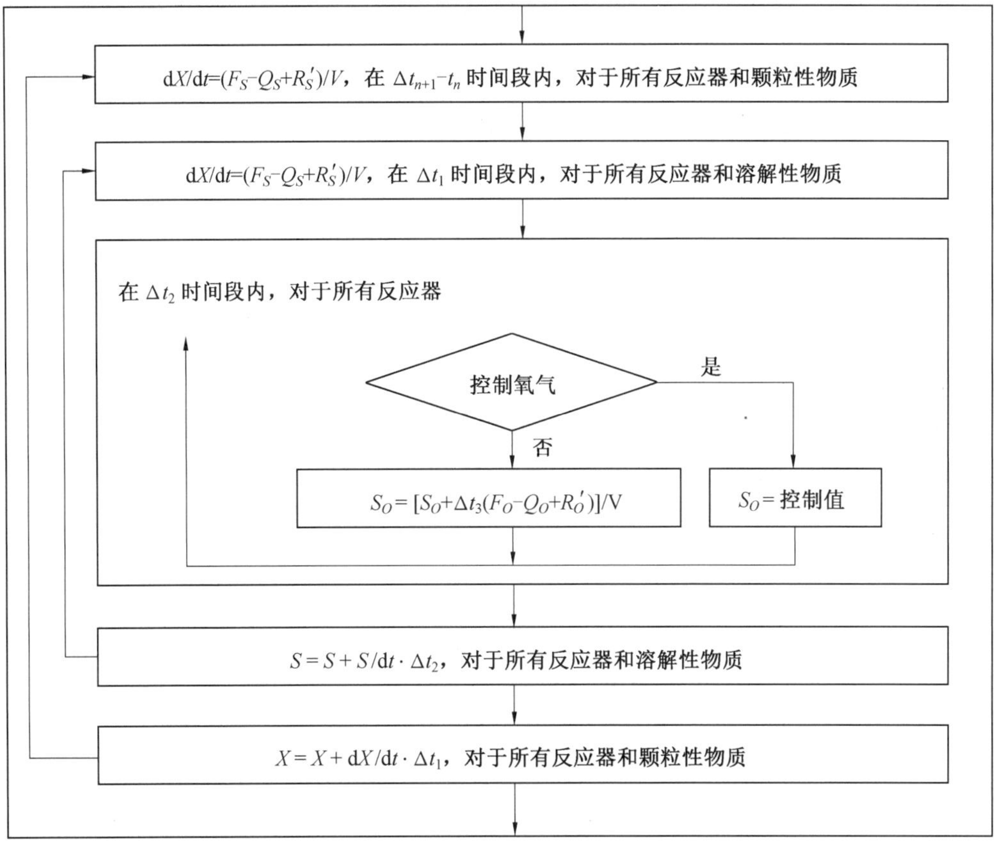

图 8.7　积分路线流程图（F 为输入项；O 为输出项；R' 为反应项）

直接积分法就是通过设定某一初始浓度，然后利用式(8.85)按时间对各个反应器中的各组分进行积分：

$$C(t+\Delta t)=C(t)+\Delta t\,\frac{\mathrm{d}C}{\mathrm{d}t} \tag{8.86}$$

式中，$C(t)$为 t 时刻的浓度；Δt 为积分步长。

虽然数值积分肯定能得到多池模型的最终结果，但积分的稳定性和计算时间与初值有很大的关系。根据前人的经验，采用水力停留时间与系统的总水力停留时间相同的

CSTR 好氧反应器的稳态结果作为初值，就能保证数值积分的稳定性，并大大缩短计算时间。

3. ASM2d 的计算程序

(1)程序介绍。

自从 ASM2d 推出以来，国外对其进行了大量的研究，也出现了大量的计算程序和计算软件。国内对 ASM2d 的研究较晚，目前基于 ASM2d 的计算程序主要是针对具体工艺的程序。国内第一个文献报道的通用程序是王闯基于活性污泥流程标准化采用 Visual Basic 编制的通用流程计算程序，但由于其流程标准化中未考虑内回流等问题，因此程序的通用性还有欠缺。另外，目前的计算程序编写并未能充分利用 ASM2d 的矩阵，大多数程序均是直接以质量平衡方程组的形式进行编写的。这类程序的缺点是可移植性和扩展性差，不易在程序中纳入生物除磷、动态模拟等模块。为克服上述缺点，目前课题组采用 Python 进行通用流程计算程序。与传统的程序相比，该程序简洁紧凑，程序大大简化。程序的通用性好，使用灵活方便，由于 Python 开源的缘故，程序的扩展性、可移植性好。可以使用并行运算，使得计算效率大幅度提升，在其基础上可以很方便地开发动态模拟程序，而且易于和不同的沉淀池(包括初沉池和二沉池)模拟程序进行组合使用。

(2)基于 Python 的伪代码。

表 8.8 是以一个 AAO 工艺的污水处理厂为案例进行的模型程序的编写伪代码。污水处理厂的设计和运行参数包括：一个 4 000 m^3 的厌氧反应池容积，一个 4 000 m^3 的缺氧反应池容积，一个 12 000 m^3 的好氧反应池容积，污泥回流流量为 15 000 m^3/d，硝酸盐回流流量为 48 000 m^3/d，曝气器功率为 4 800 kW。

表 8.8 基于 Python 的污水厂 AAO 工艺数学模型的伪代码

算法：污水厂 AAO 工艺数学模型
输入：进水水质 CC_{IN}，水量 Q_{IN}，曝气量参数 K_La，设计参数 V，反应时间 t
输出：出水预测水质 result
def ASM2dmodel(CC, t, CC_{IN}, K_La, Q_{IN}, V):
变量的定义 S_{O_2}, S_F, S_A, $\cdots$ = CC
化学计量学参数(Y, i, f)和动力学参数(μ,K,b,η)初始化，例如 $Y_{HNO}=0.5$
动力学速率表达式的输入 $\rho1\sim\rho21$，如好氧水解，$\rho1=k_h\frac{S_{O_2}}{K_{O_2}+S_{O_2}}\cdot\frac{X_S/X_H}{K_X+X_S/X_H}X_H$
浓度速率表达式 $r_i=\sum_j v_{ij}\rho_j$，如溶解氧，$r_{O_2}=\sum_j v_{SO_2,j}\rho_j$
底物累积速率，$d_{S_i}dt=(CC_{IN_i}-S_i)\times\frac{Q}{V}+r_i$
return $d_S dt$
def AAOsolution(CC, t, CC_{IN}, K_La, Q_{IN}, V):
solution=odeint(asm2dmodel, CC_{IN}, t, args=(CC_{IN}, Kla, Q, V)
return solution
result=AAOsolution(CC, t, CC_{IN}, K_La, Q_{IN}, V)

如图 8.8 所示，基于 ASM2d 模型的 AAO 工艺模型对实际污水厂具有较高的模拟能力，对于 NH_4^+ −N 和 TN 拟合的 R^2 值分别为 0.919 7 与 0.968 2，其模拟值与测量值的拟合效果较好，在总体趋势上，模拟值和实际测量值较为一致。而 COD 和 TP 的预测值与真实值的拟合效果较为一般，R^2 分别为 0.730 1 和 0.613 4。COD 拟合效果较差的原因可能是由于实际污水厂进水中 COD 的可生化含量会不断发生变化，并且其 COD 和 BOD 的测量有一定的误差；TP 拟合误差较大的原因可能与污水厂存在后续的化学除磷具有一定的关联（由于没有该污水厂化学除磷的数据，因此在模型中仅对化学除磷进行粗略的考虑）。Zhang 等同样采用改进的 ASM2d 模型模拟一个 AAO 工艺的实际污水处理厂，但本研究的模拟结果更优。另外，从 MAE、RMSE 和 NRMSE 指标（表 8.9）来看，各出水指标的拟合误差均处于较低的水平。总的来说，出水 COD、TN、NH_4^+ −N 和 TP 有较高的 R^2 和较低的拟合误差，这代表模型有较好拟合效果，可以很好地描述污水处理厂的运行特征和生化处理过程，可以用于实际污水厂的仿真。

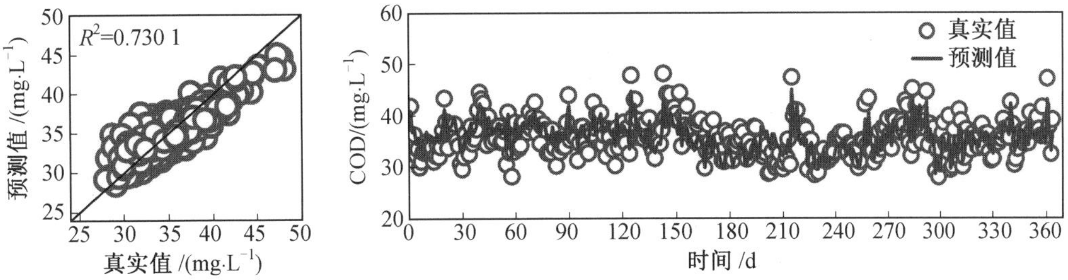

(a) BOD

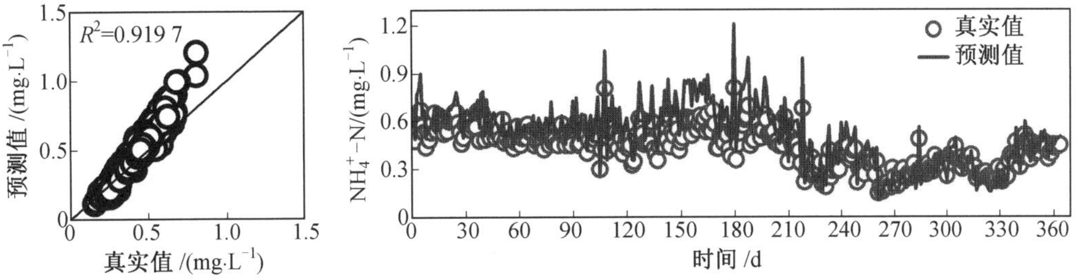

(b) TN

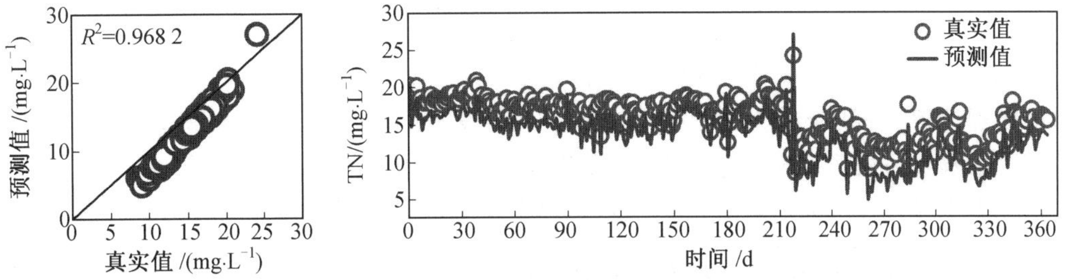

(c) NH_4^+

图 8.8　BOD、TN、NH_4^+ 和 TP 出水浓度的测量值与模型预测值

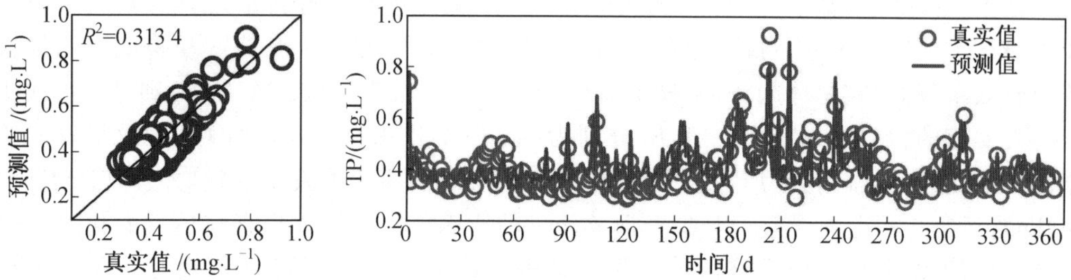

(d) TP

续图 8.8

表 8.9　模型误差的评估

项目	COD	BOD_5	NH_4^+-N	TN	TP
MAE	1.556 1	0.725 2	0.083	2.324 7	0.045 4
RMSE	0.050 4	0.071 1	0.067 5	2.308 4	0.01
NRMSE	0.003 1	0.006 8	0.103 1	0.147 6	0.015 6

8.2　厌氧消化数学模型(ADM)

多年来，各国研究人员设计出了许多不同的厌氧工艺模型(这些是形成厌氧消化数学模型 ADM1 的基础)。但是工程师、工艺技术设计和运行人员很少用它们，主要原因是这些模型种类繁多，且往往具有很特殊的性质。1997 年，在第八届厌氧消化大会上首次公开提出了建立通用厌氧消化模型的目标；1998 年，国际水质协会(IAWQ)成立了厌氧消化工艺数学模型公关研究课题组，于 2001 年 9 月在第九届国际水协(IWA)厌氧消化会议上推出了厌氧消化 1 号模型(ADM1)。2002 年 3 月，ADM1 号模型正式推出。该模型主要描述了厌氧消化中的生化和物化过程，共涉及厌氧体系中的 7 大类微生物、19 个生化动力学过程、3 个气液传质动力学过程，共有 26 个组分和 8 个隐式代数变量。该模型能较好地模拟和预测不同厌氧工艺在不同运行工况下的运行效果，如气体产量、气体组成、出水 COD、VFA 以及反应器内的 pH，因此可以为厌氧工艺的设计、运行和优化控制提供理论指导和技术支持；同时 ADM1 还具有良好的可扩展性，可提供开放的通用建模平台以及与活性污泥模型(ASM)的接口，在实际应用中，可以经过简化、扩充或修正，广泛应用于对各种厌氧一好氧组合工艺的过程模拟。

8.2.1　厌氧消化数学模型(ADM1)的构建

1. 模型单位

IWA 的厌氧消化数学模型(ADM1)提出了通用的命名法、单位及定义，本节对此予以介绍。与 ASMs(活性污泥数学模型)一样,微生物用经验分子式 $C_5H_7O_2N$ 来表示。

模型选择 COD(kg COD/m^3)作为化学组分的基本单位,因为它可用作浓缩流中污水特性的鉴定方法,可用于上流式反应器和气体利用工业及碳氧化状态的内在平衡,并能够与 IWA 的 ASMs 部分兼容。浓度单位(kmol/m^3)可用于没有 COD 的组分,如无机碳(CO_2 和 HCO_3^-)和无机氮(NH_4^+ 和 NH_3),详见表 8.10。统一单位可进行一致性检查。

表 8.10　模型单位

测量项目	单位	测量项目	单位
质量浓度	kg COD/m^3	距离	m
浓度(非 COD)	kmol(C)/m^3	容积	m^3
氮的浓度(非 COD)	kmol(N)/m^3	能量	J(kJ)
压力	10^5 Pa	时间	d
温度	K		

选取 1 个 kmol/m^3 和 1 个 kg COD/m^3 为基础的计算,有利于物理一化学方程中的对数转换(例如 pH 和 pK_a)。kg COD/m^3 的使用与 ASMs 和好氧处理的普通计算不相符,后者通常使用 g COD/m^3(mg COD/L)。事实上,使用 mg COD/L 相对简单一些,因为它只需变化 K_S(饱和系数)值,修改 pK_a 和 K_a 值。若有必要(例如,作为好氧模型的附加项),也可以使用 g COD/m^3(mg COD/L)。

2. 参数和变量

ADM1 模型中有有类主要的参数和变量:化学计量系数、平衡系数、动力学参数及动态和代数变量。ADM1 模型中参数和变量的符号、意义和单位见表 8.11。

表 8.11　ADM1 模型中参数和变量的符号、意义和单位

符号	意义	单位
化学计量系数		
$c(C_i)$	组分 i 中的碳浓度	kmol(C)/kg COD
$c(N_i)$	组分 i 中的氮浓度	kmol(N)/kg COD
$v_{i,j}$	组分 i 在过程 j 的速率系数	kg COD/m^3
$f_{产物,底物}$	产物对底物的产率(只有异化作用)	kg COD(产物)/kg COD(底物)
平衡系数		
H_{gas}	气体定律常数(等于 $1/K_H$)	(10^5 Pa · m^3)/kmol
$K_{a,acid}$	酸一碱平衡系数	kmol/m^3
K_H	亨利定律系数	kmol/(10^5 Pa · m^3)
pK_a	$-\lg[K_a]$	—
R	气体定律常数(8.314×10^{-2})	(10^5 Pa · m^3)/(kmol · K)

续表

符号	意义	单位
ΔG	自由能	J/mol
动力学参数		
$k_{A/Bi}$	酸一碱动力学参数	$m^3/(kmol \cdot d)$
$k_{衰减}$	一级衰减速率	d^{-1}
$I_{抑制剂,过程}$	抑制函数(见 K_I)	—
$k_{过程}$	一级参数(通常对水解而言)	d^{-1}
$k_L a$	气一液传递系数	d^{-1}
$k_{I,抑制,底物}$	50%抑制浓度	kg COD/m^3
$k_{m,过程}$	Monod 最大比吸收速率($=\mu_{max}/Y_{底物}$)	kg COD(底物)/[kg COD(生物)·d]
$K_{S,过程}$	半饱和值	kg COD(底物)/m^3
ρ_j	过程 j 的动力学速率	kg COD(底物)/(m^3·d)
$Y_{底物}$	生物对底物产率	kg COD(生物)/kg COD(底物)
μ_{max}	Monod 最大比生长速率	d^{-1}
动态和代数变量(及导出变量)		
pH	$-\lg[H^+]$	—
$p_{gas,i}$	气体 i 的压力	10^5 Pa
p_{gas}	气体总压力	10^5 Pa
S_i	可溶性组分 i	kg COD/m^3
$t_{res,x}$	固体的延时停留	D
T	温度	K
V	容积	m^3
X_i	颗粒性组分 i	kg COD/m^3

ADM1 模型中同时列出了使用微分方程和代数方程(differential and algebraic equation,DAE)实现 ADM1 时所涉及的动态变量。这些动态变量是通过求解特定时间条件下的一组微分方程得到的,这些微分方程由 ADM1 过程速率、模拟的工艺构造、输入量和初始条件(即 $t=0$ 时这些状态的值)来定义。当使用 DAE 工具时,系统在时刻 t 的状态可以完全由每个容器中的 26 个变量的值来定义。酸一碱反应是一个快速的动力学过程,因此,尽管 ADM1 模型的动态变量为 32 个,但通过微分方程的定义也是十分准确的。

3. ADM1 中的生化过程

(1)ADM1 中生化反应结构。

ADM1 厌氧消化模型涵盖了中间产物,并且在设定过程和组分时遵循了两个原则:

一是最大限度地提高适用性,二是保持相对简单的结构。该模型包括 3 个生化步骤:产酸(发酵)、产乙酸(有机酸的厌氧氧化)和产甲烷步骤;此外还包括胞外分解步骤和胞外水解步骤(图 8.9)。在这些过程中,水解、产酸和产乙酸存在许多平行反应。

表 8.12　ADM1 中动态变量特性(DAE 系统)

序号	名称	意义	单位	体积质量/$(g\cdot m^{-3})$	摩尔质量/$(g\ COD\cdot mol^{-1})$	$c(C_i)$/$(kmol\cdot kg^{-1}\ COD)$	$c(N_i)$/$(kmol\cdot kg^{-1}\ COD)$
1	S_{su}	单糖	kg COD/m^3	180	192	0.031 3	0
2	S_{aa}	氨基酸	kg COD/m^3	变化	变化	变化	变化
3	S_{fa}	总 LCFA	kg COD/m^3	256	736	0.021 7	0
4	S_{va}	总戊酸盐	kg COD/m^3	102	208	0.024 0	0
5	S_{bu}	总丁酸盐	kg COD/m^3	88	160	0.025 0	0
6	S_{pro}	总丙酸盐	kg COD/m^3	74	112	0.026 8	0
7	S_{ac}	总乙酸盐	kg COD/m^3	60	64	0.031 3	0
8	S_{h2}	氢	kg COD/m^3	2	16	0	0
9	S_{ch4}	甲烷	kg COD/m^3	16	64	0.0156	0
10	S_{IC}	无机碳	$kmol/m^3$	44	0	1	0
11	S_{IN}	无机氮	$kmol/m^3$	17	0	0	1
12	S_I	可溶性惰性物质	kg COD/m^3	变化	变化	变化	变化
13	X_c	合成物	kg COD/m^3	变化	变化	变化	变化
14	X_{ch}	碳水化合物	kg COD/m^3	变化	变化	0.031 3	变化
15	X_{pr}	蛋白质	kg COD/m^3	变化	变化	变化	变化
16	X_{li}	脂类	kg COD/m^3	806	2 320	0.02 20	0
17～23	X_{Su-h2}	生物	kg COD/m^3	113	160	0.031 3	0.006 25
	S_{cat}	阳离子	$kmol/m^3$	变化	0	0	0
	S_{an}	阴离子	$kmol/m^3$	变化	0	0	0
24	X_I	颗粒状惰性物质	kg COD/m^3	变化	变化	变化	变化

该模型假设复杂的混合颗粒废物是均质的,可以分解成碳水化合物、蛋白质和脂类颗粒性底物。这一假设主要是为了便于对剩余活性污泥进行消化模拟,因为分解步骤被认为是在更复杂的水解步骤之前发生的。此外,当原始底物可以用集中的动力学和生物降解能力参数(例如初沉污泥和其他底物)表示时,这一假设也经常被采用。混合液中的复杂颗粒体也可以被视为死亡生物体的预溶解存储室,因此,分解步骤包括一系列的步

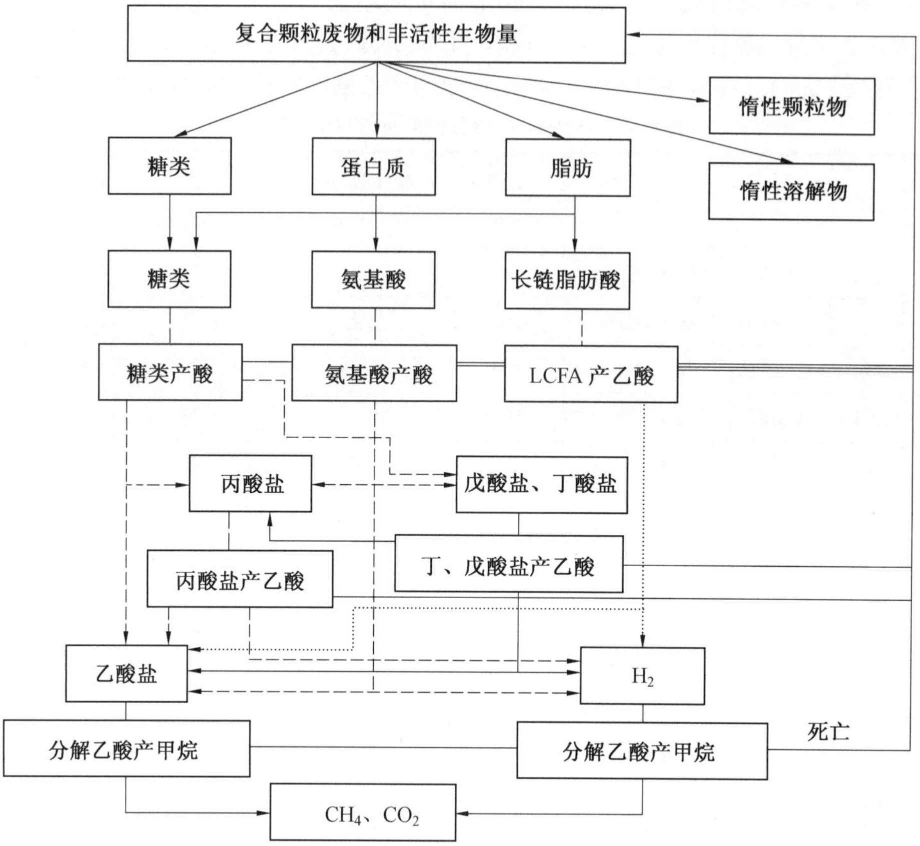

图 8.9 包括生化过程的厌氧模型

骤,如溶解、非酶促衰减、相分离和物理性破坏(如剪切)。所有的胞外步骤都被假定为一级反应,这反映了多步反应过程累积效应的经验函数。细胞动力学可以用吸收、生长和衰减 3 种表达式来描述。

在该模型中,主要速率方程是底物吸收,其基于底物水平的 Monod 形式动力学。选择与底物吸收相关的动力学而不是生长相关的动力学是为了将生长与吸收分离,并允许产率的变化。这里所使用的基本动力学也可以称为 Michaelis－Menten,但不是通常用于自身催化的术语,而是采用 Monod 形式。由于生物吸收的底物部分用于合成其自身物质,因此该模型将生物生长隐含在底物吸收过程中。假定生物衰减生成复合颗粒性物质是一级反应动力学,可以用一组独立的表达式来描述。

(2)速率方程矩阵。

生化反应的过程速率和化学计量矩阵见表 8.13(可溶性组分),其形式与 ASMs 相同。物理－化学速率方程(如液－气转换)在这些表中未被包括。所有的酸－碱对,包括有机酸,可表达为酸－碱对的浓度之和(例如,$S_{IC}=S_{CO_2}+S_{HCO_3^-}$ 和 $S_{ac}=S_{Ac^-}+S_{HAc}$)。COD 平衡隐含在矩阵中。在许多情况下,无机碳是异化作用或同化作用的碳源或产物(即糖、氨基酸、丙酸盐;乙酸盐和氢的吸收,$j=5,6,10,11,12$)。

表 8.13　ADM1 模型中溶解性组分($i=1\sim12$,$j=1\sim19$)的生化速率系数($v_{i,j}$)和动力学速率(ρ_j)方程

组分 i		1	2	3	4	5	6	7	8	9	10	11	12	ρ_j[kgCOD/(m^3·d)]
过程 j		S_{su}	S_{aa}	S_{fa}	S_{va}	S_{bu}	S_{pro}	S_{ac}	S_{h2}	S_{ch4}	S_{IC}	S_{IN}	S_I	
1	分解												$f_{SI,xc}$	$k_{dis}X_c$
2	水解醣	1												$k_{hyd,ch}X_{ch}$
3	蛋白质水解		1											$k_{hyd,pr}X_{pr}$
4	脂类水解	$1-f_{fa,li}$		$f_{fa,li}$										$k_{hyd,li}X_{li}$
5	糖的吸收	-1				$(1-Y_{su})f_{bu,su}$	$(1-Y_{su})f_{pro,su}$	$(1-Y_{su})f_{ac,su}$	$(1-Y_{su})f_{h2,su}$		$-\Sigma c(C_i)v_{i,5}$ $(i\neq10)$	$-Y_{su}c(N_{bac})$		$k_{m,su}[S_{su}/(K_s+S_{su})]X_{su}I_1$
6	氨基酸的吸收		-1		$(1-Y_{aa})f_{va,aa}$	$(1-Y_{aa})f_{bu,aa}$	$(1-Y_{aa})f_{pro,su}$	$(1-Y_{aa})f_{ac,aa}$	$(1-Y_{aa})f_{h2,aa}$		$-\Sigma c(C_i)v_{i,6}$ $(i\neq10)$	$N_{aa}-Y_{aa}c(N_{bac})$		$k_{m,aa}[S_{aa}/(K_s+S_{aa})]X_{aa}I_1$
7	长链脂肪酸吸收			-1				$0.7(1-Y_{fa})$	$0.3(1-Y_{fa})$			$-Y_{fa}c$ (N_{bac})		$k_{m,fa}[S_{fa}/(K_s+S_{fa})]X_{fa}I_2$
8	戊酸盐的吸收				-1		$0.54(1-Y_{c4})$	$0.31(1-Y_{c4})$	$0.15(1-Y_{c4})$			$-Y_{c4}c(N_{bac})$		$k_{m,c4}[S_{va}/(K_s+S_{va})]X_{c4}$ $[S_{va}/(S_{bu}+S_{va})]I_2$
9	丁酸盐的吸收					-1		$0.8(1-Y_{c4})$	$0.2(1-Y_{c4})$			$-Y_{c4}c(N_{bac})$		$k_{m,c4}[S_{bu}/(K_s+S_{bu})]X_{c4}$ $[S_{bu}/(S_{bu}+S_{va})]I_2$

续表8.13

组分 i / 过程 j		1	2	3	4	5	6	7	8	9	10	11	12	ρ_j[kgCOD/(m^3·d)]
		S_{su}	S_{aa}	S_{fa}	S_{va}	S_{bu}	S_{pro}	S_{ac}	S_{h2}	S_{ch4}	S_{IC}	S_{IN}	S_I	
10	丙酸盐的吸收						-1	$0.57(1-Y_{pro})$	$0.43(1-Y_{pro})$		$-\Sigma c(C_i)v_{i,10}$ $(i\neq 10)$	$-Y_{pro}c(N_{bac})$		$k_{m,pr}[S_{pro}/(K_s+S_{pro})]X_{pro}I_2$
11	乙酸盐的吸收							-1		$1-Y_{ac}$	$-\Sigma c(C_i)v_{i,11}$ $(i\neq 10)$	$-Y_{ac}c(N_{bac})$		$k_{m,ac}[S_{ac}/(K_s+S_{ac})]X_{ac}I_3$
12	氢的吸收								-1	$1-Y_{h2}$	$-\Sigma c(C_i)v_{i,12}$ $(i\neq 10)$	$-Y_{h2}c(N_{bac})$		$k_{m,h2}[S_{h2}/(K_s+S_{h2})]X_{h2}I_1$

过程 13:X_{su}的衰减;$\rho_j=k_{dec,Xsu}X_{su}$;过程 14:X_{aa}的衰减;$\rho_j=k_{dec,Xaa}X_{aa}$;过程 15:X_{la}的衰减;$\rho_j=k_{dec,Xla}X_{la}$;过程 16:X_{c4}的衰减;$\rho_j=k_{dec,Xc4}X_{c4}$;过程 17:X_{pro}的衰减;$\rho_j=k_{dec,Xpro}X_{pro}$;过程 18:$X_{ac}$的衰减;$\rho_j=k_{dec,Xac}X_{ac}$;过程 19:$X_{h2}$的衰减;$\rho_j=k_{dec,Xh2}X_{h2}$;(过程 13～过程 19 无化学计量系数)。

组分意义及单位	单糖	氨基酸	长链脂肪酸	总戊酸盐	总丁酸盐	总丙酸盐	总乙酸盐	氢气	甲烷气体	无机碳	无机氮	可溶惰性物质	组分 1～9,12 单位为 kgCOD/m^3;组分 10 单位为 kmol(C)/m^3;组分 11 单位为 kmol(N)/m^3

抑制因子 $I_1=I_{pH}I_{IN,lim}$;$I_2=I_{pH}I_{IN,lim}I_{h2}$;$I_1=I_{pH}I_{IN,lim}I_{NH3,Xac}$;式中,$I_{pH}$,$I_{IN,lim}$,$I_{h2}$,$I_{NH3,Xac}$分别为 pH、无机氮、氢、及氨的抑制函数

组分 i / 过程 j		13	14	15	16	17	18	19	20	21	22	23	24	ρ_j[kgCOD/(m^3·d)]
		X_c	X_{ch}	X_{pr}	X_{li}	X_{su}	X_{aa}	X_{fa}	X_{c4}	X_{pro}	X_{ac}	X_{h2}	X_i	
1	分解	-1	$f_{ch,xc}$	$f_{pr,xc}$	$f_{li,xc}$								$f_{xI,xc}$	$k_{dis}X_c$
2	水解醣		-1											$k_{hyd,ch}X_{ch}$
3	蛋白质水解			-1										$k_{hyd,pr}X_{pr}$

续表8.13

组分 i		1	2	3	4	5	6	7	8	9	10	11	12	ρ_j[kgCOD/(m^3 · d)]
过程 j		S_{su}	S_{aa}	S_{fa}	S_{va}	S_{bu}	S_{pro}	S_{ac}	S_{h2}	S_{ch4}	S_{IC}	S_{IN}	S_I	
4	脂类水解				-1									$k_{hyd,li}X_{li}$
5	糖的吸收					Y_{su}								$k_{m,su}[S_{su}/(K_s+S_{su})]X_{su}I_1$
6	氨基酸的吸收					Y_{aa}								$k_{m,aa}[S_{aa}/(K_s+S_{aa})]X_{aa}I_1$
7	长链脂肪酸吸收						Y_{fa}							$k_{m,fa}[S_{fa}/(K_s+S_{fa})]X_{fa}I_2$
8	戊酸盐的吸收							Y_{c4}						$k_{m,c4}[S_{va}/(K_s+S_{va})]$ $X_{c4}[S_{va}/(S_{bu}+S_{va})]I_2$
9	丁酸盐的吸收							Y_{c4}						$k_{m,c4}[S_{bu}/(K_s+S_{bu})]$ $X_{c4}[S_{bu}/(S_{bu}+S_{va})]I_2$
10	丙酸盐的吸收								Y_{pro}					$k_{m,pr}[S_{pro}/(K_s+S_{pro})]X_{pro}I_2$
11	乙酸盐的吸收									Y_{ac}				$k_{m,ac}[S_{ac}/(K_s+S_{ac})]X_{ac}I_3$

续表8.13

组分 i / 过程 j		1	2	3	4	5	6	7	8	9	10	11	12	ρ_j[kgCOD/(m³·d)]
		S_{su}	S_{aa}	S_{fa}	S_{va}	S_{bu}	S_{pro}	S_{ac}	S_{h2}	S_{ch4}	S_{IC}	S_{IN}	S_I	
12	氢的吸收										Y_{h2}			$k_{m,h2}[S_{h2}/(K_s+S_{h2})]X_{h2}I_1$
13	X_{su}的衰减	1				−1								$k_{dec,Xsu}X_{su}$
14	X_{aa}的衰减	1					−1							$k_{dec,Xaa}X_{aa}$
15	X_{fa}的衰减	1						−1						$k_{dec,Xfa}X_{fa}$
16	X_{c4}的衰减	1							−1					$k_{dec,Xc4}X_{c4}$
17	X_{pro}的衰减	1								−1				$k_{dec,Xpro}X_{pro}$
18	X_{ac}的衰减	1									−1			$k_{dec,Xac}X_{ac}$
19	X_{h2}的衰减	1										−1		$k_{dec,Xh2}X_{h2}$

续表8.13

组分 i	1	2	3	4	5	6	7	8	9	10	11	12	ρ_j[kgCOD/(m³·d)]
过程 j	S_{su}	S_{aa}	S_{fa}	S_{va}	S_{bu}	S_{pro}	S_{ac}	S_{h2}	S_{ch4}	S_{IC}	S_{IN}	S_I	
组分意义及单位	混合物	碳水化合物	蛋白质	脂类	糖降解者	氨基酸	长链脂肪酸降解者	戊酸盐、丁酸盐降解者	丙酸盐降解者	乙酸盐降解者	氢降解者	颗粒惰性物质	组分 13～21,24 单位为 kgCOD/m³； 组分 22 单位为 kmol(C)/m³； 组分 23 单位为 kmol(N)/m³；

抑制因子 $I_1=I_{pH}I_{IN,lim}$；$I_2=I_{pH}I_{IN,lim}I_{h2}$；$I_1=I_{pH}I_{IN,lim}I_{NH3,Xac}$；式中，$I_{pH}$，$I_{IN,lim}$，$I_{h2}$，$I_{NH3,Xac}$分别为 pH、无机氮、氢、及氨的抑制函数

在这种情况下，可以把无机碳速率系数表达成一个碳平衡：

$$v_{10,j} = \sum c(C_i)\, v_{i,j} (i = 1 \sim 9, 11 \sim 24) \tag{8.87}$$

例如，$v_{10,6}$，氨基酸发酵的无机碳速率系数为

$$\begin{aligned} v_{10,6} = -[&-c(C_{aa}) + (1-Y_{aa}) f_{va,aa} c(C_{va}) + (1-Y_{aa}) f_{bu,aa} c(C_{bu}) + \\ &(1-Y_{aa}) f_{pro,aa} c(C_{pro}) + (1-Y_{aa}) f_{ac,aa} c(C_{ac}) + Y_{aa} c(C_{biom})] \end{aligned} \tag{8.88}$$

式中，$c(C_i)$为组分 i 的无机碳浓度（kmol/kg COD）；$c(C_{biom})$为生物的一般碳浓度（0.031 3 mol/kg COD）。

在其他过程——分解、水解、LCFA、戊酸盐、丁酸盐的吸收、衰减($j=1\sim4,7,8,9,13\sim19$)中，不包括碳浓度这一项。所以这些过程的碳平衡由于底物、产物和生物的碳浓度不同可能存在误差。

(3)分解和水解。

分解和水解是胞外的生物和非生物过程，它们代表了复杂有机物分裂和溶解成可溶性底物的中间阶段。底物包括复杂的混合颗粒体、颗粒状碳水化合物、蛋白质和脂类，而后三者也是混合颗粒体分解的产物。其他分解产物包括惰性颗粒和可溶性惰性物质。碳水化合物、蛋白质和脂类的(酶)降解产物分别是单糖、氨基酸和长链脂肪酸。

ADM1 模型将以非生物水解为主的步骤作为厌氧反应的第一步，以适应各种不同的应用，并考虑到生物污泥和复杂有机物的溶解。该模型使用 3 个并行的酶催化反应步骤来说明碳水化合物、蛋白质和脂类的颗粒性底物水解速率的差异。分解步骤也可用于描述混合有机物的集合，对于剩余活性污泥和初沉污泥的消化尤为重要。在这种情况下，分解步骤代表整个细胞的溶解和混合物的分离。许多研究者都采用了这个步骤。模型中包含一个混合有机物，也为死亡厌氧生物的循环提供了一个很好的方法。水解在这里指的是将明确定义的颗粒性或大分子化合物降解为可溶性单体的过程。目前已确认的最显著的颗粒性底物是碳水化合物、蛋白质和脂类，它们的解聚过程与水解的正式化学定义相符。在每种情况下，水解过程都是由酶催化的。酶可以直接从生物体中释放出来，从而受益于可溶性产物。水解可以通过以下两个概念模型之一来表示：一种是生物体分泌酶到液相中，酶在液相中被微粒吸收或与可溶性底物发生反应；另一种是生物体附着在微粒上，产生酶并从酶促反应中获益。

完全酶促的水解步骤对于碳水化合物、蛋白质和脂类来说是一个复杂的多步骤过程，涉及多种酶的生产、扩散、吸收、反应和失活步骤。然而，描述水解过程最常使用的是一级动力学，它是一种反映所有微观过程累积效应的经验表达式。与表面相关的水解动力学基于酶的生产或吸收，或与表面相关的生物生长。一些研究者利用模型从理论上证明了表面相关动力学的重要性。然而，在 1996 年，Vavilin 等对多种水解动力学模型进行了比较，其中包括一个表面相关的两相模型。他们发现，一级动力学模型与复杂的两相模型相比只有微小差异。同时，采用 Contois 动力学模型(它用单一参数表示底物和生物的饱和度)能够很好地拟合试验数据，与两相模型的效果相当。Valentini 等在 1997 年对一级动力学模型中生物浓度的影响进行了定量评价，他们发现通过引入一个 0～1 之间的指数来改变生物浓度，当指数值在 0.4～0.6 之间时，拟合效果最佳(批量试验)。当指

数为 0 时(即与生物无关,其与底物呈一级关系),标准误差为 35%,而最佳指数的标准误差为 22%,二者模拟效果相差不大。Batstone 在 2000 年也指出,一级动力学模型能够很好地拟合生物气的产量,其效果与复杂的两相模型几乎一样(两相模型包括酶吸收)。因此,一级动力学模型已成为默认的水解动力学形式。Contois 动力学模型可用于生物与底物之比低到限制消化速度的系统中,例如批量消化系统(公式可见 Vavilin 等于 1996 年发表的《颗粒性有机物厌氧降解的水解动力学》一文)。

(4)混合产物产酸。

产酸(发酵)通常被定义为一个没有外加电子受体和供体的厌氧产酸的微生物过程,其中包括可溶性糖和氨基酸降解成大量较为简单的产物。

①单糖产乙酸。使用葡萄糖(己糖)作为模拟单体。从能量和化学计量方面来说,果糖同样也可以用于模拟。戊糖与己糖相比有相似的化学计量产量,只是在产物中缺少一个 CO_2 或羧酸单位。葡萄糖最重要的产物及其化学计量反应按其重要性顺序列于表 8.14中。

表 8.14　葡萄糖降解产物

序号	产物	反应方程式	ATP/mol(葡萄糖)	条件
1	乙酸	$C_6H_{12}O_6+2H_2O \longrightarrow 2CH_3COOH+2CO_2+4H_2$	4	H_2少①
2	丙酸	$C_6H_{12}O_6+2H_2 \longrightarrow 2CH_3CH_2COOH+2H_2O$	低	未观测到
3	乙酸、丙酸	$3C_6H_{12}O_6 \longrightarrow 4CH_3CH_2COOH+2CH_3COOH+2CO_2+2H_2O$	4/3	有些 H_2
4	丁酸	$C_6H_{12}O_6 \longrightarrow CH_3CH_2CH_2COOH+2CO_2+2H_2$	3	H_2少②
5	乳酸	$C_6H_{12}O_6 \longrightarrow CH_3CH_2OHCOOH$	2	有些 H_2
6	乙醇	$C_6H_{12}O_6 \longrightarrow 2CH_3CH_2OH+2CO_2$	2	H_2少③

注:①虽然从热力学角度来说,H_2含量高时该反应也可能发生,但可能受到底物水平的磷酸化热力学的限制(Schink,2001)。②在培养的环境样品中尚未观察到 H_2。与反应 3 相比,H_2与底物水平的氧化相结合更普遍。③由发酵途径而损耗的能量产量。

反应 2 是将葡萄糖转化为丙酸的非耦合反应,在多个模型中都有描述。然而,根据 IWA 课题组的建议,更推荐使用反应 3。原因如下:目前尚未培养出只产生丙酸而不产生乙酸或 CO_2 的生物菌种。从热力学角度来看,从甲酸或单质氢中获得电子是不利的(除非 H_2分压很高),而与通过生物酵解单糖生成丁酸或乙酸释放甲酸或氢的过程相矛盾。葡萄糖发酵不仅会产生有机酸,还会生成大量替代性发酵产物,其中最主要的是乳酸和乙醇。乳酸是一个关键的中间产物,几乎所有单糖底物都可以通过乳酸途径降解。然而,乳酸的降解速度非常快,在酸化反应器中负荷瞬时过高时,乳酸会首先积累。研究表明,当葡萄糖浓度过高时,乳酸会从微小量增加到成为含量最高的有机酸(以 COD 计)。在低 pH 条件下($pH<5.0$),乙醇会作为乙酸的替代物产生。乳酸与葡萄糖的化学

计量关系相同，因此在ADM1模型中省略乳酸不会影响生物反应的化学计算。但是，由于乳酸的pK_a值非常低(3.08)，这对pH有很大影响，特别是在预测pH瞬时下降时，ADM1模型存在偏低的情况(即在快速动力学过程中过高预测pH)。水力增加对pH的影响比浓度增加更为显著。模型中缺乏乙醇等中间体会导致有机酸的预测效果不佳，尤其在酸化反应器内低水平pH的预测方面表现不佳。在产甲烷反应器和低负荷系统中，乳酸和乙醇相对容易降解，因此对于这些系统来说，忽略乳酸或乙醇的影响不会带来太大问题。在大多数厌氧消化反应器中，乳酸和乙醇等中间体的浓度较低，因此ADM1模型将其省略。

IWA课题组建议在模型中考虑乙酸、丙酸和丁酸，因为它们是单糖产酸的重要末端产物，在水流方向上会发生不同程度的降解。这些有机酸可以通过气相色谱(GC)分析法进行同步监测。对于高负荷葡萄糖进水的产酸系统来说，将它们包括在内是适当的，特别是在瞬时浓度和水力条件(乳酸盐)或低pH下运行，或在故意促进乙醇产生的情况下，例如强化下流式消化。乳酸作为一个中间体已被广泛使用。一种常见的方法是假定所有的葡萄糖都经由乳酸降解，然后乳酸会被降解成混合有机酸，或者被葡萄糖降解细菌或专门的菌群降解。目前，参考文献中尚未出现包括葡萄糖降解成乙醇这一过程的模型。为了正确描述产物产量对pH依赖性的影响，可能需要使用校准函数进行计算。

由于许多生物能够产生几种产物，所以应该使用一个具有集总参数的单一种群生物。Mosey在1983年描述了不同H_2分压和pH水平下表示单糖产物不同分数的调节函数，Costello和Romli等人分别于1991年和1995年对此做了进一步发展。然而，这些函数都是用表8.14中的反应2和反应5来描述的，不能一成不变地用于多组试验数据中，还需要包括乳酸。因此，在ADM1中不使用氢调节函数，各化学计量产率($f_{h2,su}$、$f_{ac,su}$、$f_{pro,su}$、$f_{bu,su}$)应该设定成与表8.14中公式相一致的值。Skiadas和Angelidaki等人分别在2000年和1999年均使用了固定的化学计量产率。

②氨基酸产酸。常见的氨基酸有20种。蛋白质水解产生氨基酸的相对产率取决于蛋白质的原结构。氨基酸的发酵途径主要有两种：

Stickland氨基酸成对氧化－还原发酵；

氢离子或二氧化碳作为外部电子受体的单一氨基酸氧化。

Stickland发酵反应比非耦合降解发生得更快。在正常的混合蛋白质系统中，通常只缺少10%的电子受体蛋白。氨基酸的Stickland发酵有许多特性(图8.10)：

①不同的氨基酸可分别作为供体、受体或二者兼具。

②电子供体失去一个碳原子形成CO_2，并生成比原氨基酸少一个碳的羧酸(即丙胺酸$C_3 \rightarrow$乙酸C_2)。

③电子受体获得碳原子，形成与原氨基酸链长相同的羧酸(即氨基乙酸$C_2 \rightarrow$乙酸C_2)。

④只有组氨酸不能通过Stickland发酵反应被降解。

⑤因为缺乏电子受体，总氨基酸中通常有大约10%可通过非耦合氧化降解，这导致氢或甲酸的产生。

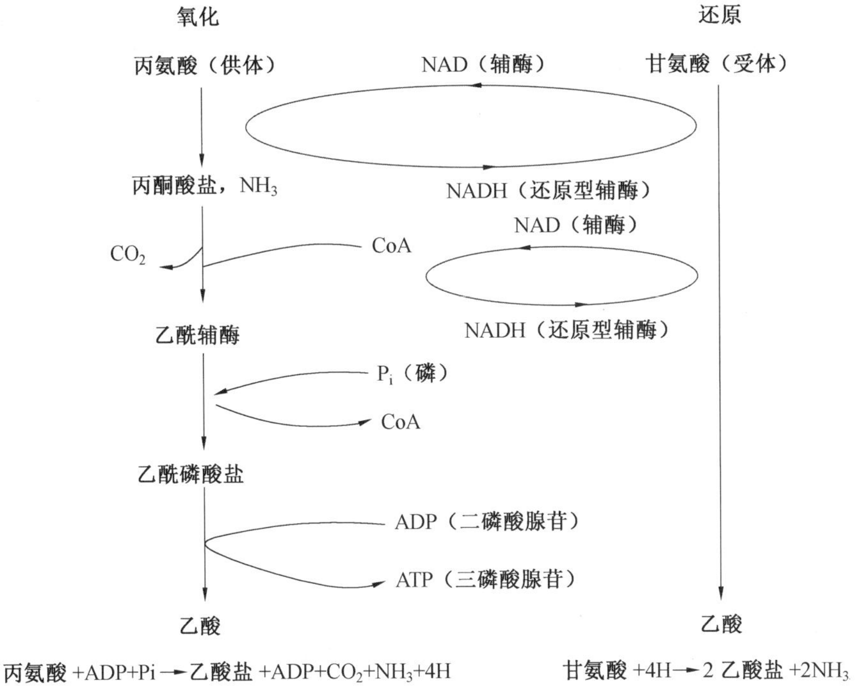

图 8.10　胺酸和氨基乙酸的耦合 Stickland 消化反应

氨基酸产酸的模拟非常重要，因为给出了源蛋白的氨基酸混合物就可预测产物的化学计量产率。这些产物大部分是 C_2、C_3、C_4、C_5、C_6 的异构体和正常有机酸，并伴有一些芳香族化合物、CO_2、H_2、NH_3 和还原硫。芳香族的羧酸(Phe、Tyr、Trp)产生的芳香族羧酸只占总 COD 的一小部分。因此，芳香族的氨基酸未包括在 ADM1 中。Ramsay 在 1997 年编制了一个氨基酸产物产率的电子数据表，可从一种蛋白底物中的氨基酸含量估测产物产率。在低氢或甲酸浓度或高温条件下，当氧化反应从热力学角度来说变得更有利时，可能发生氨基酸的非 Stickland 氧化反应，通常产生较多的丙酸和少量的乙酸和丁酸(与单糖发酵形成鲜明对比)。事实上，使用一个以 Stickland 反应为基础的电子数据表可对产物产率进行一个合理的初步估测，因为 Stickland 反应通常不受氢抑制，所以氢的调节或抑制函数被排除。

(5)互养产氢产乙酸和利用氢产甲烷。

高级有机酸降解生成乙酸是一个氧化步骤，没有内部电子受体。因此，氧化有机酸的生物体(通常是细菌)必须利用 1 个外加的电子受体，如氢离子或二氧化碳，分别产生氢气或甲酸。由于氧化反应从热力学角度来说是可能发生的(图 8.11 和表 8.15)，而氢和甲酸可被产甲烷的生物(通常是原生细菌)所消耗，所以这些电子载体的浓度必须维持在低水平。

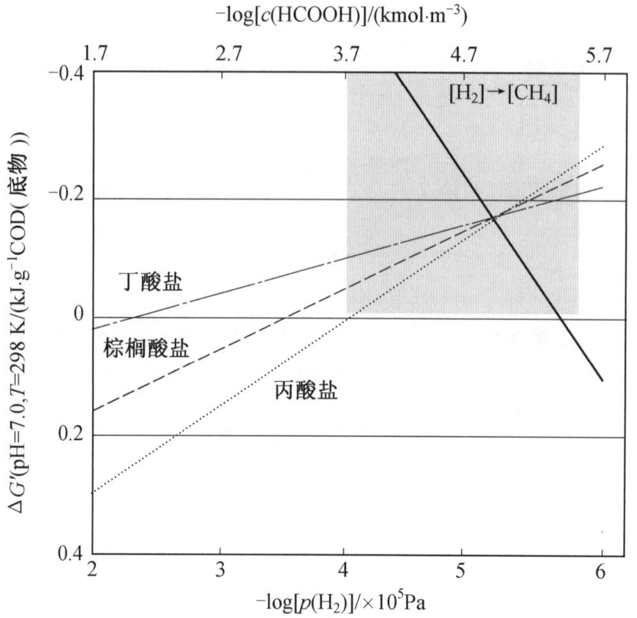

图 8.11　在不同氢分压和甲酸浓度时的 $\Delta G'$

表 8.15　氧化脂肪酸微生物的热力学反应

底物	反应方程式	ΔG^0/(kJ·g^{-1}COD)	$\Delta G'$/(kJ·g^{-1}COD)
H_2、HCO_3^-	$4H_2+CO_2 \longrightarrow CH_4+2H_2O$	−2.12	−0.19
丙酸	$CH_3CH_2COOH+2H_2O \longrightarrow CH_3COOH+3H_2+CO_2$	0.68	−0.13
丁酸	$CH_3CH_2CH_2COOH+2H_2O \longrightarrow 2CH_3COOH+2H_2$	0.30	−0.16
棕榈酸	$CH_3(CH_2)_{14}CH_2COOH+14H_2O \longrightarrow 8CH_3COOH+14H_2$	0.55	−0.16

注：$\Delta G'$是在 $T=298$ K，pH＝7，$p(H_2)=1$ Pa，$p(CH_4)=70$ kPa，$c(HCO_3^-)=100$ mol/m^3，c(有机酸)＝1 mol/m^{3}条件下计算。

互养产氢产乙酸和利用氢产甲烷的热力学只在较小的氢或甲酸浓度范围内可以进行(并且很少受其他产物或底物浓度影响)。对于模拟来说，这一点很重要，因为热力学限制在很大程度上决定着氢抑制参数、半饱和系数和热力学产率($\Delta G'$)。这些限制如图8.11所示。图8.11中给出了产甲烷和3种厌氧氧化反应的热力学产率，阴影区域是甲烷生成和丙酸氧化可以同时发生的区域。表8.15所示为氧化脂肪酸微生物的热力学反应在一定条件下的 ΔG^0 和 $\Delta G'$值。

在图8.11中，阴影区域表示由丙酸互养产氢产乙酸的理论运行区域。除了氢/甲酸外，pH＝7.0时，HCO_3^- 浓度为100 mol/m^3。戊酸和丁酸的热力学相似。$\Delta G'$由式 $\Delta G'=\Delta G^0-RT\ln[(C^cD^d)/(A^aB^b)]$计算得出。

①电子载体的形式。电子载体可以是氢(来自氢离子)或甲酸(来自二氧化碳)。这

两种载体有 3 个主要差异：氢的扩散率更高，甲酸盐更易溶解，甲酸的酸性比二氧化碳更强。因此，在生物群落之间距离较短时，氢转移更快；而在距离较远时，甲酸的溶解度更高，其浓度梯度也更高，因此传递效果更好。另外，由于甲酸的 pK_a 比 CO_2 低，所以它对物理－化学系统的影响不同。但是，由于化学计量学和热力学本质上是相同的，而且氢/甲酸可能处于酶促平衡状态，因此电子载体形式对模型的使用影响不大。此外，产酸菌可能无法完全利用氢或甲酸等电子载体，但氢生成甲烷菌可以利用两者。综合各方面因素，IWA 课题组决定只考虑氢作为电子载体进行模拟，而不包括甲酸。

②ADM1 中的生物种群和组分。丙酸（C_3）以上的脂肪酸主要通过 β－氧化途径进行厌氧降解。在这个循环过程中，每个循环会去除一个乙酸基，并产生 1/3 的三磷酸腺苷（ATP）。当脂肪酸的碳原子为奇数时，例如戊酸，1 mol 底物可产生 1 mol 的丙酸。然而，多数自然生成的长链脂肪酸（LCFA）具有偶数碳原子，因此乙酸被视为主要产物。IWA 课题组认为，丁酸、戊酸和长链脂肪酸是 3 种主要的脂肪酸（C_4 及以上）。丁酸和戊酸被认为可以由同一类微生物降解，而长链脂肪酸需要专门的微生物来降解，因为这些更大的分子传输困难，其物理－化学特性也不同。因此，有 3 类产乙酸的菌群被提出：一类是分解丙酸产乙酸的菌群，一类是分解丁酸＋戊酸产乙酸的菌群，还有一类是分解长链脂肪酸（C_5 及以上）产乙酸的菌群。模型中只包括一种利用氢产甲烷的微生物。同型产乙酸（即由 H_2 和 CO_2 转化成乙酸）和硫酸盐还原也是氢下降的潜在重要因素，在适当的条件下可能发挥作用。但它们并未被纳入 ADM1 模型中。

③产乙酸的氢抑制函数。产乙酸和氢营养产甲烷过程释放的自由能较低，微生物可以利用质子和阳离子的原动力获得部分产率。在自由能水平降低时，使用一个降低的产率而不是标准抑制函数。Hoh 和 Cord－Ruwisch 在 1996 年提出的热力学抑制模型也被考虑，但为了简化模型并增加灵活性，IWA 课题组建议在 ADM1 中使用标准的非竞争抑制函数来处理氢调节。液相中的氢浓度可用于表达氢抑制程度。

互养产氢和消耗氢的生物通常分布接近，难以区分。由于扩散受限，这些互养种群可以在局部范围内调节氢浓度。因此，液相和气相中检测到的氢或甲酸浓度不一定反映互养共同体内部的实际浓度。针对丙酸，发现氢抑制质量浓度为 1×10^{-6} kg COD/m^3（液体）或 7 Pa 的氢气；对于丁酸和戊酸，氢抑制质量浓度为 3.5×10^{-6} kg COD/m^3（液体）或20 Pa的氢气（假定为 50％抑制，并考虑气－液平衡），这与热力学部分吻合。其他研究发现，生物膜系统中的氢抑制参数比上述抑制浓度高一个数量级。底物浓度、乙酸浓度、pH、阳离子浓度和弱酸等条件也可通过增加动力维护需求量来降低热力学抑制程度。

（6）分解乙酸产甲烷。

在这个主要的产甲烷步骤中，乙酸被分解成甲烷和 CO_2：

$$CH_3CHOOH \longrightarrow CH_4 + CO_2 \quad \Delta G^0 = -31(\text{kJ}\cdot\text{kmol})/\text{m}^3 (\approx 0.25 \text{ 个 ATP})$$

两种微生物可以利用乙酸产生甲烷。当乙酸浓度高于 1 mol/m^3 时，产甲烷八叠球菌属成为优势菌种；而当乙酸浓度低于该浓度时，鬃毛甲烷菌属成为优势菌种（Zinder，1993）。相比于产甲烷八叠球菌属，鬃毛甲烷菌属可能具有较低的产率、较大的 k_m 值（最大比基质利用率)、较小的 K_s 值(半速率常数),并对 pH 更敏感。在较低的乙酸浓度下,鬃毛甲烷菌属需要利用 2 mol ATP(三磷酸腺苷)来辅助活化 1 mol 乙酸,而产甲烷八叠球菌属只需利用 1 mol ATP(在较高乙酸浓度下)。因此,产甲烷八叠球菌属的生长速率更高,而鬃毛甲烷菌属需要较长的固体停留时间,但可以在较低的乙酸浓度下运行。

在厌氧消化器中,这两种不同的微生物常常相互竞争。鬃毛甲烷菌属通常存在于高速系统(如生物膜)中,而产甲烷八叠球菌属存在于固体消化器中。由于它们之间的排他性,IWA 课题组建议根据应用和试验观察,使用单一种群的分解乙酸产甲烷菌,并调整动力学和抑制参数。

(7)抑制和毒性。

1996 年,美国万德比尔特大学的 R. E. Speece 教授在《工业废水的厌氧生物技术》一书中提出了两个定义:毒性指的是对细菌代谢产生不利影响(不一定是致命的),而抑制则是指对生物功能造成损害。

IWA 课题组对这些定义进行了进一步解释:

①杀生性抑制。指的是能引起毒性反应的物质,通常是不可逆的,例如长链脂肪酸(LCFA)、清洁剂、醛、硝基化合物、氰化物、抗生素和亲电子试剂,这些都被视为“毒性”。

②生物静力抑制。指的是非反应性的毒性,通常是可逆的,例如产物抑制、弱酸/碱(包括 VFA、NH_3、H_2S)抑制、pH 抑制、阳离子抑制以及其他能破坏同态的物质,这些都被归类为“抑制”。

抑制形式可进一步分成影响特定目标的(例如,清洁剂对细胞膜)和影响整个细胞动力学和功能的(例如,pH 抑制)。

①硫酸盐还原和硫化物抑制。当硫氧化物存在于厌氧消化器中时,通常会被还原成 S^{2-}。因为从热力学和动力学角度来说,氧化硫先于氢离子(将生成 H_2)或 CO_2(将生成甲酸)被还原。还原硫化合物的生物可通过氧化有机酸或 H_2 直接获得电子。此外,有机酸也作为碳源被利用,结果导致还原硫化合物的生物与厌氧消化中的其他大多数生物种群进行竞争。竞争内容包括:与氢营养生物争夺氢(进水 SO_x 浓度较低时);与产乙酸和分解乙酸的生物争夺电子和碳(进水 SO_x 浓度中等时)。

还原产物硫对厌氧系统的影响更加复杂。硫的总浓度为 3～6 mol/m^3 时会产生抑制作用,其完全缔合形态(H_2S)是抑制性媒介物,其抑制浓度为 2～3 mol/m^3。氢营养生物、产乙酸生物和分解乙酸生物都会受到影响,其他微生物种群包括硫酸盐还原生物(可能除了产乙酸生物)则受硫化物抑制。硫化物的酸一碱体系与无机碳系统相似,以 S^{2-}、HS^-、H_2S 为组分。H_2S 也是一个气相组分,其溶解度相对较高[100 mol/(m^3 · 10^5 Pa)]。溶解度和酸度系数受温度影响很大,可用 van't Hoff 公式对其关系进行很好的描述。

ADM1 模拟的所有厌氧过程,除了分解和水解以外,或受底物竞争、H_2S 抑制的影响,或受酸一碱反应和 H_2S 的气一液交换的影响。因其复杂性,所以硫酸盐还原系统未包括在 ADM1 中。因此,ADM1 不能模拟进水中含中低浓度硫化物的系统(小于 2 mol/m^3 进水 SO_x)。在相对较低的进水 SO_x 情况下,可以修改模型使之包含硫酸盐还原过程,最简单的方法是包括一个把氧化硫降解成还原硫化物的另外生物种群；反应所需的电子和氢来源于氢，生长所需的碳来源于 CO_2。模型中也应包括酸一碱对 HS^-/H_2S，与气相 H_2S 发生交换。但是一般而言，若要体现不同硫酸盐种群对有机酸营养的竞争，其模型将更为复杂。

②游离酸和碱的抑制。游离酸和碱的抑制是通过 pH 的变化来破坏细胞同态的，这是由游离酸或碱穿过细胞膜的被动运输和随后的离解引起的。由于游离酸或碱的相对数量（与离子对应物相比）很大程度上是由 pH 决定的，所以该抑制也取决于 pH 的大小。经验性的 pH 抑制函数可能包括游离酸或碱抑制的累积效应。对于利用能量产率较低的底物生成产物的生物，或利用质子原动力的生物——如丙酸和丁酸（戊酸）氧化生物及利用氢和乙酸的产甲烷生物来说，游离酸或碱的 pH 抑制尤为重要。重要的游离酸或碱的抑制性化合物（所有 pK_a（物质离解出 H^+ 的能力）值均在 $T=298$ K 得到）有：

a. 游离有机酸（HAc、HPr、HBu、HVa）pK_a 在 4.7～4.9 之间时，主要生成甲烷的物质，在模型中主要表现为乙酸抑制。

b. 游离氨（NH_3）。厌氧消化反应器中的主要游离碱，$pK_a=9.25$。其抑制函数包括在 ADM1 中，用于乙酸利用者。

c. 硫化氢（H_2S）。虽然已知游离态的 H_2S 与 HS^- 或 S^{2-} 相比，抑制性更强，但 $pK_a=7.25$表明，该游离酸的作用是冲击而不是破坏同态。在这种情况下，机理可能不同。

因此，游离酸（缔合有机酸或 H_2S）在较低 pH 下发生抑制，游离碱在更高 pH（NH_3）时发生抑制。主要受游离酸和碱抑制的生物有（按影响次序）：分解乙酸产甲烷生物、氢营养产甲烷生物和产乙酸生物。但是，后两者在一个互养共同体内。氢营养产甲烷生物活性的降低将导致有机氧化生物的活性明显下降，这归因于氢和甲酸的积累。

在 ADM1 中，游离有机酸抑制的影响主要隐含于经验性的 pH 函数中，而游离氨抑制或者隐含于由上限和下限组成的经验性 pH 函数中，或者明确包括于游离氨抑制函数中。H_2S 抑制未被包括，因为硫酸盐还原未包括在内。游离酸抑制未单独包括在模型中，因为其主要形式隐含于其他抑制形式中。然而，由于抑制依赖于酸的浓度及 pH，所以当游离有机酸的浓度和 pH 波动时，模型中单独包括游离有机酸抑制是合理的。同样，因为抑制可能通过细胞同态的破坏产生而不是活性降低或细胞死亡量增加，所以，最适当的函数可能是通过降低产率发生抑制，而不是通过非竞争抑制降低吸收速率而发生抑制。

③LCFA（长链脂肪酸）抑制。脂类是几种主要的有机物之一，常见于生活污水、生活有机废物、农业废物和工业废物中。的确，特殊工业废物如屠宰场废物和油厂废物中脂类含量较高。甘油三酯是最丰富的脂类，也是植物和动物细胞中所储存脂类的主要组分。

在 ADM1 中，甘油三酯代表脂类。在厌氧消化过程中，脂类首先被水解为甘油和长链脂肪酸（LCFA）。这一过程由被称作脂肪酶的胞外酶催化而成。与随后的步骤相比，脂类水解进行得很快，所生成的 LCFA 通过活化作用和 β－氧化被降解成乙酸和氢。LCFA 的 β－氧化被证实可在中温和高温两种条件下发生。

长链脂肪酸在低浓度下可对生物产生抑制作用。在 LCFA 的 β－氧化生物体内，LCFA 通过活化作用解除毒性，使乙酰－CoA（辅酶 A）转化为长链脂肪酰－CoA。

以下是 LCFA 抑制的几种机理：

a. 由 LCFA 合成的竞争性抑制引起的微生物生长抑制。LCFA 是新细菌结构的基本成分；

b. 电子运输链从蛋白质上分离。这些蛋白质参与 ATP 的再生，或作为基本营养物向细胞内部输送；

c. 黏附在细菌的细胞壁上，限制基本营养物的通过。

有一个观点认为，是 LCFA 的缔合形式起抑制作用，抑制是 LCFA 在生物细胞表面吸收的结果。因此，像细胞表面积与 LCFA 浓度之比和 pH 这样的因素可能对 LCFA 的抑制程度有影响（Hwu，1996）。通常，严重抑制是不可逆的（例如有毒的），因为恢复不受进水 LCFA 浓度降低的影响。尽管受抑制最严重的生物可能是分解乙酸产甲烷生物，但是，所有生物都会受到不同程度的抑制。

虽然，LCFA 的抑制作用可能使处理过程变得复杂，但是生物体也可能适应之。一个运行良好的工艺会比较容易降解脂类含量较高的进水。这是因为，在适当的培养物中，LCFA 的高效降解使得 LCFA 的去除速度和脂类水解释放 LCFA 的速度一样快。然而，为了避免 LCFA 的瞬时浓度较高，需要进行逐步驯化。

因此，当进水富含脂类时，LCFA 抑制作用对工艺运行有着显著的影响。ADM1 不能描述在瞬时高 LCFA 浓度，特别是有毒负荷过多情况下的反应器行为。由于 LCFA 抑制的潜在复杂性及其较低发生频率（与所包括的一般抑制函数相比），故它未包括在 ADM1 中。包括 LCFA 抑制的模型（用于肥料和油的降解）已由 Angelidaki 等人在 1999 年提出。

区别杀生性抑制和生物静力抑制对于模拟来说是重要的，因为前者主要影响生物衰减速率，而后者主要影响动力学吸收和生长（涉及最大吸收量、产率、半饱和参数）。生物静力抑制包含了 ADM1 中的所有抑制形式，这对厌氧处理来说是最重要的，主要将导致厌氧生物的产率较低。许多生物的每摩尔底物或每个反应循环的 ATP（三磷酸腺甙）产率均小于 1 mol，因为其利用阳离子或阴离子原动力进行合成代谢，而不是底物水平磷酸化。这个对产甲烷菌和挥发性脂肪酸（VFA）的氧化生物来说是正确的。游离态的弱酸和碱（非离子的）能够穿过细胞膜，然后离解，这样就破坏了质子的原动力和细胞同态。在离子和 pH 远非最佳值的条件下，微生物必须消耗能量以维持细胞同态，而不是合成代谢。因此，尽管产物吸收量可能变化很小，但产率降低。Pitt 在 1965 年认识到这一点，他提出了一个自由生长的维持系数。由于维持能量的增加会限制生长的可用能量，所以导致生物产率降低。IWA 课题组决定采用一个与吸收相关的动力学公式，而不是好氧生物过程模型所用的与生长相关的动力学公式，其原因之一是前者具有包括各种动力学形式的灵活性。

考虑了几种抑制机理，包括在依赖于细胞同态维持的动力学速率公式中使用维持系数作为抑制剂的一个函数。该公式是 Beeftink 等于 1990 年在 Pirt 工作（1965）的基础上提出的。虽然该公式从原理上说是合理的，但过程过于复杂，并与最常使用的 Monod 动力学完全不同。IWA 课题组提出的抑制动力学形式（表 8.16）有：①Lehninger 在 1975 年提出的可逆形式，其广泛采用非竞争性抑制；②抑制剂对微生物产率和衰减的直接影响（这种抑制形式很有价值，但未用于 ADM1）；③用于 pH 抑制的两种经验形式；④竞争性吸收；⑤次级底物的 Monod 动力学，它对于描述氮受限时的微生物生长降低是必需的。Pavlostathis 和 Giraldo－Gomez 在 1991 年，Dochain 在 1986 年，分别对抑制和吸收（生长）动力学进行了广泛的总结。因为厌氧消化中的抑制形式是变化多样的，所以用公式（8.89）进行表达，从中可以很容易地替换或添加抑制项：

$$\rho_j=\frac{k_{\mathrm{m}}S}{K_{\mathrm{s}}+S}XI_1I_2\cdots I_n \tag{8.89}$$

式中，第一部分是不受抑制的 Monod 形式吸收，$I_{1\cdots n}=f(S_{I,1\cdots n})$ 是抑制函数。这种抑制函数在模型中是无法采用的，因为抑制函数在吸收公式中是整体性的。抑制形式和吸收公式见表 8.16。

表 8.16　抑制形式和吸收公式

序号	说明	抑制和吸收公式	适用场合	过程
1	非竞争性抑制	$I=\frac{1}{1+S_I/K_I}$	游离氨和氢抑制	
	非竞争性	$\rho_j=\frac{k_m XS}{K_s+S(1+S_I/K_I)}$	无	
	竞争性	$\rho_j=\frac{k_m XS}{K_s(1+S_I/K_I)+S}$	无	
2	产率减少	$Y=f(S_I)$	无	
	生物衰减速率增加	$k_{\mathrm{dec}}=f(S_I)$	无	
3	经验的 pH 上限和下限抑制	$I=\frac{1+2\times 10^{0.5(\mathrm{pH_{LL}}-\mathrm{pH_{UL}})}}{1+10^{(\mathrm{pH}-\mathrm{pH_{UL}})}+10^{(\mathrm{pH_{LL}}-\mathrm{pH})}}$	高和低 pH 时都出现时的 pH 抑制	5～12
	只有经验的 pH 下限抑制	$I=\begin{cases}\exp\left[-3\left(\frac{\mathrm{pH}-\mathrm{pH_{UL}}}{\mathrm{pH_{UL}}-\mathrm{pH_{LL}}}\right)^2\right], \mathrm{pH}<\mathrm{pH_{UL}}\\ 1, \mathrm{pH}>\mathrm{pH_{UL}}\end{cases}$	只有低 pH 时存在的 pH 抑制	5～12
4	竞争性吸收	$I=\frac{1}{1+S_I/S}$	丁酸和戊酸对 C_4 的竞争	8～9
5	次级底物	$I=\frac{1}{1+K_I/S_I}$	用于所有吸收。当无机氮浓度 S_{IN} 趋于零时，将抑制吸收	5～12

在表 8.16 中，K_I 为抑制参数；ρ_j 为过程 j 的速率；S 为过程 j 的底物浓度；S_I 为抑制

剂浓度；X 为过程 j 的生物浓度。序数 3 中，当只使用一个 pH 抑制项，并且有游离氨抑制时，pH 上限和下限抑制形式不应被使用。对于 pH 上限和下限抑制的函数，pH_{UL} 和 pH_{LL} 分别是生物种群受到 50% 抑制时的上限和下限。例如，分解乙酸产甲烷生物的最佳 pH=7，$pH_{UL}=7.5$，$pH_{LL}=6.5$。对于 pH 下限抑制的函数，pH_{UL} 和 pH_{LL} 是生物不受抑制的临界点。对于 pH_{UL} 和 pH_{LL} 分别为 7 和 6 的分解乙酸产甲烷生物，当 pH 低于 6 时，完全受到抑制；pH 高于 7 时，不受抑制。

pH 抑制是细胞同态的破坏和低 pH 下弱酸浓度增加两相作用的结果；或者是高 pH 下的弱碱抑制和运输限制，它不同程度地影响所有的生物。在 ADM1 中，pH 抑制（I_{pH}）用于所有的胞内过程，对于产乙酸生物和产酸生物、利用氢产甲烷生物和分解乙酸产甲烷生物，应使用不同的生化参数。表 8.16 序数 3 中的两种 pH 函数对于吸收公式来说都是有用的，因为第一种形式可用于系统受到氨或其他碱（pH>8）强烈冲击的情况，第二种在低 pH 抑制可能发生时显得更灵活，如在碳水化合物系统中。水解在低或高 pH 下都可能受到抑制，这可能由酶的部分变性引起。Boon 在 1994 年证实了批量消化对初沉污泥的影响，并指出最佳水解发生在 pH=6.8 时，但 pH 在 6.5～7.5 之间时，变化不明显。水解的 pH 抑制未包括在模型中，但是，如果需要，其函数可按 Veeken 和 Sanders 等分别在 2000 年和 2001 年给出的选用。

除了 pH 抑制，产乙酸菌的氢抑制和分解乙酸产甲烷生物的游离氨抑制也包含在 ADM1 中。两种抑制都用非竞争性抑制函数来描述。LCFA（长链脂肪酸）的生物影响尽管非常重要，但未包含在模型中。非竞争性抑制函数之所以被普遍使用，因为它是文献中最常用的形式，可直接应用以前公布的抑制参数。然而，其他抑制形式的函数可能更适合于氢抑制或有机酸抑制。更基本的抑制函数，例如前面提到的第二种形式和不取决于抑制的维持系数，以及 Beefrink 等在 1990 年提出的动力学速率方程，可能更适用于生物静力抑制（例如游离酸、游离碱和氢）。但目前这方面的知识非常有限，实际操作中还无法实行。

（8）温度的影响。

温度主要通过 5 种方式影响着生化反应。

①增加温度，可提高反应速率（由 Arrhenius 公式预测得出）。

②温度高于最佳值以后，随着温度升高（对于中温，指 40 ℃以上；对于高温，指 65 ℃以上），反应速率下降。

③由于温度升高的情况下，用于细胞代谢和维持的能量也增加，所以产率降低，K_s 增加。

④由于热力学产率和生物量的变化，产率和反应途径发生转变。

由于处于溶解和维持状态的细胞增加，死亡速率增加。

在厌氧消化中，对温度定义了 3 个主要的运行范围：低温（4～15 ℃）、中温（20～40 ℃）和高温（45～70 ℃）。尽管反应器可在这些范围内有效运行，但是中温和高温生物的最佳温度分别为 35 ℃和 55 ℃（图 8.12）。

不同微生物种群的温度相关性遵循 Arrhenius 等式。其生长速率随温度升高达到最

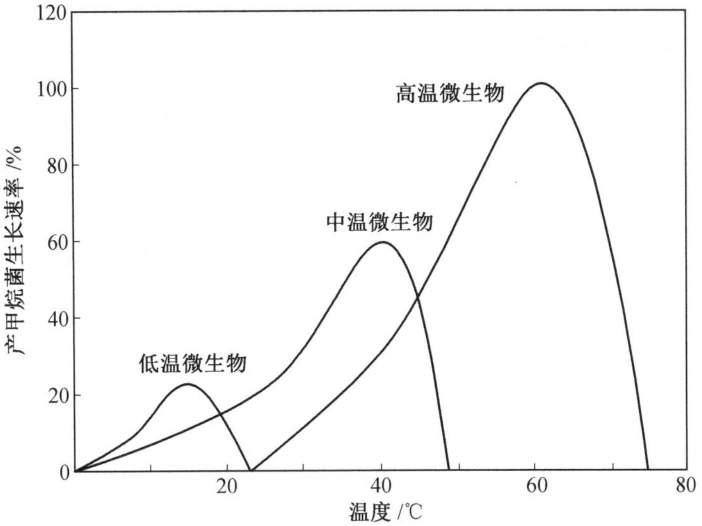

图 8.12　低温、中温和高温产甲烷生物的相对生长速率

大值，此时温度为最佳温度，然后随着温度继续升高，其生长速率陡降到 0。有 3 种主要的系统类型可能需要进行关于温度的模拟：

a. 控制温度，使运行温度变化很小（±3 ℃范围内）。由于没有温度的相关性，所以可模拟，尽管其参数应该来源于或适合于运行温度。这包括大多数厌氧系统的应用。

b. 对温度不控制，但使其在一个范围内波动（中温或高温）。这可用一个关于是 k_m 的双 Arrhenius 公式来模拟，k_m 描述了生长速率在更高温度下的快速下降情况。

c. 温度在中温和高温之间波动。生物量和反应途径在中温和高温之间的规律性变化是一个复杂的模式。

Pavlostathis 和 Giraldo－Gomez 在 1991 年通过总结初沉污泥消化器内最小固体停留时间与温度关系的参数，给出了一个能够有效证明温度对动力学参数综合影响的经验公式：

$$t_{\mathrm{SR,min}}=\frac{1}{0.267\times 10^{[1-0.015(308-T)]}-0.015} \tag{8.90}$$

式中，T 为温度（K）；$t_{\mathrm{SR,min}}$ 为防止污泥流失的最小固体停留时间。

尽管产率和衰减速率受温度影响，还是决定不用连续函数，而是在高温和低温条件下使用各自的值。

4. ADM1 中的物理－化学过程

这里指的物理－化学反应可定义为厌氧反应系统中通常存在的非生物媒介的反应。根据相对动力学速率（即与生化速率相对应），对物理－化学过程可列出如下 3 种主要的类型：

①液－液过程（离子结合/离解，快速）；

②液－气过程（液－气转换，快速/中速）；

③液－固过程（沉淀/溶解，中速/慢速）。

厌氧模型中通常提到的只有前两种过程，这很可能是因为液一固过程难于表述，所以在ADM1中没有包括固体沉淀。但是，如果系统中存在易于形成沉淀的阳离子，如Ca^{2+}和Mg^{2+}等，那么液一固过程可能会变得很重要。对离子非理想行为的修正，潜在地影响着所有的物理一化学过程，这一点并未包括在ADM1中。因此，对于含有中高浓度离子的系统，尤其是在出水循环至升流式反应器的工艺中，应该计算离子的活度系数，必要时，应对其进行修正。

对厌氧系统进行模拟时，物理一化学过程非常重要，这是因为：

①能够表达许多生物抑制因子(如pH、游离酸和碱、液相中溶解性气体的浓度等)。

②主要性能变量，如气体流量和碳酸盐碱度，依赖于物理—化学过程的正确估计。

③主要的运行费用往往是利用强酸或碱对pH进行控制。因此，所需控制的pH的设定值和输入值可从物理一化学反应的估计中计算出来。

(1)液一液过程。

这部分将讨论离子与氢及氢离子的结合和离解。厌氧系统中有许多重要的化合物，它们的pK_a值(平衡系数)与系统运行的pH接近。有机酸的pK_a值约为4.8，酸碱对$CO_2(aq)/HCO_3^-$的pK_a值为6.35，而酸碱对NH_4^+/NH_3的pK_a值为9.25。由于酸碱对HCO_3^-/CO_3^{2-}的pK_a值为10.3，所以CO_3^{2-}的浓度非常低，因而模型把CO_3^{2-}排除在外。上述所有pK_a值均为298K条件下的。

$CO_2(aq)$经由H_2CO_3反应生成HCO_3^-。H_2CO_3是一种相对来说较强的酸($pK_a=3.5$)。尽管如此，$CO_2(liq)/H_2CO_3$的平衡系数为631($T=298$ K)，这意味着$CO_2(liq)$远大于H_2CO_3，故可把$CO_2(liq)$看作是有效的酸。

因为结合(离解)过程反应非常快，故经常被称为平衡过程，可用一组隐式代数方程表示。被视为重要的酸一碱对及其平衡系数，见表8.17。

表8.17　酸一碱平衡系数(pK_a)

酸一碱对	平衡系数pK_a(298 K)	热值$\Delta H^0/(J\cdot mol^{-1})$	$\theta(\theta=\Delta H^0/RT_1{}^2, T_1=298\ K)$
$CO_2(aq)/HCO_3^-$	6.35	7 646	0.010
NH_4^+/NH_3	9.25	51 965	0.070
H_2S/HS^-	7.05	21 670	0.029
$H_2O/(OH^-+H^+)$	14.00	55 900	0.076
HAc/Ac^-	4.76	在$T=333$ K最大值4.81	n/a
HPr/Pr^-	4.88	在$T=333$ K最大值4.94	n/a
$n-HBu/Bu^-$	4.82	在$T=333$ K最大值4.92	n/a
$i-HBu/Bu^-$	4.86	没有其他数据	n/a
$n-HVa/Va^-$	4.86	没有其他数据	n/a
$i-HVa/Va^-$	4.78	没有其他数据	n/a

酸一碱反应方程的表达方式取决于它们是以微分方程还是以隐式代数方程组来表

示和求解的。在每种情况下都可采取两种方式来表示这些方程：负荷平衡或者表格方法。IWA课题组推荐使用负荷平衡的方法，因为这种方法更易于理解且具有更强的教育价值。但是，表格法可用于改善代数方程的数值结构，使其以隐含的代数形式或微分形式来实现。负荷平衡可表示为

$$\sum S_{C^+} - \sum S_{A^-} = 0 \tag{8.91}$$

式中，$\sum S_{C^+}$ 为总的阳离子当量浓度；$\sum S_{A^-}$ 为总的阴离子当量浓度。每个离子的当量浓度是其化合价与摩尔浓度的乘积。

在ADM1中，溶解性组分的负荷平衡按如下形式实现（有机酸项的分母代表单位负荷的g COD含量）：

$$S_{Cat^+} + S_{NH_4^+} + S_{H^+} - S_{HCO_3^-} - \frac{S_{Ac^-}}{64} - \frac{S_{Pr^-}}{112} - \frac{S_{Bu^-}}{160} - \frac{S_{Va^-}}{208} - S_{HO^-} - S_{An^-} = 0 \tag{8.92}$$

式中，$S_{Cat}{}^+$ 和 S_{An^-} 分别为离子如 Na^+ 和 Cl^- 的溶解性组分，这些离子分别用来表示强碱和强酸。例如，加入带相反电荷的离子 NH_4^+ 和 HCO_3^- 的盐，则与 Cl^- 和 Na^+ 分别生成 NH_4Cl 和 $NaHCO_3$。从另一方面说，S_{Cat^+} 和 S_{An^-} 可被看作是不消耗或不发生反应的惰性化合物。长链脂肪酸LCFA未被包括在酸一碱体系中，因为单位COD可以加电荷部位的数量非常少。但是，如果使用游离的LCFA加以抑制或LCFA的浓度很高，则必须以类似于挥发性脂肪酸（VFA）的方式将其考虑在内。氨基酸的酸一碱反应也没有包括在内，因为其在反应器内的浓度很低（由于产酸速率很高），并且氨基酸的 pK_a 值变化范围较大。

如果将酸一碱方程表达成1个代数组，则酸一碱对的结合浓度应表达成1个动态变量。对于无机碳（CO_2(aq)/HCO_3^-）来说，其形式如下：

$$S_{IC} - S_{CO_2} - S_{HCO_3^-} = 0 \tag{8.93}$$

其余的代数方程可以酸一碱平衡方程（例如 CO_2(aq)/HCO_3^- 对）来表达：

$$S_{HCO_3^-} - \frac{K_{a,CO_2} S_{IC}}{K_{a,CO_2} + S_{H^+}} = 0 \tag{8.94}$$

式中，K_{a,CO_2} 为平衡系数。

对于有机酸、无机氮和氢氧化物适用，即

$$S_{VFA} - \frac{K_{a,VFA} S_{VFA,total}}{K_{a,VFA} + S_{H^+}} = 0 \tag{8.95}$$

$$S_{NH_4^+} - \frac{S_{H^+} S_{IN}}{K_{a,NH_4} + S_{H^+}} = 0 \tag{8.96}$$

$$S_{OH^-} - \frac{K_w}{S_{H^+}} = 0 \tag{8.97}$$

因此，当酸一碱反应用1组隐式代数方程组来表述时，溶解性组分的自由形态（如 S_{CO_2}）和离子形态（如 $S_{HCO_3^-}$）将结合成1个单一的动态变量（如 $S_{IC} \equiv S_3$）。酸一碱对的游离形态的浓度如果用在模型的其他地方，那么只需利用后面的方程对其进行计算。ADM1中被计算的游离酸和碱是 S_{CO_2} 和 S_{NH_3}。如果液相的物理一化学方程以微分方程

形式表述，则游离形态和总形态将表示为动态变量，集总的动力学表达形式（如 S_{IC}）是多余的，此时，1 个附加的动力学速率方程可用于酸一碱反应。尽管 IWA 课题组推荐用游离形态（即 CO_2和 HAc 等）来表示速率方程，但表 8.15 和表 8.16 中的生化反应速率可以是酸动态变量，也可以是碱动态变量（而并非二者都是）。负荷平衡式中 S_{H^+} 变成单一方程（负荷平衡）中唯一的未知数。因此，代数方程组是显性的。同样也可用混合求解方法，用动力学速率方程表达若干物理一化学反应，其余的表示为隐式代数方程组。

（2）液一气交换。

下面 3 种气体组分被看作是气相和液相之间重要的中间体，它们对于生物过程或输出有很大的影响。在 25 ℃时，它们在水中的溶解度分别为

H_2：溶解度相对较低，为 7.8×10^{-6} mol/(m^3 · Pa)；

CH_4：溶解度相对较低，为 1.4×10^{-5} mol/(m^3 · Pa)；

CO_2：溶解度相对较高，为 3.5×10^{-4} mol/(m^3 · Pa)。

其他重要气体有 H_2S 和 NH_3。由于硫酸盐还原未被作为一个生化过程，所以 H_2S 未被包括在内；NH_3的溶解度很高，其 K_H 为 0.5 mol/(m^3 · Pa)（Stumm and Morgan，1996），因此，与出水中的浓度相比，转移到气相中的 NH_3质量流量可以忽略。

相互接触的气相和液相之间将彼此达到相对的稳态。其液相浓度相对较低时，可用亨利定律来描述这种平衡关系。通常，亨利定律可表达成由气相分压力所引起的液相中的浓度：

$$K_H p_{gas,i,SS} - S_{liq,i,SS} = 0 \tag{8.98}$$

式中，$S_{liq,i,SS}$为溶解性组分 i 的稳态液相浓度（kmol/m^3）；$p_{gas,i,SS}$为溶解性组分 i 的稳态气相分压力（10^5 Pa）；K_H为亨利定律系数[kmol/(m^3 · 10^5 Pa)]。

比较难溶的气体如二氧化碳、甲烷和氢气等，其转移阻力主要在液相。Pauss 等人在 1990 年指出，厌氧消化器中的气体可能达到非常显著的过饱和状态，这一点可由出水有机物和总 COD 平衡得出。因此，应该用气体转移动力学方程描述液一气交换。最通用的方程将遵循 Whitman 在 1923 年提出的双膜理论。Stumm 和 Morgan 在 1996 年进行了公式推导，把质量流量表示成驱动力和速率方程的结合：

$$\rho_{T,i} = k_L a(S_{liq,i} - K_H p_{gas,i}) \tag{8.99}$$

式中，$k_L a$ 为总质量传递系数与比传递面积的乘积（d^{-1}）；$\rho_{T,i}$为气体 i 的比质量传递速率。

值得注意的是，每个 $\rho_{T,i}$都有一个附加的动力学速率方程。为了计算 S_{H_2/CH_4} 的 COD 基数并与 K_H的摩尔基数相比较，必须用 16 和 64 分别修正 H_2和 CH_4的 K_{H^*}。由于 3 种气体（H_2、CH_4、CO_2）的传递由液膜控制，其扩散率相似，所以它们的 $k_L a$ 应具有相似的数量级。$k_L a$ 值受搅拌、温度和液体性质的影响变化非常大，为简化起见，建议 3 种气体采用相同的 $k_L a$ 值。这可以利用估测好氧系统中 O_2的 $k_L a$ 值的方法对其进行估计（O_2传递也是液膜控制；扩散率见表 8.18），或者，在产生培养液以形成大量气体的系统中，设置一个比最快的生化反应更高的级数使该过程达到假设的平衡。

表8.18　液一气转换参数值(T=298 K)

气体	亨利定律系数 K_H /(kmol · m^{-3} · 10^{-5} Pa)	热值 ΔH^0 /(J · mol^{-1})	$\theta(\theta=\Delta H^0/RT_1{}^2$, T_1=298 K)	扩散率 /[(m^2 · s^{-1})×10^9]
H_2	0.000 78	−4 180	−0.005 66	4.65
CH_4	0.001 43	−14 240	−0.019 29	1.57
CO_2	0.035 4	−19 410	−0.026 29	1.98

(3)固体沉淀。

固体沉淀是指阳离子和阴离子结合形成的中性无机固体。厌氧消化反应器中非常重要的固体沉淀物有碳酸钙($CaCO_3$,pK_{sp}=8.2～8.5)、磷酸钙($CaPO_4$)、碳酸镁($MgCO_3$,pK_{sp}=7.5～8.2)、金属硫化物(特别是 FeS 和 Fe_2S_3)以及磷酸镁复合物如鸟粪石($MgNH_4PO_4$)和镁磷石($MgHPO_4$)。在模拟硫酸盐还原以及通过加入 Fe^{2+}(Fe^{3+})生成硫化物沉淀时,金属硫化物沉淀的模拟将变得相当重要。由于投加 Fe^{2+}(Fe^{3+})使硫化物沉淀的方法非常昂贵,目前已不常用,因此这里不再介绍。$CaCO_3$是最重要的沉淀物,这是因为纸浆和造纸废水中含有大量的 Ca^{2+},并且经常采用厌氧消化工艺进行处理。当进水中 Mg^{2+} 的浓度较高或者利用 $Mg(OH)_2$来提高 pH 时,镁沉淀物则特别重要。这种情况下,同样也应当考虑酸一碱体系 $Mg^{2+}/MgOH^+/Mg(OH)_2$和磷酸镁的衍生物。由于 Mg^{2+} 体系较为复杂,而 $CaCO_3$ 可用来代表一般的沉淀物,所以这里将对其进行特别介绍。

固相形成是一个复杂的过程,受到动力学和热力学两方面的影响。它包括晶核形成、结晶和晶体成熟3个步骤。后两个步骤与固相的表面积有关,因此反应速率主要取决于固相的表面积(其次是浓度)。此外,许多添加剂可以影响这些过程,例如磷酸盐可以抑制 $CaCO_3$沉淀的形成。不同情况下采用同一经验公式可能会导致形成不同的沉淀物,这取决于沉淀速率、热力学条件和温度。特别是对于 $CaCO_3$,它既可以形成没有固定形状的颗粒(在离子浓度较低时形成得更快),也可以形成晶体结构。

ADM1 模型中没有包括沉淀动力学的主要原因有以下几个方面:①该过程的复杂性;②不同沉淀阳离子的范围及产物数量很多;③系统中含有大量 Ca^{2+} 和 Mg^{2+} 的情况非常有限。尽管如此,为了有效地模拟这些系统的物理一化学特性,应该包括某种形式的沉淀机制。排除沉淀过程但包括 Ca^{2+} 作为阳离子,会导致以下问题:①由于离子沉淀,模型无法正确预测 pH;②由于无机碳在沉淀过程中被络合,模型会高估气态二氧化碳和液态无机碳的浓度;③由于系统受到慢慢沉淀的 $CaCO_3$层的影响,模型中的物理一化学动力学反应通常会加快。对于将沉淀固体与生物性固体保持在一起的高速厌氧消化器来说,这些问题尤其重要。另外,为了估计离子沉淀的程度、计算无机固体的总量以及设计新的工艺,将沉淀过程包含在模型中可能会有一定的价值。Musvoto 等人在2000年,van Langerak 和 Hamelers 在1997年分别给出了将沉淀包括进模型的方法。但是,对于单一沉淀物来说,最简单的方法是把沉淀过程视为一个平衡反应,或者视为一级动力学系统。当大量沉淀物存在,或者研究(或运行)的问题主要是针对沉淀和物理一化学过程动力学时，应当建立一个更复杂的沉淀动力学系统对其加以描述。

(4)物理一化学参数随温度的变化。

温度的变化对物理一化学系统有着根本性的影响，主要是因为平衡系数发生变化。物理参数和化学参数随温度变化对系统产生的总体影响通常比生化参数变化所引起的影响更加重要。Van't Hoff方程描述了平衡系数随温度的变化情况。如果假定 ΔH(反应热)不受温度影响，则对Van't Hoff方程进行积分可得

$$\ln\frac{K_2}{K_1}=\frac{\Delta H^0}{R}\left(\frac{1}{T_1}-\frac{1}{T_2}\right) \tag{8.100}$$

式中，ΔH^0 为标准温度和压力下的反应热；R 为气体定律常数；K_1 为参比温度 $T_1(K)$ 时的已知平衡系数；K_2 为温度 $T_2(K)$ 时的未知平衡系数。

值得注意的是，为了与单位J/mol和 K 保持一致，所采用的 R 值应该等于8.324 J/(mol·K)。此外，如果假定 $T_1T_2\approx T_1{}^2$，用 θ 代替 $\Delta H^0/(RT_1{}^2)$，则式(8.100)可简化成下面常用的形式：

$$K_2=K_1\mathrm{e}^{\theta(T_2-T_1)} \tag{8.101}$$

然而，有机酸的 K_a 值在此温度范围内变化很小，可假定为常数。

8.2.2 厌氧生物处理过程数学模型的仿真应用

1. 厌氧生物滤池仿真模型

重庆大学刘苒、郭劲松建立了厌氧生物滤池处理城市污水的仿真模型，具体如下。

(1)建模假设。

①反应器是理想的推流式反应器。

②在流量相同时，整个生物滤池的流速是相同的。

③由于相对液态而言气态较小，所以在模型中忽略了气相的部分。

④忽略不计反应器内的悬浮生物量，只考虑填料上的生物膜对有机物的降解作用。但要考虑滤池对进水中的悬浮颗粒的物理截流作用。

⑤ 填料是直径为 d 的均质球体，生物膜均匀地覆盖于填料表面。

⑥在稳态下微生物膜的厚度不变。(稳态生物膜是指生物膜内生物体的增长量与微生物衰亡并通过液固界面水力剪切作用而脱落的生物体损失量相等。由于生长与损失间的平衡，生物膜保持均匀的厚度)。

⑦生物膜密度、微生物特性、有机物在生物膜内的扩散系数，在整个生物膜膜厚范围内是均匀的。

⑧假设温度和pH值不变。

(2)生物膜内基质去除动力学模型。

在生物膜中，基质的去除过程可以分为两个时段：首先是基质从主体液传递到生物膜内所需的时间，其传递速率受到影响；其次是基质在生物膜内被微生物降解所需的时间，其降解速率(反应速率)也会影响基质的去除。生物模型中有几个假设：①生物膜厚度内的生物体浓度相同；②在整个过程中，生物膜内的生物体浓度是一个相对恒定的常

数；③在给定的反应器高度上，生物膜的膜厚不随时间变化而变化；④由于水力剪切引起的生物体损失可以忽略不计。Williamson 和 Mc Carty 成功地利用了前两个需要稳定的生物量浓度假设来描述好氧和厌氧生物膜中基质的降解行为。Rittmann 和 Mc Carty 提出了稳态下的生物膜模型，这些模型已广泛用于描述生物膜中基质降解动力学。通过建立基质质量平衡方程来确定生物膜内每个微元的基质浓度，根据基质质量守恒方程，在理想的生物膜中任意点，基质的浓度的一维扩散和细胞与基质之间的转化是同时发生的。在数学上，基质的变化率为

$$\frac{\partial S_f}{\partial t}=D_e \cdot A_b \cdot \left.\frac{dS_b}{dx}\right|_x - D_e \cdot A_b \left.\frac{dS_b}{dx}\right|_{x+\Delta x} - A_b \cdot \Delta x \cdot r \tag{8.102}$$

式中，S_f 为生物膜中的基质浓度，g COD/m^3；D_e 为有效扩散系数，m^2/h；A_b 为垂直扩散方向上的传质表面，m^2；x 为从惰性固相填料到生物膜的距离，m；r 为生物膜内的反应速率，g COD/m^3。

一般认为 D_e 是一个常数，在非稳定状态下，方程两边都除以 A_b 和 Δx，取 Δx 趋于0，则有

$$\frac{\partial S_f}{\partial t}+D_e \cdot \frac{\partial^2 S_f}{\partial x^2}=r \tag{8.103}$$

在相对稳定的条件下，生物膜中的基质变化率等于 0，则有

$$D_e \cdot \frac{\partial^2 S_f}{\partial x^2}=r \tag{8.104}$$

这一方程求解有两个边界条件，一是生物膜与填料间的界面（$x=L_f$），另一个是在液相与生物膜间的界面（$x=0$）。在生物膜与填料的界面上，没有基质的传递。因为填料是惰性的和不可渗透的。因而近似的边界条件为

$$x=L_f\text{时}，\frac{dS_b}{dx}=0 \tag{8.105}$$

由于不考虑滞液层内的通量，因此界面处基质浓度与主体液相中相等，故边界条件是

$$x=0\text{ 时}，S_f=S_b \tag{8.106}$$

如果在生物膜中的生化反应满足零级反应动力学，即反应速率与任何反应物浓度无关，即 $r=k_0$，则有

$$D_e \cdot \frac{\partial^2 S_f}{\partial x^2}=k_0 \tag{8.107}$$

式中，k_0 为零级反应常数。

如果在生物膜中的生物生长速率满足 Monod 动力学，根据产率系数 Y 的定义为

$$\frac{\Delta X}{\Delta S}=Y \tag{8.108}$$

式中，ΔX 是由于降解 ΔS 的基质而产生的生物体增量，将$\frac{\Delta X}{\Delta S}$取 ΔS 趋于 0，则有

$$\frac{dX}{dS}=Y \tag{8.109}$$

由于比生物增长率的定义为

$$\mu=\frac{(\mathrm{d}X/\mathrm{d}t)}{X} \tag{8.110}$$

而比基质降解率的定义为

$$q=\frac{(\mathrm{d}S/\mathrm{d}t)}{X} \tag{8.111}$$

由式(8.108)～(8.111)可得

$$r=\frac{\mathrm{d}S}{\mathrm{d}t}=q\cdot X_f=\frac{\mu_{\max}}{Y_f\dfrac{S_f}{S_f+K_S}} \tag{8.112}$$

式(8.107)则有

$$D_e\cdot\frac{\partial^2 S_f}{\partial x^2}=\frac{\mu_{\max}}{Y_f\dfrac{S_f}{S_f+K_S}} \tag{8.113}$$

式中，$\mu_{\max}$为最大比生长速率，h^{-1}；Y 为产率系数；X_f为生物体浓度，g/m^3；K_s 为半速率常数(饱和常数)，g COD/m^3。

如果在生物膜中的生化反应满足一级反应，即反应速率与某一反应物浓度呈正比。

$$r=k_1 S_f \tag{8.114}$$

$$D_e\cdot\frac{\partial^2 S_f}{\partial x^2}=k_1 S_f \tag{8.115}$$

式中，k_1为一级反应常数，且有

$$k_1=\frac{\mu_{\max}}{Y K_{Sf}} \tag{8.116}$$

(3)主体液相中的基质去除动力学模型。

基质在主体液体中的去除主要是因为对流，而这种对流是由反应器中水力流速和进出生物膜通量引起的。反应器被假设为理想的推流式反应器。数学上，按照反应器内微元体积内基质物料质量守恒定律，可以建立下列物料衡算方程式：

$$\begin{bmatrix}\text{微元中的基质量}\\ \text{净变化速率}\end{bmatrix}=\begin{bmatrix}\text{进入微元的}\\ \text{基质速率}\end{bmatrix}-\begin{bmatrix}\text{微元内的基质}\\ \text{扩散反应速率}\end{bmatrix}-\begin{bmatrix}\text{流出微元的}\\ \text{基质速率}\end{bmatrix}$$

在滤池无穷小体积微元内 $dV=Adh$，由于对流和进出生物膜的通量而引起的反应器高度上的随时间变化的基质浓度为

$$(A\times\Delta\hbar)\frac{\partial(\varepsilon\cdot S_b)}{\partial t}=Q\cdot S_{b,y}-(A\times\Delta\hbar)J-QS_{b,y,dy} \tag{8.117}$$

方程两边同时除以 $A\times\Delta\hbar$，有

$$\frac{\partial(\varepsilon\cdot S_b)}{\partial t}=-\frac{Q}{A}\left(\frac{S_{b,y,dy}-S_{b,y}}{\Delta\cdot}\right)-J \tag{8.118}$$

令 $\Delta\hbar$ 趋于 0，整理后上式可写为

$$\frac{\partial(\varepsilon\cdot S_b)}{\partial t}=-\frac{Q}{A}\frac{\partial S_b}{\partial\cdot}-J \tag{8.119}$$

式中，A 为生物滤池过水断面积，m^2；$\Delta\hbar$ 为生物膜厚度，m；$A\times\Delta\hbar$ 为微元容积，m^3；Q 为

进水流量，m^3/h；$S_{b,进}$ 为进水溶解性基质浓度，$g\ COD/m^3$；$S_{b,出}$ 为出水溶解性基质浓度，$g\ COD/m^3$；J 为生物膜通量，即单位时间通过单位体积的基质传递量。

在微元体积 dv 中的瞬时生物膜通量可以用 Fick 第一定律描述，如下所示：

$$J = -D_e \cdot A_s \cdot \left[\frac{dS}{dx}\right]_{x=0} \tag{8.120}$$

式中，D_e 为基质的有效扩散系数；A_s 为在微元体积 dv 中的生物膜的表面积，m^2，$A_s = dv \times a$，其中 a 为填料的比表面积；$\frac{dS}{dt}$ 为在生物膜中的基质浓度梯度；x 为生物膜厚度，m。

所以描述在主体液体中由反应器中水力流速和进出生物膜通量引起的基质变化的方程如下：

$$\frac{\partial(\varepsilon \cdot S_b)}{\partial t} = -\frac{Q}{A}\frac{\partial S_b}{\partial \cdot} + D_e \cdot A_s \cdot \left[\frac{dS}{dx}\right]_{x=0} \tag{8.121}$$

推导中采用了以下几点假设：

①反应器内的悬浮生物量忽略不计，只考虑填料上的生物膜对有机物的降解作用。

②忽略基质在高度方向上的物质扩散，而认为只有主体液体的运输作用。

③在无限小微元体积 dv 中基质浓度和生物膜通量是均匀的。

(4)滤池过滤作用的模拟。

由于滤池本身还有很强的物理截留作用，对进水中的悬浮颗粒有很强的去除效果，而滤池堵塞的重要原因之一就是悬浮颗粒的截留，即悬浮颗粒 M 变成截留颗粒 Mr。这个截留动力学可以被写为

$$\frac{\partial X_{Mr}}{\partial t} = \frac{QkX_M}{A} \tag{8.122}$$

式中，k 是过滤系数，它是依赖于填料粒径及停留时间的，而且在不同的试验中认为 k 是常数。X_M 为悬浮颗粒浓度；X_{Mr} 为截留颗粒浓度。

在滤池无穷小体积微元内，悬浮颗粒的浓度变化用数学方程表达即为

$$(A \times \Delta h)\frac{\partial(\varepsilon \cdot X_M)}{\partial t} = Q \cdot X_{M,y} - (A \times \Delta h)\frac{\partial X_{Mr}}{\partial t} - QX_{M,y,dy} \tag{8.123}$$

令 Δh 趋于 0，整理后上式可写为

$$\frac{\partial(\varepsilon \cdot X_M)}{\partial t} = -\frac{Q}{A} \cdot \frac{\partial X_M}{\partial \cdot} - \frac{QkX_M}{A} \tag{8.124}$$

(5)生物滤池的流体力学模型。

许多生物滤池模型都假设处于稳定状态且流速与反应器相同。然而，需要考虑滤池逐渐阻塞的情况。一些专家认为，生物的指数增长是导致滤池迅速堵塞的主要原因。当整个填料表面都被微生物覆盖时，活性生物量被认为是恒定的，而非活性生物的积累才是引起滤池堵塞的原因。另外，进水水质中的悬浮颗粒也是导致滤池阻塞的重要因素。

总的生物量(X_g)生长和悬浮颗粒截留是引起滤池内自由空间逐渐减少、滤池堵塞的主要原因。滤池中空隙率 ε 的变化为

$$\frac{\partial \varepsilon}{\partial t}=-\left(\frac{1}{X_{\mathrm{B}}}\cdot\frac{\partial X_{\mathrm{B}}}{\partial t}+\frac{1}{X_{\mathrm{Mr}}}\cdot\frac{\partial X_{\mathrm{Mr}}}{\partial t}\right) \tag{8.125}$$

由于考虑的是在稳态下的微生物膜(稳态生物膜,是指生物膜内生物体的增长量与微生物衰亡并通过液固界面水力剪切作用而脱落的生物体损失量恰好相等。因为生长与损失间的平衡,生物膜保持均匀的厚度),总的生物量 X_g 的增长可以写成

$$\frac{\partial X_{\mathrm{B}}}{\partial t}=\mu\left[\frac{S_f}{S_f+K_{\mathrm{S}}}\right]_{\mathrm{B\,max}} \tag{8.126}$$

式中,$\mu_{\max}$为最大比生长速率,h^{-1};Y 为产率系数;K_s 为半速率常数(饱和常数),g COD/m^3。

将方程(8.126)代入方程(8.125),整理得

$$\frac{\partial \varepsilon}{\partial t}=-\mu\left[\frac{S_f}{S_f+K_{\mathrm{S}}}\right]\frac{QkX_{\mathrm{M}}}{X_{\mathrm{Mr}}A}_{\max} \tag{8.127}$$

其边界条件为$\varepsilon_{(t=0)}=\varepsilon_0$。

在滤池中水头损失用 Carman－KoZeny 公式来计算:

$$\Delta p=\Delta h\cdot 180\,\frac{\mu}{\rho g\phi^2}\frac{U_m}{D_\rho^2}\frac{(1-\varepsilon)^2}{\varepsilon^3} \tag{8.128}$$

式中,p 为滤层水头损失,m;μ 为动力黏滞系数,Pa·s;D_ρ为填料当量直径,m;U_m为空床流速,m/s;ϕ 为填料的形状系数;ε 为滤层空隙率;ρ 为水的密度,kg/m^3;g 为重力加速度,m/s。

如果沿滤池高度分为 n 个微元,那么整个滤池压力降为

$$\Delta P_r=\sum_{i=1}^{n}\Delta P_i \tag{8.129}$$

至此,已经得到了一组考虑了传质、降解、截留、水动力学在内的描述生物滤池特性的生物膜中基质的去除数学模型、主体液相中基质去除数学模型、截留颗粒的产生数学模型、主体液相中悬浮颗粒的去除数学模型、总的生物量产生数学模型、空隙率的减少数学模型。

2. 厌氧发酵过程出水水质预测模型

华南农业大学何光设、蒋恩臣对厌氧发酵过程进行分析和参数辨识,修正了 Monod 微生物代谢方程,建立了一套动态厌氧发酵过程数学模型。根据试验数据结果利用数学模型进行了计算机仿真。结果显示试验值和模拟值的最大误差:出料 pH 为 6.3%;碱度为 8.3%;气体甲烷体积分数为 14%;产气率为 11.1%,其他指标都在波动范围,证明模型本身具有较高的准确性和可靠性。

(1)Monod 模型的修正。

目前,建模所依据的微生物增长关系式是 1950 年由 Monod 首先提出来的,其表达式为

$$U=U_m\frac{S}{K_m+S} \tag{8.130}$$

Andrew 认为这一模型没有考虑挥发性有机酸的抑制作用,于 1968 年对其进行了修正,其表达式为

$$U=U_m\left(1+\frac{K_S}{S}+\frac{\mathrm{VOA}}{K_I}\right) \tag{8.131}$$

Hill 认为抑制因素还应包括氨的存在，并对 Andrew 模型作了进一步修正：

$$U=U_m\left(1+\frac{K_S}{S}+\frac{\mathrm{VOA}}{K_I}+\frac{\mathrm{NH_3}}{K_{I1}}\right) \tag{8.132}$$

研究表明，除了 NH_3，当碱度过小时，也会微生物生长起抑制作用，对式(8.132)进行修正后得到：

$$U=U_m\left(1+\frac{K_S}{S}+\frac{\mathrm{VOA}}{K_I}+\frac{\mathrm{NH_3}}{K_{I1}}+\frac{K_{I2}}{\mathrm{ALK}}\right) \tag{8.133}$$

式(8.197)表明，底物浓度和碱度促进微生物生长，而挥发性有机酸与氨氮抑制微生物生长。VOA 可换成乙酸当量表示。得模型的另一种表达式为

$$U=U_m\left(1+\frac{K_S}{S}+\frac{S_{\mathrm{AC}}}{K_I}+\frac{\mathrm{NH_3}}{K_{I1}}+\frac{K_{I2}}{\mathrm{ALK}}\right) \tag{8.134}$$

(2)厌氧发酵过程出水水质预测模型。

建立模型之前，作如下假设：

①进料中不含微生物。

②某一瞬间进料有机物浓度保持不变。

③某一瞬间可以认为反应器处于稳态。

根据上述 3 条假设，何光设和蒋恩臣利用得到的 Monod 模型修正式，对厌氧发酵过程事的各种代谢列出平衡方程，得到出料液中待水解有机物浓度方程为

$$S_{\mathrm{HE}}=S_{\mathrm{H}}-\frac{\mu_{m\mathrm{H}}AM\theta}{2\,Y_{\mathrm{H}}\left(\frac{S_{\mathrm{ACE}}}{K_{I\mathrm{H}}}+\frac{N_{\mathrm{DE}}}{K_{I1\mathrm{H}}}+\frac{K_{I2\mathrm{H}}}{\mathrm{ALK}}\right)} \tag{8.135}$$

出料液中丙酸浓度方程为

$$S_{\mathrm{PCE}}=S_{\mathrm{PC}}+37\left(\frac{S_{\mathrm{H}}-S_{\mathrm{HE}}}{165+14X}\right)-\frac{\mu_{m\mathrm{P}}PM\theta}{2\,Y_{\mathrm{P}}\left(\frac{S_{\mathrm{PCE}}}{K_{I\mathrm{P}}}+\frac{N_{\mathrm{DC}}}{K_{I1\mathrm{P}}}+\frac{K_{I2\mathrm{P}}}{\mathrm{ALK}}\right)} \tag{8.136}$$

出料液中丁酸浓度方程为

$$S_{\mathrm{BCE}}=S_{\mathrm{BC}}+44\left(\frac{S_{\mathrm{H}}-S_{\mathrm{HE}}}{165+14X}\right)-\frac{\mu_{m\mathrm{B}}BM\theta}{2\,Y_{\mathrm{B}}\left(\frac{S_{\mathrm{BCE}}}{K_{I\mathrm{B}}}+\frac{N_{\mathrm{DE}}}{K_{I1\mathrm{B}}}+\frac{K_{I2\mathrm{B}}}{\mathrm{ALK}}\right)} \tag{8.137}$$

出料液中乙酸浓度方程为

$$S_{\mathrm{ACE}}=S_{\mathrm{AC}}+44.64\left(\frac{S_{\mathrm{H}}-S_{\mathrm{HE}}}{165+14X}\right)-\frac{55.4\,\mu_{m\mathrm{P}}PM\theta}{148\,Y_{\mathrm{P}}\left(\frac{S_{\mathrm{ACE}}}{K_{I\mathrm{P}}}+\frac{N_{\mathrm{DE}}}{K_{I1\mathrm{P}}}+\frac{K_{I2\mathrm{P}}}{\mathrm{ALK}}\right)}+\frac{111.6\,\mu_{m\mathrm{B}}BM\theta}{176\,Y_{\mathrm{B}}\left(\frac{S_{\mathrm{ACE}}}{K_{I\mathrm{B}}}+\frac{N_{\mathrm{DE}}}{K_{I1\mathrm{B}}}+\frac{K_{I2\mathrm{B}}}{\mathrm{ALK}}\right)}+$$

$$\frac{22.68\,\mu_{m\mathrm{HM}}HM\theta}{96.292\,Y_{\mathrm{HM}}\left(\frac{S_{\mathrm{ACE}}}{K_{I\mathrm{HM}}}+\frac{N_{\mathrm{DE}}}{K_{H\mathrm{HM}}}+\frac{K_{I2\mathrm{HM}}}{\mathrm{ALK}}\right)}-\frac{\mu_{m\mathrm{AC}}ACM\theta}{2\,Y_{\mathrm{AC}}\left(\frac{S_{\mathrm{ACE}}}{K_{I\mathrm{AC}}}+\frac{N_{\mathrm{DE}}}{K_{I1\mathrm{AC}}}+\frac{K_{I2\mathrm{AC}}}{\mathrm{ALK}}\right)} \tag{8.138}$$

出料液中氨氮浓度方程为

$$S_{\mathrm{DE}}=N_{\mathrm{DI}}+18\left(\frac{S_{\mathrm{H}}-S_{\mathrm{HE}}}{165+14X}\right)-9\left(\frac{S_{\mathrm{H}}-S_{\mathrm{HE}}}{113}\right)-\frac{9\,\mu_{m\mathrm{P}}PM\theta}{113\left(\frac{S_{\mathrm{ACE}}}{K_{I\mathrm{P}}}+\frac{N_{\mathrm{DE}}}{K_{I1\mathrm{P}}}+\frac{K_{I2\mathrm{P}}}{\mathrm{ALK}}\right)}-$$

$$\frac{9\,\mu_{m\mathrm{B}}BM\theta}{113\left(\frac{S_{\mathrm{ACE}}}{K_{I\mathrm{B}}}+\frac{N_{\mathrm{DE}}}{K_{I1\mathrm{B}}}+\frac{K_{I2\mathrm{B}}}{\mathrm{ALK}}\right)}-\frac{9\,\mu_{m\mathrm{AC}}ACM\theta}{113\left(\frac{S_{\mathrm{ACE}}}{K_{I\mathrm{AC}}}+\frac{N_{\mathrm{DE}}}{K_{I1\mathrm{AC}}}+\frac{K_{I2\mathrm{AC}}}{\mathrm{ALK}}\right)}+$$

$$\frac{9\,\mu_{m\mathrm{HM}}HM\theta}{113\left(\frac{S_{\mathrm{ACE}}}{K_{I\mathrm{HM}}}+\frac{N_{\mathrm{DE}}}{K_{I1\mathrm{B}}}+\frac{K_{I2\mathrm{HM}}}{\mathrm{ALK}}\right)}-\frac{9\,\mu_{m\mathrm{DC}}DCM\theta}{113\left(\frac{S_{\mathrm{ACE}}}{K_{I\mathrm{DC}}}+\frac{N_{\mathrm{DE}}}{K_{I1\mathrm{DC}}}+\frac{K_{I2\mathrm{DC}}}{\mathrm{ALK}}\right)} \tag{8.139}$$

产甲烷速率方程为

$$\left(\frac{\mathrm{d}CH_4}{\mathrm{d}t}\right)_{\mathrm{net}}=\frac{22.4T}{293\ 000}\left\{\frac{0.89}{3.813}\left(\frac{\mathrm{d}H_2}{\mathrm{d}t}\right)_{\mathrm{net}}+\frac{0.945\,\mu_{m\mathrm{AC}}ACM}{120\,Y_{\mathrm{AC}}\left(\frac{S_{\mathrm{ACE}}}{K_{I\mathrm{AC}}}+\frac{N_{\mathrm{DB}}}{K_{I1\mathrm{AC}}}+\frac{K_{I2\mathrm{AC}}}{\mathrm{ALK}}\right)}\right\} \tag{8.140}$$

二氧化碳速率方程为

$$\left(\frac{\mathrm{d}CO_2}{\mathrm{d}t}\right)_{\mathrm{net}}=\frac{22.4T}{293\ 000}\left\{-\frac{1}{3.813}\left(\frac{\mathrm{d}H_2}{\mathrm{d}t}\right)_{\mathrm{net}}+\frac{0.454\,\mu_{m\mathrm{H}}HM}{2(165+14X)Y_{\mathrm{H}}\left(\frac{S_{\mathrm{ACE}}}{K_{I\mathrm{H}}}+\frac{N_{\mathrm{DE}}}{K_{I1\mathrm{H}}}+\frac{K_{I2\mathrm{H}}}{\mathrm{ALK}}\right)}+\right.$$

$$\frac{0.924\,\mu_{m\mathrm{P}}PM}{148\,Y_{\mathrm{P}}\left(\frac{S_{\mathrm{ACE}}}{K_{I\mathrm{P}}}+\frac{N_{\mathrm{DE}}}{K_{I1\mathrm{P}}}+\frac{K_{I2\mathrm{P}}}{\mathrm{ALK}}\right)}+\frac{0.945\,\mu_{m\mathrm{AC}}ACM}{120\,Y_{\mathrm{AC}}\left(\frac{S_{\mathrm{ACE}}}{K_{I\mathrm{AC}}}+\frac{N_{\mathrm{DE}}}{K_{I1\mathrm{AC}}}+\frac{K_{I2\mathrm{AC}}}{\mathrm{ALK}}\right)}-$$

$$\left.\frac{\mu_{m\mathrm{HM}}HM}{96.292\left(\frac{S_{\mathrm{ACE}}}{K_{I\mathrm{HM}}}+\frac{N_{\mathrm{DE}}}{K_{I1\mathrm{HM}}}+\frac{K_{I2\mathrm{HM}}}{\mathrm{ALK}}\right)}-\frac{22.4T\cdot X\cdot \mathrm{ALK}}{2\ 930\ 000}\right\} \tag{8.141}$$

其中，

$$\left(\frac{\mathrm{d}H_2}{\mathrm{d}t}\right)_{\mathrm{net}}=\frac{2.778\,\mu_{m\mathrm{P}}PM}{148\ 000\,Y_{\mathrm{P}}\left(\frac{S_{\mathrm{ACE}}}{K_{I\mathrm{P}}}+\frac{N_{\mathrm{DE}}}{K_{I1\mathrm{P}}}+\frac{K_{I2\mathrm{P}}}{\mathrm{ALK}}\right)}+\frac{1.92\,\mu_{m\mathrm{B}}BM}{176\ 000\,Y_{\mathrm{B}}\left(\frac{S_{\mathrm{ACE}}}{K_{I\mathrm{B}}}+\frac{N_{\mathrm{DE}}}{K_{I1\mathrm{B}}}+\frac{K_{I2\mathrm{B}}}{\mathrm{ALK}}\right)}+$$

$$\frac{2.073\,\mu_{m\mathrm{HM}}HM}{96\ 292\,Y_{\mathrm{B}}\left(\frac{S_{\mathrm{ACE}}}{K_{I\mathrm{HM}}}+\frac{N_{\mathrm{DE}}}{K_{I1\mathrm{HM}}}+\frac{K_{I2\mathrm{HM}}}{\mathrm{ALK}}\right)}$$

并且，$\frac{\mu_{m\mathrm{DC}}DCM}{103\ 240\,Y_{\mathrm{DCM}}\left(\frac{S_{\mathrm{ACE}}}{K_{I\mathrm{DC}}}+\frac{N_{\mathrm{DE}}}{K_{I1\mathrm{DC}}}+\frac{K_{I2\mathrm{DC}}}{\mathrm{ALK}}\right)}=\frac{1}{3.813}\left(\frac{\mathrm{d}\,H_2}{\mathrm{d}t}\right)_{\mathrm{net}}$。

出料液碱度方程为

$$\begin{cases}DC=44\ 000\cdot K_{\mathrm{H}}\cdot DCR\\[2mm] DCR=\dfrac{\left(\frac{\mathrm{d}CO_2}{\mathrm{d}t}\right)_{\mathrm{net}}}{\left(\frac{\mathrm{d}CO_2}{\mathrm{d}t}\right)_{\mathrm{net}}+\left(\frac{\mathrm{d}CH_4}{\mathrm{d}t}\right)_{\mathrm{net}}}\end{cases} \tag{8.142}$$

$$\begin{cases}\mathrm{ALK}=\left(\frac{N_{\mathrm{DE}}}{14}-\frac{S_{\mathrm{ACE}}}{60}\right)\times 100,\text{若}\frac{\mathrm{ALK}}{100}>\left(\frac{N_{\mathrm{DE}}}{14}-\frac{S_{\mathrm{ACE}}}{60}\right)\\[2mm] \mathrm{ALK}=\mathrm{ALK}_I+DC,\text{若}\frac{\mathrm{ALK}}{100}\leqslant\left(\frac{N_{\mathrm{DE}}}{14}-\frac{S_{\mathrm{ACE}}}{60}\right)\end{cases} \tag{8.143}$$

以上方程式即为厌氧发酵过程出水水质预测模型。该模型反映了主要影响因素中温度、有机物浓度、微生物浓度、挥发性有机酸、滞留期、原料特性、pH 对厌氧发酵过程的影响及相互作用，表达了中间产物的变化规律。该模型还反映了厌氧发酵过程的 pH 值不是独立变量，它是料液内乙酸、氨氮、碱度的函数。

8.3　工业废水处理过程的智能模型与应用

8.3.1　废水生物处理的仿真软件

动力学模型是一种用于表达处理厂动态信息的工具，可以被整合到仿真器软件平台中。仿真器在设计、规划、过程分析、运行指导和教育培训等方面有广泛应用。它利用计算机模拟系统行为，允许研究不同参数值对系统的影响，探索模型复杂度和初始条件等因素。过去 10 年来，废水处理仿真器数量迅速增长，这是建模和软硬件共同发展的结果。人们认识到，仿真器有助于更好地理解污染物去除系统的复杂性，并通过建模分析处理过程中各因素的相互作用。总体而言，仿真器帮助人们更好地理解污水处理系统、污水管网系统和受纳水体之间的关系，从而使整个污水处理系统的效率最大化。

EFOR 是一款废水处理工艺开发和模拟软件，基于 ASM1 和 ASM2 活性污泥模型，由 EFOR ApS 公司与国际专家组联合开发，目前在国外广泛应用。该软件能够模拟活性污泥法中的碳氧化、硝化、反硝化和生物除磷过程，包括传统活性污泥工艺、分段进水、交替硝化反硝化、氧化沟工艺、AB 法以及生物化学同时除磷工艺等，并且能够提供稳态和动态的出水效果。此外，软件还包含 3 种不同的沉淀池模型，可根据需求分为 0 个、2 个或更多层。

使用 EFOR 进行模拟的一般程序包括以下步骤：首先输入污水处理单元的尺寸，然后输入污水厂的控制参数和策略，接着输入进水水质，并确定化学计量系数和动力学参数。随后，进行矩阵运算，编辑计算结果和图形输出。

EFOR 的计算过程一般包括以下步骤：将污水进水的分析组分转换为模型组分，利用实际污水厂数据初始化生物池中的模型组分，根据不同的时间步长，将输入的控制参数、策略以及确定的化学计量系数和动力学参数代入矩阵，进行积分计算。

8.3.2　基于人工神经网络的工业废水处理过程模拟

人工神经网络（ANN）是一种模拟人脑结构和功能的信息处理系统，最早由 Mc Culloch 和 Pitts 在 1943 年提出。它具备强大的信息存储和计算能力，被认为是现代启发式算法之一。在 20 世纪 80 年代，人工神经网络得到了迅速发展，并产生了多种典型模型，如 Hopfield 网络、误差反向传播（BP）网络、对向传播网络（CPN）、Kohonen 网络、径向基函数（RBF）网络、自组织映射（SOM）模型、双向联想记忆器（BAM）、回归（Elman）网络等。经过半个世纪的发展，人工神经网络在模式识别、自动控制、信号处理、辅助决策、人工智能等领域取得了广泛成功。由于 ANN 具有并行性、自组织、自适应、非线性和容错性等特点，并且随着计算机技术的飞速发展，它在越来越多的领域中得到了广泛应用。

ANN 在计算机科学、自动控制、信息处理、化学化工等领域应用较多，在污水处理领域的应用近年来才刚刚开始。传统的数值算法难以准确描述活性污泥法污水处理过程中的复杂性、非线性、高维性、多变量和信息不完备性。相比之下，ANN 能够直接基于输入/输出数据建立模型，无须先验知识或复杂的数学推导，通过适当的训练算法即可达到所需的学习精度。在解决复杂环境系统中的非线性关系模拟问题方面，ANN 表现出色，其数值稳定性和精确性明显优于传统方法。因此，利用神经网络模型进行工业废水处理非线性系统建模既有效又相对容易，展现出广阔的应用前景。

1. 人工神经网络的概念

人工神经网络是一种计算机系统，它借鉴了人脑的结构和特点。这个系统由多个简单的处理单元相互连接而成，通过动态响应外部输入信息来处理信息。神经网络具有结构可变性、容错性、非线性、自学习性和自组织性等特点。这使得它能够解决常规信息处理方法难以解决或无法解决的问题，尤其是那些涉及思维、推理和意识的问题。

神经网络能够以任意精度逼近任意非线性关系，具有处理复杂非线性和不确定性系统的强大能力。它不需要准确的数学模型，只需通过训练网络的参数来匹配输入输出数据，使得训练后的网络能够准确地反映实际过程模型。实际上，神经网络可以看作是一个黑箱模型。它可以将多个输入转换为多个输出，并通过对训练样本的学习将所研究系统的特征存储在网络权重中。这样，神经网络可以实现对系统的精确描述。学习过程具有自组织、自适应和容错性等特征。

神经网络的信息处理功能由神经元的输入输出特性、网络的拓扑结构、连接权重和神经元阈值等因素决定。在神经网络中，学习和识别过程取决于连接权重的动态演化。当网络的拓扑结构固定时，学习过程主要体现在连接权重的调整上。神经网络通过神经元之间的相互作用来实现信息处理，并以分布式的物理连接方式存储知识和信息。

一般而言，与传统计算方法相比，神经网络并非始终优越，只有在常规方法无法解决问题或效果不佳时，神经网络方法才能展现其优势。由于神经网络采用并行计算，增加了空间复杂性但降低了时间复杂性。它在某些复杂问题的求解中能够平衡精确性和模糊性。神经网络对于处理大量原始数据、无法用规则或公式描述的问题具有极大的灵活性和自适应性。特别是对于机理不明或无法用数学模型表示的系统，如故障诊断、特征提取和预测等问题，神经网络往往是最有利的工具。

利用神经网络对复杂的非线性动力系统进行模拟和预测，可以显著提高数值稳定性和精确度。在许多领域中，神经网络已经取得了成功应用，并且在实际操作中使用简便。近年来，一些学者已经开始将神经网络应用于环境污染防治系统的模拟研究中。

2. 人工神经网络在工业废水处理中的应用

近年来，人们对利用人工神经网络进行函数逼近以模拟环境系统因素行为的方法越来越感兴趣。由于 ANN 能够处理大量原始数据和无法用规则或公式描述的问题，它表现出了极大的灵活性和自适应性，在许多领域已经取得了成功应用，并且在实际操作中使用也非常方便。大量的学者已经将 ANN 应用于实际的工业废水处理中，包括对造纸废水、化工废水、印染废水、冶金废水以及制药废水的软测量建模及智能化控制。

张楷等人利用神经网络预测和优化造纸废水处理水质，提出了基于 SHAP 分析和注意力机制时域卷积的长短期记忆网络模型(S－TCAN－LSTM)。首先，通过 SHAP 分析评估输入变量的重要性，并结合相关性分析删除不重要的变量，减少信息冗余。接着，采用带注意力机制的时域卷积神经网络提取输入数据中的潜在变量。时域卷积神经网络使用局部感知卷积层，有助于更好地捕捉局部模式，同时减少计算复杂度和存储需求。此外，采用空洞因果卷积扩大卷积核感受野，有效处理数据的长期依赖性。注意力机制降低了梯度问题的风险，使模型关注重要变量，提升潜在变量的质量。最后，LSTM 模型处理复杂非线性关系，与时域卷积神经网络相辅相成，更好地捕捉数据的长短期依赖性。在全工段废水数据集上，S－TCAN－LSTM 模型的 RMSE 为 2.43，比第 3 章提出的 LSTMAE－XGBoost 模型低 30.86%。在 BSM1 数据集上，S－TCAN－LSTM 模型同样优于 LSTMAE－XGBoost 模型，RMSE 降低了 51.28%。

杨潞霞等研究提出了一种新的工业废水水质污染物指标预测模型，结合了卷积神经网络(CNN)和长短期记忆网络(LSTM)，称为 CNN－LSTM 模型。为了更好地捕捉工业废水数据的时序性和动态性，他们在模型中设置了多个滑动窗口。利用算法对时间序列数据进行高维特征提取，然后利用 LSTM 模型学习这些时序数据的特征，建立了工业废水的预测模型，并对化学需氧量、氨氮、总磷等指标进行了预测分析。研究结果显示，与单独使用 CNN 或 LSTM 的基准模型相比，融合的 CNN－LSTM 模型在预测准确性上表现更优，平均绝对误差率和均方误差率均较小。

杨智迪等人针对难降解的印染废水进行了处理研究，选择了铁碳微电解、生物接触氧化(BCO)和高级氧化(AOP)组合工艺。基于试验数据，他们应用 BP 神经网络原理构建了针对各处理工艺单元及整体系统的多个模型。结合模型预测和多目标寻优方法，提出了以成本函数为目标、以出水达标为约束的优化控制策略。研究结果显示，模型对参数的预测误差均在±10%以内，表明其预测能力良好；系统运行成本和参数优化结果显示，当系统出水符合《纺织染整工业水污染物排放标准》(GB 4287—2012)标准时，每吨水的处理最低成本可控制在 4.933 元。

郑小发等人的研究基于前馈反向传播人工神经网络模型，采用厌氧氨氧化和部分硝化工艺，以及上流式污泥床反应器，对含氮的冶金废水进行了单级脱氮处理，去除其中的氨氮和总氮。通过 Levenberg－Marquardt 算法训练了一个三层神经网络模型，结果显示模型的偏差较小(±2.1%)，测定系数和分数方差达到了较理想的水平，协议指数(IA)分别在 0.989～0.997、0.003～0.031 和 0.993～0.998 之间。研究结果表明，优化后的神经网络结构能显著提高模型的效率；利用人工神经网络模型对复杂的生物系统进行建模，有助于提高污水处理效率、实施过程控制策略并优化性能。此外，通过 16S rRNA 高通量分析微生物群落，发现库尼尼假丝酵母属的作用最显著(13.11%)，其次是亚硝基单胞菌属(6.23%)和蛋白链球菌属(3.1%)，进一步验证了厌氧氨氧化和部分硝化是该处理系统主要的脱氮途径。

Kumari 等人利用从印度哈里多瓦恒河采集的微藻小球藻(*Chlorella vulgaris*)，对医药废水（PIWW）进行生物修复。研究中采用了响应面法（RSM）和人工神经网络（ANN）工具，确定了 *C. vulgaris* 在不同条件下去除总磷（TP）、总凯氏氮（TKN）等污染物以及脂质生产效率的最佳工艺参数。试验设计包括 3 种不同的医药废水浓度（0、50% 和 100%）、操作温度（20 ℃、25 ℃和 30 ℃）和光照强度（2 000 lx、3 000 lx 和 4 000 lx），以及 6 h：18 h 的黑暗/光照周期和 15 L 的反应器功能体积。研究结果显示，在 25 ℃温度、60% PIWW 浓度和 4 000 lx 光照强度下，*C. vulgaris* 能够最大程度地去除 TP（90.35%）、TKN（83.55%），并产生 20.88%的脂质产量。模型性能和验证结果表明，ANN 的预测精度优于 RSM 工具。因此，该研究结果表明，*C. vulgaris* 不仅能有效处理 PIWW，还能产生大量脂质，这在包括生物燃料生产在内的多种应用中具有潜在价值。

这些案例展示了人工神经网络技术在解决工业废水处理系统中的非线性问题上具有高效性。证实了 ANN 技术在水处理仿真和自控领域具有广阔的应用前景。

3. 建立人工神经网络模型

（1）数据的收集及水质参数定性分析。

ANN 的学习样本可以取自污水处理厂生产数据。收集数据后，要对主要水质参数及其对污水处理反应器性能的影响进行定性分析。

①水温 T。T 对好氧菌、硝化菌、反硝化菌、聚磷菌等菌群的生理活性的影响见表 8.1。

表 8.1　温度对不同菌群的生理活性影响

好氧菌	0～32 ℃，T 上升，活性提高；32～40 ℃，生存速率活性恒定； 45 ℃左右，好氧过程停止；50～60 ℃，嗜热菌发生好氧
硝化菌	10～22 ℃，T 上升，活性提高；30～35 ℃，生存速率活性恒定； 0～10 ℃或 35～40 ℃，生长过程停止
反硝化菌	与好氧菌相似
聚磷菌	嗜冷菌，T 上升，活性下降

一般而言，生物脱氮除磷系统在 5～40 ℃温度范围内都能成功运行。

②pH。活性污泥系统最佳 pH 范围应维持在 6.5～7.5。不同菌群的最佳 pH 范围分别是：好氧菌，6.5～9.0；硝化菌，6.0～7.5；亚硝化菌，7.0～8.5；反硝化菌，7.0～7.5；聚磷菌，6.0～8.0。

③进水 COD。进水有机物是系统中微生物主要营养源，但浓度过高会引起系统内负荷过高；特别是 BOD_5 浓度过高时，会抑制硝化菌生长，使其在与好氧菌生长竞争中处于不利地位，可导致出水 NH_4^+－N、TN 浓度升高，而且排泥量增大，但能为聚磷菌提供碳源基质。

④进水 TN。进水 TN 包括 NH_4^+－N、NO_2^-、NO_3^-、有机氮和生物氮等形态，NH_4^+－N 被亚硝化菌氧化为 NO_2^-，NO_2^- 被硝化菌转化为 NO_3^-，反硝化菌最后将 NO_3^- 还原为 N_2。

⑤进水 TP。进水 TP 包括磷酸盐、有机磷、生物磷等。进水在污水输送干管中存在较长时间厌氧发酵，进水中兼性菌发生过厌氧磷释放，在氧化沟好氧区可发生磷的再吸收。

⑥进水 SS。进水 SS 中的无机颗粒可在曝气沉砂池中被去除一部分，细小无机颗粒及有机颗粒可被氧化沟内微生物吸附、降解，随活性污泥排除，SS 自身对水体中有机物具有吸附作用。当进水 SS 过高时，反应器内浊度增加，可能会破坏氧化沟中细菌生长环境，进而影响出水水质。

⑦MLSS。反映系统中污泥浓度，由此计算污泥有机负荷。

⑧MLVSS。反映微生物量的真实水平。MLVSS/MLSS 值体现出污泥的生化活性，理论上越高越有利于污染物的降解，过低时会使系统内无机 SS 含量增加，加重生化反应负担，导致出水水质恶化。

⑨SV_{30}。污泥沉降指数(反映出活性污泥的沉降性能)，与 MLSS 可换算出污泥体积指数 SVI。$SVI=(SV_{30}\cdot 10)/MLSS(L/g)$，SVI 可反映活性污泥疏散和凝聚、沉降性能。SVI 过高，污泥有膨胀的可能或事实，污泥不易沉淀；SVI 过低，泥粒细小紧密，缺乏活性和吸附能力。

⑩进水 BOD_5。进水 COD 的主要成分，好氧菌的主要营养源。可衡量污水中可生化降解的有机物水平，一般 $BOD_5/COD\geqslant 0.3$ 视为可生物降解废水。

⑪出水 SS。由此计算进水 SS 去除率。其值较高时，可能存在 3 种原因：进水 SS 出现过持续高浓度；二沉池池底泥位较高，存在污泥膨胀的隐患或事实；系统运行不稳定，存在隐患或易发生事故。

⑫出水 COD。由此计算进水 COD 去除率。超标时应考虑如下可能原因：污泥有机负荷过高、好氧区 DO 不足或活性污泥中毒。

⑬出水 NH_4^+-N、TN。超标或去除率很低时，应考虑到如下可能原因：缺氧段 $DO<0.3$ mg/L或 $DO>0.7$ mg/L；系统进水水质持续异常或进水 NH_4^+-N、TN 负荷过重；进水有机负荷持续较高，污泥产量大，排泥量持续较高。

⑭出水 TP。进水有机负荷低，水温较高或好氧区 DO 不足均不利于磷的去除。

水质参数定性分析及其相关性可作为 ANN 模型验证及应用的辅助判据。

(2)基本条件假定。

①假定进水水质变化以 24 h 为周期，每个工作日(24 h)进水水质连续稳定，无突变，忽略进水水质瞬时突变对系统影响，忽略水质参数测试的时间滞差(平均小于 1 个 HRT 周期)。

②假定系统处于正常运行状态。

③假定系统中活性污泥及微生物总量由 MLSS、MLVSS 调节控制。

根据以上 3 点，在学习样本初选时需去除发生严重生产事故时的记录。

(3)确定人工神经网络输入输出参数及数据预处理。

由于受到仪表精度、策略原理、测量方法和生产环境等诸多因素的限制，现场采集的操作数据往往含有随机误差和过失误差。误差的存在会使数据品质严重恶化，如果将这些含有误差的数据直接用于建模，不但得不到正确的模型，还可能起到误导作用。因此对于原始数据进行预处理（数据校正和数据变换）以得到精确可靠的数据是建模的关键，具有十分重要的意义。在建模之前必须对测量数据进行预处理，方可作为人工神经网络模型的输入。

①人工神经网络输入输出参数。采用神经网络对污水处理过程进行建模，输入向量为污水调节池进水水质指标及运行参数（如 MLVSS、进水 COD、pH、TP、TN 等。其中，MLVSS 是指 1 L 进水所含的挥发性悬浮固体；COD 即化学需氧量；pH 值反映进水水质的酸碱程度；TN 指 NH_4^+-N、NO_2^-、NO_3^-、有机氮和生物氮等形态氮的总量；TP 指磷酸盐、有机磷、生物磷等形态磷的总量）。输出向量可以选择为通过活性污泥系统处理后的出水 COD 值或其他指标。

②数据校正。利用一些规则和统计测试，如处理过程中污染物浓度削减规律准则，直接摒弃明显的错误数据，以免影响整体数据的拟合效果。

将数据转化成直观可视的图形，可以快速地找出那些与一般模式不一致的非正常数据，实现异常数据的筛选。

采用统计方法来分析整体数据的分布是否正常，如采用对比准则，在输入和输出的众多参数中，根据本身固有的一些大小关系进行判断；

利用频谱技术来检验数据，如通过滤波来滤除数据中的高频噪声和低频振动。

③数据预处理步骤。

a. 剔除异常数据。异常数据的侦破剔除和校正是必须的。因为异常数据会严重恶化测量数据的品质，破坏数据的统计特性，甚至导致整个系统建模的失败。对于异常数据的处理采用的是统计假设检验法中的拉依达准则（3σ 准则），设样本数据为 $x_1, x_2, \cdots, x_n$，平均值为 $\dot{x}$，偏差为 $v_i = x_i - \dot{x}(i=1,2,\cdots,n)$，按照 Bessel 公式计算出标准偏差为

$$s = \sigma = [\sum v_i^2/(n-1)]^{1/2} \tag{8.144}$$

如果某一样本数据 X_i 的偏差 $V_i(1 \leqslant i \leqslant n)$ 满足

$$|v_i| > 3\sigma \tag{8.145}$$

则认为 X_i 是异常数据，应予剔除。

b. 数据归一化处理。由于污水处理过程中所测量的数据有不同的工程单位，各变量的大小在数值上差异很大，直接使用原始测量数据进行计算可能丢失信息和引起数值计算的不稳定，因此对各参数作标准化处理。对样本数据零均值标准化方法进行归一化处理，是对数据同时进行中心化－压缩处理，其数学表达式为

$$x_{ij}{}^{*} = \frac{x_{ij} - \dot{x}_j}{s_j} \tag{8.146}$$

式中，$i=1,2,\cdots,n, j=1,2,\cdots,p$。

经过数据的归一化处理后，可使得各变量的均值为 0，标准差为 1，进而消除由于不同特征因子量纲不同和数量级不同所带来的影响。

(4)选择模型结构并确定算法。

选择模型结构主要是确定输入层、隐含层及输出层的网络结构,从而建立神经网络模型。隐含层节点数经过训练、搜索寻优确定。

隐含层及输出层的激活函数分为非线性与线性两大类,非线性的激活函数最典型如:$\mathrm{logsig}(x)=\frac{1}{1+e^{-x}}$,$\mathrm{tansig}(x)=\frac{1-e^{-2x}}{1+e^{-2x}}$,这两个函数最大特点就是其导数可由自身表达。线性函数最常用的是:$\mathrm{purelin}(x)=wx+b$。

选择模型结构之后就要确定算法。算法可采用经典算法,也可采用改进算法。对 BP 网络权值修正量的计算采用数值优化算法,即 Levenberg—Marquart 规则,对 RBF 网络隐含层到输出层间权值计算采用最小二乘法。

(5)模型训练及检验。

人工神经网络的学习过程是一个非线性优化过程,不可避免地会遇到局部极小问题,使网络收敛慢或不收敛。人工神经网络的训练考虑到如下因素:①由于样本集噪声的存在,学习过程中精度与准确度存在矛盾;②网络学习收敛速度及局部极小点性能对初始化权值、偏差矩阵十分敏感。对此采取如下策略:①建模以预报准确度作为首要目标,精度作为次要目标。这里引入 2 个参数:检验误差(err),检验样本网络输出值允许误差的上限;准确度,不大于 err 的检验合格率。用训练总平方误差衡量模型精度,精度不可过高,否则会诱导网络记住噪声。如何协调精度与准确度之间的矛盾,找出二者最佳组合,尽可能达到模型性能最优化是数值试验的重中之重。②通过加大随机初始化次数来搜索模型满意解,对给定的网络结构及参数组合实行 1 000 次随机初始化权值、偏差矩阵搜索。

模型检验包括 3 个方面:

①模型性能检验。对网络实际输出与期望输出作指标检验,可反映模型的逼近性能。采用 4 项指标:相关系数 coe(coefficient)、均方根误差 rmse(root-mean squared error),标准均方根误差 nmse(normalized root-mean squared error)、平均百分误差 ape (average percentage error),计算式如下:

$$\mathrm{coe}\,f(x,y)=\frac{\sum_{i=1}^{n}(y_i-\dot{y})(x_i-\dot{x})}{\left\{\sum_{i=1}^{n}(y_i-\dot{y})^2\sum_{i=1}^{n}(x_i-\dot{x})^2\right\}^{1/2}} \tag{8.147}$$

式中,$\dot{y}=\frac{1}{n}\sum_{i=1}^{n}y_i$,$\dot{x}=\frac{1}{n}\sum_{i=1}^{n}x_i$。

$$\mathrm{rmse}=\left[\sum_{i=1}^{n}(x_{1i}-x_{2i})^2/n\right]^{1/2} \tag{8.148}$$

$$\mathrm{nmse}=\frac{\left[\sum_{i=1}^{n}(x_{1i}-x_{2i})^2/n\right]^{1/2}}{\left[\left(\sum_{i=1}^{n}x_{1f}/n\right)\left(\sum_{i=1}^{n}x_{2f}/n\right)\right]^{1/2}} \tag{8.149}$$

$$\mathrm{aqe}=\frac{1}{n}\sum_{i=1}^{n}\frac{|x_{1f}-x_{2f}|}{|x_{1f}|}\times 100\% \tag{8.150}$$

②模型的灵敏度检验。目标值在多维空间中每一点随各个自变量改变而改变的趋

势。灵敏度曲线平缓表明该项输入对网络输出的影响迟钝，该项输入多余；灵敏度曲线出现突变或中断表示该项输入对网络输出的影响过强，此时模型模拟性能不稳定，误差较大。这两种情况都应避免，应继续搜索或调整输入变量个数。

③活性污泥系统动力学过程机理辅助判据。在模型验证阶段，要求模型输入与输出之间的定量映射关系应符合活性污泥动力学过程一般机理。建模中允许模型输入输出定量映射关系少量反常行为的出现，但在模型结构参数（模型网络拓扑结构，激活函数形式，权值、偏差矩阵等）寻优过程中应尽量避免这种情况。

污水处理厂原始数据经过预处理后，共确定为 n 组，其中 m 组作为神经网络训练样本，对参数设定向量进行赋值后，即可进行模型训练。为了验证神经网络模型的性能，另取 $n-m$ 组数据作为校验样本，分析神经网络模型计算值于实测值的误差。

8.4 难降解有机污染物处理反应器流场研究现状

8.4.1 难降解有机污染物生物处理技术

难降解有机污染物处理是生产生活过程中的一个重要环节，旨在减少污染物对环境的影响。目前，生物处理技术是难降解有机污染物处理中非常普遍且有效的手段。这种技术主要通过微生物活性，将污染物质转化为无害或者更易处理的形式。

8.4.2 生物处理的基本原理

生物处理是一个复杂的生物化学过程，涉及多种生物、化学和物理因素。基本原理包括：①微生物作用。使用微生物（如活性污泥或生物膜）来吸附和降解水中的溶解性有机物。②生物化学反应。微生物通过代谢过程转化底物，产生能量，并合成新的细胞质。③物理吸附。污染物质与微生物聚集体的表面发生物理吸附作用。

8.4.3 反应器设计的关键因素

在设计废水生物处理反应器时，需要考虑以下关键因素。

①气泡动力学。气泡的大小和分布会影响氧气的传递效率，从而影响微生物活性。

②水力停留时间。水力停留时间决定了废水在反应器内的停留时间，影响污染物的去除效率。

③循环流量比。循环流量比决定了水力负荷和物质转移的均衡，影响整体处理效果。

④雷诺准数。雷诺准数表征流体流动的湍流程度，对反应器的混合效果和能耗有显著影响。

⑤剪切效应。剪切效应局部流场的剪切力可以影响微生物的生理状态和降解活性。

8.5　反应器流场模拟技术

8.5.1　计算流体力学的新进展

计算流体力学(computational fluid dynamics,CFD)应用于生物处理反应器中,主要借助流体力学参数和流体机理模型,分析反应器中的流场和影响微生物生长的环境因素变化,达到优化反应器设计和运行的目的。CFD 技术是流体力学理论研究的一个分支,它主要通过有限差分、有限单元或有限体积等方法将控制方程离散后,利用计算机进行数值求解,最终通过数值模拟获得流体在特定条件下的有关信息。随着计算机科学快速发展和计算机硬件性能的飞速提高,计算流体力学迅猛发展。它能计算理论流体力学所不能计算求解的、复杂几何形状下的流态;它省钱节时,已替代了很大一部分的风洞试验;采用计算手段已发现了一些理论上还求解不出、试验上还测量不到的新流动现象。

当前,计算流体力学分支的发展主要体现在两个方面:一是计算更加复杂的有涡流和分离流的流场;二是为理解物理机制而模拟湍流等流动现象。

计算流体力学是一种基于计算机模拟的技术,用于分析涉及流体流动、传热、化学反应等现象的系统。CFD 技术以计算流体力学为基础,具有强大的计算模拟能力,已广泛应用于工程和非工程领域,包括但不限于以下方面:飞机等交通工具的空气动力学研究;船舶流体动力学研究;化学过程工程,如混合和分离,聚合物熔融等;建筑物内外环境研究;水文学和海洋动力学中所涉及的河流、港湾、海洋的流动情况;环境工程中污染物质迁移规律、排放气体与液体的流布;生物医学工程中生物芯片内部的流动微环境等。CFD 的应用已经逐渐成为国内外工业生产中工艺设计与优化的关键手段,其发展的最终目标是提供与其他计算机辅助工具,如应力分析软件相当的能力。另外,计算科学与技术的快速发展同时,数值计算已作为一种研究手段,越来越多地融入其他各种学科当中。反过来,各种学科问题的迫切解答,又促进了计算方法的研究和发展。由于流体力学模型求解的需要,有限差分法、有限元法等计算方法已经在实际中得到了广泛应用和迅猛发展,这无疑也促进了计算流体力学技术的进一步发展和完善。

8.5.2　计算流体力学模拟软件

目前,国内外运用于计算流体力学模拟的 CFD 商业软件主要有 STAR－CD、FLUENT 和 CFX 等。

STAR－CD(simulation of turbulent flow in arbitrary region),是基于有限容积法的通用流体计算软件,在网格生成方面,采用非结构化网格,单元体可为六面体、四面体、三角形界面的棱柱、金字塔形的锥体以及 6 种形状的多面体,还可与 CAD、CAE 软件接口,如 ANSYS、IDEAS、NASTRAN、PATRAN、ICEMCFD、GRIDGEN 等,这使 STAR－CD 在适应复杂区域方面拥有特别的优势。从它的网格单元,就可看出它与其他求解器的一些差别，STAR－CD在早期的版本已经支持现在大多数商用求解器所引入的非结构化网格。STAR－CD能处理移动网格，用于多级透平的计算，在差分格式方面，纳入了一阶迎风、二阶迎风、CDS、QUICK等格式，以及一阶迎风与CDS或QUICK的混合格式，在压力耦合方面采用SIMPLE、PISO以及称为SIMPLO的算法。在湍流模型方面，可计算稳态、非稳态、牛顿、非牛顿流体、多孔介质、亚音速、超音速、多项流等问题。STAR－CD的强项在于汽车工业，汽车发动机内的流动和传热。

FLUENT是目前国际上比较流行的商用CFD软件包，凡与流体、热传递及化学反应等有关的工业均可使用。它具有丰富的物理模型、先进的数值方法以及强大的前后处理功能，在航空航天、汽车设计、石油天然气、涡轮机设计等方面都有着广泛的应用。其在石油天然气工业上的应用包括燃烧、井下分析、喷射控制、环境分析、油气消散与聚积、多相流、管道流动等。FLUENT的软件设计基于CFD软件群的思想，从用户需求角度出发，针对各种复杂流动的物理现象，FLUENT软件采用不同的离散格式和数值方法，以期在特定的领域内使计算速度、稳定性和精度等方面达到最佳组合，从而高效率地解决各个领域的复杂流动计算问题。基于上述思想，FLUENT开发了适用于各个领域的流动模拟软件，这些软件能够模拟流体流动、传热传质、化学反应和其他复杂的物理现象，软件之间采用统一的网格生成技术及共同的图形界面，而各软件之间的区别仅在于应用的工业背景不同，因此大大方便了用户。

CFX是由英国AEA公司开发的一种实用流体工程分析工具，用于模拟流体流动、传热、多相流、化学反应、燃烧问题。其优势在于处理流动物理现象简单而几何形状复杂的问题。适用于直角、柱面和旋转坐标系，稳态和非稳态流动，瞬态和滑移网格，不可压缩、弱可压缩和可压缩流体，浮力流，多相流，非牛顿流体，化学反应，燃烧，辐射，多孔介质及混合传热过程。CFX采用有限元法，自动时间步长控制，SIMPLE算法，代数多网格、ICCG、Line、Stone和Block Stone解法，能有效、精确地表达复杂几何形状，任意连接模块即可构造所需的几何图形。在每一个模块内，网格的生成可以确保迅速、可靠地进行，这种多块式网格允许扩展和变形，例如计算气缸中活塞的运动和自由表面的运动。CFX引进了各种公认的湍流模型。例如：k－e模型、低雷诺数k－e模型、RNG k－e模型、代数雷诺应力模型、微分雷诺应力模型、微分雷诺通量模型等。CFX的多相流模型可用于分析工业生产中出现的各种流动，包括单体颗粒运动模型、连续相及分散相的多相流模型和自由表面的流动模型。

PHOENICS是英国CHAM公司开发的模拟传热、流动、反应、燃烧过程的通用CFD软件，已有30多年的历史。网格系统包括：直角、圆柱、曲面（包括非正交和运动网格）、多重网格、精密网格。可以对三维稳态或非稳态的可压缩流或不可压缩流进行模拟，包括非牛顿流、多孔介质中的流动，并且可以考虑黏度、密度、温度变化的影响。在流体模型上面，Phoenics内置了22种适合于各种Re数场合的湍流模型，包括雷诺应力模型、多流体湍流模型和通量模型及k－e模型的各种变异，共计21个湍流模型、8个多相流模型，10多个差分格式。PHOENICS的VR（虚拟现实）彩色图形界面菜单系统可以直接读入Pro/E建立的模型（需转换成STL格式），使复杂几何体的生成更为方便，在边界条件的定义方面也极为简单，并且网格自动生成，但其缺点则是网格比较单一粗糙，针对复杂曲面或曲率小的地方的网格不能细分，即不能在VR环境中采用贴体网格。另外，VR的后处理也不是很好，要进行更高级的分析则要采用命令格式进行，易用性上比其他软件稍差。

上述通用CFD软件以外，还有一些针对特定问题的专用CFD软件。FIDAP基于有限元方法的通用CFD求解器，是一种专门解决科学及工程上有关流体力学传质及传热等问题的分析软件，也是全球第一套使用有限元法于CFD领域的软件，其应用范围有一般流体的流场、自由表面的问题、紊流、非牛顿流流场、热传、化学反应等。FIDAP本身含有完整的前后处理系统及流场数值分析系统。对问题整个研究的程序，数据输入与输出的协调及应用均极有效率。POLYFLOW针对黏弹性流动的专用CFD求解器，用有限元法仿真聚合物加工的CFD软件，主要应用于塑料射出成形机、挤型机和吹瓶机的模具设计。MIXSIM针对搅拌混合问题的专用CFD软件，是一个专业化的前处理器，可建立搅拌槽及混合槽的几何模型，不需要一般计算流力软件的冗长学习过程。它的图形人机接口和组件数据库，让工程师直接设定或挑选搅拌槽大小、底部形状、折流板的配置，叶轮的型式等。MIXSIM随即自动产生三维网络，并启动FLUENT做后续的模拟分析。ICEPAK专用的热控分析CFD软件，专门仿真电子电机系统内部气流，温度分布的CFD分析软件，特别是针对系统的散热问题做仿真分析，借由模块化的设计快速建立模型。

除反应器模拟以外，这些商业CFD软件广泛应用于航天航空、环境污染、生物医学、电子技术等各个领域。

8.5.3　计算流体力学在反应器设计与优化中的优势

随着计算流体力学技术的出现和发展，已经改变了借助脉冲示踪法或阶跃示踪法来测定反应器停留时间分布，以此分析反应器内部水力特性的现状，解决了流体参数在反应器中均化分布的缺陷，也使基于数学模型精确开展水处理单元在设计条件下的流动特性和行为的模拟成为现实，为反应器工程学研究提供了一种可靠高效的手段。与此同时，采用CFD技术有助于减少反应器工艺分析中物理模型构建与研究的必要性，大大降低了研究成本，节约了大量的时间，更好地实现反应器的优化设计和稳定运行。美国有研究报道称，采用CFD技术对污水处理厂处理单元构筑物进行优化设计之后，解决了运行中存在的很多问题，反应器的处理效率提高了10％～35％。

另外，废水厌氧处理反应器设计往往采用传统的半经验公式，设计结果欠佳；再者，采用流体力学试验测量技术开展流场、质量浓度场等研究的费用高昂。CFD技术的出现和飞速发展，已经为反应器设计与优化开辟出了一条高效、经济、省时的途径。

CFD技术在以上所谈及的研究中，具有两个主要作用：一是能借助其可视化模拟手段，模拟实际流体现象，以探寻现象本质；二是有别于其他传统方法，CFD技术可运用于未知现象的模拟，具有较好的拓展功能。与传统方法相比，CFD技术应在反应器设计与优化中的主要优势可归纳为以下几点。

(1)CFD可提供试验方法很难获取的、全息的数据。诸如，将移动网格优化方法运用于搅拌反应器的模拟，可获得每个桨叶周围区域的流态细节信息；利用双欧拉方法可模拟反应器中复杂的气—液—固多相流运动；利用欧拉—拉格朗日方法能够对颗粒之间的相互作用以及颗粒运动轨迹等现象进行描述。

(2)CFD模型属于机理模型，是建立于基本物理定律和理论之上，在经验关联式或试验数据匮乏之时，CFD技术可以解决工程设计等实际工程问题。

(3)对于工程放大研究而言，CFD有很大的优势，鉴于CFD技术为机理模型，原则上不限制结构形式、结构尺寸、工艺参数和操作参数，借助模拟手段可直接跳过"实验室—小试—中试—工业"传统放大过程的某些环节，可节省大量资金和时间，在模拟的过程中可获取大量数据，放大的结果较为可靠。

(4)CFD技术不仅可获得反应器所承载的反应过程的深入理解，而且可以为过程故障的根本原因、关键部分以及扩产能力等问题提供评估结果，进一步验证各种优化改造方案的优劣。

(5)CFD技术辅助开发环境中，许多传统开发环境无法验证的新设想，可以很容易得到验证和反馈；再者，设计师可直接利用CFD评估数据验证新想法，有助于进行技术创新。此外，由于极低的重复成本，CFD技术使包含大量设计循环的优化设计成为可能。

8.4.4 多学科研究的重要性

废水生物处理反应器是一个多方面相互作用的复杂系统。尽管当前研究主要关注生物和化学特性，但流场物理特性的研究同样重要。随着技术的不断进步，跨学科的研究将促进人们对这一处理技术复杂性的理解，从而推动技术的创新与优化。流体力学与多学科交叉如图8.13所示。

通过深入研究并结合物理学、生物学和化学等多领域知识，可以更有效地设计和运行废水生物处理系统，达到更高的处理效率和环境保护效果。

8.6 反应器流场测量技术

8.6.1 试验流体力学测量技术在流场研究中的作用

当前有关于CFD技术应用于反应器流场模拟的研究，虽然取得了较多进展，但是基于CFD技术的模拟结果离不开试验流体力学技术的验证和反馈，否则，模拟过程中一些假定的合理性将无法确定。在确定流场机理模型的初边值条件、模型参量校正，以及模拟验证等环节中，反应器内部流场参数的试验测量至为关键，测量结果的准确性直接影响到模型的有效性和可信度。总体而言，CFD技术能够为试验提供依据，推进反应器工艺设计研究的进程，但是，模拟结果的相应试验反馈与验证能够提高利用模型外推技术进行反应器生产性设计的可行性。

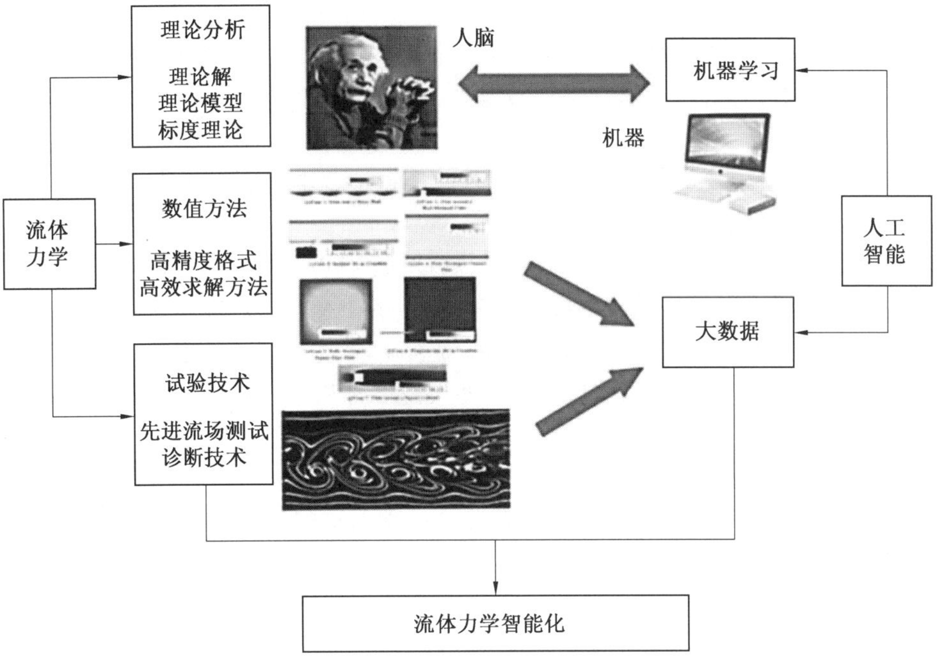

图 8.13　流体力学与多学科交叉

8.6.2　流场试验测量技术发展

早期作为流速测量的代表仪器，有毕托管、电磁流速计、压电探头等，其中以毕托管最具有代表性。毕托管构造简单、使用方便、价格低廉，至今在工业上还有应用。然而，毕托管存在着测速范围较窄，仅能测量一维流速，不能测量反向流动以及湍流脉动等不足。

在湍流、复杂流动和非定常流动等流体力学现象的研究过程中，开发和建立适用于流体运动研究的方法与技术始终是一个值得深思的课题。早期发明的热线热膜流速计(HWFA)，距今已有 80 多年的历史，但是，该项技术的最大缺陷在于其是接触式测量，对流场干扰较大，难以测量细微湍流场，对污染比较敏感。再如，20 世纪 60 年代发展起来的激光多普勒测速仪(LDV)，其基本原理是，依靠流场中粒子的散射，测量散射光对原入射光的多普勒频移量，据此计算粒子的运动速度，实现了对流场的无接触测量，这种技术的优点在于具有极好的时间分辨率和空间分辨力，可做三维测速，已经得到了广泛应用。1964 年 Yeh 和 Cummins 最先使用 632.8 nm 的氦氖激光器，测量了直圆管中层流体的流速分布，其结果与理论的抛物线分布符合。这种技术是目前稳态流场流速测量精度最高的，已作为标准化技术。K. Vander 首先用 LDV 进行搅拌式反应器流场的试验研究。20 世纪 80 年代前，国外对于搅拌槽的流场测试，大多采用流场显示、五孔探针和热线热膜等方法。20 世纪 80 年代，主要用激光多普勒测速仪进行流场的试验研究。但是，LDV 和 HWFA 一样，都只是单点测量技术，难以实现流场的全场、瞬态测量。LDV 测量得到的是流场中点单元在采样时间内的平均速度，对瞬时速度的响应不是很敏感。因此，

LDV 不能用于测量非稳态流动,且必须逐点测量流场中各点速度才可以描绘出整个流场图,工作量非常大。反应器中流体多是由主体流动、湍动以及分子扩散相互作用引起,且反应器内多装有各类内件,流动情况比较复杂,所以对于全流场流型的瞬时测定就变得很有必要。

PIV 是在 20 世纪 80 年代末随着科技的进步和相关学科需求的推动下发展起来的一种现代流场测量方法。

PIV 的突出优势:首先,克服了空间单点测量(如 LDV)的限制,实现了全流场瞬态测量。此外,它还能够进行无干扰测量,避免了采用 HWFA 等仪器进行测量时对流场产生的干扰;再者,容易获取流场的其他物理参量,流体力学是研究流体静止和运动规律的学科。其核心是一系列基本方程,这些方程帮助人们理解和计算流体中的压力、速度、温度等物理量的分布。

粒子图像测速技术(particle image velocimetry,PIV)是一种在流体力学领域扮演关键角色的测量手段。此技术的核心原理涉及将微小示踪粒子植入流体中。这些粒子的运动轨迹反映了流场中的速度分布,因为它们的运动速度被认为与周围流体的速度相匹配。通过分析这些粒子在流体中的移动,研究人员能够推断出流体在特定区域的速度和方向,为理解和预测流体行为提供了一种有效的试验手段。在测量的过程中,在流体力学研究中,一种称为光片照射的技术可用于精确测定流场中的速度分布。该方法涉及向流场的特定测试平面发射高强度的光片,并通过成像装置(如相机或摄像机)捕获示踪粒子在两次或多次曝光间隔中的位置变化。随后,应用图像处理与分析技术可以量化示踪粒子在不同时刻的位移。通过记录粒子位置的变更以及对应的时间间隔,系统能够自动计算出流速矢量。这些数据进一步用于推导流场的各种运动参数,例如生成速度矢量场图、速度分量分布图、流线图和漩度分布图等,从而为流体动力学的研究提供详实的定量信息。PIV 技术基于图像成像及分析原理,用以测定流场内速度。

该技术根据粒子浓度的不同分为不同的模式:①粒子跟踪测速技术(PTV)。当流场中粒子浓度较低,使得可以单独追踪每个粒子的运动轨迹时,采用 PTV 模式。此技术能够追踪并分析单个粒子随时间的位移,以计算速度矢量。②激光散斑测速技术(LSV)。在粒子浓度较高,以至于单个粒子的图像在测量区域内开始重叠形成散斑模式时,转而使用 LSV 模式。此方法关注的是散斑模式随时间的变化,而非单个粒子。③标准 PIV 模式。通常提到的 PIV 技术指的是介于 PTV 和 LSV 之间的情况,即粒子浓度足够高以形成清晰的多粒子图像,但又不至于重叠导致无法区分。在这种模式下,可以通过分析一组粒子的集体运动来确定流场速度。以上各模式根据粒子在流场中的分布密度和成像特性,为研究者提供了不同的测量手段,以适应不同的流体动力学研究需求。

随着电子学与计算机技术的进步,粒子图像测速技术经历了重大变革,引入了数字化方法,形成了数字化粒子图像测速技术(DPIV)。

DPIV 技术主要特点如下:①数字化成像。使用数字摄像机捕捉流体中示踪粒子的图像,而不需光学预处理,简化了硬件设备。②实时测量和显示。DPIV 允许对流场进行实时的测量与显示,提高了效率。③成像方式。采用多幅或单脉冲成像方法,适应不同的流场分析需求。④互相关分析。利用互相关技术处理图像,解决了传统 PIV 中速度方向的二义性问题。⑤提升分辨率。高分辨率快速 CCD 摄像机的使用,以及高速图像数据传输处理技术,大幅提高了空间与时间分辨率。DPIV 技术因其优势,在科研和工业领域获得了广泛应用。例如,全息粒子图像测速技术(HPIV),HPIV 技术是 DPIV 的一种高级形式,采用全息摄影和重现技术,实现三维流场的测量。与传统二维 PIV 相比,HPIV 的特点是:①三维测量。能够捕捉并分析三维空间内的流动特性,而非仅限于二维平面。②技术复杂度。HPIV 技术含量高,实现难度较大,但为了得到更为准确的数据,这种复杂性是必要的。③信息全面性。由于其“全息”特性,能够获得流场中的全部信息,确保了测量结果的准确性和真实性。

尽管 HPIV 技术的实现较为复杂,但其所提供的全面和精确的流场数据,使其在对流体动力学进行深入分析时具有不可替代的价值。

随着粒子图像测速技术的持续发展,当前主要集中在以下方面:①三维与多相流测量。现代 PIV 技术的发展正向着能够捕捉更为复杂流场的方向进步,特别是在三维空间内的流动特性和多相流(如气液混合流)的测量。这要求技术能够处理和分析更多维度的数据,以及更加复杂的流动情况。②测量精度提升。提高 PIV 技术的测量精度是持续的研究目标,它直接关系到试验数据的可靠性和科研结果的准确性。精确捕捉微小流动变化对于理解复杂流场动力学至关重要。③计算时间缩短。随着试验数据量的增加,如何有效地处理大量信息并快速得出分析结果成为关键挑战。缩短数据处理和计算时间,能够显著提高试验效率,特别是对于实时或近实时的流场监测与分析尤为重要。

为了实现这些目标,科研人员正致力于开发更先进的成像设备、算法优化、数据处理技术以及计算资源管理,以提升 PIV 技术的整体性能和应用范围。杨延相等提出了通过粒子中心点坐标的相关关系来求取粒子运动速度的新方法,比传统方法运算速度更快而且不受访问图块大小限制。孙鹤泉等人的研究发现,使用基于 Hartley 变换的互相关算法替代传统的基于 Fourier 变换的算法,可以显著提高 PIV 图像处理的计算速度和存储效率。具体表现如下:①提高计算速度。Hartley 变换的互相关算法在计算复杂度上优于 Fourier 变换,能够大幅度提高 PIV 图像处理的计算速度。②减少存储内存。Hartley 变换的互相关算法在存储需求上也优于 Fourier 变换,可以有效减少 PIV 图像处理所需的存储内存。③批量处理效率高。对于大量的 PIV 流场图像进行分析时,Hartley 变换的互相关算法表现出极高的效率。这项研究为提高 PIV 技术的计算效率和存储效率提供了新的思路,对于大规模、高精度的流场测量具有重要的实用价值。

在流体力学领域,对于流场的二维与三维测量,存在多种技术手段。这些技术包括激光诱导荧光技术(LIF)、磁共振成像(MRI)、PIV 以及计算机断层扫描(CT)。这些方法能够提供较高的空间分辨率和测量精度,但通常伴随着设备的复杂性和较高的成本。尽管如此,粒子图像测速技术因其高精度和丰富的信息量,目前在流场测量中得到广泛的应用和发展,且在目前较成熟的 PIV 技术基础上还有较大的改善空间,故在许多领域都能得到有效的应用。随着数字采样系统的发展,DPIV 方法将有很好的应用前景;在流体力学的研究中,HPIV 方法因其在捕捉三维流场信息方面的优势,被认为在理论及试验领域有较大的突破潜力。随着计算技术的迅猛发展，流场的精确测量为计算流体力学(CFD)的定量研究奠定了基础。目前，工程和技术领域已经在整合 PIV 与 CFD 技术，以优化和设计反应器等复杂系统。有研究者运用 PIV 测量热管生物反应器中的流场，取得了较好的效果，为建立机理性数学模型进行反应器可靠的放大设计打下了基础。

8.6.3 流场试验测量的方法

目前，在流场试验测量的众多方法中，PIV 技术因其高精度、大信息量以及可视化的特性，已经成为流场测量试验中的核心技术。所以，在本小节中主要介绍运用 PIV 技术进行流场试验测量的方法和关键步骤。

1. PIV 技术及其原理

PIV 是流场显示技术的一种先进发展形式，它继承了传统流动显示的功能，即直观展示流动特性，以便于深入理解流动现象，是试验流体力学的一个关键分支。PIV 技术的发展受益于现代计算机、光学和图像分析技术的进步，其显著特点是提供了超越传统单点测量的能力，能够在同一时刻捕捉整个测量面的流动信息。这使得研究者可以获取流动的瞬时速度场、脉动速度场、涡量场以及雷诺应力分布等重要数据。现代 PIV 系统还具备与单点测量技术(如激光多普勒测速计 LDV)相媲美的空间分辨率，即便是在仅限于二维测量的情况下，PIV 也已成为研究复杂流场的高级定量工具。三维 PIV 技术也在近年有了显著进展，预计不久的将来将更广泛地应用于实际的流动测量中。PIV 技术的完善与发展促使其在反应器研究领域的应用得到了国际认可，并且应用案例日益增多。PIV 的核心原理涉及将示踪粒子均匀撒布于待研究的流场之中。采用激光片光源将流场照亮，从而使示踪粒子发光。图像采集系统会在两个时刻 t_1 和 t_2(两者相隔的时间间隔 Δt 是可调的)捕捉流场粒子的图像。数字图像处理接着被用于解析这些图像，从而确定示踪粒子在时间 Δt 内的位移。通过这种位移，可以计算出示踪粒子的速度场，这一速度场代表了流体的速度分布。在使用 PIV 技术进行流速测量时，所选示踪粒子应具备良好的跟随性和反射性，且其密度要与流体相近，以保证精确的速度测量。这些粒子被均匀地分布在被测量的二维平面中，并通过激光片光源来照亮流场。使用 CCD 或其他类型的摄像设备来记录粒子的运动轨迹。对于流场中的某个示踪粒子，其在二维平面上的运动可以用位置坐标 $x(t)$ 和 $y(t)$ 来描述，这两个坐标是时间 t 的函数。基于这些数据，可以得到该粒子位置所代表的质点在二维平面上的流速，该流速可以用向量形式表示为

$$V_x=\frac{\mathrm{d}x(t)}{\mathrm{d}t}\approx\frac{x(t+\Delta t)-x(t)}{\Delta t}=\overline{v}_x \tag{8.151}$$

$$V_y=\frac{\mathrm{d}y(t)}{\mathrm{d}t}\approx\frac{y(t+\Delta t)-y(t)}{\Delta t}=\overline{v}_y \tag{8.152}$$

式中，V_x 与 V_y 是质点沿 x 方向与 y 方向的瞬时速度；$\overline{v}_x$ 与 $\overline{v}_y$ 是质点沿 x 方向与 y 方向的平均速度；Δt 是测量的时间间隔，当 Δt 足够小时，$\overline{v}_x$ 与 $\overline{v}_y$ 的大小可以精确地反映 V_x 与 V_y。PIV 测速原理示意图如图 8.14。

PIV 技术的目的是通过示踪粒子的瞬时平均速度来测量二维流场。在测量流体表

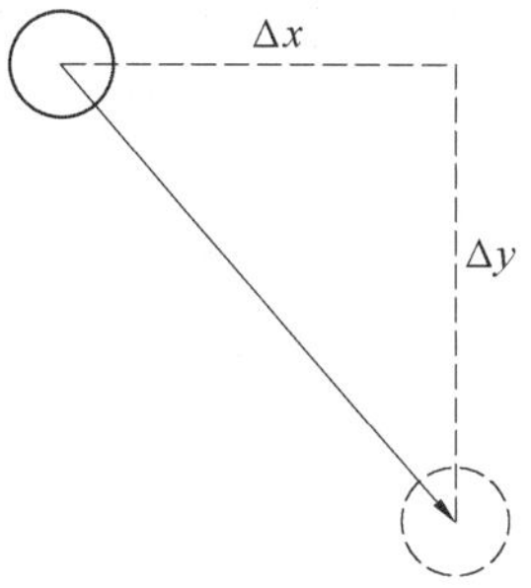

图 8.14　PIV 测速原理示意图

面流速的场合，可以在自然光照条件下进行试验。然而，要测量流体内部的二维流场，必须使用辅助的片光源进行照明以确保示踪粒子可以被清晰捕捉。在流体动力学研究中，PIV 已经成为一种重要的试验工具。该技术已被广泛应用于各种流体动力学的分支领域，包括湍流研究、涡流分析等。PIV 的应用范围很广，它不仅适用于超音速和跨音速流动的研究，也适用于低速流动，并且能够处理液体、气体以及两相流和多相流的测速。PIV 技术的一个显著优点是其能够超越传统的单点测量手段，能在统一时刻内捕捉到整个测量平面的流动信息。这一特性使得 PIV 特别适合于对于涡流、湍流等复杂流动结构的研究。它提供了瞬时速度场、脉动速度场、涡量场以及雷诺应力分布等详细数据，而这些是单点测量技术难以或无法提供的。随着计算技术的不断进步，例如算法优化、噪声处理技术的改进以及计算机处理速度的加快，PIV 技术的应用领域不断扩大，其在流体动力学研究中的重要性也日益凸显。PIV 在理想条件下的测速精度确实非常高。然而，在实际操作中，影响测速结果的因素可能非常复杂，并且在不同的试验环境中，这些因素的影响程度也不尽相同，这使得试验测量结果具有一定的统计特性。为了提高测速结果的准确性和可靠性，对可能导致误差的各种因素的分析是必不可少的。通过对误差源进行深入的了解和分析，可以对误差进行估计，从而降低误差的影响，提高测速结果的准确性。

2. 反应器 PIV 测速试验

废水厌氧处理工艺试验的反应器容积较小，内部流场对扰动敏感且结构复杂，传统的仪器很难实现全场瞬时流速的准确测量。目前，非接触式流速测量方法主要有 LDV 和 PIV 技术，其中 LDV 属于单点测量技术，而 PIV 既克服了单点测量的局限性又实现了无扰动流场测量，能够准确描述平面二维和三维流场，是一种非常适合本研究试验要求的技术。

在使用 PIV 研究反应器内的流动特性时，一个关键步骤是在反应器内均匀分布适宜的示踪粒子。这些粒子应当具有与流体相似的密度，以确保它们能够有效跟随流体的运动，从而真实地描绘出流体质点的轨迹。在试验过程中，需要使用激光在反应器中的特定平面上产生一束光，形成一个被照亮的平面。CCD 摄像机随后捕捉这一平面上带有示踪粒子的图像序列。通过分析这些图像，可以使用互相关技术处理图像序列，进而确定这些粒子随时间的移动情况。从这些数据中，可以计算出流场在二维平面上的速度矢量分布。这样的速度场信息对于理解和优化流体动力学反应器的性能至关重要。PIV 技术提供了一种强大的工具，以非侵入式的方式来研究复杂的流动现象。但是，PIV 技术不能直接应用于废水厌氧处理反应器的流场测定，首先激光无法在不透明的污泥和底物混合液中形成光照平面，其次激光穿过扩展颗粒污泥床（EGSB）反应器曲率较大的弧形外筒时会产生折射，影响内桶的流场测量效果。为克服上述问题，需对反应器进行适当的简化和近似。对于 EGSB 反应器本研究只测定反应区即柱体部分的速度场用于对 CFD 数值模拟结果的验证，配置与制氢反应器中混合液黏度相同的甘油与水的混合液作为试验流体，用方形外筒解决折射问题。

示踪粒子的选择是 PIV 测量中另一个重要的问题。粒子需有良好的跟随性、散射性，同时兼顾无毒、无腐蚀、无磨蚀、化学性质稳定、清洁等因素，测量区内需有足够多的粒子数。粒子跟随性是指粒子能够如何准确地跟随流体中的速度变化，这一能力主要由粒子的尺寸、密度和形状所决定。通常，跟随性能通过粒子的空气动力直径来衡量，该直径定义为与粒子具有相同沉降速率的单位密度球体的直径。小尺寸粒子通常具有更好的跟随性，因为它们更能快速响应流体速度的变化。散射性质是指粒子在被激光照射时反射和折射光线的能力，这对于 PIV 图像的质量至关重要。散射性能不仅受激光功率的影响，还受粒子材料的折射率和粒子大小的影响。一般来说，散射信号强度与粒子直径的平方成正比，这意味着较大的粒子会产生更强的散射信号。为了优化散射特性，通常会选择具有较高相对折射系数且表面光滑的材料制成的粒子。在选择示踪粒子时，需要权衡粒子的跟随性和散射性。粒子大小的选择应根据具体的测量需求来决定。同时，需要确保粒子在测量区域内的浓度适中，既能够提供足够的散射信号，又不至于过高导致图像重叠和形成散斑，这样才能保证 PIV 图像分析的准确性。较常用的示踪粒子为空心玻璃微珠，也可以为不同粒子直径的乳胶、氧化铝、氧化镁、二氧化钛、碳化硅、氟化锆、二氧化锆、云母、高岭土等。

3. PIV 图像处理算法

在 PIV 流场测速中另一个重要问题是图像处理算法，直接决定着处理结果乃至可靠性和精确度。PIV 技术中的图像处理算法是精确测量流场速度的关键，它主要包括以下 4 个步骤。

（1）图像粒子的标定。

这一步骤涉及校准图像中粒子的大小和位置，以确保粒子图像与实际物理尺寸之间的准确对应。标定过程通常需要使用已知尺度的参照物，以便将图像像素转换成实际的长度单位。

（2）连续两幅图像中粒子的对应。

在此步骤中，通过比较连续两帧图像中粒子的位置变化来识别同一粒子在不同时间点的图像。这需要使用图像相关或者跟踪算法来实现粒子在时间序列中的匹配。

（3）粒子速度的确定。

一旦识别出连续图像中对应的粒子，便可通过计算它们在已知时间间隔内的位移来确定粒子速度。这个过程中需要将像素单位的位移转换为实际的速度单位。

(4)误对应粒子速度的判断及其消除。

在实际应用中,可能会存在一些误匹配的粒子对,这些误匹配可能会导致不准确的速度测量。因此,需要通过一系列的验证和筛选过程来识别和排除这些错误数据。这一步通常涉及比较周围粒子的速度一致性,使用统计方法或其他智能算法来辨识和移除异常值。

通过这 4 个步骤的图像处理,PIV 技术能够提供详细且准确的速度场数据,对于理解复杂流体流动现象和优化工程设计有着重要意义。

灰度分布图像相关法是 PIV 中广泛使用的一种算法。该算法的基础理论是基于流体中的示踪粒子群所形成的灰度图案(类似于云朵状)在流动时,其灰度分布会保持一定程度的相似性。通过对这些图案的灰度特征进行分析,可以实现图像的识别与匹配。图像相关测量是图像处理的一个重要环节,它包括自相关和互相关两种形式。自相关涉及单个图像内的特征比较,而 PIV 技术中更关键的互相关则是比较连续的两幅图像中粒子图案的相似度。PIV 技术核心在于对成对的粒子图像进行分析,目的是从图像中快速且准确地提取出速度场信息。PIV 分析借鉴了像平面分析方法的思想,通过将整个粒子图像划分为多个查询域(interrogation regions)来逐个分析。每个查询域的分析结果代表了该区域内粒子的平均速度。查询域的尺寸通常选择为 32×32 或 64×64 像素,这取决于流场的规模和示踪粒子的密度。为了确保所得到的速度场矢量分布具有足够的分辨率,在查询过程中,相邻的查询域会有重叠,通常重叠的步长设置为查询域尺寸的一半。这种重叠策略旨在提高速度矢量场的空间分辨率,从而能够更精细地捕捉流体流动的细节。

查询域的大小对于 PIV 技术的精度有显著影响,选择合适的查询域尺寸需要平衡两个相互矛盾的因素。

(1)查询域尺寸不宜过小。

一个较小的查询域可能只包含很少量的粒子,这可能导致图像相关分析时出现误匹配,因为相关性信号不够强或者不具有统计意义。

(2)查询域尺寸也不宜过大。

较大的查询域会包含更多的粒子,增加了平均效应,这可能降低了局部流速测量的分辨率,从而减少了速度测量的精度,因为大查询域可能跨越了具有不同速度的多个流动结构。

在 PIV 技术的发展过程中,不同的时代有着不同的分析方法。

20 世纪 80 年代的光学分析法:早期的 PIV 采用光学分析法,使用低功率激光照射粒子图像。通过 Fourier 变换透镜对粒子像进行二维 Fourier 变换,在 Fourier 像平面上产生干涉图案,即杨氏干涉条纹(Young's fringes)。条纹间距与粒子的平均位移成正比,可以通过分析这些条纹来提取速度场。这种方法的优点在于光学 Fourier 变换可以显著减少处理时间。然而,额外设置的光学系统增加了 PIV 的复杂性。

20 世纪 90 年代的数字分析法:随着计算机技术的进步,数字分析法开始取代光学分析法。这种方法涉及将粒子图像直接数字化并输入到计算机中。计算机使用快速算法对数字化图像阵列进行处理，这使得 PIV 系统变得更加简单和实用。数字分析法的优势在于它避免了复杂的光学系统，提高了数据处理的灵活性和准确性，并使得 PIV 技术更易于普及和应用。

总之，随着技术的发展和计算能力的提高，数字分析法在 PIV 领域已成为主流方法，提供了更高的精度和操作的便利性。

自相关分析在 PIV 技术中是一种早期的分析方法，它通过执行两次二维快速傅里叶变换(FFT)来处理图像。在自相关分析中，考虑一个查询域内的灰度分布图像 $G(x, y)$，假设这一图像是由两次激光照射时产生的两幅粒子图像 $g_1(x, y)$和 $g_2(x, y)$叠加而成。如果查询域被设置得足够小，可以假定该区域内所有粒子的速度是相同的。这样，第二个脉冲光形成的图像 $g_2(x, y)$可以被视为第一个脉冲光形成的图像 $g_1(x, y)$经过一个平移得到。

在自相关分析中，通过对叠加图像 $G(x, y)$进行两次 FFT 变换，可以得到自相关函数，其峰值位置对应于粒子在两次激光照射间隔时间内的位移。由于自相关是对同一图像的相关分析，所以它特别适用于高速流动的测量，因为在这种情况下两次成像的时间间隔可以非常短，这要求使用高速摄像机或高速相机来捕捉图像。

然而，自相关分析也有其局限性，最主要的缺点是无法确定粒子位移的方向。由于自相关函数是对称的，所以无法区分粒子是向左移动还是向右移动。为了解决这个问题，需要额外的方向判定准则，这些准则可能会增加分析的复杂性。随着 PIV 技术的进步，特别是互相关方法的发展，自相关方法的使用变得越来越少。互相关方法通过比较两幅独立图像来确定粒子位移的方向和大小，提供了更准确和直观的流场速度信息。

为了精确捕捉流速分布的细节，流场中散播的示踪粒子需要满足两个条件：①粒径非常小，以便能够精细地跟随流动；②浓度足够大，以保证采集到的图像包含充分的流场信息。但粒径的减小和浓度的增加也会带来一个挑战，即在两幅图像中难以区分同一个粒子，从而无法直接得到粒子的相对位移。

互相关分析是解决这一问题的有效方法。互相关分析基于的原理是，图像采集系统获得的一对图像是从相同的空间位置上得到的，并且两幅图像之间的曝光时间间隔是已知的。示踪粒子通过反射片光源的光线，在图像上留下光强信号，这个信号与粒子的空间位置有唯一的对应关系。互相关分析方法通过计算两幅图像间的互相关函数来确定这些信号的对应关系。在实现互相关分析的计算机算法时，可以利用傅里叶变换的性质，特别是傅里叶变换的卷积定理。卷积定理指出两个信号的卷积在傅里叶域中对应于这两个信号的傅里叶变换相乘。因此，可以首先对两幅图像进行快速傅里叶变换，然后将它们相乘，最后对结果进行逆傅里叶变换(IFFT)，得到互相关函数。这种方法被称为快速互相关(FCC)，它大大减少了计算量，使得互相关分析成为 PIV 中快速而可靠的测量工具。通过分析互相关函数的峰值位置，可以准确地计算出粒子在两次曝光之间的位移，进而获得流场的速度矢量。

在试验过程中，由于各种原因，如 CCD 设备的曝光设置不当、示踪粒子的分布不均匀、噪声干扰等，可能会导致试验图像的质量降低。这可能会在分析结果中产生一些空白区域或错误的速度矢量。因此，对速度矢量的有效性进行判断，对空白数据进行修补，以及对错误矢量进行修正，都是 PIV 技术中的重要研究内容。对于错误矢量的修正，一种常用的方法是构造一个新的二维复函数，该函数是流速矢量的合理组合。然后，可以利用二维频域的低通滤波器对这个复函数进行处理。低通滤波器可以消除高频噪声，保留低频的流速信息，从而实现对错误矢量的修正。对于空白数据的修补，一种常用的方法是插值。插值是一种数学方法，可以根据已知的数据点来估计未知的数据点。在 PIV 中，如果一个查询域内没有足够的粒子，或者由其他原因导致该区域的速度矢量无法测量，可以使用周围已知的速度矢量通过插值方法来估计这个区域的速度矢量。这些修正和补充方法可以提高 PIV 结果的质量和准确性，使得 PIV 技术在流体动力学研究中的应用更加广泛和有效，PIV 系统的参数选择涉及一系列原则，以确保测量结果的准确性和可靠性。以下是关键原则的概述：

(1)有效粒子对数(NI)。

为了得到高有效数据率，每个查询域内的有效粒子对数应多于 10 对。这是对散布示踪粒子浓度的一个限制。粒子对数目由粒子浓度、查询域的大小以及激光脉冲间的时间间隔共同决定。

(2)最大粒子位移。

粒子在两次脉冲间的最大位移不应超过查询域大小的 25%，这有助于提高查询域中有效粒子对的百分比。这一比例可以通过调整查询域尺寸、图像的偏置量和激光脉冲间的时间间隔来控制。

(3)垂直位移限制。

粒子在垂直于激光平面方向的最大位移应限制在激光平面厚度的 25%以内。这是为了防止有效粒子对的损失。为控制这一参数，可调整激光平面的厚度和脉冲间的时间间隔。

(4)速度变化量。

为了确保查询域内速度的相对变化量不超过 20%，查询域应足够小。小的查询域有助于单个速度矢量更精确地描述该测点的流动状态。

尽管在理想环境下 PIV 技术的速度测量精度很高，但在实际应用中会存在多种复杂的影响因素。不同的试验条件可能会使这些因素的影响程度有所不同，而且试验测量结果本身具有统计性质。为了提高测量结果的准确性和可信度，有必要对可能产生误差的各种原因进行分析，并对误差进行估计。这可能包括系统误差(例如，由设备引起的误差)和随机误差(例如，由流场不均匀性或粒子分布引起的误差)等。通过仔细的试验设计和数据分析，可以减少这些误差，提高 PIV 测量结果的准确性。

本章参考文献

[1] MURTHY B N, GHADGE R S, JOSHI J B. CFD simulations of gas - liquid - solid stirred reactor: Prediction of critical impeller speed for solid suspension[J].

Chemical engineering science, 2007, 62(24): 7184-7195.
[2] GUJER W, HENZE M, MINO T, et al. The activated sludge model No. 2: Biological phosphorus removal[J]. Water science and technology, 1995, 31(2): 1-11.
[3] 谢生钢. 基于活性污泥模型的污水处理过程预测控制方法研究[D]. 杭州：浙江大学，2008.
[4] BATSTONE D J, KELLER J, ANGELIDAKI I, et al. The IWA anaerobic digestion model No1 (ADM1)[J]. Water science and technology, 2002, 45(10): 65-73.
[5] 张自杰. 排水工程：下册[M]. 5 版. 北京：中国建筑工业出版社，2015.
[6] 胡晓东. 利用活性污泥数学模型对废水生物处理工艺的模拟研究[D]. 上海：东华大学，2008.
[7] MANGA J, FERRER J, GARCIA-USACH F, et al. A modification to the Activated Sludge Model No. 2 based on the competition between phosphorus-accumulating organisms and glycogen-accumulating organisms[J]. Water science and technology, 2001, 43(11): 161-171.
[8] MARSILI LIBELLI S, RATINI P, SPAGNI A, et al. Implementation, study and calibration of a modified ASM2d for the simulation of SBR processes[J]. Water science and technology, 2001, 43(3): 69-76.
[9] HULSBEEK J J W, KRUIT J, ROELEVELD P J, et al. A practical protocol for dynamic modelling of activated sludgesystems[J]. Water science and technology, 2002, 45(6): 127-136.
[10] VAN VELDHUIZEN H M, VAN LOOSDRECHT M C M, HEIJNEN J J. Modelling biological phosphorus and nitrogen removal in a full scale activated sludge process[J]. Water research, 1999, 33(16): 3459-3468.
[11] BRDJANOVIC D, VAN LOOSDRECHT M C M, VERSTEEG P, et al. Modeling COD, N and P removal in a full-scale wwtp Haarlem Waarderpolder[J]. Water research, 2000, 34(3): 846-858.
[12] 李文龙. 活性污泥 1 号模型进水含碳组分的虚拟仪器研究[D]. 重庆：重庆大学，2007.
[13] DAI W, PANG J W, ZHAO Y J, et al. Machine learning assisted combined systems of wastewater treatment plants with constructed wetlands optimal decision-making[J]. Bioresource technology, 2024, 399: 130643.
[14] MEIJER S C F, VAN LOOSDRECHT M C M, HEIJNEN J J. Metabolic modelling of full-scale biological nitrogen and phosphorus removing wwtp's[J]. Water research, 2001, 35(11): 2711-2723.
[15] HAO X D, LOOSDRECHT M C M V, MEIJER S C F, et al. Model-based evaluation of two BNR processes: UCT and A2N[J]. Water research, 2001,35(12): 2851-2860.

[16] WICHERN M, OBENAUS F, WULF P, et al. Modelling of full-scale wastewater treatment plants with different treatment processes using the Activated Sludge Model No. 3[J]. Water science and technology, 2001, 44(1): 49-56.
[17] LARREA L, IRIZAR I, HILDAGO M E. Improving the predictions of ASM2d through modelling in practice[J]. Water science and technology, 2002, 45(6): 199-208.
[18] CARRETTE R, BIXIO D, THOEYE C, et al. Full-scale application of the IAWQ ASM No. 2d model[J]. Water science and technology, 2001, 44(2/3): 17-24.
[19] 吴正高. 厌氧消化数学模型研究与应用[D]. 北京：北京交通大学，2007.
[20] 施汉昌，刁惠芳，刘恒，等. 污水处理厂运行模拟、预测软件的应用[J]. 中国给水排水，2001，17(10)：61-63.
[21] 刘峻岭. SBR 工艺数学模型的研究与应用[D]. 北京:北京交通大学，2007.
[22] PARKER W J. Application of the ADM1 model to advanced anaerobic digestion [J]. Bioresource technology, 2005, 96(16): 1832-1842.
[23] 任南琪,王爱杰. 厌氧生物技术原理与应用[M]. 北京:化学工业出版社,2004.
[24] 赵麟菱. 活性污泥模型 ASM2 的简化及优化控制策略研究[D]. 杭州：浙江大学，2007.
[25] ZAHER U, GRAU P, BENEDETTI L, et al. Transformers for interfacing anaerobic digestion models to pre- and post-treatment processes in a plant-wide modelling context[J]. Environmental modelling & software, 2007, 22(1): 40-58.
[26] BLUMENSAAT F, KELLER J. Modelling of two-stage anaerobic digestion using the IWA Anaerobic Digestion Model No. 1 (ADM1)[J]. Water research, 2005, 39(1): 171-183.
[27] 国际水协厌氧消化工艺数学模型课题组，张亚雷，周雪飞. 厌氧消化数学模型[M]. 上海：同济大学出版社，2004.
[28] 沙锦萩. 基于 ASM1 模型改善城市污水处理厂运行工况与效果的研究[D]. 郑州：郑州大学，2005.
[29] 李玉新. 基于 ASM3 的活性污泥模型改进及其应用研究[D]. 北京：北京工业大学,2005
[30] 张亚雷，李咏梅. 活性污泥数学模型[M]. 上海：同济大学出版社，2002.
[31] 沈耀良，王宝贞. 废水生物处理新技术：理论与应用[M]. 北京：中国环境科学出版社，1999.
[32] 高廷耀，顾国维. 水污染控制工程:下册[M]. 2 版. 北京：高等教育出版社，1999.
[33] 顾夏声. 废水生物处理数学模式[M]. 2 版. 北京：清华大学出版社，1993.
[34] 张自杰周帆. 活性污泥生物学与反应动力学[M]. 北京：中国环境科学出版社，1989.
[35] 姚重华. 环境工程仿真与控制[M]. 北京：高等教育出版社，2001.

[36] 张楷. 造纸废水处理过程水质预测及其深度学习优化[D]. 南京：南京林业大学，2024.

[37] 杨潞霞,王梦冉,林兴亮,等. 基于 CNN-LSTM 的工业出水水质预测模型[J]. 净水技术,2024,43(5):143-149.

[38] 杨智迪. 基于 BP 神经网络的印染废水处理组合工艺系统建模及优化控制研究[D]. 镇江：江苏大学，2017.

[39] 郑小发，杨丽，刁月，等. 基于反向传播神经网络模型优化冶金废水单级脱氮试验研究[J]. 湿法冶金，2021，40(2)：167-173.

[40] KUMARI S，KUMAR V，KOTHARI R，et al. Nutrient sequestration and lipid production potential of Chlorella vulgaris under pharmaceutical wastewater treatment：Experimental，optimization，and prediction modeling studies[J]. Environmentalscience and pollution research，2024，31(5)：7179-7193.

[41] JIN B，LANT P. Flow regime，hydrodynamics，floc size distribution and sludge properties in activated sludge bubble column，air-lift and aerated stirred reactors [J]. Chemical engineering science,2004，59(12)：2379-2388.

[42] COCKX A，DO-QUANG Z，AUDIC J M，et al. Global and local mass transfer coefficients in waste water treatment process by computational fluid dynamics[J]. Chemical engineering and processing：process intensification，2001，40(2)：187-194.

[43] DHANASEKHARAN K M，SANYAL J，JAIN A，et al. A generalized approach to model oxygen transfer in bioreactors using population balances and computational fluid dynamics[J]. Chemical engineering science，2005，60(1)：213-218.

[44] CAO Y S，ALAERTS G J. Influence of reactor type and shear stress on aerobic biofilm morphology，population and kinetics[J]. Water research，1995，29(1)：107-118.

[45] VRÁBEL P，VAN DER LANS R G J M，VAN DER SCHOT F N，et al. CMA：Integration of fluid dynamics and microbial kinetics in modelling of large-scale fermentations[J]. Chemical engineering journal，2001，84(3)：463-474.

[46] 张冰. 典型废水厌氧处理反应器流场分析与优化研究[D]. 哈尔滨：哈尔滨工业大学，2009.

[47] 李万平. 计算流体力学[M]. 武汉：华中科技大学出版社，2004.

[48] TOPARLAR Y，BLOCKEN B，MAIHEU B，et al. A review on the CFD analysis of urban microclimate[J/OL]. Renewable and sustainable energy reviews，2017，80：1613-1640.

[49] 李冰峰，王煜，张赣道. 计算流体力学在模拟生化反应器中的应用研究[J]. 江苏化工，2002，30(1)：24-27.

[50] 许联锋，陈刚，李建中，等. 粒子图像测速技术研究进展[J]. 力学进展，2003，33

(4)：533-540.
[51] 王延颋，张永明，廖光煊，等. 数字粒子图象速度测量原理与实现方法[J]. 中国科学技术大学学报，2000，30(3)：302-306.
[52] 冯旺聪，郑士琴. 粒子图像测速(PIV)技术的发展[J]. 仪器仪表用户，2003，10(6)：1-3.
[53] 杨延相，汪剑鸣. PIV 中提取速度信息的一种新方法[J]. 流体力学实验与测量，2000，14(3)：73-78.
[54] 孙鹤泉，沈永明，王永学，等. PIV 技术的几种实现方法[J]. 水科学进展，2004，15(1)：105-108.
[55] 魏捷，张赣道. 反应器流场测试技术进展[J]. 化工时刊，2004，18(3)：22-24.
[56] 冯骞，薛朝霞，汪翙. 计算流体力学在水处理反应器优化设计运行中的应用[J]. 水资源保护，2006，22(2)：11-15.
[57] LEE J J，PARK G C，KIM K Y，et al. Numerical treatment of pebble contact in the flow and heat transfer analysis of a pebble bed reactor core[J]. Nuclear engineering and design，2007，237(22)：2183-2196.
[58] ABANADES S，CHARVIN P，FLAMANT G. Design and simulation of a solar chemical reactor for the thermal reduction of metal oxides：Case study of zinc oxidedissociation[J]. Chemical engineering science，2007，62(22)：6323-6333.
[59] 周国忠，施力田，王英琛. 搅拌反应器内计算流体力学模拟技术进展[J]. 化学工程，2004，32(3)：28-32.
[60] JADHAV A J，BARIGOU M. Eulerian-Lagrangian modelling of turbulent two-phase particle-liquid flow in a stirred vessel：CFD and experiments compared[J]. International Journal of Multiphase Flow，2022，155：104191.
[61] ZAMIRI A，CHUNG J T. Numerical evaluation of turbulent flow structures in a stirred tank with a Rushton turbine based on scale-adaptive simulation[J]. Computers & fluids，2018，170：236-248.
[62] MOUSAVI S E，CHOUDHURY M R，RAHAMAN Md S. 3-D CFD-PBM coupled modeling and experimental investigation of struvite precipitation in a batch stirred reactor[J]. Chemical engineering journal，2019，361：690-702.
[63] CORONEO M，MONTANTE G，PAGLIANTI A，et al. CFD prediction of fluid flow and mixing in stirred tanks：Numerical issues about the RANS simulations[J]. Computers & chemical engineering，2011，35(10)：1959-1968.
[63] TAMBURINI A，GAGLIANO G，MICALE G，et al. Direct numerical simulations of creeping to early turbulent flow in unbaffled and baffled stirred tanks[J]. Chemical engineering science，2018，192：161-175.
[64] SCURO N L，BENEŠ O，LORENZI S，et al. Coupled computational fluid dynamics and computational thermodynamics simulations for fission product reten-

tion and release: A molten salt fast reactor application[J]. Progress in nuclear energy, 2024, 177: 105450.

[65] NAEENI S K, PAKZAD L. Droplet size distribution and mixing hydrodynamics in a liquid-liquid stirred tank by CFD modeling[J]. International journal of multiphase flow, 2019, 120: 103100.

[66] HARINGA C, VANDEWIJER R, MUDDE R F. Inter-compartment interaction in multi-impeller mixing: Part Ⅰ. Experiments and multiple reference frame CFD [J]. Chemical engineering research and design, 2018, 136: 870-885.

[67] TABIB M V, ROY S A, JOSHI J B. CFD simulation of bubble column: An analysis of interphase forces and turbulence models[J]. Chemical engineering journal, 2008, 139(3): 589-614.

[68] 洪厚胜，张庆文，万红贵，等. CFD用于机械搅拌生化反应器液固两相混合的研究[J]. 化学反应工程与工艺，2004，20(3)：249-254.

[69] NAUDE I, XUEREB C, BERTRAND J. Direct prediction of the flows induced by a propeller in an agitated vessel using an unstructured mesh[J]. The canadian journal of chemical engineering, 1998, 76(3): 631-640.

[70] VAN'T RIET K, BRUIJN W, SMITH J M. Real and pseudo-turbulence in the discharge stream from a rushton turbine[J]. Chemical engineering science, 1976, 31(6): 407-412.

[71] RAVE K, HERMES M, HUNDSHAGEN M, et al. Assessment of scale-adaptive turbulence modeling in coupled CFD-PBM 3D flow simulations of disperse liquid-liquid flow in a baffled stirred tank with particular emphasis on the dissipation rate [J]. Chemical engineering science, 2023, 270: 118509.

[72] LANE G L. Improving the accuracy of CFD predictions of turbulence in a tank stirred by a hydrofoil impeller[J]. Chemical engineering science, 2017, 169: 188-211.

[73] REVSTEDT J, FUCHS L, TRÄGARDH C. Largeeddy simulations of the turbulent flow in a stirred reactor[J]. Chemical engineering science, 1998, 53(24): 4041-4053.

[74] 吴立志，吴国雄. 叶轮式搅拌反应器的计算机模拟及与实验对比[J]. 石油化工设备技术，2000，21(2)：34-35.

[75] 周国忠，王英琛，施力田. 用CFD研究搅拌槽内的混台过程[J]. 化工学报，2003，54(7)：886-890.

[76] DAKSHINAMOORTHY D, KHOPKAR A R, LOUVAR J F, et al. CFD simulation of shortstopping runaway reactions in vessels agitated with impellers and jets[J]. Journal of loss prevention in the process industries, 2006, 19(6): 570-581.

[77] PRAMPARO L, PRUVOST J, STÜBER F, et al. Mixing and hydrodynamics investigation using CFD in a square-sectioned torus reactor in batch and continuous regimes[J]. Chemical engineering journal, 2008, 137(2): 386-395.
[78] JENNE M, REUSS M. A critical assessment on the use of $k-\varepsilon$ turbulence models for simulation of the turbulent liquid flow induced by a Rushton-turbine in baffled stirred-tank reactors[J]. Chemical engineering science, 1999, 54(17): 3921-3941.